JN258644

JAバンク
法務対策
200講

農林中金総合研究所監査役
桜井達也［監修］

一般社団法人
金融財政事情研究会［編］

一般社団法人**金融財政事情研究会**

はしがき

JA（農業協同組合）は総合事業体として地域の農家や住民のために幅広い事業を行っています。その事業のいずれもが地域にとって欠かせない重要な事業ですが、信用事業も高い安全性や利便性を備え地域にとってなくてはならないものとなっています。この信用事業の安全性や利便性を維持し地域の人たちに信頼され続けるには、信用事業を担当する役職員が正しい業務知識をもって日々の実務にあたることが不可欠です。

銀行等預金を受け入れる金融機関の業務について解説した本は数多くあります。JAの信用事業も、基本的には銀行や信用金庫などの預金や貯金を受け入れている金融機関と同じですから、共通する事項についてはこれらの書籍を参考にすることもできます。しかし、JAは協同組合として組合員に対して事業の便益を提供することを原則としていることから、組合員以外の者と取引をする場合には特別の制限があります。また、JAは他の金融機関と異なり上述したように総合事業体として、営農事業、経済事業、共済事業などとともに信用事業を行っておりそれに伴う特別な取扱いも必要となります。このような点は、銀行はもちろん信用金庫や信用組合などとも異なります。そのため、JAの信用事業に焦点を当てた法務を中心とした実務の解説書が必要であると考えてつくったのが本書『JAバンク法務対策200講』です。

本書は、書名が示すように『銀行窓口の法務対策4500講』に範をとり、JAの信用事業を取り扱う際に必要な業務知識やコンプライアンスに関する事項から約200項目を抽出し法的な側面を中心に解説するものです。項目の抽出にあたっては、JAの信用事業担当の役職員ならばこれだけは知っておいてほしいという事項や利用者の方から質問された際にすぐに的確に答えられないと困ると思うような事項などJAの信用事業に関する基礎的な事項を選びました。

本書は、全体を11の章に分けて項目を整理し目次から調べたい項目が簡単に見つけられるように工夫しました。詳細は目次をご覧いただきたいと思いますが、JAの信用事業の全般に関する事項やコンプライアンス（第1、2章）、取引の相手方（第3章）、貯金や国債・投信の窓販、年金受取りなど（第4～6章）、手形や小切手、為替（第7、8章）、融資や担保・保証（第9～11章）、とJAの信用事業全般を網羅した内容となっています。

また、各項目はJAの信用事業のほとんどを網羅する幅広い分野にわたることから、それぞれの分野をご専門とされている先生方にご執筆を依頼することとし、JAの研修に熱心に取り組んでいただいている先生方や金融分野に詳しい先生方にご担当いただきました。解説の形式は「Q」（質問）、「A」（回答）、「解説」というかたちに統一してあります。解説はそれぞれの先生方に個性を発揮して執筆いただいておりますが、必要な事項は落とさず余計なことには触れずという焦点を絞った丁寧でわかりやすい解説を書いていただきました。本書だけでJAの信用事業を担当する役職員の方が必要とするほとんどすべての法務・コンプライアンスの業務知識を学習あるいは確認することができる内容となったと思います。

本書を手元に置いていただき、日常の業務のなかでわからないことや確認したいことなどが見つかったつど、目次からページを開いて調べていただくというのが本書のいちばん適した使い方だと思いますが、勉強会や研修会のテキストや通信教育などの自己啓発の際の参考資料としても活用できると思っています。ぜひ、信用事業を行う部署や支店に備え置いていただきご活用いただきたいと思います。

2017年1月

桜井　達也

【監修者】

桜井　達也（株式会社農林中金総合研究所 監査役）

【執筆者一覧】（50音順、所属は執筆時）

青山　　薫（片岡総合法律事務所 弁護士）
浅倉　稔雅（官澤綜合法律事務所 弁護士）
足立　　学（東京富士法律事務所 弁護士）
安藤　尚徳（東京フィールド法律事務所 弁護士）
井口　大輔（片岡総合法律事務所 弁護士）
石川　貴教（森・濱田松本法律事務所 弁護士）
江平　　享（森・濱田松本法律事務所 弁護士）
大橋香名子（片岡総合法律事務所 弁護士）
小根山祐二（MOS合同法律事務所 弁護士）
尾登　亮介（森・濱田松本法律事務所 弁護士）
加賀美有人（森・濱田松本法律事務所 弁護士）
香月　裕爾（小沢・秋山法律事務所 弁護士）
官澤　里美（官澤綜合法律事務所 弁護士）
北島　一治（農林中金アカデミー 講師）
城戸　正隆（城戸ビジネスサポート事務所）
京野　哲也（東京フィールド法律事務所 弁護士）
河野　利明（MOS合同法律事務所 税理士）
小向　俊和（官澤綜合法律事務所 弁護士）
近藤　克樹（片岡総合法律事務所 弁護士）
桜井　達也（株式会社農林中金総合研究所 監査役）
佐野　史明（片岡総合法律事務所 弁護士）
沢野　　忠（沢野法律会計事務所 弁護士）
篠原　孝典（森・濱田松本法律事務所 弁護士）
下瀬　伸彦（森・濱田松本法律事務所 弁護士）
白根　　央（森・濱田松本法律事務所 弁護士）
高松　志直（片岡総合法律事務所 弁護士）
武田　賢治（官澤綜合法律事務所 弁護士）
田中　貴一（片岡総合法律事務所 弁護士）
種橋　佑介（片岡総合法律事務所 弁護士）
千葉　紘子（片岡総合法律事務所 弁護士）
土肥　里香（片岡総合法律事務所 弁護士）
永井　利幸（片岡総合法律事務所 弁護士）

長尾　浩行　（官澤綜合法律事務所 弁護士）
中島　ふみ　（大山・中島法律事務所 弁護士）
中島　光孝　（中島光孝法律事務所 弁護士）
名藤　朝気　（片岡総合法律事務所 弁護士）
橋本　治子　（官澤綜合法律事務所 弁護士）
原　佳奈子　（株式会社TIMコンサルティング 社会保険労務士）
早川　　学　（森・濱田松本法律事務所 弁護士）
番匠　史人　（のぞみ総合法律事務所 弁護士）
平松　　哲　（農林中金アカデミー 講師）
房前　督明　（有限会社エフ・シー・ピー 代表）
藤原　彰吾　（みずほ銀行 法務部 副部長）
堀　　天子　（森・濱田松本法律事務所 弁護士）
前田　　竣　（片岡総合法律事務所 弁護士）
丸山　健治　（農林中金アカデミー 講師）
丸山　水穂　（官澤綜合法律事務所 弁護士）
翠川　　洋　（官澤綜合法律事務所 弁護士）
矢田　　悠　（森・濱田松本法律事務所 弁護士）
柳原　悠輝　（片岡総合法律事務所 弁護士）
湯川　昌紀　（森・濱田松本法律事務所 弁護士）
渡邊　弘毅　（官澤綜合法律事務所 弁護士）

目　次

第 1 章　農協信用事業のあらまし

第 2 章　農協信用事業共通の事項

第 3 章　取引の相手方等

第 1 節　個人との取引

第 2 節　法人等との取引

第 3 節　利益相反行為

第 4 章　貯金業務

第 1 節　貯金業務の基本

第3節 管理と換金時の注意事項

第6章 その他の業務

第1節 貸 金 庫

第2節 公的年金

第7章 手形・小切手

第 8 章 為替業務

第1節 為替業務の概要

第2節 振　込

第3節 代金取立

第 9 章　融資業務

第 1 節　融資業務と利用者保護

第 2 節　融資業務の基本

第 3 節　融資の実行

第 4 節　融資の管理

第10章 担　保

第1節 担保の基本

第2節 抵当権・根抵当権

第4節 制度保証

第5節 保証人からの回収

第 1 章

農協信用事業のあらまし

第1節 農協信用事業の概要

Q1 日本の金融機関の種類と主な金融業務

日本にはどのような種類の金融機関がありますか。それらの金融機関はどのような業務を取り扱っていますか。

A 「金融機関」とは、広い意味では「金融取引を仲介する役務（サービス）を提供する機関」を指します（神田秀樹・神作裕之・みずほフィナンシャルグループ『金融法講義』3頁）。このなかには、銀行はもちろん保険会社や証券会社も含まれます。一方、預金や貯金を取り扱っている金融機関（預金等受入金融機関）のことだけ指して用いることも多くあります（前掲書3頁）。

日本の主な金融機関をあげると次のとおりとなります。

日本の主な金融機関

区分	主な金融機関
1　中央銀行	日本銀行
2　広義の金融機関（中央銀行を除く）	
①　預金等受入金融機関	銀行（信託銀行、ゆうちょ銀行を含む） 信用金庫、信用組合 労働金庫 農業協同組合（JAバンク） 漁業協同組合（JFマリンバンク） 農林中央金庫 商工組合中央金庫
②　保険会社	生命保険会社 損害保険会社
③　証券会社	

④　政府系金融機関	日本政策金融公庫 沖縄振興開発金融公庫

金融機関の業務は、それぞれの金融機関の業務等を定めた法律に基づいて行われており、定められた業務以外は行うことができません。JAバンクなどの預金等受入金融機関が行う業務は、銀行等が従来取り扱っていた預貯金業務、貸出業務、為替業務（この3つの業務をあわせて「固有業務」と呼ばれています）に加えて付随業務として金融に関する数多くの業務を取り扱うことができることが定められています。

解　説

1　金融機関とは

金融機関という用語には明確な定義はありませんが、広い意味では「金融取引を仲介する役務（サービス）を提供する機関」という意味で用いられています。この意味での金融機関には、中央銀行である日銀、銀行、信金・信組、JAバンク・JFマリンバンク、等の預金等受入金融機関のほかに、保険会社や証券会社などのさまざまな業態が含まれることになり、取り扱っている業務もさまざまということになります。そこで取り扱う業務に共通するものが多い預金等受入金融機関のことを指して「金融機関」ということも多くあります。

この解説では、中央銀行である日本銀行と預金等受入金融機関について解説します。

2　中央銀行としての日本銀行

日本銀行は日本銀行法に基づき中央銀行として業務を行っています。中央銀行は、政府の銀行、銀行券発行銀行、銀行の銀行、という3つの機能をもつといわれています。「政府の銀行」というのは、国のお金（国庫金）を預かっているという意味です。また、「銀行券発行銀行」というのは、紙幣を発行している銀行ということです。最後の「銀行の銀行」というのは、銀行から預金を預かり、銀行間の資金決済を円滑に行ったり銀行に必要な資金を供給したりする機能をもつということです。

日本銀行はこれらの機能を用いて金融の安定、円滑な資金決済、信用秩序の維持などを図ることを任務としています。日本銀行法1条には、「日本銀行は、我が国の中央銀行として、銀行券を発行するとともに、通貨及び金融の調節を行うことを目的とする」(同条1項)、「日本銀行は、前項に規定するもののほか、銀行その他の金融機関の間で行われる資金決済の円滑の確保を図り、もって信用秩序の維持に資することを目的とする」(同条2項)と規定され、日本銀行の目的を明らかにしています。

3　預金等受入金融機関の種類

(1)　預貯金の受入れを業務とすることの規制

預貯金等を業として受け入れることは、「他の法律に特別の規定のある者を除く外」禁止されています(出資の受入れ、預り金及び金利等の取締りに関する法律2条)。このため預金等受入金融機関はいずれも、預金等を業として受け入れてよい旨を定めた法律に従って業務を行っています。これらの法律には、銀行法、信用金庫法、中小企業等協同組合法、労働金庫法、農業協同組合法、水産業協同組合法、農林中央金庫法、株式会社商工組合中央金庫法などがあります。これらの法律ごとに金融機関の名称、企業体の性質、業務内容などが異なっていることから、どの法律を根拠に預貯金の受入れを業として行っているかによって種類分けされています。

(2)　銀　行

銀行法に基づき預金の受入れを業として行っている金融機関が銀行です。信託銀行も銀行に含まれます(信託銀行は、金融機関の信託業務の兼営等に関する法律に基づき信託業を兼営することが認められた銀行のうち「信託銀行」の名称を用いて信託業を主な業務として営業するものを指します。なお、信託業の兼営を認められている銀行は信託銀行のほかにもあります）。

銀行は、「都市銀行」「地方銀行」「第二地方銀行」などのグループ分けをすることが一般的です。これらはその銀行の歴史や主な営業エリアなどによる分類ですが、銀行の再編や新規参入する銀行の登場などで区分があいまいとなっている部分もあります。このうち地方銀行は地方銀行協会に加盟している銀行を指し、第二地方銀行は相互銀行から銀行に業態を変更した銀行のうち第二地方銀行協会に加盟している銀行を指します。都市銀行は大都市に拠点を置いて全国展開している銀行を指しますが、どの銀行が都市銀行かについてはあいまいな部分もあるようです。

なお、最近では実際の店舗をもたずネットとATMによる取引だけに特化したネットバンクという銀行も登場しています。また、郵政省の郵便貯金業務を引き継いだゆうちょ銀行も銀行法に基づく銀行ですが、その業務内容は民営化移行直後ということもあり、他の銀行と異なっています。

(3) その他の預金等受入金融機関

その他の預金等受入金融機関も、業務の根拠法ごとに分類されるのが一般的ですか、その業務内容や組織運営等の特徴からグループ化されることもあります。信用金庫法に基づく金融機関が信用金庫と信金中央金庫、中小企業等協同組合法に基づく金融機関が信用協同組合と全国信用協同組合連合会、労働金庫法に基づく金融機関が労働金庫と労働金庫連合会です。これらをまとめて中小企業金融機関と呼ぶことがあります。また、農業協同組合法で金融事業を行うのが農業協同組合と信用農業協同組合連合会、水産業協同組合法で金融事業を行うのが漁業協同組合と漁業協同組合連合会、農林中央金庫法に基づく金融機関が農林中央金庫です。これらをまとめて農林水産金融機関と呼ぶことがあります。上述の中小企業金融機関と農林水産金融機関は、株式会社と異なる協同組合組織によって運営されていることから、協同組織金融機関と呼ぶこともあります（協同組織金融機関の優先出資に関する法律2条参照）。

4　預金等受入金融機関の業務

預金等受入金融機関が行う業務は、それぞれの根拠法に定められていますが、どの根拠法もほぼ同じ内容の定めとなっています。銀行法に例をとると、その10条1項に「銀行は、次に掲げる業務を営むことができる」として、「預金又は定期積金等の受入れ」(同項1号)、「資金の貸付け又は手形の割引」(同項2号)、「為替取引」(同項3号)が定められています。これらの業務が銀行の「固有業務」と呼ばれるものです。続いて同条2項には「銀行は、前項各号に掲げる業務のほか、次に掲げる業務その他の銀行業に付随する業務を営むことができる」として1号～19号の付随業務が規定されています。付随業務は金融自由化や金融技法の進展に応じて広がりをみせています。また、金融商品取引のように他の法令による規制もあわせて受ける業務もあります。付随業務は、すべての金融機関がすべての業務を取り扱っているわけではありません。JAが取り扱っている付随業務は、国債および投信の窓口販売や貸金庫などに限られています。

Q 2　JA信用事業の内容

JAの信用事業で取り扱っている業務にはどのようなものがありますか。その業務の内容はどのようなものですか。

A　農業協同組合法（以下「農協法」といいます）10条には、JAが取り扱うことができる事業が定められています。このうち1項2号・3号および6項が信用事業についての定めです。これらの規定で定められた事業は銀行法や信用金庫法等で定められた預金を取り扱う金融機関の業務とほとんど変わりません。JAが信用事業を行う場合には取り扱う事業を定款に定め（同法28条1項1号）、信用事業規程を定めて行政庁の承認を得る必要があります（同法11条）。実際にJAで取り扱っている主な事業は次のとおりです。

① 資金の貸付、手形割引、債務保証
② 貯金、定期積金の受入れ
③ 国内の為替取引、資金の振替決済業務
④ 国債、投資信託の窓口販売

解　説

1　農協法上の仕組み

JAは農協法10条で定められた事業を行うことができるとされています。信用事業についても同条1項2号・3号および6項に列挙されています。信用事業として規定されている事業の内容は、銀行法や信用金庫法など他の預金を取り扱う金融機関の事業内容とほとんど変わりません。

JAが信用事業を行う場合には、取り扱う事業を定款に定め（同法28条1項1号）、信用事業規程を定めて行政庁の承認を得る必要があります（同法11

条)。また、農協法に信用事業として規定された事業のなかには、定款の定めや信用事業規程の行政庁の承認のほかに、それぞれの事業について定めた法律に基づき登録や許可などが必要になる場合もあります。たとえば、国債や投資信託の窓口販売については金融商品取引法に基づき登録が必要となります。

2　JAが信用事業として取り扱う事業

信用事業を取り扱うJAが信用事業として行っている事業は、貯金や定期積金の受入れ等の受信業務、貸出や手形割引などの与信業務、振込や決済業務などの為替業務、国債や投資信託の窓口販売などの証券業務があります。ほかに貸金庫などを取り扱っているJAもあります。農協法上はこれら以外の事業も行うことができますが、JAが実際に取り扱っている事業はこれらに限られています。なお、国債や投資信託の窓口販売については取り扱っていないJAや限定して取り扱っているJAもあります。

農協法の法文の構成は、組合員から貯金、定期積金の受入れを行うJAが信用事業を行うJAとされ、信用事業を行うJAが為替業務や他の信用事業の取扱いを行うことができるという建付けになっていますが、通常信用事業を行うJAという場合は、貯金、貸出、為替の各取引の取扱いがあるJAのことを指しています。

3　JAが信用事業として取り扱う事業の内容

⑴　受信業務（貯金業務）

利用者からJAが資金を預かる業務を受信業務（貯金業務）といいます。受信業務には貯金取引と定期積金取引があります。貯金には普通貯金、当座貯金などの当座性貯金と定期貯金などの定期性貯金があります。通知貯金は、当座性貯金と定期性貯金の両方の性質をもっており、JAバンクでは定期性貯金に分類しています。

定期貯金と定期積金は、目標に向けてお金を蓄える場合や当面使う予定のない資金の保管に活用されます。また、普通貯金は日々の生活に必要な資金の管理に活用されるほか、給与振込や年金受取り、公共料金やクレジットカード代金の引落しなどの資金決済にも活用されます。当座貯金は、事業等で手形や小切手を利用するために開設する貯金です。

⑵ 与信業務（融資業務）

利用者に資金の融通を図る取引が与信業務（融資業務）です。与信業務には、設備資金や住宅取得資金の調達に用いられる長期貸付、運転資金などに用いられる短期貸付、手形割引、当座貸越などがあります。

貸付等によって利用者に貸し出された資金は、利息を含めて後日利用者の収入や資産の売却代金などによって返済されることになります。そのため、融資に先立って貸出金の回収や利息の支払が将来にわたって確実かを審査することが必要となります。また、利用者の返済能力を補完するために、担保や農業信用基金協会などの保証を受けるなどします。また、融資を行った後も期日どおりに返済されるか、借入者の事情に変化がないかなどを把握して管理することが必要となります。

⑶ 為替業務

為替業務は、振込（依頼人の依頼により他の店舗に開設された預貯金口座またはその店舗の本人以外の名義の口座に入金する取引）や代金取立（依頼人の依頼により他の店舗が支払場所となっている手形・小切手などを取り立ててその代金を依頼人に交付する取引）などの離れた地点での資金のやりとりを行う取引のことを指します。給与振込や年金の受取り、公共料金やクレジットカードの代金の引落しなども為替業務です。なお、海外との資金のやりとりを行う外国為替業務は、JAでは取り扱っていません。

今日の日本では、会社の資金決済はもちろん個人の入金や決済も金融機関の預貯金口座を利用しての為替取引によって行われています。さらにネットバンキングの進展により手元のパソコンやスマートフォンから振込ができるようになるなど、その利便性は目覚ましく向上しています。金融機関の為替業務は、今日の生活に不可欠なインフラとなっています。一方で、金融機関の為替業務については、取扱いの時間が限られている、手数料が高い、などの批判もあります。また、振り込め詐欺などの特殊詐欺や、なりすましによる不正操作など犯罪に悪用されることも大きな問題となっています。

かつては為替業務の取扱いは銀行等の預金等受入金融機関以外には認められていませんでしたが、平成22年から施行された資金決済に関する法律により金融機関以外にも取扱いが認められるようになりました。また、公共料金等の支払ではコンビニエンスストアの利用が急拡大しています。さらに、最近注目されているFintech（IT技術を活用した新たな金融サービス）の今後の展開によっては、新たな資金決済の方法が生み出されるかもしれません。為替業務は、大きな転換点を迎えているといえるでしょう（Q120参照）。

⑷ 国債、投資信託の窓口販売

国債、投資信託の窓口販売とは、国債および投資信託をJAの窓口で利用者に販売し、保管・利払い等の管理を行い、販売した国債等を利用者からの求めに応じて売却・換金等を行う取引をいいます。これらの業務を行うには、農協法上の手続に加えて金融商品取引法33条の２の登録を行う必要があります。また、勧誘等を行う職員は外務員試験に合格し外務員の登録を行っていなければならないことなどの規制もあります。

第2節　農協信用事業の特色

Q3　JA信用事業の特色

JAの信用事業は他の金融機関の業務に比べ、どのような特色がありますか。

A　JAの信用事業には、JAが総合事業体として行っている営農事業、経済事業、共済事業、信用事業のなかの1つとして行っている点、協同組合金融である点、全国のJAが協力しJAバンクとして、あたかも1つの金融機関のように運営されている点などの特色があります。

解　説

1　JAの総合事業の1つとしての信用事業

JAは幅広い事業を行う総合事業体です。JAが取り扱う事業は、農家の経営等を支援する営農事業、農産物などの出荷や販売、農業資材や生活資材の販売などを行う経済事業、生命共済や建物共済などの共済を取り扱う共済事業、それに信用事業です。これらの事業によってJAは地域の農業と地域の住民の生活を幅広く支えています。JAの信用事業もその総合事業体の事業の1つとして位置づけられます。他の金融機関では銀行法等により金融業以外の業務を行うことが原則禁止されていますから、JAが総合事業体として信用事業を行っている点は大きな特色といえます。

2　JAの信用事業にみられる協同組合金融としての特色

JAは、「農業協同組合」という名称が示すように協同組合組織の事業体です。その目的について農業協同組合法は、「その行う事業によつて組合員及び会員のために最大の奉仕をすること」と定めています（同法7条1項)。JAの組合員は、JAの社団としての構成員であるとともに事業の利用者ですから、JAは利用者が自ら運営し利用者の利益になるように事業を行っていることになります。この点は営利を目的として業務を行い、収益をあげて出資者である株主に配当することを目的とする株式会社と異なります。銀行は株式会社ですから、銀行が営業する金融業務はそのような法人としての性格が反映されます。一方、JAが行う信用事業は銀行等が営む金融業務とは異なった特色が表れます。

JAの信用事業には、①相互金融、②指導金融、③組織金融、という3つの特色があります。

⑴　相互金融

相互金融とは、組合員から預かった貯金を資金需要のある組合員に融資するという組合員間相互の資金融通を仲介する金融という意味です。JAは、協同組合として組合員の相互扶助の考え方が基本にあります。その相互扶助の視点から信用事業をとらえたのが、相互金融という特色です。

⑵　指導金融

指導金融とは、単に資金の融通を行うだけでなく、農業経営の指導や生活指導なども含めて総合的に組合員をサポートして組合員の生活全般の向上を目指そうとするものです。「組合員及び会員のために最大の奉仕」というJAの目的からは単に資金を融資して利息を含めて返済を受けて利益をあげるという事業姿勢にとどまることはできません。融資した資金を有効に活用して、組合員の経営や生活を向上させることを目的に信用事業を展開することが求められます。これが指導金融です。JAの総合事業性が発揮される側面でもあります。

⑶　組織金融

組織金融とは、全国のJAや各県の連合会、全国組織の農林中央金庫などが相互に助け合って運営されていることをいいます。相互金融が組合員相互の助け合いの姿とすれば組織金融はJA相互の助け合いの姿です。そのようなJA相互の助け合いの姿を仕組みとして体現したのが、JAバンクシステムといえると思います。このような全国のJAのようすを外からみると、全国のJAがあたかも１つの金融機関のようにみえることでしょう。JAバンクという名称はこのような姿を表しています。

3　JAバンクとは

個々のJAは、それぞれ別個の法人です。したがって、その経営もそれぞれ独立しています。しかし、個々のJAの経営規模は必ずしも大きくありません。それでは利用するうえでの利便性や信頼性にも限界があります。そこで、全国の信用事業を行うJA、信用農業協同組合連合会、農林中央金庫をメンバーとするグループをつくり、あたかも１つの金融機関であるように活動しています。このグループの名称をJAバンクといいます。JAバンクでは、JAバンク全体で信頼性を確保する仕組みである「破綻未然防止システム」とJAバンク全体で良質で高度な金融サービスを提供する仕組みである「一体的事業推進」という２つを柱とする「JAバンクシステム」を構築して、全国の信用事業を行うJAが一体となってあたかも１つの金融機関のように活動することによって、組合員やJAバンクを利用するすべての人に信頼され便利なサービスを提供できるようにしています。

このJAバンクシステムは、再編強化法（正式には「農林中央金庫及び特定農水産業協同組合等による信用事業の再編及び強化に関する法律」といいます）により裏付けられた制度となっています。JAバンクシステムはJAバンク会員の総意に基づき策定された基本方針に従って運営されていますが、この基本方針は再編強化法４条に定める「基本方針」として、同法に基づき主務大臣に届出されています。

Q 4 組合員と員外利用

JAの組合員にはどういう人がなれるのですか。また、組合員以外の人はJAを利用することはできないのですか。

A JAは組合員が集まって組織された社団です。JAは農業者の協同組織ですから、農業者は組合員になることができます。これを正組合員といいます（農業協同組合法（以下「農協法」といいます）12条1項1号）。また、JAの地区内に住所がある個人等でJAを利用するのが相当な者も組合員となれます（同項2号）。これを准組合員といいます。

JAは組合員のための組織ですから、JAを利用できるのは組合員に限られるのが原則です。しかし、組合員のために行う事業の遂行を妨げない範囲で、組合員以外の者も一定の範囲でJAを利用することを認めています。これを員外利用といいます。

解　　説

1　JAの組合員

JAは「農業者の協同組織」（農協法1条）とされ、法人とされています（同法4条）。つまり、JAは人が集まって組織された法人であり、社団法人ということになります。その構成員が組合員です。JAの組合員になる者は、農協法12条およびJAの定款に定められた資格を有する者に限られます。農協法で定められている資格は、①農業者（同法12条1項1号）、②JAの地区内に住所を有する者、またはJAから継続的に物資の供給や役務の提供を受けている者で、JAの事業を利用することを相当とする者（同項2号）、です。前者を正組合員、後者を准組合員と呼びます。

組合員になろうとする者は、組合員の資格さえ有していればだれでもいつでもJAに1口以上の出資をして組合員になることができます。また、組合員はいつでもJAを脱退することができ、その場合は出資金の返還等の請求をすることができます。このように、組合員に加入脱退の自由が認められていることが協同組合の原則の1つです。

2　JAの事業と組合員

JAの目的は、「その行う事業によつてその組合員及び会員のために最大の奉仕をすること」と定められています（農協法7条1項）。また、JAの信用事業について定めた農協法10条の規定でも、「組合員の事業又は生活に必要な資金の貸付け」（同条1項2号）、「組合員の貯金又は定期積金の受入れ」（同項3号）、「第1項第3号の事業を行う組合は、組合員のために、次の事業の全部又は一部を行うことができる」（同条6項本文）、というように「組合員の」とか「組合員のために」という文言が規定されており、JAの信用事業を利用できる者はそのJAの組合員（正組合員、准組合員）に限られるという原則を明らかにしています。

3　組合員以外の者がJAの信用事業を利用できる場合

⑴　組合員以外のJAの利用（員外利用）

しかし、JAの信用事業の利用者を厳格に組合員だけに限定してしまうと、組合員でない住民が利用できず、総合事業体としてさまざまなサービスを提供しているJAの機能を地域に生かすことができず不便であることや、JA自体も一定の事業量を確保して運営することによりJAの運営を安定させ結果として組合員の利益にもつながることから、組合員の利用に影響しない範囲で組合員以外の者の利用を認めるようにしています。これがJAの員外利用と呼ばれるもので、その利用の範囲については法令の範囲内で定款によって定められることとなっています。

⑵　信用事業における員外利用が認められる範囲

信用事業について員外利用が認められる範囲についての法令の定めは、次のとおりとなっています。なお、為替取引と国債および投資信託の窓口販売の取引については員外利用の規制はなく、組合員以外でも自由に利用することができます。

a　貯金、定期積金、貸付、手形の割引などの事業の員外利用の範囲（原則）

事業年度の組合員の事業の利用分量の額の４分の１まで（農協法10条17項、同法施行令２条１号）とされています。

b　指定組合の特例

農協法10条18項の規定に従い、行政庁の指定を受けた農協が行う貸付および手形の割引、債務保証の取引については、その農協の貯金および定期積金の額の100分の15まで員外利用が認められます（農協法10条18項、同法施行令３条）。

c　員外利用の範囲の計算のうえで組合員とみなされる者

上記ａ、ｂの員外利用の範囲を計算するうえで、組合員以外の取引であっても組合員との取引とみなされる取引があります（農協法10条22項）。信用事業の関係では次の取引は組合員との取引として計算されます。

①　組合員と同一の世帯の者または地方公共団体以外の営利を目的としない法人に対し、貯金または定期積金を担保として行う貸付取引

②　組合員と同一の世帯の者または地方公共団体以外の営利を目的としない法人から、貯金または定期積金を受け入れる取引

d　組合員以外の者でも貸付ができる場合

上記ａ、ｂの員外利用の範囲のほかに、次に掲げる者または資金については組合員以外の者に対する貸付であっても、定款で定めることにより組合員に対する事業の遂行を妨げない範囲で行うことができます（農協法10条20項）。

①　地方公共団体、地方公共団体が主たる構成員または出資者等となっている営利を目的としない法人に対する貸付（同条20項１号）

②　農村地域における産業基盤または生活環境の整備のために必要な資金で政令に定める資金の貸付（同条20項２号、同法施行令４条）

③　銀行その他の金融機関に対する貸付

4　員外利用の分量規制の管理

上述のようにJAの信用事業の員外利用については、組合員の利用数量の一定割合など日常的に変動する数量の範囲に員外利用の数量が収まるように管理することが求められます。それぞれのJAで管理のための仕組みをつくっていると思いますので、その仕組みのなかで厳格に対応することが必要です。

Q 5　員外利用規制の違反と取引への影響

員外利用の規制に違反してなされた取引はどのように扱われるのですか。

A　JAが員外利用の規制に違反して取引を行ってしまった場合、その規制の内容によってその取引への影響が異なります。定款等で員外利用を認める規定がまったくないなど員外利用が認められていない場合に行われた組合員以外の者との取引は、JAの目的外の取引となり無効とされます。一方、一定の数量（割合）の範囲で員外利用が認められている場合に、その範囲を超えてなされた員外利用については、その取引自体の効力に影響しないと考えられています。

解　説

1　員外利用規制の内容による違い

員外利用規制の違反の内容については、員外利用を認める定款の規定がないなど、員外利用がまったく認められない場合に員外利用が行われた場合と、一定の分量の範囲で員外利用が認められている場合にその分量規制を超えて員外利用が行われた場合の２つがあります。信用事業については前者のような違反が問題になることは今日ではあまりありません。信用事業については定款等に定めれば一定の分量内での員外利用が認められる法令の規定になっており、定款にも法令の範囲で員外利用を認める規定が盛り込まれているのが一般的だからです。しかし、かつては定款等に員外利用を認める規定がないにもかかわらず組合員以外の者に貸付がなされた事例で、その取引の効果が裁判で争われるということもありました。

2　員外利用がまったく認められていない場合に員外利用が行われた場合

員外利用を認める定款の規定がないなど員外利用がまったく認められていないにもかかわらず行われた組合員以外の者との取引については、法人の目的外の取引として無効となるという理解がかつては一般的でした。法人は、その目的の範囲内で権利能力を有するとするのが原則です（民法34条）。員外利用を認める定款の規定がないということは、員外利用はその農協の目的の範囲外の行為となり、民法34条に定める「法令の規定に従い、定款その他の基本約款で定められた目的の範囲内において、権利を有し、義務を負う」という規定に照らして無効となると考えられていました。また、この趣旨を述べる判例も多くあります。

もっとも、最近ではそういう結論に疑問を投げかける意見もあります（たとえば、明田作『農業協同組合法』166頁）。たとえば、組合員以外に対する員外利用規定違法の貸付が無効とされた場合、その貸付に付された抵当権も無効となるのが原則です。ところが、この例では違法な員外利用の貸付を無効とした結果、かえって法人の利益を損なうことになってしまいます。法人の目的外の行為を無効とする規定は、業務執行者の違法な行為から法人を守ることを目的としているわけですが、目的外の行為を単純に無効とすることは、このような法令の趣旨にかなった結果にならないというわけです。

3　員外利用の分量規制を超えて員外利用が行われた場合

(1)　員外利用の分量規制の考え方

定款等に一定の分量内の員外利用が認められる旨規定されている場合（分量規制）の考え方ですが、「一時点において員外利用の割合が法令・定款に定める限度を超えたとしても法令違反にならないと解して差し支えない」と解されています（前掲書140頁）。

したがって、ある一定時点で計算したら員外利用が認められる分量を超えていたというだけでは法令・定款に違反した状態と考えなくてよく、員外利用が認められる分量を超えて員外利用が行われている状態が一定期間継続している場合に、法令等に違反する状態といわれることになるでしょう。

(2) 員外利用の分量規制を超えた員外利用取引の法的な効果

員外利用の分量規制を一定期間継続して超えて員外利用が行われ法令等に違反する状態となっていた場合でも、そのことが個々の員外利用の取引の法的な効果に影響を与えないとされています。もちろん、法令等に違反する状態となっていますからJA自体が行政処分の対象となったり役員の責任の問題となったりすることはありますが、員外利用によって生じた個々の取引が無効となることはないと解されています（前掲書140頁）。

4 員外利用の分量規制の管理の重要性

上述のように員外利用の分量規制を超えて員外利用を行っても個々の取引の効果に影響しないとはいえ、員外利用の分量規制を継続して超えることは違法な行為となることには変わりありません。そこで、員外利用が分量規制を超えないように管理することが重要となります。

JAの信用事業の員外利用については、組合員の利用数量の一定割合など日常的に変動する数量の範囲に員外利用の数量が収まるように管理する仕組みを、それぞれのJAでつくっていると思いますので、その仕組みのなかで厳格に対応することが必要です。

第 2 章

農協信用事業共通の事項

第1節　農協信用事業とコンプライアンス

Q6　コンプライアンスの意義

JAの信用事業においてコンプライアンスはどのような意義をもっていますか。

A　JA信用事業において、コンプライアンス（法令等遵守）は最も重要であると考えられます。信用事業の中核は、JAおよび役職員に対する信用にあることから、不祥事件（たとえば、職員の業務上横領事件など）によって、JA信用事業の信用性に顧客の疑念が生じたとすれば、貯金等の取引が消失する可能性があるからです。

解　説

1　コンプライアンスの意義

(1)　言葉の意味

コンプライアンスは、英語で「従う」ということです。監督官庁である農林水産省（金融庁）は、「法令等遵守」という訳を当てています。要するに、JAを含む金融機関やその職員が法令等を守ることがコンプライアンスの意義となります。このように説明すれば、「法令等に従うことは当然でしょう」と考える方が大多数でしょうが、わが国のJAを含む金融機関が法令等遵守を求められるには、それなりの背景等があります。

(2)　背　景

昭和の末期から平成の初めにかけて、バブル経済と呼ばれる異常な経済状況が顕現しました。金融緩和が常態化し、市中にお金が余りすぎ（過剰流動性)、金融機関がお金を貸しすぎる状況となりました。

ところが、昭和63（1988）年の12月末において３万9,000円近い価格をつけた東証株価が翌年には大きく下落し、バブル経済は崩壊しました。このような状況において、多くの金融機関の貸出先である事業者（特に不動産事業者）が倒産し、金融機関自体が窮地に追い込まれてきます。日本経済にとって、1990年代は失われた10年と呼ばれ、多くの金融機関が淘汰（統合を含む）されました。

⑶ 発　展

コンプライアンスの発展は、上記背景において醸成されました。緩い社内ルール、監督官庁との癒着の構図、顧客との過度の親交などが非違行為の温床となりました。

そのうえ、一般職員か非正規職員かを問わず、責任感に欠ける人材が業務上横領等の犯罪に手を染めるような事件もみられるようになりました。

他方、銀行の監督官庁である大蔵省は、平成10年にその金融機関監督部門を分離しました。これにより金融監督庁（後の金融庁）が発足し、大蔵省の護送船団方式（金融機関を倒産させない）から、自己責任方式に転換されました。金融監督庁は、「預金等受入金融機関に係る金融検査マニュアル」（以下「検査マニュアル」といいます）を公表しました。検査マニュアルは、金融検査を実施する検査官のためのマニュアルですが、検査において指摘等を受けないためには、検査マニュアルに従った態勢整備を行う必要があります。そこで、各金融機関において、検査マニュアルに従った態勢を整備することが求められるようになりました。この金融行政の転換が銀行等の金融機関のみならず、同様の信用事業を営むJAの監督行政にも大きな影響を及ぼしました。農林水産省も「預金等受入系統金融機関に係る金融検査マニュアル」（以下「系統金融機関検査マニュアル」といいます）を策定しています。

加えて、金融検査以外の平常時のモニタリングのための主要行向けの総合的な監督指針が公表されています。主要行のみならず、中小・地域金融機関など金融機関の特質に応じた各監督指針（以下「監督指針」といいます）が策定・公表されていますが、コンプライアンスに関する事項は、ほぼ共通しています。各金融機関においては、監督指針に記載されているようなコンプライアンスに関する態勢を整備する必要があります。農林水産省も「系統金融機関向けの総合的な監督指針」(以下「系統金融機関監督指針」といいます)を策定・公表しています。

2　コンプライアンスの根拠(法源)

コンプライアンスとは、法令等遵守という意味ですが、その根拠となる法令等を法源といいます。JAコンプライアンスの法源は次のとおりです。

(1)　農業協同組合法等の業法

JAを含む銀行等の預金受入金融機関には、以下のように各業態に応じた基本法である業法が存在します。

・銀行……銀行法
・信託銀行……銀行法・信託業法
・信用金庫……信用金庫法
・信用組合……協同組合による金融事業に関する法律
・労働金庫……労働金庫法
・農業協同組合……農業協同組合法

上記いずれの法律にも政省令が付属しており、法令等遵守の詳細が政省令において定められています。JAの業法である農業協同組合法には、同法施行令と同法施行規則があります。

(2)　系統金融機関金融検査マニュアルと系統金融機関監督指針

前記のとおり、銀行等の金融機関においては、大蔵省から金融監督庁が発足した際に、金融検査マニュアルが制定されました。その後、各金融機関向けの監督指針が制定されて運用されています。そして、JAの監督官庁である農林水産省も系統金融機関検査マニュアルを平成11年12月3日に、系統金融機関監督指針を平成17年4月1日に制定しています。

系統金融機関検査マニュアルと系統金融機関監督指針は、金融庁が金融機関を検査監督する際に利用される組織内規定といった性質を有するものであり、法令ではないので、本来規範性もないはずですが、JAにとっては法令と同様な効果をもつものとして受け入れられているのが実情です。したがって、JAの職員にとっては法規範と同様にその概要等を理解する必要があります。

a　系統金融機関検査マニュアル

系統金融機関検査マニュアルは、「経営管理（ガバナンス）」「金融円滑化編」「リスク管理等編（法令等遵守・顧客保護等管理態勢などに分かれています）」から構成されています。JA職員のコンプライアンスの観点からは、経営管理、法令等遵守および顧客保護等管理態勢が特に重要です。

b　系統金融機関監督指針

監督指針においても、経営管理（ガバナンス）、業務の適切性（法令等遵守、利用者保護等が特に重要です）のほか、事務リスクなどの記載があります。

(3)　その他の法律等

その他JAの職員が関係する法律には次のようなものがあります。

a　私　　法

①　民　　法

民事関係に係る一般法であり、金融法務の原則を定めています。のみならず相続関係をも規律しています。平成29年には、債権法を中心に大幅な改正がされる予定です。

②　金融商品の販売に関する法律

金融商品に関する説明義務と説明義務違反の効果を定めた法律です。

③　消費者契約法

消費者保護を目的として、消費者と事業者との契約関係等について、民法の特則を定めた法律です。

b　刑 事 法

刑法は殺人や強盗などの一般的な犯罪と刑罰を定めた法律ですが、金融商品取引法の一部にもインサイダー取引等の犯罪と刑罰を定めた規定があります。また、「出資の受入れ、預り金及び金利等の取締りに関する法律」（出資法）にも、浮貸しおよび高金利を禁止した規定があるほか、預金等に係る不当契約の取締に関する法律（不当預金取締法）も、いわゆる導入預金について刑罰をもって禁止しています。

c　その他の法令

①　個人情報の保護に関する法律

個人情報の定義を定め、取得、利用、第三者提供、開示等について、金融機関などの個人情報取扱事業者の義務を定めています。

②　金融商品取引法

金融商品関連事項について広く多様な定めをしています。

③　私的独占の禁止及び公正取引の確保に関する法律（独占禁止法）

市場における公正かつ自由な競争を促進することを目的とし、競争を制限する行為を禁止することによって競争的な市場構造を維持するための法律です。

④　不当景品類及び不当表示防止法（景品表示法）

不当景品類と不当表示を禁止し、市場における公正な競争を維持するとともに、消費者保護という目的をもつ法律です。従来は独占禁止法と同様に公正取引委員会が所管していましたが、現在は消費者庁所管です。

⑤　労働基準法

使用者と労働者の基本的な関係を定める法律であり、差別的な扱いの禁止、労働契約に関する違約金または損害賠償予定の禁止、賃金、就業時間、休息その他就労条件に関する最低基準などが定められています。

⑥　労働契約法

労働者と使用者との間の労働契約について、基本的なルールを定める法律です。

⑦　雇用の分野における男女の均等な機会及び待遇の確保等に関する法律

職場における男女差別を是正し、妊娠や出産における女性労働者を保護するための法律です。

Q 7 JA信用事業に関係する主な法律、内部規制

JAの信用事業を規制する主な法令、JA内部の規定その他の通知類にはどのようなものがありますか。また、それらの位置づけや関係はどのようになっているのでしょうか。

A 農業協同組合は、農業協同組合法（以下「農協法」といいます）に基づき設立された法人ですから、JAは第一に農協法に従う必要があります。さらに農協法では細則を政省令に委任している部分が多くあります。農協法の政省令のうち農協全体に関係するものとして、政令の「農業協同組合法施行令」、省令として「農業協同組合法施行規則」があります。また、信用事業だけに関係する省令として「農業協同組合及び農業協同組合連合会の信用事業に関する命令」があります。ほかに重要なのがJAの健全性の基準を定めた「農業協同組合等がその経営の健全性を判断するための基準」という告示です。

また、JA内部の規定で最も重要なのが定款です。また、信用事業については信用事業規程とその細則である信用事業方法書があります。定款や信用事業規程は法律に基づき作成され、行政庁の認可等を受けることが必要です。

解　説

1　農業協同組合法と政省令

農業協同組合は農協法に基づき設立された法人ですから、農協法はJAにとって最も重要な法律といってよいでしょう。JAは農協法の定めに従って設立され、意思決定や組織運営がなされ、事業を行っています。また、合併や解散等も農協法に従って行われるのが原則です。

農協法には、「政令で定めるところにより」とか「農林水産省令で定めるところにより」等の文言がある条文があります。これらは法律で定めた事項の細則を定めることを法律が行政庁に委任したものです。これによって定められた政令が、「農業協同組合法施行令」です。また、省令はいくつかに分かれて定められていますが、信用事業を行うJAにとって特に重要な省令が「農業協同組合法施行規則」と「農業協同組合及び農業協同組合連合会の信用事業に関する命令」です。

これらの政令や省令は、農協法の定めに基づき定められたものですから、農協法と一体のものとして遵守しなければなりません。政令や省令に違反することも「法律違反」として扱われるので注意しなければなりません。

2 告　示

農協法には「主務大臣が定めるもの」とか「主務大臣は、……の基準を定めることができる」などの規定があります。また政令や省令にも同じような規定があります。これらに基づき主務大臣が定めたものが「告示」と呼ばれます。告示も法律や政令、省令（これらをまとめて「法令」と呼びます）の委任に基づき定められたもので、法令と一体をなすものとして遵守しなければならず、違反すると法律違反として取り扱われます。告示で特に重要なものが「農業協同組合等がその経営の健全性を判断するための基準」です。この告示では、JAが維持すべき自己資本比率の割合やその算出方法について詳細に定められています。

3 系統金融機関向けの総合的な監督指針、預金等受入金融機関に係る検査マニュアル

系統金融機関向けの総合的な監督指針、預金等受入金融機関に係る検査マニュアルと呼ばれるものは、農林水産省や金融庁が発出している通知文書です。これら通知文書はJAに宛てて出されたものではなく、農業協同組合等の金融機関を監督したり検査したりする行政担当者の実務の指針や手引書と

して通知されたものです。したがって、これらに記載された事項は法令の規定のようにJAが必ず守らなければならないというわけではありません。

ただ、行政庁の監督や検査は、これらの内容に従って進められますから、これらに記述された内容と異なる取扱いをしている場合には、その取扱いが自JAにとって合理的でかつ適切であることについて客観的な説明を求められることになるでしょう。さらに、これらに記述された内容に沿った取扱いを行っている場合であっても、実務の取扱いを決めるのは自JAの判断ですから、監督指針や検査マニュアルに記載されていることに漫然と従うという姿勢は許されません。その取扱いが自JAにとって適切であることを検証したうえで取り扱うことが求められます。

4　JA内部の規定類

⑴　定　　款

JA内部の規定として最も重要なのが定款です。定款は農協法28条に基づき農協が制定を義務づけられている内部規定で農協の根本規定とされています。定款には、事業、名称、地区、事務所の所在地、組合員たる資格ならびに組合員の加入および脱退に関する規定、出資一口の金額およびその払込みの方法ならびに一組合員の有することのできる出資口数の最高限度、経費の分担に関する規定、剰余金の処分および損失の処理に関する規定、利益準備金の額およびその積立の方法、役員の定数、職務の分担および選挙または選任に関する規定、事業年度などJAの組織のあり方と運営に関する基本的な事項が規定されることになっています（同法28条）。

定款の変更は、総会（または総代会）の決議を経たうえで行政庁の認可を受ける必要があります（同法44条）。

⑵　規　　約

規約は、総会または総代会に関する規定、業務の執行および会計に関する規定、役員に関する規定、組合員に関する規定などについて定款で定めなければならない事項を除いて定めることができるJAの任意の内部規定です（農協法29条）。定款と異なり行政庁等の認可や承認は必要ありません。

⑶　信用事業規程

信用事業を行おうとするJAは信用事業規程を定めて行政庁の承認を得なければならないとされています（農協法11条１項）。信用事業規程には、信用事業の種類と実施方法に関して主務省令（農業協同組合及び農業協同組合連合会の信用事業に関する命令）に定められた事項を定めることとされています。

なお、定款、規約、信用事業規程などはJAの各事務所に備え置かなければなりません（農協法29条の２）。

⑷　その他の内部規定

JAには、ここであげたもの以外にも規程、要領、要綱、事務手続などさまざまな規定類が定められ、それらに従って実務を取り扱えば法令や定款等の重要な規定に従った実務ができるように工夫されています。したがって、これらの規定類に従って実務を行うのが大原則です。これらの規定類に従って実務を取り扱うことがコンプライアンスの第一歩になると考えましょう。

第２節　農協信用事業の行為規制

Q8　農協信用事業と金融商品取引法

JAが農協信用事業を行う際、金融商品取引法上どのような義務を守ることが求められていますか。

A　JAは、農協信用事業の一環として金融商品取引業を行う場合、金融商品取引法に基づき契約締結前の書面の交付等の義務を遵守することが求められる一方、損失補てん等の行為を行うことが禁止されます。また、投資性の高い貯金に関する契約を締結する際に、農業協同組合法が準用する金融商品取引法上の行為規制の遵守を求められます。

解　説

１　概　　要

金融商品取引法は、金融商品取引業を行う者に関し必要な事項を定め、金融商品等の取引等を公正にし、もって国民経済の健全な発展と投資者の保護を図ることを目的の１つとしており、金融商品取引法35条以下で金融商品取引業者等の業務に関するさまざまな行為規制を課しています。

JAは、登録金融機関として国債や投資信託の販売などの金融商品取引法上許容される取引を行う際には、同法の定める行為規制を遵守する必要があります。

また、金融商品取引法上の行為規制は農業協同組合法上の一定の業務に関して準用される場合があり、JAがそのような業務を行う場合、準用される金融商品取引法上の行為規制を遵守する必要があります。

2　登録金融機関としての規制

農業協同組合が行うことができる事業は、農業協同組合法10条に定められていますが、そのうち「組合員の事業又は生活に必要な資金の貸付け」や「組合員の貯金又は定期積金の受入れ」などの事業を「信用事業」といい（同法11条２項）、農業協同組合のうち、かかる信用事業を行うものを金融商品取引法上「協同組織金融機関」といいます（同法２条８項柱書、協同組織金融機関の優先出資に関する法律２条１項５号）。

金融商品取引法上、協同組織金融機関を含む金融機関が有価証券関連業・投資運用業を行うことは、銀証分離の観点から原則として禁止されていますが（同法33条１項）、国債等に係る有価証券関連業（同条２項１号）や投資信託に係る業務（同項２号）などを行うことは例外的に許容されています。

金融機関がこれらの業務を行う際には、内閣総理大臣の登録を受ける必要があり（同法33条の２）、登録を受けた金融機関を「登録金融機関」といい（同法２条11項）、金融商品取引業者と登録金融機関をあわせて「金融商品取引業者等」といいます（同法34条）。

登録金融機関は、金融商品取引法が定める以下のような行為規制を遵守する必要があります。

⑴　誠実義務

金融商品取引業者等ならびにその役員および使用人は、顧客に対して誠実かつ公正に、その業務を遂行しなければならないものとされています（金融商品取引法36条１項）。誠実義務は、金融商品取引業者等およびその役職員が顧客に対して負う最も基本的な義務です。

⑵　広告等の規制

金融商品取引業者等は、その行う金融商品取引業の内容について広告等を行う際には、その商号等のほか、顧客の判断に影響を及ぼすこととなる重要なものを表示しなければならないものとされています（金融商品取引法37条１項）。また、その行う金融商品取引業に関して広告等を行う場合には、誇大広告を行うことが禁止されています（同条２項）。

広告等は、多くの利用者に情報提供等をするものであり、内容が不正確である場合には投資者の投資判断に影響を与えるおそれがあることから、規制が課されています。

⑶ 契約締結前の書面の交付

金融商品取引業者等は、有価証券の売買などの金融商品取引行為を行うことを内容とする契約（「金融商品取引契約」）を締結しようとするときは、あらかじめ、法令で定めるところにより、顧客に対し、一定の事項を記載した書面を交付しなければならないものとされています（金融商品取引法37条の３）。契約の締結前に顧客に対する適切な情報提供を図るための規制です。

⑷ 契約締結時の書面の交付

金融商品取引業者等は、金融商品取引契約が成立したときは、遅滞なく、法令で定めるところにより、書面を作成し、顧客に交付しなければならないものとされています（金融商品取引法37条の４）。顧客が、締結した契約の内容を正確に把握できるようにするための規制です。

⑸ 各種禁止行為

金融商品取引法38条は、金融商品取引業者等またはその役員もしくは使用人に対する各種の禁止行為を規定しています。これは、金融商品取引契約の締結またはその勧誘に関する行為で、投資者の保護に欠け、もしくは取引の公正を害し、または金融商品取引業の信用を失墜させるおそれがある行為を禁止するものです。具体的には、虚偽告知の禁止、断定的判断の提供等の禁止、不招請勧誘・再勧誘の規制などがあげられます。

⑹ 損失補てん等の禁止

金融商品取引法39条１項は、金融商品取引業者等による、顧客への損失補てん等を原則として禁止しています。本来、自己責任で行うべき投資者の投資判断が安易な方向に流れてしまい、市場の価格形成機能をゆがめるおそれがあること、金融商品取引業者等の中立性や公正性、市場に対する投資者の信頼を損なうことから禁止されています。

⑺　適合性の原則

金融商品取引業者等は、顧客の知識、経験、財産の状況および金融商品取引契約を締結する目的に照らして不適当と認められる勧誘を行って投資者の保護に欠けること等がないように業務を行わなければならないものとされています（金融商品取引法40条1号）。これは、一般に適合性の原則といわれ、金融商品取引業者等には顧客の知識、経験、財産の状況、契約締結の目的に照らして適切な金融商品を提供する義務が課されています（適合性の原則の詳細については、Q101をご参照ください）。

⑻　最良執行方針

金融商品取引業者等は、有価証券の売買等（有価証券等取引）に関する顧客の注文について、最良の取引の条件で執行するための方針および方法を定めなければならないものとされています（金融商品取引法40条の2第1項）。いわゆる最良執行方針と呼ばれるものであり、具体的には、上場株券等（金融商品取引所に上場されている株券、投資信託の受益証券、投資証券など）に関する取引などについて定める必要があるとされており、金融商品取引業者等は、最良執行方針等を公表し、これに従い有価証券等取引に関する注文を執行しなければならないものとされています（同法40条の2第2項・3項）。

⑼　プロ投資家への適用

なお、上記に掲げた行為規制のうち、誠実義務、禁止行為の一部、損失補てん等の禁止、適合性の原則を除いたものは、その取引の相手方が特定投資家（いわゆるプロの投資家）である場合には、適用されません（金融商品取引法45条）。

3　農業協同組合としての規制

JAが農協信用事業として行う貯金契約の締結は、金融商品取引法の直接的な適用を受けるものではなく、名義貸しの禁止（農業協同組合法11条の3）、各種禁止行為（同法11条の4各号）、貯金者等への情報提供（同法11条の6第1項）などの農業協同組合法上の行為規制の適用を受けます。

ただし、農業協同組合法は、貯金等のなかでも利用者の保護を図る必要がある投資性の高い「特定貯金等契約」の締結をする際には、金融商品取引法の一定の規定を準用するかたちで金融商品取引法上の行為規制を課しています（農業協同組合法11条の５）。

「特定貯金等契約」とは、特定貯金等（金利、通貨の価格、金融商品取引法２条14項に規定する金融商品市場における相場その他の指標に係る変動によりその元本について損失が生ずるおそれがある貯金または定期積金として主務省令で定めるものをいいます）の受入れを内容とする契約をいい、元本損失の可能性がある貯金契約や外国通貨で表示される貯金契約などが該当します（農業協同組合及び農業協同組合連合会の信用事業に関する命令10条の４）。

農業協同組合法11条の５で準用される金融商品取引法上の行為規制としては、上記２で述べた広告等の規制、契約締結前の書面の交付、契約締結時の書面の交付、損失補てん等の禁止等があげられますが、金融商品取引法上の行為規制がすべて準用されているわけではなく、農業協同組合法においてすでに規定されているものや、特定預貯金等契約における投資性と関連性を有しない行為規制、金融商品取引業に固有のものは除かれています。

なお、現在のJAの実務では特定貯金などの取扱いはありません。

Q 9　消費者契約法の概要

消費者契約法とはどのような法律ですか。消費者契約法は、JAの締結する契約にも適用されますか。

A　消費者契約法は、消費者保護の観点から、消費者と事業者が締結する契約について、①事業者による不適切な勧誘行為によって消費者が誤認などをして契約を締結した場合に、消費者がその契約を取り消すことができること、②消費者の利益を不当に害する条項の全部または一部を無効とすることなどを定めています。そして、JAも消費者契約法でいう事業者に当たりますので、JAが消費者と契約を締結する場合、その契約には消費者契約法が適用されます。

解　説

1　消費者契約法の概要

(1)　消費者契約法とは

消費者契約法は、消費者と事業者との間における情報力・交渉力の格差を前提とし、消費者の利益擁護を図ることを目的として、①事業者の不適切な勧誘行為によって消費者が誤認などをした場合に、消費者が事業者との間の契約を取り消すことができる旨、②消費者の利益を不当に害する条項の全部または一部を無効とする旨などを定めています。同法は平成12年4月に制定され、平成13年4月に施行されました。

平成18年の消費者契約法の改正によって、消費者団体訴訟制度が導入され、平成19年6月より運用が開始されました。消費者団体訴訟制度とは、事業者の行う不当な行為（不当な契約条項の使用、不当な勧誘行為など）に対する差止請求を行う権利を一定の要件を満たす消費者団体（適格消費者団体）

に認めるものです。

さらに、平成28年5月、消費者契約法の改正法が成立し、①消費者契約の取消事由として、過量な内容の契約を追加する、②不実告知における重要事項として、消費者契約の目的となるものが必要と判断される事情を追加する、③無効とされる契約条項として、事業者の債務不履行などの場合における消費者の解除権を放棄させる条項を追加する、④無効とされる契約条項として、消費者の不作為をもって消費者による意思表示とみなす条項を例示する、⑤消費者契約の取消権の行使期間を追認できる時から1年間に延長するなどの改正がされます。この改正法は、一部の事項を除いて、平成29年6月3日から施行されます。

⑵ 消費者契約法の適用対象となる契約

消費者契約法は、すべての消費者契約（消費者と事業者との間で締結される契約のことです。同法2条3項）に適用されます。ただし、消費者と事業者との間の契約であったとしても労働契約には適用されません（同法48条）。

消費者とは、個人のことです（同法2条1項）。ただし、個人であっても、事業としてまたは事業のために契約の当事者となる場合、消費者契約法上は消費者となりません（同項カッコ書）。

事業者とは、法人その他の団体および事業としてまたは事業のために契約の当事者となる場合における個人をいいます（同条2項）。

⑶ 消費者契約の取消事由

消費者契約法は、事業者が、消費者契約について不適切な勧誘（①不実告知、②断定的判断の提供、③不利益事実の不告知、④不退去・退去妨害）をしたことによって、消費者が誤認・困惑して、消費者契約を締結した場合、消費者は消費者契約を取り消すことができると定めています（同法4条1項～3項。これらについてはQ10で詳しく解説します）。

消費者契約の取消権の行使期間は、追認できる時から6カ月間または消費者契約の締結時から5年間です（同法7条1項）。

⑷　無効とされる消費者契約の条項

消費者契約法は、消費者契約の条項のうち、消費者の利益を不当に害する条項の全部または一部を無効とする旨を定めています（同法８条～10条）。

消費者契約法が無効とする契約条項は、以下の３つの類型に区分されます。

第一に、事業者の損害賠償責任を免除する条項であり、おおむね、①事業者の損害賠償責任の全部を免除する条項と、②故意または重過失のある事業者の損害賠償責任を一部でも免除する条項が無効となります（同法８条１項各号）。

第二に、消費者が支払うべき損害賠償額を定める条項であり、おおむね、①消費者契約の解除に伴う損害賠償額の予定条項および違約金条項のうち、事業者に生ずべき平均的な損害の額を超える部分が無効となり、また、②遅延損害金条項のうち、年14.6％の割合を超える部分が無効となります（同法９条各号）。

第三に、公の秩序に関しない法律の規定（一般的な法理を含みます）の適用による場合に比べて、消費者の権利を制限しまたは消費者の義務を加重する消費者契約の条項であって、信義誠実の原則（民法１条２項）に反して消費者の利益を一方的に害するものです（消費者契約法10条）。

⑸　消費者契約法と他の法律との関係

a　一般法・特別法との関係

消費者契約法に基づく消費者契約の取消や消費者契約の条項の効力については、消費者契約法の規定によるほか、一般法である民法および商法の規定が適用されます（消費者契約法11条１項）。

ただし、消費者契約法と民法・商法以外の特別法に別段の定めがあるときは、特別法が優先的に適用されます（消費者契約法11条２項）。特別法に当たる法律としては、利息制限法、割賦販売法、特定商取引法などがあります。

b　金融商品販売法との関係

消費者契約法の適用対象となる契約には、金融商品販売法の対象となる契約が含まれる場合もあります。この場合には両方の法律が適用されますので、消費者は、消費者契約法に基づいて契約を取り消すとともに、金融商品販売法に基づいて損害賠償請求をすることが可能です。

2　JAの締結する契約と消費者契約法の関係

JAは、農業協同組合法に基づき設立された法人（同法4条）ですので、消費者契約法2条2項でいう「事業者」に該当します。

したがって、JAが、消費者である顧客と締結するすべての契約は「消費者契約」（同条3項）に当たり、消費者契約法が適用されます。

なお、個人の顧客であっても、事業としてまたは事業のために契約を締結した場合は、消費者契約法上、「事業者」となりますので、消費者契約法は適用されません。

Q 10 消費者契約法と説明内容

JAが消費者である顧客と契約を締結するに際し、消費者契約法との関係では、どのような点に注意をして説明をすればいいでしょうか。

A 消費者契約法は、消費者保護の観点から、事業者による消費者に対する不適切な勧誘行為の類型として、①不実告知、②断定的判断の提供、③不利益事実の不告知、④不退去・退去妨害の４類型を定めており、消費者は、これら４つの類型に当たる不適切な勧誘行為によって誤認などをして契約をした場合、その契約を取り消すことができます。このため、JAとしては、消費者契約法によって契約が取り消されることのないように、十分かつ適切な説明をすることが大切です。

解　説

1　消費者契約の取消事由

消費者契約法上、取消事由は、①不実告知、②断定的判断の提供、③不利益事実の不告知、④不退去・退去妨害の４つの類型があります（同法４条１項～３項）。いずれも、事業者が消費者契約を締結するに際しての勧誘の態様を問題にするものです。

なお、平成28年５月に成立した消費者契約法の改正法（平成29年６月３日施行予定）で、取消事由の５番目の類型として過量な内容の契約が追加されています。

⑴　不実告知

消費者契約法の定める取消事由の第一の類型は「不実告知」です。不実告知とは、事業者が、消費者契約の重要事項について事実と異なることを告げたことによって、消費者が、当該告げられた内容が事実であると誤認した場合をいいます（同法4条1項1号）。

「重要事項」とは、消費者契約の内容と取引条件のうち、消費者の消費者契約を締結するか否かについての判断に通常影響を及ぼすべきものをいいます（同条4項）。

たとえば、外貨貯金について「元本保証です」「貯金保険の対象です」などと説明することが不実告知の典型例です。

(2) 断定的判断の提供

消費者契約法の定める取消事由の第二の類型は「断定的判断の提供」です。断定的判断の提供とは、事業者が、消費者契約の目的となるものに関し、将来における変動が不確実な事項につき断定的判断を提供したことによって、消費者が、当該提供された断定的判断の内容が確実であると誤認した場合をいいます（同法4条1項2号）。

たとえば、投資信託について「必ず儲かります」などと説明したり、外貨貯金について「円がこれ以上高くなることはありえません」などと説明したりすることが断定的判断の典型例です。

(3) 不利益事実の不告知

消費者契約法の定める取消事由の第三の類型は「不利益事実の不告知」です。不利益事実の不告知とは、事業者が、消費者契約の重要事項あるいは重要事項に関連する事項について、消費者の利益となる旨を告げ、かつ、当該重要事項について消費者の不利益となる事実（当該告知により当該事実が存在しないと消費者が通常考えるべきものに限ります）を故意に告げないことによって、消費者が、当該事実が存在しないと誤認した場合をいいます（同法4条2項）。ただし、当該事業者が当該消費者に対し当該事実を告げようとしたにもかかわらず、当該消費者がこれを拒んだ場合は除かれます（同項但書）。「重要事項」の意味は、不実告知の場合と同じです（同条4項）。

たとえば、投資信託について、高利の運用利回りばかりを強調して説明しながら、元本割れのリスクがあることを告知しないことが、不利益事実の不告知の典型例です。

⑷ 不退去・退去妨害

消費者契約法の取消事由の第四の類型は「不退去・退去妨害」です。不退去とは、消費者が、その住居またはその業務を行っている場所から退去すべき旨の意思を示したにもかかわらず、事業者が、それらの場所から退去しないことによって消費者が困惑した場合をいい（同法4条3項1号）、退去妨害とは、事業者が消費者契約の締結について勧誘をしている場所から消費者が退去する旨の意思を示したにもかかわらず、その場所から消費者を退去させないことによって、消費者が困惑をした場合をいいます（同項2号）。

たとえば、投資信託や国債を販売する際、顧客の自宅で勧誘している場合に、「もう少し考えたいので今日は帰ってほしい」といわれたにもかかわらず、顧客の自宅から退去せずに契約を締結させることが不退去の典型例であり、JAの店舗で勧誘している場合に、顧客から、「一度家に帰ってから考えたい」といわれたにもかかわらず、店舗から退去させずに契約を締結させることが退去妨害の典型例です。

2 JAの説明にあたっての留意点

消費者契約法は、事業者に対し、消費者契約の内容に関する説明義務を直接的に規定する法律ではありませんが、消費者契約の条項を定めるにあたって、消費者契約の内容が消費者にとって明確かつ平易なものになるよう配慮するとともに、消費者契約の締結について勧誘をするに際しては、消費者の理解を深めるために、消費者契約の内容についての必要な情報を提供するよう努めなければならないと定めています（同法3条1項）。

しかも、事業者が、消費者契約の締結について勧誘をするに際して、消費者に対して誤った説明その他不適切な説明をすれば、消費者契約法に基づいて契約が取り消される危険もあります。

したがって、JAとしては、消費者契約法は、実質的には事業者に対し消費者への正しい説明を義務づけた法律と理解したうえで、消費者保護の観点から、消費者である顧客との間で契約を締結するに際しては、①不実告知、

②断定的判断の提供、③不利益事実の不告知、④不退去・退去妨害に該当することのないよう、十分かつ適切な説明をしなければなりません。

Q 11 金融商品販売法

JAが農協信用事業を行う際、金融商品販売法上どのような義務を守ることが求められていますか。

A JAは、農協信用事業に関して、金融商品販売法上、顧客に対して説明義務を負い、断定的判断の提供等が禁止されるとともに、勧誘の適正の確保に努めるべく、勧誘方針の策定等を行う必要があります。

解　説

1 概　　要

金融商品の販売等に関する法律（以下「金融商品販売法」といいます）は、金融商品を販売する際に顧客に対して説明すべき事項等を規定するとともに、これに違反した場合の損害賠償責任、金融商品販売業者等が定めるべき勧誘の適正確保のための措置について規定することにより、顧客の保護を図り、国民経済の健全な発展に資することを目的としています。

金融商品取引法が金融商品取引業者等に対する業規制を定める行政法規であるのに対して、金融商品販売法は、不法行為責任等を定める民法の特別法であり、主に顧客との関係を規律する民事法として位置づけられます。

JAも、農協信用事業の一環として取り扱う貯金・定期積金、国債・投資信託の販売等について、金融商品販売業者等として金融商品販売法の適用を受けます。

2 金融商品販売法の適用

金融商品販売法上、貯金や定期積金等を内容とする契約の締結、有価証券を取得させる行為は、「金融商品の販売」と定義され（同法2条1項1号・5

号)、金融商品の販売またはその代理もしくは媒介を業として行う者は「金融商品販売業者等」と定義されています(同条2項・3項)。したがって、JAは、貯金・定期積金契約の締結、国債・投資信託の販売等を行う場合、金融商品販売業者等として金融商品販売法の適用を受けることになります。

JAが適用を受ける系統金融機関向けの総合的な監督指針Ⅱ－3－2－5－2⑴④においても「金融商品販売法等の観点から、金融商品の販売に際しての利用者への説明方法及び内容が適切なものとなっているか。また、金融商品販売法上の勧誘方針の策定・公表義務の趣旨にかんがみ、適正な勧誘の確保に向けた説明態勢の整備に努めているか」が監督における主な着眼点とされています。

3　説明義務・断定的判断の提供等の禁止

⑴　説明義務

金融商品販売業者等は、金融商品の販売等を行うまでに顧客に対して重要事項の説明を行う必要があります(金融商品販売法3条)。

「重要事項」とは、元本欠損や当初元本を上回る損失が生じるおそれがあること、当該おそれを生じさせる原因となる取引の仕組みのうちの重要な部分、権利行使期間・解除期間の制限などをいいます(同条1項各号)。

もっとも、販売の相手がいわゆるプロである場合や説明を要しない旨の意思表明があった場合等においては、説明が不要となることがあります(同条7項各号)。

なお、かかる説明義務については、顧客の知識、経験、財産の状況および契約締結の目的に照らして、顧客に理解されるために必要な方法および程度によるものでなければならないとして、いわゆる適合性の原則が規定されています(同条2項)。「方法及び程度」の具体的な内容について法令上定めはありませんが、顧客の属性(知識、経験、財産の状況および契約締結の目的)に照らして当該顧客が的確に理解できるかによって判断されますので、たとえば、顧客の投資経験が豊富な場合と乏しい場合とで、説明の方法や程度を区別することは許されると考えられます（金融庁・証券取引等監視委員会「金融商品取引法の疑問に答えます」（平成20年２月21日）質問③参照）。

⑵　断定的判断の提供等の禁止

また、金融商品販売業者等は、顧客に対して当該金融商品の販売に係る事項について、不確実な事項について断定的判断を提供し、または確実であると誤認させるおそれのあることを告げてはならないとしています（金融商品販売法４条）。たとえば、金利、外国為替、株価等の指標について、必ず上がる、必ず儲かると告げる行為等が断定的判断の提供等に当たります。

このような行為は、顧客の金融商品の購入の是非の判断に大きな影響を与えることから、禁止されています。

4　損害賠償責任

上記の説明義務・断定的判断の提供等の禁止に違反した場合、金融商品販売業者等は損害賠償責任を負うこととされており（金融商品販売法５条）、元本欠損額等を損害の額とする推定規定が設けられています（同法６条１項）。

投資家が金融商品の購入等に関して損害を被ったことを理由として金融商品販売業者等に対して民法上の不法行為責任を追及する場合、①権利侵害（違法性）、②故意・過失、③権利侵害（違法性）と損害との間の因果関係、④損害額の主張・立証をしなければならないのが原則です（同法709条）が、これは容易ではありません。

他方、金融商品販売法では、金融商品販売業者等が重要事項を説明しなかったときまたは断定的判断の提供等を行ったときは、これによって生じた顧客の損害を賠償する責任を負うものとされ、損害額も推定されますので、顧客の主張・立証の負担が軽減されます。

5　勧誘方針の策定・開示

金融商品販売業者等は、金融商品の販売等に係る勧誘をするに際し、その適正の確保に努めなければならないものとされています（金融商品販売法８

条)。この努力義務を前提とした具体的な義務として、金融商品販売業者等は、金融商品の販売の勧誘をしようとするときは、あらかじめ、当該勧誘に関する方針を定めなければならないものとされています(同法9条1項)。

勧誘方針の具体的な内容としては、①勧誘の対象となる者の知識、経験、財産の状況および当該金融商品の販売に係る契約を締結する目的に照らし配慮すべき事項、②勧誘の方法および時間帯に関し勧誘の対象となる者に対し配慮すべき事項、③そのほか、勧誘の適正の確保に関する事項が規定されています(同条2項)。

上記各内容のうち、上記②の例としては、勧誘を受けることについての顧客の希望の有無の確認、不当に執拗な勧誘を行わないこと、不退去等の迷惑行為を行わないこと、顧客の求めや了解がない限り夜間の勧誘を行わないこと等を定めることが考えられています(畑中龍太郎ほか監修『銀行窓口の法務対策4500講Ⅰ　コンプライアンス・取引の相手方・預金・金融商品編』158頁)。

上記③の「勧誘の適正の確保に関する事項」については、たとえば、勧誘に関する意見・要望や照会・苦情の受付窓口の設置、連絡先や、勧誘の適正化のための社内研修体制の整備等が考えられていますが(松尾直彦監修、池田和世著『逐条解説　新金融商品販売法』188頁)、どのような事項を定めるかは金融商品販売業者等の自主的な判断に委ねられています。

また、勧誘方針を定めた場合、政令で定める方法により、これを公表することが求められます(同条3項)。

したがって、JAにおいても以上の勧誘に関する方針を定め、公表する必要があります。

Q 12 農協信用事業と独占禁止法

独占禁止法の規制のうち農協に関係が深いものは何ですか。また、それらと独占禁止法の適用除外との関係は何ですか。

A 独占禁止法は、公正かつ自由な競争を促進する観点から、事業者が、私的独占、不当な取引制限（価格カルテル、入札談合等の共同行為）、不公正な取引方法等の行為を禁止するとともに、事業者団体が、競争制限的な行為または競争阻害的な行為を行うことを禁止しています。他方で、農協の行為のうち、共同購入、共同販売等については、原則、独占禁止法を適用しないとしています。農協としては、独占禁止法の適用除外によって許容される行為とそうでない行為を見極め、独占禁止法の規制に違反することのないよう注意しなければなりません。

解　説

1　独占禁止法の規制の概要

私的独占の禁止及び公正取引の確保に関する法律（以下「独占禁止法」といいます）は、公正かつ自由な競争を促進し、一般消費者の利益および国民経済の民主的かつ健全な発展を確保する目的から、事業者が、私的独占、不当な取引制限、不公正な取引方法等の行為を行うことを禁止しています。このうち、特に農協に関係が深いものとして、不当な取引制限と不公正な取引方法があげられます。

まず不当な取引制限とは、事業者が他の事業と共同して、価格の引上げや生産・販売数量等について他の事業者と合意し、一定の取引分野における競争を実質的に制限することをいいます（同法2条6項）。たとえば、カルテルや入札談合が不当な取引制限の典型例です。事業者が相互に連絡をとり合い、本来、各事業者が自主的に決めるべき商品の価格や生産・販売数量などを共同で取り決める行為はカルテルに該当します。

次に不公正な取引方法とは、独占禁止法2条9項各号のいずれかに該当する行為のことを指し、特に農協に関係が深いものとして、取引拒絶、事業者団体における差別的取扱い、抱合せ販売、排他条件付取引、再販売価格の拘束、優越的地位の濫用などがあげられます。これらの具体的内容については後述します。

なお、このような事業者に対する行為規制に加え、事業者団体が価格等を取り決めることも事業者によるカルテルと同様に競争を制限することから、一定の取引分野における競争を実質的に制限する行為、参入制限行為や構成事業者の機能、活動を制限する行為等を事業者団体がすることも禁止されています（同法8条）。

違反に対しては、公正取引委員会は、排除措置命令を行うことができることに加え（同法7条、8条の2、20条）、不当な取引制限や不公正な取引方法に対しては一定の場合に課徴金納付命令を賦課することもできます（同法7条の2、20条の2～20条の6）。また、公正取引委員会は、独占禁止法違反の疑いがあるときは事業者等に対し警告を通じて指導を行い、独占禁止法違反につながるおそれのある行為がある場合には注意を発することができます。

2　不公正な取引方法の各類型について

不公正な取引方法の典型例としてあげられる各類型について、具体的内容は以下のとおりです。

- 取引拒絶……取引拒絶とは、不当に事業者が特定の事業者との取引を拒絶したり、第三者に特定の事業者との取引を拒絶させたりする行為をいいます。
- 事業者団体における差別的取扱い……事業者団体における差別的取扱いとは、事業者団体の内部においてある事業者を不当に差別的に取り扱い、その事業者の事業活動を困難にさせる行為をいいます。

・抱き合わせ販売……抱き合わせ販売とは、商品やサービスを販売する際に、不当に他の商品やサービスを一緒に購入させる行為をいいます。
・排他条件付取引……排他条件付取引とは、競合関係にある商品を取り扱わないことを条件として取引をすることをいいます。
・再販売価格の拘束……再販売価格の拘束とは小売業者等に自社製品の販売価格を指示する行為をいいます。
・優越的地位の濫用……優越的地位の濫用とは、取引上優越的地位にある事業者が、その地位を利用して取引先に対し正常な商慣習に照らして不当に不利益を与える行為をいいます。

3　適用除外制度

このように独占禁止法は、事業者および事業者団体に対し行為規制を課している一方で、農協の行為のうち、共同購入、共同販売、連合会および単位農協内での共同計算については同法の適用を除外する制度を設けています。これは、単独では大企業に伍して競争することが困難な農業者が、相互扶助を目的とした共同組合を組織して、市場において有効な競争単位として競争することを可能にするのは、同法が目的とする公正かつ自由な競争秩序の維持促進に積極的に貢献するものであると考えられるからです。

独占禁止法の適用除外を受けられるのは、農業協同組合法に基づき設立された連合会および農協が、①任意に設立され、かつ、組合員が任意に加入または脱退できること、②組合員に対して利益分配を行う場合には、その限度が定款に定められていることの各要件を満たしている場合です（独占禁止法22条、農業協同組合法８条）。また、前記のような不公正な取引方法を用いる場合や、一定の取引分野における競争を実質的に制限することにより不当に対価を引き上げることとなる場合には、適用除外とはなりません。たとえば、農協が事業者としての立場で他の事業者や農協と共同して、価格や数量の制限等を行うことにより不当に対価を引き上げることは不当な取引制限に該当し、適用除外を受けられません（独占禁止法22条但書）。

4　農協信用事業と不公正な取引方法

農協信用事業との関係で具体的にどのような行為が不公正な取引方法に該当するかは、公正取引委員会の「農業協同組合の活動に関する独占禁止法上の指針」が参考になります。同指針によれば、以下のような行為は不公正な取引方法に該当し違法となるおそれがあるとされています。

具体的には、農協が組合員に対し、信用事業の利用にあたって購買事業の利用を強制する行為は不公正な取引方法に該当するおそれがあります。たとえば、組合員が生産資材等を購入するための短期貸付金について、農協から飼料等の生産資材を必要量の全量または一定の割合・数量以上に購入するのを条件とすること（抱合せ販売）や、融資の条件として、商系事業者から農業機械を購入した場合には組合員または商系事業者から手数料を徴収するのを条件として融資をすること（排他条件付取引）などです。

同様に、農協が組合員に対し、信用事業の利用にあたって販売事業の利用を強制する行為も不公正な取引方法に該当するおそれがあります。具体的には、組合員への融資にあたり、組合員が農畜産物を農協系の加工業者のみに供給することを条件とすること（排他条件付取引）や、農協系の加工業者と競合する事業者と取引をしていることを理由に資金の供給を拒否すること（取引拒絶）などです。

この点たとえば、物的担保を有しない組合員に対し経営改善資金を融資するに際して、債権保全措置として農作物の出荷を農協に限定することの適法性が問題になります。公正取引委員会は、債権保全に必要な範囲内で融資にあたり条件をつけること自体が直ちに違法となるものではなく、債権保全に必要な範囲を超えた制限であるかどうかを、経営不振組合員の状況、他の債権保全の手段の有無、債権保全の必要性と制限された取引との関係等を勘案して、市場の競争に与える影響から判断するとしています（「「農業協同組合の活動に関する独占禁止法上の指針」（原案）に寄せられた主な意見の概要及びそれらに対する考え方」）。

Q 13 広告等の規制の概要

広告等を行う場合にどのような点に注意する必要がありますか。

A 不当景品類及び不当表示防止法（以下「景表法」といいます）は、実際よりも著しく有利な条件であると誤認させるような広告を禁止していますので、そのような広告を行わないようにする必要があります。JAバンクは、全国銀行公正取引協議会に参加していませんが同協議会の公正競争規約に準じて広告等を行うこととしています。

また、国債、投資信託等に関する広告を行う場合には、金融商品取引法が適用されることに留意が必要です（Q８参照）。

懸賞やプレゼントのキャンペーン（景品類の提供）を行う場合は、景表法による金額の制限の範囲内で行う必要があります。

解　　説

1　広告を行う場合

⑴　景 表 法

一般消費者に向けた広告を行う場合に、実際よりも著しく有利な条件であると誤認させるような表示をしないようにする必要があります（景表法５条２号）。全国銀行公正取引協議会の「銀行業における表示に関する公正競争規約」では、以下の規制を設けており、JAバンクもこれに準じて行うこととしています。

a　貯金の金利の表示

貯金の金利を記載して広告をする際、有利な条件だけを広告に記載し、逆に不利な条件は書かないこととした場合には、一般消費者に実際よりも有利な貯金であると誤認させるおそれがあります。このため、全国銀行公正取引協議会の「銀行業における表示に関する公正競争規約」では、預貯金等について金利を表示する場合、当該金利が適用されるための預入期間や預入金額等をあわせて記載することが求められています。たとえば、５年物の定期貯金について、「定期貯金1.0％」との広告をした場合に、「５年物」であることも同時に明記しないと、当該広告をみた一般消費者が１年物の定期貯金の金利が1.0％であると誤認するおそれがありますので、「５年物」であることも同時に明記する必要があります。

このほかにも、「銀行業における表示に関する公正競争規約」では、表示単位未満は切り捨てることや、税引前の利回りを記載する場合でも税引後の利回りを同時に表示すること等も求められています。

b　ローンの金利の表示

貯金の金利と同様、ローンの金利を記載して広告をする場合においても、一部の有利な条件だけを広告に書き、逆に不利な条件は書かない場合には一般消費者を誤認させるおそれがあります。「銀行業における表示に関する公正競争規約」では、ローンの金利を表示する場合、当該金利が適用される貸出期間や貸出金額、変動金利である場合にはその旨等をあわせて記載することが求められています。たとえば、変動金利のローンについて「金利3.0％」とだけ書いて広告を行った場合、広告をみた一般消費者が固定金利のローンであると誤認するおそれがありますので、「変動金利」であることもあわせて記載する必要があります。

貯金の金利とは逆に、「銀行業における表示に関する公正競争規約」では、表示単位未満は切り上げること等も求められています。

⑵　金融商品取引法

国債、投資信託等の登録金融機関業務に関する広告を行う場合には、金融商品取引法が適用されることに留意が必要です（Ｑ８参照）。

2　景品類の提供

景表法に基づき、景品類の提供には上限額がありますので、景品類を提供

図表13－１　景品規制の概要

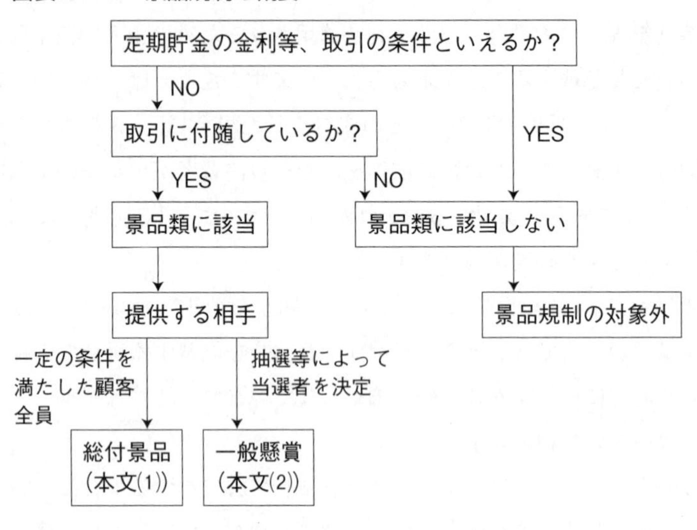

するキャンペーンを行う場合、その上限額の範囲内で行う必要があります（図表13－１参照）。

(1)　一定の条件を満たした顧客全員に提供する景品類（総付景品）

一定の条件を満たした顧客全員に景品類を提供する場合には、当該景品類は、

①　取引価額が1,000円未満の場合は200円以内

②　取引価額が1,000円以上の場合は取引価額の20％以内

とする必要があります（公正取引委員会告示「一般消費者に対する景品類の提供に関する事項の制限」）。

取引価額とは、顧客が当該キャンペーンの対象者になるために行う取引の額です。全国銀行公正取引協議会の「改正景品規約に関するQ&A」では、この場合の取引額は、預貯金等の場合は残高、貸出の場合は利息額によることとされています。たとえば、「１万円以上の貯金者に500円のギフト券をプレゼント」とのキャンペーンは可能です（１万円×20％＝2,000円が上限になります）。他方、「１万円以上のローン残高を有するお客さまに500円のギフ

ト券をプレゼント」とのキャンペーンができるかは金利や借入期間によります。たとえば、適用金利が１％以上で、１年以上の借入れを行った顧客に対象を限定した場合でも、支払う利息の最低額は1,000円未満になりうることから、景品類の上限は200円となりますので、500円のギフト券をプレゼントするキャンペーンはできません。

このほか、国債や投資信託については、日本証券業協会の「広告等に関する指針」において、受渡代金を取引額とすることとされています。

なお、「貯金口座を開設したお客さま」や「給与・年金振込の指定をしたお客さま」に景品類を提供する場合には、取引価額が確定しないことになり、そのような場合には「当該取引（貯金や給与振込等）について通常行われる取引の価額のうち最低のものを取引の価額として計算します（公正取引委員会事務局長通達「『一般消費者に対する景品類の提供に関する事項の制限』の運用基準について」)。貯金口座の開設については通常新規口座にどれくらいの金額が口座に入金されるかが基準となりますが、全国銀行公正取引協議会の「銀行業における景品類の提供の制限に関する公正競争規約」において1,500円までの景品類の提供を認めていることも参考になります（口座開設時に一定金額以上の入金があった顧客だけを景品類の提供の対象に限定する場合は当該一定金額を基準にして計算できます)。給与・年金振込について、全国銀行公正取引協議会の「改正景品規約に関するQ&A」では、当該口座の日中残高で計算してよいとされており、入金時点で日中残高が10万円になり、その日のうちに引き出されたために最終残高が10万円未満となっても取引価額を10万円としてよいとされています。

⑵　懸賞による景品類の提供（一般懸賞）

懸賞の場合には、抽選による方法、クイズの解答の正誤による方法、キャッチフレーズを募集して選考を行う方法が含まれます。

懸賞により提供する景品類については、

①　景品類の最高額（１人の顧客が受け取る可能性のある最も高い景品類の価額）が取引価額の20倍（ただし、10万円が上限）以内であり、かつ

② 景品類の総額（1つの懸賞企画で提供するすべての景品類の合計）が取引予定額の2％以内

とする必要があります（公正取引委員会告示「懸賞による景品類の提供に関する事項の制限」）。

たとえば、「100万円以上貯金したお客さまのなかから抽選で1名様に10万円をプレゼント」とのキャンペーンは可能です（ただし、上記②の条件を満たすため、当該キャンペーンにより500万円以上の貯金を集める見込みであることが前提となります）。他方、「100万円以上貯金したお客さまのなかから抽選で1名様に100万円をプレゼント」とのキャンペーンはできません（上記①のとおり、1人の顧客が受け取る可能性のある最も高い景品類の価額は10万円が上限となります）。

(3) 景品類に該当しないもの

景品類とは、顧客を誘引するための手段として、取引に付随して相手方に提供する物品、金銭その他の経済上の利益が該当します。

たとえば、定期貯金の金利上乗せ、手数料のキャッシュバック等は、取引の条件（定期貯金の金利、手数料の金額）ですので、景品類には該当しません。

また、いわゆるオープン懸賞（ウェブサイト等で企画内容を広く告知し、商品・サービスの購入や来店を条件とせず、ウェブサイト等で申し込むことができ、抽選で金品等が提供される企画）は、取引に付随しないため、景品規制が適用されていません。ただし、店舗で応募を受け付ける場合には、来店を誘引していることから、オープン懸賞には該当せず、一般懸賞の上限の範囲内で行う必要があります。

第３節　農協の他の事業との関係

Q 14　共済事業との関係

信用事業の取引を進めるにあたって共済事業の取引との関係で注意しなければならない点はどのような点ですか。

A　農業協同組合法（以下「農協法」といいます）11条の24第４号、同法施行規則22条９号に定める「共済契約を締結することを条件として共済契約者又は被共済者に対して信用を供与し、又は信用の供与を約していることを知りながら、当該共済契約者に対して当該共済契約の申込みをさせる行為」が禁止されていることに注意が必要です。また、信用事業に関する禁止事項として農協法11条の４第３号では、「利用者に対して、当該組合……（中略）……の営む業務に係る取引を行うことを条件として、信用を供与し、又は信用の供与を約する行為」があげられており、この「当組合の営む業務に係る取引」には当然共済事業も含まれます。また、同条４号、信用事業命令書10条の３第３号に定める「取引上の優越的地位を不当に利用して、取引の条件又は実施について不利益を与える行為」には不必要な共済契約の締結を行う行為なども含まれます。

また、私的独占の禁止及び公正取引の確保に関する法律（いわゆる「独占禁止法」）に定める不公正な取引方法に該当する場合も生じやすいので注意が必要です。

解　説

1　共済事業に係る禁止行為と信用事業

農協法には共済事業に係る禁止事項が規定されています（同法11条の24、同法施行規則22条）。このなかの施行規則22条9号に信用事業が関係する禁止事項があります。同号は、「共済契約を締結することを条件として共済契約者又は被共済者に対して信用を供与し、又は信用の供与を約していることを知りながら、当該共済契約者に対して当該共済契約の申込みをさせる行為」を禁止行為として定めています。

この規定で禁止されている行為は、①共済契約を締結することを条件としてその共済の契約者または被共済者に対して信用を供与したことを知って、その共済契約者に共済契約の申込みをさせる行為、②共済契約を締結することを条件としてその共済の契約者または被共済者に対して信用を供与することを約束していることを知って、その共済契約者に共済契約の申込みをさせる行為、です。この規定自体は共済事業に係る禁止行為として規定されていますが、信用事業の側からみれば融資等を行うこと（信用の供与）の前提として共済契約の締結を条件としてはならないということになります。

信用事業の融資取引と共済事業の生命共済や建物共済等は、密接な関係があります。たとえば、住宅ローンを融資する場合は団体信用生命共済への加入が条件となります。また、建物等を担保に融資をする場合は建物に火災保険（共済）を付して保険金（共済金）請求権に質権を設定することを条件とすることが多くあります。この禁止行為とこれらの融資条件とはどういう関係となるのでしょうか。

まず、住宅ローンの団体信用生命共済ですが、団体信用生命共済は住宅ローンの借入者を被共済者とする共済ですが、団体信用生命共済は住宅ローンを融資するJAが共済契約者となりJA全共連と契約するものです。この禁止行為は信用を供与するJAと共済契約の申込みを受けるJAが同一の場合を禁止するものですから、この規定の禁止行為には該当しません。

また、建物に火災保険（共済）を付して保険金（共済金）請求権に質権を設定することを条件としていることですが、この場合の融資の条件となっているのは火災保険（共済）の保険金（共済金）請求権に質権を設定することです。したがって、建物に付す保険（共済）はJAの共済でも他の保険会社の保険でもよいわけですから、この禁止行為には該当しません。ただ、住宅ローンの相談をしているやりとりのなかではJAの建物共済に加入することが条件と受け取られないように注意することは必要です。なお、住宅ローンの相談の際にJAの建物共済を推進することやJAの共済を利用した場合に融資の条件を優遇するというサービスはもちろん禁止されていません。JAの建物共済の利点をよく理解してもらい、キャンペーンなども工夫して住宅ローンと建物共済をあわせて契約できるように推進したいものです。

2　信用事業に係る禁止行為と共済業務

農協法には信用事業に係る禁止行為が規定されています（同法11条の４）。このなかには共済事業との関係を直接規定した禁止行為はありませんが、同条３号にはJAが行う他の事業で取引を行うことを条件に融資等の信用の供与を約束することが禁止されています。この規定の「他の事業」のなかに共済事業が含まれるのはいうまでもありません。この規定は、上述した共済事業の禁止行為に規定された内容を共済事業に限らずJAのすべての事業に広げて規定していることになります。

また、農協法11条の４第４号で委任された信用事業命令書10条の３第３号に定める「取引上の優越的地位を不当に利用して、取引の条件又は実施について不利益を与える行為」が禁止されています。これはJAが融資を行っているという強い立場を利用して、あえて条件の悪い共済契約の締結を迫る等の行為を行うことを禁止するものです。

3　独占禁止法と信用事業、共済業務

(1)　独占禁止法の適用除外の範囲

独占禁止法（正式には「私的独占の禁止及び公正取引の確保に関する法律」といいます）22条には一定の要件に合致する組合については、独占禁止法を適用しないと適用除外を定めています。さらに、農協法8条で農協およびその連合会は、独占禁止法22条1号および3号に掲げる要件を備える組合とみなすと規定され、JA等について独占禁止法が適用除外されることを明らかにしています。もっとも、適用除外といっても独占禁止法のすべてが適用除外されるわけではなく、適用が除外される範囲は「不公正な取引方法を用いる場合又は一定の取引分野における競争を実質的に制限することにより不当に対価を引き上げることとなる場合は、この限りでない」と限定され、これらの場合には独占禁止法は原則どおり適用されます（同法22条本文但書）。

(2)　不公正な取引方法と信用事業

独占禁止法では「不公正な取引方法」を用いることを禁止しています（同法19条）。この不公正な取引方法について、同法2条9項に定義が定められています。JAの信用事業との関係で問題となりやすいのは、融資を行っているという優越的な地位を利用して不当な行為を行うことです。たとえば、融資の条件として共済契約の締結を強要することは、「継続して取引する相手方に対して、当該取引に係る商品又は役務以外の商品又は役務を購入させること」（同法同条9項5号イ）に該当する可能性が高いでしょう。また、同項6号により不公正な取引方法として公正取引委員会が指定するもののなかの「抱き合わせ販売」（本来別々の取引として別個に契約できる取引について、不当に一緒に契約させる行為）なども融資取引と共済事業の取引を同じ利用者に対して同時期に行う場合に該当しやすいので注意が必要です。

独占禁止法で禁止されている不公正な取引方法に該当しないようにするには、信用事業の融資等と共済事業の取引とを利用者が自由に選択して取引できることをきちんと説明し理解を得て取引することが重要となります。

Q 15 経済事業との関係

信用事業を行ううえで経済事業の業務との関係で注意しなければならない点にはどのようなことがありますか。

経済事業と信用事業の関係に限定して取引を規制する規定は農業協同組合法（以下「農協法」といいます）等にはありません。しかし、Q14でも解説しましたが、信用事業に関する禁止事項として農協法11条の4第3号では、「利用者に対して、当該組合……（中略）……の営む業務に係る取引を行うことを条件として、信用を供与し、又は信用の供与を約する行為」があげられており、この規定の「当組合の営む業務」のなかには当然経済事業も含まれます。また、同条4号、信用事業命令書10条の3第3号に定める「取引上の優越的地位を不当に利用して、取引の条件又は実施について不利益を与える行為」には経済事業の取引で不必要な取引や条件的に不利な取引を行うことも含まれます。

また、私的独占の禁止及び公正取引の確保に関する法律（以下「独占禁止法」といいます）に定める不公正な取引方法のうち「抱き合わせ販売」などに該当する場合も生じやすいので注意が必要です。

解　説

1　農協法上の禁止事項

農協法には信用事業に係る禁止事項が規定されています（同法11条の4）。このなかには経済事業を明記した禁止事項はありませんが、同条3号にはJAが行う他の事業で取引を行うことを条件に融資等の信用の供与を約束することが禁止されています。この他の事業のなかに経済事業が含まれるのはいうまでもありません。

また、農協法11条の4第4号で委任された信用事業命令書第10条の3第3号に定める「取引上の優越的地位を不当に利用して、取引の条件又は実施について不利益を与える行為」が禁止されています。これは融資等の条件として他の事業の取引を行わせること以外で農協が融資を行っているという強い立場を利用して、不必要な物品の購入や手数料の高い委託販売などの取引を迫る等の行為を行うことを禁止するものです。

2　独占禁止法が禁止する不公正な取引方法

独占禁止法では「不公正な取引方法」を用いることを禁止しています（同法19条）。この不公正な取引方法について、同法2条9項に定義が定められています。JAの信用事業との関係で問題となりやすいのは、融資を行っているという優越的な地位を利用して不当な行為を行うことです。そのうち「継続して取引する相手方に対して、当該取引に係る商品又は役務以外の商品又は役務を購入させること」（同項5号イ）は、融資の条件として経済事業による取引を強要することなどが該当します。また、JAから物品を購入した場合にだけ融資に応じる等の対応を行うと、同項6号により不公正な取引方法として公正取引委員会が指定する事項に該当する場合があるので注意が必要です。特に次のような取引の類型には該当しやすいので特に注意が必要です。

【特に注意が必要な取引の類型】

①　抱き合わせ販売

相手方に対し、不当に、商品または役務の供給にあわせて他の商品または役務を自己または自己の指定する事業者から購入させ、その他自己または自己の指定する事業者と取引するように強制すること

②　排他条件付取引

不当に、相手方が競争者と取引しないことを条件として当該相手方と取引し、競争者の取引の機会を減少させるおそれがあること

③　拘束条件付取引

相手方とその取引の相手方との取引その他相手方の事業活動を不当に拘束する条件をつけて、当該相手方と取引すること

3　問題となりやすい事例

過去に公正取引委員会から警告や注意がなされた事例から問題となりやすい事例をあげると、次のようなものがあります。

⑴　農産物のJAへの全量出荷を貸出の条件とすること

たとえば、JAへ生乳を全量出荷している組合員農家にだけ融資するという取扱いをJA内部で定め、これを一律に適用する場合などが考えられます。

もっとも、貸出先の業況把握のためできるだけJAに出荷するように指導することは、借入者に強制しない限り適切な対応といえます。さらに全量出荷を融資の条件とする場合でも、それが借入者の事業再生をJAが支援するなかで合意された場合のように融資取引、経済取引上の合理的な理由がある場合にまで禁止されるものではないと考えられます。

⑵　JAから自動車を購入した組合員だけにマイカーローンを融資すること

JAから自動車を購入した組合員だけにマイカーローンの申込みを受け付けて融資を行い、他のカーディーラーから自動車を購入した組合員にはマイカーローンを対応しないという取扱いをJA内部で定め実施することなどです。

もっとも、JAから自動車を購入した者を貸付金利など融資の条件等で優位に取り扱うようなことは、その内容が一般的な商慣行からみて不当といえない程度であれば許されるでしょう。

第4節　利用者保護

Q16　金融ADR制度の概要

苦情等処理体制の整備および金融ADR制度の概要について教えてください。

A　顧客からの苦情等（相談、要望、苦情など）は、顧客の利益を保護するために重要なものであることもあり、JAバンクの現状のサービスに対する問題提起を含むものもありますので、丁寧に対処し、JAバンクのサービス向上に生かすことが必要です。そのために、顧客からの苦情等を適切に吸い上げ、関係部署にて共有するなどの苦情等処理体制の整備が重要となります。

JAバンクでは、指定紛争解決機関は存在しませんが、それに代替する措置を講じる必要があります。たとえば、第三者的立場で顧客の苦情等に対応する部署を設け、紛争解決が必要となった場合には、弁護士会等の第三者機関を顧客に紹介するなどの対応がとられています。

解　説

1　苦情等処理体制

預貯金等受入系統金融機関に係る検査マニュアル（以下「検査マニュアル」といいます）では、利用者からの問合せ、相談、要望、苦情（以下「苦情等」といいます）および紛争への対処が適切に処理されることの確保を求めています（検査マニュアル「利用者保護等管理態勢の確認検査用チェックリスト」参照）。

具体的には、

① 利用者保護等管理方針を整備し、同方針に利用者の苦情等の対処（以下「利用者サポート等」といいます）の適切性および十分性の確保に関する方針を記載する
② 利用者サポート等に係る情報を集約し、苦情等に対する対応の進捗状況および処理指示を一元的に管理する責任者を設置する
③ 利用者説明マニュアルを策定し、同マニュアルに苦情等に関する他部門の担当者等との連携の方針等を規定する
④ 利用者サポートマニュアルを策定し、同マニュアルに利用者サポート等の具体的な手続を網羅し、詳細かつ平易に規定する

ことなどの態勢整備が必要とされております。

顧客がJAバンクに対して苦情等を申し立てるときは、顧客が感情的に興奮していることもありますし、JAバンクにとって耳の痛い話もありえますので、これに対処する各担当者は精神的な負担を感じることもあると思われます。

しかし、自らの業務の問題点は自らではなかなか気づきにくいものですが、顧客からの苦情等は、JAバンクの現状のサービスに対する問題提起を含むものもあり、JAバンクのサービス向上をするためのきっかけともなりえます。

顧客が申し立てる苦情等を丁寧にヒアリングし、苦情等に至った背景事情や原因を分析するとともに、重要な苦情等については責任部署と協議のうえ、経営陣に報告をするなど、顧客からの苦情等をJAバンクの業務の向上に積極的に生かしていく（PDCAサイクルに利用していく）という姿勢が重要になります。

また、顧客からの苦情等への対応については、大別して、「苦情処理」と「紛争解決」の２つに分けられますが、両者は、相対的で相互に連続性を有するものとされています。したがって、JAバンクにおいても、利用者からの申出を形式的に「苦情処理」「紛争解決」に切り分けて個別事案に対処するのではなく、両者の相対性・連続性を勘案し、適切に対処していくことが重要です。

2　金融ADR制度

(1)　金融ADR制度の概要

平成21年に成立した金融商品取引法等の一部を改正する法律により、金融ADR制度が創設されました。金融ADR制度とは、行政庁が指定・監督する指定紛争解決機関が金融機関と利用者との間で生じたトラブルについて裁判外での苦情処理・紛争解決を図る制度です。

金融ADR制度は、金融分野における裁判外の簡易・迅速なトラブル解決のための制度を構築することにより、利用者にとって納得感のあるトラブル解決を通じ利用者保護の充実を図るとともに、金融商品・サービスに関する利用者の信頼を向上させることを目的として導入されました。

金融ADR制度の特徴は、①苦情処理手続・紛争解決手続の実施主体を行政当局が指定し行政当局の監督を受ける指定紛争解決機関とすることにより、公正中立なプロセスを担保するための措置が用意された点、②金融機関に対して法的な義務を課した点、③紛争解決手続に時効中断効を付与した点といった特徴があります。

(2)　JAバンクにおける対応

金融機関は、各業法に従い、指定紛争解決機関と手続実施基本契約を締結する義務があるとされていますが、JAバンクは、現時点においては、農業協同組合法に基づく指定紛争解決機関が存在しませんので、それにかわる苦情処理措置および紛争解決措置を講じる義務があるとされています。

具体的には、各JAは、苦情処理については各JAの営業店および金融部などの本部で苦情受付をするという措置を講じています。また、紛争解決手続については、各JAが提携する地域の弁護士会にて対応するとの措置が講じられているのが一般的です。

これらの措置は、各JAのホームページ等に紹介されていますが、顧客からの苦情等に真摯に対応しても顧客の満足が得られない場合などには、担当者はこれらの措置を顧客に伝えるべきでしょう。

Q 17 守秘義務の内容、個人情報保護との関係

守秘義務の内容および守秘義務と個人情報保護との関係を教えてください。

A 守秘義務とは、顧客との間で行った取引に関連して知りえた情報を、正当な理由なく、第三者にもらしてはならない、という義務です。守秘義務の対象には、個人情報だけでなく、法人情報も含みますが、公開された情報は守秘義務の対象となりません。

解　説

1　守秘義務の内容と根拠

JAバンクを含む金融機関は、顧客に対して守秘義務を負っているとされています。守秘義務とは、顧客との間で行った取引に関連して知りえた情報を、正当な理由なく、第三者にもらしてはならない、という義務です。

金融機関が守秘義務を負う法律上の根拠については、商慣習や信義則などいろいろな考え方がありますが、守秘義務は、道義的な努力義務ではなく法的な義務である、とされています。したがって、JAバンクが守秘義務に違反すると、顧客に対して損害賠償責任を負うこととなります。また、守秘義務に違反し、顧客情報を漏えいするなど顧客情報の管理が適切に行われていないJAバンクは、その信用に大きな傷がつくこともいうまでもありません。

2　守秘義務の対象となる情報

金融機関の守秘義務は、法人・個人を問わず、広く顧客に関する情報が対象となりえます。たとえば、①顧客の属性情報（住所、氏名、生年月日、連絡先など）、②取引状況に関する情報（預金残高、融資取引の内容など）、③信用

情報（融資返済状況、不渡情報など）、④金融機関による判断・評価情報などです。

ただし、①～④などの情報であっても公表されている情報は、守秘義務の対象になりません（ただし、後述の個人情報保護法の対象にはなりえます）。

3　守秘義務の例外

守秘義務は、①顧客の同意がある場合、②法令に基づく公的機関の調査による場合、③金融機関の業務上の必要性に基づく権利行使などの場合、といった正当な理由がある場合には、免除されると考えられています。

ただし、どのような場合に守秘義務が免除されるのか、法律上明確に定められているわけではなく、免除される場合に当たるかどうかがはっきりしない場合もあります。したがって、JAバンクの担当者は、業務上の必要性から顧客に関する保有情報を第三者に対して開示する場合であっても、顧客本人に確認して同意を得られる場合に限ることを原則とするべきです。なお、やむをえない理由により、上記例外に該当するとして、本人から同意を得ずに保有情報を第三者に対して開示する場合には、本部に相談するなどして慎重に対応するべきでしょう。

4　守秘義務が問題となる具体例

金融機関の業務において守秘義務が問題となる事例として、たとえば、以下の事例があります。

(1)　弁護士会照会

税務署や警察から税務調査や犯罪調査等の目的で、預金取引等に対する調査がなされることがありますが、この場合には、法令上の根拠がある調査であるため、これに応じても守秘義務違反にはならないと解されています（Q20参照）。

他方で、弁護士会から弁護士法23条に基づく照会がなされた場合、金融機関がこれに応じても守秘義務違反にならないかについては、古くから論点となっています。裁判例では、弁護士会照会に対しては、これに応じる公的な義務があるとされておりますので、弁護士会照会の内容が不当でない限り、これに応じても守秘義務にならないものと解されます。他方で、弁護士会照会の内容が不当なものでないかの判断が悩ましい場合もありますので、後日の紛争を避けるべく、顧客の同意を得てから照会に応じるという方法も検討に値します（ただし、顧客の同意取得を試みる場合は、照会があったという事実を顧客に伝えてよいかどうかについて事前に照会者（弁護士）に確認するべきでしょう）。

⑵　債権譲渡に伴う情報開示

金融機関が保有する債権を第三者に債権譲渡するにあたり、関係する当事者にどの程度情報開示を行ってよいかが問題となります。

金融機関が自らの権利・利益を守るために業務上必要な場合には、守秘義務は免除されると考えられていることは前述のとおりです。したがって、金融機関にとって債権譲渡を実行する必要性があり、開示する情報が当該取引に必要な範囲に限定されている場合には、開示が許容されるといえます。なお、債権譲渡に伴う情報開示の根拠については、債務者の黙示の承諾によるという説や①開示目的、②開示情報の内容、③情報主に与える影響、④情報の開示先、⑤情報の管理主体等を総合考慮して情報開示が正当化されるという説もあります。したがって、債権譲渡に伴う情報開示については、その必要性や許容性について個別に検討することが望まれます。

5　守秘義務と個人情報保護法の関係

守秘義務の対象は、個人情報に加えて、法人情報も含みますが、個人情報の保護に関する法律（個人情報保護法）の対象には、法人情報は含まれないという違いがあります。また、同法の対象には、公開された個人情報も含まれますが、守秘義務の対象には、公開された情報を含みません。

Q 18 個人情報保護

JAバンクが遵守するべき個人情報保護のルールを教えてください。

A 個人情報保護法は、個人情報の取得、利用、管理等の各段階について個人情報保護のための規制を設けています。JAバンクは、顧客の信用情報を含む要保護性が高い顧客情報を多数保有していますので、厳格な個人情報保護態勢を構築する必要があります。

解　説

1　個人情報保護に関する法令等

企業など、個人情報を取り扱う法人が、個人情報を適切に管理する必要があることは、個人の権利利益の保護のためにも重要ですが、わが国では、個人情報の保護に関して定める基本法として、個人情報の保護に関する法律（以下「個人情報保護法」といいます）があり、平成17年４月に施行されました。加えて、JAバンクは、主務大臣が定める個人情報保護に関するガイドラインも遵守する必要があります。同ガイドラインにおいては、個人情報保護法上の規制よりも一歩進んだ規制を加えています。

2　「個人情報」「個人データ」「保有個人データ」とは

個人情報保護法における「個人情報」とは、①生存する個人に関する情報であること、②当該情報により、特定の個人を識別できること（他の情報と容易に照合することができ、それにより特定の個人を識別できることを含みます）の２つをいずれも満たすものを指します。

したがって、JAバンクの業務においては、口座番号だけでも個人情報に該当することになります。すなわち、一般人が口座番号だけをみても「特定の個人を識別できる」とはいえませんが、口座を管理するJAバンクにて調査すれば、容易に口座の名義人が特定できます。このように、他の情報と容易に照合することができ、それにより特定の個人を識別することができる場合には、個人情報に該当します。

「個人データ」とは、「個人情報データベース等」を構成する個人情報をいいます。「個人情報データベース等」とは、個人情報を容易に検索することができるように体系的にまとめたもののことをいいます。

「個人データ」のうち、開示、内容の訂正、追加または削除、利用の停止および第三者への提供の停止のすべてに応じることのできる権限を有するものを「保有個人データ」といいます。

3　個人番号（マイナンバー）

個人番号とは、住民票をもとに国民一人ひとりに割り当てられた12桁の番号のことをいいます（Q19参照）。平成27年10月以降、「通知カード」の送付等により、住民票を有する個人に個人番号が通知されています。

金融業務においては、税の手続において個人番号を取り扱うことになります。たとえば、顧客がマル優の取引を開始する際に銀行に提出する非課税貯蓄申告書には個人番号を記載することになります。また、国外送金を行う際には、国外送金等調書の作成のために個人番号の提供を受けることになります。

なお、個人番号は、原則として、個人情報に含まれますが、個人情報が生存者の情報に限られるのに対し、個人番号は、死者の個人番号も含むとされています。

4　個人情報保護法の規制内容

個人情報、個人データ、保有個人データのいずれに当たるのかによって、図表18－1のとおり、個人情報保護法で規制される内容が異なります。

図表18－1　個人情報、個人データ、保有個人データ

（個人情報保護法の規定）		個人情報	個人データ	保有個人データ
第15条	利用目的の特定	○	○	○
第16条	利用目的による制限	○	○	○
第17条	適正な取得	○	○	○
第18条	取得に際する利用目的の通知等	○	○	○
第19条	データ内容の正確性の確保		○	○
第20条	安全管理措置		○	○
第21条	従業者の監督		○	○
第22条	委託先の監督		○	○
第23条	第三者提供の制限		○	○
第24条	保有個人データに関する公表等			○
第25条	開示			○
第26条	訂正等			○
第27条	利用停止等			○
第28条	理由の説明			○
第29条	開示の求めに応じる手続			○

(1)　個人情報を取得する場面の規制の概要

個人情報を取得する際には、不正な手段を用いてはならないとされています。第三者から個人情報を取得する際には、その第三者が不正な手段によって当該個人情報を取得していないかどうかも十分注意しなくてはなりません。自ら手を汚していなくとも、不正に取得された個人情報を取得し利用す

ることは許されません。

また、個人情報の取得に際しては、あらかじめ利用目的を公表している場合を除き、すみやかにその利用目的を本人に通知または公表することが義務づけられています。JAバンクにおいては、通常、ホームページ上のプライバシーポリシーにて、利用目的を公表しています。

さらに、契約書類などを通して、本人から直接書面で情報を取得する場合には、あらかじめ本人に利用目的を明示することが義務づけられています。したがって、JAバンクが顧客に契約書類やアンケート用紙に記入してもらい回収する場合などには、当該書類に利用目的を記載しておくなどの対応が必要になります。

なお、個人番号は、法律上認められた範囲以外で取り扱うことが禁止されています。したがって、銀行は、たとえ顧客が同意していたとしても、番号法で認められた範囲内でしか顧客の個人番号を取得や利用をすることができないということになります。

⑵ 個人情報の利用の場面の規制の概要

個人情報を取り扱う場合には、その利用目的を可能な限り特定し、利用目的を変更する場合は、変更前の利用目的と相当程度の関連性を有すると合理的に認められる範囲にとどめることが求められています。さらに、原則として、本人の同意がなければ、利用目的の達成に必要な範囲を超えて個人情報を利用することは禁止されています。

⑶ 個人情報の管理の場面の規制の概要

個人情報を取り扱う者は、利用目的の達成のために必要な範囲内において、個人データを正確かつ最新の内容に保つように努めることが求められています。

また、JAバンクは、個人データに関する安全管理措置を講じる必要があります。安全管理措置とは、「個人データの漏えい、滅失または毀損の防止、安全管理のための必要かつ適切な措置」のことをいいます。

(4) 個人情報の第三者提供の場面の規制の概要

個人情報保護法は、本人の同意なく個人データを第三者へ提供することを原則として禁止しています。ただし、①法令に基づく場合、②人の生命、身体または財産（法人の財産を含む）の保護のために必要がある場合であって、本人の同意を得ることが困難であるとき等の例外の場合には、本人の同意がなくても個人データを第三者へ提供することが可能です。

ここでいう「第三者」とは、原則として、個人データを扱う者および当該個人データの本人以外の者を指します。しかし、①利用目的達成に必要な範囲内での業務委託、②合併等による事業承継、③特定の者との間での共同利用、の各場合の提供先は、「第三者」に当たらないとされています。③に関しては、共同利用する個人データの項目、共同利用者の範囲、利用目的と個人データの管理責任者の氏名または名称を、あらかじめ本人に通知し、または本人が容易に知りうる状態に置いていることが必要とされていますが、JAバンクでは、共同利用する場合には、通常、ホームページ上のプライバシーポリシーにて共同利用について公表しています。

(5) 個人情報について本人から開示等を要求された場合

「保有個人データ」に関して、本人から開示を求められた場合、基本的に本人の求めに応じなければなりません。ただし、①本人または第三者の権利利益を害するおそれがある場合、②事業者の業務の適正な実施に著しい支障を及ぼすおそれがある場合（具体例として、開示により重要な企業秘密が明らかになってしまう場合等があげられます）、③他の法令に違反する場合には、開示する必要はありません。

(6) 従業者および委託先の監督

個人データの安全な管理が図られるように、適切な内部管理態勢を構築し、その従業者に対する必要かつ適切な監督を行わなければなりません。また、利用目的の達成に必要な範囲内で個人情報の管理を外部に委託する場合には、本人の同意が不要となることは上記(4)のとおりですが、外部委託先が適切に個人情報の管理ができるか等について監督をする必要があります。

⑺　センシティブ情報に関する規制

個人情報のなかには、社会的な評価にかかわったり、極端な場合、差別につながったりする情報など、一般的に他人に知られることを欲しない情報があります。このような情報を「センシティブ情報」と呼び、ガイドラインでは特別の規制を設けています。

すなわち、ガイドラインでは、センシティブ情報を、「政治的見解、信教（宗教、思想及び信条をいう）、労働組合への加盟、人種及び民族、門地及び本籍地、保健医療及び性生活、並びに犯罪歴に関する情報」と定義し、その取得、利用、または第三者提供を原則として禁止しています。

なお、新聞や官報などに掲載された公になっている情報については、センシティブ情報に当たらないとされています。

⑻　情報漏えい時の対応

ガイドライン等では、金融機関において個人情報の漏えい等が発覚した場合、二次被害防止、類似事案の発生回避の観点から、以下のような対応をとることを求めています。

① 監督当局に直ちに報告すること

② 二次被害の防止、類似事案の発生回避等の観点から、漏えい等の事実関係および再発防止策等を早急に公表すること

③ 漏えい等の対象となった本人に、すみやかに漏えい等の事実関係の通知を行うこと

「漏えい等」には、「漏えい」だけでなく、「滅失」と「毀損」を含みます。

Q 19　個人番号（マイナンバー）の取扱い

個人番号（マイナンバー）の取扱いで留意すべき点を教えてください。

A　JAバンクなどの金融機関が顧客から個人番号（マイナンバー）の提出を受けて、マイナンバーを取り扱う主な場面は、預金取引のマル優制度、証券取引の特定口座・NISA口座などの税の手続となります。個人番号は、法律で認められた場合しか取得・利用できない、法律で認められた利用場面がなくなったら廃棄しなければならない、取得の際には本人確認手続が必要である、個人情報より厳格な管理が求められるなど、個人情報と異なる規制が適用されることに留意して取り扱う必要があります。

解　説

1　個人番号制度導入の背景

平成25年５月、行政手続における特定の個人を識別するための番号の利用等に関する法律（以下「番号法」といいます）が成立し、平成28年１月から、個人番号制度（いわゆるマイナンバー制度）がスタートしました。従前の制度のもとでは、国の行政機関や地方公共団体等の間で情報のやりとりがなされる際、それぞれの機関内で住民票コード、基礎年金番号、医療保険被保険者番号など、それぞれの番号で個人の情報を管理していたため、機関をまたいだ情報のやりとりでは、個人の特定に時間と労力を費やしていました。そこで、社会保障、税、災害対策の３分野について、分野横断的な共通の番号を導入することで、個人の特定を確実かつ迅速に行い、これにより、行政の効率化、国民の利便性向上、さらに公平・公正な税・社会保障制度を実現するため、この制度が導入されました。また、同様の目的から、法人番号の制度もスタートしました。

社会保障、税、災害対策の行政手続においては民間事業者も一定程度関与することから、民間事業者も個人番号や法人番号を利用することになります。金融機関（信用事業を営むJAバンクを含みます）も、主に税の分野において個人番号・法人番号を業務上利用することになります。

2　個人番号とは

「個人番号」とは、住民票をもとに国民一人ひとりに割り当てられた12桁の番号のことをいいます。平成27年10月以降、「通知カード」により、住民票を有する個人に個人番号が通知されています。

通知カードの交付を受けた個人は、通知カードに同封されている申請書を市町村に送付し、本人確認手続等を経ることにより、個人番号カードの交付を受けることができます。この個人番号カードは、運転免許証などと同様に、犯罪による収益の移転防止に関する法律等の取引時確認手続のために書類として利用することができます。

各人に付与された個人番号は、原則として、一生涯、変更されません。例外としては、個人番号が情報漏えいして、不正に用いられるおそれがある場合は、住民本人からの請求または市区町村長の職権により、個人番号を変更することができるとされています。

3　金融機関が個人番号を取り扱う場面

金融業務においては、前述のとおり、主に税の手続において個人番号を取り扱うことになりますが、預金業務では、マル優制度、勤労者財産形成貯蓄非課税制度等、金融商品販売業務では、特定口座の開設、NISA・ジュニアNISA口座の開設等などがあげられます。

具体的には、たとえば、マル優制度とは、障害者手帳の交付を受けている方や遺族年金を受給されているなど一定の条件を満たした方のみが利用でき、預貯金の元本350万円までの利子が非課税になる制度ですが、このマル優制度を利用しようとする顧客は、金融機関に対して非課税貯蓄申告書等を提出する必要があります。個人番号制度が開始された後は、非課税貯蓄申告書等の書類に個人番号を記載することとされています。

4　個人情報と個人番号との違い

個人情報とは、個人が特定できる情報を指しますが（Q18参照)、個人番号も個人を特定する情報ですので、原則として、個人番号単体でも個人情報に該当します（例外は、個人情報は生存する個人についての情報ですが、個人番号は死者の個人番号も含まれるため、死者の個人番号は、個人情報に該当しません)。

また、通常、個人番号は、氏名、住所などの他の個人情報とともに利用されることになりますが、個人番号をその内容に含む個人情報を「特定個人情

図表19－1　個人情報と特定個人情報・個人番号の法令上の規制の主な違い

	個人情報	特定個人情報、個人番号
取　得	利用目的を明示等して取得すれば、原則として、取得自体に制限なし（センシティブ情報等を除く）	法令で取得できる場面が限られている 取得にあたり本人確認手続が必要となる
利　用	明示等をした利用目的の範囲で利用できる	法令で利用できる場面が限られている
第三者提供	本人の同意があれば提供可能	法令で第三者に提供できる場面が限られている
安全管理措置	組織的安全管理措置 人的安全管理措置 技術的安全管理措置　など	組織的安全管理措置 人的安全管理措置 物理的安全管理措置 技術的安全管理措置　など 管理レベルが個人情報より加重されている
保　管	保管期間に制限なし（注）	法令で定める利用場面が終了したら、廃棄しなければならない

（注）　平成27年９月に成立した改正個人情報保護法では、利用する必要がなくなった場合には消去する努力義務が課せられることとなりました。

報」といいます。

個人番号、特定個人情報は、図表19－1のとおり、個人情報よりも規制が上乗せされています。

5　個人番号の取得の場面

(1)　利用目的の制限

金融機関は、前述のとおり、主に税の手続において個人番号を取り扱うことになりますが、税の手続に利用するという番号法上認められた範囲以外で個人番号を取り扱うことが禁止されています。したがって、金融機関は、たとえ顧客が同意していたとしても、番号法で認められた範囲内でしか顧客の個人番号を取得することができません。

(2)　本人確認

金融機関は、顧客から個人番号を取得する際には、本人確認書類の提示を受けるなどして、必ず本人確認をしなければなりません。この本人確認とは①番号確認（提供を受ける個人番号が正しい番号であることの確認）と②身元確認（個人番号を提供する者が個人番号の正しい持ち主であることの確認）を指します。①番号確認をするための書類としては、個人番号カード、通知カードなどがあり、②身元確認をするための書類としては、個人番号カード、運転免許証、パスポートなどがあります。したがって、個人番号カードであれば、①②の確認を１枚ですますことが可能です。

6　個人番号の利用の場面

個人情報の保護に関する法律（以下「個人情報保護法」といいます）のもとでは、本人の同意があれば、個人情報をさまざまな目的で利用することが可能です。しかし、個人番号については、番号法上、本人の同意の有無にかかわらず、番号法で認められた範囲以外で個人番号を利用することが禁止されています。

たとえば、特定口座の開設のときに書類に記載された個人番号については、その顧客の同意があったとしても個人番号を顧客管理のための顧客番号として使うなどの他の目的で利用することはできません。

7　個人番号の保管・廃棄の場面

個人情報保護法上、個人情報の保管期限は特に定められていません（ただし、平成27年９月に成立した改正個人情報保護法では、利用する必要がなくなった場合には消去する努力義務が課せられることとなりました）。しかし、番号法上、特定個人情報は、番号法上認められる場合を除き、保管してはならないとされています。

したがって、金融機関は、業務に必要がなくなった場合には、個人番号が記載された書類等を廃棄しなければなりません。

8　「法人番号」とは

「法人番号」とは、株式会社等の法人等に対して指定される13桁の番号のことをいいます。個人番号と異なり、法人番号は国税庁のホームページ上で公開され、だれでも自由に用いることができます。したがって、法人番号については、個人番号のような厳格な安全管理措置を講ずる必要はありません。

金融機関は、法人による証券取引や、法人預金等で法人番号を取り扱います。

9　今後の展望

マイナンバー制度はまだ始まったばかりであり、今後制度自体が大きく変わる可能性があります。まずは、平成30年から預金口座への個人番号の任意での付番が始まる予定です。その後の預金口座への付番状況をふまえながら、預金口座への個人番号の付番の義務化も検討されています。

したがって、金融機関が個人番号を扱う業務の範囲は今後拡大する可能性があります。

Q 20 法令等に基づく情報開示の依頼と守秘義務

税務署、警察、裁判所、弁護士会などからの照会に応じて顧客情報を提供することは守秘義務違反になりますか。

A 金融機関が、税務署や警察の調査・捜査、裁判所の文書提出命令や文書送付嘱託、弁護士会照会などの法令上の権限に基づいて行われる照会に対して、顧客情報（顧客との取引内容に関する情報や顧客との取引に関して得た顧客の信用にかかわる情報）を回答することは、原則として守秘義務違反とはなりません。

なお、JAは個人情報取扱事業者に該当し、原則として本人の同意なく第三者に対して個人データを提供してはなりませんが、以上の照会に応じて個人である顧客の個人データを提供することは、個人情報保護法違反にもなりません。

解　説

1　金融機関が負う守秘義務

JAを含む金融機関は、法律上明文の規定はないものの、顧客との取引内容に関する情報や顧客との取引に関して得た顧客の信用にかかわる情報などの顧客情報につき、商慣習上または契約上、当該顧客との関係において守秘義務を負い、その顧客情報をみだりに外部にもらすことは許されません（最高裁判所平成19年12月11日決定・最高裁判所民事判例集61巻9号3364頁）。そこで、いかなる場合であれば、みだりに外部にもらしたと評価されず、適法な情報提供ということができるかが問題となります。

この点については、守秘義務が顧客に対する義務であることから、少なくとも当該顧客から情報の開示について同意を得ている場合には守秘義務違反とはならないと考えられていますが、これ以外に、どのような場合に守秘義務違反とならず情報を外部に提供できるかについては、個別具体的な場面ごとの事情を総合的に考慮し、利益衡量により決すべきと考えられています。

2　税務署や警察などの公的機関からの照会

税務署や警察、証券取引等監視委員会、労働基準監督署など、行政調査や捜査を担当する当局からの照会には、大きく分けて、裁判所の発布する令状を得るなどの厳格な要件のもとに行われる強制調査（強制捜査）と、任意調査（任意捜査）の２種類があります。強制調査（捜索・差押え等）は、相手方の同意の有無によらず強制的に行われます。これに対して、任意調査は、相手方の同意を得て行うものであり、調査の相手方に対して、直接、物理的な強制をすることはできません。もっとも、任意調査のなかにも、純然たる任意のもののほか、非協力者に罰金等の不利益を与えるかたちで間接的に協力を強制するものがあります（国税通則法74条の２、127条２号・３号、129条１項、金融商品取引法26条１項、205条５号・６号等）。

(1)　強制調査の場合

強制調査には、国税犯則取締法２条に基づくいわゆる査察、刑事訴訟法208条１項に基づく犯罪捜査のための捜索・差押えなどがあります。

強制調査が行われる場合、JA側の判断と無関係に調査が行われるため、もとより守秘義務違反の問題は生じません。むしろ、JAとしては調査に積極的に協力する必要があるものといえます。

(2)　任意調査の場合

任意調査には税務調査のための質問検査（国税通則法74条の２）、滞納処分のための質問検査（国税徴収法141条）、犯罪捜査のための任意捜査（刑事訴訟法197条１項本文）などがあります。

任意調査が行われる場合、調査はJAの同意を得て行われますので、強制捜査の場合と異なり、JAにも判断の余地があるといえ、守秘義務違反の問題がおよそ生じないとまではいえません。もっとも、こうした任意調査は、類型的に公益上の必要性に基づいて行われるものであることや、これに応じなければ罰則等の不利益が課されるものもあることから、実務上は、任意調査に応じて情報提供を行うことも守秘義務違反とはならないものとして運用されています。

もっとも、たとえば、調査機関から説明された任意調査の目的との関係で過度に広範な資料提出の要求などがあった場合には、上記の公益上の必要性に疑念が生じる結果、守秘義務違反のおそれが皆無とはいえないこととなりますし、JAに無用の負担が生じることになります。こうした場合、調査機関に対して、資料提出の範囲の限定などを働きかけることも一考に値します。

3　裁判所からの文書提出命令に対する対応

訴訟において当事者の一方から文書提出命令の申立てがあり、裁判所がその申立てに理由があると認めるときは、文書の所持者に対して、文書の提出を命令することができます（民事訴訟法223条1項）。文書の所持者が第三者である場合には、文書提出命令を発令する前に、その第三者の意見を聞く必要があります（同条2項）。

JAが保有する資料について、文書提出命令が申し立てられることがあり、この場合、JAは、顧客に対する守秘義務の対象となる文書に該当しないかを検討したうえで、裁判所に対して提出を拒む旨の意見を提出する必要がないかを判断することとなります。

なお、金融機関が開示を求められた顧客情報について、そもそも、当該顧客自身が民事訴訟の当事者として文書提出義務（同法220条各号）を負うような場合には、当該顧客は上記顧客情報につき金融機関の守秘義務により保護されるべき正当な利益を有さず、金融機関は、訴訟手続において上記顧客情報を開示しても守秘義務には違反しないとされています（前掲最高裁判所平成19年決定）。したがって、少なくともこのような場合には、JAとしては、顧客に対する守秘義務の観点では文書提出命令を拒む必要がないこととなります（守秘義務の対象とならなくとも、金融機関としての「技術または職業の秘密に関する事項などが記載されている文書」（同法220条4号ハ、197条1項3号参照）または「専ら文書の所持者（JA）の利用に供するための文書」（同法220条4号ニ参照）に該当する場合、これらの観点から提出を拒絶することは考えられます）。

なお、ひとたび文書提出命令が発令された場合、命令に従わない場合は、20万円以下の過料に処されることとなりますので（同法225条）、JAとしては命令に従わないという選択肢はとりがたいですし、命令に応じて提出することは守秘義務違反の問題を生じないものと解されます。

4　弁護士会からの弁護士法23条の2に基づく照会に対する対応

弁護士は、受任している事件について、所属弁護士会に対し、公務所または公私の団体に照会して必要な事項の報告を求めることを申し出ることができ、弁護士会は、この申出に基づき、公務所または公私の団体に照会して必要な事項の報告を求めることができるとされています（弁護士法23条の2、以下「弁護士会照会」といいます）。

弁護士会照会は、以上のとおり法的な根拠を有するものであり、これに応じて情報を提供することは顧客に対する守秘義務に違反しないものと解されますが、他方で、照会に応じなくとも特段の罰則等は適用されません。そのため、申請を行った弁護士自身が代理する本人やその被相続人の取引履歴など、守秘義務の観点から問題が生じないものはともかく、第三者に関する情報を求める照会については、原則として応じない（第三者から同意が得られた場合にのみ応じる）という金融機関が多いようです。

もっとも、近時は、各地の弁護士会と金融機関の間で、金融機関に対する弁護士会照会が機能不全に陥っているとの問題意識が共有されつつあり、金融機関のなかには、弁護士会との間で、特に照会の必要性が高い有債務名義債権（直ちに執行可能な債権）が存在する場合に限るなどしたうえで、債務者の口座情報の照会があった場合にはこれに応じることなどを内容とする協定を締結する動きが現れつつあるようです。

5　個人情報保護法との関係

JAは個人情報取扱事業者に該当し、原則として本人の同意なく第三者に対して個人データを提供してはなりません（個人情報の保護に関する法律（以下「個人情報保護法」といいます）23条1項柱書)。ただし、例外として、「法令に基づく場合」には個人データの提供が許されます（同項1号)。

以上の2～4に述べた各場合は、いずれも「法令に基づく場合」に該当するため、個人情報保護法違反とはなりません。言い換えると、JAは個人情報保護法違反を理由に顧客の個人データの提出を拒むことはできないことになります。

Q 21 銀行（JA）間の信用照会と守秘義務

JAが、他のJAや銀行などの金融機関からの信用照会に応じ顧客の信用情報を提供することが、顧客に対して負う守秘義務に違反することにならないか教えてください。また、提供した情報が誤っていた場合、JAは回答先の金融機関に対して民事責任を負いますか。

A JAが、他のJAや銀行からの信用照会に応じて顧客情報を提供することは、①信用照会自体が、商慣習上、金融機関間で認められてきていること、②金融機関の業務上の必要性に基づくものであること、③顧客情報が金融機関間にとどまっている分には、依然、外部に顧客情報が拡散していくおそれがないことなどを理由に、原則として顧客に対して負う守秘義務に反しないものと考えられています。

提供した情報が誤っていた場合、少なくとも回答を行ったJAが軽過失の場合には、民事責任を問われるおそれは高くないものと考えられます。

解　説

1　金融機関が負う守秘義務

JAを含む金融機関は、顧客との取引内容に関する情報や顧客との取引に関して得た顧客の信用にかかわる情報などの顧客情報につき、法律上明文の規定はないものの、商慣習上または契約上、当該顧客との関係において守秘義務を負い、その顧客情報をみだりに外部にもらすことは許されません（最高裁判所平成19年12月11日決定・最高裁判所民事判例集61巻9号3364頁）。

2　信用照会制度

金融機関間では、その金融機関と当座預金取引がある顧客が振り出した手形または小切手の支払能力につき他の金融機関から照会を受けた場合には、その支払能力の有無を回答することとされています。こうした照会は、一般に「信用照会」と呼ばれており、顧客から手形割引のため手形を持ち込まれた金融機関が、手形の決済の見込みについて情報を得る目的などで利用されています（なお、個人情報の保護に関する法律の施行に伴い、現在は、個人を対象とする信用照会は行われておりません）。

金融機関が信用照会に応じて回答する内容は、業務内容、売上げ、仕入先、販売先、取引預貸金の科目、取引状況、過去の手形事故の有無、手形決済の見込みなどです。信用照会に対して回答する場合、以上のような、金融機関が顧客に関して保有する情報のなかでも特に守秘性が高い情報を提供することとなるため、信用照会に回答することが金融機関が顧客に対して負う守秘義務に反しないかが問題となります。

3　信用照会と守秘義務

信用照会と守秘義務の関係については、一般に、①信用照会自体が、商慣習上、金融機関間で認められてきていること、②金融機関の業務上の必要性に基づくものであること、③顧客情報が金融機関間にとどまっている分には、各金融機関が、第三者（非金融機関）との関係では、依然、顧客に対して守秘義務を負っており、外部に顧客情報が拡散していくおそれがないことなどを理由に、信用照会に応じることは守秘義務には違反しないと考えられています（東京地方裁判所昭和31年10月９日判決・金融法務事情121号３頁等）。なお、当然のことながら、金融機関以外の私人に対して開示することは、顧客に対する守秘義務違反となりえます。

4　回答を行った金融機関の民事責任

金融機関が信用照会に応じて行った回答内容が誤っていた場合、その金融機関は回答先の金融機関に対して不法行為責任を負うのでしょうか。

この点について、過去の裁判例では、信用照会については、回答を行った金融機関の責任を問わないという慣行が存在していることを理由に、その回答に誤りがあったとしても回答を行った金融機関は責任を負わないとしているものが存在します（前掲東京地方裁判所判昭和31年判決、東京地方裁判所昭和39年４月21日判決・金融法務事情377号７頁等参照）。また、信用照会が、その回答を外部に漏えいしないという慣行のもとで運用されていることを理由に、回答先の金融機関から回答結果の伝達を受けた第三者が誤った回答内容によって損害を被ったとしても、回答を行った金融機関には、第三者の損害について予見可能性がなく、相当因果関係がないことから責任を負わないとしたものも存在します（東京地方裁判所昭和55年１月31日判決・判例時報973号107頁）。

以上のような裁判例の傾向に照らすと、少なくとも回答を行った金融機関が軽過失の場合には、その金融機関が民事責任を問われるおそれは高くないように思われます。他方で、抜け駆け的に債権回収を図ろうとするなどの不当な理由により、故意に誤った情報を提供したというような場合や、故意までは認められないものの回答の誤りについて重過失が認められるような場合には、民事責任を負うこともありうるため、留意が必要です。

第5節　反社会的勢力との関係遮断

Q22　反社会的勢力との関係遮断

反社会的勢力とは何ですか。JAバンクは、反社会的勢力との関係遮断に向けて、どのような態勢整備に取り組む必要がありますか。

A　反社会的勢力には明確な定義はなく、各金融機関において関係を遮断すべき対象を「反社会的勢力」として定める必要があります。その際、属性要件のみならず行為要件にも着目することが重要となります。さらに、新規取引の謝絶と既存取引の解消の場面でどの範囲の者まで謝絶・解消が可能かといった観点から、たとえば「ブラック先」「グレー先」に分類する等、きめ細かな分類をすることが適切です。

反社会的勢力との関係遮断に向けた態勢整備においては、①組織としての対応、②反社会的勢力対応部署による一元的な管理態勢の構築、③適切な事前審査の実施、④適切な事後検証の実施、⑤反社会的勢力との取引解消に向けた取組みを行うよう留意が必要です。

解　説

1　反社会的勢力との関係遮断に関する社会・金融業界の動向

企業の反社会的勢力排除に関しては、従来、日本経済団体連合会の企業行動憲章、全国銀行協会の行動憲章のほか、多くの企業の企業倫理規程等に、反社会的勢力と対決する旨が盛り込まれていました。もっとも、これらは、反社会的勢力からの不当要求に対し毅然と対応するといった有事の対応（企業防衛）をいうものでした。

そのようななか、平成19年6月19日に、「企業が反社会的勢力による被害を防止するための指針について」(以下「政府指針」といいます)が公表されます。同指針は、従来のような有事の対応にとどまらず、平時の局面において、そもそも反社会的勢力の取引社会への参加を許さない、具体的には新規取引を謝絶し既存取引は解消するという意味での「反社会的勢力との関係遮断」を企業に求めるものとなっていました。

この政府指針の公表が契機となり、日本経済団体連合会の企業行動憲章や、金融庁の「主要行等向けの総合的な監督指針」「中小・地域金融機関向けの総合的な監督指針」、農林水産省の「系統金融機関向けの総合的な監督指針」などが相次いで改正され、同指針で示された「反社会的勢力との関係遮断」の考え方が導入されました。

また、全国銀行協会が、同指針をふまえ、平成20年11月と平成21年9月に銀行取引約定書や普通預金規定等に盛り込む暴力団排除条項の参考例を作成し、平成23年6月に同参考例の改正(暴力団を離脱してから5年経過しない者や共生者の排除対象者への追加)をしたことを契機として、銀行、JAバンク、信用組合、信用金庫等において暴力団排除条項の導入が浸透しました。

以上のような経緯を経て、企業・金融業界の反社会的勢力排除の取組みは、従来の不当要求への対応(企業防衛)のみのものから、平時の局面における関係遮断(新規取引の謝絶・既存取引の解消)をも含むものへと移行し、現在に至っています。

さらに、平成23年10月1日には、全国47都道府県において暴力団排除条例が施行されるに至り、企業・金融業界をめぐる反社会的勢力との関係遮断に向けた態勢整備の要請は、現在いっそう大きなものとなっています。

2 反社会的勢力とは

前記のとおり、政府指針や監督指針には反社会的勢力との関係遮断に関する記載はあります。しかし、「反社会的勢力」の定義については、「暴力、威力と詐欺的手法を駆使して経済的利益を追求する集団または個人である」との記載があるものの、これだけではどのような者が「反社会的勢力」に該当するかは必ずしも明確ではありません。また、平成26年6月19日の全国銀行協会会長の記者会見においては、「反社会的勢力の明確な定義が金融機関のなかにあるわけではない」と言及されています。

このように、「反社会的勢力」とは明確な定義がある概念ではなく、各金融機関は、自らにおいて関係を遮断すべき対象を「反社会的勢力」として定める必要があります。それに際しては、たとえば、政府指針や全国銀行協会作成の暴力団排除条項の参考例における属性要件および行為要件に着目した下記の整理等が参考になります。

○属性要件

① 暴力団

② 暴力団員

③ 暴力団員でなくなった時から5年を経過しない者

④ 暴力団準構成員

⑤ 暴力団関係企業

⑥ 総会屋等

⑦ 社会運動等標ぼうゴロ

⑧ 特殊知能暴力集団等

⑨ その他これらに準ずる者

⑩ 共生者（以下のいずれかの者）

・暴力団員等が経営を支配していると認められる関係を有する者

・暴力団員等が経営に実質的に関与していると認められる関係を有する者

・自己、自社もしくは第三者の不正の利益を図る目的または第三者に損害を加える目的をもってするなど、不当に暴力団員等を利用していると認められる関係を有する者

・暴力団員等に対して資金等を提供し、または便宜を供与するなどの

関与をしていると認められる関係を有する者
・役員または経営に実質的に関与している者が暴力団員等と社会的に非難されるべき関係を有する者

○行為要件
① 暴力的な要求行為を行う者
② 法的な責任を超えた不当な要求行為を行う者
③ 取引に関して、脅迫的な言動をし、または暴力を用いる行為を行う者
④ 風説を流布し、偽計を用いまたは威力を用いて貴行の信用を毀損し、または貴行の業務を妨害する行為を行う者
⑤ その他前各号に準ずる行為を行う者

さらに、関係を遮断すべき対象を「反社会的勢力」として定める場合には、「新規取引の謝絶」と「既存取引の解消」のそれぞれの場面においてどの範囲の者まで謝絶・解消が可能かといった観点から、「反社会的勢力」につき、きめ細かな分類をすることが適切です。具体的には、反社会的勢力を「ブラック先」と一括りにするのではなく、たとえば、「新規取引は謝絶し、既存取引は判明すれば直ちに解消する」対象である「ブラック先」と、「新規取引は原則謝絶し、既存取引は判明すれば解消に向けた準備（モニタリングを含む）を行う」対象である「グレー先」とに分類すること等が考えられます。

3　反社会的勢力との関係遮断に向けた態勢整備

JAバンクは、反社会的勢力との関係遮断に関する社会・金融業界の前記の動向もふまえつつ、系統金融機関として公共の信頼を維持し、業務の適切性および健全性を確保するとの観点から、反社会的勢力との関係遮断に向けた態勢整備に取り組む必要がありますが、その際には、政府指針や「系統金融機関向けの総合的な監督指針」を勘案し、以下の点に留意することが必要

です。

(1) 組織としての対応	・担当者や担当部署だけに任せることなく理事等の経営陣が適切に関与し、組織として対応する。 ・JA単体のみならず、JAバンク一体となって、反社会的勢力の排除に取り組む。
(2) 反社会的勢力対応部署による一元的な管理態勢の構築	・反社会的勢力との関係遮断の対応を総括する部署（反社会的勢力対応部署）を整備し、一元的な管理態勢を構築し、機能させる。一元的な管理態勢の構築にあたっては、以下の点等に留意する。 ① 反社会的勢力対応部署における反社会的勢力に関する情報の積極的な収集・分析（正確性・信頼性の検証） ② 当該情報を一元的に管理したデータベースの構築、適切な更新（情報の追加、削除、変更等） ③ 情報の収集・分析等の際の、グループ内での情報共有、業界団体等からの情報の積極的な活用 ④ 取引先の審査やJAの組合員または会員の属性判断等における当該情報の適切な活用 ⑤ 反社会的勢力との取引が判明した場合および反社会的勢力による不当要求がなされた場合等における、当該情報の反社会的勢力対応部署・経営陣への迅速かつ適切な報告
(3) 適切な事前審査の実施	・反社会的勢力に関する情報等を活用した適切な事前審査の実施 ・契約書や取引約款への暴力団排除条項の導入の徹底
(4) 適切な事後検証の実施	・反社会的勢力との関係遮断を徹底する観点からの、既存の債権や契約の適切な事後検証を行うための態勢の整備（顧客の属性や取引推移等のモニタリング、既存顧客のスクリーニング、暴力団排除条項の導入の有無の確認、未導入契約の導入に向けた方策の検討等）
(5) 反社会的勢力との取引	・取引開始後に取引の相手方が反社会的勢力である

解消に向けた取組み	と判明した場合、可能な限り回収を図る等、反社会的勢力への利益供与にならないよう配意を行う。 ・いかなる理由であれ、反社会的勢力であることが判明した場合には、資金提供や不適切・異例な取引を行わない。

第6節 マネー・ローンダリング

Q23 犯罪収益移転防止法

金融機関では、犯罪収益移転防止法を遵守するためどのような対応が必要となりますか。

A 犯罪収益移転防止法は、金融サービス等の社会的インフラがマネー・ローンダリング等に利用されることを防止するために定められている法律です。金融機関は、同法に基づき、主に取引に際して取引時確認を行い、確認記録の作成・保存を行うことや、マネー・ローンダリング等の疑いのある取引に気づいた場合に、疑わしい取引の届出を行うことが義務づけられています。また、これらの義務を適切に行うための態勢の整備を行う必要があります。

解　説

1　犯罪収益移転防止法の目的

犯罪による収益の移転防止に関する法律（以下「犯罪収益移転防止法」といいます）は、金融機関や宅地建物取引業者、宝石・貴金属取扱業者などの特定事業者と呼ばれる一定の事業が、マネー・ローンダリングやテロ資金の供与に利用されることの防止を図っています。マネー・ローンダリングとは、たとえば、偽名で開設した貯金口座に犯罪で得た収益を隠したり、貯金口座を転々と移動させる行為によって、犯罪によって得た収益の、資金の出所や真の所有者をわからないようにしたりする行為をいいます。

マネー・ローンダリング対策やテロ資金供与対策の政府間会合である

FATF（The Financial Action Task Force：金融活動作業部会）では、各国が講ずべきマネー・ローンダリング、テロ資金供与への対策を勧告として定め、定期的に各国に対し相互審査を行い、勧告への履行状況を確認しており、わが国においても、こうした国際的な動向・要請をふまえ、犯罪収益移転防止法などの規制が整備されています。直近では、FATFの最新の勧告や日本に対する声明をふまえた改正法が、平成28年10月に施行されています。

2　金融機関の負う義務

JAバンクを含め、金融機関は、犯罪収益移転防止法に基づき、①取引時確認（同法4条）、②確認記録の作成・保存（同法6条）、③取引記録等の作成・保存（同法7条）、④疑わしい取引の届出（同法8条）、⑤コルレス契約締結の際の確認（同法9条）、⑥外国為替取引に係る通知（同法10条）などを行う義務を負っています。

(1)　取引時確認

金融機関は、顧客との間で特定取引と呼ばれる一定の取引を行う際に、顧客の本人特定事項（個人の場合には氏名、住居および生年月日）や取引を行う目的等の確認を行わなければなりません。これを取引時確認といいます（取引時確認の詳細については、Q24、Q25、Q26を参照）。

(2)　確認記録の作成・保存

金融機関は、取引時確認を行った場合には、直ちに確認記録と呼ばれる取引時確認の結果の記録を作成し、顧客と行った特定取引の取引終了日から7年間保存しなければなりません。

確認記録には、①氏名、住居、生年月日などの取引時確認により確認した事項のほか、②取引時確認を行った者や取引時確認を行った方法、③確認記録の作成者などについても記録することとなっています。

また、金融機関は、顧客との間で継続的取引を行う場合、取引時確認で得た顧客の情報を最新の内容に保つ必要があります。このことから、金融機関が取引時確認後に、確認事項の内容に変更・追加があることを知った場合、当該変更・追加された内容を確認記録に付記する必要があります。

⑶　取引記録の作成・保存

金融機関は、事後的に財産の移転を追跡することを可能にしておくため、顧客との取引を行った場合には、少額の取引などの例外を除いて、取引記録と呼ばれる記録を作成し、取引終了日から7年間保存しなければなりません。

取引記録には、①口座番号など取引を行った顧客の確認記録を検索するための事項、②取引の日付、種類および財産の価額、③財産の移転元および移転先などを記録することとなっています。

⑷　疑わしい取引の届出

金融機関は、顧客との取引において受け取った財産が犯罪収益である疑いがあると認められる場合や、顧客が犯罪収益の取得や処分について事実を仮装したり、そのような犯罪収益を隠したりしている疑いがあると認められる場合には、すみやかに金融庁に届けなければならず、この届出は疑わしい取引の届出と呼ばれています。

⑸　コルレス契約締結の際の確認義務

外国との為替取引によるマネー・ローンダリング等を防止するためには、金融機関との間で電信送金の支払、手形の取立、信用状の取次、決済等の為替業務や資金管理等の業務について受委託する外国所在為替取引業者（コルレス先）が、営業実態のない架空銀行（シェルバンク）でないことなどを確認することが重要になります。

このことから、金融機関は、コルレス先との間で為替取引に関する契約（コルレス契約）を締結するに際しては、コルレス先の態勢整備の状況や営業実態、外国当局による当該コルレス先への監督の実態について確認をしなければなりません。

⑹　コルレス先への通知義務

外国との為替取引によるマネー・ローンダリング等を防止するためには、資金移転を追跡するためにも、為替取引を行う事業者間での情報交換が不可

図表23－1　金融機関に求められる態勢整備の内容

①　すべての金融機関が講ずべき措置
a　従業員に対する教育訓練の実施
b　取引時確認等の手続に関する規程の作成
c　統括管理者の選任
d　自らが行う取引（新たな技術を活用して行う取引等を含みます）について調査・分析したうえで、当該取引によるマネー・ローンダリングの危険性の程度などの調査・分析の結果を記載した書面を作成し、必要に応じて見直しや変更を加えること
e　上記dの書面の内容を勘案し、取引時確認などを行うに際して必要な情報を収集するとともに、当該情報を整理・分析すること
f　上記dの書面の内容を勘案し、確認記録および取引記録等を継続的に精査すること
g　以下の取引を行うに際して、当該取引の任にあたっている職員に当該取引を行うことについて統括管理者の承認を受けさせること ・ハイリスク取引 ・疑わしい取引、同種の取引の態様と著しく異なる態様で行われる取引 ・犯罪収益移転危険度調査書の内容を勘案してマネー・ローンダリングの危険性の程度が高いと認められる取引
h　上記gの取引について、情報の収集や整理・分析を行ったときは、その結果を記載した書面などを作成し、確認記録または取引記録などとともに保存すること
i　取引時確認等の措置の的確な実施のために必要な能力を有する者を職員として採用するために必要な措置を講ずること
j　取引時確認等の措置の的確な実施のために必要な監査を行うこと

②　外国に子会社や営業所を有し、当該所在国におけるマネー・ローンダリング防止の措置等が日本よりも緩やかな場合に講ずべき措置
a　外国会社および外国所在営業所におけるマネー・ローンダリングに必要な注意を払い、取引時確認等の措置に準じた措置の実施を確保すること
b　上記aの措置を講ずることが当該外国の法令により禁止されているため当該措置を講ずることができないときにあっては、その旨を行政庁に通知すること

③　コルレス先と為替取引を行う場合に講ずべき措置
a　コルレス先に関する情報を収集すること
b　上記 a により収集した情報に基づき、当該コルレス先のマネー・ローンダリング防止態勢を評価すること
c　統括管理者の承認などの契約締結に関する審査手順を定めた規程を作成すること
d　金融機関が行う取引時確認等の措置とコルレス先が行う取引時確認等相当措置の実施に係る責任に関する事項を文書などにより明確にすること

欠となります。このことから、金融機関は、外国への仕向送金を行う場合、送金の委託先となる他の金融機関に対し、顧客の本人特定事項を通知しなければなりません。

3　金融機関に求められる態勢整備

上記２で述べた取引時確認や疑わしい取引の届出等の義務を的確に行うことができるよう、金融機関はマネー・ローンダリング等の防止態勢の整備が求められています（犯罪収益移転防止法11条）。近年、マネー・ローンダリングやテロ資金供与の防止は国際的に重要な課題となっており、犯罪収益移転防止法においても、態勢整備などの高度化が求められています。

金融機関に求められる主な態勢整備の内容は図表23－１のとおりです。

Q 24 個人の取引時確認

個人顧客の貯金口座を開設したり、融資を行ったりする場合、犯罪収益移転防止法に基づきどのような手続を行わなければなりませんか。

A 金融機関は、貯金口座の開設や融資契約の締結に際しては、顧客の取引時確認を行わなければなりません。個人顧客本人との取引においては、①顧客の本人特定事項（氏名、住居、生年月日）を本人確認書類により、②取引を行う目的と③職業を申告により確認することが必要です。

また、代理人との取引においては、④代理人などの本人特定事項を本人確認書類により、⑤当該代理人が顧客のために特定取引の任にあたっていることを委任状等により確認することが必要です。

解　説

1　取引時確認を要する取引

(1)　特定取引

金融機関は、顧客との間で特定取引と呼ばれる一定の取引を行う際に、取引時確認を行わなければなりません。

犯罪による収益の移転防止に関する法律（以下「犯罪収益移転防止法」といいます）であげられている、金融機関の行う特定取引としては、たとえば、図表24－１の取引があります。特定取引は、大きく分けて、①顧客との継続的取引の開始となる契約の締結や、②一定金額（敷居値）を超える資金の移動を伴う取引、③顧客管理を行ううえで特別の注意を要する取引に分類できます。

このうち、②の取引に関しては、平成28年10月の改正法で、同一の顧客との間で、二以上の取引を同時にまたは連続して行う場合、各取引が１回当り

図表24－1　取引時確認を要する取引の代表例

①　金融機関と顧客との間の継続的な取引関係の開始となる契約の締結
a　預貯金や定期積金等の受入れを内容とする契約の締結 b　信託に係る契約の締結 c　保険契約または共済に係る契約の締結または契約者の変更 d　顧客に有価証券を取得させる行為を行うことを内容とする契約の締結 e　投資助言・代理業、投資運用業を行うことを内容とする契約の締結（当該契約により金銭の預託を受けない場合を除く） f　有価証券の貸借またはその媒介もしくは代理を行うことを内容とする契約の締結 g　金銭の貸付または金銭の貸借の媒介（手形の割引、売渡担保その他これらに類する方法によってする金銭の交付または当該方法によってする金銭の授受の媒介を含む）を内容とする契約の締結 h　預貯金契約を行うことなく為替取引または自己宛小切手の振出しを継続的にまたは反復して行うことを内容とする契約の締結 i　貸金庫の貸与を行うことを内容とする契約の締結 j　保護預りを行うことを内容とする契約の締結
②　一定金額を超える資金の移動を伴う取引
a　現金、持参人払式小切手、自己宛小切手または無記名の公社債の本券もしくは利札の受払いをする取引であって、当該取引の金額が200万円を超えるもの b　aの取引のうち、現金の受払いをする取引で為替取引または自己宛小切手の振出しを伴うものにあっては、10万円を超えるもの c　200万円を超える本邦通貨と外国通貨の両替または200万円を超える旅行小切手の販売もしくは買取り d　いわゆる他行カード払いなど、他の金融機関が行う為替取引のために行う現金の支払を伴わない預金または貯金の払戻しであって、その金額が10万円を超えるもの
③　顧客管理を行ううえで特別の注意を要する取引
a　疑わしい取引 b　同種の取引の態様と著しく異なる態様で行われる取引

の取引の金額等を減少させるために１つの取引を分割したものであることが一見して明らかな場合には、これらを１つの取引とみなして取引時確認が必

要かを判断することとされました。たとえば、図表24－１のとおり、200万円を超える外貨の両替は、同一の顧客から300万円の外貨の両替をわざわざ２回に分けて依頼があったような場合には、形式的には２回の取引であったとしても、取引金額を合算して300万円の取引として、取引時確認を行う必要があります。

また、③の取引は平成28年10月施行の改正法で新たに特定取引として規定された取引です。①や②には形式的には該当しない取引であっても、金融機関としての一般的な知識や経験、商慣行から著しく乖離しているような取引や、資産や収入に見合っていると考えられる取引ではあるものの、一般的な同種の取引と比較して高額な取引、定期的に返済はなされているものの、予定外に一括して融資の返済が行われる取引など、取引の態様等から類型的に疑わしい取引に該当する可能性のあるものが該当します。

⑵　簡素な顧客管理を行うことが許容される取引

犯罪収益移転防止法では、マネー・ローンダリング等に利用されるおそれが低いとされる取引が列挙されており、これらの取引は、上記⑴の①②に該当する取引であっても、同③に該当しない限り、取引時確認を行う必要はありません。

このような取引としては、たとえば、国や地方公共団体への金品の納付や、電気、ガス、水道といった公共料金の支払、小中高等学校や高等専門学校、大学に対する入学金や授業料等の支払に関する現金取引があり、これらの取引については、現金での10万円を超える為替取引等の依頼があった場合であっても取引時確認を行う必要はありません。

2　確認事項

個人顧客の場合、取引時確認においては、①顧客の本人特定事項（氏名、住居、生年月日）と、②取引を行う目的、③職業を確認する必要があります（図表24－２参照）。

また、個人顧客の代理人などと取引を行う場合には、上記①～③に加え

図表24－2　個人の取引時確認における確認事項と主な確認方法
（対面取引の場合）

①　顧客および代理人などの本人特定事項（氏名、住居および生年月日）	
・運転免許証、パスポートなど顔写真のある身分証明書	・原本の提示により確認すればよい
・健康保険証、国民年金手帳など顔写真のない身分証明書	・原本の提示による確認に加え、以下のａ～ｃのいずれかの補完措置が必要 a　顧客等の住居に宛てて、取引関係文書を転送不要郵便物等として送付 b　他の本人確認書類または顧客等の現在の住居の記載がある納税証明書や公共料金の領収証書等（補完書類）の提示を受けること c　当該本人確認書類以外の本人確認書類もしくは補完書類またはそれらの写しの送付を受け、確認記録に添付
・印鑑登録証明書、住民票などその他証明書類	・原本の提示による確認に加え、顧客の住居宛てに取引関係文書を転送不要郵便にて送付することが必要
②　取引を行う目的	
・申告による確認	
③　職業	
・申告による確認	
④　代理人などが顧客本人のために取引の任にあたっていること（本人以外による取引）	
・同居の親族や法定代理人であることを本人確認書類などにより確認 ・代理人であることを委任状や電話などにより確認	

て、④代理人などの本人特定事項と、⑤当該代理人が顧客のために特定取引の任にあたっていることを確認する必要があります。

3　確認方法

⑴　対面での特定取引

対面での取引の場合、上記２の確認事項の確認方法については、図表24－２のとおり、①および④の顧客および代理人の本人特定事項については、本人確認書類の原本の提示を受けて確認を行う必要が、②取引を行う目的および③職業については、顧客の申告により確認する必要が、④代理人などが顧客本人のために取引の任にあたっていることについては、委任状などにより確認する必要があります。

なお、平成28年10月施行の改正法では、健康保険証や国民年金手帳などの顔写真のない身分証明書について、顔写真のある身分証明書と比較して証明力が劣ることから、原本の提示による確認に加え、補完書類の提示等の措置をとることが義務づけられた点に注意する必要があります。

⑵　非対面での特定取引

ネットバンキングやメールオーダーサービスなど非対面取引においては、本人確認書類の原本またはその写しなどの送付を受け、その書類を取引時確認記録に添付するとともに、これら本人確認書類に記載されている住居に宛てて、預金通帳などの取引関係文書を書留郵便により転送不要郵便物として送付する方法などにより取引時確認を行う必要があります。

4　取引時確認ずみの顧客と特定取引を行う場合

新規の顧客については、特定取引に際して、必ず取引時確認を行う必要がありますが、金融機関がすでに取引時確認をしたことのある顧客との取引については、その顧客について、確認記録を保存しており、すでに取引時確認ずみであることをキャッシュカード等の提示を受けたり、暗証番号の申告を受けたりするなど、所定の方法により確認できれば、原則として再度取引時確認をする必要はありません。

ただし、図表24－１③の取引（疑わしい取引および同種の取引の態様と著しく異なる態様で行われる取引）については、このルールは適用されず、あらためて取引時確認が必要となることに注意する必要があります。

Q 25 法人の取引時確認

法人顧客の貯金口座の開設や融資においては、取引時確認としてどのような事項を確認しなければなりませんか。

A 法人顧客の取引時確認においては、①顧客の本人特定事項（名称および本店または主たる事務所の所在地）、②取引を行う目的、③事業内容、④実質的支配者の本人特定事項、⑤取引担当者の本人特定事項および⑥取引担当者が顧客本人のために取引の任にあたっていることを確認する必要があります。

①⑤については本人確認書類により、③については定款等により、②④については申告により、⑥については委任状等により確認することが必要です。

解　説

1　取引時確認を要する取引（特定取引）

犯罪による収益の移転防止に関する法律（以下「犯罪収益移転防止法」といいます）であげられている金融機関が取引時確認を行う必要がある特定取引は、顧客が個人の場合と同じであり、Q24のとおりです。

2　確認事項

法人顧客の取引時確認においては、①顧客の本人特定事項（名称および本店または主たる事務所の所在地）、②取引を行う目的、③事業内容、④実質的支配者の本人特定事項、⑤取引担当者の本人特定事項および⑥取引担当者が顧客本人のために取引の任にあたっていることを確認する必要があります（図表25－1参照）。

図表25－1　法人の取引時確認における確認事項と主な確認方法
（対面取引の場合）

①　本人特定事項（名称および本店または主たる事業所の所在地）
・登記事項証明書、印鑑登録証明書などの原本の提示による確認
②　取引を行う目的
・申告による確認
③　事業内容
・定款、登記事項証明書などによる確認
④　実質的支配者
・申告による確認
⑤　取引担当者の本人特定事項
・個人の本人特定事項と同じ（Q24参照）
⑥　取引担当者が顧客本人のために取引の任にあたっていること
・委任状、（代表権を有する役員の場合）登記事項証明書、電話などによる確認

④の実質的支配者とは、法人を支配することにより、法人が行う取引の最終的な利益の帰属主体をいいます。これまでは、株式会社等の資本多数決法人については25％を超える議決権を直接有する者（50％を超える議決権を直接有する者がいる場合にはその者）が、一般社団・財団法人等の資本多数決以外の法人については法人の代表者が実質的支配者とされてきましたが、平成28年10月施行の改正法では、図表25－2のとおり、実質的支配者となる者が変更されました。これにより、図表25－3のように、原則として議決権等を直接または間接に保有する自然人までさかのぼって確認することが義務づけられました。

3　確認方法

(1)　対面での特定取引

対面での取引の場合、上記2の確認事項の主な確認方法については、図表

図表25－2　実質的支配者の範囲の変更

	旧　法	改正法（平成28年10月施行）
a　資本多数決法人	①　50％超の議決権を直接保有している者	①　50％超の議決権を直接又は間接に（注1）有していると認められる自然人（注2）
	②　①がいない場合、25％超の議決権を直接保有している者	②　①がいない場合、25％超の議決権を直接又は間接に有していると認められる自然人（注2）
		③　①②がいない場合、出資、融資、取引その他の関係を通じて当該法人の事業活動に支配的な影響力を有すると認められる自然人
b　資本多数決法人以外の法人（一般社団・財団法人、学校法人、持分会社等）	③　法人の代表者	④　事業から生ずる収益若しくは当該事業に係る財産の総額の50％超の収益の配当若しくは財産の分配を受ける権利を有している自然人（注2）
		⑤　④がいない場合、事業から生ずる収益若しくは当該事業に係る財産の総額の25％超の収益の配当若しくは財産の分配を受ける権利を有していると認められる自然人（注2）
		⑥　出資、融資、取引その他の関係を通じて当該法人の事業活動に支配的な影響力を有していると認められる自然人
c　a、bの自然人がいない法人		⑦　当該法人を代表し、その業務を執行する自然人

（注1）「直接又は間接に有する」とは、自然人の議決権の保有割合と、自然人の支配法人（自然人が50％超の議決権を保有する法人（支配法人を通じて保有する議決権を含む）の議決権の保有割合の合計により判断されます（図表25－3参照）。

なお、国や地方公共団体、上場会社等とその子会社は、実質的支配者の判定において自然人とみなすこととされているため、さかのぼって自然人を確認することは必要ありません。

（注2）法人の事業経営を実質的に支配する意思・能力を有していないことが明らかな場合を除きます。

図表25－3　実質的支配者の議決権の保有割合（「直接又は間接に有する」の意味）

【具体例1】　A社の議決権を30％保有している個人株主Bがいる場合
→BはA社の議決権を直接30％保有しているため、実質的支配者に該当します。

【具体例2】　A社の議決権を10％保有している個人株主Bが、C社の議決権を60％保有しており、C社がA社の議決権を30％保有している場合

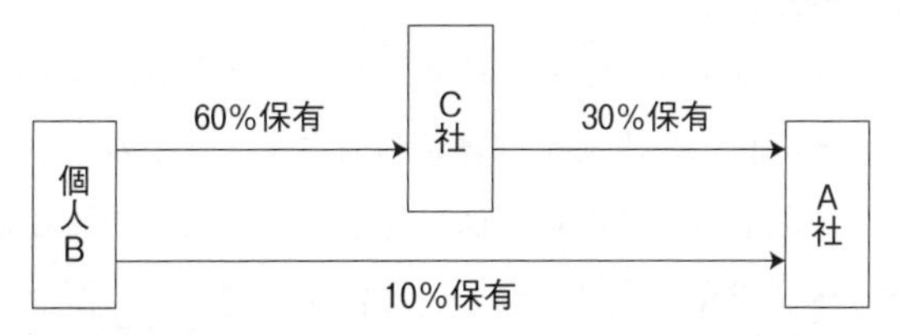

→BはA社の議決権を直接10％保有し、かつCを通じて間接的に30％保有しており、合計で40％を保有しているため、実質的支配者に該当します。

【具体例3】　A社の議決権を10％保有している個人株主Bが、C社の議決権を40％保有しており、C社は、A社の議決権を30％保有している場合

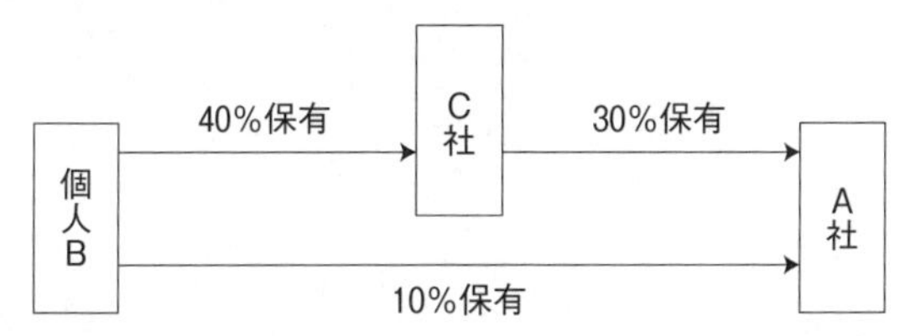

→BはA社の議決権を直接10％保有しているものの、C社の議決権の保有割合は50％超ではなく、40％しか保有していないことから、Cが保有しているA社の議決権30％は間接保有分として合算されず、Bは25％超の議決権を直接または間接に保有する実質的支配者には該当しません。

25－1のとおり、①法人の本人特定事項については登記事項証明書などの法人の本人確認書類により、②事業内容と④実質的支配者については申告により、③については定款等により確認する必要があります。また、⑤取引担当者の本人特定事項については、個人顧客と同様に免許証などの取引担当者の本人確認書類により（Q24参照）、⑥取引担当者が顧客本人のために取引の任にあたっていることについては委任状などにより確認する必要があります。

なお、平成28年10月施行の改正法では、図表25－1⑤の取引担当者が顧客本人のために取引の任にあたっていることの確認方法について、社員証や代表権を有しない役員を登記事項証明書により確認することが認められなくなった点に注意が必要です。

(2) 非対面での特定取引

ネットバンキングやメールオーダーサービスなど非対面取引においては、個人顧客の場合と同様に、本人確認書類の原本またはその写しなどの送付を受け、その書類を取引時確認記録に添付するとともに、これら顧客本人と取引担当者の本人確認書類に記載されている住居に宛てて、預金通帳などの取引関係文書を書留郵便により転送不要郵便物として送付する方法などにより取引時確認を行う必要があります。

Q 26 人格のない社団・財団の取引時確認

顧客が組合のような団体である場合、貯金口座の開設や融資においては、取引時確認としてどのような事項を確認しなければなりませんか。

A 顧客が組合のような法人格のない団体である場合、取引時確認においては、①取引担当者の本人特定事項を本人確認書類により、②取引を行う目的と③事業内容を申告により確認することが必要ですが、団体の本人特定事項等の確認は不要とされています。

また、国や地方公共団体、上場会社といった法人については、①取引担当者の本人特定事項を本人確認書類により、②取引担当者が顧客本人のために特定取引の任にあたっていることを委任状等により確認することが必要ですが、法人の本人特定事項等の確認は不要とされています。

解　説

1　趣　　旨

人格のない社団・財団は公的な証明書類が存在しない場合が多く、実在性を証明することの困難性を考慮し、取引時確認の確認事項が、通常の法人と比較して軽減されています。

また、国や地方公共団体、上場会社といった法人については、その実在性が確実であることにかんがみて、取引時確認の確認事項が通常の法人よりも軽減されています。

2　取引時確認を要する取引

犯罪による収益の移転防止に関する法律（以下「犯罪収益移転防止法」といいます）であげられている金融機関が取引時確認を行う必要がある特定取引

は、顧客が個人である場合や通常の法人の場合と同じです（Q24参照）。

3　取引時確認における確認事項

人格のない社団・財団との取引は、取引担当者との取引と同視され、人格のない社団・財団の本人特定事項等の確認は不要とされています。また、国や地方公共団体、上場会社などは、その実在性等が確実であることから、取引担当者の本人特定事項と当該担当者が顧客本人であるこれらの法人のために特定取引の任にあたっていることを確認することとされています。

通常の法人と取引時確認において必要となる確認事項を比較すると、図表26－1のとおりです。

4　取引時確認の方法

上記3で述べた確認事項の確認方法は、人格のない社団・財団の場合については図表26－2、国や地方公共団体、上場会社などの場合については図表26－3のとおりになります。

図表26－1　法人の種類による確認事項の比較

株式会社など通常の法人	①　本人特定事項（名称、本店等の所在地） ②　取引を行う目的 ③　事業内容 ④　実質的支配者 ⑤　取引担当者の本人特定事項 ⑥　取引担当者が顧客本人のために特定取引の任にあたっていること
人格のない社団・財団	①　取引担当者の本人特定事項 ②　取引を行う目的 ③　事業内容
国・地方公共団体、上場会社等	①　取引担当者の本人特定事項 ②　取引担当者が顧客本人のために特定取引の任にあたっていること

図表26－2　人格のない社団・財団の取引時確認における確認事項と主な確認方法（対面取引の場合）

①　取引担当者の本人特定事項
・個人の本人特定事項と同じ（Q24参照）
②　取引を行う目的
・申告による確認
③　事業内容
・申告による確認

図表26－3　国や地方公共団体、上場会社等の取引時確認における確認事項と主な確認方法（対面取引の場合）

①　取引担当者の本人特定事項
・個人の本人特定事項と同じ（Q24参照）
②　取引担当者が顧客本人のために特定取引の任にあたっていること
・委任状、（代表権を有する役員の場合）登記事項証明書、電話などによる確認

5　ハイリスク取引の確認事項・確認方法

人格のない社団・財団や国や地方公共団体、上場会社の場合、ハイリスク取引に該当する取引であっても確認事項は上記3で述べた通常の特定取引の場合と同じです。

他方、確認方法については、いずれについても、通常の法人と同様に、取引担当者の本人特定事項について厳格な確認が必要となりますので、通常の本人確認書類に加えて、追加の本人確認書類・補完書類等による確認が必要となります（Q27参照）。

Q 27 ハイリスク取引

犯罪収益移転防止法上のハイリスク取引とはいかなる取引が該当し、また、通常の取引とどのような違いがあるでしょうか。

A 金融機関は、取引の相手方が過去に取引時確認を行った顧客などになりすましている疑いがある取引など、マネー・ローンダリング等に利用されるおそれが特に高い取引については、通常の取引時確認よりも厳格な方法での確認が必要とされており、また、厳格な顧客管理が必要とされています。

特に、ハイリスク取引に際しては、①本人特定事項の確認にあたって通常の本人確認書類に加えて追加の本人確認書類または補完書類が必要になる点、②実質的支配者の確認にあたって株主名簿などの書類による確認が必要となる点、③200万円を超える財産移転を伴う場合には資産・収入の状況を書類による確認が必要となる点に注意が必要です。

解　説

1　ハイリスク取引

金融機関は、取引の相手方が過去に取引時確認を行った顧客などになりすましている疑いがある取引など、マネー・ローンダリング等に利用されるおそれが特に高い取引（ハイリスク取引）については、通常の取引時確認よりも厳格な方法での確認を行うことが義務づけられています。また、通常の特定取引とは異なり、過去に取引時確認を行ったことのある顧客であっても、ハイリスク取引を行うに際しては、取引時確認を省略することは認められておらず、つど、厳格な方法での確認を行わなければなりません。

ハイリスク取引としては、図表27－1の取引があります。これらのうち、

図表27－1　ハイリスク取引

① 取引の相手方が、関連する他の取引の際に取引時確認を行った顧客や代表者になりすましている疑いがある取引
② 関連する他の取引の際に行われた取引時確認において、確認事項を偽っていた疑いがある顧客との取引
③ 特定取引のうち、イラン・北朝鮮に居住・所在する者との間における取引、その他イラン・北朝鮮に居住・所在する者に対する財産移転を伴う取引
④ 以下の者との間で行う特定取引 a 「外国政府等において重要な地位を占める者」(外国PEPs) である場合 (図表27－2参照) b 外国PEPsの家族 (配偶者 (事実婚を含む)、父母、子および兄弟姉妹、これらの者以外の配偶者の父母および子をいう) である場合 (図表27－3参照) c 外国PEPsまたはその家族が実質的支配者である法人

図表27－2　外国PEPsに該当する者

① 外国の元首
② わが国における内閣総理大臣その他の国務大臣および副大臣に相当する職
③ わが国における衆議院議長、衆議院副議長、参議院議長または参議院副議長に相当する職
④ わが国における最高裁判所の裁判官に相当する職
⑤ わが国における特命全権大使、特命全権公使、特派大使、政府代表または全権委員に相当する職
⑥ わが国における統合幕僚長、統合幕僚副長、陸上幕僚長、陸上幕僚副長、海上幕僚長、海上幕僚副長、航空幕僚長または航空幕僚副長に相当する職
⑦ 中央銀行の役員
⑧ 予算について国会の議決を経、または承認を受けなければならない法人の役員

①②の取引は、確認義務を負うのが特定取引に限られない点に注意が必要です。

図表27－３　外国PEPsの家族

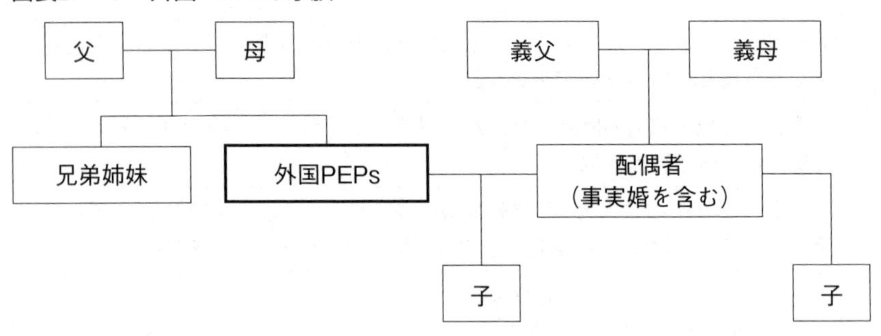

また、平成28年10月施行の改正法では、外国PEPs（Politically Exposed Persons）といわれる者との間で行う特定取引などが、ハイリスク取引として新たに規定されました（図表27－１の④の取引）。これらの取引をハイリスク取引として管理をしなければならないことから、その前提として、金融機関は顧客が外国PEPsなどに該当するかどうかを確認する必要があります。確認の方法としては、顧客から申告を受ける方法や、商業用データベースにより確認する方法、インターネット等の公刊情報を活用して確認する方法などがありますが、各事業者の事業規模や顧客層をふまえ、各事業者において合理的と考えられる方法により行う必要があります。

2　ハイリスク取引の確認事項

ハイリスク取引を行うに際して、確認が必要となる事項は、個人・法人いずれも通常の特定取引とおおむね共通ですが（個人の確認事項はQ24、法人の確認事項はQ25を参照）、ハイリスク取引が200万円を超える財産の移転を伴う場合には、顧客の資産および収入の状況の確認をあわせて行わなければなりません。

3　ハイリスク取引の確認方法

ハイリスク取引を行うに際しては、通常の取引時確認よりも厳格な方法で

図表27－4　ハイリスク取引において厳格な確認が求められる事項

[個人の場合]

①　顧客および代理人などの本人特定事項
・通常の本人確認書類に加え、追加の本人確認書類・補完書類等による確認が必要（図表27－1①②のなりすましや偽りの疑いのある顧客については、関連する他の取引の際に行った取引時確認に用いた本人確認書類とは別の書類が少なくとも1つ必要）
②　取引を行う目的
・通常の取引時確認と同じ
③　職業
・通常の取引時確認と同じ
④　代理人などが顧客本人のために取引の任にあたっていること（本人以外による取引）
・通常の取引時確認と同じ
⑤　資産および収入の状況（200万円超の財産移転を伴う場合）
・書類（源泉徴収票、確定申告書、預貯金通帳等）による確認

[法人の場合]

①　本人特定事項（名称および本店または主たる事業所の所在地）
・通常の本人確認書類に加え、追加の本人確認書類・補完書類等による確認が必要（図表27－1①②のなりすましや偽りの疑いのある顧客については、関連する他の取引の際に行った取引時確認に用いた本人確認書類とは別の書類が少なくとも1つ必要）
②　取引を行う目的
・通常の取引時確認と同じ
③　事業内容
・通常の取引時確認と同じ
④　実質的支配者
・株主名簿や有価証券報告書等を確認し、かつ、顧客の取引担当者から申告を受ける

⑤　取引担当者の本人特定事項
・個人の本人特定事項の確認方法と同じ（追加の本人確認書類・補完書類等による確認が必要）
⑥　取引担当者が顧客本人のために取引の任にあたっていること
・通常の取引時確認と同じ
⑦　資産および収入の状況（200万円超の財産移転を伴う場合）
・書類（貸借対照表、損益計算書等）による確認

の確認が求められています。通常の取引時確認と異なる点は、図表27－4のとおりです。

4　ハイリスク取引の厳格な顧客管理

平成28年10月施行の改正法では、ハイリスク取引や顧客管理を行ううえで特別の注意を要する取引を行うに際しては、当該取引の任にあたっている職員に当該取引を行うことについて統括管理者の承認を受けさせることが求められています（Q23参照）。

また、これらの取引については、疑わしい取引かどうかを判断するにあたっては、顧客や代表者に対する質問などの調査を行い、統括管理者などに当該取引に疑わしい点があるかどうかの確認を経ることが義務づけられており、通常の取引よりも厳格な顧客管理を行うことが要請されています（Q28参照）。

Q 28 疑わしい取引の届出

金融機関がどのような場合に疑わしい取引の届出を行う必要がありますか。

A 金融機関は、顧客との取引について、受け取った財産が犯罪による収益である疑いがあると認められる場合や顧客が犯罪による収益の取得や処分について事実を仮装したり、そのような犯罪収益を隠したりしている疑いがないかを確認し、そのような疑いが認められる場合には金融庁に疑わしい取引の届出を行わなければなりません。

顧客との取引に疑わしい点があるかどうかについては、金融庁の公表する疑わしい取引の参考事例なども参考に、法令の基準に従って確認することが必要です。

解　説

1　疑わしい取引の届出

金融機関は、受け取った財産が犯罪による収益である疑いがあると認められる場合や顧客が犯罪による収益の取得や処分について事実を仮装したり、そのような犯罪収益を隠したりしている疑いがあると認められる場合には、すみやかに金融庁に届けなければなりません。疑わしい取引の届出件数は年々増加し、平成27年には年間約40万件の届出がなされています。

疑わしい取引の届出を行う際に、届け出なければならないのは、①届出者（金融機関）の名称および住所、②疑わしい取引が発生した年月日、場所および業務の内容、③当該取引に係る財産の内容、顧客や取引を行った者の氏名、住所、④届出を行う理由などであり、届出の様式も定められています。

犯罪による収益とは、犯罪から直接得た犯罪収益のみならず、犯罪収益の対価として得た財産や犯罪収益の保有または処分に基づいて得た財産を含みます。たとえば、犯罪収益を預金した際の利息や、窃盗によって奪った宝石を売却して得た代金なども、これに当たります。

2　疑わしい点があるかどうかの判断方法

疑わしい取引に当たるか否かは、金融機関の職員としての一般的な知識と経験に基づき、取引の形態や顧客の属性、取引時の状況などを総合的に勘案して判断されるべきものとされています。

この判断は、取引時確認の結果その他の事情を勘案した総合的な判断となるため、一律にいくら以上の現金取引であるとか、何回以上の頻繁な取引と

図表28－1　改正犯罪収益移転防止法における疑わしい取引該当性の判断方法

<table>
<tr><td colspan="2">①　確認すべき項目</td></tr>
<tr><td colspan="2">・金融機関が他の顧客等との間で通常行う取引の態様との比較</td></tr>
<tr><td colspan="2">・金融機関が当該顧客等との間で行った他の取引の態様との比較</td></tr>
<tr><td colspan="2">・取引の態様、取引時確認の結果など金融機関が取引時確認の結果に関して有する情報との整合性</td></tr>
<tr><td colspan="2">②　確認方法</td></tr>
<tr><td>・一見取引</td><td>・上記①の項目に従って当該取引に疑わしい点があるかどうかを確認</td></tr>
<tr><td>・既存顧客との取引</td><td>・顧客の確認記録や取引記録などの情報を精査し、かつ、上記①の項目に従って当該取引に疑わしい点があるかどうかを確認</td></tr>
<tr><td>・ハイリスク取引
・疑わしい取引、同種の取引の態様と著しく異なる態様で行われる取引
・犯罪収益移転危険度調査書の内容を勘案してマネー・ローンダリングの危険性の程度が高いと認められる取引</td><td>・上記の方法に加えて、顧客や代表者に対する質問などの調査を行い、統括管理者などに当該取引に疑わしい点があるかどうかの確認を経る。</td></tr>
</table>

いったような画一的な基準を定めることはできません。もっとも、平成28年10月施行の改正法によって、疑わしい取引の届出を行うかどうかの判断方法などを明確化するため、金融機関に対し、取引時確認の結果や取引の態様、犯罪収益移転危険度調査書（国家公安委員会がマネー・ローンダリングに利用されるおそれの程度等をまとめた資料）の内容を勘案したうえで、図表28－1の①確認すべき項目に従って、②の方法により、届出を行うかどうかの判断を行うことを義務づけています。

また、金融庁では、疑わしい取引を例示した参考事例を示しており、疑わしい取引を発見する着眼点として参考になります。ただし、これらはあくまで目安となる参考事例ですので、ガイドラインに掲載されている事例に形式的に合致するものがすべて疑わしい取引に当たるものではない一方、事例に当たらない取引であっても、届出の対象になりうることには注意が必要です。

なお、金融機関が疑わしい取引の届出を行おうとすること、行ったことについては、当該疑わしい取引に係る顧客またはその関係者にもらしてはならないことにも注意が必要です。

第7節　農協検査

Q29　預貯金等受入系統金融機関に係る検査マニュアル

JAに対する系統金融検査はどのように行われますか。

A　系統検査マニュアルに基づき、経営管理態勢・金融円滑化・各リスクカテゴリーについて、合法性のみならず、合目的性および合理性の観点からも検証が行われます。経営管理態勢では、(代表) 理事および理事会の機能発揮とともに、内部監査、監事・監事会および外部監査の三様監査の機能発揮が検証されます。金融円滑化と各リスクカテゴリーについては、個別の問題点の検証にとどまらず、経営陣・管理者の各レベルにおけるPDCAサイクルが有効に機能しているかが重要な検証対象となります。

解　説

1　関連する訓令・通知・マニュアル

系統金融検査の基本的な考え方等については、「農林水産省協同組合等検査規程」(平成23年農林水産省訓令第20号)、「農林水産省協同組合等検査基本要綱」(平成23年9月1日付け23検査第1号農林水産省大臣官房検査部長通知) および「協同組合検査実施要項」(平成9年10月1日付け9組検第3号農林水産省大臣官房協同組合検査部長通知) において示されています。

そして、こうした訓令・通知をふまえ、検査官が預貯金等受入系統金融機関 (預金または定期積金の受入れ事業を行う農協等) の検査を実施するにあたっての手引書として定められているのが「預貯金等受入系統金融機関に係る検査マニュアル」(以下「系統金融検査マニュアル」といいます) です。したがって、各JAにおいては、日頃から系統金融検査マニュアルを活用しつつ、内部管理態勢の整備に努めることが重要となります。

2　検査により達成すべき事項

農林水産省共同組合等検査基本要綱では、以下の３点が検査により達成すべき事項として掲げられています。

①　合法性の検討並びに不正、不当行為等の予防及びその是正 ②　合目的性及び合理性の検討並びに組織強化及び業務改善の促進 ③　監事等の機能発揮

ここでは、合法性に加えて合目的性および合理性が掲げられていることから、たとえ違法でないとしても、はたして適切か否か、当不当についても検査される点に注意が必要です。つまり、単なる法令遵守ではなく、コンプライアンス（Ｑ６参照）が問われているといえます。

また、「不正、不当行為等の予防及びその是正」は、下記３⑷ａの「個別の問題点」に該当しますが、それにとどまらず、「組織強化及び業務改善の促進」が掲げられていることから、下記３⑷ａ、ｂの経営陣・管理者レベルでのPDCAサイクルが問われていることが示されています。

さらに、監事等の機能発揮が明示されており、下記３⑶の三様監査のなかでも監事・監事会監査の重要性が強調されているということもできます。

3　系統金融検査マニュアルの構成・内容

⑴　金融検査マニュアルとの類似性と規模・特性に応じた対応

系統金融検査マニュアルの構成・内容は、金融庁が作成・公表し、銀行や信用金庫等の金融検査において用いられる「金融検査マニュアル」の構成・内容とほぼ同じになっています。つまり、JAに対しても、銀行等と同じ視点から検査が行われることになりますので、銀行等と同様の態勢整備が求められている点を認識する必要があるといえます。

ただし、各JAは、自己責任に基づき、経営陣のリーダーシップのもと、創意・工夫することにより、それぞれの規模・特性に応じた方針、内部規程等を策定し、業務の健全性と適切性の確保を図ることが期待されています。したがって、系統金融検査マニュアルの各チェック項目の水準の達成がすべてのJAに一律に義務づけられるものではなく、検査官は系統金融検査マニュアルの適用にあたって、各JAの規模・特性をふまえ、機械的・画一的な運用に陥らないよう配慮する必要があるとされています。

しかし、このことは、系統金融検査マニュアルを遵守しなくてよいことを意味するわけではもちろんありません。反対に、単純に系統金融検査マニュアルの各項目を充足しているか1つずつチェックすれば足りるわけでもありません。各JAは、系統金融検査マニュアルに形式的に従うのではなく、自らの規模・特性を十分に自己分析し、リスクの所在や問題点を突き止めたうえで、それらに応じて合理的な独自の内部管理態勢を、自分の頭で考え、整備していかなければならないというむずかしい課題が与えられているといえます。

(2) 系統金融検査マニュアルの構成

系統金融検査マニュアルの構成は、以下のとおりです。

① 経営管理(ガバナンス)態勢―基本的要素―の確認検査要チェックリスト
② 金融円滑化編チェックリスト
③ リスク管理等編
・法令等遵守態勢の確認検査用チェックリスト
・利用者保護等管理態勢の確認検査用チェックリスト
・統合的リスク管理態勢の確認検査用チェックリスト
・自己資本管理態勢の確認検査用チェックリスト
・信用リスク管理態勢の確認検査用チェックリスト

- ・資産査定管理態勢の確認検査用チェックリスト
- ・市場リスク管理態勢の確認検査用チェックリスト
- ・流動性リスク管理態勢の確認検査用チェックリスト
- ・オペレーショナル・リスク管理態勢の確認検査用チェックリスト

⑶　経営管理態勢と三様監査

系統金融検査マニュアルの各チェックリストのうち、経営管理態勢は、さらに以下の項目に分かれています。なお、経営管理委員会を置いているJAについては、「理事会」は「経営管理委員会又は理事会」と、「理事」は「経営管理委員又は理事」と読み替えられます。

①　代表理事、理事及び理事会による経営管理（ガバナンス）態勢の整備・確立状況
②　内部監査態勢の整備・確立状況
③　監事・監事会による監査態勢の整備・確立状況
④　外部監査態勢の整備・確立

経営管理態勢はJAの適切な業務運営・リスク管理の基本となるため、系統金融検査において必ず確認されるポイントとなります。JAの経営を行う（代表）理事および理事会が適切に経営管理態勢を整備・確立しているかがまずもって重要となりますが、それに加えて、①内部監査、②監事・監事会監査、および③外部監査のいわゆる三様監査に言及されており、各監査が相互に連携しつつ（代表）理事および理事会を監査することによりその実効性を高めていくことが重要となります。

⑷　系統金融検査マニュアルの検証方法

a　系統金融検査マニュアルのフォーマット

系統金融検査マニュアルの経営管理態勢以外についての各チェックリストは、基本的に以下の共通フォーマットによっています。

①　経営陣による態勢整備状況 ②　管理者による態勢整備状況 ③　個別の問題点

系統金融検査においては、これらについて、③→②→①の順にいわば川下から川上にひるがえる方法により検証を行うのが原則とされています。つま

図表29－１　系統金融検査マニュアルの検証方法

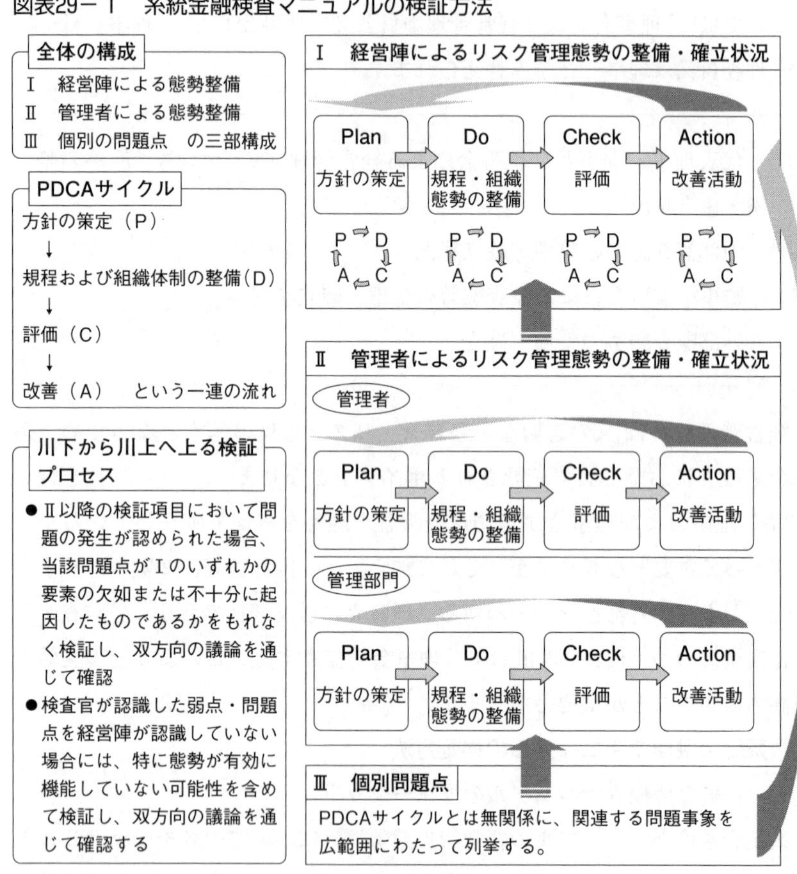

（出所）　金融庁第５回金融モニタリング有識者会議参考資料

り、なんらかの個別の問題点が発見された場合、当該問題点自体を問題視し、検証するだけではなく、むしろ当該問題点が生じた根本的な原因は何か、内部管理態勢に不備がないか、内部管理態勢の不備に起因して他にも問題が発生する潜在的リスクはないかという視点から、管理者レベル、さらには経営陣レベルにおける態勢整備上の問題点の有無が検証されます。

b　PDCAサイクル

そして、経営陣・管理者による態勢整備状況は、いずれもPDCAサイクルが有効に機能しているかという観点から検証が行われます。PDCAサイクルとは、①方針の策定（Plan）、②実行（Do）、③評価（Check）、④改善（Act）のサイクルをいいます。内部管理態勢は、一度方針を策定し（Plan）、規程・組織体制を整備（Do）すれば完了する静的なものではなく、実際の運用状況や刻々と変化する環境の変化に対応し、常に改善していくべき動的なプロセスです。したがって、いったん整備した内部規程・組織体制の有効性を評価（Check）し、さらなる改善（Act）につなげていくサイクルができているかが重要となり、系統金融検査を貫く重要な視点となります。

系統金融検査がこのような視点で実施されていることをよく理解し、日頃からPDCAサイクルを意識した内部管理態勢の整備と業務運営を行うことが重要です。

Q 30 検査対応と留意点

系統金融検査対応における留意点について教えてください。

A 系統金融検査では、納得感を得られるまで検査官と十分に双方向の議論を行うことが重要です。検査に対して受身で対応するのではなく、今後の内部管理態勢の改善のきっかけとして前向きにとらえて対応するとよいでしょう。毎年度の系統金融検査の検査方針、統一検査事項および検査周期を確認し、内部管理態勢の整備に活用しましょう。貯金量の規模が1,000億円以上といった要件を満たすJAに対しては、3者要請検査により金融庁・財務局も検査を担当することがありますので、金融当局の金融検査（金融モニタリング）の動向もフォローしましょう。

解　説

1　検査の実施において配意すべき基本的方針

農林水産省協同組合等検査基本要綱および系統金融検査マニュアルでは、検査官が検査の実施にあたり配意すべき事項として以下の５点が示されています。

① 重要なリスクに焦点を当てた検証（「リスク・フォーカス」「フォワード・ルッキング」）
② 問題の本質的な改善につながる深度ある原因分析・解明
③ 問題点の静的・動的な実態の検証
④ 指摘根拠の明示、改善を検討すべき事項の明確化
⑤ 検証結果に対する真の理解（「納得感」）

検査対象者であるJAの立場からすれば、当局による系統金融検査は、できれば受けたくない、受けてしまった場合はなんとか指摘をされずに乗り切りたいというように、後ろ向きの出来事ととらえがちです。

しかし、①は、重箱の隅をつつくような検証ではなく、当該JAの重要なリスクに焦点を当てるとともに、将来顕在化しかねない潜在リスクの発見を重視し、メリハリのある検査を実施することを示しています。②③④は、Q29で述べたとおり、個別の問題点の指摘にとどまらず、その根本的な発生原因を動的にPDCAサイクルの観点から検証し、当該JAの今後の内部管理態勢の改善につなげることを目指しています。⑤は、検査官が一方的な指摘を行うのではなく、検査対象者の主体的・能動的な是正または改善に向けた取組みにつながるよう、双方向の議論を通じて、検証結果に対する検査対象者の真の理解、納得感を得るよう努める必要があることを示しています。

このように、系統金融検査では、JA自身ではなかなか気づきにくい重要なリスクや根本的な発生原因を、検査官が第三者の目で検証してくれることから、JAにとって、内部管理態勢の今後の改善の視点を得られるという前向きな側面もあるといえるでしょう（もちろん検査における指摘を待たずに、PDCAサイクルのなかですでに改善できているのが望ましいことにはなります）。

したがって、系統金融検査に対して受動的に対応するのではなく、これを積極的に活用するくらいのつもりで臨み、納得感をもてない点については、共通認識が醸成できるまで臆せず検査官と双方向の議論を行うべきといえます。

2　検査の流れ

系統金融検査は無通告が原則とされており、ある日突然検査官が来訪することになります。その後検査期間中を通じて書面検査による検査資料の提出や実地検査などが行われますが、提出を求められた書類の不提出や提出書類の改ざんといった検査の拒否、妨害または忌避に該当する行為は、決して行うことのないよう検査対応の関係者に徹底する必要があります。

検査官は、検査で把握した事項等を「検査結果取りまとめ表」に集約します。

検査結果については検査対象者の役員その他の責任者からの意見聴取が行われますが、この段階でも意見の一致をみなかった指摘については、様式が定められている「検査対象者と検査員との考え方の相違点」の作成を依頼することも検討しましょう。

検査終了に際しては、原則として現地で、検査官から全役員に対して口頭で講評が行われます。その後当局内で検査報告書が作成・報告された後、検査結果を記載した「検査書」が検査対象者であるJAに交付されるとともに、当局内において、検査で明らかになった事項が指導監督部局に対して通知され、その後の是正・改善状況のフォローが行われることになります。

3　各年度の検査に関する情報

系統金融検査についての検査方針、統一検査事項および検査周期が毎年度公表されていますので、当該年度における検査の方向性や重点的な検証が実施される項目、検査のタイミングを知るうえで有益な資料となります。特に、統一検査事項には、当該時点においてJA全体に共通すると当局が考えている重要なリスク・潜在的なリスクが示されているため、参考になります。

各JAにおいては、これを必ず確認し、検査対応のためという受動的な姿勢ではなく、自主的な内部管理態勢の有効性の確認（PDCAのうち評価（Check））にも積極的に活用するとよいでしょう。

4　3者要請検査

農業協同組合法に基づき、原則として都道府県知事が農協の行政庁となりますが、信用事業を営む農協に対する検査については、都道府県知事の要請があり、かつ主務大臣（内閣総理大臣および農林水産大臣）が必要と認める場合、主務大臣および都道府県知事が行政庁となります。

そして、平成23年5月、農林水産省と金融庁は、都道府県知事の要請を受けて都道府県、農林水産省および金融庁の3者が連携して行う検査（3者要請検査）を促進し、農協に対する検査の実効性を高めるため、「農業協同組合法に定める要請検査の実施に係る基準・指針」を策定・公表しました。

当該基準・指針によれば、以下のいずれかの項目に該当する信用事業を行う農協について、3者要請検査が実施される可能性があります。平成27年7月から平成28年6月の1年間では、22組合に対して実施されています。

(1) 都道府県知事が以下の項目に該当するか等を勘案し、地域の金融システムや地域経済に与える影響が大きいと考える農協
　① 貯金量の規模が1,000億円以上の農協
　② 貯金量の規模が当該農協が属する都道府県域に所在する農協の貯金量の平均以上の農協
(2) 不正・不祥事の再発が認められる農協

3者要請検査であっても、通常の系統金融検査と着眼点などが大きく変わることはありませんが、日頃銀行等の金融機関に対する金融検査を実施している金融庁・財務局の検査官が検証を行いますので、おのずと銀行等のスタンダードを意識した検証が行われることになると思われます。したがって、JAの信用事業のリスク管理態勢等については、銀行等が用いる手法を、各JAが、その規模・特性に応じつつ積極的に取り入れていくことが期待されており、また望ましいといえるでしょう。

3者要請検査において発見された問題点については、「農協検査（3者要請検査）結果事例集」として、平成25年3月と平成28年2月に公表されており、参考になります。

5　金融検査をめぐる近時の動向と系統金融検査への影響

Q29において、系統金融検査マニュアルと金融庁が銀行等の金融検査にお

いて用いる金融検査マニュアルの類似性について説明しましたが、近年金融庁の検査手法は大きく変容しています。

具体的には、金融検査は、従来被検査金融機関に立ち入って行ういわゆるオンサイト・モニタリングを指していましたが、金融庁では、平成25年から、立入検査によるオンサイトのモニタリングと、オフサイトでの日常的な監督・モニタリングを、監督部局と検査部局の垣根を越えて一体的に運営する「金融モニタリング」を推進しており、従来型の立入検査が実施されることは少なくなってきています。

また、検査手法としても、指摘を重視し、金融検査マニュアルが定めるミニマムスタンダードに照らして個別の問題点を発見し、当該問題点を起点として川下から川上にさかのぼって管理者、さらには経営陣の態勢整備状況を検証するというQ29で述べたようなものから、各金融機関を水平的にレビューしたうえで、業界共通の潜在的なリスクを浮き彫りにしたり、金融機関が自主的にベスト・プラクティスを追求することを促したりすることに主眼を置き、個別の金融機関に対する問題点の指摘は特段行わないというものに変化しています。金融モニタリングのあり方は、今後もさらに変化・発展していくことが予想されます。

こうした金融検査の金融モニタリングへの変容を受けて、JAに対する系統金融検査のあり方も今後変化していくかもしれません。

第 3 章

取引の相手方等

第1節　個人との取引

Q31　意思能力と行為能力

意思能力、行為能力のそれぞれの意義と両者の関係はどのようなものですか。

意思能力とは、自分の行為の結果を判断することのできる能力のことであり、意思能力を欠く者の行った法律行為は無効となります。

行為能力とは、法律行為を単独で完全に行うことのできる能力のことです。

行為能力が制限されている制限行為能力者には、未成年者、成年被後見人、被保佐人、被補助人が存在します。制限行為能力者との取引は、法定代理人の同意など、一定の手順を踏んでいないと、後日取り消され、初めから無効であったものとされてしまう場合があります。

制限行為能力者とされていなくても、意思能力を欠く者も存在します。また、制限行為能力者であるとともに、意思能力を欠く者も存在します。意思能力に疑いのある者を取引相手とする場合には、その者が制限行為能力者かどうかを確認するにとどまらず、意思能力の有無も確認する必要があります。

解　説

1　意思能力の意義

意思能力とは、自分の行為の結果を判断することのできる能力のことです。意思能力を欠く者の行った法律行為は無効であるとされています。

たとえば、実際には意思能力を有していないが、外見上は意思能力の有無がわからない者から、貯金の預入れ・払戻しを求められ、これに応じたとします。その者から、当該預入れ・払戻し当時に意思能力を欠いていたことを、後日立証されると、当該預入れ・払戻し行為は無効になってしまいます。

なお、意思能力の有無は、個々の法律行為について判断されるため、取引の内容によっても異なり、一概に判断できるものではありません。実際に意思能力の有無が争いになると、本人の経歴、病歴、医療記録、介護記録、主治医の意見、鑑定結果、契約締結に至る経緯、契約の動機、契約内容、契約締結時の状況等から、契約締結当時の具体的な能力の程度、金銭の価値に対する理解能力等が考慮されます。そのため、取引時に、本人が自ら書類に署名押印したからといって、それだけで意思能力があると認められるわけではないことに注意が必要です。

2　行為能力の意義

(1)　制限行為能力者との取引

行為能力とは、法律行為を単独で完全に行うことのできる能力のことです。行為能力が制限されている者（制限行為能力者）の法律行為は、法律が定める一定の手順（法定代理人の同意等）を踏まないと、後日、制限行為能力者の側から取り消されることがあります。取り消された行為は、初めから無効であったものとみなされます（民法121条本文）。

(2)　制限行為能力制度が設けられた理由

制限行為能力者という制度が設けられた理由は、以下のとおりとなります。

まず、個人は、だれでも、所有者、債権者や債務者になることができます。すなわち、法的権利義務の主体となることができます。この法的権利義務の主体となることができる能力のことを「権利能力」といいます。民法は個人について「私権の享有は出生に始まる」と規定しており（同法３条１項）、個人は生まれたときから当然に権利能力を有するとしています。

しかし、幼い子どもなど、貯金や借入れの意味を理解できない者に、単独で有効な取引を行わせてしまうと、その者自身の利益が害されてしまいます。そこで、法律は、自己の行為の法律上の意味を十分理解できない者を保護する目的で制限行為能力者の制度を設けました。

なお、制限行為能力者とは、未成年者、成年被後見人、被保佐人、同法17条1項の審判を受けた被補助人のことをいいます（同法20条1項）。

⑶ 実際の取引

たとえば、未成年者からの求めに応じ、貯金の預入れ・払戻し行為に対応したとします。未成年者とは、20歳未満の者をいうところ（民法4条）、未成年者が法律行為を行うには、原則として法定代理人の同意を得る必要があるとされています（同法5条）。

そのため、預入れ・払戻し行為について、法定代理人である親などの同意を得ていない場合、後日、未成年者の側から取り消されるおそれがあることになります。

3 意思能力と行為能力との関係

⑴ 意思能力と行為能力

1で説明したように、意思能力を欠く者が行った個々の法律行為は、無効となります。しかし、意思能力を欠くことについて、外見上はなかなかわからないものです。また、意思能力の有無はさまざまな事情を考慮して判断されるため、意思能力の存否の証明をすることも容易ではない場合が多いでしょう。さらに、一時的に意思能力が回復する場合もあれば、逆に一時的に意思能力を失う場合もあり、個々の法律行為の時点で意思能力を有していたかどうかの判断は、むずかしい面があります。

そのため、民法は、意思能力のない者、または不十分な者を保護し、取引の相手方の予測も可能にするため、一定の者を画一的に制限行為能力者としたのです。

⑵　行為能力と意思能力の双方が問題となる可能性があること

未成年者を除く制限行為能力者については、家庭裁判所の成年後見開始の審判等をもってはじめて認められることになります。そのため、まだ審判等を受けていないために制限行為能力者ではないものの、意思能力は欠いている者も存在することになります。

また、制限行為能力と意思能力とは別の制度なので、同一人について、制限行為能力者であり、かつ意思能力がないという場合も存在します。その場合には、制限行為能力による取消の主張と意思能力による無効のどちらも主張される可能性があることになります。

そこで、意思能力に疑いのある者を取引相手とする場合には、その者が制限行為能力者かどうかを確認して手順を踏むのみならず、意思能力の有無についても確認する必要があるということになります。

⑶　意思能力と行為能力の双方確認の必要性

意思能力と行為能力とは、別々の制度ではありますが、法律行為の有効性に影響を与える点で共通します。

取引にあたっては、意思能力と行為能力の双方を確認する必要があることを意識しておきましょう。

Q 32 意思能力に懸念のある個人との取引

意思能力に懸念のある人から取引を求められた場合の対応方法はどのようなものでしょうか。

意思能力を欠く者の行った法律行為は無効となります。そのため、外見上明らかに意思能力が乏しいと思われる人から取引を求められた場合には、トラブル回避のため、取引に応じないのが原則です。

貯金の預入れ・払戻しに応じたところ、後日、その当時に意思能力を欠いていたことが明らかになる場合もあります。その場合、金融機関としては、意思能力を欠いていたことを証明する書類の提出を求めることになります。

そして、意思能力を欠いていたことが明らかとなった場合、金融機関は、現実に預入れを受けていた場合にはお返しすることになります。ただし、払戻しをしていた場合、払戻した金額のすべてを返してもらえないリスクがあります。金融機関側としては、払戻しの際、直接面談して本人の言動等を確認し、払戻しの理解に疑問な点が見受けられれば、慎重な対応をすべきことになります。

意思能力の乏しい者の預金の払戻しを本人以外の者が求めてくる場合もあります。成年後見制度を利用してもらうのが原則ですが、本人の状態を確認し、支払内容や目的を検討したうえで、支出に応じるということも考えられます。

また、意思能力の乏しい者と貸出取引を行う場合においては、少なくとも成年後見制度の利用を勧め、成年後見人を相手として、貸出取引を行うべきでしょう。

解　説

1　外見上明らかに意思能力に乏しい人への対応

意思能力とは、自分の行為の結果を判断することのできる能力のことであり、意思能力を欠く者の行った法律行為は無効であるとされています。

たとえば、貯金の預入れ・払戻しにきた者が、外見上明らかに意思能力に乏しいと思われたにもかかわらず、貯金の預入れ・払戻しに応じてしまうと、後日無効とされてしまう危険があります。そのため、外見上明らかに意思能力に乏しい人から取引を求められた場合、後日のトラブルを回避する観点から、対応できないことをお詫びし、申出をお断りするのが、原則として適切な対応となります。

2　貯金の預入れ・払戻しに応じたところ、意思能力を欠いていたことが後日判明した場合の対応

(1)　意思能力を欠いていたことが立証された場合

外見上は意思能力が乏しいと思われなかったため、貯金の預入れ・払戻しに応じたところ、後日になって、その者が当時意思能力を欠いていたとして、その貯金の預入れ・払戻し行為が問題となることもあります。

まず、その者が当時意思能力を欠いていたことについては、その者の側（意思能力を回復した本人、取引後に制限行為能力者となった場合の成年後見人等）において立証する必要があります。そのため、金融機関側としては、その者が当時意思能力を欠いた状態であったことを証する書類の提出を求めることができると考えられます。

それでは、万一、その者が当時意思能力を欠いた状態であったことが立証された場合はどうでしょうか。

現実にその者から貯金の原資の出損を受けた（受入れ）場合、受け取った貯金の原資は不当利得として本人（意思能力を回復した場合や補助人・保佐人

の同意がある場合）または成年後見人等（成年後見の審判を受けた場合は成年後見人。補助人・保佐人・任意後見人が代理権を有する場合はそれらの者）に対して返還することになります。

また、その者に貯金相当額の金銭の交付を行った（払戻し）場合、交付した貯金相当額の金銭については、金融機関は、その者に対し不当利得返還請求権を有することになります。しかし、意思無能力による無効の場合、不当利得返還請求の対象となる金額は本人が現に利益を受けている限度（現存利益）に限られるリスクがあります（民法121条但書類推適用）。金融機関としては、不当利得返還請求権と弁済によって消滅しなかったとされる貯金債権とを相殺するとの主張をすることも考えられますが、払戻しした金額の全額を回収できないリスクがあることに注意が必要です。

金融機関側としては、貯金の入金票・払戻請求書に本人の自署・捺印を受けていると思われますが、取引時に直接面談することにより、担当者において、本人の会話や言動を確認し、当該取引の意味を理解しているかどうか疑問な点が見受けられる場合には、慎重に取引を行う必要があることになります。

また、意思無能力の主張をされた場合には、早期に、担当者から預入れ・払戻しの動機や経緯を確認し、記録に残されていない事情があれば、将来訴訟になることも想定し、担当者の報告書を作成するなどして証拠を確保すべきです。

(2) 預入れ・払戻し行為を覚えていないと主張された場合

認知症等の人が、現実には預入れ・払戻し行為を行ったにもかかわらず、後日これを忘れて預入れ・払戻し行為をした覚えがないと申し出てくる場合もあります。

この場合、入金票や払戻請求書等により取引内容を説明のうえ、本人の納得を得るか、もしくは本人の家族等に連絡して説得してもらうことになります。

(3) 意思能力の乏しい者の貯金の払戻しを本人以外の者が請求してきた場合

貯金者が病気で入院し、意思表示ができなくなったとして、その近親者から、貯金者の入院費用等に充てるため、その貯金の払戻請求がなされる場合があります。

このような場合、成年後見制度を利用してもらい、成年後見人からあらためて払戻請求をしてもらうのが原則です。しかし、成年後見制度は、成年後見人の選任までの期間や申立費用がかかるため、利用したがらない方もかなり多いとみられます。

そのため、金融機関としては、対応に苦慮することがあります。

現実的な対応としては、以下のようなポイントを押さえ、払戻しに応じるか、あくまで成年後見制度を利用されない限り応じられない対応をとるかを選ぶことになると思われます。いずれのポイントも、本人の意思能力の確認、本人のための必要な支出であることの確認に役立ち、トラブルが後日発生することを防止するために重要なものとなっています。

① 金融機関の職員が医者と面談して病状を確認する。
② 医者の診断書の提出を受ける。
③ 病院から家族への請求の内容を医者に確認する。
④ 病院から家族への請求書を確認する。
⑤ 支払は病院に対する振込により、現金支払は避ける。
⑥ 推定相続人から念書の提出を受ける。

なお、日常の生活費に充てるために配偶者から払戻請求がなされた場合には、民法761条の日常の家事に関する法律行為についての夫婦の代理権の規定を根拠に、弾力的に応じる対応も考えてよいと思われます。同法761条により、配偶者の一方には、他方配偶者の日常の家事に関する法律行為について、代理権が与えられており、払戻しの金額や内容によっては、その代理権に基づく払戻請求とみることができるためです。

3　貸出取引の場合

意思能力のない者とした法律行為は無効となります。無効となっても、不当利得返還請求はできますが、不当利得返還請求の範囲が現存利益に限られる場合や、相手方に返済資金がないなど、返済を受けられないリスクもあります。そのため、意思能力のない者とは、貸出取引を行うべきではありません。

意思能力に懸念のある相手とやむをえず貸出取引を行う際は、本人が後見、保佐、補助の審判を受けている場合には、成年後見人の代理人取引あるいは保佐人・補助人の同意のもとでの本人取引または代理権の範囲内での保佐人・補助人との代理取引を行うことになります。

つまり、意思能力に懸念のある相手と貸出取引を行う場合には、相手が制限行為能力者かどうかを確認し、その制限行為能力者の種類に応じて、制限行為能力制度で定められた一定の手続（保佐人・補助人の同意など）を踏むこと等が必要となります。

Q 33 制限行為能力者との取引

制限行為能力者制度の概要、それぞれの場合の取引の方法・注意点はどのようなものでしょうか。

A 制限行為能力者には、成年被後見人、被保佐人、被補助人、未成年者が存在します。いずれも、法律行為を単独で完全に行う能力である行為能力が制限された者になりますが、以下のように、判断能力の程度に応じて、有効な取引を行うための要件、相手方が異なることになります。

① 成年被後見人……精神上の障害により事理を弁識する能力を欠く「常況」

日常生活に関する行為を除き、成年被後見人が行った行為は取り消される場合があります。そこで、金融機関としては、成年後見人を相手として取引を行う必要があります。

② 被保佐人……精神上の障害により事理を弁識する能力が「著しく不十分」

民法13条1項各号に規定されている借財や保証については、保佐人に同意権が与えられており、保佐人の同意なしに行うと取り消される場合があります。また、保佐人に代理権が与えられている場合もあります。そこで、金融機関としては、保佐人の同意を得るか、保佐人に代理してもらい、取引を行う必要があります。

③ 被補助人……精神上の障害により事理を弁識する能力が「不十分」

借財や保証については、補助人に同意権が与えられているか、代理権が与えられている場合があります。そこで、金融機関としては、補助人の同意を得るか、補助人に代理してもらい、取引を行う必要があります。

④ 未成年者……20歳未満の者

未成年者は、原則として、単独で、確定的に完全・有効な法律行為をすることはできないとされています。そこで、金融機関が未成年者を相手として取引を行う場合には、原則として、法定代理人の代理または同意を要することになります（Q34参照）。

解　　説

1　制限行為能力者制度の概要

(1)　成年後見人制度の概要

成年後見の対象となる制限行為能力者は、「精神上の障害により事理を弁識する能力を欠く常況にある者」、すなわち精神上の障害により常に判断能力を欠く「常況」にある者です。家庭裁判所は、このような者について、本人、配偶者、４親等内の親族等一定の者の請求により、「後見開始の審判」をすることができます（民法７条）。

後見開始の審判を受けた制限行為能力者は「成年被後見人」となり、法定代理人として「成年後見人」が選任されます（同法８条）。

成年被後見人自身が行った法律行為は、日用品の購入その他日常生活に関する行為を除き、本人または成年後見人によって取り消すことができます（同法９条）。成年後見人は、成年被後見人の財産管理権およびその財産に関する法律行為の代表権を有する（同法859条）とされています。

家庭裁判所は、必要と認めるときは「成年後見監督人」を選任できますし（同法849条）、成年後見人は複数選任されることもあります（同法843条３項）。

(2)　保佐人制度

保佐の対象となる制限行為能力者は、「精神上の障害により事理を弁識する能力が著しく不十分である者」、すなわち精神上の障害等により判断能力が著しく不十分な者ですが、後見を要する程度の者は除かれます。家庭裁判所は、このような制限行為能力者について、本人、配偶者、４親等内の親族等一定の者の請求により、「保佐開始の審判」をすることができます（民法11条）。

保佐開始の審判を受けた者は、「被保佐人」となり、「保佐人」が選任されます（同法12条)。保佐人には、民法13条1項各号に規定されている被保佐人の行為について同意権が付与されますが、日用品の購入その他日常生活に関する行為については、被保佐人の単独行為が認められます（同項但書)。保佐人の同意を有する行為の主なものは、借財や保証、不動産等の重要財産の権利得喪を目的とする行為、訴訟、相続の承認・放棄等です。

保佐人の同意権の対象行為について、被保佐人が保佐人の同意を得ないでなした行為は、本人または保佐人による取消権の行使が認められています（同条4項)。

保佐人は、後見人の場合のような財産管理権や包括的代理権は有していません。しかし、本人（被保佐人)、配偶者、4親等内の親族、保佐人、保佐監督人などの請求に基づき、家庭裁判所の審判により、被保佐人のために、特定の法律行為について代理権を付与することができます（同法876条の4第1項)。

家庭裁判所が必要と認めるときは、「保佐監督人」を選任できること（同法876条の3第1項)、保佐人が複数選任されることがある点は、成年後見の場合と同じです。

⑶ 補助人制度

補助の対象となる制限行為能力者は、「精神上の障害により事理を弁識する能力が不十分である者」、すなわち精神上の障害等により判断能力が不十分な者ですが、後見や保佐を要する程度の者は除かれます。家庭裁判所は、このような制限行為能力者について、本人、配偶者、4親等内の親族等一定の者の請求により、「補助開始の審判」をすることができます（民法15条1項)。

補助開始の審判を受けた者は、「被補助人」となり、「補助人」が選任されます（同法16条)。

補助開始の審判と同時に、被補助人のする特定の法律行為について補助人の同意を要することの審判（同法17条1項）と、被補助人のために特定の法律行為につき補助人に代理権を付与する旨の審判（同法876条の9第1項）が行われます。ここで、同意権の対象となる行為は、民法13条1項に定める行為の一部に限られます（同法17条1項但書）。

補助人の同意が必要な行為であって被補助人が単独で行ったものについては、本人または補助人による取消権の行使が認められます（同条4項）。

家庭裁判所が必要と認めるときは、「補助監督人」を選任できること（同法876条の8第1項）、補助人が複数選任されることがある点は、成年後見、保佐の場合と同じです。

(4) 未成年者

未成年者とは20歳未満の者をいい（民法4条）、原則として、単独で、確定的に完全・有効な法律行為をすることはできないとされています。そのため、金融機関が取引を行う場合には、原則として、法定代理人に代理してもらうか、法定代理人の同意をもらうことになります。

ただし、普通貯金取引については、法定代理人が目的を定めて処分を許した財産は本人が自由に処分できること（同法5条3項）等から、親権者の同意書等の提出を受けない対応をすることも考えられます。

2 成年被後見人との取引・注意点

成年被後見人は、精神障害等の常況にあり、判断能力や意思能力を欠く者ですので、金融機関が取引を行う場合、常に法定代理人である成年後見人を相手として行う必要があります。ただし、日常生活に関する行為である電気・ガス・水道料等の支払に必要な範囲の貯金の払戻しなどは、取消権の対象外となります。しかし、多額の貯金の払戻しや借財・保証・担保の提供等の取引は、通常、日常生活に関する行為に該当せず、取消権の対象になります。

なお、成年被後見人が相手方に対して自分が能力者であることを信じさせるため詐術を用いたときは、当該行為は取り消すことができないとされています（民法21条）。

成年被後見人の行為が取り消されると、その行為は当初から無効となるため、取消までの間、その取引の有効無効が確定せず、取引がきわめて不安定な状態に置かれてしまいます。このような場合の取引の相手方の救済措置として、相手方には、以下のような催告権が認められています。

① 相手方は、成年被後見人が行為能力者となった後1カ月以上の期間内に、当該取り消すことができる行為を追認するかどうか確答すべき旨の催告を行うことができ、もし当該成年被後見人がその期間内に確答しないときは、その行為を追認したものとみなすことができます（同法20条1項）。

② 成年被後見人が行為能力者とならない場合においては、法定代理人に対して①と同様の催告ができます（同条2項）。

なお、成年後見監督人が選任されている場合、成年後見人が被後見人にかわって営業もしくは借財、保証、不動産等重要な財産に関する権利の得喪を目的とする行為、訴訟等をするときは、後見監督人の同意が必要とされています（同法864条）。そのため、金融機関としては、成年後見監督人が選任されているかどうかも確認する必要があります。

取引先が成年被後見人であるかどうかの確認は、後見登記等に関する法律に基づき登記された成年後見登記によって行います。この登記内容は「登記事項証明書」の交付を受けることで確認ができますが、交付請求のできる者は、本人、成年後見人、配偶者、4親等内の親族などに限られているので、金融機関は、それらの者を通じて登記事項証明書を入手することになります。成年被後見人でない場合には、登記がされていないことの証明書（いわゆる「ないこと証明」）も発行されます。ただし、「ないこと証明」の提示があったとしても、直接本人と面談して行為能力を確認するという行動はとるべきです。

3　被保佐人との取引・注意点

金融機関との融資取引や保証、担保提供などは、民法13条1項各号に掲げられている同意対象行為に該当します。また、特定の法律行為について、保佐人に代理権が付与されている場合もあります。

そのため、被保佐人との取引は保佐人の同意を得て行うことが必要ですし、代理権付与の審判がなされている場合には、保佐人を代理人として取引する必要があります（同法876条の４）。

被保佐人が保佐人の同意権対象行為を同意なしで行った場合、その法律行為は本人または保佐人により取消が可能となります。そして、取り消された法律行為は初めから無効となり、本人は現に利益を受けている範囲内で返還の義務を負います（同法121条）。したがって、金融機関としては、同意対象行為となる融資行為を、同意なしで行ってしまった場合、融資金の全額を回収できない場合もあり、注意が必要です。

なお、被保佐人が詐術を用いた場合に当該行為を取り消すことができなくなる点は、成年後見の場合と同じです（同法21条）。

また、被保佐人自身がなした行為で取消の対象となる取引の相手方は、被保佐人が行為能力者となった後１カ月以上の期間内に当該行為を追認するかどうかの催告ができる点は、成年後見の場合と同じです（同法20条１項・２項）。ただし、相手方は、被保佐人に対しても、１カ月以上の期間内に保佐人の同意を得て当該行為を追認するよう催告することができ、その期間内に被保佐人が保佐人の同意を得た通知を発しないときは、当該行為を取り消したものとみなされます（同条４項）。

取引先が被保佐人であるかどうかについては、成年後見の場合と同様、後見登記に関する法律に基づき登記された成年後見登記により確認することになります。また、この登記内容は、登記事項証明書の交付を受けることにより把握できますが、金融機関等取引の相手方には交付請求権がないので、本人や保佐人など交付請求のできる者を通じて当該証明書を入手することになります。

なお、禁治産・準禁治産制度のもとで禁治産・準禁治産の宣告を受けていた者等について、成年後見・保佐の登記申請がされていない等、登記がされていない場合もありますので、必要に応じ、戸籍も確認する必要があります。

4　被補助人との取引・注意点

補助開始の審判がなされている場合、金融機関との融資取引や保証、担保提供などは、通常、特定の法律行為として指定されており、補助人に同意権や代理権が付与されています。

そのため、被補助人との取引は、補助人の同意を得て行い、代理権が付与されている行為については、補助人を代理人として取引しなければならないことになります。

被補助人が単独でなした行為で取消権の対象となる取引に係る相手方において、当該行為の追認催告ができることについては、保佐の場合と同じです（民法20条４項）。

なお、被補助人が詐術を用いた場合に当該行為を取り消すことができなくなる点は、成年後見、保佐の場合と同じです（同法21条）。

取引先が被補助人であるかどうか、補助人の同意を要する行為、補助人に代理権が付与されている場合の代理権の範囲等がどのようにされているかについては、成年後見、保佐の場合と同様、後見登記等に関する法律に基づき登記された成年後見登記により確認する必要があります。金融機関としては、登記事項証明書を、交付請求のできる本人などを通じて、入手することになります。

Q 34 親権者・後見人との取引

未成年者と取引をすることになりました。どのような点に注意すればよいですか。

未成年者と取引をする際は、原則として、法定代理人の同意を得る必要があります。

通常、未成年者の両親が法定代理人ですが、違う場合もあるので注意が必要です。

解　説

1　未成年者と意思能力

未成年者とは、20歳未満の者をいいます（民法4条）。ただし、未成年者が婚姻したときは成年に達したとみなされます（同法753条）。

未成年者は、民法上、「制限行為能力者」とされ、意思能力の有無にかかわらず、原則として、単独で完全に有効な法律行為はできません。未成年者が法律行為をするには、①法定代理人が未成年者にかわって法律行為を行う、②法定代理人が未成年者に同意を与える、という2つの方法があります。

売買や金銭の貸付などの契約や貯金口座の開設・払戻しなどの取引は、法律行為に当たりますから、JAとしては、法定代理人を未成年者の代理人として手続を行うか、法定代理人の同意を得たうえで、未成年者本人を相手方として手続を行うことになります。

2　親権者・未成年後見人の同意による取引

⑴　原則（同意が必要）

未成年者が法定代理人の同意を得ないでした法律行為は、取り消すことができます。したがって、JAが法定代理人の同意を得ないまま未成年者本人と取引をすると、後から取り消されてしまう可能性があります。

⑵　例外（同意が不要な場合）

ただし、例外として、未成年者が法定代理人の同意なしで単独で法律行為ができる場合もあります。

例外の第一は、「単に権利を得または義務を免れる行為」です。たとえば、負担を伴わない贈与を受ける契約をすることなどがこれに当たります。なお、債務の弁済を受けることは、これにより既存の債権を失うことになるので、「単に義務を免れる行為」には当たらないので注意が必要です。

例外の第二は、「法定代理人が①使用目的を定めて処分を許した財産、または②使用目的を定めないで処分を許した財産についての処分行為」です。①の例としては、学費などがあります。また、②の例としては、小遣いなどがあります。

したがって、小遣いなどを管理するために未成年者が普通貯金口座を開設し、預入れや払戻しをすることは、法定代理人の同意なしでも可能です。

例外の第三として、「一種又は数種の営業を許された未成年者はその営業に関しては成年者と同一の能力を有する」という民法6条の規定があります。許可された営業に関する行為については、未成年者が法定代理人の同意なしでできることになります。未成年者が営業を行うときは、許可された営業の範囲などについて商業登記簿に登記されます。

また、前述のとおり、未成年者が婚姻したときは成年に達したとみなされますので、結婚している未成年者も法定代理人の同意なしで法律行為をすることができます。

3　親権者・未成年後見人の代理による取引

⑴　未成年者の法定代理人

未成年者の法定代理人は、未成年者の代理人として法律行為を行うことも可能です。

ところで、未成年者の法定代理人とはだれでしょうか。

民法は、未成年者の親権者が法定代理人であると定めています（同法824条）。そして、父母の婚姻中は父母が共同して親権を行うとしています（同法818条）。したがって、JAが未成年者と取引する場合には、原則として両親の共同名義や連名で代理してもらうか、あるいは同意を得る必要があります。父母の意見が一致していないのに、一方が勝手に代理行為や同意をすることは無効な代理行為ですが、取引の相手方（JA等）が事情を知らなければ有効なものとして扱われます（同法825条）。

未成年者の両親が離婚したり、死別したりして、父母が婚姻中でない場合の法定代理人はどうなるのでしょうか。

父母が離婚している場合は、離婚の際にどちらか一方が親権者と定められますので（同法819条）、親権者と定められた者だけが法定代理人となります。また、父母の一方が死亡した場合は、他方が親権者となります。

親権を行う者がいないとき、親権を行う者が管理権を有しないときは、未成年後見人が選任されます（同法838条、840条）。この場合、未成年後見人の監督を行う未成年後見監督人の選任も可能です。

それでは、未成年者の両親が離婚し、親権者が母と定められたところ、その後、母親が死亡した場合、法定代理人はだれになるのでしょうか。この場合は、親権が当然父親に移るわけではなく、未成年後見人が選任されることになりますので注意が必要です。

⑵　利益相反の場合

たとえば、未成年者の子の貯金を担保に親が借入れをしたいと申し込んできた場合、JAはそのまま応じてしまっていいでしょうか。

この申込みは、親が借入れという利益を受ける一方で、子にとっては自分の貯金が担保にされてしまう不利益な取引です。このように、未成年者とその法定代理人との間で利益相反行為になる場合に、法定代理人が未成年者を代理して取引することを許してしまうと、未成年者にとって一方的に不利益になりかねません。そこで、このような場合は、家庭裁判所に特別代理人の選任を請求し、特別代理人が未成年者の代理人として取引を行うことになります（民法826条）。

そのほかにも、労働基準法は、法定代理人が未成年者にかわって賃金を受け取ることを禁止していますので（同法59条）、未成年者がアルバイトをした給料の振込口座は、親の口座ではなく、本人の口座とするのが原則です。

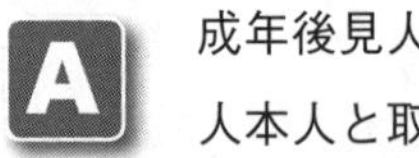

Q35 成年後見人との取引

取引の相手方に成年後見人がいることがわかりました。どのような点に注意して取引を進めればいいですか。

A 成年後見人を代理人として取引しなくてはなりません。成年被後見人本人と取引した場合は、仮に、成年後見人の同意があったとしても、後から取り消される可能性があります。

ただし、「日常生活に関する行為」だけは、成年被後見人が単独ですることができます。

解　説

1　どのような場合に成年後見人が取引の相手方になるか

⑴　成年後見人とは

成年被後見人とは、精神上の障害により、自己の行為の意味を判断する能力のない状態が常況である者について、家庭裁判所から後見開始の審判を受けた者をいいます（民法7条、8条）。たとえば、交通事故に遭って意識不明で入院中の人や認知症で判断能力がないと診断されている人などが対象になります。これらの人は、判断能力がないわけですから、本来、契約などの法律行為をしたとしても、意思能力なしで無効とされてしまうはずです。しかし、これらの人たちの財産管理上、それでは困ることもあります。そこで設けられたのが成年後見制度です。

家庭裁判所で成年後見開始決定がされると、成年被後見人には、後見人がつけられ（同法843条）、本人が自ら法律行為を行うことはできなくなります。そして、後見人が成年被後見人の法定代理人として本人のために法律行為を行い、財産の管理を行うことになります（同法8条、859条）。もし、本人が単独で法律行為を行ったときはその法律行為は原則として取り消すことができます（同法９条）。仮に、成年後見人の同意を得ていたとしても、やはり取り消すことができます。

成年後見人は、家庭裁判所が個々の事案によって最も適当な者を選任することになっています。また、複数の成年後見人や法人が成年後見人に選任されることもあります（同法843条３項）。配偶者や子など親族が成年後見人に選任される場合と弁護士や司法書士等の専門職が選任される場合がありますが、遺産分割が予定されているなど利益相反がある場合や本人に一定額以上の財産がある場合は、専門職を選任する取扱いが多くなっています。成年後見開始審判を申し立てる際に、あらかじめ成年後見人候補者を推薦することもできますが、必ずしもそのとおりになるとは限りません。また、思ったとおりにならないからといって、いったんした申立ては原則として取り下げることはできません（家事事件手続法121条）。

⑵　成年後見人の確認方法

取引の相手方が成年被後見人か否かはどうやって確認するのでしょうか。

成年後見人が付されているかどうかは成年後見登記で確認できます。ただし、登記事項証明書の交付を受けることができるのは、本人、成年後見人、配偶者、４親等内の親族等に限られており、JAなど取引相手が直接交付を受けることはできません。したがって、取引の際には、本人等に取得してもらい確認することになります。なお、成年後見人が付されていない場合は、登記がされていないことの証明書が発行されます。

2　本人が単独でできること（「日常生活に関する行為」）

⑴　「日常生活に関する行為」

成年被後見人が自律的な生活を送ることを尊重する観点から、民法は、成年被後見人が単独で行った法律行為であっても、日用品の購入その他日常生活に関する行為については、本人の判断に委ねて行うことも認め、取り消すことができないとしています（民法９条ただし書）。

⑵ 定期貯金

それでは、貯金取引のなかでどのような取引が「日常生活に関する行為」として成年被後見人が単独でできるのでしょうか。

まず、定期貯金について考えてみます。定期貯金の預入れや払戻しは、日常生活に関する行為とはいえない場合が多く、取り消すことができる場合が多いと考えられます。

それでは、取り消された場合はどうなるのでしょうか。

法律行為が取り消されたときは、その法律行為は初めからなかったもの（無効）とみなされます。定期貯金の預入れ行為が取り消されたときは、預入れがなかったものとみなされるので、JAは預かった貯金を返戻することになりますが、それ以上特に損害が生じることはありません。これに対し、定期貯金の払戻しが取り消されたときは、払戻しがなかったものとみなされるので、JAは貯金がまだ残っているものとして、あらためて貯金の払戻しをしなければならなくなり、結果的に二重払いを余儀なくされます。もちろん、最初の払戻しは無効なので、JAは払戻しを受けた成年被後見人に対し、払戻金を不当利得として返還するよう請求することが可能です。しかし、制限行為能力者の不当利得返還義務は「現に利益を受ける限度」に限定されているので（民法121条）、払戻金を浪費するなどして利益が残っていない場合には返還義務がありません。このように定期貯金の払戻しが取り消された場合、JAにとって深刻な問題が生じます。

ところで、貯金規定では「払戻請求書、諸届その他の書類に使用された印影を届出の印鑑と相当の注意をもって照合し、相違ないものと認めて取扱いましたうえは、それらの書類につき偽造、変造その他の事故があってもそのために生じた損害については当組合は責任を負いません」という免責条項を置いています。また、民法には「債権の準占有者に対する弁済」を有効とする規定があります（同法478条）。

制限行為能力者が届出印と通帳によって貯金の払戻しを行い、その際、窓口で印鑑照合を適切に行ったときは、貯金規定の免責条項または債権の準占有者に対する弁済の規定によって二重弁済の責任を免れることはできないのでしょうか。

この点については、民法の制限行為能力者の規定は、制限行為能力者の保護のために認められた特別の規定なので、債権の準占有者に対する弁済の保護という取引の安全に関する規定よりも優先する、という考え方が一般的です。

したがって、成年被後見人本人に定期貯金の払戻しをしてしまった場合、適切に印鑑の照合をしていたからといって二重弁済の責任を免れることはできないと認識しておく必要があります。

(3) 普通貯金

普通貯金の場合でも、基本的な理解は定期貯金の場合と同じです。しかし、普通貯金は年金等の振込口座や、電気・ガス・水道料等の支払口座として利用されていることも多く、日常生活に関する資金の受払いに深くかかわっている貯金口座です。そのため、普通貯金の取引は日常生活に関する行為として、成年被後見人が単独で行うことができる（単独で行っても取消できない）場合も多いと考えられます。とはいえ、普通貯金の使われ方も種々なものがあるので、普通貯金の受払いがすべて日常生活に関するものであると一般化していうことはできません。したがって、普通貯金の払戻しについては、貯金実務では、常に後見人を相手方として取引を行うのが原則です。

なお、日常生活に関する行為として成年被後見人等本人の直接の取引を認める方法として、JAバンクの統一事務手続では、窓口取引の出金限度額を設定する方法や成年後見人等が管理する口座から同人の同意を得て資金を振り替えた専用口座を設け、その口座で取引する方法が規定されています。

(4) 当座貯金

それでは当座貯金はどうでしょうか。

当座勘定取引は、消費寄託契約（預貯金契約）に加えて、手形・小切手の支払事務を金融機関に委託する取引（委任契約）が含まれているので、当座勘定取引の相手方としては、手形・小切手の振出しができる者であることが前提になります。

成年被後見人は、本人が法律行為をすることができないので、後見人が代理人として手形・小切手の振出しをすることになり、当座勘定取引の最初の取引である当座貯金口座の開設も成年後見人が本人の代理人として行うことになります。

当座貯金口座の開設はこのような手続によって行うことはできますが、現実問題として、成年後見人が代理人として振り出した手形・小切手が実際に流通するとは考えにくく、JAバンクの統一事務手続でも、当座勘定取引先が成年被後見人等になった場合には、原則として解約を依頼すると規定しています。

3　後見監督人または家庭裁判所の許可を要する場合

(1)　後見監督人の許可を要する場合

家庭裁判所は、必要に応じ、成年被後見人、その親族、成年後見人の請求によって後見監督人を選任することがあります。家庭裁判所の職権による選任も可能です。

成年後見監督人が選任された場合、成年後見監督人は、成年後見人の事務の監督、成年後見人が欠けた場合の後任の選任の請求、急迫の事情がある場合必要な処分をすること、成年後見人と成年被後見人との利益相反行為につき成年被後見人を代表する権限をもっています。

すなわち、成年後見人が行う取引が成年被後見人との間で利益相反行為になる場合は、家庭裁判所に特別代理人の選任を請求し、特別代理人が成年被後見人の代理人として取引を行うことになりますが（民法860条による826条の準用）、後見監督人がいるときは、後見監督人が成年被後見人を代表することになります（同法851条）。

なお、後見監督人が選任されている場合、成年後見人が本人にかわって営業もしくは借財、保証、不動産等重要な財産に関する権利の得喪を目的とする行為、訴訟等をするときは、後見監督人の同意が必要とされますので（同法864条)、JAとしても注意が必要です。

(2) 家庭裁判所の許可を要する場合

また、居住環境の変化が本人の精神状況に与える影響の大きさを考慮し、成年被後見人の居住用不動産の処分につき、成年後見人の代理権に一定の制限が加えられています。成年後見人が本人にかわって本人の居住用の不動産について、売却、賃貸、賃貸借の解除または抵当権の設定などの処分行為を行うときは、家庭裁判所の許可を得なくてはなりません。

Q 36 保佐人・補助人がいる場合の取引

取引の相手方に保佐人や補助人がいることがわかりました。どのような点に注意して取引を進めればいいですか。

保佐人がついている場合は、重要な財産取引について、また、補助人がついている場合は、家庭裁判所の定めた特定の取引について、本人が単独ですることができません。保佐人や補助人の同意が必要です。

また、家庭裁判所が特定の取引について、保佐人や補助人に代理権を与えている場合は、本人にかわって保佐人や補助人を代理人として取引をする必要があります。

解　説

1　保佐人とは

被保佐人とは、精神上の障害により、自己の行為の意味を判断する能力が著しく不十分な者について、家庭裁判所から保佐開始の審判を受けた者をいいます（民法11条）。

被保佐人には保佐人がつけられ（同法12条）、借入れや保証行為、元本を領収しまたは利用すること、不動産や重要な財産に関する権利を取得し処分することなど、同法13条１項に列挙された行為およびそれ以外に家庭裁判所の審判で同意を必要とされた行為については、被保佐人は単独で行うことができず、保佐人の同意のもとに行わなければならなくなります（同条１項・２項）。それらの行為を被保佐人が保佐人の同意を得ないでするとその行為は取り消すことができるものとなります（同条４項）。

ただし、成年被後見人の場合と同様に、日常生活に関する行為については、被保佐人が単独で行為することができることになっています（同条）。

また、保佐人に対しては、家庭裁判所の審判により特定の法律行為について代理権が与えられることがあります（同法876条の４）。

被保佐人と保佐人の間の利益が相反する行為については、家庭裁判所に臨時保佐人の選任を請求し、臨時保佐人が保佐人として同意を与えることになります（同法876条の２第３項）。ただし、保佐監督人がいるときは、保佐監督人が被保佐人を代表しまたは同意を与えるとされています（同法876条の３）。

2　補助人とは

被補助人とは、自己の行為の意味を判断する能力が不十分な者について、家庭裁判所から補助開始の審判を受けた者をいいます（民法15条１項）。

被補助人には補助人がつけられ（同法16条）、家庭裁判所の定めた特定の法律行為については、補助人の同意が必要となります。補助人の同意を要する行為として家庭裁判所が審判で定めることができるのは、被保佐人に関する民法13条１項列挙の行為の一部に限られています（同法17条。ただし、日常生活に関する行為は指定できない（同法13条１項柱書ただし書））。補助人の同意を要するとされた法律行為について、補助人の同意を得ないでなされたときは、その行為は取り消すことができます（同法17条４項）。

また、家庭裁判所は一定の者の請求によって、本人の同意を得たうえで特定の行為についての代理権を補助人に与えることができます（同法876条の９）。

被補助人と補助人の間の利益が相反する行為については、家庭裁判所に臨時補助人の選任を請求し、臨時補助人が補助人として同意を与えることになります（同法876条の７第３項）。ただし、補助監督人がいるときは、補助監督人が被補助人を代表しまたは同意を与えるとされています（同法876条の８第２項による851条の準用）。

3　保佐人の同意を要する場合

(1)「重要な財産取引」

被保佐人は、民法13条所定の行為に当たる「重要な財産取引」に関する法律行為をする場合は、保佐人の同意が必要となります。同意を得ないでした場合は、取り消すことができます。同法13条所定の「重要な財産取引」に関する法律行為は以下のものです。

①　元本を受領し、またはこれを利用すること

　利息、賃料、地代等の法定果実を生じさせるもとになる財産を受領し、または、不動産の賃貸、利息付きの消費貸借など財産の利用を行うこと。

②　借財または保証をすること

③　不動産その他重要な財産に関する権利の得喪を目的とする行為をすること

④　訴訟行為をすること

⑤　贈与、和解または仲裁合意をすること

　贈与を「する」ことであって、贈与を「受ける」ことについては保佐人の同意は要しない。

⑥　相続の承認、放棄または遺産の分割をすること

⑦　贈与の申込みを拒絶し、遺贈を放棄し、負担付きの贈与の申込みを承諾し、または負担付贈与を承認すること

⑧　新築、改築、増築または大修繕をすること

⑨　民法602条に定める期間を超える賃貸借をすること

　山林は10年、山林以外の土地は５年、建物は３年、動産は６カ月。

家庭裁判所はこれ以外にも保佐開始審判の請求権者、保佐人、保佐監督人の請求により、保佐人の同意を要する行為を定めることができます。ただし、民法９条ただし書所定の「日常生活に関する行為」を対象にすることはできません。

なお、被保佐人の利益を害するおそれがないにもかかわらず、保佐人が同

意を与えようとしないときは、家庭裁判所は、被保佐人の請求により保佐人の同意にかわる許可を与えることができます。

⑵ 定期貯金、普通貯金

それでは、具体的な場面で考えてみましょう。定期貯金についてはどうでしょうか。

定期貯金の預入れは民法13条の「元本の利用」および「重要な財産に関する権利の得喪を目的とする行為」に該当し、保佐人の同意を必要とする行為に該当します。また、総合口座取引の定期貯金の預入れは、定期貯金を担保とする当座貸越が予定されているので（消費貸借の予約契約）同条の「借財または保証」に該当するといっていいでしょう。いずれにしても、所定の手続をとっていない定期貯金の預入れは取消の対象になると考えて扱うべきでしょう。JAバンクの統一事務手続でも、定期貯金は定期貯金通帳により預かり、総合口座とはしないことが規定されています。

定期貯金の払戻しは民法13条の「元本の領収」に該当し、保佐人の同意を必要とする行為に当たります。したがって、被保佐人が保佐人の同意なしに定期貯金の払戻しを行ったときは取消の対象になります。払戻しが取り消されると二重払いの深刻な問題が生じることは、成年後見人との取引で説明したとおりです（Q35参照）。

なお、普通貯金や日常生活に関する行為の問題も成年被後見人の場合と同じです。

⑶ 当座貯金

当座勘定取引については、手形・小切手の振出しはこれによって支払債務を負担することになるので民法13条１項２号の「借財をすること」に該当すると考えられます。したがって、保佐人の同意を得てまたは保佐人が代理人（代理権が付与されている場合）として手形・小切手の振出しを行うことになります。当座勘定取引の最初の取引である当座貯金口座の開設は、同条の「元本の利用」および「重要な財産に関する権利の得喪を目的とする行為」や手形や小切手の振出しの準備行為として「借財をすること」に含まれると考えられるので、保佐人の同意を受けてまたは保佐人が代理人（代理権が付与されている場合）として行うことになります。

当座貯金口座の開設はこのような手続によって行うことはできますが、現実問題として、保佐人が振出しに同意する旨を記載し署名押印した手形・小切手が実際に流通するとは考えにくく、被保佐人が手形や小切手を振り出すという事例が発生することは現実にはまれだと思われます。また、本人が民法の定める所定の手続を経ず単独で振り出した手形・小切手が保佐人の同意等がないことを理由に取り消された場合には、なぜそのような口座開設をJAが認めたのかというトラブルに発展する危険もあるので、そのような不安定な手形・小切手振出しの前提となる当座貯金口座の開設をJAが行うのは好ましくないと考えられます。

そこで、JAバンクの統一事務手続でも、当座勘定取引先が成年被後見人等になった場合には、原則として解約を依頼すると規定しています。

4　補助人の同意を要する場合

⑴　補助人の権限（裁判所の審判）

次に、被補助人について考えてみます。

被補助人が補助人の同意を得たり、補助人を代理人としてすべき法律行為は、補助開始時に同時になされる審判の内容によって異なります。

a　同意権付与の審判のみがなされた場合

被補助人は、上記審判によって定められた特定の法律行為につき、補助人の同意を得ることを要し、補助人の同意を得ることなく上記行為をしたときは、当該行為は取り消すことができることになります。被補助人がしようとする行為につき、被補助人の利益を害するおそれがないにもかかわらず補助人が同意を与えない場合は、家庭裁判所が同意にかわる許可をなしえます。

b　代理権付与の審判のみがなされた場合

この場合、被補助人の行為能力自体は特に制限を受けず、補助人において上記審判によって定められた範囲内で被補助人のために代理権を行使しうるにとどまります。

c　同意権付与、代理権付与の審判がなされた場合

被補助人は、同意権付与の審判が定めた範囲で行為能力の制限を受け、代理権付与の審判が定めた範囲で、補助人によって代理されることになります。

上記のとおり、被補助人の特定の法律行為については、補助人の同意権や代理権が付与されており、被補助人が補助人の同意を得ないでした場合や補助人を代理人とせずに行った場合には、取り消される可能性があります。通常、金融機関との融資取引や保証、担保の提供などは、特定の法律行為として指定されますから、金融機関としては、被補助人との取引は、補助人の同意を得て行い、代理権が付与されている行為については、補助人を代理人として取引しなければなりません。

取引の相手が被補助人であるかどうか、補助人の同意を要する行為や補助人に代理権が付与されている場合の代理権の範囲がどのように定められているかについては、成年後見登記により確認することができます。金融機関が登記事項証明書の交付を受けられないことについては成年被後見人のところで述べたとおりです（Q35参照）。取引の際には、本人等に登記事項証明書を取得してもらい確認することになります。

⑵　定期貯金、普通貯金

それでは、具体的な場面で考えてみましょう。

定期貯金についてはどうでしょうか。

被補助人だからといって、定期貯金の預入れ・払戻しが当然に取消の対象になるわけではありません。家庭裁判所の審判のなかで、定期貯金の預入れ・払戻しが補助人の同意を要する行為として定められているかどうかによって、取消対象となるかどうかも変わってきます。たとえば、同意を要する行為として、「民法13条１項１号・３号の行為」が掲げられている場合には定期貯金の預入れ・払戻しは補助人の同意を要する行為となると考えるべきでしょう。

なお、日常生活に関する行為の問題は成年被後見人の場合と同じです。また、被補助人については、「日常生活に関する行為」を「同意を要する行為」とする審判自体ができないとされています。

(3) 当座貯金

当座貯金については、被補助人の場合は、家庭裁判所の審判で、同意を要する行為として「民法13条1項2号の行為」が定められている場合には、手形・小切手の振出しは補助人の同意を得て行う必要があり、当座貯金口座の開設もその後の当座勘定取引も補助人の同意により行うことになります。

5　保佐人・補助人が代理人となることができる場合

保佐人に対しては、家庭裁判所の審判により特定の法律行為について代理権が与えられることがあります（民法876条の4）。

また、家庭裁判所は一定の者の請求によって、本人の同意を得たうえで特定の行為についての代理権を補助人に与えることができます（同法876条の9）。

これらの場合には、審判で定められた特定の法律行為については、本人と直接取引することはできず、保佐人や補助人を本人の代理人として法律行為をする必要があります。

6　保佐監督人・補助監督人または家庭裁判所の許可を要する場合

被保佐人と保佐人の間の利益が相反する行為については、家庭裁判所に臨時保佐人の選任を請求し、臨時保佐人が保佐人として同意を与えることになります（民法876条の2第3項）。ただし、保佐監督人がいるときは、保佐監督人が被保佐人を代表しまたは同意を与えるとされています（同法876条の3）。

被補助人と補助人の間の利益が相反する行為については、家庭裁判所に臨時補助人の選任を請求し、臨時補助人が補助人として同意を与えることになります（同法876条の7第3項）。ただし、補助監督人がいるときは、補助監督人が被補助人を代表しまたは同意を与えるとされています（同法876条の8第2項による851条の準用）。

保佐人や補助人が本人にかわって本人の居住用の不動産について、売却、賃貸、賃貸借の解除または抵当権の設定などの処分行為を行うときは、家庭裁判所の許可を得なくてはならないことについては、成年後見人と同じです。

Q 37　日常生活に関する行為

成年被後見人、被保佐人が単独で行える行為はありますか。

A　日用品の購入その他日常生活に関する行為は本人が単独で行えます。何が日常生活に関する行為に当たるかは、各人の職業、資産、収入、生活の状況や当該行為の個別的な目的等の事情のほか、当該法律行為の種類、性質等の客観的な事情を総合的に考慮して判断します。

解　　説

1　取消権の範囲

成年被後見人が行った法律行為は、成年被後見人または成年後見人は取り消すことができます。しかし、日用品の購入その他日常生活に関する行為は取消できません（民法９条)。

保佐人の同意を要する行為（元本の領収・利用、借財・保証、不動産その他重要な財産に関する権利の得喪を目的とする行為、訴訟行為等）について、被保佐人が保佐人の同意を得ないで行った行為は、被保佐人または保佐人は取り消すことができます。しかし、日用品の購入その他日常生活に関する行為については保佐人の同意は不要であり、取消できません（同法13条１項・４項)。

旧制度（禁治産、準禁治産制度）では、上記のような区別はなく禁治産者のすべての行為が取消の対象となっていましたし、準禁治産者も民法で定められた事項を保佐人の同意なく行った場合にはその行為の性質にかかわらず取消の対象となっていました。成年後見制度は、このような旧制度（禁治産、準禁治産制度）の問題点をふまえ、自己決定の尊重、残存能力の活用、ノーマライゼーションという新しい理念と本人保護という理念の調和を図ることを目的としてスタートした制度であり、このような制度の趣旨をふまえ、日常生活に関する行為については本人の判断に委ねることとし、取消権の範囲を限定したのです。

2　日常生活に関する行為

「日常生活に関する行為」とは、本人が生活を営むうえにおいて通常必要な法律行為といわれています。

何が「日常生活に関する行為」に当たるのか、明確な規定はありません。各人の職業、資産、収入、生活の状況や当該行為の個別的な目的等の事情のほか、当該法律行為の種類、性質等の客観的な事情を総合的に考慮して判断します。典型的な例としては、毎日の生活に必要な食料品、衣料品、日用雑貨品の購入、電気・ガス・水道等の供給契約の締結および代金の支払などがあげられます。

金融取引には、預金取引、貸付、保証、不動産担保等、さまざまなものがありますが、貸付、保証、不動産担保等は、契約内容の複雑さ、金額の多寡、本人が受けるリスクの大きさを考えると、生活費を工面するためのものであっても、日常生活に関する取引とはいえないでしょう。

預金取引については、日用品の購入やそれに伴う各種支払のために必要な範囲で行う預貯金の払戻しは日常生活に関する行為といえます。ただし、一律○○円までは日常生活に関する行為であると単純に決められるものではなく、上記のとおり、各人ごと、個々の事情ごと、どこまでが日常生活に関する行為となるかは異なり、それを金融機関で判断することは困難です。

日常生活に関する行為として、本人の直接取引を認める場合について、顧客管理事務手続（統一版）では、窓口取引の出金限度額を設定する方法や、成年後見人・保佐人が管理する口座のほかに本人が単独で取引できる口座を設け、その口座に成年後見人・保佐人が一定額を入金し、残高等を管理することを前提に、本人が取引する方法が例示されています。

どのようにするかは、成年後見人・保佐人と協議して取扱いを決めるのがよいでしょう。

Q 38 任意後見制度と日常生活自立支援事業制度

任意後見制度や日常生活自立支援事業を利用している人との取引はどのようになりますか。

A 任意後見制度では、任意後見人に代理権が付与されていますので、登記事項証明書により、任意後見監督人が選任されて任意後見契約が発効していること、任意後見人の代理権の範囲を確認し、任意後見人を代理人として取引をすることになります。

日常生活自立支援事業で、実施主体である社会福祉協議会が本人を代行、代理する場合は、代理人届や委任状など所定の書類の提出を求め、社会福祉協議会と取引を行うことになります。

解　説

1　任意後見制度

(1)　制度の概要

任意後見制度は、平成12年の成年後見制度開始にあわせて創設されたもので、「任意後見契約に関する法律」に規定されています。

法定後見制度（成年後見、保佐、補助）は、判断能力が不十分になったときに、申立権者（本人、配偶者、4親等内の親族等）が家庭裁判所に開始審判の申立てをすることで始まり、選任された成年後見人や保佐人がどのような権限をもつかは法律のなかで定められていますが、任意後見制度は、まだ判断能力があるうちに、判断能力が不十分になったときにだれに何をやってもらうかを契約で決めておくという制度です。

(2)　任意後見契約締結

任意後見は、任意後見契約を締結することから始まります。

任意後見契約の内容は、本人が、任意後見受任者に対し、自己の生活、療養看護および財産管理に関する事務の全部または一部について「代理権」を付与する委任契約です（任意後見契約に関する法律2条1号)。何を委任するかは、個別具体的な必要性に応じて、本人と任意後見受任者との契約で定められ、代理権を行う事務の範囲は「代理権目録」に記載されます。そして、この契約には、「任意後見監督人」が家庭裁判所により選任された時から契約の効力が発生するという特約が付されます。

任意後見契約は公正証書によることが必要です（同法3条)。任意後見契約の公正証書が作成されると、公証人が法務局へ登記を嘱託し、任意後見契約の登記がなされます。

⑶ 任意後見監督人選任

任意後見契約の登記完了後、精神上の障害により本人の事理を弁識する能力が不十分な状況になったときは、本人、配偶者、4親等内の親族または任意後見受任者が、家庭裁判所に任意後見監督人の選任申立てをします（任意後見契約に関する法律4条1項)。任意後見監督人が選任されるとその旨の登記がなされ、任意後見契約が発効します。

⑷ 任意後見制度を利用している人との取引

任意後見人が取引を求めてきたときは、登記事項証明書により、任意後見監督人が選任されて任意後見契約が発効していること、任意後見人の代理権の範囲を確認することが必要です。そのうえで、与えられた代理権の範囲内で取引を行いましょう。

2 日常生活自立支援事業

⑴ 事業の概要

日常生活自立支援事業は、平成11年に地域福祉権利擁護事業としてスタートし、平成19年度から現事業名に変更されました。

認知症高齢者、知的障害者、精神障害者等、判断能力が不十分な方が地域において自立した生活が送れるよう、契約に基づき、福祉サービスの利用援助等を行うもので、実施主体は都道府県・指定都市社会福祉協議会（窓口業務等は市町村の社会福祉協議会等で実施）です。

(2) 事業内容

事業の対象者は、判断能力が不十分な方（認知症高齢者、知的障害者、精神障害者等であって、日常生活を送るために必要なサービスを利用するための情報の入手、理解、判断、意思表示を本人のみでは適切に行うことが困難な方）です。

サービスの内容は、①福祉サービスの利用援助（適切な福祉サービスの利用が図られるよう相談・助言、情報提供を行う）、②苦情解決制度の利用援助、③住宅改造、居住家屋の貸借、日常生活上の消費契約および住民票の届出等の行政手続に関する援助等で、これらに伴う援助として、④預金の払戻し、預金の解約、預金の預入れの手続等利用者の日常生活費の管理（日常的金銭管理）、⑤定期的な訪問による生活変化の察知等を行っています。

利用申込みがなされると、利用希望者の生活状況や希望する援助内容を確認するとともに、契約の内容について判断しうる能力判定を行います。法定後見制度と異なり、利用契約の締結が必要なため、判断能力が不十分なものの契約内容に関して理解する能力が必要です。そして、利用希望者が事業の対象者の要件に該当するとなった場合には、具体的な支援を決める「支援計画」を策定し、契約締結に至ります。

日常生活自立支援事業の事務に携わるのは、専門員（相談を受け支援計画を作成する）と生活支援員（支援計画に基づいて定期的に訪問し、福祉サービスの利用手続や預金の出し入れなどの支援を行う）です。

(3) 日常生活自立支援事業を利用している人との取引

任意後見は任意後見受任者に代理権を付与する制度ですが、日常生活自立支援事業は福祉サービス利用援助が基本であり、必ずしも代理権付与を伴うものではありません。

金融機関としては、事業内容のうち、④預金の払戻し、預金の解約、預金の預入れの手続等利用者の日常生活費の管理（日常的金銭管理）の場面でかかわりをもつことになりますが、代理権設定をしている場合は代理人届により、そうでない場合は委任状などにより、権限を確認し取引を行うことになります。

Q39 代理人・利用者本人以外の人との取引

本人以外と取引を行う際にどのようなことに注意する必要がありますか。

A 代理権のない者と取引すると、無権代理として法律行為の効果が本人に帰属しませんので、任意代理においては委任状等により、法定代理においては戸籍謄本や登記事項証明書等により、代理権の存在および範囲を確認して取引をしてください。

解　説

1　本人以外との取引

法律行為は自らが直接行うばかりではなく、第三者にかわって行ってもらうことも可能です。これを代理といい、代理による法律行為の効果は代理人に帰属するのではなく本人に帰属します（民法99条）。

代理には、本人の意思により代理権を与えられる「任意代理」と、法律の定めにより代理権が与えられる「法定代理」があります。代理行為は「本人のためにすることを示して」行うことが必要ですが、これを顕名といいます。

なお、本人が行った意思表示を単に相手方に伝達するにすぎない者を使者といいますが、使者の場合、意思表示の効果は当然に本人に生じます。

2　取引と代理

(1)　任意代理

取引においては代理権の存在および範囲を確認することが必要です。

任意代理の場合は委任状の提出を求めます。継続的に代理取引を行うことになるのであれば代理人届の提出を求めます。本人の意思確認が書類だけでは十分ではない場合は、電話等により本人への照会を行いましょう。

⑵　法定代理

法定代理のうち、親権者と成年後見人は財産に関する法律行為について包括的な代理権を有しますが（民法824条、859条）、親権者は戸籍謄本や住民票で、成年後見人は登記事項証明書あるいは審判書と確定証明書で代理権の存在を確認します。

一方、保佐人・補助人は、親権者や成年後見人と異なり、当然に代理権が付与されるものではありません。本人、配偶者、４親等内の親族等の請求によって、特定の法律行為について保佐人、補助人に代理権を付与する審判がなされると、登記事項証明書の代理権目録に載りますので、それで代理権の有無および範囲を確認しましょう（同法876条の４、876条の９）。

また、任意後見人も、代理権の範囲は本人と任意後見人との契約により定まるため、登記事項証明書の代理権目録から代理権の範囲を確認しましょう。

⑶　無権代理・表見代理

代理権が本人から授与されていないにもかかわらず、代理人として行為しても無権代理であり、本人が追認をしなければ、本人に対してその効力は生じません（民法113条１項）。表見代理の成立が認められる場合には本人に対して法律行為の効果が帰属しますが（同法109条：代理権授与の表示による表見代理、110条：権限外の行為の表見代理、112条：代理権消滅後の表見代理）、JA側に善意無過失が求められます。

時に親族が本人のかわりに行動することがありますが、たとえ親族関係にあっても、代理権がなければ無権代理により無効です。無権代理行為も本人が追認すれば有効となりますが、本人の判断能力が不十分であるときには、有効な追認の意思表示をすることすら困難です。親族関係であっても委任状等の提出を求めるのが原則ですし、本人の判断能力が低下しているようすがうかがわれるのであれば法定後見の利用を勧めるなどして対応しましょう。

3　代理権に関する確認義務

犯罪収益移転防止法により、個人顧客の代理人や使者については、顧客本人のために取引の任にあたっていることの確認が必要となっています（犯罪による収益の移転防止に関する法律４条４項）。

具体的には、①取引担当者が顧客の同居の親族または法定代理人であること、②顧客が作成した委任状その他顧客のために取引の任にあたっていることを証明する書面を有していること、③顧客に電話するなどの方法により顧客のために取引の任にあたっていることを確認できること、④上記①から③のほか、ＪＡ等の金融機関が顧客本人と取引担当者の関係を認識しているなど、顧客のために取引の任にあたっていることが明らかであることにより、取引の任にあたる者であることを確認します（犯罪による収益の移転防止に関する法律４条４項、同法施行規則12条１項・４項１号）。

Q 40 相続制度の概要、本人死亡時の初動対応

相続制度の概要はどのようなものですか。本人が死亡した場合の初動対応の注意点はどのようなものがありますか。

A 人が死亡すると相続が発生し、原則として、民法が定める法定相続人が、法定相続分に従って、被相続人（死亡した人）の権利および義務を承継することになります。しかしながら、被相続人は生前に遺言を残すことで、同法の規定とは異なる相続の方法を指定することができます。また、相続人も、相続を放棄することもできますし、相続人同士で遺産分割協議や遺産分割調停によって同法の規定とは異なる方法で遺産を分けることができます。

したがって、相続については、まずは①民法が定める相続制度の概要を理解したうえで、②相続に関する被相続人の意思である遺言があるかどうか、あるとして有効といえるか、③相続に関する相続人の意思として相続放棄などしていないか、あるいは遺産分割協議や調停が成立していないか、を検討する必要があります。

解　説

1　相続の開始

(1)　相続の開始と法定相続人・法定相続分

相続は死亡によって開始し、相続人は被相続人に帰属したいっさいの権利および義務を承継します。

民法が定める法定相続人は第１順位が子と配偶者、第２順位が直系尊属（父母等）と配偶者、第３順位が兄弟姉妹と配偶者となります。配偶者がいる場合は配偶者は常に相続人となり、配偶者とともに第１順位の相続人

(子) が相続人となり、第1順位の相続人がいない場合は順次、その次の順位の相続人に相続権が認められます。

法定相続分は、第1順位の場合は子と配偶者はそれぞれ2分の1、第2順位の場合は直系尊属が3分の1で配偶者が3分の2、第3順位の場合は兄弟姉妹が4分の1、配偶者が4分の3となります。子や兄弟姉妹など同順位の法定相続人が複数いる場合はその頭数で割ったものがそれぞれの法定相続分となります。たとえば、子3人と配偶者がいる場合は、配偶者の法定相続分は2分の1、子は2分の1の相続分を頭数で割った6分の1ずつが法定相続分となります。

⑵ 代襲相続

第1順位の相続人である子が被相続人より先に死亡しておりかつその子(被相続人にとっての孫) がいる場合は、その孫が相続します。このような相続関係を代襲相続といいます。さらに孫も先に死亡しておりかつその子(被相続人にとっての曽孫) がいる場合もその曽孫が相続します(再代襲)。

第3順位の兄弟姉妹が被相続人より先に死亡しておりかつその子(被相続人にとっての甥や姪) がいる場合も同様にその甥や姪が代襲して相続しますが、第3順位の場合は再代襲はありません。

2 遺　　言

被相続人は一定のルールに従って遺言をすることによって、自らが死亡した後の法律関係を定めておくことができます。すなわち、被相続人は遺言によってその財産の全部または一部を処分したり、遺産分割の方法を指定したりすることができます。遺言によって民法の定める法定相続人ではない者に相続権を認めたり、法定相続分とは異なる割合での相続を指定したりすることができます。

遺言は被相続人の最後の「遺志」として尊重されるべきものといえますので、遺言が残されている場合には、まずもってその遺言に従って相続関係が処理されるべきといえます。

遺言は民法の定める方式に従っていない場合は遺言としての効力が認められません。民法が定める遺言の方式としては①自筆証書遺言、②公正証書遺言、③秘密証書遺言の３種類があり、これら以外に、死亡の危急が迫った者による特別の方式による遺言も認められています。

3　相続の放棄と承認

⑴　相続の放棄とは

相続人は、相続開始を知った時から３カ月以内に家庭裁判所に相続を放棄する旨の申述をすることで相続放棄をすることができます。相続というのは被相続人に帰属していた権利だけでなく義務も承継するものですから、相続財産より相続債務のほうが多い場合などに利用されます。相続放棄がなされると最初から相続人とはならなかったものとみなされます。

⑵　相続の承認

相続開始から３カ月以内に相続放棄や特殊な相続形態である限定承認（相続財産の範囲内でのみ債務を承継する相続の方法であって放棄と同様に家庭裁判所への申述が必要とされる）がなされない場合、相続人は相続を承認したものとされます。

また、相続人が相続財産の一部であっても処分した場合、相続を承認したものとみなされます。

4　遺産分割

⑴　遺産分割とは

相続人が複数いる場合は共同して相続人となりますが、共同相続人は遺産を構成する財産について、だれがどの財産を相続するかを、法定相続分とは関係なく、共同相続人の話合いで自由に定めることができます。

したがって、共同相続人の間で遺産分割協議が成立している場合には、その遺産分割の内容に従って相続関係が処理されることになります。

⑵ 遺産分割の方式

遺産分割は法定相続人全員が参加して、全員の合意があることが必要です。法定相続人全員の合意がない場合は遺産分割はできません。

話合い（協議）によって遺産分割が成立しない場合は、法定相続人は家庭裁判所に遺産分割調停や審判を申し立てて、遺産分割をすることができます。

遺産分割の協議は、相続財産すべてについてではなく、たとえば不動産についてだけなど、問題となっている特定の財産についてのみなすこともできます。

また、相続財産のうち可分債権あるいは可分債務とされるもの、たとえば貸付金などの金銭債権あるいは借入金などの金銭債務は、法定相続分に従って相続と同時に当然に分割され、このことは相続貯金についても当てはまるというのが従来の判例でした。

しかしながら、最高裁判所平成28年12月19日決定（金融法務事情2058号6頁）は、共同相続された普通預金債権、通常貯金債権および定期貯金債権は、いずれも、相続開始と同時に当然に相続分に応じて分割されることはなく、遺産分割の対象となると判断し、相続貯金についての従来の判例の考え方を変更しました（Q89参照）。

もともと相続貯金や金銭債務についても、実際には遺産分割協議の対象とされることが多かったともいえますが、上記の最高裁決定はそのような実際の運用に即したものだと考えることもできるでしょう。

5　本人が死亡した場合の初動対応の注意点

⑴ 死亡直後

本人が死亡すると相続が発生し、相続人が本人である被相続人の権利義務をすべて承継することになりますが、そもそも死亡の事実があるかについての確認が必要です。

さらに法定相続人は複数存在することがありうるため、少なくともだれが法定相続人であるのか相続関係の調査も必要です。

したがって、本人が死亡したとの情報がもたらされた場合、まずは本人名義の口座についての入出金などの取引を停止して事実関係を調査すべきです。

⑵　相続人からの請求への対応①（遺言の有無の確認）

相続の事実や法定相続人の確認ができたとしても、上記のとおり、遺言がなされている場合は民法の規定どおりに相続が処理されるとは限りません。したがって遺言の有無を確認する必要があります。

さらに遺言については方式の定めがあり、民法の定める方式に違反する場合は無効とされますので、仮に遺言があったとしてもその有効性を検討する必要があります。

⑶　相続人からの請求への対応②（放棄や遺産分割の有無の確認）

また、相続人の側でも相続放棄をすることができますし、法定相続人が複数いる場合には、最終的には遺産分割により相続に関する処理が決められることになります。

相続放棄をしているのに払出請求をするような相続人に対し支払をすることができないのはもちろんですし、遺産分割がなされた事実が明らかでないのに法定相続分と異なる支払をすると、後日になって異議が申し立てられる可能性があります。

したがって、遺産分割がなされたかどうかを確認してみて、遺産分割の事実が明らかではない場合は、法定相続人全員が同意しているといえるかに注意すべきです。

第2節　法人等との取引

Q41　法人との金融取引

JAは、株式会社や農業協同組合などの法人との金融取引について、どのような事項に注意すべきでしょうか。

主なポイントは以下の3点です。

①　法人は、登記簿に登記されているので、登記事項証明書を徴求して、その目的や代表者を確認します。

②　法人取引の多くを占める株式会社との金融取引については、特に融資取引について、「多額の借財」に該当するか否かが問題となります。

③　JAに関係のある農業法人との金融取引については、その農業法人が会社形態をとっているか、または農業協同組合法72条の8を設立根拠とする農事組合法人であるかによって多少留意点が異なります。

解　説

1　法人との金融取引における共通項目

(1)　法人とは

法人とは、自然人以外の者であって、法律の規定によって権利能力を付与され、権利・義務の主体となる資格を保有している社団（人の集合体）または財団（財産の集合体）を意味します。

(2)　法人の種類

法人の種類は多種多様ですが、営利追求を目的とする営利法人（会社法に基づいて設立される株式会社等が代表選手です）、および民法その他の法律の規定に基づいて設立される営利目的をもたない非営利法人（公益社団法人、公益財団法人その他一般社団法人等が代表的な法人です）に分類することができます。

法人が法人格を付与されるには、存立のための目的が必要となりますから、設立時に目的を定めています。非営利法人では、この目的による縛りが厳しく、営利法人では緩やかに考えられます。そこで、JAが金融取引、特に融資取引を行う場合、取引相手が営利法人か非営利法人であるかは重要なポイントとなりえます。

⑶ 法人との金融取引における留意事項

以下では、JAが法人と金融取引をするに際して、各法人に共通する留意事項を説明したうえで、代表的な法人である株式会社とJAとの関係が深いと思われる農業法人（農事組合法人）について説明します。

a 登記事項証明書による確認

国や地方公共団体を除いた大多数の法人は、設立登記を経ることによって、法人格が付与されます。したがって、法人であれば、必ず登記簿に登記されており、登記事項証明書を徴求することができます。逆に、登記事項証明書を徴求できない者は、法人ではないこととなり、Q42にて解説している権利能力なき社団等との取引になります。

そこで、JAは、法人との金融取引に際し、事前に登記事項証明書を徴求し、法人格を付与されていることを確認しなければなりません。

登記事項証明書には、その法人の設立年月日、目的、その他役員に関する事項等が明示されていますから、これらの記載によって、その金融取引が目的に適合するか、実際にだれとの間で取引を行うべきかなどが判明します。

したがって、法人との金融取引に際し、JAはその法人の登記事項証明書をよく読み込むべきでしょう。

なお、会社等の社団法人における根本規範として定款が、財団法人における根本規範として寄付行為がありますので、融資取引においては、これらの根本規範を徴求することが考えられます。

b　法人の目的と権利能力

平成18年の公益法人制度の抜本的な改正により、法人に関する民法の規定は大幅に削除され、新たに「一般社団法人及び一般財団法人に関する法律」が制定されました。しかし、改正後も民法の法人の権利能力に関する規定は残されています。すなわち、民法34条は、「法人は、法令の規定に従い、定款その他の基本約款で定められた目的の範囲内において、権利を有し、義務を負う」と定めています。法人は、自然人と異なり、法律が権利能力（法人格）を付与するのですから、なんらかの目的に向けて権利能力が付与されているのです。

この法人の目的の範囲については、営利法人と非営利法人において差異があります。すなわち、営利法人においては、最高裁の判例でも非常に緩和されて判断されており、たとえば、株式会社である八幡製鉄の政治献金が目的の範囲による制限を受けるかが争点となった事件では、最高裁大法廷が政治献金を行うことが会社の目的の範囲内にあると判断しています（最高裁判所昭和45年6月24日判決・最高裁判所民事判例集24巻6号625頁）。したがって、JAが株式会社と金融取引をする場合には、目的の範囲による権利能力の制限に留意する必要がない程度に緩和されているのです。

他方、非営利法人においては、法人の公益性や公的な性格が高くなるほど、目的の範囲による権利能力の制限が厳格に考えられています。たとえば、税理士会の政治献金の可否が争点となった事件で、最高裁は、税理士会の政治献金のための費用の徴収について目的の範囲外であると判断しています（最高裁判所平成8年3月19日判決・最高裁判所民事判例集50巻3号615頁）。また、金融取引については、員外貸付の有効性が争点となった事件において、最高裁が目的の範囲外であることを理由に無効とした判例があります（最高裁判所昭和41年4月26日判決・最高裁判所民事判例集20巻4号849頁）。したがって、JAが非営利法人と金融取引をする場合には、当該取引が法人の目的の範囲にあることを十分に確認すべきです。

c　法人の代表者

法人は、自然人以外の者であって、法令によって法人格を付与された社団または財団ですから、法人に権利義務を付するには、代表者となる自然人の行為を通すことが必要となります。

そこで、JAは、法人の代表者またはその者から権限を付与された者との間で契約を行うこととなります。

だれが代表者であるかは、各法人の定款等の根本約款に基づき、社員総会や役員会がこれを選任することが通常です。そして、代表者については、株式会社の代表取締役などのように登記されることが一般的です。いずれにしても、JAは代表者の権限を確認したうえで金融取引をすることとなります。

2　株式会社

(1)　株式会社とは

株式会社は、社員である株主の責任形態が間接有限責任（株式の引受価額を限度とする出資義務のみを負うこと）であって、会社債権者に責任を負わない典型的な物的会社（会社債権者の引当となる責任財産が会社の財産だけの会社）です。

(2)　株式会社相手の金融取引における留意点

a　代 表 者

株式会社の代表者は、その株式会社の機関編成によって、微妙に異なります。多くの会社は、取締役会設置会社であり、取締役会によって選定された代表取締役が会社を代表して金融取引をすることになっているでしょう（会社法362条１項３号、349条１項但書）。代表取締役は、株式会社の業務に関するいっさいの裁判上または裁判外の行為をする権限を有しています（同条４項）。

これに対し、取締役会を設置していない株式会社において、代表取締役を選定していない場合には、取締役が代表者となります（同条１項）。

さらに、指名委員会等設置会社では、取締役会にて選任された代表執行役が株式会社の代表者となります（同法420条１項）。

b　目的の範囲

株式会社においても、法人の権利能力を画する民法34条の規定が適用される（同法33条２項）ことから、定款に定められた目的の範囲が問題となりうるのですが、前記のとおり、最高裁は株式会社の目的の範囲について、きわめて拡大した緩やかな解釈をしているので、株式会社との間の金融取引が目的の範囲外との理由で無効となることは、実際にはないものと考えられています。

c　代表者による個人保証

株式会社は、典型的な物的会社ですから、オーナー株主である代表取締役であっても、会社債権者に直接的な責任を負うことはありません。そこで、多くの非上場の中小企業との融資取引については、ほとんどの金融機関が代表者の個人保証を徴求しています。

このような代表者の個人保証については、系統金融機関向けの総合的な監督指針Ⅱ－３－２－１において、与信取引等に関する利用者への説明態勢の整備が求められていることに留意すべきです。加えて、株式会社の経営者以外の第三者による個人保証が原則として禁止されていることにも留意すべきでしょう。

d　多額の借財における内部手続

株式会社が「多額の借財」をするには、取締役会設置会社では取締役会決議が必要であり（会社法362条４項２号）、取締役会非設置会社では定款に別段の定めがある場合を除き、取締役の過半数の同意が必要です（同法348条２項）。

そこで、JAが株式会社に金銭を貸し付ける場合の「多額の借財」の判断基準が問題となります。裁判例では、資本金100万円、年間売上高2,200万円あまりの有限会社（現行法では株式会社）が行った600万円の借入れが「多額の借財」に該当するとされた事案があります（東京高等裁判所昭和62年７月20日判決・金融法務事情1182号44頁）。また、資本金約128億円、総資産約1,936

億円、負債1,328億円、経常利益年間約40億円の株式会社における子会社を主債務者とする極度額10億円の保証予約につき、「多額の借財」に該当するとした事案もあります（東京地方裁判所平成９年３月17日判決・金融法務事情1479号57頁）。そして、後者の裁判例では、保証予約を徴求した銀行に対し、取締役会の承認または社内の取締役会規定の確認をすることなく、保証予約をしたことについて、過失があるとして、保証予約を無効と判断しています。

株式会社の借入金や保証契約がその株式会社にとって「多額の借財」に該当するか否かは、会社の規模等によってさまざまですから、JAとしては、相手方の資本金、資産、売上高等を考慮して、「多額の借財」に該当すると思われる場合には、取締役会等の決議等について確認すべきです。

3　農業法人

⑴　農業法人とは

農業法人とは、法人形態によって農業を営む法人の総称です。農業法人には、会社法人と農事組合法人があります。会社法人は、会社法の定める会社そのものであり、株式会社のほか持分会社形態があります。以下では、会社形態ではない農事組合法人との金融取引における留意点について説明します。

⑵　農事組合法人

a　目　　的

農事組合法人は、農業協同組合法（以下「農協法」といいます）72条の８に依拠して設立された法人であって、農業生産についての協業を図ることにより、組合員の共同の利益を増進することを目的としています。

b　組合員資格

農事組合法人の組合員資格は、次のとおりです（農協法72条の13第１項）。

・農民（自ら農業を営む個人または農事に従事する個人）

・組合（農業協同組合または農業協同組合連合会）

・農地中間管理機構（当該農事組合法人に農業経営基盤強化促進法に基づいた事

業に係る出資を行うものに限る）

・当該農事組合法人からその事業に係る物資の供給もしくは役務の提供を継続的に受けている個人または新商品の開発に係る契約を締結する等、農事組合法人の事業の円滑化に寄与すると認められる契約をしている者

c　設　　立

農事組合法人の設立には、３人以上の発起人が必要です。この発起人は農民がなります（農協法72条の32第１項）。農事組合法人は、役員の選出等設立に必要な行為を行った後、主たる事務所の所在地において、設立の登記をすることによって成立します。

d　事　　業

農事組合法人の事業は、次のとおりです（農協法72条の10第１項）。

・農業に係る共同利用施設の設置（当該施設を利用して行う組合員の生産する物資の運搬、加工または貯蔵の事業を含む）または農作業の共同化に関する事業

・農業の経営（その行う農業に関連する事業であって畜産物を原料または材料として使用する製造または加工その他農林水産省令で定めるものおよび農業とあわせ行う林業の経営を含む）

・上記に附帯する事業

e　管　　理

農事組合法人は、理事を置かなければならず、理事が法人を代表します（農協法72条の17第１項、72条の19）。

農事組合法人の最高意思決定機関は、組合員による総会ですが、金融取引等について、必ず総会決議を得なければならないわけではありません。通常の取引であれば、理事が行うことが可能でしょう。

⑶　農業法人との金融取引における留意点

a　会社法人

会社法人は、株式会社または持分会社ですから、会社法のルールに従って、金融取引をすればよいことになります。

b　農事組合法人

農事組合法人との取引については、登記事項証明書と定款を徴求し、総会や理事の権限に注意して金融取引を行うことになります。

Q 42　法人格のない団体等

JAは、法人格のない団体や組合との取引について、どのような事項に注意すべきでしょうか。

権利能力なき社団または財団との取引については、そもそも当該団体が権利能力なき社団または財団の実態を有しているかを慎重に確認すべきです。

また、民法上の組合との取引については、組合契約を徴求し、その内容を確認したうえで、主たる組合員等との間で保証契約などを締結すべきです。

匿名組合との取引については、営業者と契約することとなりますが、匿名組合員との保証契約等も考えるべきでしょう。

解　説

1　法人格のない団体

社会に存在する団体等のすべてに法人格（権利義務の主体となりうる法人格のある法人についてはQ41参照）が認められているわけではありません。法人は、自然人と異なり、設立手続を踏んで登記によって成立するのが一般的です。

しかも、非営利法人につき、従前は民法上の公益法人または特別法上の法人だけが存在を許されていました。そして、民法上の公益法人には、主務官庁の認可が必要であるとされていました。そのため、団体が法人格を得ることはかなりむずかしいのが実情でした。

そこで、社団法人としての内容は具備しているものの、法律の不備等により、法人格を得られていない社団が存在することになります。これが権利能力なき社団です。

同じように財団としての実質を備えていても登記を経由していないことにより、法人格が付与されてない財団も存在します。これが権利能力なき財団です。

また、人と人との結合である団体であっても、民法上の組合のように社団とは異なり、法人格を取得できないものもあります。

ここでは、これらをあわせて「法人格のない団体等」と呼び、JAの信用事業における留意点等について検討します。

2　権利能力なき社団

⑴　意　　義

権利能力なき社団とは、社団としての実体を有しているものの、法人格を付与されていない団体です。たとえば、同窓会、同好会等がこれに該当します。ただし、一般社団法人及び一般財団法人に関する法律が制定されたこともあり、一般社団法人を設立するのが容易になりましたから、権利能力なき社団が増えることは少なくなりました。

最高裁によれば、権利能力なき社団として認められるには、「団体としての組織を備え、そこには多数決の原則が行われ、構成員の変更にもかかわらず団体そのものが存続し、しかしてその組織によって代表の方法、総会の運営、財産の管理、その他団体としての主要な点が確定していなければならない」とされています（最高裁判所昭和39年10月15日判決・最高裁判所民事判例集18巻8号1671頁）。

⑵　権利義務の帰属

a　権利の帰属

権利能力なき社団が財産を取得した場合、その資産は構成員に総有的に帰属するとされています（前掲最高裁判所昭和39年判決）。総有は、民法上の共有とは異なり、構成員の使用収益権と持分はなく、持分を前提とした分割請求権も認められておりません。ただし、権利能力なき社団には法人格が認められていないので、当該団体の名で登記することは認められないと解されています（最高裁判所昭和47年６月２日判決・最高裁判所民事判例集26巻５号95頁）。

b　義務の帰属

最高裁は、権利能力なき社団の債務について次のように判示しています。すなわち、「権利能力なき社団の代表者が社団の名においてした取引上の債務は、その社団の構成員全員に、一個の義務として総有的に帰属するとともに、社団の総有資産だけがその責任財産となり、構成員各自は、取引の相手方に対し、直接には個人的債務ないし責任を負わないと解する」としています。したがって、一般の社団法人や株式会社と同様に社員は有限責任であると解されています（最高裁判所昭和48年10月９日判決・最高裁判所民事判例集27巻９号1129頁）。

c　JA取引における留意点

JAは、権利能力なき社団と取引を行うにあたって、次の事項に留意すべきです。

・各機関の権限、代表者の選任方法、取引承認機関、財産管理等の団体の基本的事項を規約等によって確認します。

・融資取引に際しては、承認機関の決議を確認し、議事録等を徴求します。

・法人と異なり、登記名義人になれないので、当該団体の不動産担保は困難ですから、その他の担保にすべきです。

・代表者等の保証を徴求すべきです。

・権利能力なき社団の不動産に強制執行をする場合、当該不動産が第三者名義である場合には、当該不動産が権利能力なき社団に総有に属することを確認する旨の債務者および登記名義人との間の確定判決を要するとされていることに注意すべきです（最高裁判所平成22年６月29日判決・最高裁判所民事判例集64巻４号1235頁）。

3　権利能力なき財団

権利能力なき財団については、財団としての実体を有しているにもかかわらず法人格なきものです。

財団については、社団と異なり、構成員が存在しないので、権利義務は、財団に帰属すると解されています。

JAが取引することは少ないでしょうが、規約等から基本的事項を確認して行うべきでしょう。その他の事項については、権利能力なき社団と同様です。

4　民法上の組合

⑴　組合の意義

民法上の組合契約は、「各当事者が出資をして共同の事業を営むことを約することによって、その効力を生ずる」とされています（同法667条）。すなわち、組合とは民法に規定された金銭消費貸借契約と同様の典型契約であり、組合員となる各当事者が共同事業を営むことを目的として相互に契約を締結することによって成立するのです。

このように契約で結ばれた複数当事者ですが、団体的な性質は弱いものとされ、それゆえ、社団と異なり法人格が認められないとされています。たとえば、投資ファンドなどには、組合方式によるものもありました。

⑵　権利義務の帰属

a　権利の帰属

組合の財産は、総組合員の共有に属するとされています（民法668条）。この「共有」は、所有権規定（同法249条以下）の「共有」と異なり、組合員は持分を処分できず、組合の清算前に分割請求ができないとされています（同法676条）。そこで、学説は組合における「共有」を「合有」と呼んでいます。

不動産の登記などは、法人格が認められないため、組合名義で登記できませんから、全員で所有権における共有の登記をすることが一般的のようです。

b　義務の帰属

組合の債権者は、その債権の発生のときに組合員の損失分担の割合を知らなかったときは、各組合員に対して等しい割合でその権利を行使することができます（民法675条）。

すなわち、組合員は契約によって内部的な負担を定めることができますが、内部的な負担を知らない債権者に対しては、各組合員が等しい割合で責任を負うのです。したがって、組合員の責任は、有限責任ではありません。

c　JA取引における留意点

JAは、組合と取引を行うにあたって、次の事項に留意すべきです。

① 組合の業務執行は、組合員の過半数の決議で行うとされています（民法670条1項）が、組合契約で執行者を定めることも可能ですから、組合契約を徴求して確認すべきです。

② そのうえで、執行者との間で取引をすることになりますが、契約で明確でない場合には、組合員の決議や全員の委任状等で明確にすべきです。

③ 説明等は、組合員全員に行うことが無難です。

④ 保証人として資力のある組合員を立てさせるべきです。

5　匿名組合

(1)　匿名組合の意義

匿名組合とは、商法上の匿名組合契約によって生ずる法的関係です。そして、匿名組合契約とは、当事者の一方が相手方の営業のために出資をし、その営業から生ずる利益を分配することを約することによって、その効力が生ずるとされています（同法535条）。

民法上の組合契約と異なるのは、匿名組合員と営業者が分離しており、匿名組合員の出資は営業者の財産に属するとされ、匿名組合員は営業者の業務を執行し、または営業者を代表することができず、匿名組合員は営業者の行為について第三者に対して権利義務を有しないとされていることです（同法536条）。したがって、匿名組合の資産が共有とされることもなく、匿名組合員は、有限責任しか負わないのです。

(2)　権利義務の帰属

上記のように、営業者のみが第三者に対し、権利および義務を有していますから、匿名組合員は権利または義務の主体となることはありません。

(3) JAの金融取引における留意点

匿名組合の営業者と金融取引をする場合には、営業者と金融機関との間の相対取引と考えてよいでしょう。したがって、一般の個人営業者との取引と変わることはありません。

もし、融資取引をするに際して、営業者の資力に問題があるとすれば、匿名組合員を保証人とすることになるでしょう。

第3節 利益相反行為

Q43 法定代理人と利益相反行為

法定代理人等と本人が利益相反関係にある場合、取引はどのように行えばよいでしょうか。

親権者の場合は、特別代理人の選任が必要です。

成年後見人、保佐人、補助人の場合は、特別代理人、臨時保佐人、臨時補助人の選任が必要ですが、成年後見監督人、保佐監督人、補助監督人がいる場合は同人らが本人を代表します。

任意後見人の場合は任意後見監督人が本人を代表します。

解　説

1　親権者の場合

利益相反行為とは、親権者と子との利益が相反する行為、親権に服する数人の子のうちの１人とほかの子の利益が相反する行為です。このような場合には、親権者に親権の公正な行使を期待することができず、子に不利益が及ぶおそれがありますので、利益相反行為については親権を制限し、子のために特別代理人を選任して、子を保護することとしました（民法826条）。

親権者と子の利益が相反する行為とは、親権者のために利益であり、子のために不利益な行為をいいます。したがって、親権者にとっては不利益だけど、子にとっては利益となるものは（親権者が子に単純贈与する場合など）、利益相反行為とはなりません。

特別代理人の選任申立ては親権者が家庭裁判所に行い、特別代理人が代理権や同意権を行使します。

親権者が、利益相反行為について子を代理した場合、その行為は無権代理行為となります。

2　成年後見人の場合

後見人と被後見人の利益相反行為については、親権者と子の利益相反行為の条文が準用されています（民法860条）。すなわち、後見人と被後見人との間、複数の被後見人について同一の後見人が選任されている場合における被後見人間で利益相反行為がある場合は、後見人は特別代理人の選任申立てをしなければなりません。後見人が法律上（たとえば親権者、法人の代表者）または委任によって代表する者と被後見人との間の利益相反行為も含むと解されています。

ただし、後見監督人が選任されている場合は、後見監督人が被後見人を代表しますので（同法851条4号）、特別代理人の選任は不要です。

後見人が、利益相反行為について被後見人を代理した場合、その行為は無権代理行為となります。

なお、利益相反行為が被後見人の居住用不動産の処分に関するものである場合は、居住用不動産の処分に関する家庭裁判所の許可も必要です（同法859条の3）。

3　保佐人の場合

保佐人またはその代表する者と被保佐人とに利益相反行為がある場合は、保佐人は同意権を有せず、臨時保佐人の選任が必要です（民法876条の2第3項）。保佐人が臨時保佐人の選任を家庭裁判所に請求します。

ただし、保佐監督人が選任されている場合は、保佐監督人が被保佐人を代表し、あるいは同意を与えることになるので（同法851条4号、876条の3第2項）、臨時保佐人の選任は不要です（同法876条の2第3項但書）。

なお、利益相反行為が被保佐人の居住用不動産の処分に関するものである場合は、居住用不動産の処分に関する家庭裁判所の許可も必要です（同法876条の3第2項、859条の3）。

4　補助人の場合

保佐人と同様、臨時補助人の選任が必要です（民法876条の7第3項）。補助人が臨時補助人の選任を家庭裁判所に請求します。

ただし、補助監督人が選任されている場合は、補助監督人が被補助人を代表し、あるいは同意を与えることになるので（同法851条4号、876条の8第2項）、臨時補助人の選任は不要です（同法876条の7第3項但書）。

なお、利益相反行為が被補助人の居住用不動産の処分に関するものである場合は、居住用不動産の処分に関する家庭裁判所の許可も必要です（同法876条の8第2項、859条の3）。

5　任意後見人の場合

任意後見契約は、任意後見監督人が選任されて発効しますが、任意後見監督人は、任意後見人またはその代表する者と本人との利益が相反する行為について本人を代表します。したがって、利益相反行為においては任意後見監督人が本人を代理します（任意後見契約に関する法律7条1項4号）。

6　取引において注意すべきこと

利益相反行為となる取引としては、たとえば、法定代理人等の債務を本人が保証する、法定代理人等の債務の担保として本人所有の不動産に抵当権を設定する、法定代理人等と本人が共同相続人の立場にあるときに、法定代理人等が本人にかわって相続放棄をして法定代理人等の相続分が増加することなどが想定できます。

このような利益相反行為においては特別代理人等が必要ですので、これらの選任を求め、あるいは監督人の存在を確認し、取引の内容によっては家庭裁判所の許可を得るよう求めてください。

Q 44 法人の代表者と利益相反行為

JAは、法人の代表者と法人との間の利益相反取引について、どのような事項に注意すべきでしょうか。

問題となっている法人によって、利益相反取引に関する手続が異なることから、当該法人における利益相反取引の規制方法について、法令等を参照して明確にすべきです。

利益相反取引の規制方法が判明した場合には、当該規制方法に従った手続が履践されているかを確認し、承認決議の議事録等の写しを徴求すべきです。

解　説

1　問題の所在

法人の業務執行に関する権限を有する理事や取締役などの役員は、法人の機関として、誠実に業務執行を行うべき立場にありますから、役員自身と当該法人の利益が相反する行為を行うべきではありません。

しかし、法人における役員の地位と権限を考慮すれば、役員が法人を犠牲にして、自己の利益を優先することにより、当該法人および当該法人の利害関係人に損失を与える危険性があります。

そこで、上記弊害を防止するため、法人の根拠となる法律には、法人と役員の利益が相反する行為に関する特別な手続が規定されています。

2　手続の類型

利益相反行為に関する手続には、次の３類型があります。ここではすべての法人を網羅していませんが、JAの金融取引に関連のありそうな複数の法人を取り上げます。

⑴　第1類型（機関承認型）

第1類型は、株式会社が代表選手ですが、事前に株主総会（取締役会非設置会社）または取締役会（取締役会設置会社）における承認を要する（会社法356条、365条）とする方法です。

その他この類型に属する法人として、一般社団法人における社員総会または理事会の承認（一般社団法人及び一般財団法人に関する法律84条1項1号・2号、92条1項）、一般財団法人における理事会の承認（同法197条）、中小企業等協同組合における理事会の承認（中小企業等協同組合法38条）、農業協同組合および漁業協同組合における経営委員会または理事会の承認（前者につき農業協同組合法35条の2第2項、後者につき水産業協同組合法39条の2第2項）、森林組合における理事会の承認（森林組合法47条2項）、消費生活協同組合における理事会の承認（消費生活協同組合法31条の2）などがあります。

⑵　第2類型（特別代理人等選任型）

第2類型は、他の機関によって特別代理人や別の代表者を選任する方法です。たとえば、公益社団法人の理事との利益相反行為に関する手続について定めていた旧民法57条は、法人と理事との利益相反行為につき、裁判所の選任した特別代理人によることを規定していました。

現在、法人と役員との間の利益相反行為につき、第2類型を採用している法人は次のとおりです。

私立学校法人（私立学校法40条の5）および社会福祉法人（社会福祉法39条の4）については、所轄庁が利害関係人の請求または職権により、特別代理人を選任するとされています。

これに対し、農事組合法人では総会で特別代理人を選任するとされています（農協法72条の23）。

⑶　第3類型（その他機関行為型）

第3類型は、法人のその他の機関が利益相反となる役員のかわりに、当該行為を行うという方法です。たとえば、すべての独立行政法人に適用される独立行政法人通則法24条には、「独立行政法人と法人の長その他の代表権を有する役員との利益が相反する事項については、これらの者は、代表権を有しない。この場合には、監事が独立行政法人を代表する」との規定があります。

これに対し、土地区画改良区（土地改良法21条）、農業共済組合（農業災害補償法34条）においては、理事と組合が契約をするときや争訟ないし訴訟については、監事が組合を代表すると規定されており、後記間接取引の場合が含まれていないように読めます。ただし、利益相反管理の観点からすれば、間接取引を除外する理由はなく、むしろ含めるべきと思われます。この問題については、改正前の水産業協同組合法の解釈に関して、理事個人が組合と契約する場合だけでなく、理事が第三者の代理人または代表者として組合と契約を締結することも含むとする法務省民事局第四課長の回答があります（昭和38年5月18日民事四発106号事局第四課長回答）。

宗教法人は、代表役員と宗教法人との利益相反事項につき、規則によって選任される仮代表役員が宗教法人を代表するとされています（宗教法人法21条1項）。

3　手続の詳細

利益相反行為に関する手続の詳細について、最も典型的な取引先と思われる株式会社（特に取締役会設置会社）を念頭に置いて説明します。

(1)　利益相反取引とは

a　対象者

株式会社における利益相反取引の規制の対象となる者は、「取締役」です。取締役であればよく、代表取締役はもちろん、常勤非常勤を問わず、社外取締役も含まれますし、使用人兼務取締役も該当します。さらに、裁判所によって補充的に選任された一時取締役（会社法346条2項）、民事保全法による仮処分命令によって選任された取締役の職務代行者（会社法352条）も同様です。なお、指名委員会等設置会社の執行役についても利益相反取引を行うには、取締役会の承認が必要です（同法419条２項）。

b　利益相反取引

会社法では、次の行為が利益相反取引とされています。

取締役が自己または第三者のために会社と取引をすることであり、これを「直接取引」といいます（同法356条１項２号）。

たとえば、

・取締役が財産を譲り受けることまたは譲渡すること
・会社から金銭の貸付を受けること
・取締役が第三者を代理または代表して上記の行為を行うこと

などの取引です。

次に、取締役以外の者との間において会社と当該取締役との利益が相反する取引を行うことであり、これを「間接取引」といいます（同項３号）。

たとえば、上記条項に例示されていますが、会社が取締役の保証人となって、取締役の第三者に対する債務を保証する場合などです。

JAの金融取引において、取引先の間接取引が問題となる事例として、次のようなものが考えられます。

Ａ社の取締役甲が、同社の子会社Ｂ社の代表取締役に就任しているケースで、Ｂ社がJAに対して負担する借入金債務を主たる債務として、親会社であるＡ社がJAと保証契約を締結する場合には、Ａ社の取締役会の承認が必要となります（最高裁判所昭和45年４月23日判決・最高裁判所民事判例集24巻４号364頁）。

⑵　手　　続

利益相反取引を行う取締役は、その取引につき重要な事項を開示して、取締役会（取締役会非設置会社では株主総会）の承認を得なければなりません（会社法356条１項、365条１項）。取締役会の承認は、個々の取引についてなされるべきですが、反復継続して行われる取引については、包括的な承認も可能です。

取締役会設置会社では、利益相反取引を行った取締役は、取引後遅滞なく取引に関する重要な事項を取締役会に報告しなければなりません（同条2項）。

(3) 手続違反の効果

a 直接取引の相手方に対する効果

会社の承認を受けない直接取引は、無効となり、会社は相手方に常に無効を主張することができます。

b 間接取引の相手方または第三者に対する効果

最高裁は、間接取引の相手方（最高裁判所昭和43年12月25日判決・最高裁判所民事判例集22巻13号3511頁）および第三者（最高裁判所昭和46年10月13日判決・最高裁判所民事判例集25巻7号900頁）について、取引安全の見地から相対的無効との考え方を採用しています。すなわち、会社が無効を主張するには、当該取引が利益相反取引に該当すること、および取締役会（株主総会）の承認を受けていないことを主張立証しなければならないと考えられます。

4 JA金融取引における留意点

JAの金融取引において、法人役員の利益相反行為が問題となるケースは多くはないと思われるものの、子会社の債務を主たる債務とする親会社相手の保証契約などが想定できます。ただし、子会社の代表者が親会社取締役でなければ、利益相反取引にはならないので、取引の有効性が問題となることはありません。

もし、上記保証契約において、親会社取締役の利益相反取引が問題となるとすれば、JAは親会社における利益相反取引の承認手続が履践されたことを議事録の写しを徴求するなどして確認すべきでしょう。

第 4 章

貯金業務

第1節　貯金業務の基本

Q45　貯金の種類と内容

JAが取り扱っている貯金の種類とそれぞれの商品内容や特徴はどのようなものですか。

A　JAが取り扱っている貯金は、大きく分けて普通貯金や当座貯金などの当座性貯金と定期貯金などの定期性貯金があります。また、貯金とは異なる取引とされていますが、利用者にとっては同じように活用されている定期積金もあります。

貯金の分類の仕方にはいろいろなものがありますが、それらを整理することでそれぞれの貯金の特徴を理解するのに役に立つと思います。

解　説

1　貯金の種類

以前は貯金の商品性が業界で画一化されていました。そのため、貯金商品ごとの名称や商品内容を理解するのが貯金業務の習得の第一歩とされていました。今日では、預貯金の商品内容についてそれぞれの金融機関で企画し提供しており、商品内容での分類はあまり重要ではなくなりました。しかし、金融機関の内部研修では自金融機関の取扱商品の特徴を理解するという意味で商品内容による整理・分類の重要性は変わりません。

そこで、JAが取り扱っている貯金の種類と内容について主なものを解説します。

⑴ 当座貯金

当座貯金は、貯金者が当座貯金を開設したJAの店舗を支払場所とする手形や小切手を振り出し、JAはその店舗に提示された手形や小切手をその当座貯金から払い出して決済するという内容の契約（この契約を「支払委託契約」といいます）が付加された貯金です。なお、当座貯金の金利は無利息と定められています（臨時金利調整法2条1項。金融機関の金利の最高限度に関する件）。

⑵ 普通貯金

普通貯金は、貯金者がいつでも払戻請求できる貯金です。最も一般的な貯金で個人の利用者が金融機関と取引をする際は最初に取引するのが普通貯金（預金）だと思います。給与振込や年金受給の受け皿口座として利用されるほか、公共料金やクレジットカードの代金などの引落しなどにも活用されるなど生活に欠かせない重要な貯金です。

JAが取り扱う普通貯金には、一般の普通貯金のほかに、無利息で貯金保険制度によって全額保護される「普通貯金無利息型（決済用）」や販売代金の受入れや購買代金の決済などの組合員の営農活動等で活用される「普通貯金（営農）」（「営農貯金」ということもあります）などがあります。

なお、児童・生徒の貯蓄教育の一環として取り扱われる「こども貯金」もJAでは普通貯金の一種として取り扱っています。

⑶ 総合口座

総合口座は貯金の種類でなく、普通貯金、定期貯金と定期貯金を担保とした当座貸越をセットした個人向けの複合商品の名称です。普通貯金の口座を開設する場合には「総合口座」の通帳を作成、交付するのが一般的な実務となっています。また、総合口座は貯金の口座種類ではないので総合口座に振込を行う場合の貯金種類は普通貯金となります。

⑷ 定期貯金

定期貯金は、一定期間預けることを約定し定められた期日（これを「満期」といいます）以降に払戻請求できる貯金のことをいいます。満期に同種の定期貯金に乗り換える自動継続の取扱いもできます。

定期貯金のなかにいくつかの種類があります。預入金額による区分としては、預入金額の制限がない「スーパー定期貯金」と、1,000万円以上から預入れできる大口定期貯金があります。これは預入金額に応じて金利に差を設けることを予定したものですが、最近の超低金利の金融情勢のなかではほとんど差がなくなってしまいました。

また、利息に関しては、利息の支払方法について、一括払い（期間が2年以上のものには1年ごとに中間利払いがあります）や分割払い（1カ月ごと等の分割払い）があります。計算方法については単利型と複利型（6カ月ごとの複利計算）があります。金利の定め方についても、固定金利のものと変動金利のものなどがあります。

⑸ 定期積金

定期積金は貯金契約ではなく別の種類の契約とされています。定期積金は、定められた条件に従い掛け金を掛け込むことを条件に満期日に契約給付金（掛金合計額に満期補てん金を加えた額）を払い戻すという条件付片務契約とされています。

しかし、金融機関からみても利用者からみてもその経済的な意味合いは貯金と同じといえるでしょう。かつては取扱いが違う場面もありましたが、貯金利息に相当する給付補てん金に対する課税も貯金利息と同じになっているなど、実務的には定期貯金と定期積金とを分けて考える必要性は乏しいと思います。

定期積金には掛け金の掛込みの方法の定め方や掛け金の変動の有無などで種類が分けられます。

⑹ その他の貯金

以上にあげた貯金のほかに次のような貯金があります。

① 通知貯金……据置期間（通常7日）以後2営業日前の事前予告によりいつでも払い戻せる貯金。

② 財形貯金……勤労者財産形成促進法に基づき事業主と契約しその勤労者

から給与天引の方法で受け入れる貯金。財形住宅貯金や財形年金貯金など一定の要件を満たす場合は利子課税が免除される。

③ 別段貯金……他の種類に属さない貯金の総称、性質的には普通貯金に近いものからJAの仮受金勘定であるものまでいろいろあるので注意が必要。

④ 納税準備貯金……租税特別措置法5条に基づき納税資金を準備するための資金を受け入れる貯金。払出金を納税に用いる等の要件を満たすと利子課税を免除される。

⑤ 貯蓄貯金……受入対象を個人のみとする貯金で、預入れ・払出しについて、給与、公的および私的年金（財形年金を含む）、株式・信託の配当金および投資信託の分配金等ならびに保護預りの国債および社債等の元利金に係る自動振込入金、同時に100件以上の取扱いを行う総合振込入金、公共料金の払込み等契約に基づく継続的な自動振替および振込出金、総合口座の取扱いが行われていないもの（系統金融機関向けの総合的な監督指針Ⅲ－4－3－3(2))。預入金額階層ごとに異なる金利設定がなされることもあり、通常普通貯金よりも高い金利設定がなされる。

⑥ 出資予約貯金……組合員を対象にJAへの出資金の払込みのための資金を受け入れる貯金。

⑦ 譲渡性貯金……譲渡禁止の規定がなくあらかじめ譲渡されることを予定した貯金。

2 貯金の分類

貯金の種類は上記のとおりさまざまなものがありますが、その特徴によりいくつかに分類されます。その貯金がどれに分類されるかを覚えておくことはそれぞれの貯金の特徴を理解するうえで便利だろうと思います。

(1) 当座性貯金と定期性貯金

当座貯金や普通貯金のようにいつでも払戻請求できる貯金を当座性貯金または要求払い貯金といいます。また、原則として満期まで払戻請求できない貯金を定期性貯金といいます。

通知貯金は、金融機関により分類が異なりますが、JAでは定期性貯金に分類されています。

(2) 貯金保険制度の対象、非対象

全額貯金保険の対象となるのが、当座貯金と普通貯金無利息型（決済用）です。また、貯金保険の対象とならないのが譲渡性貯金です（なお、JAでの取扱いはありませんが外貨貯金も貯金保険の対象とはなりません）。他の貯金は、

図表45－1　貯金の種類のまとめ表

	貯金の種類	貯金保険	利子課税	備　考
当座性貯金	当座貯金	全額保護	無利息	
	普通貯金	対象	分離課税	
	普通貯金無利息型（決済用）	全額保護	無利息	
	普通貯金（営農）	対象	分離課税	
	貯蓄貯金	対象	分離課税	
	こども貯金	対象	非課税	要件を満たす場合は非課税
	納税準備貯金	対象	非課税	払戻資金を納税に用いた場合のみ非課税
	出資予約貯金	対象	分離課税	払戻金はJAへの出資に充てるのが原則
	別段貯金	さまざまな性質のものが含まれている		
定期性貯金	定期貯金	対象	分離課税	
	通知貯金	対象	分離課税	
	譲渡性貯金	非対象	分離課税	
	一般財形貯金	対象	分離課税	
	財形住宅貯金	対象	非課税	払戻金を住宅資金に充てた場合のみ非課税
	財形年金貯金	対象	非課税	要件を満たす場合は非課税
	定期積金	対象	分離課税	厳密には貯金ではない

（注１）当座性貯金と定期性貯金の区別はJAが一般的に用いている事務手続の区分によった。

（注２）当座性貯金のうち納税準備貯金と出資予約貯金は払戻しの際の資金使途等に制限があり、厳密には要求払い預金とはいえない。

当座貯金、普通貯金無利息型（決済用）の全額貯金保険の対象となる貯金と譲渡性貯金など貯金保険の対象とならない貯金を除いたすべての貯金の残高を合算して元本1,000万円までとその利息が貯金保険の対象になります。

⑶　利子課税

利子所得についての課税関係は、個人の場合は所得税と地方税をあわせて金融機関が源泉徴収し他の所得と関係なく課税関係を完結させます（これを分離課税といいます）。その税率は、所得税は15.315％（このうち0.315％は東日本大震災に係る復興特別所得税です）と地方税５％です。

ただし、一定の要件を満たす場合に非課税となる貯金があります。こども貯金、納税準備貯金、財形年金貯金、財形住宅貯金です。

Q 46 貯金の商品内容の説明

貯金取引を始める際に求められる説明事項にはどのようなものがありますか。また、商品概要説明書を活用した商品内容の説明はどのようにしたらよいですか。

A 農協には、農業協同組合法（以下「農協法」といいます）に基づき、貯金者の保護に資するため、貯金の受入れに際し、貯金に係る契約の内容その他貯金者に参考となるべき情報の提供を行わなければならない義務があります。また、金融商品の販売等に関する法律（以下「金販法」といいます）には金融商品の販売の際に説明しなければならない事項やその方法について規定されています。説明しなければならない事項は大変多いですが、それらのほとんどが商品概要説明書に記載されていますから、商品概要説明書を交付して説明するとよいでしょう。

ただし、JAの信用状態によって元本の毀損や利息支払の停止が生じる可能性がある点は、金販法上の重要事項として説明を要する事項に該当しますが、商品概要説明書には記載されていませんから、「貯金保険制度」について説明するのにあわせて説明するとよいでしょう。

なお、金販法では相手から説明不要の意思表示があった場合には説明を省略することができることになっています。

解　説

1　農協法11条の6「貯金者等に対する情報提供等」

農協法11条の6にはJAが貯金者や定期積金の積金者に対してJAが提供しなければならない情報などが規定されています。同条1項には、貯金者や定期積金の積金者の保護に資するため、貯金や定期積金の受入れに際し貯金等

図表46－1　信用事業命令11条に規定された情報提供の内容および方法

①　主要な貯金の金利の明示 ②　取り扱う貯金に係る手数料の明示 ③　取り扱う貯金のうち農水産業協同組合貯金保険法55条に規定する保険金の支払の対象であるものの明示 ④　商品の内容に関する情報のうち次に掲げる事項を記載した書面を用いて行う貯金者の求めに応じた説明およびその交付 ・名称（通称を含む） ・受入の対象となる者の範囲 ・受入期間（自動継続扱いの有無） ・最低受入金額、受入単位その他の受入れに関する事項 ・払戻しの方法 ・利息の設定方法、支払方法、計算方法その他の利息に関する事項 ・手数料 ・付加することのできる特約に関する事項 ・中途解約時の取扱い（利息および手数料の計算方法を含む） ・指定信用事業等紛争解決機関が存在する場合はその機関の商号または名称、同機関が存在しない場合は苦情処理および紛争解決措置の内容 ・その他貯金等の受入れに関し参考となると認められる事項 ⑤　変動金利貯金の金利の設定の基準となる指標、金利の設定の方法および金利に関する情報の適切な提供

（注）　現在、JAでの取扱いがないデリバティブ取引を組み込んだ貯金など満期日に全額返済される保証のない商品に関する事項は省略。

に係る契約の内容その他貯金者等に参考となるべき情報の提供を行わなければならない旨定められています。その具体的な内容や方法については、農業協同組合及び農業協同組合連合会の信用事業に関する命令（以下「信用事業命令」といいます）11条に規定されています。

上記の①主要な貯金の金利、②貯金に係る手数料、③貯金保険金の支払の対象となる貯金等についてはJAの店頭に掲示されているほか各JAのホームページなどにも掲示されている場合もあると思います。

また、④の商品内容に関する情報を記載した書面には商品概要説明書（図表46－2）が該当します。利用者からの各種貯金に関して情報提供を求めら

図表46－2　商品概要説明書（サンプル）

商品概要説明書 総合口座 （平成27年9月1日現在）	
1　商品名（愛称）	○総合口座（一般）
2　販売対象	○個人のみ（当座貸越取引が行われることから未成年者の方は原則お取引できません）
3　期間	○期間の定めはありません。
4　預入方法 (1)　預入方法 (2)　預入金額 (3)　預入単位	 ○随時預入れできます。 ○1円以上 ○1円単位
5　払戻方法	○随時払戻しができます。
6　利息 (1)　適用金利 (2)　利払頻度 (3)　計算方法 (4)　税　　金 (5)　金利情報の入手方法	 ○毎日の店頭表示の普通貯金利率を適用します。 ○毎年　　月と　　月の当JA所定の日に支払います。 ○毎日の最終残高1,000円以上について付利単位を100円として1年を365日とする日割計算をします。 ○20.315%（国税15.315%、地方税5%）※の分離課税です。 ※平成49年12月31日までの適用となります。 ○金利は店頭に表示しています。
7　手数料	○キャッシュカードによる預入れ・払戻し等の際に当JAおよびオンライン提携金融機関の所定の手数料がかかることがあります。
8　付加できる特約事項	○マル優（障がい者等を対象とする「少額貯蓄非課税制度」）の取扱いができます。 ○自動継続扱いの定期貯金、定期積金を担保組入れすることにより当座貸越をご利用できます。貸越限度額は、定期貯金・定期積金残高の合計額の90%（千円未満切捨て）、貸越限度額は、最高200万円までご利用できます。貸越利率は、定期貯金の利率に0.5%の利率を上乗せした利率、定期積金の利回りに0.7%上乗せした利率が適用されます。 ○キャッシュカードによりATM等で入出金ができます。 ○キャッシュカードはデビットカードとしてもご利用になれます。 ○給与・年金等の自動受取り、公共料金等の自動支払お取扱いができます。また、自動送金・自動集金のお取扱いができます。

	○希望される場合は、既存の普通貯金の口座番号をそのままに全額を総合口座無利息型（決済用）へ切り替えることができます。
9　貯金保険制度	**○保護対象** **普通貯金は当JAの譲渡性貯金を除く他の貯金等（全額保護される貯金保険法51条の2に規定する決済用貯金（当座貯金・普通貯金・別段貯金のうち、「無利息、要求払い、決済サービスを提供できること」という3条件を満たすもの）を除く）とあわせ、元本1,000万円とその利息が貯金保険により保護されます。**
10　苦情処理措置および紛争解決措置の内容	○苦情処理措置 本商品に係る相談・苦情（以下「苦情等」という）につきましては、当JA本支店（所）または○○部（電話……）にお申し出ください。 当JAでは規則の制定など苦情等に対処する態勢を整備し、迅速かつ適切な対応に努め、苦情等の解決を図ります。 また、□□県農業協同組合中央会が設置・運営する□□県JAバンク相談所（電話……）でも、苦情を受け付けております。 ○紛争解決措置 外部の紛争解決機関を利用して解決を図りたい場合は、次の機関を利用できます。上記JA○○部または□□県JAバンク相談所にお申し出ください。 □□県弁護士会あっせん・仲裁センター（JAバンク相談所）を通じてのご利用となります。
11　その他参考となる事項	○通帳に記載いただいてない明細が、月末自店で50件以上あり、翌月6日までに未記帳の状態が続いた場合は、それら未記帳の明細を合計して記帳させていただきます。 ○貸越が発生している状態で一定の条件になった場合には、貸越金を即時にご返済いただく場合があります。 ○お一人さま当JA全店で1口座までとなります。
詳しくは窓口にお問い合わせください。	JA○○

れた場合はもちろんJAから商品内容を説明する場合にも、商品概要説明書を交付して説明するようにします。なお、JAバンクで一般に用いられている商品概要説明書でゴシック体の文字で記載されている「中途解約時の取扱い」や「貯金保険制度」などの項目は、貯金の重要事項として商品概要説明書を手渡して相対で説明することを基本とする旨JAバンクの事務手続に定められています。

2　金販法に定める重要事項の説明

また、金販法には貯金等の金融商品を販売する際に金販法で定められた重要事項を説明する義務が定められています（同法3条）。同法3条には金融商品を販売する際に顧客に説明しなければならない重要事項を定めています。その主な内容を図表46－3にまとめました。

JAが取り扱っている貯金等の場合、図表46－3の市場リスクについては特に説明する必要はありませんが、信用リスクについてはJAが万が一破綻した場合に元本等が毀損することを説明する必要があります。もっとも、JAを信頼して貯金等の取引をしようと考えている利用者に「万が一JAが破

図表46－3　金販法で定める重要事項

重要事項	内　容
市場リスク	金利、通貨の価格、金融商品市場における相場その他の指標に係る変動を直接の原因として元本欠損または当初元本を上回る損失が発生するおそれがあるときは、下記につき説明を行う必要がある。 ① 元本欠損または当初元本を上回る損失が発生するおそれがある旨 ② 当該指標 ③ 当該指標に係る変動を直接の原因として元本欠損または当初元本を上回る損失の発生するおそれを発生させる当該金融商品の販売に係る取引の仕組みのうちの重要な部分
信用リスク	金融商品の販売を行う者その他の業務または財産の情況の変化を直接の原因として元本欠損または当初元本を上回る損失の発生するおそれがあるときは、下記につき説明を行う必要がある。 ① 元本欠損または当初元本を上回る損失が発生するおそれがある旨 ② 当該者 ③ 当該者の業務または財産の状況の変化を直接の原因として元本欠損または当初元本を上回る損失が発生するおそれを発生させる当該金融商品の販売に係る取引の仕組みのうちの重要な部分
権利行使・契約解除の期間の制限	当該金融商品の販売の対象である権利を行使することができる期間の制限または当該金融商品の販売に係る契約の開示預貯金取引をすることができる期間の制限があるときは、その旨を説明する必要がある。

綻した場合には元本が毀損する可能性があります」という説明は大変しにくいと思います。そこで、JAバンクシステムや貯金保険制度などの説明（Q47を参照）とあわせて説明するようにするとよいでしょう。また、「権利行使・契約解除の期間の制限」については定期性貯金や定期積金の満期や中途解約等が該当します。

さらに、説明の方法については金販法３条２項に「顧客の知識、経験、財産の状況及び当該金融商品の販売に係る契約を締結する目的に照らして、当該顧客に理解されるために必要な方法及び程度によるものでなければならない」と定められており、顧客の知識や経験等にあわせて適切に行うことが求められています。

なお、相手から説明不要の意思表示があった場合や顧客が金融商品の販売等に関する専門的知識および経験を有する者である場合には説明を省くことができます（同条７項）。

3　具体的な説明方法や注意事項

上記１および２で解説した説明事項は、貯金口座の開設および貯金契約の締結までに利用者に対して説明する必要があります。

その説明の内容・方法・時期・確認ならびに説明の詳細などの実務の取扱いについて列挙すると次のとおりです。

⑴　貯金の重要事項の説明方法

顧客が貯金口座を開設する場合および貯金契約を締結する場合に、JAが利用者に説明する事項は、「商品概要説明書」に記載してありますが、このうち、中途解約時の取扱い、貯金保険制度（公的制度）等ゴシック体で記載されている事項は重要事項として、「商品概要説明書」を利用者に提示（原則手渡し）したうえで、利用者に直接説明するようにします。

⑵　説明事項の説明時期

①　口座開設時に説明を行うもの……当座貯金、普通貯金（含む、総合口座）等当座性貯金、積立式定期貯金

なお、口座開設後のつどの受入れにあたっては、説明をする必要はありません。

② 契約の締結時に説明を行うもの……定期積金、財形貯金

③ 取組みのつど説明を行うもの……定期貯金、通知貯金、譲渡性貯金

なお、自動継続の特約のある定期貯金について、自動継続の特約により取組みを行った際の説明は不要です。

④ 利用者に対して説明事項の説明を行った後にその貯金等の取引を行った利用者が継続してその貯金の受入れ・契約を行う場合には、その取引が行われるつど、説明事項を説明する必要はありません。

ただし、利用者から再度説明事項の説明を求められたときは当初の取引時と同様の方法で説明を行うようにします。

⑶ 説明事項を説明した旨の記録

顧客に対して金販法で定める重要事項の説明を行わなかった場合には、これにより顧客に生じた損害を賠償する責任が生じます（同法５条）。そのため、事後的なトラブル等を回避するために重要事項の説明をJAが適正に行ったことの記録として、貯金の重要事項を説明した後に申込書等余白に「重要事項説明済」等と記入し、役席者の検印を受ける実務としています。

なお、普通貯金（含む、総合口座）、定期積金、スーパー定期貯金等リスクが小さく、かつ、顧客への周知度の高い貯金については、申込書等余白への「重要事項説明済」等の記入を省略することもできるとされていますが、説明自体は省略することができないので注意が必要です。

⑷ 金販法で定める重要事項の説明を省略できる場合

JAが取り扱っている貯金等の販売にあたっては、顧客から重要事項について説明を要しない旨の意思表示がなされた場合には金販法で定める重要事項の説明を省いてもよいこととなっています（同法３条７項２号）。したがって、利用者から重要事項の説明は不要である旨の申出があった場合で重要事項の説明を行わなかった場合には、その記録として申込書等余白に「説明不要の申出につき説明未実施」等と記入し、検印者の検印を受けるようにしま

す。なお、これは同法に定める重要事項の説明に限ったことであり、農協法で定める情報提供は利用者から不要といわれても定められたとおり行う必要があるので注意が必要です。

4　説明の内容

「説明」とは、説き明かすことです。記述が事実の確認にとどまるのに対して、事物が「なぜかくあるのか」の根拠を示すものといわれています。実際の説明にあたってどの程度まで商品内容等の説明を行うかについては、２つの要素に分けて考えることができます。

１つは商品の性格から説明内容をとらえるもので、商品普及程度が低いもの・商品の仕組みが複雑なものほどJAの説明すべき事項は多くなります。もう１つは利用者の特性から説明内容をとらえるもので、利用者の有する知識・情報・経験が乏しいほど、JAの説明すべき事項は多くなります。また、リスクに関する説明では、リスクが存在することと、リスクの本質的な部分が何であるかなどについて利用者が認識できるように行う必要があります。

「貯金顧客の真意に基づいた合意」は有効な契約締結のために必要なことです。その前提として利用者が商品内容等を正確に理解していることが求められます。JAの説明義務は有効な契約の締結のためにも求められます。JAが行った説明について、利用者が正しく理解することは、後日利用者から錯誤（民法95条）による無効を主張されないようにするためにも重要といえるでしょう。

利用者に正しい理解を得られるような説明をするための一般的な注意点をあげると次のとおりです。

① JAの説明に基づき、顧客が検討するための時間を与えることが肝要です。検討時間を与えることなく結論を急がせ契約することは、取引結果がよくない場合に必ず顧客の不満となり苦情・紛争にもなりかねないので、十分に注意が必要です。

② 各種貯金情報提供としての「貯金金利一覧」「手数料一覧」「貯金対象商

品一覧」「商品概要説明書」等については、掲示・備付状況、取扱い時の更新等定期的なチェックを実施し、商品の正確な情報提供に努めなければなりません。

③　前掲のみでは十分な商品説明ができない場合があるので、さらに、「貯金約款」「貯金商品のしくみ」「金融情勢」「貯金商品の税制」等についても必要に応じてポイントを説明することが重要です。

Q 47 貯金の保護（破綻未然防止システムと貯金保険）

JAの貯金はどのように守られていますか。

A JAの貯金は、第一にはそれぞれのJAが個々に健全に運営されることによって守られています。さらに、JAバンク全体でそれぞれのJAの健全経営を支える仕組み（経営不振に陥ったJAを早期に発見し、JAバンク全体で支援して経営健全化を図る仕組み）である「破綻未然防止システム」というJAバンク独自の仕組みによって個々のJAの健全経営は守られています。これに加えて他の金融機関と同じ貯金保険機構による貯金保険制度の対象にもなっています。

解　説

1　貯金の保護の基本

JAの貯金は、何よりも先にJAの健全経営によって守られるのが原則です。そのためJAは景気の変動などに左右されない強固な財務内容を維持して経営することが求められます。

しかし、それでも事情によってはJAが経営不振に陥ることはあります。そのような場合に備えて、JAバンクでは独自に「破綻未然防止システム」をつくってJAバンク全体で経営不振に陥ったJAを支援し経営健全化を図る仕組みとしています。

これに加えて、他の金融機関と同じように貯金保険制度での保護の対象ともなっています。

2　JAバンクシステム

JAバンクは、農林中央金庫の会員で信用事業を行っている農業協同組合、信用農業協同組合連合会、農林中央金庫をメンバーとするグループです。JAバンクは、JAバンク全体で協力して信頼性を確保する仕組みである「破綻未然防止システム」とJAバンクが一体となって良質で高度な金融サービスを提供する仕組みである「一体的事業推進」という２つを柱とする「JAバンクシステム」を構築して、全国の信用事業を行うJAがあたかも１つの金融機関のように活動することによって、組合員やJAバンクを利用するすべての人に信頼され便利なサービスを提供できるようにしています。

3　貯金保険と破綻未然防止システム

銀行や信用金庫などJAバンク以外の金融機関の預金は預金保険法に基づく預金保険により保護されています。これと同じようにJAの貯金は漁業協同組合（JFマリンバンク）の貯金などとともに農水産業協同組合貯金保険法に基づく貯金保険によって保護されています。

預金保険や貯金保険で保護される預貯金の範囲は、決済用貯金（無利息、要求払い、決済サービスを提供できることの３要件を満たす貯金、JAでは「当座貯金」と「普通貯金無利息型（決済用）」が該当します）については全額、他の貯金については１金融機関ごとに貯金者１人当り元本1,000万円とその利息が保護されます。なお、譲渡性貯金や外貨預金など預貯金保険の対象とならない預貯金もあります。

このような貯金保険制度に加えてJAバンクでは独自の仕組みで貯金の保護を図っています。預貯金保険による保険金の支払は預貯金を受け入れた金融機関が破綻した場合に発動される仕組みです。JAバンクでは、そのような状態に至る前に経営不振のJAを抽出し、JAバンク全体で支援しながら経営改善を図り健全化させる仕組みを独自に設けています。この仕組みを「破綻未然防止システム」といいます。この仕組みによって、JAバンク全体が協力して個々のJAの健全性が維持されるようにしています。JAバンクの貯金は、「貯金保険」と「破綻未然防止システム」という２つの仕組みで守られています。

4　JAバンクシステムと破綻未然防止システム

JAバンクは、JAバンクの総意で自主的に定めた基本方針のもとで一体となって運営されています。この仕組みのことをJAバンクシステムといいます。JAバンクシステムは、一体的事業推進と破綻未然防止システムの２つの柱によって構成されています。JAバンクの一体的事業推進とは、JAバンク全体があたかも１つの金融機関のように事業展開していることをいいます。JAバンクの破綻未然防止システムとは、JAバンクが協力して個々のJAの健全経営を支える仕組みのことをいいます。

JAバンクの破綻未然防止システムは、JAバンクで定めた基本方針に従い、JAバンクで経営悪化の兆候がみられるJAがないか常に監視し、そのような兆候がみられるJAには早い段階で経営改善に取り組ませ、必要な場合は一般社団法人JAバンク支援協会からの出資や資金援助によって支援するなどして、経営改善を図る仕組みです。これによりJAが経営破綻に至る前に早期に経営改善に取り組み信用を維持するようにしています。このような仕組みでJAバンクの貯金はしっかりと守られているわけです。それに貯金保険による保護が加わることになります。他の金融機関にない手厚い保護の態勢が組まれているといえるでしょう。

なお、JAバンクシステムはJAバンクが自主的に運営しているものですが、その要点には法的な裏付けもあります。すなわち、上述の「基本方針」は、再編強化法（正式には「農林中央金庫及び特定農水産業協同組合等による信用事業の再編及び強化に関する法律」といいます）４条に定める「基本方針」として位置づけられており、同法に基づき主務大臣に届出されています。また、一般社団法人JAバンク支援協会は、同法５章に定められている指定支援法人に指定されています。指定支援法人は、信用事業の再編や強化のために必要な、優先出資の引受け、劣後ローンの貸付、金銭の贈与、資金の貸付および預入れ、債務保証などを行うことが定められています（同法33条）。

Q 48 決済用貯金

決済用貯金とはどういうものですか。また、決済用貯金にはどのような特徴がありますか。

A 決済用貯金は、①決済取引に利用できる、②要求払い、③無利息の3つの要件をすべて備えた貯金のことをいいます（農水産業協同組合貯金保険法51条の2第1項）。決済用貯金は、農水産業協同組合貯金保険法に基づく貯金保険で全額保護されることとなっています（同法56条の2第1項）。JAバンクの貯金では、当座貯金と普通貯金無利息型（決済用）がこれに該当します。

なお、銀行等の他の金融機関では、決済用貯金と同じ内容の預金が預金保険法に定められており、それぞれの金融機関で決済用預金に該当する預金商品を設けています。

解　　説

1　決済用貯金の成立ち

預金保険の制度は昭和46年に創設されていますが、その後も金融機関が破綻し預貯金保険の保険金が支払われる事態は生じませんでした。それは金融機関が破綻に瀕するほど経営悪化すること自体がまれであったことと、金融機関が経営不振に陥っても破綻に瀕する前に救済合併等を行い、預貯金の払戻不能という事態に至ることを避けてきたからです。

しかし、バブルの崩壊後経営不振に陥る金融機関が増加し、預貯金の支払不能に陥る金融機関が生じる場合もありうる状況となり、金融機関が破綻して預貯金の支払不能に陥る可能性が現実のものとなってきました。金融機関が破綻し預貯金の支払不能が生じると、その金融機関の預貯金によって資金決済を行っていた企業等の事業者の資金繰りに大きな影響を与えることになります。そこで、実際に預貯金保険の保険金により預貯金を保護する事態が生じた場合にも、決済資金については手厚く保護する必要があるという議論がなされました。その結果、平成14年に預金保険法等が改正され決済用の預貯金については他の預貯金とは別に全額保険の対象として保護する扱いとすることとし、その法律のなかで決済用の預貯金として、①決済取引に利用できる、②要求払い、③無利息の３つの要件をすべて備えた預貯金を決済用預貯金と定め、他の預貯金とは区別して預貯金額全額を預貯金保険で保護することとしたものです。決済用預貯金が定められた経緯は以上のとおりです。

2　決済用貯金の種類

農水産業協同組合貯金保険法等に決済用預貯金の規定が整備された時には、金融実務でこの要件を満たす預貯金は当座預貯金しかありませんでした（なお、経過措置として有利子の普通預貯金も一定期間決済用預貯金と認められていました）。当座預貯金は、手形や小切手を利用する者を対象にした預貯金ですから一般の消費者が利用するには向きません。そこで、各金融機関とも決済用預貯金の要件を満たす無利息の普通預貯金を設計し取り扱うようになりました。JAバンクでは、普通貯金無利息型（決済用）がこれに当たります。

このようにして預貯金保険によって全額保護される預貯金として、当座預貯金と無利息型の普通預貯金が取り扱われるようになったわけです。

3　普通貯金口座の開設を申し出た利用者への説明

貯金保険の対象となっているかという点はJAが貯金者に情報提供しなければならないと定められている事項です（農協法11条の６第１項、信用事業命令11条１項３号）。貯金者には、通常の普通貯金が貯金保険で保護される範囲が他の貯金とあわせて１人元本1,000万円とその利息に限られること、普通貯金無利息型（決済用）では利息はつかないが全額貯金保険の対象になること、を説明する必要があります。もっとも、JAの貯金は貯金保険だけでなくJAバンクシステムでも守られていますから、それらもあわせて説明してJAバンクの健全性をよく理解してもらい信頼して取引を開始してもらうことが大切だと思います。

Q 49　届出印と通帳の取扱い

貯金取引において、届出印と通帳はどのような重要性をもっているのでしょうか。

A 届出印と貯金通帳は、貯金取引において、取引者がこれらをあわせて提示することによって、正当な貯金者であることを確認するための手段として用いられるものですので、貯金取引においては最も重要なものです。

解　説

1　届出印とは

貯金者が口座開設時にJAに届け出ていた印鑑が届出印です。

届出印は、貯金取引を行う際に、通帳または証書とあわせて、預金者本人であることを証明するための重要な手段です。

届出印は、原則として貯金者が自己の取引印鑑として使用する意思があれば、必ずしも実印（役所に登録した印章）でなくとも問題なく、いわゆる認印や三文印を用いてもかまいません。

下記3のとおり、届出印が他者に不正使用されたり、届出印が偽造された場合のリスクは貯金者が負う場合がありますので、一般に、金融機関への届出印は、認印や三文印とは別の印鑑として保管を厳重にしたり、複雑な印影の印鑑を用いたりして不正を防止しています。

2　貯金通帳とは

普通貯金や定期貯金などは、通帳を発行する通帳式と証書を発行する証書式があり、貯金の払戻し等を行う際には、届出印の押印とともに、貯金通帳または貯金証書の提出を受けて事務処理を行います。

なお、従来は、貯金通帳の表紙の裏側などに届出印を押印しておき、貯金者が払戻手続に用いた印鑑と同一かどうか確認するという副印鑑制度が用いられてきました。しかし、通帳に押印された副印鑑の印影から偽造印を作成するなどのトラブルが増加したことを受けて、副印鑑制度は用いられなくなっています。

3　貯金取引における機能

貯金取引においては、法律上、正当な貯金者と取引することが必要となりますが、正当な貯金者がだれであるか、窓口に来た者が正当な貯金者であるかの判断には困難が伴います。

そこで、JAでは、他の金融機関と同様に、貯金規定に正当な貯金者を確認するための規定を設けています。

すなわち、JAの貯金規定では、「この貯金を払戻すときは、当組合所定の払戻請求書（提携組合で払戻しをするときは、提携組合所定の払戻請求書）に届出の印章により記名押印して、通帳とともに提出してください」と規定し（普通貯金規定5条1項など）、貯金の払戻しには、①通帳または証書と②届出印鑑が必要であると定めています。このように①通帳または証書と②届出印鑑の2つをあわせて、正当な預金者であるかを確認することとしているわけです。

4　貯金通帳の法的な性格

貯金通帳の法的性格は、有価証券ではなく、証拠証券であるとされています。貯金証書も貯金通帳と同様です。

有価証券とは、権利の行使・発生・譲渡等に当該証券が必要なもの（証券に権利が結合しているもの）をいい、手形や小切手、商品券や図書券は有価証券です。証拠証券とは、法律関係の証明を容易にするための書面をいい、領収書、保険証券、借用証は証拠証券です。有価証券は、権利が証券自体に結合していますので、有価証券が消滅してしまう（たとえば、燃えてなくなってしまう）と原則として権利自体も消滅してしまいます。これに対し証拠証券であれば、証拠証券が消滅しても権利自体は消滅せず、単に権利の存在を証明するための一手段がなくなったことにとどまる点で、法律上の差異があります。

したがって、貯金通帳を持参していなくとも、貯金者は他の手段で自己の権利を証明すれば、貯金契約上の権利行使をすることができます。

5　免責条項

JAの貯金規定では、免責条項を定め、「払戻請求書、諸届その他の書類に使用された印影を届出の印鑑と相当の注意をもって照合し、相違ないものと認めて取扱いましたうえは、それらの書類につき偽造、変造その他の事故があってもそのために生じた損害については、当組合は責任を負いません」と規定しています（普通貯金規定9条など）。

これは、①通帳または証書と②届出印鑑の持参者がもし貯金者本人でなかった場合であっても、JAは責任を負わない旨を規定しているものです。

もっとも、この貯金規定の免責条項は、民法478条の「債権の準占有者に対する弁済」の保護制度の一場合を注意的に規定したものと考えられており、裁判例では、本人確認について金融機関に過失が認められる場合には免責条項による免責は認められておらず、貯金規定の免責条項がストレートに適用されるわけではないことに注意が必要です。

民法478条の免責制度の詳細については、Q52を参照してください。

6　貯金通帳や届出印の紛失

上記のとおり、貯金通帳や届出印は貯金取引において重要なものですので、紛失した場合や変更の場合の手続についても、次のとおり貯金規定で定められています。

「①　通帳や印章を失ったとき、または、印章、名称、住所その他の届出事項に変更があったときは、直ちに書面によって当店に届出てください。

② 前項の印章、名称、住所その他の届出事項の変更の届出前に生じた損害については、当組合に過失がある場合を除き、当組合は責任を負いません。

③ 通帳または印章を失った場合のこの貯金の払戻し、解約または通帳の再発行は、当組合所定の手続をした後に行います。この場合、相当の期間をおき、また、保証人を求めることがあります」(普通貯金規定9条など)

なお、貯金通帳が盗取された場合には、盗難通帳を用いた不正払出しに係る貯金者への補てんの制度が設けられています。巧妙ななりすましの事件や盗難事件などの損害を、貯金者にだけ負わせるのでなく金融機関にも負担させるために、社会的要請を受けて、金融機関の自主的な取扱いとして、損害の補てんを行うものです。この補てんの制度については、Q98を参照してください。

Q 50 現金の取扱い

窓口で貯金取引に関し現金を取り扱うに際して、どのような点に注意が必要ですか。

A 窓口で貯金取引に関し現金を取り扱う際には、その場で現金を勘定し、入金申込書の記入金額と一致しているかどうかをチェックし、そのうえで「○○円ですね」「○○円お預かりします」などと顧客に声を掛けて金額を確認することが重要です。

解　説

1 「現金その場限り」

(1) 現金の受渡しの意義

貯金契約は、法律上、「消費寄託契約」（民法666条）の性質を有しています。「寄託」契約とは「物を預かる」契約のことであり、寄託契約のうち、預かった物を預り主が消費してもよく、同種同量の物を返還すればよい、という形態の寄託が「消費」寄託契約です。

消費寄託契約は、民法において「物を受け取ることによって、効力を生ずる」と規定されており、このことから、貯金契約は、JAが貯金者から金銭等を「受け取った」時に、「受け取った」金額について、成立することになります。このように契約成立に物の移転が必要とされている契約のことを要物契約といいます。

貯金者からJAが受け入れるものは現金が基本ですが、上記のとおり、現金を現実にJAが受け取った時に、受け取った金額について、貯金契約が成立することになります。

すなわち、たとえば、預金者が入金申込書に100万円と記載して入金申込みをしても、実際に預金者からJAが受け入れた現金が99万円であった場合には、たとえ窓口担当者が数え間違いをしてその現金を100万円と誤認し、100万円の入金処理をしたとしても、法律上は、99万円の貯金契約しか成立していないことになります。

⑵ 現金はその場で確認

法律上は上記のとおり貯金契約が成立する金額は明確ですが、現実問題としては、窓口で受渡しされた現金が100万円であったのか、それとも99万円であったのかを後になって証明することはむずかしく、金融機関側が、後から、受け入れた現金が実際は99万円であったことを貯金者に主張することはきわめて困難です。

ですので、現金を取り扱うにあたっては、その場その場で厳密に金額を相互に確認し合うことが非常に重要であり、実務上、「現金その場限り」という標語で呼ばれています。

現金が窓口カウンターに置かれたときは、直ちに現金を勘定し、入金申込書の記入金額と一致しているかどうかをチェックし、そのうえで「○○円ですね」「○○円お預かりします」などと顧客に声を掛けて金額を確認することが重要となります。また、現金を取り扱う場合は必ずカルトンを使用し、他の案件の現金や受入現金とおつりを混同しないよう注意することも必要です。

2 現金の保管義務がJAに移る時点

⑴ 窓口一寸事件

上記のとおり、貯金契約は、JAが貯金者から金銭等を「受け取った」時に、「受け取った」金額だけについて成立することになります。

では、法律上、いつJAが金銭等を「受け取った」ことになるのでしょうか。この点、「窓口一寸事件」と呼ばれる有名な裁判例があります。

この事案は、預金者が金融機関の窓口で、預金を依頼する旨を申し出て、現金と小切手を預金通帳とともに窓口内に差し出したところ、窓口担当者は、当時ペンをとって伝票を作成中であったため、預金者の申出を認識しうなずいたものの、下を向いて作業を続け、窓口に置かれた現金等に手を触れずにいました。すると、犯人の１人が、窓口前に立っていた当該預金者のかかとを踏んだうえ、かかとを紙片で拭いたりしたので、当該預金者が後ろを振り返り現金等から目を離した隙に、もう１人の犯人が窓口に置かれた現金等を持ち去った、というものです。

この事案に対し、当時の大審院（現在の最高裁判所に相当）は、現金等を置いた場所が窓口内であったといえども、金融機関はいまだ現金等に対する支配を取得したということはできず、金融機関の係員が窓口で預入れの申出を認識して首肯したとしても、いまだ現金等の占有の移転があったということはできない、と述べて、預金契約の成立を否定し、金融機関の責任を認めませんでした（大審院大正12年11月20日判決・法律新聞2226号４頁）。

(2) 貯金契約が成立する現金を「受け取った」時点とは

この裁判例で示されたとおり、現金等が金融機関の窓口に置かれた時点では、いまだ消費寄託契約は成立していません。窓口担当者が現金等を手でもつなどして受領する意思を表示した時点で占有が移転し、「受け取った」と評価され、貯金契約が成立することになります。

(3) 金融機関の保管責任

上記「窓口一寸事件」の大審院判決に対しては、現金等が金融機関の窓口に置かれた時点ではいまだ消費寄託契約は成立していないとしても、だからといって、金融機関が何も責任を負わないことにはならず、窓口一寸事件の事例のような場合には金融機関は保管責任を負うのではないか、という多くの批判がなされています。窓口一寸事件の控訴院（現在の高等裁判所に相当）は、金融機関は保管責任を負うとの判断をしており、控訴院の判断のほうを支持する見解が多数です。

したがって、実務上は、現金が窓口に置かれたときは金融機関に保管責任が生ずる場合があることを前提に考え、窓口担当者は、現金が窓口カウンターに置かれたときは、直ちに現金を勘定して顧客に金額を確認のうえ、カウンター内の安全な場所に現金を移すことが必要です。

3　JAのロビー内の事故とJAの責任

上記窓口一寸事件は、金融機関の窓口カウンターに置かれた現金に関するものでした。これに対し、金融機関のロビー内で顧客が盗難やその他の事故に遭った場合、金融機関が責任を問われることはあるのでしょうか。

この点を考えるにあたり参考となる裁判例があります。銀行の店舗出入口に敷設された足拭きマットに来店者が足を乗せた途端にこれがまくれ上がって転倒し、来店者が傷害を負ったという事案の裁判例です（東京高等裁判所平成26年3月13日判決・判例時報2225号70頁）。

この事案において、裁判所は、当該銀行の店舗は、老若男女を問わず、さまざまな顧客が多数往来することが予想されているのであるから、銀行は、来店者が歩行していた出入口の安全確保に関し、マットが床面上を滑りやすい状態で敷設されていた点で注意義務違反があると述べ、銀行の責任を肯定しました。

この裁判例から敷衍しますと、金融機関は、不特定多数の来店を予想し営業をしている以上、店舗内の顧客の安全に配慮し、その店舗内を安全な状態に管理する注意義務を負っていると考えるべきです。

そして、店舗内を安全な状態に管理するためには、物的設備および人的設備を適切に設置して管理運営し、予想される危険に対する配慮が求められることになります。

とりわけ、金融機関への来店者は現金等を所持している可能性が高いことからしますと、来店者の現金等の盗難などの事故についても、繰り返しロビー内で置引きが発生しているのに何も対策をとらなかったなど特段の事情が認められる場合には、具体的に予想された危険が現実化したものとして、金融機関が顧客に対する注意義務違反を問われる可能性は否定できません。

Q 51 集金・配金の注意事項

JAの店舗外で貯金の集金・配金を行う際にはどのような点に注意が必要ですか。

A 渉外担当者の場合には、店舗外で現金を受領した時点で貯金契約が成立します。現金授受に際しては、その場で現金を勘定し、入金申込書の記入金額と一致しているかどうかをチェックし、そのうえで「○○円ですね」「○○円お預かりします」などと顧客に声を掛けて金額を確認することが重要です。

解　説

1　集金・配金業務の位置づけ

渉外担当者などが、貯金者の自宅、事務所など、JAの店舗外で貯金として現金の受渡しをすることがあります。集配金は来店がむずかしい貯金者には大変喜ばれるサービスですが、不祥事を誘発しかねないサービスなので事務手続に従って厳格に取り扱う必要があります。

まず、集金については、どの時点で、JAが現金を「受け取った」こととなり、消費寄託契約が成立するのでしょうか。担当者が出先で現金を受領した時点なのか、それともJA内部に持ち帰り所定の計算手続が完了した時点なのかという問題ですが、貯金契約が成立したとすれば、その後現金を担当者が紛失したとしても、当該金額は貯金として認めなければならなくなることから問題となります。

集金による貯金の成立時期は、その担当者が、貯金として現金等の受渡しをする権限（任務）を有しているかどうかによって決せられます。すなわち、担当者が貯金として現金等の受渡しをする権限を有している場合には、担当者が現金を受領した時点で貯金契約が成立します。これに対し、担当者が貯金として現金等の受渡しをする権限を有していない場合には、JA内部において所定の計算手続が完了した時に貯金契約が成立すると解されます。

渉外係などは、原則として、貯金として現金等の受渡しをする権限を有していると考えられます。これに対し、このような役職にない職員が、たまたま他の用件で出向いた客先で預金への入金を頼まれて現金を受け取ったような場合には、担当者が現金を受領しただけでは貯金契約は成立しません。

配金についても、どの時点で、JAが貯金を「払い戻した」こととなり、消費寄託契約が終了するのかが問題となりますが、配金の場合については、集金の場合の裏返しで考えてよいでしょう。すなわち、貯金として現金等の受渡しをする権限（任務）を有している者の場合には、客先で現金を顧客に渡した時点で払い戻し、そのような権限を有していない者の場合には、JA内部で払戻手続が完了し現金が担当者に渡された時点で払戻しとなります。

2　集金・配金を行う場合の注意点

集金・配金に際しては、顧客との間で、現金授受の有無や金額の相違など、後になって言い分が食い違いトラブルになることがあります。

消費寄託契約は、「物を受け取ることによって、効力を生ずる」と規定されており、このことから、貯金契約は、JAが貯金者から金銭等を「受け取った」時に、「受け取った」金額だけについて成立することになります。

そのため、たとえば、預金者が入金申込書に100万円と記載して渉外担当者に渡したとしても、実際に預金者から渉外担当者に交付された現金が99万円であった場合には、たとえ渉外担当者が数え間違いをしてその現金を100万円と誤認し、100万円の領収書を交付したとしても、法律上は、99万円の貯金契約しか成立していないことになります。

しかしながら、事後的に、渉外担当者が実際に受け取った現金が100万円ではなく99万円であったことを証明することは非常に困難ですので、現金を取り扱うにあたっては、その場その場で厳密に金額を相互に確認し合うことが非常に需要であり、実務上、「現金その場限り」という標語で呼ばれています（Q50参照）。出先において顧客と現金を受け渡した際には、直ちに現金を勘定し、入金申込書の記入金額と一致しているかどうかをチェックし、そのうえで「○○円ですね」「○○円お預かりします」などと顧客に声を掛けて金額を確認することが重要となります。

3　集金・配金中のJAの責任

貯金契約が成立する時点の解説は上記のとおりですが、貯金契約がいまだ成立していないとしても、JAの職員が顧客から現金を預かった場合に、それを紛失・着服したときには不法行為となり、JAは使用者責任（民法715条）を顧客に対して負います。

使用者責任とは、「ある事業のために他人を使用する者は、被用者がその事業の執行について第三者に加えた損害を賠償する責任を負う」（同条１項）と規定されており、JAの職員が故意または過失で顧客に損害を与えた場合には、それが「事業の執行について」といえる場合にはJAが責任を負うこととなります。使用者責任は、契約当事者間でなくとも適用されますので、上記１で述べた貯金契約の成否とは別個に判断されるわけです。

「事業の執行について」の要件については、判例によって順次拡大されており、職務執行行為そのものから発生した損害のみならず、被用者（担当者）の行為の外形から観察してあたかも被用者の職務の範囲内の行為に属するものとみられる場合をも包含するとされています。渉外担当者が店舗外で貯金の集金・配金を行うことは職務執行行為そのものです。また、貯金として現金等の受渡しをする権限を有していない職員が、たまたま他の用件で出向いた客先で預金への入金を頼まれて現金を受け取ったような場合には、行為の外形からみてJA職員の職務の範囲と判断されますので、この場合もJAは使用者責任を免れることはできません。

なお、民法715条１項但書は、「使用者が被用者の選任及びその事業の監督について相当の注意をしたとき、又は相当の注意をしても損害が生ずべきであったときは、この限りでない」と規定し、使用者責任の免責要件を規定しています。しかし、判例では、この要件は「相当の注意をしても到底損害の発生を避けられなかったことが明らかな場合を指す」とされており、この使用者の免責が認められることはほとんどありません。

Q 52 貯金の払出し

窓口で貯金の払出しをする際には、どのような点に注意が必要ですか。

A 窓口で貯金の払出しをする際には、貯金通帳と届出印を確認し、所定の場合には取引時確認を行います。届出印の確認は相当な注意をもって行うとともに、正当な貯金者であるか疑わしい特段の事情がある場合には、より踏み込んだ本人確認をしなければなりません。

解　説

1　窓口での貯金払出しの場合の確認事項

(1)　払出手続の概要

貯金の払出しの際の手続について、JAの貯金規定では、「貯金を払戻すときは、当組合所定の払戻請求書（提携組合で払戻しをするときは、提携組合所定の払戻請求書）に届出の印章により記名押印して、通帳とともに提出してください」と規定しています。

すなわち、窓口で現金で貯金を払い出す場合には、貯金の払戻請求書を通帳・証書とともに提出を受けます。そして、所定の場合には犯罪による収益の移転防止に関する法律に基づく取引時確認手続を行ったうえ、起票・届出印の照合、検印、コンピュータ処理の入力等、事務手続に定められた手順に従って内部処理を行った後、貯金者に貯金の払出しとして現金の引渡しを行うことになります。

現金の引渡しの際には、「○○円のお支払です、お確かめください」などと声に出して、貯金者に現金額をその場で確認するように促すことが重要です。

⑵ 貯金の種類による確認

貯金の払出しは、貯金契約で約定された弁済期に行うことが原則です。

普通貯金は、要求払いの貯金であり、常に弁済期にありますので、特に確認は不要です。

これに対し、定期貯金は満期を迎えているか確認します。実務上、定期貯金について満期前であっても中途解約を認め、払出しが行われていますが、これは、契約上の義務ではなく、あくまで顧客サービスとして実施しているものです。この点、中途解約が当然に認められるかのように顧客に誤解を生じさせないよう配慮すべきです。

さらに、定期貯金の中途解約の場合には、義務としての要素がありませんので、普通預金の払出しよりも金融機関の注意義務は重いとする裁判例（京都簡易裁判所平成元年９月29日判決・判例タイムズ719号173頁）もあり、より注意が必要です。

通知貯金は、据置期間の経過後かつ払出予告の実施および払出予告期間の経過後が弁済期ですので、これら期間の経過を確認します。また、定期貯金は、約定で定める一定期間（満期）の経過後に払出しをする貯金ですので、満期が到来しているかどうかを確認します。

また、納税準備貯金などは、払出金の用途に制約がありますので、所定の目的の用途での払出しかどうかの確認が必要です。

2　無通帳の場合の払出し

通帳を失った場合の払出しについては、貯金規定において、「通帳または印章を失った場合のこの貯金の払戻し、解約または通帳の再発行は、当組合所定の手続をした後に行います。この場合、相当の期間をおき、また、保証人を求めることがあります」と定められていますので（普通貯金規定７条３号など）、各組合において定められた手続をしなければ払戻しできません。

一般的には、届出印による紛失届の提出を求めたうえ、本人確認、届出住所への照会状の郵送などを行うことが通常ですが、このように厳重な手続を行うのは、通帳がないことを知りながら、もし無権利者に払出しをしてしまった場合には、およそ金融機関が下記３の免責を主張することが困難であることによります。

3　印鑑照合と誤払出しの免責

⑴　免責規定の位置づけ

貯金の払出しは、正当な貯金者に対して行わなければならないのが大原則です。しかし、正当な貯金者がだれであるか、窓口に来た者が正当な貯金者であるかの判断は困難が伴います。

そこで、JAでは、他の金融機関と同様に、貯金規定に貯金者本人を確認するために、上記１⑴のとおり規定を定め、貯金の払出しには①通帳（または証書）と②届出印鑑が必要であるとしています。そのうえで免責条項を定め、「払戻請求書、諸届その他の書類に使用された印影を届出の印鑑と相当の注意をもって照合し、相違ないものと認めて取扱いましたうえは、それらの書類につき偽造、変造その他の事故があってもそのために生じた損害については、当組合は責任を負いません」と規定し（普通貯金規定９条など）、印鑑照合による免責を定めています。

もっとも、この貯金規定の免責条項は、次に述べます民法478条の「債権の準占有者に対する弁済」の保護制度の一場合を注意的に規定したものと考えられており、免責条項がストレートに適用されるわけではないことに注意が必要です。

⑵　債権の準占有者に対する弁済の保護

JAは、貯金の払出義務を負っている債務者ですので、貯金者に対し正当な理由なく貯金の払出しを拒むことはできません。

他方、JAが不正を見抜けず、貯金者になりすました者に貯金の払出しをしてしまった場合、正当な貯金者以外の者に対する貯金の払出しであるとしてすべて無効とされてしまうと、金融機関の窓口での確認手続はきわめて厳格とならざるをえず、金融機関の事務負荷が増大するばかりか貯金者にとっても大きな負担となります。一般に、弁済義務を負っている者にはこのようなジレンマが生じます。

そこで、民法では、「債権の準占有者に対する弁済」の保護制度が設けられており（同法478条）、債務の弁済をする者が、正当な権利者でないことを知らず（「善意」といいます）、かつ知らなかったことに過失もなかったときには、仮に正当な権利者でない者に対する払出しであっても有効な弁済とみなす、とされています。なお、「債権の準占有者」とは、「債権者らしい外観を有している者」の意味です。

すなわち、①弁済をする者が、②相手方を正当な債権者と信じても無理ではないという状況（善意・無過失）のもとで弁済をしたときは、③当該相手方が正当な債権者でなかった場合でも、その弁済は有効なものと扱われます。

盗難貯金の場合に限らず、相続貯金の処理の場合や、代理人や使者による貯金払出しなどの場合でも、金融機関が貯金の二重払いの責任を負うか否かは、最終的には、債権の準占有者に対する弁済として保護されるかどうかの問題に帰着しますので、債権の準占有者に対する弁済の保護の問題は、貯金法務における最重要事項といっても過言ではありません。貯金払出しの場合には、JAが善意・無過失で処理をしたと判定されるのに必要な手段を尽くすことが重要となります。

(3) 過失がない払出しとは

では、どのような場合に正当な貯金者でない者に対する払出しが「過失がなかった」として保護されるでしょうか。

この点は裁判例が集積されており、①貯金払出しの際の本人確認作業の中心になるのが印鑑照合ですので、まず印鑑照合作業についての過失の有無を審査し、②印鑑照合に過失が認められない場合には、正当な受領権限を疑わせる特段の事情の有無を審査し、③この特段の事情がある場合には、踏み込んだ本人確認をしたか否が審査されます（図表52－1参照）。以下、個々の審査について解説します。

図表52－1　債権の準占有者に対する弁済における過失の審査

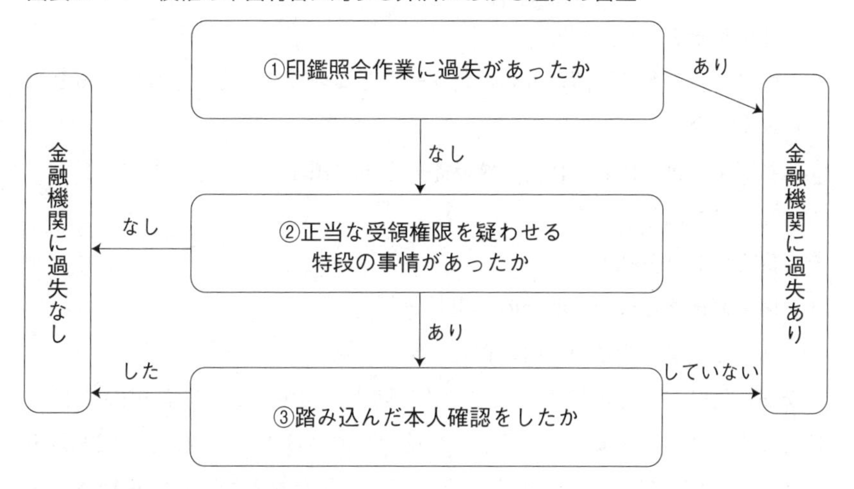

(4)　印鑑照合作業の過失審査

上記①の印鑑照合作業における過失について、判例では、原則として金融機関の照合事務担当者に対して社会通念上期待されている業務上相当の注意をもって平面照合を慎重に行えば足りるが、平面照合では判定がつきにくいときは、折重ねによる照合や拡大鏡等による照合を行うべきであり、これらに反した場合、印鑑照合手続に過失ありとされています（最高裁判所昭和46年6月10日判決・最高裁判所民事判例集25巻4号492頁）。

なお、印鑑照合システムなどの機械照合が一般化し、印鑑照合の事務は機械に大きく依存するかたちとなっていますが、仮に機械で同一と判断されても金融機関が必ず免責されるわけではないことに注意しなければなりません。

(5)　正当な受領権限を疑わせる特段の事情があったか

上記②の正当な受領権限とは、貯金者本人のほか、貯金者の代理人や貯金の相続人など貯金の支払を受ける正当な受領権限を有している者を含みます。

正当な受領権限を疑わせる特段の事情があったかは、個々の事案において不審を感じさせる事情を総合し個別具体的に認定されますが、裁判例では、次のような点が正当な受領権限を疑わせる事情として適示されています。

① 払出請求者の挙動不審

② 貯金名義人と払出請求者の性別が一致しないなど、他人口座であると思われる場合

③ 払戻請求書の氏名、住所、電話番号などの誤記

④ 高額の払出し

⑤ 他店における払出し

⑥ 開店直後または閉店間際の払出し

⑦ 払出し直前の少額の取引の存在

なお、近時は、犯罪による収益の移転防止に関する法律により200万円を超える現金払出し等については取引時確認が求められることから、「200万円を僅かに下回る額の払出し」という事情が、新たな事情として追加されます。同一日に2回連続して199万円が無権限者によって払出しがされた場合について、1回目の払出しは過失なし、2回目は過失ありとした裁判例（釧路地方裁判所平成24年10月4日判決・金融・商事判例1407号28頁）もみられるところです。

⑹ 踏み込んだ本人確認とは

上記③の踏み込んだ本人確認とは、上記②の正当な受領権限を疑わせる事情がどのようなものかによって、状況に応じ適切な本人確認の措置が求められます。裁判例で指摘された本人確認としては次のような事項をあげることができます。

① 本人または代理人が疑わしい場合には、来店者の住所、生年月日、身分証明書の確認などをすべきである。より疑わしい場合には、写真付身分証明書を確認すべきである。

② 代理人が疑わしい場合は、直接預金者の意思を確認する努力をしたり、本人が来店できなかったりする理由を確認すべきである。

③ 法人口座の場合には、来店者の立場（代表者、代理人、使者）を確認すべきである。

Q 53 残高証明・取引履歴の開示等

残高証明書の発行や、取引履歴の開示を求められた際の注意点を教えてください。

残高証明書を発行する場合には、正当な権限者の請求であるか確認し、正当な権限者に交付することに注意が必要です。

取引履歴の開示についても同様の点に注意が必要ですが、開示内容は貯金通帳に記載された内容を基本とし、伝票類の開示までは必要ないと解されます。

解　説

1　残高証明書の発行を依頼された場合の注意事項

残高証明書を発行する場合には、まず、請求者が正当な権利者であるか確認すること、作成した残高証明書は正当な権利者に正確に交付することが必要です。正当な権利者以外に残高証明書を発行してしまった場合には、顧客情報を第三者に漏えいしたことになり、貯金者本人から守秘義務違反を問われる事態となります。正当な権利者としては、貯金者本人のほか、貯金者の代理人や貯金者の相続人があげられます。

貯金者の相続人の一部から残高証明書の発行を依頼された場合には、貯金のような可分債権は、相続開始と同時に共同相続人が法定相続分に従い分割して承継すると解されていること（最高裁判所昭和29年4月8日判決・最高裁判所民事判例集8巻4号819頁）との関係で、貯金全体の残高を証明することの可否が問題となりますが、他の相続人に不利益を及ぼすものではないと考えられますし、貯金額全体の残高を明らかにする必要性が認められますので、貯金全体の残高証明書を発行してかまわないと解されます。

本人確認の方法としては、通常は、届出印を押印した依頼書の提出を求めます。

次に、預金残高を正確に記載することも当然ながら重要です。預金残高を誤記入した場合には、金融機関が損害賠償責任を問われることもありえます。

預金残高は、当日の最終残高を記載します。なお、店舗の窓口営業時間終了後も、CD・ATM等で預金取引を行うことができる場合がありますので、当日の最終残高を確定する際には注意が必要です。

2　取引履歴の開示を求められた場合の対応

(1)　正当な権利者への開示

取引履歴の開示を求められた場合にも、まず、請求者が正当な権利者であるか確認すること、開示は正当な権利者に対して行うことが必要です。正当な権利者以外に取引履歴を開示してしまった場合には、守秘義務違反の問題が生じます。

正当な権利者としては、貯金者本人のほか、貯金者の代理人や貯金者の相続人があげられます。

この点、そもそも金融機関には預貯金の取引履歴を預貯金者に開示する義務があるか否か問題となりましたが、最高裁は、「預金契約に基づいて金融機関の処理すべき事務には、預金の返還だけでなく、振込入金の受入れ、各種料金の自動支払、利息の入金、定期預金の自動継続処理等、委任事務ないし準委任事務の性質を有するものも多く含まれている」と述べたうえで、取引履歴の開示は、預金者が金融機関がこれら事務処理を正確に行っているか把握するために必要不可欠であるとして、金融機関は、預金契約に基づき、預金者の求めに応じて預金口座の取引経過を開示すべき義務を負うと判示しています（最高裁判所平成21年1月22日判決・最高裁判所民事判例集63巻1号228頁）。

⑵ 相続人の１人から取引履歴の開示請求

相続人の１人から相続貯金の取引経過の開示請求がなされた場合はどうすべきでしょうか。相続人の一部が相続貯金の過去の取引履歴に関心をもっているということは、相続財産たるべき貯金について被相続人の生前の処分行為が問題となり、その生前の処分行為に他の相続人が関与したのではないかとの疑いが生じていることなどが考えられ、他の相続人は取引履歴の開示に反対している場合も少なくなく、金融機関が相続トラブルに巻き込まれることも予想されます。

上記平成21年最高裁判決は、まさに相続人の１人が取引履歴の開示を請求できるかが問題となった事例でした。

同判決は、次のように述べて、相続人の１人による取引履歴の開示を肯定しています。「預金者が死亡した場合、その共同相続人の１人は、預金債権の一部を相続により取得するにとどまるが、これとは別に、共同相続人全員に帰属する預金契約上の地位に基づき、被相続人名義の預金口座についてその取引経過の開示を求める権利を単独で行使することができる（同法（注：民法）264条、252条ただし書）というべきであり、他の共同相続人全員の同意がないことは上記権利行使を妨げる理由となるものではない。上告人は、共同相続人の１人に被相続人名義の預金口座の取引経過を開示することが預金者のプライバシーを侵害し、金融機関の守秘義務に違反すると主張するが、開示の相手方が共同相続人にとどまる限り、そのような問題が生ずる余地はないというべきである」

したがって、相続人の一部から取引履歴の開示請求があった場合には、JAは被相続人の貯金口座について取引履歴の開示をしなければなりません。

なお、上記平成21年最高裁判決は、「開示請求の態様、開示を求める対象ないし範囲等によっては、預金口座の取引経過の開示請求が権利の濫用にあたり許されない場合がある」とも述べていますので、実務的には、他の相続人の同意を得ることができない事情があるのか、あるいは、取引履歴の使用用途などを請求者に簡単に確認することは適切なものといえます。

3　伝票類の開示、写しの交付の要否

金融機関は、基本的に通帳への記帳によって貯金者に事務処理の内容を報告しているわけですので、取引履歴として開示すべき内容は、基本的に貯金通帳に記載された内容です。

しかし、たとえば、払戻請求書に記載された筆跡から行為者を特定することを目的とする場合など、取引履歴の明細だけではなく、払戻請求書、振込依頼書、小切手などの伝票類その物の開示を請求したり、これら伝票類の写しの交付を求められたりする場合があります。

このような伝票類の開示についてはどのように考えるべきでしょうか。

上記平成21年最高裁判決が、上記のとおり、取引履歴の開示について、金融機関が預金者から委任された事務処理を正確に行っているか把握するために必要不可欠なものかどうかを理由に判断していることから考えますと、伝票類の開示まで事務処理の正確性を把握するために必要不可欠とまではいえないのではないでしょうか。

したがって、伝票類の開示義務まではないと解されます。

4　開示の時間的範囲

取引履歴の開示請求権は、上記平成21年最高裁判決によれば貯金契約上の権利とされています。このことからして、開示請求権は、債権の消滅時効期間（JAの場合は、貯金者が商人である場合には５年（商法522条）、それ以外の場合には10年（民法167条１項））より前の取引履歴の開示請求に対しては消滅時効を援用できると考えられます。

もっとも、貯金者が商人か否かで開示範囲を異にすることは不安定であり顧客に対する説得性も低いと思われますので、10年程度の一律の期間を定めておくのがよいでしょう。

Q 54 貯金の解約申出への対応

貯金の解約申出があった場合の対応について教えてください。

A 貯金の解約申出があった場合には、解約申出書と通帳の提出を受け所定の手続を行いますが、印鑑照合を十分な注意をもって行うとともに、正当な貯金者ではないと疑わせる事情がないかどうかを把握し検討することが重要です。

解　説

1　貯金の解約申出があった場合の対応

⑴　解約手続の概要

貯金の解約申出の手続について、JAの貯金規定では、「この貯金口座を解約する場合には、通帳を持参のうえ、当店に申出てください」と規定しています。

すなわち、貯金の解約申出書を通帳とともに提出を受けます。そして、所定の場合には犯罪収益移転防止法に基づく取引時確認手続を行ったうえ（解約に伴い200万円を超える現金が払い戻される場合には、取引時確認の対象になります)、解約利息を計算し、貯金者に貯金の払戻しとして現金の引渡しを行い、通帳に解約ずみの記載を行います。

⑵　正当な貯金者からの解約申出であるか確認

貯金の解約は残高が0円でない限り貯金の払戻しを伴います。

貯金の払戻しは、正当な貯金者に対して行わなければならないのが大原則です。しかし、正当な貯金者がだれであるか、窓口に来た者が正当な貯金者であるかの判断は困難が伴います。

そこで、JAでは、貯金の払戻しについて免責条項を定め、「払戻請求書、諸届その他の書類に使用された印影を届出の印鑑と相当の注意をもって照合し、相違ないものと認めて取扱いましたうえは、それらの書類につき偽造、変造その他の事故があってもそのために生じた損害については、当組合は責任を負いません」と規定し（普通貯金規定9条など)、印鑑照合による免責を定めています。

もっとも、この貯金規定の免責条項は、次に述べます民法478条の「債権の準占有者に対する弁済」の保護制度の一場合を注意的に規定したものと考えられており、免責条項がストレートに適用されるわけではありません。

「債権の準占有者に対する弁済」として保護を受けるためには印鑑照合や本人確認において過失のない処理をすることが必要になります。詳細についてはQ52を参照してください。

2　定期貯金の中途解約

実務上、定期貯金について満期前であっても中途解約を認め、払戻しが行われています。しかし、貯金契約上、JAが中途解約に応ずる義務は存在せず、あくまで顧客サービスとして実施しているものです。この点、中途解約が当然に認められるかのように顧客に誤解を生じさせないよう配慮すべきです。

さらに、定期貯金の中途解約の場合には、義務としての要素がありませんので、普通預金の払戻しよりも金融機関の注意義務は重いとする裁判例（京都簡易裁判所平成元年9月29日判決・判例タイムズ719号173頁）があり、普通貯金の解約手続よりも注意が必要です。

3　無通帳の場合の解約手続

通帳を失った場合の解約については、貯金規定において、「通帳または印章を失った場合のこの貯金の払戻し、解約または通帳の再発行は、当組合所定の手続をした後に行います。この場合、相当の期間をおき、また、保証人を求めることがあります」と定められていますので（普通貯金規定7条3項など)、各組合において定められた手続を行わなければ解約できません。

一般的には、届出印による紛失届の提出を求めたうえ、本人確認、届出住所への照会状の郵送などを行うことが通常ですが、このように厳重な手続を行うのは、JAが通帳がないことを知りながら、もし無権利者の求めに応じ解約しその者に払戻しをしてしまった場合には、およそ過失がないといって免責を主張することが困難であることによります。

Q 55 貯金の強制解約

貯金口座をJAから強制的に解約することはできるでしょうか。

A 当座貯金はいつでも解約できます。

普通貯金や定期貯金については、①貯金口座の名義人が存在しないことが明らかになった場合または貯金口座の名義人の意思によらずに開設されたことが明らかになった場合、②貯金者が貯金の譲渡、質入れ等の禁止に違反した場合、③貯金が法令や公序良俗に反する行為に利用され、またはそのおそれがあると認められる場合、④貯金者が反社会的勢力であることが認められるなどの場合、⑤一定の期間貯金者による利用がなく、かつ残高が一定の金額を超えることがない場合、⑥法令に基づく場合には、貯金規定に基づいて、貯金口座をJAから解約することができます。

解　説

1　当座貯金をJAが強制解約できる場合

JAの当座勘定規定では、「この取引は、当事者の一方の都合でいつでも解約することができます」と規定されています。このように、当座貯金については、いつでもJAから解約することができます。

なお、当座勘定取引を解約するにあたっては、JAは、未使用の手形用紙、小切手用紙が悪用されることのないよう、それらの回収に努めなければなりません。

2　普通貯金や定期貯金をJAから強制解約できる場合

(1)　強制解約が必要となる背景

従来、当座貯金以外の貯金については、JAからの強制解約についてはなんら規定がありませんでした。

しかし、近時では、ヤミ金や振り込め詐欺、架空請求詐欺などが社会問題となり、これらは不正資金の受け皿として金融機関の預貯金口座が犯罪に利用されるようになっています。また、国内においては、反社会的勢力についていっさいの関係を遮断することが社会的要請として存在し、また、国際的には、金融機関がマネー・ローンダリング（資金洗浄）に利用されテロ資金などに利用されないよう規制が強化されています。

このような事情を背景に、JAにおいても、貯金規定においてJAから普通貯金等を強制的に解約することができる規定が設けられています。

⑵ 強制解約できる場合

普通貯金や定期貯金については、各貯金規定において、次の場合にJAから解約することが認められています（普通貯金規定12条など）。

① 貯金口座の名義人が存在しないことが明らかになった場合または貯金口座の名義人の意思によらずに開設されたことが明らかになった場合

② 貯金者が貯金の譲渡、質入れ等の禁止に違反した場合

③ 貯金が法令や公序良俗に反する行為に利用され、またはそのおそれがあると認められる場合

④ 貯金者が反社会的勢力であることが認められるなどの場合

⑤ 一定の期間貯金者による利用がなく、かつ残高が一定の金額を超えることがない場合

⑥ 法令に基づく場合

これらに該当する場合には、貯金契約をJAから解約することができます。

なお、これらの解約についてはJAから貯金者に対する解約の意思表示が必要となりますが、貯金者への意思表示が不到達となるトラブルを避けるため、各貯金規定において、「届出のあった名称、住所にあてて当組合が通知または送付書類を発送した場合には、延着しまたは到達しなかったときでも通常到達すべき時に到達したものとみなします」との規定を置いています（普通貯金規定13条など）。ですので、貯金者が転居しているなどにより意思

表示が到達しなかったとしても、届出住所に通常到達すべき時に到達したものと扱うことができます。

3 「取引の停止」と「口座の解約」

貯金者が反社会的勢力であることが認められるなどの場合には、貯金規定において、「取引の停止」と「口座の解約」を行うことが規定されています。「取引の停止」とは口座そのものは維持したまま入出金などすべての取引を停止することであり、「口座の解約」は、口座そのものを解約して関係を解消してしまうことです。口座を解約した場合には、基本的に貯金者に対し、貯金を払い戻すことになりますので、口座残高を被害者への分配に充てるべき振り込め詐欺等の場合などは、取引の停止が選択されます。

4 貯金規定によらない解約の余地

普通貯金、定期貯金については、上記2のとおり、貯金規定に基づきJAが強制解約できる場合は限定されています。では、貯金規定に規定された理由以外でJAが強制解約できる余地はないのでしょうか。

この点、貯金契約の法的性格から考えますと、普通貯金契約は、返還時期の定めのない消費寄託契約の性質を有するとされていますが、それにとどまらず、振込入金の受入れ、各種料金の自動支払、利息の入金、定期預金の自動継続処理といった、委任事務ないし準委任の契約関係も付随していると考えられます。

この点、民法では、委任契約・準委任契約は、当事者はいつでも契約を解除できると規定していますが、相手方に不利な時期に「やむを得ない事由」がないのに解除したときは損害賠償をしなければならないと規定しています（同法651条1項・2項、656条）。

これらのことからして、普通貯金、定期貯金については「やむを得ない事由」がある場合には、損害賠償義務を負うことなく解約できると解されます（なお、定期貯金契約については、期限の定めのある消費寄託契約の性質を有する点からしても「やむを得ない事由」（同法663条２項）がある場合には解約できることとなります)。

このように貯金規定を離れてもJAからの強制解約には「やむを得ない事由」が必要と解されます。そして、強制解約が「やむを得ない」といえる場合のほとんどは上記２(2)の貯金規定の解約事由に該当することとなると解されますので、実務的には、上記２(2)の貯金規定の解約事由に当てはめて解約を検討すべきです。

Q56 貯金利息への課税の原則

貯金利息に対する源泉徴収義務はどのような内容ですか。

A 貯金利息に対する源泉徴収税率は、図表56－1のとおりです。

貯金利息や源泉徴収が義務づけられている金融商品からの収益については、源泉徴収義務者の納税によって、すべての申告納税手続が結了します。この仕組みのことを、「源泉分離課税」と呼んでいます。個人の貯金者が、貯金利息について確定申告等の手続を行うことはありません。

法人は、本来その所得について法人税が課され、個人所得に対する税である所得税が課されることはありませんが、例外的に貯金利息について、所得税の納税義務を課されており、源泉徴収が必要になります。所得税と連動して、復興特別所得税の納税義務が生じます。

貯金利息には該当しませんが、定期積金の給付補てん金や懸賞金付定期預貯金等の懸賞金品に対して、これらの金融商品から得られる経済的利益に対して、図表56－1と同様の税率で源泉徴収が義務づけられています。

図表56－1　貯金利息に対する源泉徴収税率

（単位：％）

	個人の貯金者	法人の貯金者
所得税	15	15
復興特別所得税	0.315	0.315
住民税利子割	5	－（注）
合　計	20.315	15.315

（注）平成28年１月１日以降、法人が住民税利子割の納税義務者から除かれたため、住民税利子割５％の徴収は行わなくなりました。

解　　説

1　貯金利息に対する課税の仕組み

⑴　所 得 税

貯金の運用収益は貯金利息ですが、これは所得税法上利子所得とされます（同法23条１項）。

利子所得の金額は、その年中の利子等の収入金額とされています（同条２項）ので、必要経費の控除がありません。したがって、収入金額に対して、税率が適用され、税額が算定されます。

所得税法上、各種所得の課税方法は原則総合課税で、いわゆる累進課税が行われますが、この利子所得については、別段の定めがあり、他の所得（配当、不動産、事業、給与等）と分離して、15％の所得税が課されます（租税特別措置法３条）。

⑵　復興特別所得税

平成25年より、復興特別所得税が課税されています。

復興特別所得税の税額は、所得税額の2.1％（東日本大震災からの復興のための施策を実施するために必要な財源の確保に関する特別措置法13条）ですから、結果として、利子所得に対する復興特別所得税の税率は、所得税15％に対する2.1％、すなわち0.315％となります。

⑶　住民税利子割

同時に利子所得に対しては、都道府県民税利子割５％が課税されます（地方税法24条１項５号、71条の６）。

課税対象となる利子の額は、所得税と同じです（同法71条の５第２項）。

ただし、法人については、平成28年１月１日以降、都道府県民税利子割が課されないこととされました（同法24条１項１号）。

つまり、法人の貯金者からは、住民税利子割の徴収が不要になりました。

2　貯金利息に対する税額の源泉徴収

⑴　所得税の源泉徴収

利子所得に規定する利子等の支払をする者（金融機関）は、その支払の際、その利子等について所得税を徴収し、その徴収の日の属する月の翌月10日までに、これを国に納付しなければならないとされています（所得税法181条1項）。

⑵　復興特別所得税の源泉徴収

利子等について所得税を徴収して納付すべき者（金融機関）は、その徴収の際、復興特別所得税をあわせて徴収し、所得税の法定納期限（貯金利息に対する源泉徴収の場合、徴収の日の属する月の翌月10日）までに、当該復興特別所得税を当該所得税にあわせて国に納付しなければならないと規定されています（東日本大震災からの復興のための施策を実施するために必要な財源の確保に関する特別措置法28条1項）。

⑶　住民税利子割の特別徴収

住民税利子割（都道府県民税）の徴収については、特別徴収の方法によらなければならないとされ（地方税法71条の9）、利子割を特別徴収の方法によって徴収しようとする場合には、利子等の支払またはその取扱いをする者で道府県内に営業所等を有するものを当該道府県の条例によって特別徴収義務者として指定し、これに徴収させなければならないと定められています（同法71条の10第1項）。

この特別徴収義務者（貯金利息の場合は金融機関）は、貯金利息の支払の際利子割を徴収し、その徴収の日の属する月の翌月10日までに、納入申告書を道府県知事に提出し、およびその納入金を当該道府県に納入する義務を負います（同条2項）。

3　法人の納税義務

法人は、本来その所得について法人税が課され、所得税（個人の所得に対する税）が課されることはありませんが、例外的に、利子、配当について所得税の納税義務を課されています（所得税法174条）。

法人は、利子等に関しては、所得税に付随して復興特別所得税についても納税義務があり、個人同様、所得税額の2.1％に相当する復興特別所得税を納税します（東日本大震災からの復興のための施策を実施するために必要な財源の確保に関する特別措置法26条、27条）。

法人についても、貯金利息について課された所得税および復興特別所得税は、2(1)(2)の手続により、利子の支払者である金融機関が、源泉徴収し、納税を行います。

法人の貯金者に関しては、源泉徴収された所得税および復興特別所得税は、法人税の前払いとして取り扱われ、法人税の申告の際に前払税金として、「所得税額控除」の制度により精算されます（法人税法68条）。

4　金融商品から得られる収益のうち利子所得ではないが、源泉徴収を要するもの

(1)　定期積金の給付補てん金

定期積金は、一定の契約期間内において、定期的に一定金額を掛け金として払い込み、約定どおりに掛け金が払い込まれたことを条件として、満期日に一定の金額を支払う契約で、消費寄託契約と異なるため、預貯金には該当しません。

したがって、満期における貯金利息に相当するものとして支払われる給付補てん金は、利子ではないので、所得税法上利子所得ではなく雑所得とされ、本来総合課税の対象となります。

しかし、この給付補てん金は、貯金利息と性質が類似しているところから、金融類似商品として源泉分離課税扱いとなり、貯金利子と同様、所得税、復興特別所得税および住民税利子割の源泉徴収を要します（租税特別措置法41条の10）。

⑵ 懸賞金付預貯金等の懸賞金等

預貯金等について、くじ引等の方法により支払、交付または供与を受ける金銭その他の経済上の利益（以下「懸賞金等」といいます）については、所得税法上、一時所得となり、総合課税が原則ですが、貯金利息に類似しているということから、利子所得同様源泉分離課税の適用対象とされます（租税特別措置法41条の９）。

「懸賞金付預貯金等」とは、一定の期間継続されるもので、以下の条件により、くじ引等で金品等の支払が行われるものをいいます（同法施行令26条の９）。

> ①　抽選権は、預貯金等の一定額もしくは残高などを基準として、一定の期間の継続に対して１個または数個が与えられるものであること
> ②　一の抽選ごとの懸賞金等の総額は、くじ引等の対象とされる預貯金の総額に応じて定められていること
> ③　くじ引等の期間、懸賞金等の支払開始日および支払方法が定められていること

この取扱いは、利子等が非課税とされる預貯金等（マル優、マル特、マル財）に係る懸賞金等についても適用され、懸賞の対象となった貯金の利息が、マル優等の適用により非課税であったとしても、懸賞金等については課税であり、源泉徴収を要します（租税特別措置法通達41の９－１）。

また、懸賞金等（特に物品の場合）に対する源泉徴収税額を金融機関が負担するケースが想定されますが、その場合、所得税および復興特別所得税の額は次の算式により計算することとされています（同通達41の９－３）

> （実際に支払う金銭の額または懸賞金等の評価額）÷0.79685×15.315％

Q 57 利息に課税されない場合

例外的に貯金利息に課税されない場合にはどのようなものがありますか。

貯金利息に課税されない場合には、次のものがあります。

① 子供銀行（こども貯金）

② 少額預貯金の利子所得非課税制度

・障害者等の少額預貯金の利子所得非課税（通称：マル優）

・障害者等の少額公債の利子所得非課税（通称：マル特）

・勤労者財産形成住宅貯蓄および勤労者財産形成年金貯蓄の利子所得非課税（通称：マル財）

③ 法人貯金者の課税されない貯金利息

・源泉徴収不適用法人

・非課税法人

解　説

1 子供銀行（こども貯金）の利子

小学校、中学校、義務教育学校、高等学校もしくは中等教育学校または特別支援学校の小学部、中学部もしくは高等部の児童または生徒が、その学校の長の指導を受けて児童または生徒の代表者の名義で預け入れた預貯金の利子は非課税とされています（所得税法９条１項２号、同法施行令19条、地方税法71条の５第２項）。

学校の長の管理、指導を受けて児童生徒の代表の名義をもってする貯金等の利子については金額に制限なく非課税となりますが、学校の長などの代表者の名義の場合、児童生徒の個人名義の場合は課税となります。

児童または生徒の代表者名義で預貯金の預入れをする場合には、その預入れ等をするつど、その学校の長の指導を受けて預入れ等をする預貯金等である旨を証する書類を提出しなければなりません（所得税法施行規則2条）。

2　少額預貯金の利子所得非課税制度

(1)　障害者等の少額預貯金の利子所得の非課税

a　概　　要

個人で、障害者等に該当する者が、預貯金の預入れをする場合において、非課税貯蓄申込書を提出したときは、その預貯金の元本の合計額が、その預貯金の利子の計算期間を通じて、非課税貯蓄申告書に記載された預入残高（元本）の最高限度額を超えない場合、その計算期間に対応する利子については、非課税とされます（所得税法10条、地方税法71条の5第2項）。

非課税となる最高限度額は、元本の合計額350万円（租税特別措置法3条の4）です。

b　非課税対象者（「障害者等」）（所得税法10条1項、所得税法施行令31条の2、所得税法施行規則4条）

貯金利子が非課税となる「障害者等」とは以下のとおりとされています。

・身体障害者手帳の交付を受けている者
・遺族基礎年金を受けることができる妻である者
・寡婦年金を受けることができる妻である者
・国民年金法に掲げる障害基礎年金を受けている者
・厚生年金保険法に規定する障害厚生年金または遺族厚生年金を受けている遺族（妻に限る）である者
・労働者災害補償保険法に掲げる傷病補償年金、障害年金もしくは傷病年金を受けている者または遺族補償年金もしくは遺族年金を受けている遺族（妻に限る）である者
・児童扶養手当法に規定する児童扶養手当を受けている児童の母である者
・その他各種障害年金、障害補償年金、傷病補償年金、障害補償費等を受け

ている者または遺族年金、遺族補償年金、遺族補償費等を受けている遺族（妻に限る）である者

c　非課税対象預貯金等（所得税法施行令33条）

非課税対象預貯金等に当てはまるのは、①預貯金（外貨預貯金、当座預貯金、こども貯金を除く）、②合同運用信託、③公募公社債等運用投資信託、④国債および地方債とされています。

(2) 障害者等の少額公債の利子所得の非課税

a　概　　要

国内に住所を有する個人で障害者等であるものが、国債および地方債（公債）を購入する場合において、「特別非課税貯蓄申込書」を提出したときは、その公債の利子の計算期間を通じて、その公債の額面金額の合計額が最高限度額を超えない場合、当該計算期間に対応する利子については、非課税とされます（租税特別措置法４条１項、地方税法71条の５第２項）。

非課税となる最高限度額は、元本の合計額350万円（租税特別措置法４条の３）です。

これは、(1)の「障害者等の少額預貯金の利子所得の非課税」制度の限度額350万円とは別枠になっています。

b　非課税対象者

(1)ｂと同様です。

c　非課税対象金融資産

非課税対象預貯金等に当てはまるのは、国債および地方債（公債）とされています。

(3) 勤労者財産形成住宅貯蓄および勤労者財産形成年金貯蓄の利子所得の非課税

勤労者財産形成貯蓄制度は、勤労者財産形成促進法に基づき、勤労者（職業の種類を問わず、事業主に雇用される者をいい、役員は除かれます。同法２条）の貯蓄や持家取得の促進を目的として、勤労者が事業主の協力を得て賃金から一定の金額を天引きして行う貯蓄商品で、単に「財形貯蓄」「財形」とも

呼ばれます。

勤労者と取扱金融機関の間で締結した契約に基づき、事業主からの給与支給時に控除（天引き）され、控除された積立金を事業主が取扱金融機関へ送金し、勤労者の財形口座に預け入れられます。

財形貯蓄には積立の目的に応じて次の３種類があります。

① 一般財形貯蓄（勤労者財産形成促進法６条１項）

② 財形年金貯蓄（同法６条２項）

③ 財形住宅貯蓄（同法６条４項）

このうち、②財形年金貯蓄、③財形住宅貯蓄に関しては、55歳未満の勤労者が、制度に定められた目的で貯蓄を払い戻す場合、両方の元本を合計した額の550万円までの範囲で生じた利子が非課税となります。

3 法人貯金者の課税されない貯金利息

(1) 源泉徴収不適用法人（金融機関等の受ける利子所得等に対する源泉徴収の不適用）

国内に営業所を有する金融機関が支払を受ける公社債もしくは預貯金の利子、合同運用信託もしくは公募公社債等運用投資信託の収益の分配または社債的受益権の剰余金の配当については、所得税および復興特別所得税の課税（源泉徴収）を行わないこととされています（租税特別措置法８条）。

金融機関とは、銀行、信用金庫、労働金庫、信用協同組合、農業協同組合、農業協同組合連合会、漁業協同組合、漁業協同組合連合会、水産加工業協同組合、水産加工業協同組合連合会および株式会社商工組合中央金庫、生命保険会社、損害保険会社、信託会社、農林中央金庫、信用金庫連合会、労働金庫連合会、共済水産業協同組合連合会、信用協同組合連合会および株式会社日本政策投資銀行をいいます（同法施行令３条の３）。

(2) 非課税法人

公共法人等（所得税法別表第１に掲げる内国法人。図表57－１参照）が支払を受ける利子等、給付補てん金、利息等は非課税です（所得税法11条１項、東

図表57－１　公共法人等の表（抜粋）（所得税法別表第１）（平成28年６月３日現在）

名　称
社会医療法人
学校法人（専修学校及び各種学校を含む。）
株式会社日本政策金融公庫
企業年金基金
行政書士会
漁業共済組合
漁業信用基金協会
漁船保険組合
軽自動車検査協会
健康保険組合
高圧ガス保安協会
公益財団法人
公益社団法人
小型船舶検査機構
国家公務員共済組合
国民健康保険組合
国民年金基金
国立大学法人
市街地再開発組合
自動車安全運転センター
司法書士会
社会福祉法人
社会保険診療報酬支払基金
社会保険労務士会
宗教法人
酒造組合

酒販組合
商工会
商工会議所
商工組合（組合員に出資をさせないものに限る。）
商品先物取引協会
職員団体等（法人であるものに限る。）
税理士会
全国健康保険協会
地方公共団体
地方公務員共済組合
地方公務員災害補償基金
地方住宅供給公社
地方道路公社
地方独立行政法人
中小企業団体中央会
独立行政法人（財務大臣が指定をしたものに限る。）
土地開発公社
土地改良区
土地家屋調査士会
土地区画整理組合
都道府県職業能力開発協会
日本勤労者住宅協会
日本公認会計士協会
日本商工会議所
日本私立学校振興・共済事業団
日本赤十字社
日本年金機構

日本弁理士会
日本放送協会
農業共済組合
農業共済組合連合会
農業協同組合連合会（公的医療機関に該当する病院又は診療所を設置するものとして財務大臣が指定をしたものに限る。）
農業信用基金協会
農水産業協同組合貯金保険機構
負債整理組合
弁護士会
預金保険機構
労働組合（法人であるものに限る。）

日本大震災からの復興のための施策を実施するために必要な財源の確保に関する特別措置法28条）。

この別表は、民営化や制度改革、組織再編等により変更になることがありますので、定期的な確認が必要です。

近年の変更例としては、かつての財団法人、社団法人が非課税法人に該当していたところ、公益法人改革に係る法令により、2008年12月１日から５年間の移行期間を経て、公益性の認定を受けた公益社団法人および公益財団法人は、従前どおり非課税法人に該当します（図表57－１参照）が、一般社団法人および一般財団法人に移行した法人は、非課税法人ではなくなりました。

第2節　普通貯金と総合口座

Q58　口座開設申込み時の対応

普通貯金や総合口座の口座開設の申込みがあった場合の注意点を教えてください。

A　普通貯金や総合口座の口座開設に際して特に留意すべき点として、①犯罪収益移転防止法に基づく取引時確認、②反社会的勢力でないかのチェック、③申込者の行為能力の確認、④キャッシュカードの説明があります。

解　説

1　口座開設時に特に留意すべき点

口座開設に際して特に留意すべき点として、①犯罪による収益の移転防止に関する法律（以下「犯罪収益移転防止法」といいます）に基づく取引時確認、②反社会的勢力でないかのチェック、③申込者の行為能力の確認、④キャッシュカードの説明、をあげることができます。

以下、それぞれ注意すべきポイントを解説します。

2　犯罪収益移転防止法に基づく取引時確認

(1)　特定取引であること

普通貯金・総合口座の口座開設は、犯罪収益移転防止法により取引時確認対象取引とされていますので、すでに取引時確認ずみの顧客でない場合には、取引時確認が必要になります。取引時確認の詳細については、Q22、Q

23、Q24を参照してください。

⑵ 高リスク取引

また、犯罪収益移転防止法は、次のいずれかに該当する取引については「高リスク取引」として特に取引時確認手続を求めていますので、これらに該当しないか確認することが必要です。高リスク取引については、Q25を参照してください。

① 取引の相手方が、その取引に関連する他の取引の際に行われた取引時確認の際に、その取引の顧客等や取引担当者等になりすました疑いや確認した事項を偽っていた疑いがある場合

② 特定取引のうち、犯罪による収益の移転防止に関する制度の整備が十分に行われていないと認められる国または地域として政令で定めるもの（イランと北朝鮮）に居住しまたは所在する者との取引、その他これらの者に対し財産の移転を伴う取引

3 反社会的勢力でないかのチェック

反社会的勢力についていっさいの関係を遮断することは社会的要請であり、JAが社会的責任を果たすためには口座開設という入口において厳格にチェックすることが重要です。

各JAにおいては、反社会的勢力への対応マニュアルや事務手続等が整備されていますので、それらに基づきデータベース等を活用して、反社会的勢力か否かを調査することとなりますが、この点、「系統金融機関向けの総合的な監督指針」では、「暴力、威力と詐欺的手法を駆使して経済的利益を追求する集団又は個人である「反社会的勢力」をとらえるに際しては、暴力団、暴力団関係企業、総会屋、社会運動標榜ゴロ、政治活動標榜ゴロ、特殊知能暴力集団等といった属性要件に着目するとともに、暴力的な要求行為、法的な責任を超えた不当な要求といった行為要件にも着目することが重要である」としています。

反社会的勢力との関係遮断については、Q22も参照してください。

4　申込者の行為能力の確認

(1)　口座開設時の確認

超高齢化社会を迎え、高齢者を中心に取引時の行為能力が問題となる事例が増加しています。

すなわち、制限行為能力者である成年被後見人、被保佐人、被補助人に該当する場合には、単独で有効に取引行為を行うことができない場合が規定されており、成年被後見人、被保佐人、被補助人であることを見過ごして口座開設をした場合には、後に取り消されるおそれが生じます。

単に口座開設という行為だけを考えますと、後に口座開設を取り消されたとしてもJAとして不都合はありませんが、口座開設後には貯金の預入れ、払戻しが行われることとなります。とりわけ払戻しは、JAの出捐を伴う行為であるところ、成年被後見人では後見人の同意があっても取り消しうるものとされ、被補助人では制限行為である「元本の領収」(民法13条1項1号)に該当しますので、補助人の同意が必要です。

したがって、成年被後見人や被補助人であることを見過ごして払戻しを実施した場合、それは取り消しうる行為となり、実際に取り消された場合には、払戻しは遡及的に無効となり、JAはあらためて払戻しを行わなければならなくなります。しかも、制限行為能力者が取り消した払戻しで受領した金員の返還義務は、現に利益を受けている限度に限られてしまいます(同法121条但書)。

このように口座開設の時点で制限行為能力を見過ごしてしまいますと、このような問題が発生しますので、口座開設の段階で申込者の行為能力を確認することが重要になります。

(2)　制限行為能力の確認方法

成年被後見人、被保佐人、被補助人であることの確認の方法は、後見登記の登記事項証明書の提出を受けることによって行います。

もっとも、登記事項証明書の交付を請求できる者は本人や後見人、および一定の親族などに限られており、金融機関は登記事項証明書を請求することができませんので、JAは、これら権利者から登記事項証明書の提出を受けることになります。

そうしますと、JAは主体的には成年被後見人、被保佐人、被補助人を調査することができませんので、成年被後見人らが制限行為能力者であることを秘して貯金の払戻手続を行い、後に取り消すことをJAが防止することは困難となります（単なる黙秘は民法21条の「詐術」には該当しないとされています）。

そこで、貯金規定において、「家庭裁判所の審判により、補助・保佐・後見が開始されたときには、直ちに成年後見人等の氏名その他必要な事項を書面によって当店に届出てください」などと届出義務を規定し、届出義務に違反した場合にはJAは免責される旨の規定を設けています（普通貯金規定８条）。

しかし、このような免責規定の有効性については議論があり、近時、免責規定の有効性を認め金融機関の免責を認めた裁判例が出されているところですが（東京高等裁判所平成22年12月８日判決・金融法務事情1949号115頁）、今後の動向に注意が必要です。

実務的には、口座開設申込者に対する説明の際に、上記届出義務について説明しつつ、現在、成年被後見人、被保佐人、被補助人でないかどうかを確認することが重要です。

5　キャッシュカードを発行する場合

JAバンクの貯金では、普通貯金、総合口座、貯蓄貯金でキャッシュカードの発行が可能です。

口座開設と同時にキャッシュカード発行の申込みを受けた場合には、正当な貯金者に対し確実にキャッシュカードを交付すること、すなわち本人確認をより厳密に行うことがきわめて重要となります。なぜなら、いったんキャッシュカードを発行してしまうと、キャッシュカード受領者は自由にその口座から払い戻しをすることができるようになりますので、誤った者に発行した場合のトラブルは非常に大きくなるからです。一般に、キャッシュカードの発行は即日は行われず、届出住所宛てに簡易書留郵便で送付することとされているのも、そのためです。

また、キャッシュカードを発行した場合には、暗証番号、キャッシュカードの自己管理が重要となりますので、次のような点を申込者に十分説明することが重要です。

まず、暗証番号を決めるに際しては、他人に容易に推知されないような番号を決めるべきであり、生年月日、電話番号、郵便番号、口座番号などや、同じ数字の連続、「1234」などは用いるべきではありません。

また、暗証番号をカード自体に記入することはもってのほかであり、暗証番号をメモした紙面をカードと一緒に保管するようなことも危険です。他人に暗証番号をむやみに教えたり、複数のカードやパソコンなどの暗証番号と共通の番号を用いたりすることも暗証番号漏えいの原因となります。

なお、暗証番号は定期的に変更することが推奨されています。

キャッシュカードについても、第三者の手に渡ることがないように留意し、むやみに他人に預けたり、人目につきやすい場所に放置することなどは避けるべきです。

キャッシュカードの注意点についてはQ60も参照してください。

Q 59 口座開設の謝絶

JAが普通口座の口座開設を謝絶することができますか。

A 金融機関として口座開設について、不正行為や反社会的勢力に関し疑念を抱くに足りる合理的理由があれば、普通貯金口座の開設拒絶は認められると考えてよいでしょう。

解　説

1　契約自由の原則と金融機関口座の公共性

(1)　契約自由の原則とその制約

近代法の大原則の１つに「契約自由の原則」があります。これは、①契約を締結する自由、②相手方選択の自由、③内容決定の自由、④方式の自由を内容としており、個人が自由な意思に基づき自らの法律関係を構築することを保障している法原則です。

契約自由の原則からすれば、口座開設も契約の一種ですので、JAがだれとの間で普通貯金口座の口座開設をするか、しないかは自由に決定できるはずです。

もっとも、契約自由の原則も、一定の公共性のある契約においては制約され、電気・ガスの供給契約や、医師の診察などについては、契約を断ることはできないとされており、金融機関や金融口座についても、公共性の観点から問題となります。

(2)　普通貯金口座の公共性と口座開設を謝絶する必要性

現代社会において、普通貯金口座は、社会生活を営むうえで、事実上、必要不可欠なものとなっており、公共的な性格があることは否定できません。そこで、契約自由の原則をJAがどこまで貫いて、普通貯金口座の口座開設を拒絶できるのかが議論となります。

とりわけ、近時では、反社会的勢力についていっさいの関係を遮断することは社会的要請となっていますし、ヤミ金や振り込め詐欺、架空請求詐欺などの社会問題を受けて、普通貯金口座であっても口座開設を謝絶すべき場合があることは否定できません。

2　普通貯金口座の開設拒絶は認められるか

この点、近時、銀行が普通預金口座の開設申込みを謝絶したことが銀行の不法行為として損害賠償責任を生ずるか争われた裁判例があります（東京地方裁判所平成23年８月18日判決・公刊物未登載）。

この事件は、自己が代表取締役を務めるという法人名義の普通預金口座開設の申込みに対し、銀行が商業登記簿謄本の提出を求めたところ、申込者はそれには応じず、一転して個人名義の普通預金口座開設の申込みに変更しました。これを不審に思った銀行が法人の商業登記簿謄本の提出を求めたうえで個人名義の口座開設申込みを拒絶したことが不法行為となるかが争われました。

裁判所は、次のとおり述べて不法行為性を否定しています。「最終的に被控訴人（注：銀行）が控訴人（注：申込者）の口座開設が実体のない法人の活動のためではないかと疑念を抱いたことも無理はなく、普通預金口座の不正目的利用を防ぐことに関心を有する金融機関である被控訴人において、上記のような経緯から控訴人名義の普通預金口座の開設に応じなかったことには合理的な理由があり、被控訴人が、法人の商業登記簿謄本の提出を受けて検討する旨伝えて控訴人名義の普通預金口座の開設の申込みに応じなかったことに、前記特段の事情は認められず、これが不法行為を構成するものと解することはできない」

このように金融機関として、口座開設に際し不正行為や反社会的勢力に関し疑念を抱くに足りる合理的理由があれば、普通貯金口座の開設拒絶は認められると考えてよいでしょう。

なお、このほかにも、銀行が普通口座開設を拒絶したことについて、契約自由の原則や、原告がすでに別に普通預金口座を保有していたことを理由として不法行為性を否定した裁判例があります（東京地方裁判所平成26年12月16日判決・金融法務事情2011号108頁）。この事例では、原告の親族が過去に政治団体に所属していたという事情があったようですが、どのような理由で銀行が口座開設を拒絶したのかは判旨上明らかではありません。

Q 60 キャッシュカードの説明と注意事項

キャッシュカードの申込みがあった際に説明すべき点や注意点について教えてください。

A キャッシュカードを安全に利用するためには、暗証番号、キャッシュカードの自己管理が重要となりますので、これらの管理方法について具体的に説明し注意喚起することが重要です。暗証番号、キャッシュカードの自己管理が十分にできないおそれのある顧客に対しては、キャッシュカードをお勧めしないことも検討すべきです。

解　説

1　キャッシュカードの利便性

JAバンクの貯金では、普通貯金、総合口座、貯蓄貯金でキャッシュカードの発行が可能です。キャッシュカードは、キャッシュカード規定により「当組合が本人に交付したカードであること、および入力された暗証と届出の暗証とが一致することを当組合所定の方法により確認のうえ貯金の払戻しを行います」と規定されており、カードをATMに挿入して暗証番号を入力する（あるいは生体認証）だけで払戻し等の手続を行うことができます。そのうえ、全国のJAのATMのみならず、提携金融機関のATMも利用することができ、きわめて利便性が高いものです。

他方、キャッシュカードは、カードを使用し、暗証番号を入力すればだれであっても払戻し等の手続を行うことができ、不正使用の危険性も高まります（この点、生体認証式のキャッシュカードは安全といえます）。

2　暗証番号、キャッシュカードの自己管理

キャッシュカードの不正使用を防止するためには、暗証番号の管理が重要となります。暗証番号は印鑑のかわりに本人確認のための重要なものですので、印鑑と同様に厳重に管理すべきことになります。

まず、暗証番号を決めるに際しては、他人に容易に推知されないような番号を決めるべきであり、生年月日、電話番号、郵便番号、口座番号などや、同じ数字の連続、「1234」などは用いるべきではありません。

また、暗証番号をカード自体に記入することはもってのほかであり、暗証番号をメモした紙面をカードと一緒に保管するようなことも危険です。他人に暗証番号をむやみに教えたり、複数のカードやパソコンなどの暗証番号と共通の番号を用いたりすることも暗証番号漏えいの原因となります。

なお、暗証番号は定期的に変更することが推奨されています。

キャッシュカードについても、第三者の手に渡ることがないように留意し、むやみに他人に預けたり、人目につきやすい場所に放置することなどは避けるべきです。

JAのキャッシュカード規定においても、「カードは他人に使用されないよう保管してください。暗証は生年月日・電話番号等の他人に推測されやすい番号の利用を避け、他人に知られないよう管理してください」と注意喚起しています。

なお、下記3の損失の補てんの制度において、全国銀行協会は預金者の過失や重過失とされる例を公表していますが（「偽造・盗難キャッシュカードに関する預金者保護の申し合わせ」全国銀行協会ホームページ参照）、「本人が暗証をキャッシュカード上に書き記していた場合」は本人に重過失あり、「暗証をロッカー、貴重品ボックス、携帯電話など金融機関の取引以外で使用する暗証としても使用していた場合」は本人に過失ありとするなど、暗証番号、キャッシュカードの自己管理における禁忌を例示しているものといえます。

3　盗難キャッシュカード、偽造キャッシュカードによる被害の救済

キャッシュカードが盗取されて不正に使用されたり、キャッシュカードのデータを用いて偽造キャッシュカードが作成されたりするなど、不正行為が行われる例が後を絶ちません。

そこで、「偽造カード等及び盗難カード等を用いて行われる不正な機械式預貯金払戻し等からの預貯金者の保護等に関する法律」が制定され、盗難キャッシュカード、偽造キャッシュカードによる損失の補てんの制度が設けられています。この補てん制度についてはQ97を参照してください。

4　管理が十分にできない場合の対応

キャッシュカードは利便性が高い反面、危険性が認められ、とりわけキャッシュカードおよび暗証番号の自己管理が肝要となることは上記のとおりです。

このことからして、高齢者など、キャッシュカード、暗証番号の管理が十分にできない心配がある顧客については、顧客のキャッシュカードの必要性の程度を勘案したうえで、キャッシュカードをお勧めしないことも検討すべきです。

Q 61　制限行為能力者と総合口座取引

未成年者、成年被後見人、被保佐人、被補助人について総合口座取引を行うことができるか教えてください。

未成年者は、法定代理人が代理人として取引を行うか、法定代理人から包括的に同意を得る方法で総合口座取引を行うことができると解されます。

成年被後見人は、後見人が代理人として取引を行う方法で総合口座取引を行うことができます。

被保佐人は、保佐人から包括的に同意を得る方法で総合口座取引を行うことができます。

被補助人は、基本的に単独で総合口座取引を行うことができます。

もっとも、いずれの場合にも総合口座を開設することの必要性の検討が必要と解されます。

解　説

1　総合口座取引の性質

総合口座は、普通貯金、定期貯金、および定期貯金を担保とした当座貸越をセットにした口座です。当座貸越とは、預金残高を超えて一定の限度ならば自動的に貸し付ける制度ですので、総合口座を開設した場合には、貯金の払戻しと同じ手続で、貸付を受けることができるようになるわけです。

2　未成年者と総合口座取引

上記1のとおり当座貸越は貸付の性質を有しているところ、未成年者が法定代理人の同意なく当座貸越を受けた場合には、取り消しうる行為となります（民法5条1項・2項）。当座貸越が取り消された場合には、その当座貸越は遡及的に無効となります。しかも、未成年者が当該当座貸越で受領した金員の返還義務は、現に利益を受けている限度に限られてしまいます（同法121条但書）。

これに対し、未成年者の当座貸越以外の貯金取引については、「法定代理人が処分を許した財産」（同法5条3項）の範疇として未成年者が自由に処分（＝取引）することができると多くの場合には考えられます。

したがって、当座貸越については特に法定代理人の同意を確認して行うことが必要になりますが、実際問題として、総合口座取引はキャッシュカードを用いてATMで行われることも想定されていますので、個々の総合口座取引について、そのつどJAが法定代理人の同意を確認することはおよそ不可能です。それゆえ、金融機関は、未成年者については総合口座の開設を認めないこととしていることが一般です。

もっとも、法定代理人の同意を個々の取引に求めるのではなく、総合口座開設時に、今後予定される当座貸越についても包括的に同意を得たうえで、未成年者の総合口座開設を認めることは可能と解されます。この場合、法定代理人の同意が包括的なものなのか否かが後々問題とならないよう、法定代理人に当座貸越が予定されることを十分説明のうえ、総合口座取引を包括的に同意するものであることを明示した同意を得ておくべきです。

また、法定代理人は、未成年者を代理して法律行為を行うことができます。ですので、法定代理人が実際の取引を行うことを前提に未成年者の総合口座を開設し、個々の取引は未成年者を代理して法定代理人が行うことは可能です。JAの事務手続でも、未成年者との総合口座取引は法定代理人が行う旨が規定されています。

3　成年被後見人と総合口座取引

成年被後見人には後見人がつけられ、もっぱら後見人が成年被後見人の法定代理人として法律行為を行います。もっとも、日用品の購入その他日常生活に関する行為は成年被後見人単独で行うことが認められていますが（民法9条但書）、当座貸越がこれに該当することはないと考えられます。

それゆえ、後見人が実際の取引を行うことを前提に成年被後見人の総合口座を開設し、個々の取引は成年被後見人を代理して後見人が行うことは可能ですが、実際上、成年被後見人名義の総合口座が必要とされることは少ないと思われます。

4　被保佐人と総合口座取引

被保佐人は、原則として単独で法律行為を行うことができますが、民法13条1項に列挙された生活上重要な行為は保佐人に同意のもとに行わなければなりません。総合口座取引についてみますと、貯金の払戻しは同項1号の「元本を領収」に該当し、当座貸越は同項2号の「借財」に該当します。

それゆえ、被保佐人が総合口座取引を行うには、保佐人の同意が必要となりますが、実際問題として、個々の総合口座取引について、そのつどJAが保佐人の同意を確認することはおよそ不可能なことは未成年者の場合と同様です。

そこで、保佐人の同意を個々の取引に求めるのではなく、総合口座開設時に、今後予定される払戻しや当座貸越についても包括的に同意を得たうえで総合口座開設を認めることは可能と解されますが、未成年者で述べたところと同様に、十分な説明と明示的な包括同意を得ること重要と考えます。

なお、保佐人には、家庭裁判所の審判により特定の法律行為について代理権が与えられることがあります（民法876条の4第1項）。総合口座取引について保佐人に代理権が与えられている場合には、保佐人を法定代理人として被保佐人の総合口座取引を行うこともできます。

5　被補助人と総合口座取引

被補助人は、原則として単独で法律行為を行うことができますが、家庭裁判所が指定した特定の法律行為については、補助人の同意が必要となります。家庭裁判所が指定できる事項は、民法13条１項に列挙された行為の範囲に限定されています。

したがって、被補助人については、同項１号の「元本を領収」や同項２号の「借財」が家庭裁判所により指定されていないか確認したうえで、総合口座の開設を認めるべきこととなり、これらが指定されている場合には補助人の同意が必要となります。

Q 62　総合口座取引の貸越の性質と限度額超過時の対応

総合口座の貸越とはどのようなものですか。限度額を超過して貸越が生じる場合、どのように対応すればよいですか。

A　貸越とは、定期貯金および定期積金を担保に当座貸越として自動的に貸出を行うことです。担保定期貯金等に解約、担保解除、差押え等があり、限度額を超える貸越金が生じてしまった場合は、直ちに超過分を支払ってもらうよう要請しましょう。取引先から限度額を超えた額の払出要請があった場合は、担保定期貯金を中途解約して払い出すか、一般の証書式に変更したうえ貯金限度内貸付を行うなどの対応を検討しましょう。

解　説

1　総合口座における貸越とは

総合口座とは、普通貯金、定期貯金および当座貸越等の各取引をリンクさせた複合商品です（Q45参照）。

総合口座取引規定6条1項は、普通貯金の残高を超えて払戻しの請求または各種貯金等の自動支払の請求があった場合、定期貯金または定期積金を担保に不足額を当座貸越として自動的に貸し出し、普通貯金に入金したうえ払戻しまたは自動支払をする旨規定しています。これを貸越といいます。

2　貸越の法的性格

総合口座取引における当座貸越契約の法的性格については、議論もありますが一般的に、普通貯金残高の不足という一定の条件が成立して貸付金額と貸付時期が確定した時に、確定した金額について貸付を実行する旨予約していると考えられています（金銭消費貸借の予約契約）。

取引先との間では、当座貸越の実行によって金銭消費貸借契約が成立することになります。

3　貸越の限度額

総合口座取引の当座貸越も貸付取引ですから、無制限に行うことはできません。定期貯金等を担保として行う貸出であるところ、担保である総合口座取引に組み込まれた定期貯金等の額などを基準に、当座貸越の限度額が定められています。この限度額のことを「極度額」ともいいます。

総合口座取引規定6条2項は、「当座貸越の限度額（以下、「極度額」といいます。）は、この取引の定期貯金、定期積金の掛込残高の合計額の○％または○万円のいずれか少ない金額とします」と規定しています。

4　貸越限度額を超過して貸越が生じる場合（その1）

貸越金の担保となっている定期貯金、定期積金について解約、担保解除または差押え（仮差押え）があると、貸越限度額が減額することになり、貸越金が新たな貸越限度額を超過するケースが生じます。この場合は取引先に対して、直ちに新貸越限度額を超える金額を支払うよう要請することになります（総合口座取引規定7条3項1号・2号）。

5　貸越限度額を超過して貸越が生じる場合（その2）

取引先に貸越限度額を超えた資金の需要がある場合は、担保定期貯金の満期日までの期間を考慮して、中途解約して払い出すか、総合口座定期から一般の証書式または通帳式に変更したうえ、貯金限度内で貸出を行うなど、金利面で極力、取引先の負担にならないよう配慮して対応しましょう。

なお、その際残りの定期貯金について新限度額を算定し直し、貸越金が新貸越限度額を超えるときは、その超える金額を同時に支払ってもらうことになります。

Q 63　即時支払と貸越金の回収

総合口座の即時支払とはどのようなものですか。即時支払とした場合の貸越金の回収はどのように行えばよいですか。

A　即時支払とは、一定の事由が発生した場合に貸越元利金を直ちに支払うべき旨の約定をいいます。即時支払としたとき、任意に貸越元利金を支払ってくれない場合は、相殺や払戻充当といった方法で回収を図ることになります。

解　説

1　即時支払

即時支払とは、取引先に破産手続開始決定があったなど貸越を続けることができないような一定の事由が発生した場合に貸越元利金を直ちに支払うべき旨の約定をいいます（総合口座取引規定13条）。証書貸付等の場合の「期限の利益喪失」に相当するものです。

2　当然即時支払事由と請求即時支払事由

即時支払事由には、金融機関からの催告等がなくてもその事由が発生しただけで期限到来の扱いとなる当然即時支払事由と、金融機関からの請求によって期限到来の扱いとなる請求即時支払事由とがあります。それぞれ次にあげる各事由が当然即時支払事由、請求即時支払事由として規定されることが多いでしょう。

【当然即時支払事由】

①　支払停止または破産手続開始もしくは民事再生手続開始の申立が

あったとき
② 相続の開始があったとき
③ 利息の元加により極度額を超えたまま6か月を経過したとき
④ 住所変更届けを怠るなどにより、組合において貯金者の所在が明らかでなくなったとき

【請求即時支払事由】
① 組合に対する債務が1つでも延滞になっているとき
② その他債権保全を必要とする相当の事由が生じたとき

3 即時支払とした場合の貸越金の回収

即時支払事由が生じた場合、取引先に貸越元利金全額を支払うよう請求することになります。取引先から任意の支払がない場合の回収方法としては、相殺による方法と払戻充当による方法が考えられます（総合口座取引規定15条）。

すなわち、金融機関は、貸越元利金が延滞となっている場合に、借入者（取引先）等の貯金など、金融機関の貯金者に対する貯金債務等と貸越元利金債権等とを相殺することができます。また、金融機関が事前の通知や払戻請求書等への届出印の押印などの所定手続を省略して（金融機関が貯金者の代理人となって）、貯金の払戻しを行い、払戻金で貸越元利金の弁済に充てることができます（払戻充当）。

第3節　当座貯金

Q 64　当座貯金の性質と開設申込み時の対応

当座貯金の口座開設の申込みを受けた場合には、どのような点に注意して対応すべきですか。審査はどのように行うのですか。

A　金融機関が安易に当座貯金の口座開設をしたことによって第三者が損害を被った場合、損害賠償債務を負いかねません。取引先（法人の場合はその代表者も含みます）の資産・信用等を調査したうえで、慎重に口座開設の諾否を決定することが重要です。

解　説

1　当座取引と悪用される危険

当座貯金とは、手形・小切手によって払戻しを行う要求払い貯金です（Q45参照）。

当座取引では、取引先に対して手形帳（統一手形用紙が綴られたもの）や小切手帳（統一小切手用紙が綴られたもの）を交付し、取引先は金融機関を支払場所として手形や小切手を振り出します。統一手形用紙や統一小切手用紙を用いて手形や小切手を振り出した者は、当該金融機関に当座勘定の開設を受けている者としてある程度信頼できるとされています。

そこで、かかる実情を背景に、統一手形用紙や統一小切手用紙の交付を受けるために当座貯金口座を開設し、決済する意思なく手形用紙や小切手用紙を第三者に売却して不法な利益を得ようとする者が存在することに注意を要します。

2　金融機関の損害賠償義務

当座勘定契約は、金融機関と取引先との間で締結する契約であり、当座貯金口座開設時に、当座貯金口座の名義人が実在するか否か、信用があるか否かの点まで金融機関が調査義務を負うものではないとされています（名古屋地方裁判所昭和48年２月15日判決・金融法務事情708号36頁）。

しかしながら、金融機関が、取引先が当座貯金口座を悪用する意図を知りながら通謀（つうぼう）した場合（示し合わせた場合）、あるいは、十分な調査をせず悪用する意図に気づかずに、当座貯金口座を開設したうえ手形帳や小切手帳を交付してしまい、その結果、事情を知らない第三者が手形または小切手が不渡となったために損害を被った場合には、金融機関はその損害の発生を予見しえたものとして、損害賠償義務を負うことになりかねません（前掲名古屋地方裁判所昭和48年判決、および東京地方裁判所昭和49年８月８日判決・金融法務事情749号36頁参照）。

不渡手形や不渡小切手の乱発防止は社会的義務ともいえます。金融機関としては信用の欠ける者との当座取引を避けるため、事前に相手の信用状態を十分調査して慎重に対応することが必要です。

3　信用、資力、権限等の調査

当座取引の申込みがあった者については、申込者が実在するかどうか、職業、経歴、営業状態、資産の状況、銀行取引の状況、申込者が法人である場合には経営者の人物、経営能力、当座取引を開始しようとする動機の妥当性などを十分に調査し、また、手形交換所での不渡事故の有無を確認しましょう。

当座取引の申込人が、法律上正当な取引を行うことのできる権限や行為能力をもっているかも調査する必要があります。もし無権限者や制限行為能力者と取引をしてしまった場合は、取引が無効とされ、または取り消されるなど不測の損害を被ることがあるため、注意を要します。

また、手形交換所規則において、取引停止処分中の者とは当座勘定取引をしてはならないとされているため、取引停止処分者照会センターに照会して、取引停止の有無を確認する必要もあります。

なお、紹介によるときでも、紹介を過信しないようにしましょう。紹介のない初めての取引先については、場合によっては普通貯金を勧めて、しばらく調査期間を置くことも必要です。

当座貯金口座を悪用する者は、架空の会社の設立登記をしたり、睡眠会社を買い取ったりしたうえ、口座開設を申し込んでくるため、登記簿謄本の記載の確認だけでは安心できません。見せかけの預金額や、虚偽の説明などに惑わされる危険もあります。窓口の応対だけでは当座が悪用されているかどうかのチェックはむずかしいため、渉外担当者が訪問するなど、実態調査をすべきケースもあるでしょう。

Q 65 当座勘定規定

当座勘定規定とはどのようなものですか。

A 当座勘定規定とは当座勘定取引契約に関して定めたものです。当座貯金の受入れに関する規定、手形や小切手が支払呈示された場合の当座貯金を支払資金とする支払委託に関する規定などさまざまな規定が置かれています。

解　説

1　当座勘定取引契約

当座勘定規定は、当座勘定取引契約に関して定めたものです。

当座勘定取引契約とは、小切手・手形の支払委託契約と当座貯金契約（金銭消費寄託契約）との複合契約で、取引先は金融機関に当座貯金を預け入れ、金融機関はその当座貯金を支払資金として、取引先が振り出した手形・小切手の支払や手数料・各種料金の支払を約する契約です。

2　当座勘定規定の主な内容

当座勘定規定には、当座貯金の受入れに関する規定、当座貯金を支払資金とする支払委託に関する規定などが置かれています。主な内容は次のとおりです。

(1)　**手形・小切手の支払（当座勘定規定７条１項）**

「小切手が支払のために呈示された場合、または手形が呈示期間内に支払のために呈示された場合は、当座勘定から支払います」

手形・小切手の支払呈示の時期に関する規定です。

貯金担当者は、手形・小切手が支払呈示された場合、まず「呈示期間内かどうか」をチェックしなければなりません。手形の場合、呈示期間経過後であれば当座貯金の支払をしてはいけません。他方、小切手の場合は、支払呈示期間が経過しているものであっても、支払委託の取消（事故等の理由により当該小切手は支払わないようにとする貯金者からの通知連絡）がない限り、支払をします。

⑵　当座貯金の払戻し（当座勘定規定7条2項）

「当座勘定の払戻しの場合には、小切手を使用してください」

当座取引先が当座貯金の払戻しを受けるには、小切手を使用しなければなりません。

普通貯金の払戻しを受けるには払戻請求書を提出する必要がありますが（普通貯金規定5条1項）、当座貯金の払戻しを受けるには小切手を振り出す必要があります。

ただし、貯金窓口で小切手による払戻しをするのは当座貯金口座を解約する場合ぐらいです。通常は、小切手の手形交換による支払呈示または代金取立による小切手の支払呈示によって当座貯金の支払をするケースがほとんどです。

⑶　手形用紙・小切手用紙の使用（当座勘定規定8条）

「当組合を支払人とする小切手または当店を支払場所とする約束手形を振出す場合には、当組合が交付した用紙を使用してください」（1項）

「当店を支払場所とする為替手形を引き受ける場合には、預貯金業務を営む金融機関の交付した手形用紙であることを確認してください」（2項）

「前2項以外の手形または小切手について、当組合はその支払をしません」（3項）

「手形用紙、小切手用紙の請求があった場合には、必要と認められる枚数を実費で交付します」（4項）

金融機関所定の用紙以外の用紙を使用した手形・小切手が支払呈示されても、当座貯金からの支払をしないことを定めた規定です。

手形法・小切手法は、手形・小切手として使用する用紙を法律上限定しておらず、どのような用紙を使用しても手形要件・小切手要件が記載されていれば、法律上有効な手形・小切手となりますが、金融機関所定の用紙以外の用紙を使用した場合は金融機関が支払をしません。そこで事実上、貯金を扱う金融機関の手形用紙・小切手用紙でなければ流通しません。

⑷ 支払の範囲（当座勘定規定９条）

「呈示された手形・小切手等の金額が当座貯金の支払資金を超える場合、当組合はその支払義務を負いません」（１項）

「手形・小切手の金額の一部支払はしません」（２項）

金融機関は、手形上に「支払場所」として記載されるだけの立場であり、手形債務者の立場にはないため、手形法上、手形所持人に対して支払義務を負いません。また、小切手についても、金融機関は小切手の支払人として振出人から支払の委託を受けているだけの立場であり、小切手債務者の立場にないとされています。

そこで、手形等が支払呈示された場合にどの範囲で支払うかは、金融機関と取引先との支払委託の合意によることになりますが、当座勘定規定では、当座貯金残高（支払資金）を超える支払を行わないこととしています。

また、手形法・小切手法では一部支払が認められていますが（手形法39条２項、77条、小切手法34条２項）、当座勘定規定では、金融機関側の事務処理の簡便性等から、一部支払は行わない旨規定しています。

⑸ 支払の選択（当座勘定規定10条）

「同日に数通の手形、小切手等の支払をする場合にその総額が当座勘定の支払資金をこえるときは、そのいずれを支払うかは当組合の任意とします」

金融機関側の事務処理の簡便性等から、貯金契約・委任契約上の特約として、いちいち貯金者の指図を仰ぐことなく、支払呈示された手形・小切手のうちどれを決済するかを金融機関が決められることにしています。

⑹ 過振り（当座勘定規定11条）

「第9条の第1項にかかわらず、当組合の裁量により支払資金をこえて手形、小切手等の支払をした場合には、当組合からの請求がありしだい直ちにその不足金を支払ってください」（1項）

「前項の不足金に対する損害金の割合は年○%（年365日の日割計算）とし、当組合所定の方法によって計算します」（2項）

「第1項により当組合が支払をした後に当座勘定に受入れまたは振込まれた資金は、同項の不足金に充当します」（3項）

「第1項による不足金、および第2項による損害金の支払がない場合には、当組合は諸預り金その他の債務と、その期限のいかんにかかわらず、いつでも差引計算することができます」（4項）

「第1項による不足金がある場合には、本人から当座勘定に受入れまたは振込まれている証券類は、その不足金の担保として譲り受けたものとします」（5項）

当座勘定の支払資金を超えて手形・小切手の決済を行うことを「過振り」といいます。金融機関は、他店券（支払場所が当店以外となっている手形・小切手）の決済が確実に見込まれる場合や、少額の資金不足のための不渡による取引先の信用失墜を避けるために取引先の便宜を考慮する場合など、金融機関の判断で過振りを行うことがあります。過振りを行う場合には、他店券が不渡になるなどして不足額の入金がなされないと、金融機関の不良債権発生につながるため、事務手続に定められた決定権限者の決定を得て行うことが必要です。決定権限者は、貯金者の信用状態等を慎重に検討することになります。

1項は、過振りを行った金融機関から請求があり次第、直ちに不足金を支払わなければならない旨を規定しています。

2項は、過振りをした金融機関が、延滞した貸出金と同じようにペナルティとして損害金の支払を求めることができる旨規定しています。なお、損害金の割合については、14.6%を超える部分を無効とする消費者契約法9条

２項の適用を受けるので、注意が必要です。

３項ないし５項は、他の貯金等に残高があるときに相殺または払戻充当により、あるいは、証券類を担保として譲り受けることにより、過振りによる不足金の回収を図ることができるようにした規定です。

⑺　振出日、受取人記載もれの手形・小切手（当座勘定規定18条）

「手形、小切手を振出しまたは為替手形を引受ける場合には、手形要件、小切手要件をできるかぎり記載してください。もし、小切手もしくは確定日払の手形で振出日の記載のないものまたは手形で受取人の記載のないものが呈示されたときは、その都度連絡することなく支払うことができるものとします」（１項）

「前項の取扱いによって生じた損害については、当組合は責任を負いません」（２項）

手形要件、小切手要件の記載のない手形、小切手は、完全な法的効力をもたず（手形法２条、76条、小切手法２条）、支払呈示されても支払人は支払義務を負いません。当座勘定規定では、当座取引先ができるだけ完成手形・完成小切手とすることを求めるとともに、特約として、小切手・確定日払の手形の振出日と手形の受取人の各手形要件、小切手要件を欠いている不完全な手形、小切手が支払呈示された場合、当座取引先への個別連絡なしに支払を行うことを規定しています。

これらの手形要件は、当座取引先がそれほど重要視していないためか、実務上、その記載を欠くものが呈示されることが少なくないといわれています。にもかかわらず、このような白地手形・白地小切手について、金融機関がその呈示を受けるつど支払うかどうかを当座取引先に照会しなければならないとすると、金融機関の事務が煩雑となってしまいます。そこで、当座勘定規定では、つど連絡することなく支払うこと、このように取扱いによって生じた損害について金融機関が責任を負わない旨を規定しています。なお、かかる規定を受けて、手形交換所規則では、これらの要件を欠いた手形、小切手も要件不備を理由に不渡にできない旨が規定されています。

しかしながら、当座勘定規定があるからといって、要件を欠いた不完全な手形、小切手の支払呈示が、手形法上、小切手法上有効なものとなるわけではありません。このため、たとえば、これらの手形要件等が白地のまま呈示された手形や小切手が不渡となった場合に、所持人は、支払呈示期間内に、振出日、受取人の白地を補充したうえで再度の支払呈示をしなければならず、裏書人等に対し手形や小切手を適法に支払呈示したことを主張できません。この場合、所持人は、裏書人等に対する遡求権を失うこととなってしまいます。このため、すべての手形要件、小切手要件を補充してもらうことが望ましいでしょう。

Q 66 手形用法・小切手用法

手形用法、小切手用法とはどのようなものですか。

A 手形用法・小切手用法とは、当座取引先に対し、手形用紙・小切手用紙の使用方法に関する注意事項で、当座勘定取引契約の内容の一部をなすものです。

解　説

1　手形用法・小切手用法の意義

手形（小切手）用法は、当座勘定規定を補完するものです。取引先に用法を守ってもらうことで、手形（小切手）の偽造等により取引先が被る損害を極力防ぐとともに、金融機関も手形（小切手）の取扱い、処理がしやすいように両者の利益が考えられています。

取引先が手形（小切手）用法の規定に違反した場合には、その責任は取引先が負担することになりますが、反面、金融機関も用法に違反した手形を取り扱うことがないように、相当の注意を払うことが必要です。万一、用法違反のものを発見した場合には、取引先に連絡し、了解のもとに手形（小切手）用法の規定に沿ってその処理を決めて、取り扱うようにしましょう。

2　手形（小切手）用法の内容

⑴　手形（小切手）用紙の取扱いについて

①　手形（小切手）用紙を他人に譲渡したり、他の当座勘定に使用してはいけないこと

②　手形（小切手）用紙は大切に保管し、万一、紛失、盗難等の事故があったときは、所定の用紙により直ちに届出をすること

③　手形（小切手）用紙の交付を受けるには届出印による請求を求めること

等を規定し、手形（小切手）用紙の他への流用を防止しようとしています。

⑵　**手形（小切手）の振出方法について**

①　記名捺印には届出印を使用すること

②　自署による取引の場合は自署すること

③　手形（小切手）要件を明確に記入すること

④　改ざん防止のため、消しにくい筆記用具を使用すること

⑤　振出日・受取人はできるだけ記載すること（手形用法のみ）

⑥　当座勘定残高を確認して振り出すこと（小切手用法のみ）

⑦　先日付の小切手も呈示があれば支払うためこれを了知すべきこと（小切手用法のみ）

⑧　為替手形を振り出すときは支払人が金融機関と当座取引があることをできるだけ確かめること（手形用法のみ）

等を規定し、手形（小切手）が偽造、変造されるリスクを防止しています。

⑶　**手形（小切手）金額の記載方法**

①　金額は所定の金額欄に記入すること

②　アラビア数字で記入するときはチェックライターを使用し、金額の頭に「¥」を、終わりに「※」「★」などの終止符号を印字すること

③　文字による複記はしないこと

④　金額を文字で記入するときは、壱、弐、参、拾など改ざんしにくい文字を使用し、金額の頭に「金」を、終わりに「円」と記入すること

等を規定し、手形（小切手）用紙が偽造、変造されるリスクを防止しています。

⑷　**訂正方法**

①　金額を誤記した場合は、訂正しないで新しい手形（小切手）用紙を使用すること

②　金額以外の事項を訂正するときは、訂正箇所に届出印を捺印すること

③　自署による取引の場合は、姓だけを書き訂正印にかえること

等を規定し、手形（小切手）用紙が偽造、変造されるリスクを防止しています。

Q 67 手形用紙、小切手用紙の交付時の注意事項

手形用紙、小切手用紙の交付にあたり、留意すべきことは何でしょうか。

A 手形用紙や小切手用紙を交付するということは信用に基づき当座勘定取引を継続することを意味しますから、当該取引先の「信用」に留意することが必要です。また、用紙の種類や数量は取引先の利用状況に応じて必要と思われる程度に限り、不要な種類の用紙や過大な数量を交付しないように注意します。

解　説

1　統一手形用紙・統一小切手用紙

手形や小切手は手形法または小切手法が定める手形要件ないし小切手要件が記載されていさえすれば法律上は有効となります。しかし、金融機関は、当座勘定規定に基づき、全国銀行協会が規格・様式を定めた統一手形用紙（以下単に「手形用紙」といいます）や統一小切手用紙（以下単に「小切手用紙」といいます）を取引先に交付し、手形や小切手を発行するときは、手形用紙や小切手用紙を使用するようにしてもらっています。

手形交換所規則施行細則は、「約定用紙相違（銀行所定の用紙以外を使用した場合）」を「2号不渡事由」としています。

2　手形用紙・小切手用紙の交付の意味と留意点

取引先に手形用紙ないし小切手用紙を交付するということは、その取引先名義の当座貯金口座を開設し、当座貯金取引を開始するということ、あるいはすでに当座貯金口座を開設している取引先と当座貯金取引を継続するとい

うことを意味します。

その取引先が振出人として振り出した約束手形や小切手、あるいはその取引先が引受人となった為替手形を手形交換所から持ち帰ると、その取引先の当座貯金口座から手形金額または小切手金額を引き落とすことになります。

もし当座貯金口座の残高が不足し、引落しができない場合には不渡となり、手形交換所には不渡届を提出し、持出金融機関には手形や小切手を返還しなければならなくなります。手形交換所では、１回目の不渡が出ると、「不渡報告」に掲載して、加盟している金融機関に通知します。これはその後の取引に対する警告の意味をもっています。そして、６カ月以内にさらに２回目の不渡が出たとき、「銀行取引停止処分」に付されます（Q118参照）。

したがって、手形用紙や小切手用紙の交付にあたっては、その取引先の「信用」が十分かどうかに留意する必要があります。

また、取引先が必要とする用紙に限定して、数量も過大とならないように注意することも必要です。用紙には約束手形用紙、為替手形用紙、小切手用紙の３種類があります。その取引先がどの用紙を用いるのかを確認し不要な用紙は交付しないようにします。数量も相応の期間で使い切る程度の枚数に限定して交付し、過大な枚数を交付するようなことがないようにします。

Q 68 当座貯金の払出し

当座貯金を払い出す場合、どんな点に注意が必要ですか。

A 当座貯金取引先の依頼により当座貯金を払い出す場合は小切手を振り出してもらいます。手形・小切手の所持人の依頼により代り金を当座貯金から払い出す場合は手形要件等の確認や不渡がないことの確認を経てから払い出します。

なお、200万円を超える払出しの場合や線引きのない持参人払式小切手による10万円を超える現金の払出しには取引時確認が必要となります。

解　説

1　当座貯金を払い出す場合

金融機関からみて、当座貯金を払い出す場合としては、当座貯金取引先の請求により当座貯金を払い出す場合と、手形・小切手の所持人の依頼により手形・小切手の代り金を入金した当座貯金口座から払い出す場合とがあります。

2　当座貯金取引先の請求による場合

この場合は、当座勘定規定７条２項に基づき、小切手を振り出してもらいます。普通貯金では払戻請求書によりますが、当座貯金では小切手によります。

3　手形・小切手所持人の依頼による場合

当座勘定規定７条１項は、「小切手が支払のために呈示された場合、または手形が呈示期間内に支払のため呈示された場合には、当座勘定から支払います」と定めています。当座勘定からの支払を「払出し」とか「引落し」といいます。

「呈示」には手形交換所に呈示される場合（交換呈示）と手形上または小切手上支払場所とされている金融機関の店舗に直接呈示される場合（当店券の呈示）があります。

交換呈示の場合には、手形用紙または小切手用紙によって作成されているか（Q67参照）、手形要件または小切手要件が補充されているか（印鑑照合を含む。Q115参照）、裏書が連続しているか（Q114参照）、手形の場合には呈示期間内の呈示であるか（小切手の場合は呈示期間経過後であっても原則として支払義務がある）、不渡事由があるか（Q69、Q118参照）を確認し、さらに、不渡返還時限を経過しても不渡の連絡がないことを確認してから払い出すことになります。

当店券の呈示の場合は、不渡事由がないかを確認し、「その日のうちに」払い戻すことになります（当座勘定規定2条2項）。

Q 69 不　　渡

呈示された手形や小切手を不渡にする場合の留意点は何でしょうか。

A 不渡にする場合には不渡事由の選択を慎重かつ適正に行わなければなりません。基本的には取引先に不利にならないように不渡制度の仕組みや効果などをよく説明し理解を得たうえで対応しなければなりません。

解　　説

1　不渡事由とその後の扱い

手形交換所規則および同施行細則では、不渡を①「0号不渡」(形式不備・呈示期間経過後・期日未到来など振出人または引受人の信用に関係のないもの)、②「1号不渡」(取引なし・支払資金不足など振出人または引受人の信用に関係するもの)、および③「2号不渡」(契約不履行・偽造・詐取・盗難・紛失などの事由によるもの)の3つに分けています。

3つのうち「1号不渡」については「第1号不渡届」、「2号不渡」については「第2号不渡届」を手形交換所に提出しなければなりません。

また、2号不渡に該当する事由がある場合は、支払義務者(振出人または引受人)から支払拒絶するについて正当な理由があるとして「異議申立」をすることができます。支払義務者は「異議申立提供金」(不渡手形金額相当額)を提供し、不渡処分を免れることになります(なお「偽造」「変造」の場合は異議申立提供金の提供の免除を申し入れることもできます)。

このように不渡の事由により、その後の取扱いが異なりますので、不渡事由を選択する場合には手形交換所規則等によって慎重に行うことが必要です。

2　不渡事由の選択

不渡事由は手形交換所規則ないし同施行細則に明記されていますので、これに従って不渡事由を選択します。

不渡事由が重複する場合につき、手形交換所規則施行細則は、「０号不渡事由と第１号不渡事由または第２号不渡事由とが重複する場合は、０号不渡事由が優先し、不渡届の提出を要しない」「第１号不渡事由と第２号不渡事由とが重複する場合は、第１号不渡事由が優先し、第１号不渡届による。ただし、第１号不渡届と偽造または変造が重複する場合は、第２号不渡届による」との定めがあり、これに従うことになります。

Q70 事故届

事故届とは何でしょうか。事故届が出された場合、どのように対応したらよいでしょうか。

A 事故届があった場合には直ちに支払差止めの手続を行うが、その後直ちに届出人が真正な権利者であるかどうかを確認し、真正な権利者でなかった場合には支払可能な状態に復するようにします。

解　説

1　事故届とは

事故届とは、通帳、印鑑、手形用紙、小切手用紙などが紛失または盗難等にあった場合に、取引先が金融機関宛てにその事故内容を通知し、かつ支払の差止めを求めることで、法的には支払委託の取消とされています。

2　支払差止め

事故届があった場合、誤って貯金を払い戻すことのないよう、一刻も早く支払差止めの手続を行います。

ただし、事故届の届出人が無権利者だった場合は、真正な権利者を害することになります。したがって、支払差止めの手続の後は直ちに、事故届の届出人の本人確認を行う必要があります。仮に、届出人が真正な権利者ではなかった場合には直ちに支払差止めの手続を中断し、支払可能な状態に復します。

3　異議申立提供金

事故届に係る手形や小切手が交換呈示された場合は、取引先の申出により、契約不履行、紛失、盗難、詐取、偽造・変造などの事由（2号不渡）により不渡届を提出することになります。この場合は、交換日の翌々営業日の営業時限までに交換所に不渡金額相当額（異議申立提供金）を提供して、異議申立てを行い、取引停止処分を免れることができます。偽造・変造の場合は、その事実の証明書類を添えて申請し審議で認められれば異議申立提供金の提供を免れる場合もあります。

4　自己宛小切手の発行人から事故届

自己宛小切手（預手）の発行依頼人から事故届が提出されていた場合に、支払呈示があったときは、発行依頼人に連絡し、支払呈示者との間で協議してもらうことも必要です。ただし、金融機関は支払呈示者が正当な権利者（呈示期間内に悪意・重過失なく小切手を取得した者（善意取得者といいます）または善意取得者からの譲受人）に対しては、支払に応じなければなりません。

Q 71 当座貯金の解約と手形小切手の回収

当座貯金を解約する場合にはどのような点に注意したらよいでしょうか。

当座貯金取引は合意により、また一方的に解約することができます。一方的に解約する場合は、解約の効力発生時に留意しその後の手続を進めます。

解　説

1　当座貯金取引解約の種類

当座貯金取引の解約には、取引先と金融機関との合意による場合と、金融機関が一方的に解約する場合とがあります。

合意による場合には、未使用の手形用紙または小切手用紙を回収し、すでに振り出されているがまだ決済されていない手形または小切手の呈示を待って解約することになります。

2　一方的に解約する場合の注意点

当座勘定規定23条１項は、「当事者の一方の都合でいつでも解約することができます」と定め、さらに「当行（あるいは当組合）に対する解約の通知は書面によるものとします」と定めています。

金融機関から解約する場合、通常は内容証明郵便で通知します。解約の効果はこの通知が取引先に到達した時に生じますので、解約通知が到達する前に回ってきた手形や小切手について「取引なし」で不渡にすることはできません。ただし、実際には延着または到達しなかったときでも、「通常到達すべき時」に到着したものとして解約の手続を行います（同条２項）。

また、取引先が手形交換所の取引停止処分を受けたために解約する場合は、解約通知が到達した時ではなく、解約通知を発信した時に解約したものとして、解約の手続を行います（同条３項）。

3　未使用の手形用紙、小切手用紙の回収

金融機関が一方的に解約した場合、未使用の用紙が悪用されることのないよう、金融機関は当座勘定規定24条２項に基づき、取引先に対し、これらの用紙の返還を口頭または書面で請求します。

ただし、結果として回収できず、手形用紙・小切手用紙が悪用されて第三者に損害が生じても、金融機関に損害賠償責任はないとされています。

第4節　定期貯金

Q 72　定期貯金の種類

JAが取り扱っている主な定期貯金にはどのようなものがありますか。

A　JAが取り扱っている貯金は当座性貯金と定期性貯金とに分類することができます。当座性貯金は、要求払貯金ともいわれ、利用者から払戻しの要求があれば、いつでも直ちに支払に応じる貯金です。これに対し定期性貯金は、預入期間が定められており、その期間中は払戻しを行うことができないという条件で受け入れている貯金です。当座性貯金と定期性貯金は、預入期間の定めがあるか否かによる区分ということになります。現在JAが取り扱っている主要な貯金を整理すると図表72－1のようになります。

JAが取り扱っている代表的な定期貯金には、大口定期貯金・スーパー定期貯金・期日指定定期貯金・変動金利定期貯金・積立式定期貯金があります。

なお、JAに貯金をする利用者には、それぞれ貯金をする目的があります。利用者のニーズを理解し、最もあった貯金を勧めることが大切です。利用者のニーズに的確に対応するためには、JAが取り扱っている貯金にはどのような種類があり、それぞれの貯金がどのような機能や特徴をもっているかを十分理解していなければなりません。

解　説

1　JAが取り扱っている主な定期貯金

JAが取り扱っている主な貯金は図表72－1のとおりです。そのうち定期

図表72－１　JA貯金の種類

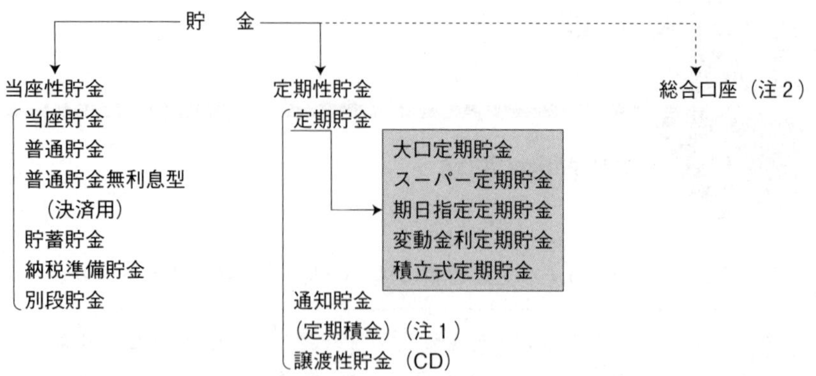

（注１）　定期積金は貯金とは異なりますが、機能が定期貯金と類似している面があるので定期性貯金に含めて分類しました。
（注２）　総合口座とは貯金の名称ではなく口座の名称です。

貯金には、大口定期貯金、スーパー定期貯金、期日指定定期貯金、変動金利定期貯金、積立式定期貯金などがあります。

2　大口定期貯金

⑴　商品概要

商品性は単利型のスーパー定期貯金とほぼ同じですが、預入金額が1,000万円以上であること、適用金利を取引状況・金額などに応じて相対で決める点が違います。

⑵　預入金額

最低預入金額を1,000万円、それ以上は１円単位が一般的です。

⑶　払戻方法

満期日以後に一括して払い戻します。

⑷　適用利率

各金融機関は預入金額や預入期間に応じて自由に設定できます。なお、店頭表示金利は一応のメドを示すものであって金額・期間・取引振り等を勘案し顧客別に相対で適用金利を決めるところが多いようです。

⑸ 預入期間

「1カ月以上」であればよく、最長預入期限はありませんが、最長10年としているところが多いようです。預入期間の定め方は2種類あります。

a　期日指定方式

預入日に、最低預入期間である1カ月以上と金融機関が定める最長預入期限との間で満期日を指定できます。

b　定型方式

預入日に、金融機関が定めた期間から選択します。

⑹ そ の 他

・定型方式のものに限って預入れ時の申出により自動継続（元金継続または元利金継続）の取扱いができます（継続日の店頭表示金利を基準）。

・個人の自動継続扱いのものに限って総合口座の担保にできます。

・個人の場合は20.315％（国税15.315％・地方税5％）の分離課税、法人・任意団体は総合課税となります。

3　スーパー定期貯金

⑴ 商品概要

満期期間の定めのある貯金です。まとまった資金を一括して預けて、満期まで運用し続けることを前提としています。満期期間は、1カ月から10年までさまざまな期間を選択することができます。利息の計算方法が違う、単利型、複利型、の2種類があります。

⑵ 販売対象・期間

図表72－2のとおりです。

⑶ 取扱上の留意諸事

a　預入金額

スーパー定期貯金は、「大口定期貯金小口版」ともいわれています。実務取扱いでは、預入金額が1,000万円をメドにそれ未満のものはスーパー定期貯金を、それを超過したものは大口定期貯金を利用するのが一般的です。

図表72－2　スーパー定期貯金単利型・複利型比較（例）

1　商品名		スーパー定期貯金（単利型）	スーパー定期貯金（複利型）
2　販売対象		個人・法人・任意団体	個人のみ
3　期間			
	定型方式	1カ月・3カ月・6カ月・1年・2年・3年・4年・5年。預入れ時の申出により自動継続（元金継続または元利金継続）の取扱いができます。	3年・4年・5年。自動継続に関しては左に同じ。
	期日指定方式	1カ月超5年未満	3年超5年未満

b　大口定期貯金との相違点

スーパー定期貯金は、大口定期貯金と多くの点で共通点がありますが、次の諸点が大口定期貯金と異なっていますので、その相違点をふまえての業務推進・事務処理をすることが肝要です。

① スーパー定期貯金はJA貯金利用者の大部分が利用している貯金です。自由金利商品ですが、店頭表示金利を顧客に一律適用しており、大口定期貯金のように顧客別に相対で適用金利を設定していません。

② 単利型と複利型があります。

③ 預入期間2年のものは中間払利息を定期貯金（子定期）とすることができます。

4　期日指定定期貯金

(1)　商品概要

個人のみを販売対象とする商品で預入れ時に満期日を定めるのではなく、1年の据置期間が経過した後は、1カ月前までの通知で、任意の日を満期日に指定できる定期貯金です。利息は1年ごとの複利計算方式ですから、長く預けるほど有利です。なお預入限度は300万円未満が一般的です。

⑵　商品特性

a　最長期間３年

①　預入れ時の申出により最長預入期限を満期日とする自動継続（元金継続または元利金継続）の取扱いができます。

②　自動継続時に利息の元金組入後の金額が300万円以上となる場合は、商品が「自動継続スーパー定期貯金（複利型）」に切り替わります。

b　期日指定

①　満期日は、預入日の１年経過後（据置期間満了日）からJAの定める最長預入期限（たとえば３年）までの間の任意の日を指定できます。

②　満期日の指定は、指定したい日の１カ月前までに口頭で通知が必要です。

③　満期日の指定がない場合は、最長預入期限を満期日とするところが一般的です。

④　指定満期日から１カ月経過しても解約されなかった場合には、満期日の指定はなかったものとされます。

⑤　指定された満期日から１カ月以内に最長預入期限が到来したときも、④と同様です。

c　一部支払

据置期間経過後は、元金の一部（１万円以上）の払戻しができます。残りの定期貯金は、当初条件で引き続き継続されます。

d　利息計算方法

預入れ時の約定利率を満期日まで適用します。自動継続の場合には、この定期貯金の自動継続時の約定利率を当該満期日まで適用します。なお、利子一括払いの複利型なので中間払いは行いません。

e　付加できる特約事項

自動継続扱いのものは、総合口座の担保に組み入れることができます。

5　変動金利定期貯金

⑴　商品概要

6カ月ごとに金融情勢等に応じて適用金利を変更することを約した定期貯金です。変動定期貯金には、満期までの期間中に、金利が上昇すれば、固定金利の商品よりも有利運用できますが、反対に金利が低下したときには、固定金利よりも不利になります。

⑵　取り扱う際の留意事項

現在は超低金利の状態が続いており当該貯金の利用はあまり多くありません。今後の金利上昇の局面へ変化した場合には、注目されることも予想されます。その際は、利用者は固定金利型貯金に慣れていますから、貯金金利が変動することやその変動のルールなどをよく説明し理解を得て、利用者とのトラブルの発生を未然に防ぐようにすることが大切です。

6　積立式定期貯金

⑴　商品概要

最初受入れの際に、積立期間、満期日、1回当りの受入額などの条件を決め、何回かに分けて受入れし、積立期間満了後一定の据置期間を置いた満期日に元利金全部を一括して払い戻すという仕組みの貯金（年金型）と一括預入れの貯金（一括預入年金型）です。

⑵　商品特性等

JAでは積立型貯蓄として「定期積金」（Q75参照）を利用しているところが多く、積立式定期貯金はあまり利用されていません。

Q 73 定期貯金預入れ時の説明事項

定期貯金の商品内容の説明はどのように行ったらよいですか。また、商品概要書を活用した商品内容の説明はどのように行ったらよいですか。

A 貯金とは、ある一定期間払戻しをしないという約束で預かる貯金で、法律的には、確定期限付金銭消費寄託契約といわれています。また、貯金取引の契約はJAなどの金融機関があらかじめ契約内容を「規定」という型で定めておき、預貯金をしようとする者には一律に「規定」に定められた契約内容が適用される扱いとしています。

預貯金取引に附合契約の形態が用いられているとはいえ、当事者双方が契約内容を理解したうえで合意するという契約の基本は変わりません。また、預貯金をしようとする人にとってはどのような約束でお金を預けるのかという預貯金の商品性は最大の関心事です。そこでどの金融機関でも規定の内容や商品性についてわかりやすく解説したパンフレットなどを用意して利用者に説明できるようにしています。また、農業協同組合法（以下「農協法」といいます）等では、商品内容のうち特に重要な事項について書面（この書面のことを「商品概要説明書」と呼んでいます）を用いて情報提供することを義務づけています（農協法11条の６、農業協同組合及び農業協同組合連合会の信用事業に関する命令11条）。

これらのパンフレットや商品概要説明書を用いて商品内容を簡潔にわかりやすく、法律で説明をしなければならないと定められた事項（Q46参照）を落とすことなく説明し、理解してもらうことが重要となります。

解　説

1　定期貯金取引開始時の説明の概要

(1)　定期貯金の取引開始時に商品性等を説明する意義

貯金とは、ある一定期間払戻しをしないという約束で預かる貯金で、法律的には、確定期限付金銭消費寄託契約といわれています。

一般に契約は当事者が協議のうえ、契約内容を定めます。ところが預貯金の取引における契約では、JAなどの金融機関があらかじめ契約内容を「規定」という型で定めておき、預貯金をしようとする者には一律に「規定」に定められた契約内容が適用される扱いとしています。このような契約の仕組みを「附合契約」と呼んでいます。附合契約の形態を採用しているのは、金融機関には多くの利用者の方が預貯金をしようと来店しますが、その利用者一人ひとりと協議してそれぞれ異なる契約をしていたら、その手数や時間は利用者にとっても金融機関にとっても大変な負担となり、また利用者にとってもかえって不便であることによります。

預貯金取引に附合契約の形態が用いられているとはいえ、当事者双方が契約内容を理解したうえで合意するという契約の基本は変わりません。また、預貯金をしようとする人にとってはどのような約束でお金を預けるのかという預貯金の商品性は最大の関心事です。そこでどの金融機関でも規定の内容や商品性についてわかりやすく解説したパンフレットなどを用意して利用者に説明できるようにしています。また、農協法等では、商品内容のうち特に重要な事項について書面（この書面のことを「商品概要説明書」と呼んでいます）を用いて情報提供することを義務づけています（農協法11条の6、農業協同組合及び農業協同組合連合会の信用事業に関する命令11条）。

これらのパンフレットや商品概要説明書を用いて商品内容を簡潔にわかりやすく、法律で説明をしなければならないと定められた事項（Q46参照）を落とすことなく説明し、理解してもらうことが重要となります。

⑵　定期貯金の取引開始時に説明する主な事項

定期貯金の取引を新たに始める際にJAから利用者に説明する事項は、大きく分けて2つあります。1つは、取引しようとする定期貯金の商品内容に関する事項で、もう1つは実際に取引しようとする場合の個別の条件です。前者は、商品概要説明書などの書面を用いて要領よく説明することが重要です。後者は個別取引に係る取引条件で、預入れする金額はいくらか、その資金はどのように入金するのか、いつからいつまでの期間の定期貯金とするか、その場合の貯金金利はいくらか、などです。これらは利用者とJAで個別に協議して定めることになりますが、その合意内容が利用者に正しく理解されるように説明することが必要となります。

2　具体的な説明の内容と方法

具体的な説明の内容や方法についてJAが取り扱っている定期貯金のなかでも代表的なスーパー定期貯金を念頭に解説します。スーパー定期貯金は、他の貯金と比較して商品内容が簡単でわかりやすく、利用者にとって最もなじみがあり身近に利用できることから、JAの定期貯金の主力となっている商品です（図表73－1参照。スーパー定期貯金の商品概要説明書を参照しながら読んでください）。

⑴　新規受入れ

定期貯金は普通貯金とは異なり受入れのつど新規受入れとなります。預ける資金は現金のほか普通貯金など他の貯金からの「振替」が多いと思われます。

受入れ時の留意事項は普通貯金の場合とほぼ同様ですが、定期貯金の場合は、種類・預入期間・通帳式か証書式か、総合口座にするか、利息の受取方式をどうするかなどについて利用者の意向確認が必要です。

⑵　預入期間と満期日

a　預入期間

預入期間は、1カ月・3カ月・6カ月・1年・2年・3年・5年等ありま

図表73－１　商品概要説明書例（スーパー定期貯金）

（平成○年４月１日現在）

0　表題

商品概要説明書　スーパー定期貯金（複利型）

1　商品名

スーパー定期貯金（複利型）

2　販売対象

個人のみ

3　期間

○定型方式……３年、４年、５年

○期日指定方式……３年超５年未満

※定型方式の場合は預入れ時のお申出により自動継続（元金継続または元利金継続）の取扱いができます。

4　預入方法

○預入方法……一括預入れ

○預入金額……１円以上

○預入単位……１円単位

5　払戻方法

○満期日以後に一括して払い戻します。

○一部支払の取扱いができます。預入日（または継続日）の１カ月後の応当日以後に、１万円以上１円単位で、当JAの中途解約利率により一部支払が可能です。

6　利息

⑴　適用金利

○預入れ時の約定利率を満期日まで適用します。

○なお、一部支払後の残高により金額階層も変更となる場合は、一部支払した日から満期日まで変更後の約定利率を適用します。

○自動継続の場合には、原則としてこの定期貯金の自動継続の約定利率を満期日まで適用します。

⑵　利払頻度

○満期日以後に一括して支払います。

⑶　計算方法

○付利単位を１円とした１年を365日とする日割り計算で６カ月ごとに複利計算をします。

⑷　税　　金

○20.315%（国税15.315%、地方税５%）※の分離課税となります。

※平成49年12月31日までの適用となります。

⑸　金利情報の入手方法

○金利は店頭に表示してあります。

7　手数料

8　付加できる特約事項

○自動継続扱いのものは、総合口座の担保に組入れできます。

（貸越利率は担保定期貯金の約定利率に年0.5%を上乗せした金利）
○マル優（障がい者等を対象とする「少額貯蓄非課税制度」）の取扱いができます。

9　中途解約時

○満期日前に解約する場合は、以下の中途解約利率（小数点第４位以下切捨て）により６カ月ごとの複利計算した利息とともに払い戻します。

⑴　適用金利

○預入期間を、３年の定型方式および３年超４年未満の期日指定方式とした場合

①　６カ月未満……解約日における普通貯金利率
②　６カ月以上１年未満……約定利率×40%
③　１年以上１年６カ月未満……約定利率×50%
④　１年６カ月以上２年未満……約定利率×60%
⑤　２年以上２年６カ月未満……約定利率×70%
⑥　２年６カ月以上４未満……約定利率×90%

○預入期間を、３年・５年の定型方式および４年超５年未満の期日指定ならびに預入期間を５年の定型方式とした場合があります。

10　貯金保険制度（公的制度）

○保護対象……当該貯金は当JAの譲渡性貯金を除く他の貯金等（全額保護される貯金保険法51条の２に規定する決済用貯金（当座貯金・普通貯金・別段貯金のうち、「無利息、要求払い、決済サービスを提供できること」という３条件を満たすもの）を除く）とあわせ、元本1,000万円とその利息が貯金保険により保護されます。

11　苦情処理措置および紛争解決措置の内容

○苦情処理措置……本商品に係る相談・苦情（以下「苦情等」といいます）につきましては、当JA本支店（所）または○○部（電話……）にお申し出ください。
当JAでは規則の制定など苦情等に対処する態勢を整備し、迅速かつ適切な対応に努め、苦情等の解決を図ります。
また、□□県農業協同組合中央会が設置・運営する□□県JAバンク相談所（電話……）でも、苦情を受け付けております。

○紛争解決措置……外部の紛争解決機関を利用して解決を図りたい場合は、次の機関を利用できます。上記JA○○部または□□県JAバンク相談所にお申し出ください。
□□県弁護士会あっせん・仲裁センター（JAバンク相談所）を通じてのご利用となります。

12　その他参考となる事項

○満期日以後の利息は解約日または書替継続日における普通貯金利率により計算します。

詳しくは窓口にお問い合わせください。　JA○○

すが、JAで定める預入期間のなかから利用者が選択する定型方式と、JAが定める最長預入期間の間で期日を利用者に指定してもらう期日指定方式があります。

b　満 期 日

満期日は、貯金者にとっては預入期間満了の日で払戻請求できる日、JAにとっては支払を意味します。

定型方式では、満期日のことを応当日ともいいますが、次のとおりです。

① 受け入れた月から預入期間を数えて該当する預入日の応当日（預入日と同じ数字の日）とする。

② 応当日がその月にないときは末日とする。

③ 応当日が休日でもその日とする（休日でも利息は加算して支払う）。

⑶ 据置期間

満期日として払戻しをしない約束をした一定期間をいいます。

⑷ 書替継続と自動継続

a　書替継続

書替継続とは、定期貯金者の満期日あるいはその後に元利金（元金同額・元金増額・元金減額・分割・合併等のケースもあります）を新しい定期貯金に書き替えることをいいます。

この新しい定期貯金利率は、継続時の店頭表示利率となります。

b　自動継続

自動継続とは、書替えを預入れ時に約束するもので、元金同額かあるいは元利金の継続になります。

⑸ 期限前解約

定期貯金は利用者が預入期限を約束した貯金（確定期限付貯金）ですが、利用した者の事情により解約の申出を受けることがあります。

この場合は、解約の事情・申出者が本人であることを確認したうえで、役席者判断により払戻しに応じるのが一般的な取扱いです。

(6) 利息の計算方法と利息の支払

a 貯金利息計算の基礎知識

貯金利息計算の基礎知識としては、次の事柄の理解が必要です。

① 付利単位

貯金利息計算は、「元金×利率×期間」により求められます。

元金は計算基礎となるものですが、貯金種目ごとに付利単位が決まっています。利息計算は付利単位未満の金額は切り捨てられ、付利単位以上の元金をもとに計算されます。

② 付利最低残高

貯金利息計算に際し貯金元金が一定額を下回ると付利を行わない場合があり、これを付利最低残高といいます。

付利最低残高は貯金の種類により異なります（付利最低残高の取扱いは金融機関によって違っています)。

③ 貯金利息の計算期間

貯金利息の計算期間は、預入日から払戻日（または解約日）の「前日」です。一般に片落としともいわれています。

④ 1円未満の利息金額

利息計算により算出された利息額に1円未満の金額がつく場合は、切り捨てます。

⑤ 単利型・複利型・利息分割型

これは利息の支払方法です。単利型または複利型が一般的で利息分割型は少ないです。

・単利型は、預入期間2年未満のものは満期日以後に元金と一括して支払い、預入期間が2年以上ものは、中間利払日（預入日から満期日の1年前の応当日までの間に到来する預入日の1年ごとの応当日）以後および満期日以後に分割して支払います。

・複利型は利息を6カ月ごとの複利計算によって計算し満期日以後に元金と一括して支払います。なお複利計算は預入期間3年以上の取扱いとなります。

・利息分離型は、１カ月・２カ月・３カ月・６カ月の利払サイクル（利払頻度）のうち、あらかじめ利用者が指定したサイクルに応じ利息を分割して支払います。なお、利息分割型は預入期間１年以上のものの取扱いです。

b　定期貯金の利息の種類と支払方法

定期貯金の利息計算と支払については、下記の約定利息・中間払利息・期限後利息・期限前解約利息の意味を理解することが必要です。

①　約定利息

貯金を受け入れたときに約定した預入期間および利率で原則として満期日に支払います（「元金×利率×期間」＝約定利息）。

②　中間払利息

単利型の定期貯金は、預入日から１年ごとに約定利率のJA所定の割合の利率による中間利払いが行われ、約定との差額は満期日に支払います。

③　期限後利息

満期日を過ぎて払戻しをする場合に期日以降払戻しの前日までの利息で、普通貯金の利率で計算され、払戻しを行う際に元金・約定利息とあわせて支払います。

④　期限前解約利息

特定の満期日前に解約する場合に預入日以降払戻しの前日までの分として支払う利息で、JA所定の利率で計算されます。

3　商品概要説明書を用いた説明の重要性

定期貯金の預入れ時の説明内容等は以上のとおりですが、これらの内容のほとんどが商品概要説明書に記載されています。定期貯金の商品内容の説明をする際に商品概要説明書を用いて行うことの重要さはこのことをみればわかると思います。

また、図表73－１の商品概要説明書にゴシックで記載された「中途解約」と「貯金保険制度」に関する説明は、特に重要な事項として説明をもらしてはならない事項です。

商品概要説明書には、上記2で解説した事項や農協法や金融商品の販売等に関する法律でJAに説明が義務づけられている事項がほとんど記載されており、商品概要説明書に沿って説明することで必要な事項をすべて説明できると考えてよいでしょう（金融商品の販売等に関する法律には、JAの信用リスクについて説明することが義務づけられています。この点だけが商品概要説明書で記載されていない事項です。この点は、貯金保険制度の説明をするときにあわせて簡単に説明するとよいでしょう）。

なお、本問の内容については、Q46もあわせて参照してください。

Q 74 中途解約を依頼された場合の対応

定期貯金の中途解約を依頼された場合、どのような点に注意して対応すべきですか。

定期貯金の中途解約が無権利者によってなされた場合、当該払戻しが有効とされるためには、高度な注意義務が要求されるため、厳格な本人確認を行い慎重に取り扱いましょう。

解　説

1　定期貯金の中途解約に応じる義務の有無

満期日到来前に貯金者から中途解約の依頼があった場合、金融機関は期限の利益（民法136条）を主張して、中途解約を拒絶することができます。中途解約に応じる義務はなく、応じるかどうかは金融機関の判断に委ねられています。

2　厳格な本人確認

定期貯金の中途解約による払戻しの依頼が、定期貯金通帳（あるいは証書）を盗取した無権利者によるものであるという可能性も否定できません。他方、この場合、貯金者としては、満期日までは払い戻されないだろうと安心しています。そこで、中途解約依頼による払戻しについては、無権利者に対する支払について民法478条や各貯金規定の印鑑照合による免責条項の適用はあるものの、満期日到来後における払戻しに比べ、金融機関の注意義務の程度が加重され、厳格な本人確認が要求されるものと考えられています。

具体的には、

①　中途解約の理由を確認したうえ納得できるものかどうか

② 定期貯金証書または通帳および払戻請求書の提出を受けるとともに、証書または払戻請求書に押捺された印影が、届出印の印影と一致するかどうか

③ 証書または払戻請求書に記載された貯金者の氏名・住所の筆跡が、口座開設申込書類等の氏名・住所の筆跡と一致するかどうか

④ 事故届がなされていないか

⑤ そのほか特に不審な点はないか

等を、担当者が納得いくまで確認する必要があります。腑に落ちない点があればさらに突っ込んで確認を求めるべきでしょう。

第5節　定期積金

Q75　定期積金の性質と種類

定期積金とはどのようなものですか。

定期積金契約は、貯金とは異なる停止条件付給付契約であり、無名契約、諾成契約です。

組合では、「定額式定期積金」「逓増式定期積金」「満期分散式定期積金」「目標式定期積金」などのほか、「プレミアム定期積金」「懸賞付定期積金」「カトレア定期積金」、子育て世代を応援する定期積金などさまざまな種類の定期積金を取り扱っています。

解　説

1　定期積金とは

定期積金とは、積金契約者が定められた金額（掛け金）を期日に積み立てることを条件に金融機関が満期日に積金契約者に一定額（給付契約金）を支払うことを内容とする金融商品（取引）のことです。給付契約金は掛金総額を上回りますが、その差額を給付補てん金といいます（貯金でいえば利息に相当します）。

2　定期積金契約の法的性質

定期積金契約は、定められた期日に掛け金を金融機関に支払うことを停止条件として、金融機関が積金契約者に満期日に一定額の給付契約金を支払う契約（停止条件付給付契約）であり、金銭を金融機関に寄託する（預ける）契約である貯金とは異なります。定期積金契約は、民法に規定されている13種の典型契約のいずれにも該当しない「無名契約」です。また、定期積金契約は、当事者間の合意のみで成立する「諾成契約」です。

さらに、積金契約者の掛金払込みは条件であって義務ではないため、掛け金の支払が遅れても金融機関から積金契約者に対して支払義務の履行を求めることはできません。積金契約者が条件に従って掛け金を支払うと、停止条件が成就し、金融機関は満期日に積金契約者に給付契約金を支払う義務を負担します。この点で、定期積金契約は「有償片務契約」と考えられています。

3　定期積金の種類

定期積金の商品の種類はさまざまありますが、組合では、主に次のような定期積金を扱っています。

・定額式定期積金……毎月一定額を積み立てるもの
・逓増式定期積金……年単位で金額を増額して積み立てるもの
・満期分散式定期積金……契約期間中に分散して給付契約金を受け取ることができるもの
・目標式定期積金……目標額と契約期間を設定できるもの
・プレミアム定期積金……満期後特別金利が上乗せされるもの
・懸賞付定期積金……プレゼントがもらえるもの
・カトレア定期積金……ホテルやレストランなどの協賛店から優待サービスを受けることができるうえ、商品が当たる抽選会に参加できるもの
・子育て世代を応援する定期積金各種
・シニア向け定期積金各種……年金受取りの予約をした人を対象に金利を上乗せする「年金予約定期積金」や、突然の葬祭に備えるための「典礼会員専用定期積金」など

4　契約給付金支払の態様

(1)　種　　類

金融機関が定期積金者に給付契約金を支払う態様としては、①満期給付、②払込遅延・払込中止による満期給付、③中途解約給付の３つがあります。

(2)　満期給付

給付契約金は、積金契約者が金融機関に支払った掛金総額に利息に相当する給付補てん金が加算された金額で支払われます。積金契約者が約定どおりに掛け金を支払うと、取引開始時に予定された給付契約金を満期日に支払うことになります。

給付契約金の支払の際の金融機関の経理は、掛金総額相当部分を定期積金勘定から支出し、給付補てん金部分を給付補てん備金勘定から支出し、その合算額を給付契約金として支払うことになります。

給付補てん金は税法上利子所得ではなく雑所得となりますが、貯金利息と同様の源泉分離課税の適用を受ける扱いとなっています。

(3)　払込遅延・払込中止による満期給付

定期積金契約で定められた掛け金の支払日に掛け金の支払がなされない場合は、条件が成就せず、満期日に給付契約金の支払をすることができなくなります。

掛金払込遅延に相当する積数について、その後の掛け金が先払いされれば、満期日に給付契約金の給付が可能となります。

他方、掛け金の先払いがされない場合は、満期日を延滞期間相当だけ期間繰延べをするか、積金契約者から所定の延滞利息の支払を受けるかのいずれかの方法で処理することになります（定期積金規定３条）。なお、定期積金規定では、「延滞」や「延滞利息」などの用語を使用していますが、掛け金の払込みは積金契約者の義務ではないため、金融機関はその支払を請求することはできません。

積金契約者が掛け金の支払を中止しそのまま満期日が到来した場合は、給付補てん金に換えて利息相当額を定期積金規定に定められた方法で計算し、掛金額合計と合算して支払います（同規定5条2項1号）。なお、積金契約者が掛け金の支払を中止しそのまま満期日を迎えることを「中止満期」と呼ぶことがあります。

⑷　**中途解約給付**

積金契約者から中途解約の申出があった場合、金融機関がやむをえないものと認めたときは、満期日前に契約を解約することができます（定期積金規定5条2項2号）。中途解約に応ずる場合、金融機関は、受領ずみの掛け金（残高）を積金契約者に支払うことになります。

仮に通帳（証書）・届出印鑑が盗用された解約の申出であった場合、定期積金についても普通貯金等と同様、定期積金規定の免責規定（同規定14条）や民法478条（債権の準占有者に対する弁済）の適用があります。ただし、中途解約の場合は本人確認のための注意義務がより多く求められることに留意して、定期積金解約申込書の印影と届出印の印鑑照合を慎重に行うほか、事故届や差押え等の有無の確認、中途解約理由の確認、その他不審な点がないかなどの確認を十分に行い、慎重に取り扱いましょう（Q74参照）。

5　定期積金の一部解約

定期積金契約は、各掛け金の払込みのつど、1つずつの積金債権が独立して発生するものではありません。したがって、一部解約という取扱いを行うことはできないため、積金契約者から「掛け金の一部を払い戻してほしい」旨の申出があった場合には、その動機・事情等を確認したうえ、やむをえない場合には中途解約処理を行うことになります。

ただ、中途解約を行うと普通貯金なみの利息となってしまうため、掛金払込みの大半がすでに終了しており、しかも残高の一部のみが必要な場合には、中途解約を行わず、定期積金の担保差入れを行い、必要金額を貸し出すという方法も検討しましょう。

6　積金契約者の死亡

定期積金も給付請求権などの権利があるものであるため、積金契約者が死亡した場合は、当該定期積金の掛け金（残高）等は相続財産の一部となります。

積金契約者の死亡によって、中途解約（あるいは中止満期）の取扱いとする場合と、相続人が引き継いでその後の掛け金を払い込む場合とがあります。後者の場合は、定期積金の名義変更届・印鑑届などを提出してもらうことになります。

第６節　その他の貯金

Q 76　別段貯金の性質

別段貯金とはどのようなものですか。

別段貯金とは、他の貯金科目に属さない雑貯金です。さまざまな目的で利用されるため、目的によってさまざまな種類の別段貯金があります。

解　説

1　別段貯金とは

別段貯金とは、他の貯金科目に属さない雑貯金であり、種々の目的で利用される貯金であるため、その事務処理も法的性質も一律なものとして扱うことができません。利用用途によって内容が異なるため、利率の設定は０％利率を含めて別段貯金ごとに決定します。

2　別段貯金の種類

別段貯金が利用される例としては、次のようなものがあげられます。

(1)　自己宛小切手口

別段貯金が利用される例の１つとして、「別段貯金自己宛小切手口」があります。これは貯金者等の依頼で金融機関が自己宛小切手を振り出して貯金者等に交付する際、その小切手が支払呈示されたときの決済資金を確保するため、貯金者の貯金から払い出し、小切手支払資金の原資として別段貯金自己宛小切手口に入金しておく貯金です。

自己宛小切手を決済するために金融機関の自己資金を「別段貯金自己宛口」で管理しているだけのことであり、本来的な貯金ではありません。

⑵ 手形担保貸出の場合

貸出業務において、約束手形等を担保に貸出を行っている場合に、担保手形の期日取立金を担保権の効力を維持しつつ貯金に留保しておくことがあり、この場合に別段貯金が利用されます。貸出事務手続にも、貸出の取引先と同一名義の別段貯金を開設すると規定されています。

この貯金は貸出先の貯金ですが、担保物として差し入れている資金であるため、別段貯金の名義人（貸出先）は担保されている貸付残高を超える範囲内でしか払い戻すことができません。また、担保であるため、この別段貯金に差押え等がなされても担保権の効力が優先するとして取り扱います。

⑶ 相続貯金から葬儀費用を払い出す場合

JAバンクの事務手続では、相続貯金から葬儀費用として払出しを行う場合で、やむをえず定期性貯金を解約して葬儀費用の払戻しをした後の残金について、原則は被相続人名義の当座性貯金に入金することとされていますが、被相続人に当座性貯金がない場合には、被相続人名義の別段貯金を口座開設して入金することが規定されています。

この場合の別段貯金は、被相続人名義の普通貯金等と同じ当座性貯金そのものということになります。

⑷ 貯金が差し押さえられた場合

貯金に差押えや仮差押えがなされると、第三債務者である金融機関は当該貯金の払出しを禁止されます。差押えによる払出禁止の効力が普通貯金、当座貯金等の流動性貯金に及ぶ場合には差し押さえられた残高を別段貯金等の別口に移して管理することがあります。

第7節 貯金等への差押え・仮差押え等

Q 77 差押え、仮差押え、滞納処分とは

JA貯金等に対する差押えや仮差押え、滞納処分とはどのようなものですか。

A 差押えは、債権者が債務者の財産から強制的に債権を回収する民事執行法に基づく手続です。仮差押えは、債権者が債務者の貯金等の財産を仮に押さえる民事保全法に基づく手続です。滞納処分は、税務署長等が滞納している税金等を滞納者の財産から強制的に徴収する国税徴収法に基づく手続です。

解　説

1　民事執行としての差押手続

金銭債権を有する者が、債務者から任意に金銭債権の支払を受けられないときは、裁判所へ訴訟を提起するなどして、判決や和解調書などを得ますが、これらを「債務名義」と呼びます。しかし、この債務名義を得ただけでは、債務者が任意に支払ってくれない限り、やはり債権を回収することはできません。そこで、債務名義に記載された権利を実現するための手続として、民事執行があります。民事執行のうち債務名義に基づく手続を強制執行といい、債務者の貯金等への強制執行を債権執行といいます。債権執行は、債権者が裁判所へ申し立てることによって開始され、申立てを受けた裁判所（執行裁判所）は、すでに出ている債務名義をもとにあらためて権利の存否は審理せず、債務者の貯金等について差押えの手続をとります。裁判所より差

押えがされることにより、債務者は勝手に貯金等を引き出すことができなくなり、また、第三債務者たる金融機関は債務者に対する弁済が禁止されます。債権者はこの差押えにより差し押さえられた貯金等（差押債権）から、自己の債権（請求債権）の回収を図ることができます。

これらの強制執行手続は、民事執行法に規定されております。このうち、債権執行手続については、同法143条以下に規定されています。

強制執行は、債権を強制的に回収する手続ですから、貯金を差し押さえた債権者は自ら第三債務者であるJAに対し、貯金の払戻しを求めることができます。

2　民事保全としての仮差押手続

前記の強制執行によって、債務名義に記載された権利が実現できるとしても、訴訟を提起し、判決を得て債務名義を取得するまでの間、債務者が財産を隠したり、費消したりしてしまえば、差し押さえるべき財産がなくなってしまう可能性があります。そこで、将来の強制執行の実効性を保全するため、債務者の貯金等の債務者の財産を確保する手続として、民事保全手続があります。民事保全手続のうち、金銭債権の保全を目的とするものを仮差押えといいます。仮差押えは、債権者が裁判所へ申し立てることによって開始される点で強制執行と同じですが、強制執行のように債務名義の成立を前提としておらず、債権者の主張する権利の存否を判断しなければなりません。そこで、仮差押えを申し立てるに際しては、申立ての趣旨と申立ての理由（被保全権利と保全の必要性）とを明らかにしなければなりません（民事保全法13条1項）。

また、仮差押えは、上記のとおり、将来の強制執行に備え、債務者の貯金等の債務者の財産を確保する手続であることから、債務者に知られずに行われる必要があります（密行性）。そこで、債権者の主張のみをもとに権利の存否を判断し、仮差押えを行うことになりますが、後日、本案訴訟において、債権者の主張する権利がないと判断される可能性があります。そうすると、仮差押えに根拠がなかったことになり、債務者に損害が発生することになります。そこで、債務者に損害が生じた場合に備えて、債権者に担保を立てることを条件として、仮差押命令を発令するのが通常です（同法14条）。

裁判所より仮差押命令が発令された以後は、債務者は仮差押えがなされた財産を勝手に処分できなくなり、また、債務者の貯金等が仮差押えされると、第三債務者たる金融機関は債務者に対する弁済が禁止され、将来の強制執行の実効性が確保されます。ただし、民事保全は、強制執行と異なり、債務名義が得られるまでの間、対象財産を仮に押さえておくだけの効力しかありませんので、強制執行のように、債権者の取立に至ることはありません。

これらの保全手続は、民事保全法に規定されています。

3　滞納処分による差押手続

上記２つの手続は、いずれも私人が権利の実現のためにとる手続で、裁判所が関与するものでしたが、税金や社会保険料などの公租公課を任意に完納しない納税者に対して、裁判所の手続を経ずに、徴収者である租税官庁（税務署、県税事務所、市役所等）が自ら、納税者の財産を差し押さえ、その財産から強制的に滞納している公租公課を徴収する手続として、滞納処分があります。

公租公課には強制徴収権が認められていますから、租税官庁は、裁判所の命令により差押えを行うのではなく、自ら強制的に差し押さえ、換価等の処分を行うことができます。

滞納処分による差押えがなされた後は、債務者は財産を勝手に処分できなくなり、また、債務者の貯金等が差し押さえられると、第三債務者たる金融機関は債務者に対する弁済が禁止されます。税務署等はこの差し押さえられた財産から強制的に滞納している公租公課を徴収することができます。

具体的な手続は国税徴収法５章に定められていますが、国税以外の公租公課にも準用されます（地方税法48条１項、厚生年金保険法86条５項等）。社会保険料や、区画整理組合等の分担金などにも強制徴収権が認められることにも留意しましょう。

4　各手続における異同

上記のように、各手続については、その目的や根拠となる法律は異なりますが、差押え等がなされると、債務者は差押え等がなされた財産を勝手に処分できなくなる点、また、債務者の貯金等に差押え等がなされた場合は第三債務者たる金融機関は債務者に対する弁済が禁止される点で共通しています。また、差押えと滞納処分による差押えが競合した場合には、滞納処分と強制執行等との手続の調整に関する法律（滞調法）により、調整が図られています。

Q 78　差押え等の効果と発生時期

JA貯金等に対し、差押えによる差押命令や、仮差押えによる仮差押命令、滞納処分による差押通知があった場合、どのような効果が生じますか。また、それはいつから生じますか。

差押え等があった場合には、基本的に、それらが第三債務者たるJAへ送達された時点以降、貯金者に対する弁済が禁止されます。

解　説

1　差押え等の効力とその発生時期

(1)　貯金等への差押え

貯金等への差押えは、金銭債権を有する債権者が、執行正本（執行文が付与された債務名義）に基づき、裁判所へ貯金差押えの申立てを行うことによって開始します。差押えの申立てを受けた裁判所（執行裁判所）が、債権差押命令を発令すると、これが債務者と、第三債務者とされたJAに対して送達されます。そして、債権差押命令がJAへ送達された時点で、被差押債権たる貯金等につき、貯金者へ弁済することは禁止されます（民事執行法145条1項・4項）。

(2)　貯金等への仮差押え

貯金等への仮差押えは、金銭債権を有する債権者が、申立ての趣旨と申立ての理由を明らかにして裁判所へ仮差押えの申立てをします。仮差押えを受けた裁判所（保全裁判所）の審理を経て（債権者は担保の提供をすることが通常必要です）、債権仮差押命令が発令されると、同命令書が、債務者と、第三債務者とされたJAへ送達されます。そして、債権仮差押命令がJAへ送達された時点で、債務者へ弁済することは禁止されます（民事保全法50条1項）。

(3) 貯金等への滞納処分による差押手続

滞納処分は、債権差押えや、債権仮差押えと異なり、裁判所への申立てにより行うのではなく、徴収に係る処分の際における国税の納税地を所轄する税務署長が自ら行います。また、滞納処分による貯金等の差押えは、納税者名義の貯金等があるJAに対する債権差押通知書の送達によって行われます(国税徴収法62条1項)。この債権差押通知書がJAへ送達された時点で、差押えの効力が生じ(同条3項)、その時点以後、JAは納税者に対して貯金等の払戻しをすることができなくなります(同条2項)。

2 支払禁止効とは

上記のとおり、差押えによる債権差押命令や、仮差押えによる債権仮差押命令、滞納処分による債権差押通知(以下「差押え等」といいます)は、いずれも第三債務者(JA)に対して債務者への弁済を禁止する効力があります。これを支払禁止効といいます。債権差押えや滞納処分による差押えは、その目的として、債務者(滞納者)の貯金等から強制的に債権(公租公課)を回収するということが念頭に置かれているので、その前提として、差し押さえられた貯金等が隠匿されたり、費消されたりしないように、債務者本人に処分を禁止するとともに、JAにおいても、債務者へ弁済することを禁止しています。

また、債権仮差押えは、その目的として、将来の強制執行に備えて、債務者の貯金等の散逸を防ぐことが念頭に置かれているので、その前提として、仮に差し押さえられた貯金等が隠匿されていたり、費消されたりすることを防ぐため、債務者本人に処分を禁止するとともに、JAにおいても、債務者へ弁済することを禁止しています。

3 支払禁止効の発生時期

差押え等の支払禁止効は、いずれも、その命令等がJAに送達された時点でその効力が生じます(民事執行法145条4項、民事保全法50条5項、国税徴収法62条3項)。債務者への送達は差押え等の支払禁止効の発生には影響を及ぼさないことに注意が必要です。

ここにいう「送達された時点」とは、一般的には、第三債務者たる金融機関の受付者に債権差押命令等が手渡されたその瞬間を指すと理解されています。したがって、送達された債権差押命令等を封筒から開封した時点や、差押え等が差押え等の事務担当者へ連絡された時点ではないと考えられています。そうすると、①差押え等の効力が発生する時期(差押え等が金融機関の受付者に手渡された時点)と、②実際に差押え等の事務担当者へ連絡される時期との間に時間的なズレが生じることになります。その間に債務者に対して、貯金等が支払われてしまうことも考えられます。これについては、貯金等の支払担当者が差押え等の効力が生じている事実を知らず、また、上記①と②との時間的なズレがわずかであり、貯金等の支払が、金融機関にとってやむをえない事情があったと認められるときは、金融機関は免責を受けることができると考えられています。

したがって、差押え等の通知を受けたJAとしては、できる限りすみやかに差押え等の事務担当者や、貯金等の支払担当者へ連絡をし、差押え等がなされた貯金等の支払停止の措置を講じるべきです。

さらに、JA全体の債権保全を考えますと、顧客がその貯金が差し押さえられるような困窮する事態に直面していることが判明したわけですから、貯金部門だけでなく、貸付担当部署、経済事業担当部署、また共済担当部署等の他部門にもすみやかに通知を行い、債権保全を目的とする情報共有を行うことが肝要です。貯金の差押えがあり、貸付金との相殺により債権の回収を行っている状況で、その状況を知らない他部門で信用供与を増大させてしまう、というような事態はJA全体にとり深刻な問題を生じるので注意が必要です。

Q 79 差押え等の効果が及ぶ範囲

JA貯金等に対して、差押え等がなされました。どの範囲で差押えの効果が及ぶのでしょうか。定期貯金の場合には、元本のみならず、利息にまで及ぶのでしょうか。

A 債権差押命令等に記載された差押債権目録において、貯金の種類を具体的に限定して特定している場合は、限定された以外の貯金種類には差押え等の効果は及びません。また、定期積金を除く貯金等に対する差押え等の効果は、債権差押命令等がJAへ到達した時点の被差押貯金の残高および到達以後の利息に対して生じ、到達以前の利息には及びません。もっとも、実務上は、債権差押命令等の差押債権目録に、「本命令送達時までにすでに発生した利息債権」等元金債権とは別に利息債権を差し押さえる旨が記載されている場合が多く、この場合は、債権差押命令等の到達以前の利息に対しても差押え等の効果が及びます。

解　説

1　差押貯金種類の特定

貯金等に対する差押え、仮差押え、滞納処分による差押え（以下「差押え等」といいます）の場合、差押え等をする貯金が特定されていなければなりません（民事執行規則133条２項、民事保全規則19条２項１号、国税徴収法施行令27条３号）。JAが取り扱う貯金等には、普通貯金、貯蓄貯金、定期貯金、定期積金等があります。これらの貯金はそれぞれ別債権ですから、債権差押命令等の差押債権目録において、特定されている貯金以外には、差押えの効果は及びません。

なお、差押債権者は債務者が保有する貯金の種類を把握していないことが

図表79－1　東京地方裁判所のホームページ掲載の農協用の差押債権目録

【貯金債権（農業協同組合）】

差　押　債　権　目　録

金　　　　　　　　　　円

債務者が第三債務者　　　　　　農業協同組合（　　　　　　支店扱い）に対して有する下記貯金債権及び同貯金に対する預入日から本命令送達時までに既に発生した利息債権のうち、下記に記載する順序に従い、頭書金額に満つるまで

記

1　差押えのない貯金と差押えのある貯金があるときは、次の順序による。
(1)　先行の差押え、仮差押えのないもの
(2)　先行の差押え、仮差押えのあるもの
2　円貨建貯金と外貨建貯金があるときは、次の順序による。
(1)　円貨建貯金
(2)　外貨建貯金（差押命令が第三債務者に送達された時点における第三債務者の電信買相場により換算した金額（外貨）。ただし、先物為替予約があるときは原則として予約された相場により換算する。）
3　数種の貯金があるときは、次の順序による。
(1)　定期貯金
(2)　積立式定期貯金
(3)　定期積金
(4)　通知貯金
(5)　貯蓄貯金
(6)　納税準備貯金
(7)　普通貯金
(8)　営農貯金
(9)　出資予約貯金
(10)　別段貯金
(11)　当座貯金
4　同種の貯金が数口あるときは、口座番号の若い順序による。
なお、口座番号が同一の貯金が数口あるときは、貯金に付せられた番号の若い順序による。

（出典）　東京地方裁判所のホームページより

多いので、実務上は、差押債権目録には、あらゆる貯金の種類を記載し、差し押さえる順番を指定して申し立てる場合がほとんどです。

2　利息に対する差押え等

貯金等の差押えがあった場合、差押対象貯金の元本債権に差押え等の効果が及ぶことは疑いがありません。利息については、債権差押命令等がJAに送達された前後で、差押え等の効果が及ぶ範囲が異なります。

債権差押命令等がJAに送達される前までに生じた利息については、特に差押命令の対象とされなかった場合には、差押え等の効果は及びません。これは、債権差押命令等がJAに送達される前までに生じた利息は、元本債権とは別個の債権であり、元本債権からは独立して、それ自体が譲渡、弁済の対象となるからです。判例も、預金元本債権に対する差押えの効力は当然には利息債権に及ぶものではないと判断しています（大審院大正5年3月8日判決・大審院民事判決録22輯537頁）。

そこで、実務上は、債権差押命令等の差押債権目録に「本命令送達時までに既に発生した利息債権」等元金債権とは別に利息債権を差し押さえる旨を記載し、債権差押命令等の送達前の利息債権にも差押え等の効果が及ぶようにしています（図表79－1参照）。

他方、債権差押命令等がJAに送達された後に発生する利息については、差押えの効果が及びます。これは、差押え等の後に発生する利息は、元本債権たる預金の従たる権利であることから、預金元本債権に対する差押えの効力が及ぶと解されているからです（前掲大審院判例同旨）。

3　定期積金に対する差押え等の効果が及ぶ範囲

定期積金に対して差押え等がなされた場合には、多少議論の余地があるのですが、定期積金の満期における給付金について差押え等の効果が生じると解されています。債権差押命令等がJAに到達した時点における積立額（払込額）ではないことに注意が必要です（詳しくはQ81参照）。

Q 80 差押え等の通知が到達した場合のJAの対応

JAに対して、裁判所から貯金差押命令が届きました。どのように対応すればよいでしょうか。

A 裁判所からの債権差押命令を受け取ったときは、直ちに、債権差押命令の到達があった旨を担当者へ連絡します。そのうえで、債権差押命令の余白に到達日および到達時刻を記入し、被差押貯金等の存否の確認を行い存在する場合には、直ちに、支払停止を行います。その際、債務者に対するJAからの貸出金等債権の有無、他の差押え等の有無も確認します。以上の確認を経た後に、債権差押命令を受領した日の翌日から2週間以内に債権認否等を記載した書面を裁判所へ回答します。

解　説

1　受付者から担当者への迅速な連絡

JAが、貯金等に対する債権差押命令、債権仮差押命令、滞納処分による債権差押通知書（以下「債権差押命令等」といいます）を受領した場合には、直ちに、その旨を担当係へ連絡しなければなりません。債権差押命令等が第三債務者たるJAに送達した時点で、差押え等の効果が発生し、債務者の取立権や第三債務者の弁済が禁止されます。この差押え等の効果の発生時期は、債権差押命令等が第三債務者であるJAに「送達された時」に生じ、厳密にいうと、JAにおいて郵便を受領する者に債権差押命令等が手渡されたその瞬間を指すとされています（Q78参照）。したがって、到達日のみならず、到達時刻も明らかにしておく必要があるので、債権差押命令等を受領した者は、債権差押命令等の余白にJAへの到達日および到達時刻を記入しておく必要があります。そして、直ちに、担当者へその旨を連絡し、差押貯金の存否を確認のうえ、差押貯金が存在する場合には、債務者への支払がなされないよう、支払停止措置を行わなければなりません。

2　反対債権や他の差押え等の有無の確認

JAに債権差押命令等が到達された時、JAが債務者に対して貸出金等の債権がある場合には、JAの債務者に対する債権と、被差押貯金である、債務者のJA（第三債務者）に対する貯金等払戻債権とを、対当額にて相殺することができます（民法505条）。また、JAは、債務者に対する債権が差押え後に取得されたものでない限り、自働債権および受働債権の弁済期の前後を問わず、相殺適状に達しさえすれば、差押え後においても、これを自働債権として相殺をなしうるとされています（最高裁判所昭和45年6月24日判決・最高裁判所民事判例集24巻6号587頁）。したがって、JAが債務者に対して、貸出金等債権がある場合には、これを回収すべく相殺の手続をとることになります。また、次の3で説明するとおり、裁判所からの命令のなかには陳述の催告がありますので、対象貯金の有無および差押えに対する支払の意思の有無についての回答をしなければなりません。

さらに、他の差押え等の有無についても確認し、他の差押え等があれば（差押え等の競合）、第三債務者たるJAは供託をしなければなりません（Q82参照）。

3　陳述の催告への回答

債権差押えや、債権仮差押えの手続において、裁判所は、差押えの対象である貯金の存否についてはまったく判断しないで、申立てどおりに債権差押命令や債権仮差押命令を発令します。したがって、これらの発令により差し押さえるべき債権として特定された貯金等の存否等について、第三債務者に陳述させることになっています（民事執行法147条1項、民事執行規則135条、民事保全法50条5項。債権者の申立てによるものですが、実務上ほぼ間違いなく申立てがされています）。陳述しなければならない事項については、以下のとおりです。

① 債権の存否、種類、額

② 弁済の意思の有無、弁済の範囲、弁済しない理由

③ 債権につきほかに優先する権利を有する者があるときは、その者の表示、権利の種類、優先する範囲

④ 債権につきすでに送達された差押命令または仮差押命令の有無、その事件の表示、債権者の表示、送達の年月日、差押え・仮差押えの範囲

⑤ 債権に対する滞納処分（その例による処分を含む）による差押えの有無、差押えをした徴収職員、徴税吏員その他の滞納処分を執行する権限を有する者の属する庁その他の事務所の名称および所在、債権差押通知書の送達年月日、差押えの範囲

債権者が裁判所に対して、上記の第三債務者の陳述の催告の申請をすると、債権差押命令や債権仮差押命令に添付されて催告書が届きます。この陳述は、これら命令を受領した日の翌日から2週間以内（1日に受領したときは15日まで）に裁判所へ回答しなければなりません。実務上は、回答したことを明らかにするため、簡易書留郵便等で郵送します。この回答について、故意または過失により怠り、または回答期限を経過し、あるいは不実の回答をした場合は、損害賠償責任を負うこととなるので、注意が必要です（民事執行法147条2項）。

陳述において不実の回答とならないように、特に注意すべきは、債務者に対して貸出金があった場合の記載方法です。JAは債務者に対する貸出金債権と、差押債権である債務者のJA（第三債務者）に対する貯金等払戻債権とを相殺することができます。JAにて調査・検討の結果、相殺をする場合には、陳述において、弁済をしない理由として、貸付債権等の存在を示し、差押預金と相殺予定、というように、相殺できる地位にあることを回答しておきます。

この陳述の法的効果につき、判例は、「被差押債権の存在を認めて支払の意思を表明し、将来において相殺する意思がある旨を表明しなかったとして

も、これによって債務の承認あるいは抗弁権の喪失というような実体上の効果を生ずることがな」いとしています（最高裁判所昭和55年５月12日判決・金融法務事情931号31頁）。つまり、弁済の意思があると回答したとしても、相殺権を放棄したことにはならず、後に相殺する場合を有効として認めています。しかし、間違った回答をした場合には損害賠償責任を負うこともありえますので注意が必要です。

不実の回答に当たるかどうかについて「第三者が被差押債権についてこれと相殺できる反対債権を有し、かつ、反対債権をもって他日相殺することが具体的に確定ないし予定されている場合であれば、第三者は被差押債権については反対債権があり相殺するので支払の意思がない旨の陳述をなすべき義務がある」とし、「これと異なり、第三者が相殺に供しうる反対債権を有するが、まだ具体的に相殺の予定がない場合であれば、単に被差押債権を支払う意思がある旨を陳述し、反対債権の存在について説明しなかったとしても、それは不完全な陳述にはあたらないものと解すべきである」とする裁判例があります（東京地方裁判所昭和55年１月28日判決・金融法務事情932号32頁）。

しかし、やはり、間違った回答をした場合には損害賠償責任を負うこともありえますので、疑義を差し挟まれないために、相殺の見込みを十分に検討し、前記のとおり、相殺未定の場合であっても反対債権の存在を記載し、相殺予定、というように、相殺できる地位にあることを陳述すべきです。

Q 81　定期積金への差押え等

JA定期積金に対して債権差押命令がありました。この場合、どの範囲で差押えの効果が及びますか。

A 定期積金に対する差押え等の効果は、掛け金の払込みが完了していなくとも、満期における契約給付金全額を受け取る権利に及ぶものと解されています。また、掛け金の払込みが完了しないまま満期が到来した場合等の返戻金にも、差押え等の効果が及びます。

解　　説

1　定期積金の法的性質

定期積金は、一定額の金銭（掛け金）を一定の期間、定期的に払い込むことを条件として、金融機関が満期日に一定の金銭（契約給付金）を積金契約者に支払うものです。これを法的にみると、定期積金契約は、合意のみで成立し（諾成契約）、積金契約者が約定どおり掛け金を払い込んだ場合、金融機関が満期日に一定の金銭（契約給付金）を支払う義務を負います（有償契約）。積金契約者が払い込む掛け金は、契約給付金請求権を取得する条件であり、積金契約者は掛け金を払い込む義務を負わないとされています（片務契約）。

積金契約者は、上記のとおり、約定どおりに掛け金を払い込んだ場合に満期日に契約給付金を受け取る権利があるほか、掛け金の払込みが完了しないままに満期日が到来した場合等の払込中止満期返戻金等を受ける権利も有しています。

2　差押え等の効果の及ぶ範囲

定期積金に差押え等がなされた場合には、次のように差押え等の効果が及びます。

(1) 契約給付金に対する差押え等の効果

定期積金に差押え等があった場合、満期日に支払われる契約給付金全額に差押え等の効果が及ぶものと解されています。これは、たとえば、契約給付金100万円の定期積金契約において、差押え等の時には30万円しか払い込まれていない場合であっても、差押え等の効果は満期における100万円の契約給付金全額に及びうるということです（ただし、後に述べる(4)参照)。なお、差押え等の効果は、債務者に対し被差押債権の取立その他の処分と、第三債務者による債務者への弁済を禁止するものであって、債務者たる積金契約者が引き続き掛け金の払込みを行うことは禁止されません。差押え後に約定どおりに掛け金が払い込まれれば、差押債権者は、満期に給付契約金全額を取り立てることができます（通常は掛け金の払込みが中断したまま満期を迎えるはずです。後に述べる(3)参照)。

(2) 中途解約返戻金に対する差押え等の効果

そもそも、積金契約者が満期前に中途解約をすることができるかというと、定期積金規定では、定期貯金同様に契約者の権利としては認めていません。ただ、積金契約者において反社会的勢力であることを隠して契約したことが判明したような場合などには、組合側からの解約はできることになっています。また、積金契約者の事情についてやむをえないものと組合が認める場合には応じることができるというのが実務的対応です。

解約があった場合には、規約に基づいて、掛金残高相当額に、所定の利率で計算した利息相当額を加えた金額を返戻することになります。そして、差押え等の効力については、債権差押命令等送達時の払込ずみの掛金残高に応じた返戻金に差押え等の効果が及ぶものと解されます。

(3) 払込中止満期返戻金に対する差押え等の効果

定期積金に差押え等があった後、積金契約者が約定どおりの掛け金の払込みをしないで、満期日が到来した場合は（それが通常と思われます)、差押え等の効力が及ぶのは、債権差押命令等送達時の払込ずみの掛金残高に相当する中止満期返戻金に差押え等の効果が及ぶものと解されます。

(2)(3)を通じて、もし、差押命令等送達後にも掛け金が払い込まれ（そのような事態はあまり生じないと思われます）、かつ、返戻金を支払うべき状態になった場合、その場合も、差押えの効力は差押命令等送達時の残高に応じた額に限られ、差押命令送達後に払い込まれた掛金相当額については差押えの効力が及ばないと解されるものと思われます。

(4) 定期積金の特殊性

以上述べたように定期積金は、特殊な契約であって十分に法律的な取扱いが確立しているとはいえないものであり、掛金残高相当額に対する差押えと解される、という考え方もありえます。１つの説明どおりに処理してもリスクをなくすことは困難と思われます。たとえば上記(1)の例で、100万円の契約給付金に差押えの効力が及び、その分差押債権者の債権を満たすものと判断して、差押債権目録上後順位の普通貯金等に差押えの効力が及ばないとして貯金者に払い戻すことにはリスクがあります。このような問題は、差押えの効力の解釈の問題であり、金融機関側で解釈を確定することができないので、個々の事案ごとに、JAにとってリスクを最小にするように、個別のケースに応じて差押債権者や貯金者に対する具体的な対応を検討するほかない問題と考えられます。

3 契約給付金に対する転付命令

転付命令が有効であるためには、対象となる債権の券面額が確定していなければならないところ（民事執行法159条１項）、定期積金の契約給付金は、約定どおりの掛け金の払込みを条件として生じるものなので、券面額が確定していないことになることを理由に、契約給付金に対する転付命令は発することができないとされています（転付命令について詳細はQ84参照）。

Q 82 差押え等が競合した場合の対応

債権差押命令が送達され、対象者の貯金を確認したところ、すでに他の差押えがなされていることが判明しました。この場合、どのように対応したらよいでしょうか。

A 複数の差押えがなされ、差押債権額が被差押債権額を超過するときは（差押えの競合）、第三債務者たるJAは、いずれの差押債権者に対しても貯金等の払戻しをしてはならず、当該貯金等の全額を必ず供託し、供託書正本を添付して事情届を裁判所へ提出しなければなりません。

解　説

1　差押えの競合

同一の貯金等に対して異なる債権者から差押えをすることは可能であり、それぞれ有効な差押えです。この場合、それぞれの差押債権額の合計額が被差押債権たる貯金等の金額を超えないときは、それぞれ差押えの手続が進められます。しかし、それぞれの差押債権額の合計額が被差押債権たる貯金等の金額を超過するときは、差押えが競合することになり、それぞれ差押えの手続を進めることができなくなります。この差押えの競合により、その効力は被差押債権の全体に及びます。たとえば、100万円の貯金につきすでに50万円の差押えがある場合、後に60万円の差押えがなされたときは、100万円の貯金全体に効力が及びます（民事執行法149条前段）。また、たとえば、100万円の貯金につき、すでに100万円全部に差押えがなされている場合、後に10万円の差押えがなされたときも、100万円の貯金全体に効力が及びます（同条後段）。

2　差押えの競合の効果

債権差押命令が債務者に対して送達されてから1週間経過すると、差押債権者は取立権を有し（民事執行法155条）、第三債務者に対して、自己に差押債権と同額の被差押債権を支払うよう請求することができるようになります。しかし、差押えの競合が生じた場合には、第三債務者は、差押債権者に取立権が生じたとしても、いずれの差押債権者に対しても貯金等の払戻しをしてはならず、被差押債権たる貯金全額を債務履行地の供託所へ供託しなければなりません（民事執行法156条2項・3項）。

もっとも、被差押債権の弁済期が未到来の場合は、第三債務者には期限の利益があるので、被差押債権の弁済期が到来するまでは、供託の必要はないと解されています。

3　供託手続

差押えの競合が生じた場合、第三債務者たるJAは供託をしなければならず、供託をしたときは、供託書正本を添付して、事情届を裁判所に提出しなければなりません（民事執行法156条3項、民事執行規則138条）。この供託および事情届によって、供託の時点で第三債務者たるJAは預金債務につき免責され、配当要求の終期が到来し、配当手続が開始されることになります（民事執行法165条1項、166条1項1号）。

4　先行する差押えがある場合の転付命令の効果

転付命令（Q84参照）は、先行の差押えや転付命令の存否を調査することなく発せられるため、それらの差押えや転付命令との関係が問題になります。これについては、差押えの合計額が被差押債権の総額を超過する場合には、転付命令が第三債務者に送達される時までに、転付命令に係る金銭債権について、他の債権者が差し押さえたときは、転付命令は、その効力を生じないとされています（民事執行法159条3項）。具体的な処理としては、先行する差押えがあり、その後転付命令が発せられた場合、先行する差押債権額と後行の転付命令の差押債権額の合計が、被差押債権の総額を超過する場合には、後行の転付命令は効力が生じないことになります。この点、後行の転付命令の基礎になった差押えは有効なので、先行の差押えとの間で差押えの競合が生じることになり、その結果、第三債務者たるJAには供託義務が生じることになります。

5　差押え等の競合の類型とその対応

⑴　仮差押え同士の競合

先行の仮差押えと後行の仮差押えとの執行の合計額が被差押債権の総額を超過する場合は、仮差押えの競合が生じます（民事保全法50条5項により、債権執行に関する規定が準用されます）。その場合は、第三債務者たるJAは被差押債権たる貯金等の全額を供託することは義務ではなく、供託をすることができる、とされています（権利供託。民事保全法50条5項、民事執行法156条1項）。これは、仮差押えが取立や配当の換価手続の予定がされておらず、配当を前提とする民事執行法156条2項を準用して、供託を義務づける必要はないと考えられているからです。なお、供託する場合には、弁済供託の同様の手続を行い、供託書正本を添付した事情届を裁判所へ提出しなければなりません。

⑵　仮差押えと差押えの競合

差押えと仮差押えとは、その先後を問わず、両者の差押債権の合計額が、被差押債権の総額を超過する場合には、差押えの競合が生じ（民事保全法50条5項による民事執行法156条2項）、第三債務者たるJAは被差押債権たる貯金等の全額を供託しなければならず（義務供託）、供託書正本を添付して、事情届を裁判所へ提出しなければなりません。

⑶　差押え同士の競合

先行の差押えと後行の差押えとの差押債権の合計額が、被差押債権の総額を超過する場合には、差押えの競合が生じ、第三債務者たるJAは被差押債権たる貯金等の全額を供託しなければならず（義務供託）、供託書正本を添付して、事情届を裁判所へ提出しなければなりません。

⑷ 仮差押えと滞納処分による差押えの競合

a 仮差押え先行の場合

滞納処分による差押えは、仮差押えによりその執行を妨げられないと規定されており（国税徴収法140条）、仮差押えがされている債権について滞納処分による差押えをすることができます。そうすると、仮差押えの執行部分と滞納処分による差押えの差押債権額が、被差押債権の総額を超過する場合には、差押えの競合が生じます（滞納処分と強制執行等との手続の調整に関する法律（以下「滞調法」といいます）36条の12第1項、36条の4）。この場合、第三債務者たるJAは、滞納処分の差押えがされた部分について、徴収職員等に対し、直接弁済してもよいし、差押債権の全額を供託することもできます（権利供託。滞調法36条の12第1項、20条の6第1項）。供託した場合は、その事情を徴収職員等に届けなければなりません（同法36条の12第1項、20条の6第2項）。

b 滞納処分による差押え先行の場合

仮差押えは滞納処分による差押えがされている債権に対してもすることができます（滞調法20条の9第1項、20条の3第1項）。そうすると滞納処分による差押えの差押債権額と仮差押えの執行部分とが、被差押債権の総額を超過する場合には、差押えの競合が生じます（同法20条の9第1項、20条の4）。この場合、第三債務者たるJAは、滞納処分の差押えがされた部分について、徴収職員等に対し、直接弁済してもよいし、差押債権の全額を供託することもできます（権利供託。同法20条の9第1項、20条の6第1項）。供託した場合は、その事情を徴収職員等に届けなければなりません（同法20条の9第1項、20条の6第2項）。

⑸ 差押えと滞納処分による差押えの競合

a 差押え先行の場合

差押えがされている債権に対しても、滞納処分による差押えをすることができます（滞調法36条の３第１項)。そうすると、差押えによる差押債権と滞納処分による差押えの差押債権との合計額が、被差押債権の総額を超過する場合には、差押えの競合が生じます（同法36条の４)。この場合、第三債務者は、被差押債権全額について供託しなければならず（義務供託。同法36条の６第１項)、裁判所へ事情届を提出しなければなりません（同条２項)。

b　滞納処分による差押え先行の場合

差押えは、滞納処分による差押えがされている債権に対してもすることができます（滞調法20条の３第１項)。そうすると滞納処分による差押えの差押債権額と差押えによる差押債権額の合計額が、被差押債権の総額を超過する場合には、差押えの競合が生じます（同法20条の４)。この場合、第三債務者たるJAは、滞納処分の差押えがされた部分について、徴収職員等に対し、直接弁済してもよいし、差押債権の全額を供託することもできます（権利供託。同法20条の６第１項)。供託した場合は、その事情を徴収職員等に届けなければなりません（同条２項)。

Q 83 差押債権者が取立てできる場合

差押債権であるJA貯金に対し、差押債権者から取立請求がありました。どのようなことに気をつければよいでしょうか。

差押えが競合していないことを確認することのほか、債権差押命令が債務者（預金者）に送達されてから1週間が経過していること等の確認が必要であり、取立の請求者の資格の確認も重要です。

解　説

1　取立権の発生の確認

裁判所より、債権差押命令が発令されると債務者（預金者）へ送達がなされますが、この送達された日から1週間を経過したときは、差押債権者は、被差押債権を取り立てることができます（民事執行法155条1項）。債権差押命令が債務者へ送達されてから1週間の経過を待つのは、債務者に不服申立ての機会（同法10条2項、145条5項）を与えるためです。

1週間の経過を確認するには、債務者（預金者）に対して債権差押命令が送達されたことを証明する、裁判所発行の差押送達通知書または差押送達証明書によって確認をします。これらは取立依頼者より徴求します。

2　差押えの競合の有無の確認

取立権が発生していたとしても、当該差押え以外に他の差押えがあり、それら差押債権の合計額が、被差押債権の総額を超過している場合には、差押えの競合が生じ、第三債務者であるJAは被差押債権の全額を供託する義務を負います（民事執行法156条2項。詳しくはQ82参照）。したがって、差押えの競合の有無を確認し、取立依頼者に対し支払ってもよいかどうか、確認する必要があります。

3　執行停止や執行取消の通知の有無の確認

債務者に債権差押命令が送達された後、債務者が当該債権差押命令に対し不服がある場合には、債権差押命令が送達された日から1週間以内に、執行抗告することができます（民事執行法10条1項・2項、145条5項）。この債権差押命令に対する執行抗告があったからといって、当然に執行手続は停止されません。執行手続の停止をするためには、執行停止の裁判を得なければなりません（同法10条6項）。執行停止の裁判があれば、当該執行はいったん停止することになり、差押債権者は取立をすることができません。

また、民事執行法40条に規定された執行取消があれば、執行手続は初めからなかったものとなり、差押債権者は取立をすることができません。

執行停止や執行取消は、裁判所より第三債務者たるJAに通知があるので、JAはこれらが送達されていないか確認する必要があります。なお、債務者から執行抗告を行ったといった連絡を受けている場合には、念のため、裁判所へ照会し、確認をしたほうがよいでしょう。

4　被差押債権の満期日の確認

定期預金が差し押さえられた場合には、満期日が未到来であれば、第三債務者たるJAには、満期日までは期限の利益があるので、直ちに支払を強制されるものではありません。したがって、差し押さえられた貯金に満期日があるかどうかも確認する必要があります。

5　取立依頼者の確認

上記すべての確認を行い、取立に応じてもよいとなった場合でも、取立依頼者が差押債権者本人またはその代理人であるかどうかも確認しなければなりません。確認方法としては、①差押債権者本人からの取立の場合は、差押債権者の印鑑証明書、運転免許証、資格証明書（差押債権者が法人の場合）にて確認をします。また、②代理人による取立の場合は、代理受領に関する委任状、差押債権者の印鑑証明書、資格証明書（代理人が法人の場合）、代理人の印鑑証明書にて確認をする必要があります。

6　滞納処分による差押えに対する支払

滞納処分による差押えは、税務署等によって行われ、当該滞納処分庁の徴収職員が執行します（国税徴収法62条参照）。滞納処分による差押えは、差押えの時から直ちに、徴収職員等は取立をすることができます（同法67条1項）。この場合も、差押えと同様上記2から5に準じた確認をする必要があります。すなわち、差押え等の競合の有無を確認し、被差押債権の満期日を確認します。また、滞納処分の債権差押通知書の履行期限が到来していることを確認します。その他、取立をする徴収職員が正当な権限を有する職員であるかどうか、必要に応じて、職員証等の提示を求めるべきです。そして、徴収職員に対し、弁済した場合には、領収証書（国税の場合は歳入歳出外の現金領収証書）を受領します。

Q 84 転付命令の効果

転付命令の送達を受けました。JAとしてはどのように対応をすればよいでしょうか。

転付命令の確定を確認するとともに、他の差押え等がないことが確認できた場合は、転付債権者に支払を行うことになります。

解　説

1　転付命令とは

転付命令が発令され、確定すると（民事執行法159条5項）、差押債権は「券面額」で差押債権者に移転します。それと同時に、転付命令が第三債務者に送達された時にさかのぼって、差押債権は弁済されたものとみなされます（同法160条）。したがって、上記転付命令の効果が生じると、それ以後は、他の債権者は、当該債権の差押えや、その配当に加わることができないので、転付命令を申し立てた差押債権者は、他の債権者に優先的に弁済を受けることになります。また、転付命令の効果により差押債権が券面額で差押債権者に移転し、弁済されたとみなされることにより、第三債務者が無資力で債権の弁済を受けられない場合であっても、差押債権は復活しません。これは、第三債務者の無資力の危険を差押債権者が負うことを意味します。この点、第三債務者が金融機関のように資力が十分な場合には、第三者の無資力の危険を負うことはなく、このような場合には転付命令が利用されます。

転付命令は、差押債権者の申立てにより発令されます（同法159条1項）。発令後は、債務者および第三債務者それぞれに送達されます（同条2項）。転付命令に対しては、債務者に転付命令が送達されてから1週間以内に執行抗告することができます（同条4項、10条2項）。したがって、この執行抗告についての裁判があるまで、転付命令は確定しません。他方、債務者が転付命令の送達後１週間以内に執行抗告をしなければ、１週間の経過によって転付命令は確定します。

なお、滞納処分による差押えにおいては、債務者の無資力の危険を負い滞納処分庁が不測の損害を受けるおそれがあることから、転付命令の制度は存在しません。

2　転付命令による支払における注意点

(1)　転付命令の確定の有無

上記のとおり、転付命令は確定していなければ効果が生じないので、転付命令による支払請求を受けたJAとしては、当該転付命令が確定しているかの確認を行います。この確認には、差押債権者から、裁判所発行の転付命令の確定証明書を徴求します。

(2)　他の差押え等の有無

転付命令が第三債務者に送達される時までに、転付命令に係る金銭債権について、他の差押え等があると、転付命令はその効力を生じません（民事執行法159条３項）。したがって、JAは、転付命令が送達されるまでの間、他の差押え等の有無を確認します。この点、転付命令の送達された時より後に他の差押え等がJAに送達された場合は、後日、転付命令の確定により、当該他の差押え等は転付命令の効果には影響しません。

なお、差押えの競合（Q82参照）が生じている場合、供託義務が発生する場合があるので注意が必要です。

(3)　転付債権者の確認

差押えの支払と同様、転付債権者の確認を行う必要があります。すなわち、転付債権者の印鑑証明書、転付債権者の資格証明書（法人の場合）、代理受領の委任状（代理人の場合）等を確認します。

(4)　被差押債権の満期日の確認

定期預金が差押債権である場合には、満期日が未到来であれば、第三債務者たるJAには、満期日までは期限の利益があるので、転付命令においても、直ちに支払を強制されるものではありません。したがって、差し押さえられた貯金に満期日があるかどうかも確認する必要があります。

⑸ 預金利息の取扱い

預金に対する差押命令および転付命令が確定すると、差押債権者の債権および執行費用の合計額を限度に、転付命令の第三債務者への送達時点にさかのぼって、預金元本が差押債権者に弁済されたものとみなされます（民事執行法160条）。したがって、転付命令が第三債務者へ送達された日以後に発生した預金元本に対する利息は、当然に差押債権者に帰属します。なお、差押命令送達後、転付命令送達日までに発生した利息については、債務者（預金者）へ返還すべきと考えられています。転付命令の効果が発生し差押債権が弁済される結果、転付命令に先立つ差押えの効果が失われ、差押命令送達後、転付命令送達前までの利息には、転付の効果は及ばないことが理由です。もっとも、転付命令に既発生の利息債権が転付の対象として記載があれば、転付の効果は差押命令送達後、転付命令送達前までの利息にも及ぶことになります。

Q 85 自動継続定期貯金の仮差押え・差押え

自動継続定期貯金に対する仮差押え、差押え、滞納処分を受けた場合、自動継続はどのようにすべきでしょうか。

仮差押えの場合は引き続き自動継続を行います。差押えや滞納処分の場合は、債権者による払戻請求がなければ、引き続き自動継続を行います。

解　説

1　自動継続定期貯金に対する差押え等の効力

自動継続定期預金は、定期貯金の満期日において、貯金者から払戻請求がなされない限り、満期日において払い戻すべき元金または元利金について前回と同一の預入期間で継続される、という自動継続特約が付された定期貯金です。それ以外は通常の定期貯金と異なるところはないと考えられています。そのため、自動継続定期貯金に対して仮差押えや差押え、滞納処分（以下「差押え等」といいます）がなされ、JAにその送達があった場合には、それ以後、貯金者への弁済が禁止されます（弁済禁止効。Q77参照）。なお、差押えや滞納処分の場合、差押債権者から取立権に基づく支払請求があったときでも、JAは定期貯金の満期日まで期限の利益を有していることから、満期までの中途の時点で債権者の支払に応じる必要はありません（Q83参照）。ただし、期限の利益は任意に放棄することもできるもので、中途において支払をしてはならないという意味ではありません。義務ではない中途解約に応じる場合には、支払を求める権限者の資格確認等の注意義務が重くなるという問題がありますので、その点は通常以上に注意を払う必要があります。

2　自動継続処理について

⑴　差押え等と自動継続特約の関係

仮差押えと差押え・滞納処分を通じて、自動継続特約との関係が問題となります。この点、自動継続の特約は、弁済期に関する特別な約定であり、期限の定めという債権の内容そのものに関する債権の属性と考えられますので、差押え等があってもその性質を変えるものではありません。したがって、差押え等の効力である処分禁止の効力とは関係がないということになりますので（最高裁判所平成13年３月16日判決・金融法務事情1613号74頁参照）、差押え等があっても自動継続は引き続き行われるべきことが原則になります。

この自動継続処理を「書替処理」と表現するケースもありますが、法律的には自動継続と書替えは異なるものです。すなわち、書替えとは旧債権を消滅させ新しい債権者を発生させることを意味しますから、差押え等により処分が禁止された貯金について書替えを行うことは禁止されます。あくまでも法律的には書替えを行っているわけではないと認識しなければなりません。

なお、システム上、仮差押え・差押えの事故注意情報を登録すると自動継続が停止する場合には、個別に自動継続を行う必要があります。

⑵　仮差押えの場合

仮差押えは、将来の強制執行に備えて、貯金の性格や条件を変更せず現状を維持し、債務者の貯金が払い戻されることを仮に止める手続です。したがって、仮差押えがなされたとしても、原則どおり自動継続特約の効力は失われず、満期日が来れば引き続き自動継続されます。一方、債務者（貯金者）からJAに対し、自動継続の停止および解約の申出があった場合、解約に応じることができないことはいうまでもありませんが（弁済禁止効）、自動継続停止の申出だけが仮にあったとしても、債権の現状を変更する行為に当たると考えられます。したがって、直接に仮差押えの支払禁止効に抵触するわけではありませんが、JAは自動継続の停止の申出には応じることができないと考えられます。

(3) 差押え、滞納処分の場合

差押えや滞納処分も、差押対象の貯金の性格や条件を変更するものでないことは仮差押えと変わりはありません。したがって、差押えや滞納処分があっただけでは、自動継続特約の効力は失われず、満期日が来れば引き続き自動継続がなされます。

ただ、仮差押えと異なって、差押えや滞納処分があった後、差押債権者(滞納処分庁を含みます)は、JAに対して取立権をもつことになります(Q83参照)。そこで、以下のような処理がなされます。

自動継続定期貯金の場合、金融機関は満期までの中途の期間において解約に応じる義務はありませんので、貯金者がその払戻しを受けるためには、JAに対し、満期日に払戻請求をするか、満期日までに自動継続の停止を申し出て自動継続がなされない状態にしておいて、満期日以降に払戻請求をする必要があります。

判例においても、自動継続定期預金契約における預金払戻請求権の消滅時効の起算点について、「預金者による解約の申入れがなされたことなどにより、それ以降自動継続の取扱いがされることのなくなった満期日が到来した時から進行するものと解するのが相当である」とするものがあります(最高裁判所平成19年4月24日判決・最高裁判所民事判例集61巻3号1073頁)から、以上のことと同旨の理解が前提となっているものと解されます。

そこで、差押債権者は、取立権を実行するために、JAに対して、満期日において払戻請求をするか、満期日までに自動継続の停止を申し出て満期日以降に払戻請求をすることになります。したがって、差押債権者からJAに対して、自動継続の停止の申出があった場合には、平時の場合と同様、JAは自動継続を停止しなければなりません。差押債権者は、法律的には取立権を行使することになりますので、その行使は通常定期貯金の払戻しのかたちをとり、その意思表示には特別なことがない限り自動継続の停止および払戻請求が含まれることになります。そこで、差押債権者から手続にのっとった払戻請求があった場合（Q83参照）、次の満期日において払戻しに応じるべきことになります。

なお、差押債権者から、満期日までに払戻請求（自動継続の停止の申出の意味を含めて）がない場合（差押えをした債権者が取立権発生後にずっと払戻請求をしないことはあまり想定されませんが）、あるいは払戻請求前に満期日が到来する場合、差押命令の送達によってその後の満期日における自動継続は行われないと考えて、近日中に予想される差押債権者からの取立を見込んであらかじめ自動継続を停止しておくべきか、それとも、払戻請求がない以上は自動継続処理を行うべきか、実務上の問題は残ります。この問題は、差押命令送達後、取立権行使までの間に満期が到来するという比較的短期間の間に生じることと思われますが、差押命令のみによって自動継続の効力を失われると解することになるものか（そのような説もあります）、疑義もありますので、単なる差押命令でなく、取立権の行使によりその後の自動継続が停止されるものと解しつつ、差押債権者との利害調整の見地からの個別対応も許容されるものと考えられます。

第8節　貯金の相続

Q86　相続貯金の払出しの原則と注意点

相続貯金の払出しについては原則としてどのような手続が必要になるでしょうか。また、どのような点に注意すべきでしょうか。

A　被相続人の死亡により相続が開始し、相続貯金についても相続人が承継することになります。したがって、相続貯金の払出しは相続人全員から依頼を受けて取り組むことが原則となります。しかしながら、たとえ相続が発生し法定相続人からの請求であることが明らかであっても、被相続人が遺言により相続分を指定していたり、相続放棄や遺産分割協議が成立していたりするため、窓口で払出しを請求している相続人に実際には相続権がない場合もありえます。

そのような相続人に払出しをした後に、真実の権利者が現れて請求されると、二重払いをしなければならなくなる可能性もあり、相続貯金の払出しには一定の注意が必要です。

解　説

1　相続貯金の承継

被相続人の死亡により相続が発生し、相続人は被相続人に帰属していたいっさいの権利義務を承継します。したがって、相続貯金についても相続人が承継することになります。

他方で、相続貯金に関しては、たとえば特定の相続人に相続させるといった遺言があるため、法定相続人であってもその相続貯金については相続権がないという場合がありえます。

そのほか、相続放棄がなされたり、遺産分割により法定相続分とは異なる承継がなされたりする可能性もあり、十分な調査をしないまま払出しに応じてしまうと、結果として二重払いをしなければならなくなることもありえます。

このため、被相続人が死亡した事実が判明した時点で被相続人名義の貯金口座はいったん支払停止措置をとり、いつ死亡したのかの確認や、法定相続人はだれなのか等の調査をすべきです。

2　債権の準占有者への弁済

実際は債権者ではないのに、債権者であるかのようにみえる者を債権の準占有者といいます。たとえば貯金者名義の通帳と印鑑を持参しているため、貯金者本人ではないのに貯金者であるようにみえるような場合がこれに当たります。

債権の準占有者への弁済は、実際の債権者ではない無権利者への弁済であるので無効となるのが原則です。しかしながら、弁済者が、弁済をする相手方が債権の準占有者にすぎないこと、つまり無権利者であることを知らず、かつ知らないことに過失がない場合には、例外的に弁済は有効とされます(民法478条)。

他方で、弁済者に過失がないとは評価されない場合、すなわち取引通念上要求される注意義務や調査義務を尽くしていなかったと評価されるような場合には、原則どおり無権利者への弁済は無効とされ、真実の権利者から請求があった場合には二重に支払をしなければならなくなります。

3　相続と債権の準占有者への弁済

(1)　相続と債権の準占有者への弁済

相続貯金について、法定相続人の一部から払出請求がありこれに応じたものの、実際には民法の定めと異なる相続がなされていたという場合も債権の準占有者への弁済の問題となります。

相続が発生したという事実については判明している以上、相続に関連するその他の事実関係について十分な確認をしないまま払出しに応じると過失責任を問われる可能性があります。

⑵ 相続の事実および法定相続人の確認

相続人からの請求や報告によるものに限らず、なんらかの事情で被相続人の死亡の事実が判明した時点で、まずは被相続人名義の口座については入出金を停止し、取引状況の確認をすべきです。また、死亡届の提出を求め、法定相続人の死亡の事実や法定相続人について確認をしておく必要があります。

この段階で、仮に通帳および届印のされた払出請求がなされたとしても、本人によるものでない可能性が高いのであり、払出しに応じるべきではなく、払出しに応じてしまった場合は金融機関として求められる調査義務を尽くしておらず、過失ありとされることになるでしょう。

金融機関が相続人の一部に対し、法定相続分を超える預金の払戻しをしてしまった事案につき、被相続人が生まれてから亡くなるまでの全部の戸籍謄本をとらずに相続預金の払戻しに応じており、「預金の払戻しの際に、被控訴人銀行の担当者は、被相続人の出生時に遡って被相続人の戸籍謄本をすべて提出するように求めるという、金融機関の職員であれば通常行うべき調査を行わなかった」として過失がなかったとはいえないとして準占有者への弁済を否定した裁判例があります（札幌高等裁判所平成16年９月10日判決・金融・商事判例1233号49頁）。

⑶ 遺言や遺産分割についての調査

では被相続人死亡の事実や法定相続人の確認以外にもさらに調査をすべきでしょうか。

共同相続人の１人が自己の法定相続分に応じた払戻請求をした事案につき、「共同相続人の１人が預金債権につき法定相続分の払戻しを求めてきた場合に、一応、遺言がないかどうかが、相続人の範囲に争いがないかどうか、遺産分割の協議が調っていないかどうか等の資料の提出を払戻請求者に求めることは、預金払戻しの実務の運用として、不当とはいえない」とした裁判例があります（東京地方裁判所平成８年２月23日判決・金融法務事情1445号60頁）。

この裁判例の考え方からすれば、相続人の１人から払出請求をされた場合、遺言がないかどうか、相続人の範囲に争いがないかどうか、あるいは遺産分割の協議が調っていないかどうかについて確認を求めることは必要だということになると考えられます。

⑷　相続貯金についての判例の変更

相続貯金は金銭債権であり、可分債権といえるので、相続貯金についても法定相続分に従って相続開始と同時に当然に分割されるというのが従来の判例であり、共同相続人の１人が相続貯金のうち自らの法定相続分について払出しを請求することは認められると考えられていました。

しかしながら、最高裁判所平成28年12月19日決定（金融法務事情2058号６頁）は、共同相続された普通預金債権、通常貯金債権および定期貯金債権は、いずれも、相続開始と同時に当然に相続分に応じて分割されることはなく、遺産分割の対象となると判断し、相続貯金についての従来の判例の考え方を変更しました（Q89参照）。

この最高裁決定からすると相続人の１人が自らの法定相続分のみの払出しを請求する場合であっても、そのような請求は当然には認められないことになるとも考えられます。したがって、なお上述したような遺言や遺産分割等についての資料の提出を求めて調査を行い、慎重に対応するべきといえるでしょう。

Q 87 葬儀費用の払出し

葬儀費用の支払に充てるために被相続人の相続貯金の払出しを求められた場合はどのようにすればよいでしょうか。

A 葬儀費用をだれが負担すべきかについては争いがあり、葬儀の準備をし手配等をして挙行し実施した者が負担するものというのが多数の裁判例の考え方です。被相続人があらかじめ葬儀社等に依頼をしていたといった事情がない限りは、相続貯金からの葬儀費用の支払が当然に認められるわけではありません。

相続貯金は相続人全員の請求によって払出しをするのが原則であるため、葬儀費用の支払に充てるための払出しには特別の配慮が必要です。

解説

1 葬儀費用の負担

葬儀費用をだれが負担すべきであるかについては、相続財産の管理費用と同様に考えて相続財産から支払われるべきであるとする考え方や、葬儀における香典が喪主に帰属することから喪主が負担すべきであるとする考え方、もっぱらその地方の慣習もしくは条理に従うべきとする考え方などがあります。

裁判例では、自己の責任と計算において葬儀を準備し、手配等をして挙行し実施した者が負担するとするものが多いといえます。

裁判例の考え方によれば、被相続人が生前に葬儀社等との間で個別に委任契約等をしていたような場合は別として、葬儀社等に対し実際に葬儀の挙行を依頼した相続人が個別に負担すべきものということになります。

このように、葬儀費用をだれが負担すべきかについての考え方については実際には争いがあるため、葬儀費用だからといって、当然に相続貯金からの支払が認められているということにはならないといえます。

2　形式的な原則

もし共同相続人の間で葬儀費用の分担についての合意があるかどうかが不明なまま、共同相続人の一部からの申出に従って、葬儀費用の支払に充てるという名目で相続貯金の払出しに応じた場合、相続貯金は本来は共同相続人全員に帰属するものですから、その効力を争われる可能性があります。

葬儀費用に充てるためということであれば、すでに被相続人の死亡の事実が明らかになっているわけですから、債権の準占有者に対する弁済（民法478条）であるとして免責を主張することはできないことになります。

したがって、共同相続人の一部からの申出があったにとどまる場合には、遺産分割協議前の相続貯金の払出請求の問題となり、後日ほかの相続人から払出請求を受ける可能性を考えると、これに応じるべきではないというのが形式的な原則ということになるでしょう。

3　葬儀費用の特殊性について

そうはいっても、実際には、葬儀は被相続人の死亡後すぐに実施されるのが通常ですが、共同相続人の間で遺産分割について協議が成立するまでには長期間かかる場合がありえます。

このため、共同相続人全員の同意があることが確認できないからといって葬儀費用に充てるための相続貯金の払出しを拒否してしまうと、費用負担の問題で葬儀を行うことができなかったということにもなりかねません。

他方で民法は、死亡者や死亡者の親族が、それぞれの身分に応じてなした葬儀費用について先取特権が認められることを規定しています（民法309条）。先取特権というのは特定の債権者（この場合は葬儀を実施してその費用の支払を求める葬儀社など）に特殊な担保権を認め、他の債権者より優先的な弁済を受けられることを認めるものです。

これはそのような特定の債権者のためのものというよりは、死亡した者はだれであっても身分相応の葬儀を行うことができるようにするためという政策的な配慮から規定されているものです。

このような民法の考え方からすれば、民法自身も葬儀費用については一定の特殊性を認めているといえ、葬儀費用については硬直的な対応ではなくその特殊性に応じた便宜的な処理をすることも可能といえるでしょう。

4　便宜的な処理をする場合の注意点

葬儀費用名目での相続貯金の払出しの申出について、あえて便宜的な措置として払出しに応じる場合には以下のような点に注意して行うべきです。

まず葬儀費用に充てることを明確にした払戻請求書の作成と提出を求め、できるだけ多くの法定相続人の署名捺印をしてもらうべきです。その払出しの範囲についても、葬儀費用の支払に要する金額に限定し、署名捺印した相続人の法定相続分の範囲内にとどめるべきです。もし葬儀実施後であれば領収書や請求書の添付を求めてもよいでしょう。

このように、万が一後日になって、他の法定相続人から異議が出たとしても、対応できるようにして払出しに応じることで、硬直的な処理を回避することができます。

Q 88 遺言による相続手続

貯金者が亡くなりました。貯金者が生前に作成した遺言に当該貯金に関する記載がありましたが、どのように取り扱えばよいでしょうか。

A 遺言には①公正証書遺言、②自筆証書遺言、③秘密証書遺言や、その他の特別方式遺言があり、その形式や記載内容によって手続が変わってきますが、基本的には、遺言が有効であれば、その内容に従った処理をすることになります。

遺言が公正証書遺言以外の形式であった場合には、裁判所による検認手続を経ることが必要です。

また、遺言には、遺言執行者が選任される場合があります。この場合には、遺言執行者の関与も必要となってきます。

解　説

1　遺言の形式と検認手続

遺言の形式には、普通方式遺言として①公正証書遺言、②自筆証書遺言、③秘密証書遺言があり、その他に特別方式遺言がありますが、実務上、主に使われるのは①公正証書遺言と②自筆証書遺言です。

①公正証書遺言は、公証人役場等において、公証人の関与のもとに作成されるもの（民法969条）で、最も信頼性が高い遺言形式といえます。

これに対し、②自筆証書遺言は、遺言者が自分でその全文、日付および氏名を自書し、これに印を押して作成するもの（同法968条）です。

①公正証書遺言以外の形式の遺言、たとえば②自筆証書遺言などは、相続開始後、遅滞なく、これを家庭裁判所に提出して、その検認を請求しなければならないとされています（同法1004条1項）。

このため、貯金者の相続人が、遺言をもってきた場合、まずはその遺言が公正証書遺言であるか自筆証書遺言であるか、あるいはその他の形式の遺言であるかを確認したうえで、公正証書遺言でない場合には、まずは家庭裁判所に提出して検認手続を行い、遺言検認調書または検認済証明書をもらってくるよう指示することが必要です。

特に、遺言が未開封であった場合には、家庭裁判所において相続人またはその代理人の立会いがなければ、開封することができないとされており（同条3項)、これに違反すると過料の制裁（同法1005条）を受ける場合がありますので、注意してください。

2　遺言の有効性の判断

実務上、公正証書遺言については、公証人が関与して作成されるため、その有効性が争いになることはさほど多くありませんが、自筆証書遺言については、その有効性が問題になることが多くあります（なお、前述した検認手続は、遺言の有効・無効を判断する手続ではありませんので、「裁判所の検認を経ているから有効」と安易に判断しないようにしてください)。

遺言の有効性については、最終的に裁判で争われることも多く、有効・無効の判断を現場で行うことには限界があるかと思いますが、最低限、条文上要求されている「全文、日付及び氏名の自署」と「押印」がないものは無効と判断してよいでしょう。

遺言が無効と考えられる場合には、当初から遺言がないものとして、民法の規定に従った相続手続が行われることになります。

なお、日付の異なる遺言が複数ある、という事態も想定されますが、遺言は遺言者の最終意思を表すものですので、基本的には後に作成したものが優先されることになります。

ですから、後に作成された遺言が、前に作成された遺言と抵触する場合、その抵触する部分については、後の遺言で前の遺言を撤回したものとみなされることになります（民法1023条)。

3　遺言の内容

貯金に関する遺言の内容としては、特定の人に貯金を取得させる内容のものが多いかと思いますが、その記載内容はさまざまなパターンが考えられます。

まず、遺言により貯金を取得する人が相続人かどうか、という問題があります。

取得する人が相続人でない場合、その人はもともと相続分を有していませんから、その人に貯金を取得させる内容の遺言は、遺贈と解釈されます。

これに対し、取得する人が相続人である場合には、遺言の文言によって、遺贈と解釈される場合と、相続分の指定と解釈される場合があります。

近年、遺言では「○○に相続させる」という文言が使われることが多いですが、特定の財産について、特定の相続人に「相続させる」という文言が使われた場合には、相続分の指定と解釈されるという判例が確立しています（最高裁判所平成３年４月19日判決・最高裁判所民事判例集45巻４号477頁）。

そして、相続分の指定と解釈される結果、その財産は相続の開始時（遺言者の死亡時）から、指定された相続人が取得することになります。

4　遺言執行者

遺言のなかで、「遺言執行者」が指定されるときがあります（民法1006条１項。このほか、利害関係人の請求により、家庭裁判所で遺言執行者が選任される場合もあります（同法1010条））。

遺言執行者は、相続人の代理人とみなされ（同法1015条）、遺言の執行に必要ないっさいの行為をする権限を有します。

このため、遺言に遺言執行者の指定がある場合には、手続上、遺言執行者の関与が不可欠になります。

5　実際の手続

(1)　遺言執行者がいない場合

まず、死亡した貯金者について、遺言の存在が判明した場合、最低限、下記の書類の提出を求めることになるでしょう。

①　遺言書の原本（公正証書の場合は謄本）

②　公正証書遺言以外の場合には、裁判所の遺言検認調書または検認済証明書

③　貯金者の戸籍謄本

④　受遺者の印鑑登録証明書

このほかに、法定相続人全員の署名・捺印を求めるべきかどうか、という問題があります。

たしかに、遺言によって特定の人が貯金を相続することになっていたとしても、相続しない法定相続人も含めた法定相続人全員からの署名・捺印があったほうが安心なようにも思えます。

しかし、前記のように、特定の相続人に貯金を「相続させる」遺言があった場合には、法律上、相続の開始時から当該相続人が貯金を取得するものと考えられています。

判例上も、遺言による受遺者や指定相続人から単独での払出請求があった場合に、法定相続人全員の署名・捺印がなくても払出しを認める判例が多数出されており、なかには、法定相続人全員の署名・捺印がないことを理由に払出しを拒むことが、金融機関の債務不履行と判断されている例もあります。

また、金融機関の実務上も、法定相続人全員の署名・捺印を不要とする取扱いが増えているようです。

そこで、可能な限り、法定相続人全員の同意を得ることが望ましいですが、最終的には、これがなくとも、受遺者や指定相続人の請求により遺言の内容に従った手続を行ってよいものと思われます。

⑵ 遺言執行者がいる場合

遺言執行者がいる場合には、前記のとおり、遺言執行者が相続人の代理人とみなされますので、遺言執行者の関与も必要になってきます。

そこで、遺言執行者がいる場合には、遺言執行者の印鑑登録証明書の提出を受けたうえで、遺言執行者と、遺言によって貯金を取得する人の連名で処理することになります。

Q 89　相続人の１人が相続分の割合による払出しを請求してきた場合の取扱い

相続人のうちの１人が、貯金のうち、自分の相続分に相当する部分を払い出してほしい、と請求してきました。どのように対応すればよいでしょうか。

このような請求に対する対応について、平成28年12月に、最高裁がこれまでの判例を変更する決定を出しました。

従前、貯金は、相続と同時に法定相続分の割合に応じて当然に分割される、との判例のもと、原則として質問のような払出請求には応じるべきと考えられていましたが、今後は、異なる取扱いが必要になりそうです。

解　説

1　従前の考え方と、最高裁判所平成28年12月19日決定の影響

従来、銀行預金や貯金については、相続開始と同時に法定相続分に従って分割される、というのが確立した判例となっていました（最高裁判所判昭和34年６月19日判決・最高裁判所民事判例集13巻６号757頁ほか）。

したがって、以下の項で述べるとおり、法定相続人が、被相続人の貯金について、自己の法定相続分に相当する部分の払戻しを請求してきた場合には、金融機関としてこれに応じる義務があり、正当な理由がないにもかかわらずこれを拒んだ場合には、損害賠償が発生する場合もありました。

しかし、最高裁判所平成28年12月19日決定（金融法務事情2058号６頁）は、この従前の確立していた判例を変更し、「共同相続された普通預金債権、通常貯金債権及び定期貯金債権は、いずれも、相続開始と同時に当然に相続分に応じて分割されることはなく、遺産分割の対象となるものと解するのが相当である」と判断しました。

この考え方によれば、貯金も遺産分割の対象となり、遺産分割成立までは相続人全員の共有の状態となりますので、相続人が自己の法定相続分に相当する部分の払戻しを請求してきたとしても、これに応じる義務はないことになります。

もっとも、この最高裁判例によって、どこまで実務の取扱いを変更する必要があるかについては、今後の課題であり、慎重に検討する必要があるでしょう。

以下では、参考のために、従前の考え方を示します。

2　貯金者の死亡に伴う貯金の帰属（従前の考え方による）

先に述べたとおり、貯金のような金銭債権については、相続開始と同時に法定相続分に従った分割債権になる、というのが確立した判例となっていました（前掲昭和34年最高裁判所判決ほか）。

ただし、上記判例のもとでも、法定相続人全員が同意すれば、遺産分割協議によって貯金の最終的な帰属を決めることができるとされており、実務上も、貯金が遺産分割協議の対象となり、成立した遺産分割協議書の内容に従った払戻しがされることはよくあります。

しかし、そのような法定相続人全員の同意による遺産分割協議が成立しない場合に、法定相続人の一部が、単独で、自己の法定相続分だけ払い出してほしいと求めてくる場合があります。

金融機関の立場としては、このような請求からは、なんらかのトラブルの存在を予感するところかもしれませんし、実は被相続人に遺言があったり、ほかのだれかが貯金を全額取得するという内容の遺産分割協議が成立していたりするという可能性もありますから、このような単独での払出請求に応じるのは躊躇するところかもしれません。

ですが、判例上は、このような法定相続分の支払請求について、金融機関が、他の相続人の同意がないことを理由に、払出しを拒絶することはほぼ認められていませんでした。

したがって、結論的には、単独での法定相続分に応じた払出しを拒むことはできないと考えられていました。

3　相続分に応じた払出しを行う場合の処理（従前の考え方による）

もっとも、このような場合に、二重払いの危険を避けるため、任意で他の法定相続人の同意を得るよう打診することはかまいません。

さらに、金融機関から請求者に対し、遺言がないか、相続人の範囲に争いがないか、遺産分割協議が成立していないか等についての資料の提出を求めることは不当ではないものとする裁判例があります（東京地方裁判所平成8年2月23日判決・金融法務事情1445号60頁）。

また、遺言の有無についての確認は、払出請求をした相続人に一応確かめれば足りるとした裁判例があります（東京高等裁判所昭和43年5月28日判決・判例タイムズ226号158頁）。

将来の遺産分割協議により相続貯金の帰属が変更される可能性があることについては、将来、当該相続預金債権が分割協議の対象となり帰属が変更される可能性があるとしても、この可能性があるのみで、現実に単独で払出請求をしている共同相続人の1人の権利行使を法律上拒否することが正当化される理由はないとする裁判例があります（浦和地方裁判所川越支部平成11年7月6日判決・判例タイムズ1030号245頁）。

したがって、本件のように相続人の一部が単独で自己の法定相続分の払出しを請求してきた場合には、①まずは、相続人全員の同意が得られないか打診し、②得られない場合には、遺言がないこと、相続人の範囲に争いがないこと、遺産分割協議が成立していないことなどを、請求者に確認するとともに、必要に応じ資料の提出を求めることがよいでしょう。

さらに、③遺産分割協議が成立していると疑われる事情があるような場合には、もう一歩踏み込んで、他の相続人にこれを確認する必要があるものと思われます。

4　払出しを拒否した場合のJAの責任（従前の考え方による）

以上のとおり、裁判所は、共同相続人の１人による法定相続分の払出請求に対し、遺言や遺産分割協議があるかどうかについて確認を求める限度で支払を拒絶することについては理解をしているといえます。

しかしながら、共同相続人の一部が所在不明であったり外国に居住している等の理由で容易に連絡がとれなかったりする場合において、共同相続人全員の合意が不可欠であり相続人全員に遺言の有無を確認できないといった厳格な運用を行うことは相続人の権利を害するとした裁判例があります（前掲平成８年東京地方裁判所判決）。

この事案では、払出請求をした共同相続人の１人が、一定の根拠を示して、相続人の範囲、遺言がないこと、遺産分割協議が調っていない事情等について説明をしたときは相続貯金の払戻しに応じなければならないとされました。

また、遺産分割の方法についての審判が確定している事実について弁護士から送付された書面から明らかであるのに、後日の紛争を回避するとの名目で共同相続人の署名押印または遺産分割協議書の提示等の確認を求めることは明らかに行き過ぎであるとし、本来不必要であった弁護士費用の負担を余儀なくさせたものとして、払出請求を認めただけでなく弁護士費用の一部を損害として認めその賠償を命じた裁判例もあります（大阪高等裁判所平成26年３月20日判決・金融法務事情2026号83頁）。

したがって、単独で相続貯金の払出しを求める共同相続人に対し、JAの側であまりに機械的・厳格に他の共同相続人の合意を求め、遺言がないことや遺産分割協議が調っていない事情について一定の説明がなされているにもかかわらず、払出しを拒絶すると、JAに対する損害賠償請求が認められる場合もありえました。

この点についての取扱いが、最高裁判所平成28年12月19日決定によって、どの程度変わってくるかはわかりませんが、少なくとも、従前よりは、相続分に応じた払戻請求に対し、慎重な対応を行ってよいと考えられるでしょう。

Q 90 相続人が現れない場合の対応

貯金者が亡くなりましたが、貯金者は独り身で、相続人がいません。貯金はどのように取り扱うべきでしょうか。

被相続人に相続人がいることが明らかでない場合については、相続財産管理人という制度が準備されています。

相続財産管理人は、相続財産を管理し、債務等を調査して相続財産から弁済を行うとともに、相続人の捜索を行います。

また、相続財産管理人によるこれらの手続を経たうえで相続人不存在が確定した場合には、家庭裁判所の審判により、特別縁故者に対する分与が行われる場合があります。

そして、最終的に残余財産が出れば、それらは国庫に帰属することになります。

本件のような場合にも、必要に応じて、JAで相続財産管理人を選任することが考えられます。

解　説

1　相続財産管理人制度について

被相続人（亡くなった方）に法定相続人が１人もいない場合や、相続人の存在が明らかでない場合、相続財産は法人とされます（民法951条）。

具体的には、戸籍上、妻子も親兄弟もおらず、その他の直系卑属（孫など）や直系尊属（祖父母など）、兄弟の子（甥・姪）も存在しない場合が該当します。

また、相続人が存在したとしても、相続放棄（同法938条）を行った場合、相続人は初めから相続人にならなかったものとみなされます（同法939条）ので、相続放棄の結果、相続人が1人もいなくなれば、やはり相続人不存在となります。

このような場合、利害関係人の請求により、家庭裁判所が相続財産管理人を選任し(同法952条)、その相続財産管理人が、債務の弁済や相続人の捜索等の業務を行うことになります。

そこで、本件のような場合に、JAが利害関係人として相続財産管理人の選任を求めることが考えられます(ちなみに、戸籍上相続人がいることがわかっているが、居場所がわからない、という場合は「相続人の存在が明らかでない」場合に当たりませんので、相続財産管理人ではなく、不在者財産管理人(同法25条)の選任を申し立てることになります)。

2　相続財産管理人が選任された場合の処理

相続財産管理人が選任された場合、その相続財産管理人が、相続財産法人を管理し、被相続人の債権者に債権届出をさせて相続財産から配当を行うほか、相続人捜索の手続を行います。

そして、相続人捜索等の手続を経ても、相続人が現れない場合には、相続人不存在が確定することになります。

この場合、家庭裁判所が、特別縁故者、つまり被相続人と生計を同じくしていた者、被相続人の療養看護に務めた者、その他被相続人と特別の縁故があった者からの請求によって、その者に財産の全部または一部を与えることがあります。

そして、残余の財産は、最終的には国庫に帰属するものとされています(民法959条)。

3　相続財産管理人への払戻し

相続財産管理人が選任され、同管理人からJAに対して払出しの請求があったとしても、無条件でこれに応じてよいとは限りません。

相続財産管理人は、保存行為または管理の目的たる物・権利の性質を変えない範囲での利用行為もしくは改良行為をなしうるにすぎず、その範囲を超える行為を必要とするときには家庭裁判所の許可が必要とされているからです（民法953条、28条、103条）。

この相続財産管理人の権限の範囲に貯金の払出請求が含まれるかは解釈が分かれていますが、特に多額となる場合には、念のため家庭裁判所の許可を確認したうえで請求に応じるのが無難といえます。

第9節　貯金の消滅時効と睡眠口座の扱い

Q 91　貯金の消滅時効の時効期間と起算点

消滅時効とは何ですか。また、貯金の消滅時効とその起算点について教えてください。

A　消滅時効とは、一定の期間、権利を行使しないという状態が続いた場合にその権利を消滅させてしまう制度をいいます。消滅時効の期間は、債権については10年とされていますが、貯金の払戻請求権について、貯金者が商人（商法4条）の場合には5年間となります。時効期間は、債権者が権利を行使できるときから進行するとされているため、起算点は貯金の種類によって変わることになります。

解　　説

1　消滅時効とは

(1)　消滅時効の定義

消滅時効とは、一定の期間、権利を行使しないという状態が続いた場合にその権利を消滅させてしまう制度をいいます。

このような制度が設けられた理由としては、①長期間続いた事実状態を尊重する、②時間の経過によって証明が困難となることを救済する、③権利の上に眠る者（権利を行使できたのにしなかった者）は保護に値しない、との3つがあげられています。

(2)　消滅時効の期間等

消滅時効の期間は、預金のような債権については、10年と定められています（民法167条１項）。ただし、商行為によって生じた債権については、消滅時効の期間は５年とされています（商法522条）。

もっとも、５年や10年という期間の経過により当然に権利が消滅するものではありません。消滅時効によって利益を受ける立場にある者がその利益を受けるという意思を表示してはじめて権利の消滅という効果が生じます。これを時効の援用（民法145条）といいます。

消滅時効の期間は、「権利を行使することができる時から進行する」（同法166条１項）とされています。

また、時効の期間が進行を開始しても、「請求」「差押え、仮差押え又は仮処分」「承認」といった中断事由（同法147条）が発生した場合には、時効は中断することになり、進行した時効期間はゼロに戻ります。ゼロに戻った時効期間は、中断事由が終了した時からまた新たに進行を開始することになります（同法157条１項）。通帳記帳や残高通知の貯金者への交付は、「承認」に当たり時効は中断します。

2　貯金の消滅時効とその起算点

(1)　貯金の消滅時効

貯金の払戻請求権も債権であるため、当然、時効によって消滅する場合があります。

時効期間は、商人（商法４条）である銀行は５年ですが、信用金庫や信用組合といった商人ではない金融機関は10年（ただし、貯金者が商人の場合には５年）になります。したがって、JAが取り扱う貯金については、時効期間は10年（貯金者が商人の場合には５年）になります。

なお、金融機関は、貯金について消滅時効を援用することなく、５年、10年といった時効期間が経過した後であっても、払戻請求がなされればこれに応じるのが通常です。

⑵　貯金の消滅時効の起算点

a　はじめに

消滅時効の期間は、「権利を行使することができる時から進行」（民法166条1項）します。そのため、それぞれの貯金の消滅時効の起算点は、貯金者がいつから「権利を行使することができる」のかによって異なることになります。

b　普通貯金・貯蓄貯金

普通貯金・貯蓄貯金の場合、貯金者は、いつでも払戻しを受けたいときに払戻しを請求することができます。

そのため、時効期間は預入れの日から進行することになります。そして、その後、預入れまたは払戻しがなされるつど、貯金残高の「承認」がなされ、時効は中断するため、最後の預入れまたは払戻しがあった時から、残高全額について時効期間が進行するものと考えられます。

c　通知貯金

通知貯金の場合、貯金者は、据置期間を経過した日（預入日から起算して8日目）から払戻しを請求することができます。

そのため、時効期間は、据置期間満了の日から進行するものと考えられます。

d　定期貯金

定期貯金の場合、貯金者は、満期日以降、払戻しを請求することができるため、時効期間は、満期日から進行するものと考えられます。

ただし、自動継続定期預金の場合には、貯金者が自動継続停止の申出を行わない限り、貯金者は払戻しを請求することはできないものと考えられますので、時効期間は進行しません。貯金者が自動継続停止の申出を行った場合には、その後最初に到来する満期日から時効期間は進行することになります（最高裁判所平成19年4月24日判決・最高裁判所民事判例集61巻3号1073頁、最高裁判所平成19年6月7日判決・金融法務事情1818号75頁参照）。

e　定期積金

定期積金の場合、貯金者は、満期日以降、払戻しを請求することができるため、原則として、時効期間は、満期日から進行するものと考えられます。

ただし、掛け金の払込みが遅延したことにより、満期日が変更された場合には（満期日が繰り下げられた場合には）、変更後の（繰下げ後の）満期日から時効期間が進行するものと考えられます。

f　当座貯金

当座貯金の場合、貯金者は、当座勘定契約終了以降、払戻しを請求することができるため、時効期間は、当座勘定契約終了時から進行するものと考えられます（大審院昭和10年２月19日判決・大審院民事判例集14巻137頁）。

そのように判断した判例はありますが、当座勘定契約が終了しない限り、どれだけ時間が経っても消滅時効にかからないというのは制度趣旨に反するとして、普通貯金と同様、最終の取引の時から時効期間が進行するとの考えもあります（加藤一郎・吉原省三編著『銀行取引［第６版］』131頁）。

Q 92 消滅時効期間満了後の貯金の払戻請求

消滅時効の時効期間が満了した後、貯金者から貯金の払戻請求がなされた場合、どのように対応したらよいでしょうか。

時効期間が経過した後であっても、貯金者から払戻請求があればこれに応じるのが通常であり、払戻請求に応じることに問題はありません。

もっとも、すでに貯金の払戻しに応じている等、金融機関側の認識としては、貯金の払戻請求権が消滅したと考えているのに、貯金証書を回収しておらず、貯金者から定期貯金証書が示され、払戻しの請求がなされた場合等には、時効の援用を検討することになります。このような場合に金融機関による消滅時効の援用が信義則違反や権利の濫用に該当すると判断されることはありません。

解　説

1　時効期間満了後の貯金者からの払戻請求への対応

貯金の払戻請求権は債権ですから、当然に消滅時効の制度の適用があります。そのため、金融機関は、時効期間経過後であれば、貯金者の払戻請求権は時効によって消滅したものと主張することができます。

しかし、消滅時効は、一定期間の経過により法律上当然に権利が消滅する制度ではなく、時効により利益を受ける立場にある者が、その利益を受けるという意思を表示して（時効を援用して）はじめて効果が生じるものです。つまり、金融機関側が時効を援用しなければ、貯金の払戻請求権は消滅しません。そして、実際には、金融機関は、営業政策上の理由等により、特別な事情がない限り、時効を援用することはありません（後述するように、例外的に時効の援用を検討せざるをえない場合はあります）。

このように、貯金の払戻請求権は時効期間の満了によって当然に消滅するものではなく、また、金融機関は、貯金の払戻請求権について通常は時効を援用しないことから、貯金者から払戻請求がなされた場合には、時効期間満了後であっても、払戻しに応じてかまいません。

2　金融機関が消滅時効の援用を検討する場合とその場合の問題点

⑴　金融機関が消滅時効の援用を検討する場合

上記のとおり、金融機関は、時効期間満了後であっても、通常は、貯金の払戻請求に応じています。

しかし、金融機関側の認識では、すでに貯金の払戻しを行っているにもかかわらず、貯金証書を回収しておらず、払戻しから長期間が経過し、払戻しの事実を証明するのが困難になった後、貯金者から貯金証書が示され、払戻しの請求がなされた場合等には、やむをえず、時効の援用を検討することになります。

⑵　金融機関が消滅時効を援用した場合の問題点

a　金融機関による消滅時効の援用が信義則違反（民法1条2項）や権利の濫用（民法1条3項）に当たるか

貯金の払戻し請求権は債権であり、当然に消滅時効の対象になります。そのため、金融機関が消滅時効を援用することが直ちに信義則違反や権利の濫用に該当すると判断されることはありません。

満期日から約19年経ってから、貯金者が金融機関に対し、貯金証書を示して定期貯金の払戻しを請求した事件がありました。金融機関側は、すでに払戻しに応じていて貯金債権は消滅しているとの認識でしたが、資料の保管期間が過ぎており、証拠が乏しかったため、あわせて消滅時効も援用しました。

この訴訟において、裁判所は、一般に銀行において時効期間が経過したとの理由のみで払戻しを拒否はしないことを認定しつつ、「本件のように20年に近いほどの著しく長い期間が経過してからではなく、せめてそれほど期間が経過しないうちに、払戻請求をする等の手段をとっていれば、銀行側において本件預金債権に関する記録、証拠等を存置していた可能性が大きく、諸般の事実関係が解明され得たものと認められる」等と判示し、結論として「銀行が消滅時効を援用することが権利の濫用であって許されないとすることはできない」と判断しました（大阪高等裁判所平成６年７月７日判決・金融法務事情1418号64頁）。

このように、金融機関側の消滅時効の主張に対し、それが信義則に違反する、権利の濫用に当たるとの反論がなされることはありますが、資料の保管期間の関係から払戻しの事実を証明できず、やむなく消滅時効を援用するような場合に、それらの反論が認められることはないと考えてよいでしょう。

b　自動継続定期貯金の特殊性と実務対応

自動継続定期貯金については、貯金者が自動継続停止の申出を行わない限り、貯金者は払戻しを請求することができないため（権利を行使することができないため）、時効期間は進行しないものと解されています（最高裁判所平成19年４月24日判決・最高裁判所民事判例集61巻３号1073頁、最高裁判所平成19年６月７日判決・金融法務事情1818号75頁参照）。

そのため、自動継続定期貯金については、金融機関が定期貯金の払戻しに応じた後、長期間が経過し、払戻しの証明が困難になってから、貯金者から貯金証書を示された場合に、消滅時効を主張して払戻しを拒むことができなくなるおそれがあります。

そのような事態を避けるべく、金融機関としては、自動継続回数の上限設定、貯金証書の確実な受戻し（いわゆる便宜支払をしない）、証券の再発行手続の厳格化といった対応が必要と考えられます。

Q 93 睡眠口座の取扱い

睡眠口座とは何ですか。睡眠口座に移行させる場合の手続および睡眠口座以降後に払戻請求があった場合の対応について教えてください。

A 睡眠口座とは、長期間にわたって取引（引出し、預入れ等）のない口座をいいます。睡眠口座への移行は、金融機関によって取扱いが異なりますが、全国銀行協会の通達に従った手続がとられているといえます。睡眠口座移行後に貯金者から払戻請求があった場合、払戻しに応じることに問題はありません。

解　説

1　睡眠口座とは何か

(1)　睡眠口座の定義

睡眠口座（睡眠預金）とは、最終取引日以降、払出可能の状態にあるにもかかわらず、長期間異動のない口座をいいます。休眠口座（休眠預金）と呼ばれることもあります。

睡眠口座は、全国銀行協会通達「睡眠預金に係る預金者に対する通知および利益金処理等の取扱い」では、

①　流動性預金および自動継続定期預金以外の定期性預金については、最終取引日以降、払出しが可能な状態であるにもかかわらず、長期間異動のないもの

②　自動継続定期預金については、初回満期日以降、長期間継続状態が続いているもの

をいうとされています。

⑵　睡眠口座の概要

睡眠口座の取扱いは、金融機関によって異なりますが、金融機関は、原則として10年以上取引がなく、貯金者と連絡をとることができなくなった口座を睡眠口座として取り扱っています。

平成24年5月8日付け「成長ファイナンス推進会議中間報告」によれば、睡眠預金は、銀行等（銀行、信用金庫、信用組合、労働金庫）では金額ベースで年間約850億円（約1,300万口座）発生し、約350億円（約75万口座）の払戻しが行われているとのことです。また、農漁協系統金融機関においても、金額ベースで約24億円（約58万口座）発生し、約6億円（約4万口座）の払戻しが行われているとされています。

近年、毎年発生する睡眠預金（銀行等で考えた場合、発生する約850億円から払い戻される約350億円を差し引いた約500億円）を遊休資産ととらえ、海外の活用事例も参考にして、これを社会的課題の解決等に有効活用しようとする検討が進められています。

2　睡眠口座に移行させる場合の手続

睡眠口座に移行させる場合の手続について、全国銀行協会通達「睡眠預金に係る預金者に対する通知および利益金処理等の取扱い」では、次のように定められています。

① 最終取引日以降10年を経過した残高1万円以上の睡眠預金については、最終取引日から10年を経過した日の6カ月後の応答日までに、各預金者の届出住所宛に郵送による通知を行う。

② 郵送による通知が返送された睡眠預金および通知不要先のうち預金者が確認できなかった睡眠預金については、その通知または確認手続を行った日から2カ月を経過した日の属する銀行決算期に、利益金として計上する。

③ 最終取引日以降10年を経過した残高1万円未満のすべての睡眠預金については、最終取引日から10年を経過した日の6カ月後の応答日に属する銀

行決算日までに、利益金として計上するものとする。

この通達に従い、口座の残高に応じて上記手続を行った後、長期間取引のない口座を睡眠口座として取り扱うこととする金融機関が多いといえます。JAバンクもこの手続に準じて取り扱っています。睡眠口座は、通常口座と別の管理口座にて管理し、通達に従った会計処理を行うことになります。

3　睡眠口座移行後に払戻請求があった場合の対応

睡眠口座に移行した貯金であっても、預金者から払戻請求があった場合には、払戻しに応じることに問題はありません。

睡眠口座については、消滅時効の時効期間が経過しているものと考えられますが、貯金の払戻請求権は時効期間の満了によって当然に消滅するものではなく（金融機関が時効を援用してはじめて消滅します）、また、金融機関は、貯金の払戻請求権について通常は時効を援用しないためです。

もっとも、睡眠口座は、通常口座と分けて管理することになるため、ATMで引き出すことはできなくなっています。そのため、払戻しは、金融機関の窓口にて、貯金者から通帳や届出印鑑、本人確認資料等の提示を受けて行うことになります。

第10節　反社会的勢力と貯金取引

Q94　貯金者が反社会的勢力であることが判明した場合の対応

貯金者が反社会的勢力であることが判明した場合、いかなる対応が必要でしょうか。

A　貯金者が反社会的勢力であることが判明した場合には、すみやかに支店に周知し、新たな取引を行わないようにする必要があります。

そして、取引関係の解消に向けて、弁護士と協議して対応方針を策定し、暴排条項に基づく契約の解除等を検討する必要があります。

解　説

1　貯金者が反社会的勢力であることが判明した場合の初動対応

取引開始時には反社会的勢力であることが判明しなかったが、取引開始後に、報道、捜査機関の照会あるいは更新されたデータベースとの照合等により、貯金者が反社会的勢力であることが判明することがあります。

このような場合に、JAの反社会的勢力担当部門は、判明した時点以降に、当該反社会的勢力との間で新たな取引を行わないように、当該反社会的勢力が貯金口座を有している支店その他の関係部署にすみやかに連絡し、注意喚起する必要があります。

過去の検査指摘事例で、反社会的勢力対応部門であるコンプライアンス統括部門は、反社会的勢力のおそれがある取引先を関係機関に照会した結果、複数の取引先が反社会的勢力に該当することが判明したにもかかわらず、反社会的勢力との取引の排除を軽視したことから、早急な対応は必要ないとの誤った判断を行い、当該取引先について関係部署に連絡しなかったため、取引を排除するための対応方針が策定されておらず、また、コンプライアンス担当理事も、コンプライアンス統括部門から当該取引先について報告を受けているにもかかわらず、同部門における反社会的勢力への対応が適切に行われているかを確認しておらず、必要な指示を行っていないとして、指摘に至った事例がありますので、留意が必要です（農協検査（３者要請検査）結果事例集（平成25年２月、27年３月分）４頁）。

2　取引解消方法の検討

(1)　暴力団排除条項とその適用

反社会的勢力の貯金口座を解消する方法としては、貯金に関する各種約款に導入されている暴力団排除条項（以下「暴排条項」といいます）に基づく解除が考えられます。

平成19年に公表された「企業が反社会的勢力による被害を防止するための指針について」（以下「政府指針」といいます）において、「契約自由の原則が妥当する私人間の取引において、契約書や契約約款の中に、①暴力団を始めとする反社会的勢力が、当該取引の相手方となることを拒絶する旨や、②当該取引が開始された後に、相手方が暴力団を始めとする反社会的勢力であると判明した場合や相手方が不当要求を行った場合に、契約を解除してその相手方を取引から排除できる旨を盛り込んでおくことが有効である」と規定しています。これをふまえると、暴排条項とは、①取引の相手方に反社会的勢力でないことを表明・確約させること、および②相手方が反社会的勢力であることが判明した場合には、契約の解除や期限の利益喪失等により、取引関係を解消して、相手方を取引から排除できることを内容とするものをいうものと考えられます。

暴排条項を使用して解除する場合には、取引の相手方が「反社会的勢力」であることを認定する必要があります。

この点、「反社会的勢力」とは、暴力団員や総会屋等の属性要件と暴力的な要求行為、法的な責任を超えた不当な要求行為等の行為要件のいずれかに該当するものと定義されていることが一般的です。JAは、相手方が「反社会的勢力」と確実に認定するために、警察に対して照会をかけるほか、取引面談記録、新聞・雑誌記事、インターネット上の情報等を収集することが必要となります。

暴排条項を適用して預金契約を解除する際には、法的判断が必要となりますので、反社会的勢力対応に精通している弁護士に相談のうえ、対応することが望ましいと考えられます。

⑵ 暴力団排除条項導入前に貯金口座を開設した場合

JAの各種貯金約款に対して暴力団排除条項を導入する前に貯金口座を開設した反社会的勢力につき、貯金取引約款に暴力団排除条項を追加し、同約款に基づき、預金契約を解除した場合、当該解除が有効であるか（言い換えれば追加した暴力団排除条項が有効であるか）が問題となります。

この点、同種の事案で、銀行が既存の預金取引約款に追加した暴力団排除条項は、目的の正当性や必要性のほか、同目的を達成する手段としての合理性も認められることから、憲法14条１項、22条１項の趣旨に反するとも、公序良俗違反ともいえず、当該追加は有効であり、銀行が既存の預金取引約款に暴力団排除条項を追加することは、合理的な取引約款の変更に当たるということができ、既存顧客との個別の合意がなくとも、既存の契約に約款変更の効力を及ぼすことができる（福岡高等裁判所平成28年10月４日判決・金融法務事情2052号90頁）と判示した下級審裁判例があり、暴力団排除条項の遡及適用を認めた裁判例として参考になります。

暴排条項を遡及的に適用して預金契約を解除する場合にも、法的判断が必要となりますので、反社会的勢力対応に精通している弁護士に相談のうえ、対応することが望ましいと考えられます。

Q 95 貯金口座が犯罪に利用された可能性がある場合の対応

約1年間利用されていなかった個人の貯金口座に対して、突然頻繁に不特定多数の個人から入金された事実が確認された場合、JAとしては、いかなる対応が必要でしょうか。

A 当該貯金口座が振り込め詐欺等の犯罪に利用されている可能性があることから、まずは預金名義人本人に連絡をとって本人確認を行い、現に口座を利用しているか否か、不特定多数の口座名義人から振込が実施されている理由等を確認する必要があります。

そして、当該口座の解除や凍結を検討するために、当該口座のモニタリングの実施や情報収集等を行う必要があります。

さらに、疑わしい取引の届出を検討する必要があります。

解　説

1　貯金口座が犯罪に利用された可能性がある場合の対応

長期間にわたり利用されていなかった個人の貯金口座が、突然頻繁に不特定多数の個人から入金された事実が確認された場合、当該口座が振り込め詐欺やヤミ金等の犯罪に利用されている可能性があります（国家公安委員会「犯罪収益移転危険度調査書」（平成27年9月）9頁参照）。

このような場合、JAは、犯罪被害者の拡大防止およびマネー・ローンダリング防止の観点から、①口座凍結等の取引停止措置と②疑わしい取引の届出の検討を行う必要があります。

2　取引停止措置の検討

JAは、預金口座等について、捜査機関等から当該預金口座等の不正な利用に関する情報の提供があることその他の事情を勘案して犯罪利用預金口座等である疑いがあると認めるときは、当該預金口座等に係る取引の停止等の措置を適切に講ずる必要があります（犯罪利用預金口座等に係る資金による被害回復分配金の支払等に関する法律3条1項。以下「振り込め詐欺救済法」といいます）。

上記事例の貯金口座は、1で述べたとおり、犯罪に利用されている可能性がありますが、捜査機関等からの情報によるものではなく、たとえばインターネットオークションに古着等の複数の商品を出品し、同時期に競り落とされて、振込がなされた場合など、犯罪ではない通常の利用であることも考えられます。このような状況下で直ちに口座を凍結・解除することには、後に犯罪に利用された口座ではないことが判明した場合に名義人から貯金契約の債務不履行に基づく損害賠償請求または不法行為に基づく損害賠償請求等をされるリスクを伴います。

そこで、JAは、当該口座名義人に対して、本人確認を行うとともに、口座の使用状況や振込が頻繁に行われている理由について確認すべきであると考えます。その結果、口座名義人の実在性が確認できない場合や口座自体を第三者に譲渡したことが確認できた場合には、すみやかに口座の凍結・解除を実施すべきであると考えられます。

また、口座名義人からは一応の説明は受けたものの、なお犯罪利用の可能性が払拭できない場合には、当該口座に対するモニタリングを強化して、積極的に情報を収集することが望ましいと考えます。具体的には、当該口座の出入金回数や金額をトレースし、口座名義人の説明との整合性を検証するほか、当該口座名義人の反社会的勢力チェック、出入金の名義人に対する反社会的勢力チェック等を定期的に確認していくことなどが考えられます。

3　疑わしい取引の届出の検討

また、JAは、当該口座が振り込め詐欺やヤミ金などの犯罪に利用されている疑いがある場合には、疑わしい取引の届出を行う必要があります（犯罪収益移転防止法８条)。疑わしい取引の届出は、取引時確認の結果や当該取引の態様その他の事情を勘案して監督官庁に届け出ることになります。

この点、金融庁は、「疑わしい取引の参考事例（預金取扱い金融機関)」を公表し、疑わしい取引に該当する可能性のある取引として特に注意を払うべき取引の類型を例示しており、届出の判断を行ううえで参考になります。同参考事例では今回のように、多額の入出金が頻繁に行われる口座に係る取引、多数の者から頻繁に送金を行う口座に係る取引、通常は資金の動きがないにもかかわらず、突如多額の入出金が行われる口座に係る取引などが疑わしい取引として、あげられています。

Q 96　振り込め詐欺救済法

顧客から「振り込め詐欺に遭った」と相談があった場合、JAはいかなる対応をとる必要があるでしょうか。

JAは、振り込め詐欺救済法に基づき、以下の措置を実施する必要があります。

①　捜査機関等からの情報提供などを勘案し、犯罪利用貯金口座等である疑いがあると認められる貯金口座等に対して、取引の停止等の措置の実施
②　預金保険機構に対し、貯金等債権の消滅手続の開始に係る公告の申請
③　権利行使の届出等がなく公告期間が満了した場合における分配金支払義務

解　説

1　振り込め詐欺救済法とは

振り込め詐欺は、電話や手紙等で、身内や犯罪被害者、警察、裁判所あるいは役所等の公的機関を装い、高齢者を中心とする被害者を騙して、預金口座に振り込ませる犯罪行為です。いわゆるオレオレ詐欺や架空請求詐欺等がこれに当たります。こうした振り込め詐欺の被害額が増加し、社会問題化したことから、振り込め詐欺の被害者を救済するために、平成20年６月21日から「犯罪利用預金口座等に係る資金による被害回復分配金の支払等に関する法律」（いわゆる振り込め詐欺救済法）が施行されました。これにより、金融機関が犯罪利用口座を凍結して資金の流失を防ぐことができた場合に、その残高を被害者に分配することが可能になりました。

被害者から被害の報告を受けてから、被害者に分配するまでの流れは、図表96－１のとおりです。

図表96－1　振り込め詐欺救済法に基づく被害者に分配するまでの流れ

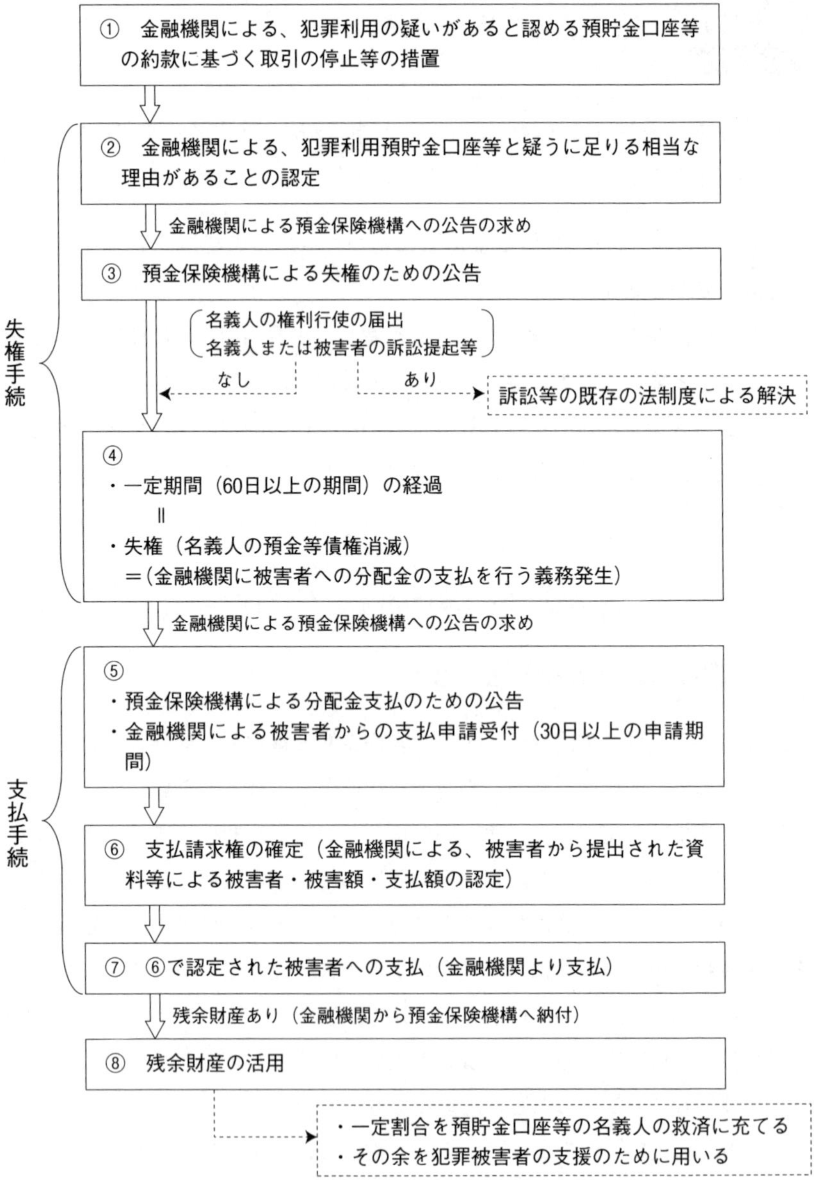

（出典）　金融庁ホームページより

2　貯金口座等に係る取引の停止等の措置

被害者から被害の申出があり、振込が行われたことが確認でき、他の取引の状況や口座名義人との連絡状況から、直ちに口座凍結を行う必要があると認められる場合には、JAは、取引停止等の措置を実施する必要があります(振り込め詐欺救済法3条1項)。取引の停止等の措置を実施した場合、JAは、すみやかに当該貯金口座等の名義人に対して、配達記録郵便等により書面を送付する必要があります。

また、JAは当該貯金口座等に係る資金を移転する目的で利用された疑いがある他のJAの貯金口座等があると認めるときは、当該他の金融機関に対して必要な情報を提供する必要があります（同条2項)。

3　貯金等に係る債権の消滅手続公告の申請

JAは、当該JAの貯金口座等について、犯罪利用貯金口座等であると疑うに足りる相当な理由があると認めるときは、すみやかに、預金保険機構に対し、当該貯金口座等に係る貯金等に係る債権について、振り込め詐欺救済法施行規則4条で定める書類を添えて、当該債権の消滅手続の開始に係る公告(失権公告）をすることを求める必要があります（同法4条1項)。

(1)　犯罪利用貯金口座等の認定

貯金口座等の取引停止等の措置については「疑いがあると認められるとき」に実施されるのに対し、消滅手続については「疑うに足りる相当な理由があると認めるとき」と要件を厳格にしていることに留意する必要があります。消滅手続について要件を厳格にしたのは、取引の停止等の措置が、被害者救済および犯罪の未然防止のために迅速性が要求される措置であるのに対し、消滅手続が、貯金口座の名義人等から財産権を剥奪するという重大な効果を有するからです。

「相当な理由」とは、具体的には、次に掲げる事由を勘案して総合的に判断することになります。

【相当な理由の判断の際に勘案する事情】
・捜査機関等から当該貯金口座等の不正な利用に関する情報の提供があったこと（振り込め詐欺救済法4条1項1号）
・捜査機関等からの情報等に基づいて当該貯金口座等に係る振込利用犯罪行為による被害の状況について行った調査の結果（同項2号）
・JAが有する資料等により知ることのできる当該貯金口座等の名義人の住所への連絡その他の方法による当該名義人の所在その他の状況について行った調査の結果（同項3号）
・当該貯金口座等に係る取引の状況（同項4号）
・その他の事情

「相当な理由」の有無の判断はJAに委ねられていますが、当該判断を行うに先立ち、少なくとも捜査機関等からの情報提供があるか否か、被害届が受理されているか否かなどの事項を確認することが必要であると考えます。

⑵ 消滅手続公告の申請

次に、JAは、犯罪利用貯金口座と認定した口座に係る預金等債権について、預金保険機構に対し、以下の書類を添付して、当該債権の消滅手続の開始に係る公告（失権公告）を求めることとなります（振り込め詐欺救済法施行規則4条）。

【JAから預金保険機構に対して添付する書類】
・当該貯金口座等に係るJA名・支店名・貯金種目・口座番号
・対象貯金口座に係る名義人の氏名または名称
・対象貯金等債権の額（口座残高）
・権利行使の届出等に係る期間
・権利行使の届出等の方法
・消滅公告を希望する年月日

・振込利用犯罪行為による被害を受けたことが疑われる者から対象貯金口座等への振込が行われた時期
・対象貯金口座等が犯罪利用貯金口座等と実質的に同一である場合においては、その旨および当該対象貯金口座等に係る資金の移転元となった犯罪利用貯金口座等に関する情報
・対象貯金口座等に係る取引の停止等の措置が講じられた時期
・他の金融機関の対象貯金口座等に係る資金を移転する目的で利用された疑いのある貯金口座がJAにあると他の金融機関から通知を受けたときは、その旨および当該他の金融機関の貯金口座等に関する情報
・犯罪利用貯金口座等であると疑うに足りる相当な理由

ただし、以下の事情がある場合に、JAは、預金保険機構に対して公告の申請を求めてはならないとされています（同法4条2項、同法施行規則5条、6条）。

【公告の申請を求めてはならない場合】
・当該貯金口座等について貯金等の払戻しを求める訴えが提起されている場合
・当該貯金等に係る債権について強制執行、仮差押え、仮処分等の手続が行われている場合
・当該貯金口座の名義人について、破産、民事再生法による再生手続開始の決定等があった場合

(3) 預金保険機構による消滅手続公告（失権公告）の実施

預金保険機構は、JAから消滅手続公告（失権公告）の依頼があった場合、遅滞なく、同機構が定める方法により、同機構のホームページ上で失権公告を実施します（振り込め詐欺救済法5条1項）。

当該公告においては、名義人等の債権者による権利行使の届出等の期間を

定め、その期間は公告の翌日から起算して60日以上とされています（同項5号、同条2項）。

そして、JAは、上記期間内に権利行使の届出等があった場合、または当該貯金口座等が犯罪利用貯金口座等でないことが明らかになった場合には、その旨を預金保険機構に通知する必要があります（同法6条1項・2項）。当該通知を受けた預金保険機構は、消滅手続を終了し、その旨を公告します（同条3項）。

また、JAは、上記期間内に被害を受けた旨の申出をした者に対しては、被害回復分配金の支払の申請に関し利便を図るための措置を適切に講じる必要があります（同法5条4項）。

(4) 貯金等債権の消滅

貯金等に係る債権の消滅公告期間の満了までに前記の権利行使の届出等がなく、かつ、犯罪利用貯金口座等でないことが明らかになった場合の通知がないときは、当該貯金等債権は消滅し、預金保険機構はその旨を公告することになります（振り込め詐欺救済法7条）。

これにより、JAは、消滅貯金等債権に相当する額の金銭を原資として、対象被害者に被害回復分配金を支払うことになります。

4　被害回復分配金の支払手続

(1) 分配公告

JAは、対象貯金等債権が消滅した場合、消滅貯金等債権について、預金保険機構の定める手続により、同機構に対して分配公告を申請します（振り込め詐欺救済法10条）。ただし、すべての対象被害者（一般承継人を含む）が明らかであり、対象被害者全員から被害分配金の支払を求める旨の申出があった場合、JAは分配公告の申請を行わず、その旨を預金保険機構に通知します（同条）。

預金保険機構は、JAから分配公告の申請を受けた場合、遅滞なく所定の事項（消滅預金等債権の額、支払申請期間、被害回復分配金の支払の申請方法等）

を公告します（同法11条１項）。

なお、JAについては、対象犯罪行為による被害を受けたことが疑われる者に対し被害回復分配金の支払手続の実施等について周知するため、必要な情報の提供その他の措置を適切に講ずるものとされています（同条４項）。

⑵　支払の決定

JAは、上記支払申請期間が経過したときは、遅滞なく、支払申請書および疎明資料等に基づき、その申請人が被害回復分配金の支払を受けることができる者に該当するか否かを決定し、該当する旨の決定をするにあたっては犯罪被害額（対象犯罪行為により失われた財産の価額から控除対象額を控除した額をいいます（振り込め詐欺救済法13条２項））も定める必要があります（同条）。

また、これらの決定を行ったときは、その内容を記載した書面を申請人に送付し（同法14条１項）、支払該当者決定を受けた者の氏名等所定の事項を記載した決定表を作成して、本店等に備え置く必要があります（同法15条、同法施行規則25条、26条）。

なお、消滅貯金等債権の額が1,000円未満であるときは、被害分配金の支払は行われず、当該消滅等債権に相当する額を預金保険機構に納付します（同法８条３項、19条１号）。また、損害相当額全額について賠償またはてん補された者、もしくは犯罪行為を実行した者や犯罪行為に関連して不正に利益を受けた者等、被害回復分配金の支払を受けることが社会通念上適切でない者に対しては、被害回復分配金は支払われません（同法９条）。

⑶　支払の実施等

JAは、すべての申請に対して支払該当者の決定を行ったときは、遅滞なく、該当者に対し、被害回復分配金を支払わなければなりません（振り込め詐欺救済法16条１項）。

また、JAは、その被害回復分配金の額を決定表に記載して預金保険機構に通知しなければなりません（同条３項）。なお、支払該当者に対する被害回復分配金の額は以下の方法で決定されます（同条２項）。

・総被害額が消滅貯金等債権の額を超える場合には、次の計算式により、個々の支払該当者に対する被害回復分配金の額を決定する（1円未満の端数は切捨て）。

・被害回復分配金の額＝消滅貯金等債権の額×（当該支払該当者決定を受けた者の犯罪被害額÷総被害額）

・総被害額が消滅貯金等債権を超えない場合は、当該支払該当者決定を受けた者の犯罪被害額を、その者に係る被害回復分配金の額とする。

⑷ 支払手続の終了等

JAは、支払該当者決定を受けた者のすべてに対して被害回復分配金を支払った場合、その他振り込め詐欺救済法18条1項に該当する場合は、預金保険機構に対して、被害回復分配金の支払手続の終了に係る公告の求めを行います。

Q 97 預金者保護法による損失の補てん等

盗難されたキャッシュカードによって顧客の貯金口座から現金が引き出されたことが判明した場合、JAとしては、顧客に対して引き出された金額を補てんする責任を負うのでしょうか。また、偽造されたキャッシュカードによって現金が引き出された場合はどうでしょうか。

A 盗難されたキャッシュカードによって、顧客の貯金口座から現金が払い戻された場合であって、JAが善意無過失であれば、これにより貯金者が被った損害については、貯金者の責任の程度によって、負担すべき金額が変わります。

また、第三者にキャッシュカードを詐取され、そのキャッシュカードによって現金が払い戻された場合は、原則として、JAが貯金者の損失を補てんする義務を負わないものと考えます。

解　説

1　預金者保護法とその目的

平成18年２月10日に、偽造されたあるいは盗難キャッシュカードを用いて、ATMから不正に引き出される被害が多数発生していることにかんがみ、「偽造カード等及び盗難カード等を用いて行われる不正な機械式預貯金払戻し等からの預貯金者の保護等に関する法律」（以下「預金者保護法」といいます）が、施行されました。

預金者保護法は、偽造カードや盗難カード等を用いて行われるATMからの不正な払戻しについて、民法の特例を定めるとともに、これらのカード等を用いて行われる不正な払戻しを防止するための措置等を講ずることにより、預貯金者の保護を図り、あわせて預貯金に対する信頼を確保し、もって国民経済の健全な発展および国民生活の安定に資することを目的としています。

2　預金者保護法の保護の対象

預金者保護法は、JAが貯金等契約に基づき発行した、盗取または偽造された個人のキャッシュカードまたは貯金通帳（以下「キャッシュカード等」といいます）による被害を保護の対象としています（同法2条2項・3項)。法人のキャッシュカード等は保護の対象になりません（同条2項参照)。

また、第三者により詐取されたキャッシュカード等については、盗難カードにも偽造カードにも該当せず、預金者保護法の保護の対象にはならないと考えます。

ただし、過去の裁判例で、盗難被害に遭った預金者が当該事実を申告してキャッシュカードの再発行を申請し、金融機関により再発行されたキャッシュカードの郵送中、第三者によって不正に郵便局に局留めにされたうえ、預金者の夫になりすました当該第三者が、郵便局員を欺罔して当該再発行カードを詐取した事案に関し、預金者に対する交付がない以上は真正カード等（同条3項。預貯金者に対する交付を要件としている）に該当せず、当該再発行カードは偽造カード等（同条4項。真正カード等以外のカード等その他これに類似するもの）であると判断して、預金者保護法の保護の対象となると判断したもの（大阪地方裁判所平成20年4月17日判決・判例時報2006号87頁）がありますので留意が必要です。

3　JAが損失を補てんする義務を負う場合

(1)　民法の原則

JAから自己のためにする意思をもって債権を行使する者に対して払戻しがなされたとしても、その者が一般取引の通念に照らして債権者であると信じさせるような外観を備えた者（準占有者）であり、かつ、その者が払戻しを受ける権限がないことにつき、JAが知らなかった場合または知らないことにつき過失がない場合には、当該払戻しは有効となります（準占有者への弁済。民法478条）。

⑵　預金者保護法による特則

しかし、被害者保護の観点から、預金者保護法においては、偽造や盗難されたカード等による不正な払戻しおよび借入れ（以下あわせて「不正な払戻し等」といいます）につき民法478条の適用を排除し（同法３条）、払戻しを行ったJAは、被害者が被った損失を補てんする義務（以下「損失補てん義務」といいます）を課しています。また、偽造や盗難されたキャッシュカード等により第三者が行った借入れについても、当該第三者に貸付を行ったJAから貯金者に対する貸付金の返還請求（以下「返還請求」といいます）を制限しています。

⑶　損失補てん義務を負う範囲および返還請求が制限される範囲

盗難または偽造されたキャッシュカード等により、不正な払戻しや借入れ等が行われた場合、JAが損失補てん義務を負う範囲および返還請求が制限される範囲は図表97－１のとおりです。

図表97－１　JAが被害者に対して損失補てん義務を負う範囲および被害者に対する返還請求が制限される範囲

（単位：％）

種　類	JAの事情	被害者の落ち度（注３）		
		故意	重過失	善意有過失
偽造カード等（法４条）	善意無過失	0	0	100
	有過失	0	100	
盗難カード等（法５条）（注１）	善意無過失	0	0	0（注２）or　75
	有過失	0	100	100

（注１）　盗難時に、被害者が以下の手続要件を満たすことが前提。
①　当該真正カード等が盗取されたと認めた後、すみやかに、当該金融機関に対し盗取された旨の通知を行ったこと
②　当該金融機関の求めに応じ、遅滞なく、当該盗取が行われるに至った事情その他の当該盗取に関する状況について十分な説明を行ったこと
③　当該金融機関に対し、捜査機関に対して当該盗取に係る届出を提出したこと等を申し出たこと

（注２）　以下のいずれかに該当する場合は、支払を要しない（５条３項・５項）。
・不正な払戻し等が、当該預貯金者の配偶者、２親等内の親族、同居の親族その他の同居人または家事使用人によって行われた場合
・当該預貯金者が、盗難された際の金融機関に対する説明において、重要な事項について偽りの説明を行った場合

（注３）　被害者の過失の例

上記のとおり、盗難されたカード等による被害については、被害者側の過失の有無によって、損失補てん義務または返還請求が制限される範囲が異なりますので、JAは、被害者側の過失の判断につき、個別具体的に慎重に検討する必要があります。

この点、全国銀行協会が、被害者側の過失の参考例を公表していますので、過失の判断をするうえで参考になります（平成17年10月６日付け全銀協「偽造・盗難キャッシュカードに関する預金者保護の申し合わせ」）。

１．預金者本人の重大な過失となり得る場合
⑴　本人が他人に暗証を知らせた場合
⑵　本人が暗証をキャッシュカード上に書き記していた場合
⑶　本人が他人にキャッシュカードを渡した場合
⑷　その他本人に⑴から⑶までの場合と同程度の著しい注意義務違反があると認められる場合
（注）　上記⑴および⑶については、病気の方が介護ヘルパー（介護ヘルパーは業務としてキャッシュカードを預ることはできないため、あくまで介護ヘルパーが個人的な立場で行った場合）等に対して暗証を知らせた上でキャッシュカードを渡した場合など、やむをえない事情がある場合はこの限り

ではない。

2．預金者本人の過失となり得る場合

(1) 次の①または②に該当する場合

① 金融機関から生年月日等の類推されやすい暗証番号から別の番号に変更するよう個別的、具体的、複数回にわたる働きかけが行われたにもかかわらず、生年月日、自宅の住所・地番・電話番号、勤務先の電話番号、自動車などのナンバーを暗証にしていた場合であり、かつ、キャッシュカードをそれらの暗証を推測させる書類等（免許証、健康保険証、パスポートなど）とともに携行・保管していた場合

② 暗証を容易に第三者が認知できるような形でメモなどに書き記し、かつ、キャッシュカードとともに携行・保管していた場合

(2) (1)のほか、次の①のいずれかに該当し、かつ、②のいずれかに該当する場合で、これらの事由が相まって被害が発生したと認められる場合

① 暗証の管理

ア 金融機関から生年月日等の類推されやすい暗証番号から別の番号に変更するよう個別的、具体的、複数回にわたる働きかけが行われたにもかかわらず、生年月日、自宅の住所・地番・電話番号、勤務先の電話番号、自動車などのナンバーを暗証にしていた場合

イ 暗証をロッカー、貴重品ボックス、携帯電話など金融機関の取引以外で使用する暗証としても使用していた場合

② キャッシュカードの管理

ア キャッシュカードを入れた財布などを自動車内などの他人の目につきやすい場所に放置するなど、第三者に容易に奪われる状態においた場合

イ 酩てい等により通常の注意義務を果たせなくなるなどキャッシュカードを容易に他人に奪われる状況においた場合

(3) その他(1)、(2)の場合と同程度の注意義務違反があると認められる場合

Q 98　盗難通帳による払戻しと金額の補てん

盗難された通帳によって第三者に貯金が払い戻された場合、JAとしては、顧客に対して払い戻された金額を補てんする責任を負うのでしょうか。また、JAネットバンクにより第三者によって勝手に送金されたことが判明した場合はどうでしょうか。

A　盗難通帳を使用した窓口における不正な払戻しやインターネットバンキングのJAネットバンクにおける不正払戻しについては、不正に払い戻されたことにつき、JAに過失がない場合でも、貯金者に過失がなければ、JAは、貯金者に対して、払い戻された分を補償する義務を負います。

解　説

1　盗難通帳等およびJAネットバンクによる不正な払戻しへの対応

偽造カード等及び盗難カード等を用いて行われる不正な機械式預貯金払戻し等からの預貯金者の保護等に関する法律（以下「預金者保護法」といいます）においては、盗難通帳を使った窓口における不正払戻しやネットバンキングによる不正な払戻しは対象としておりませんでした。

しかし、JAバンクは、お客さまにより安心してお取引いただくための措置として、平成20年９月１日に「預貯金等の不正な払戻しへのJAバンクの対応について」（以下「本申し合わせ」といいます）を公表し、盗難通帳を使った窓口における不正払戻しやJAネットバンクにおける不正払戻しにつき、JAに過失がない場合でも、貯金者に過失がないときは原則として負担する旨の申し合わせを行いました（JAバンクホームページ参照）。

2　盗難通帳およびJAネットバンクに係る補償の対象・要件・基準等について

本申し合わせによれば、盗難通帳等による不正の払戻しやJAネットバンクによる不正送金（以下「不正払戻し等」といいます）に係る補償の対象・要件等は、図表98－1のとおりです。

図表98－1　盗難通帳およびJAネットバンクに係る補償の対象・要件・基準等

項　目	盗難通帳	JAネットバンク
補償対象	個人のお客さま	
補償要件	被害者が善意・無重過失 ⇒重過失は補償されない。有過失の場合には、減額	
重過失となりうる場合	(1)　お客さまが他人に通帳等を渡した場合 (2)　お客さまが他人に記入・押印ずみの払戻請求書または諸届書を渡した場合 (3)　その他お客さまに(1)および(2)と同程度の著しい注意義務違反があると認められる場合	個別の事案ごとに事実関係を確認し、対応
過失となりうる場合	(1)　お客さまが通帳等を他人の目につきやすい場所に放置するなど、第三者に容易に奪われる状態に置いた場合 (2)　お客さまが届出印の印影が押印された払戻請求書、諸届を通帳等とともに保管していた場合 (3)　印章を通帳等とともに保管していた場合 (4)　その他お客さまに(1)から(3)と同程度の注意義務違反があると認められる場合	

第 5 章

投信・国債の窓口販売

第1節　投信・国債の窓口販売業務の概要

Q99　国債・投資信託の窓販

国債や投資信託の窓販の法令上の位置づけはどういうものですか。またJAの役職員が国債や投資信託の窓販を行う際の資格要件はどういうものですか。

A　投資信託や国債の窓販業務は、農業協同組合法によって認められている業務です。JAは、金融商品取引法上の登録を受けた登録金融機関となります。また窓販業務を行う役職員は証券外務員試験共同運営協議会の実施する証券外務員資格試験に合格し、金融商品取引法に定める外務員登録原簿に登録を受けることが必要です。

解　説

1　農業協同組合法の規定

JAは、農業協同組合法10条の規定により、その事業の遂行を妨げない限度において、国債の募集の取扱いや投資信託の募集の取扱いが認められています。

2　金融商品取引法の規定

JAなどの金融機関は、金融商品取引法33条1項により、有価証券関連業を行うことは禁止されています。しかし同条2項の例外規定により、内閣総理大臣の登録を受けることによって、登録金融機関として一定の範囲で有価証券関連業を行うことができます。この例外的に許される一定の有価証券関連業務のなかに、国債や投資信託の窓販業務が含まれています。

3　外務員資格制度

金融商品取引法では、登録金融機関は、勧誘員、販売員、外交員その他いかなる名称を有する者であるかを問わず、その役員または使用人のうち、その登録金融機関のために有価証券の売買、取次ぎ、代理等の行為を行う者の氏名、生年月日、その他内閣府令で定める事項につき、内閣府令で定める場所に備える外務員登録原簿に登録を受けなければならない、とされています(同法64条)。ですから、JAにおいて、国債や投資信託の窓販業務に従事する役職員も外務員としての登録が必要となります。

4　外務員の登録

JAの役職員が外務員登録を受けるためには、証券外務員試験共同運営協議会の実施する証券外務員資格試験に合格し、外務員登録原簿に登録を受けることが必要です。

5　外務員の種類

外務員は、第一種外務員と第二種外務員に区分され、それぞれその資格要件と業務範囲が異なります。第一種外務員登録は第一種外務員資格試験に合格すること、そして第二種外務員登録は第二種外務員資格試験に合格することが必要です。国債や投資信託の窓販業務は、一般的には第二種外務員が行うことが可能ですが、第二種外務員は店頭デリバティブ取引に類する複雑な投資信託やレバレッジ投資信託などの取扱いはできません。

6　外務員の権限

外務員はその所属する登録金融機関にかわって、有価証券の売買その他の取引等に関し、いっさいの裁判外の権限を有するものとみなされます（金融商品取引法64条の3）。よって、外務員の行為の効果は、直接所属する登録金融機関に帰属することになります。

7　内部管理体制の整備

有価証券関連業を営もうとする登録金融機関は、その業務の公共性にかんがみ、適正かつ効率的に有価証券関連業を遂行することが期待されています。有価証券関連業に係る営業活動が適正に行われるためには、法令諸規則等の遵守の責任体制を確立するなど、内部管理体制を強化する必要があります。登録金融機関は、内部管理の総責任者として、「内部管理統括責任者」、営業単位の営業活動を指導・監督する「営業責任者」、営業単位の内部管理業務に従事する「内部管理責任者」をそれぞれ配置することとされています。なお、日本証券業協会に加入していない登録金融機関の有価証券等関連業務については、内閣総理大臣は公益または投資者保護の観点から、日本証券業協会定款その他の規則を考慮し、適切な監督を行わなければならないとしており、証券外務員試験共同運営協議会内の各団体についても、各々の業態に即した体制と制度を設けています。

Q100 JAバンクの取扱商品

JAバンクで取り扱っている、国債や投資信託はどのようなものですか。

A JAバンクの取り扱っている国債は、新窓販国債（2年・5年・10年）と個人向け国債（3年・5年・10年）となります。また投資信託は、投資先を国内にするか海外にするか、投資対象を株式、債券、不動産のどれを中心にするかなど、お客さまのライフプランや投資ニーズに従って選択できるように、さまざまな商品がラインナップされています。

解　説

1　新窓販国債

新窓販国債は新型窓口販売方式により販売される国債で、個人の方でも個人向け国債以外の国債を金融機関の窓口で手軽にかつほぼ常時購入することができる国債で、JAバンクでも取り扱っています。個人向け国債とは異なり、幅広い投資家層に購入してもらえるように、個人投資家のみならず法人やマンションの管理組合などでも購入できるようになっています。販売されているのは、2年満期、5年満期、10年満期の3種類で、主な商品性格は図表100－1のとおりです。

2　個人向け国債

個人の国債保有を促進するために導入された商品で、1万円単位から始められ、中途換金もできるなど、個人投資家が保有しやすいようにさまざまな工夫がなされている商品です。種類は変動金利型10年満期、固定金利型5年満期、固定金利型3年満期の3種類があり、主な商品性格は図表100－2のとおりです。

図表100－1　新窓販国債

金利タイプ	固定金利
金利設定方法	発行ごとに市場実勢に基づき財務省で決定
利払い	半年ごとに年２回
購入単位	最低５万円から５万円単位
購入限度額	１申込み当り１億円
発行月	毎月（年12回）
中途換金	市場でいつでも売却が可能（国による買取制度はありません）

図表100－2　個人向け国債

商品名	変動金利型10年満期	固定金利型５年満期	固定金利型３年満期
満　期	10年	５年	３年
金利タイプ	変動金利	固定金利	固定金利
金利設定方法	基準金利×0.66	基準金利－0.05％	基準金利－0.03％
金利の下限	0.05％		
利子の受取り	半年ごとに年２回		
購入単位	最低１万円から１万円単位		
償還金額	額面100円につき100円（中途換金時も同じ）		
中途換金	発行後１年経過すれば、いつでも中途換金可能		
発行月	毎月（年12回）		

3　JAバンク取扱投資信託

投資先を国内にするか海外にするか、投資対象を株式、債券、不動産のどれを中心にするかなど、お客さまのライフプランや投資ニーズに従って選択できるように、さまざまな商品がラインナップされています。JAで取り扱われている投資信託は図表100－３のとおりです。

図表100－3　JAバンク取扱投資信託

主として国内の債券に投資する投資信託	JA日本債券ファンド
主として国内の株式に投資する投資信託	農中日経225オープン、JA TOPIXオープン、農中日本株オープン「ニューチョイス」、NZAM日本好配当株オープン（3カ月決算型）「四季の便り」
主として国内の不動産投信に投資する投資信託	NZAM J-REITインデックスファンド（毎月分配型）
主として海外の債券に投資する投資信託	モルガンスタンレー米ドルMMF、農中US債券オープン、JA海外債券ファンド、JA海外債券ファンド（隔月分配型）、DIAM高格付インカム・オープン（毎月決算コース）「ハッピークローバー」、グローバル・ソブリンオープン（毎月決算型）、高格付短期豪ドル債ファンド
主として海外の株式に投資する投資信託	JA海外株式ファンド、DIAM世界好配当株オープン（毎月決算コース）「世界配当倶楽部」
主として海外の不動産投信に投資する投資信託	ダイワ・グローバルREITオープン（毎月分配型）「世界の街並み」
主として国内外の債券と株式に投資する投資信託	JA資産設計ファンド（安定型）、JA資産設計ファンド（成長型）、JA資産設計ファンド（積極型）、ゴールドマン・サックス世界資産配分オープン「果樹園」
主として日本・海外先進国・新興国の債券と株式に投資する投資信託	全世界株式債券ファンド（日本・先進国・新興国）毎月分配型「ワールド・クルーズ」
主として国内外の債券・株式と不動産投信に投資する投資信託	世界の財産3分法ファンド（不動産・債券・株式）毎月分配型

第2節　販売時の注意事項

Q101　適合性の原則

JAが投信・国債の窓口販売をする際には、適合性の原則の観点からどのような点に留意する必要がありますか。

A　JAは、投信・国債の窓口販売をする際、顧客の知識、経験、財産の状況や購入の目的に照らして不適当な商品を顧客に勧誘することが禁止されるとともに、勧誘が許される場合においても、顧客の属性に照らした説明を行う必要があります。

解　説

1　概　　要

適合性の原則とは、投資家の知識、経験、財産の状況、投資目的等に適合した投資勧誘を行うべきという考え方をいいます。この適合性の原則は、投資経験の乏しい投資家が、自らの属性にあわない商品を購入すること自体を防止するとともに、金融商品についてそのリスク等の必要な情報を取得して自らに適した商品を選択することで、投資家を保護する制度です。

この適合性の原則には、狭義の適合性の原則と広義の適合性の原則があります。

狭義の適合性の原則は、投資家の知識、経験、財産の状況、投資目的等に照らして不適当な金融商品の勧誘を行ってはならないことをいい、勧誘行為を制限する機能を有します。金融商品取引法40条１号は、業務の運営の状況がこの狭義の適合性の原則に反しないように、業務を行わなければならないと規定しています。狭義の適合性の原則に抵触する場合、勧誘を行うこと自体が禁止されますので、投資家に対してどれだけ詳しい説明を行ったからといって違反が解消されることはありません。

これに対して、広義の適合性の原則は、投資家の知識、経験、財産の状況、投資目的等に適合した商品を販売しなければならないとするものであり、投資家に必要な説明を行うことを促す機能を有します。金融商品取引法上、契約締結前交付書面等の書面の交付に関し、あらかじめ、顧客の知識、経験、財産の状況および金融商品取引契約を締結する目的に照らして当該顧客に理解されるために必要な方法および程度による説明をすることなく、金融商品取引契約を締結することが禁止されているのがその一例です（同法38条8号、金融商品取引業等に関する内閣府令117条1項1号）。

したがって、金融商品を勧誘・販売する際には、適合性の原則との関係で2つの見地からの対応が必要になります。①まず、顧客の知識、経験、財産の状況、目的等に照らして、当該金融商品を勧誘することが、不適当と認められないか（狭義の適合性の原則）、②勧誘が許容される場合は、顧客の知識、経験、財産の状況、目的等に照らして、当該顧客に理解されるために必要な方法および程度による説明を行ったか（広義の適合性の原則）、が問題となります。

適合性の原則に反した金融商品等の販売を行った場合、登録金融機関は、行政処分の対象となるのみならず（金融商品取引法51条の2、52条の2第1項3号等）、顧客との関係で不法行為責任が生じる場合もあります（狭義の適合性の原則との関係において、最高裁判所平成17年7月14日判決・最高裁判所民事判例集59巻6号1323頁参照）。

なお、上記の適合性の原則は、顧客が、投資に関する十分な知識・経験や資産を有する特定投資家の場合には適用されません（同法45条1号、金融商品取引業等に関する内閣府令117条1項1号）。

適合性の原則は、金融商品取引法上、登録金融機関に区分されるJAにも適用されます。したがって、JAは、金融商品である国債・投信の販売に関して、適合性の原則に反する国債・投信の勧誘・販売を行わないように注意する必要があります。

2　狭義の適合性の原則

法令上、狭義の適合性の原則の「不適当と認められる勧誘」がどのようなものであるのかの具体的な基準は定められていません。金融庁はその例として、「金融商品取引について高度な知識・経験を有しない顧客に対して複雑な商品を勧誘することや、顧客の資産状況に照らして過当な取引を勧誘することなど、個々の顧客の属性に見合わず、当該顧客の保護に支障を生ずるおそれがあるような勧誘を行うこと」をあげていますので（「金融商品取引法制に関する政令案・内閣府令案等」のパブリックコメントに対する金融庁の考え方（平成19年7月31日）413頁1番）、顧客の知識・経験に照らして商品が過度に複雑ではないか、顧客の資産状況に照らして取引が過大ではないか、といった点が考慮要素になってくると思われます。

「不適当と認められる勧誘」か否かは顧客の「知識」「経験」「財産の状況」「目的」等に照らして判断されますので、まずは個々の顧客についてのこれらの情報を適切に把握することが重要です。そのための方法の1つとして顧客カードの作成が考えられます。具体的には、顧客の投資目的・意向を記載した顧客カードを作成のうえ、顧客とこれを共有し、顧客の投資目的や意向が変化した場合にはその記載内容をアップデートすることによって顧客の属性等を常に把握しておくことが望ましいと考えられます。また、顧客の口座ごとの売買損、評価損、取引回数、手数料の状況等といった取引状況などの顧客の取引の実態に関する情報も把握しておく必要があります（顧客の属性やその取引の実態を把握する際の留意事項の詳細については、金融商品取引業者等向けの総合的な監督指針Ⅲ－2－3－1⑴をご参照ください）。

そして、必要な情報を取得したうえで、収集した情報に照らして勧誘を行うことが適当とは認められない顧客に対しては勧誘を行わないなどの対応が望ましいと思われます。

なお、狭義の適合性の原則は、高齢者への勧誘において特に問題となりやすいことから、日本証券業協会の規則は、高齢者への金融商品の勧誘について高齢顧客の定義、販売対象となる有価証券等、説明方法、受注方法等に関する社内規則を定めて、適正な投資勧誘に努めることを求めています（協会員の投資勧誘、顧客管理等に関する規則5条の3）。高齢顧客への勧誘による販売に係るガイドラインは、高齢顧客の定義の仕方、販売商品、販売方法についての具体的なルールを定めていますので、JAにおいても、当該ガイドラインの内容を参考に、高齢者への勧誘方針を定めることが望ましいと思われます。

3　広義の適合性の原則

広義の適合性の原則によると、顧客の属性に照らして当該顧客に理解させるために必要な方法および程度による説明を行うことが求められます。JAが遵守する必要がある系統金融機関向けの総合的な監督指針Ⅱ－3－2－5－2⑷①では、「適合性原則を踏まえた説明態勢の整備に当たっては、系統金融機関の利用者は預貯金者が中心であって投資経験が浅いことが多いことを前提に、元本欠損が生ずるおそれがあることや貯金保険の対象とはならないことの説明の徹底等、十分な預貯金との誤認防止措置が取られているか」が主な着眼点とされており、高齢者や投資経験に乏しい顧客が多いJAでは、他の金融商品取引業者等と同様またはそれ以上に投信・国債の内容について十分に説明を行うことが必要になります。

具体的な説明方法の留意点については、Q102をご参照ください。

Q102 商品説明の際の注意点

JAが投信・国債の窓口販売をする際には、顧客に対する説明義務の観点からどのような点に留意する必要がありますか。

A JAは、投信の窓口販売をする際、投信が貯金等と異なる商品であることを説明する必要があります。また、投信・国債の勧誘に際しては、顧客に対して事前に契約締結前交付書面・目論見書を交付するとともに、投資家の知識、経験、財産の状況、投資目的等に適合した商品を販売すべく、書面の内容について顧客が理解されるために必要な方法および程度による説明をする必要があります。

投信については、監督指針上説明事項が規定されている点にも注意が必要です。

解　説

1 概　要

JAは、その信用事業に関して、非貯金商品を取り扱う場合には、貯金等との誤認防止のために、貯金等ではないこと等の説明を行う必要があるものとされています（農業協同組合法11条の6第2項、農業協同組合及び農業協同組合連合会の信用事業に関する命令12条）。

また、金融商品取引業者等は、金融商品取引契約を締結しようとするときは、あらかじめ、顧客に対して、契約締結前交付書面を交付するとともに（金融商品取引法37条の3第1項）、契約締結前交付書面の内容について説明する義務を負っています（同法38条8号、金融商品取引業等に関する内閣府令117条1項1号）。顧客が金融商品の内容を適切に理解することは容易ではないため、契約締結前に必要事項を記載した書面を顧客に対して交付させるとともに、契約締結前交付書面の交付による説明を実質化させるため、具体的な説明義務を課すこととしたものです。なお、契約締結前交付書面の交付は、目論見書で代替することが可能です（金融商品取引法37条の3第1項但書、金融商品取引業等に関する内閣府令80条1項3号)。

加えて、金融商品取引業者等向けの総合的な監督指針は、投信の勧誘にあたって留意すべき説明事項を規定しています（金融商品取引業者等向けの総合的な監督指針Ⅷ－1、Ⅳ－3－1－2(4))。

上記の業規制とは別に、金融商品の販売等に関する法律（以下「金融商品販売法」といいます）上、金融商品販売業者等は、元本欠損のおそれ等の重要事項について説明義務を負っています（同法3条1項)。

2　貯金等と投信の誤認防止のための説明義務

JAは、投信の販売の際、顧客が、元本保証のある貯金と投信を誤認することを防止するため、農業協同組合法に基づき一定の事項を説明する必要があります。具体的には、JAは、事業の方法に応じ、利用者の知識、経験、財産の状況および取引を行う目的をふまえ、利用者に対し、書面の交付その他の適切な方法により、貯金等との誤認を防止するために、①貯金等ではないこと、②農水産業協同組合貯金保険法55条に規定する保険金の支払の対象とはならないこと、③元本の返済が保証されていないこと、④契約の主体その他貯金等との誤認防止に関し参考となると認められる事項について説明を行わなければならないものとされています（農業協同組合法11条の6第2項、農業協同組合及び農業協同組合連合会の信用事業に関する命令12条1項・2項)。

したがって、JAは、投信の販売にあたって、まず貯金等との区別に係る説明を意識する必要があります。なお、国債については、その商品特性をふまえ、特に貯金等との誤認防止を図るルールを設ける必要がないため、かかる説明義務の対象から除外されています（農業協同組合及び農業協同組合連合会の信用事業に関する命令12条1項2号カッコ書)。

3　契約締結前交付書面・目論見書の交付

金融機関であるJAは、投信・国債の販売の際には、あらかじめ契約締結前交付書面を顧客に対して交付する必要があります（金融商品取引法37条の3第1項本文）。かかる書面の記載事項については、法令において詳細に規定されていますが（同項各号、金融商品取引業等に関する内閣府令81条～96条）、金融商品取引契約に共通の記載事項と取引類型ごとの個別の記載事項があります。共通の記載事項としては、金融商品取引業者等に関する情報、契約に関する情報、取引コストに関する情報（手数料等や租税）、リスクに関する情報（元本損失、元本超過損が生じるおそれがある旨、指標等、理由）等があります。また、投信・国債の販売は「有価証券の取引」に該当しますので、金融商品取引業等に関する内閣府令83条で定める事項（発行者の商号等）を記載する必要があります。

契約締結前交付書面の記載方法についても金融商品取引業等に関する内閣府令79条が詳細に定めており、原則として8ポイント以上の大きさの文字・数字を用いて明瞭かつ正確に記載するとともに、特に重要な事項については、12ポイント以上の大きさで所定の場所に記載しなければならないものとしています。

なお、公募投信においては、その販売の際には顧客に対して目論見書を交付するところ、当該目論見書に契約締結前交付書面に記載すべき事項がすべて記載されている場合には、重複して契約締結前交付書面を交付する必要がないものとされていますので（金融商品取引法37条の3第1項但書、金融商品取引業等に関する内閣府令80条1項3号）、実務上交付目論見書をもって契約締結前交付書面にかえるのが通常です。

4　契約締結前交付書面の交付に関する説明義務

金融機関であるJAは、上記契約締結前交付書面・目論見書の交付に関し、あらかじめ、その一定の記載事項に関して、顧客の知識、経験、財産の状況および金融商品取引契約を締結する目的に照らして当該顧客に理解されるために必要な方法および程度による説明をすることなく、金融商品取引契約を締結する行為が禁止されていますので（金融商品取引法38条8号、金融商品取引業等に関する内閣府令117条1項1号イ・ハ）、当該事項について適切な説明をする必要があります。広義の適合性原則の充足の観点からの要請です。

この場合の説明の「方法および程度」の具体的基準は、法令上定められておらず、顧客の属性に照らして当該顧客が当該書面の内容を的確に理解するかという実質面が重視されています。説明を通じて顧客が理解したという結果の確認は求められていないものの、当該顧客と同様の属性を有する顧客が社会通念上「理解する」と判断される方法・程度による説明を基本としたうえで、「当該顧客」の事情に応じて個別に適切な説明を行う必要があるものと考えられています。

なお、金融商品取引業者等向けの総合的な監督指針Ⅷ－1、Ⅲ－2－3－4(1)②は、説明についての着眼点として、取引を行うメリットのみを強調し、取引による損失の発生やリスク等のデメリットの説明が不足していないか、商品や取引の内容（基本的な商品性、およびリスクの内容、種類や変動要因等）を十分理解させるように説明しているか、当該金融商品取引に関して誤解を与える説明をしていないか（特に、金融商品取引業者等によって元本が保証されているとの誤解を与えるおそれのある説明をしていないか等）、などを掲げており、説明事項を検討する際の参考になります。

5　投信の説明義務

金融商品取引業者等向けの総合的な監督指針Ⅷ－1、Ⅳ－3－1－2(4)は、投信の勧誘にあたって、①購入時に顧客が負担する販売手数料の料率および金額、購入後に顧客が負担することになる信託報酬等の費用、②投信の分配金に関して、分配金の一部またはすべてが元本の一部払戻しに相当する場合があることなどを、顧客にわかりやすく説明しているかに留意することとしており、顧客に対して投信の販売を行う際には、投信の種類に応じてこれらの事項の説明もれがないよう留意する必要があります。

また、金融商品取引法上、投信の乗換えを勧誘するに際し、顧客に対して、乗換えに関する重要な事項について説明に不足がないように業務を行わなければならないものとされています（同法40条2号、金融商品取引業等に関する内閣府令123条1項9号）。その詳細については、Q104をご参照ください。

6　金融商品販売法上の説明義務

金融商品販売法は、金融商品販売業者等に対して、金融商品の販売等を業として行う際、金融商品の販売が行われるまでの間に、顧客に対して、重要事項の説明義務を課しており（同法3条1項）、かかる義務に違反した場合には、生じた損害について賠償する責任を負うことになります（同法5条）。なお、損害額および説明義務違反と損害との間の因果関係については同法上、推定規定が置かれています（同法6条）。

JAは、投信・国債の販売の際、金融商品販売法上の説明義務に違反した場合には損害賠償責任を負うことに注意する必要があります。詳細についてはQ11をご参照ください。

第3節　管理と換金時の注意事項

Q103　購入者への情報の提供

JAが投信・国債の窓口販売をした後、購入者に対してどのような情報を提供する必要がありますか。

A　JAは、投信・国債の窓口販売をした後、顧客に対して、取引残高報告書を交付する必要があります。また、投信の場合、投資信託委託会社が作成する運用報告書を交付する必要があるとともに、適切なフォローアップを行うことが望まれます。

解　説

1　概　要

金商品取引業者等は、有価証券の取引に係る契約が成立し、または有価証券の受渡しを行った場合、顧客からの請求に応じて、契約の成立もしくは受渡し取引のつど、または3カ月以内の期間の末日ごとに、取引残高報告書を交付する必要があります（金融商品取引法37条の4、金融商品取引業等に関する内閣府令98条1項3号)。

また、投信の場合には、投資信託委託会社が作成する運用報告書を受益者に対して交付する必要がありますが（投資信託及び投資法人に関する法律14条1項・4項)、これには「運用報告書（全体版)」と「交付運用報告書」の2種類がある点に特徴があります。

また、金融商品取引業者等向けの総合的な監督指針においては、高齢顧客に対する販売後の丁寧なフォローアップの必要性が示されています（金融商品取引業者等向けの総合的な監督指針Ⅷ－1、Ⅳ－3－1－2(3))。

2　取引残高報告書

取引残高報告書は、顧客に対して、一定期間内に行われた取引の内容、当該一定期間の末日における金銭・有価証券の残高を報告するためのものです。

取引残高報告書は、有価証券の売買その他の取引に係る金融商品取引契約が成立し、または有価証券もしくは金銭の受渡しがあった場合に、①顧客が契約の成立もしくは受渡しのつど交付を受けることを請求した場合はそのつど、または②顧客がそのような請求をしていない場合（もしくは有価証券の残高等の記載を省略した取引残高報告書を契約の成立もしくは受渡取引のつど交付している場合）は、報告対象期間（3カ月以内の期間）の末日ごとに、交付しなければならないものとされています（金融商品取引法37条の4、金融商品取引業等に関する内閣府令98条1項3号）。

取引残高報告書に記載する事項は、法令により定められており、顧客の氏名、成立した契約に関する事項（有価証券の種類、銘柄、約定数量、単価、支払金額等）などを記載する必要があります（金融商品取引業等に関する内閣府令108条）。

なお、取引残高報告書は、顧客の承諾を得ることにより、電磁的な方法で提供することができ、この場合、金融商品取引業者等は当該書面を交付したものとみなされます（金融商品取引法37条の4第2項、34条の2第4項）。電磁的な方法による提供の例としては、電子メールの送付、ウェブサイト上での閲覧、内容を保存したCD-ROMの交付などがあります（金融商品取引業等に関する内閣府令56条1項）。

このように、JAは、有価証券である投信・国債の販売を行った場合、法令で定める事項を記載した取引残高報告書を顧客に対して交付する必要があります。

3　運用報告書

(1)　運用報告書の交付

投資信託委託会社は、原則として、その運用の指図を行う投資信託財産について、投資信託財産の計算期間の末日ごとに運用報告書を作成し、当該投資信託財産に係る知れている受益者に交付しなければならないものとされています（投資信託及び投資法人に関する法律14条1項・4項）。

投信の場合、投資信託委託会社が行った投資判断が受益者の投資結果に大きな影響を与えることから、契約の内容に係る情報開示のみならず、その運用の成果についても投資家に情報提供するべく、投資信託委託会社に対しては、運用報告書の作成義務が課されています。もっとも、現在だれが投信の受益者になっているかについては、運用を行う投資信託委託会社ではなく、実際に販売を行った者が把握していることから、受益者に対する運用報告書の交付は、販売者を通じてなされることになります。投資信託委託会社との間の募集・販売取扱契約において運用報告書をJAが行う旨定めている場合には、JAが運用報告書を顧客に交付することになります。

投資信託及び投資法人に関する法律上、運用報告書には、運用報告書（全体版）と交付運用報告書の2種類があります。運用報告書（全体版）は、法令に定められたすべての事項が記載された報告書であって、受益者から請求があった場合に交付が義務づけられます。他方、交付運用報告書は、運用状況に関する重要な事項のみを記載した簡易な報告書であり、受益者の全員に交付する必要があります。従来は、運用報告書は1種類のみでしたが、すべての情報が1つの書面に記載されておりわかりにくいという指摘がありました。そこで、平成25年に投資信託及び投資法人に関する法律の改正が行われ、運用報告書について、運用状況に関する重要な事項を記載した交付運用報告書と、より詳細な運用状況等も含めて記載した運用報告書（全体版）に2段階化されることになりました。

(2) 運用報告書（全体版）

運用報告書（全体版）の記載内容については、法令（投資信託財産の計算に関する規則58条）の規定に加えて、一般社団法人投資信託協会（以下「投資信託協会」といいます）の規則（投資信託及び投資法人に係る運用報告書等に関する規則、同細則および委員会決議）にその記載内容の詳細および記載方法が定められています。また、金融商品取引業者等向けの総合的な監督指針Ⅵ－3－2－3(2)・(4)においては記載方法についての留意点が記載されています。

運用報告書（全体版）については、書面交付にかえて電磁的方法による提供が認められています。すなわち、投信の信託約款において記載事項を電磁的方法により提供する旨を定めている場合には、書面交付にかえて電磁的方法による提供を行うことができます（投資信託及び投資法人に関する法律14条2項）。この場合、受益者の承諾は不要です。電磁的方法には、電子メールでの送付、ウェブサイトへの掲載、データを保存したCD-ROMの送付などがありますが（投資信託及び投資法人に関する法律施行規則25条の2）、実際には投資信託委託会社のウェブサイトに運用報告書（全体版）の内容を掲載することが多く、この場合にはJAにおいて特段の対応をする必要はないことになります。もっとも、投資信託及び投資法人に関する法律上、権利者から書面交付を求められた場合には書面にて交付しなければならないものとされている点には注意が必要です（同法14条3項）。

(3) 交付運用報告書

交付運用報告書の記載事項についても、法令（投資信託財産の計算に関する規則58条の2）の規定に加えて、その記載内容の詳細および方法については、運用報告書（全体版）と同様に投資信託協会の規則に定められています。また、金融商品取引業者等向けの総合的な監督指針Ⅵ－3－2－3(3)・(4)では、交付運用報告書においては、投資信託協会の規則を遵守する必要があるほか、グラフや図を積極的に活用し、文章による説明は平易かつ簡易な表現で行うなど、投資者からみて正確な理解が容易に得られるよう創意工夫が求められるとともに、その照会等があったときには、適切に対応する必要があるとされています。

なお、交付運用報告書の内容を電磁的方法により提供するためには、運用報告書（全体版）とは異なり、受益者の承諾が必要である点について留意が必要です（投資信託及び投資法人に関する法律14条5項、5条2項)。

4 フォローアップ

法令上の義務ではありませんが、投信・国債の販売後も、顧客に対するフォローアップを行うことは、投資者との信頼関係の確保の観点から重要です。

金融商品取引業者等向けの総合的な監督指針は、高齢顧客との関係において、商品の販売後においても、高齢顧客の立場に立って、きめ細かく相談に乗り、投資判断をサポートするなど丁寧なフォローアップを行っているか、を留意事項としています（金融商品取引業者等向けの総合的な監督指針Ⅷ－1、Ⅳ－3－1－2(3)②)。

販売後のフォローアップの必要性は高齢顧客に限られるものではなく、JAとしては、国債・投信の販売後も、顧客との信頼関係構築のために、投資判断のための情報提供や相談などのフォローアップを心がけることが望ましいといえます。

Q104 換金時の注意事項

JAが投信・国債の窓口販売をした後、購入者が換金をする際、どのような注意事項がありますか。

A JAは、投信の解約の受付および投信・国債の買取りを行う際に、金融商品取引法上の一定の行為規制が課される点に注意する必要があります。また、投信の乗換えの際には、顧客に対して重要事項の説明を行う必要があります。

解　説

1 概　　要

投信は、原則としていつでも換金が可能です。販売会社が関与する換金の方法としては、投資信託委託会社への解約請求による方法と販売会社に対する買取請求による方法があります。

解約請求による方法の場合、金融商品取引法上の行為規制の多くは課されませんが、契約締結時交付書面の交付は必要となります。また、買取請求による方法の場合には、同法の行為規制が課されます。

また、投信の乗換えに関しては、金融商品取引法上、一定の重要事項を説明する義務が課されています。

他方、国債に関して、権利者は、販売会社に対して満期償還前に買取りを請求することができます。国債の買取りについても、投信の買取請求と同様に金融商品取引契約に該当することから、買取りを行う販売会社に対しては金融商品取引法の行為規制が適用されることになります。

2　投信の解約

投信の解約請求とは、受益者が販売会社を通じて、信託契約を解約して、信託財産からの基準価額に基づく解約金の支払を投資信託委託会社に対して請求する方法です。

投信には、解約を行うことができるオープンエンド型の投信と、解約を行うことができないクローズドエンド型の２種類があります。オープンエンド型の投信は解約を請求することができるのが原則ですが、オープンエンド型の投信であっても、信託財産の安定的な運用のためにクローズド期間という解約できない期間を設けているものもあります。

また、解約は基準価額に基づいて行われるのが原則ですが、解約金から一定の金額が信託財産留保金として控除される場合があります。これは解約請求を受けて行われる信託財産の換価のための費用を解約者に負担させることを目的としています。

販売会社は、投資信託委託会社との間の契約に基づき、受益者からの解約請求の投資信託委託会社への取次、投資信託委託会社からの解約金の受取りおよび受益者への解約金の支払等の事務を行います。

解約は、有価証券の売買などの金融商品取引行為を行うことを内容とする金融商品取引契約には該当しないため（金融商品取引法34条１項、２条８項各号参照）、金融商品取引法に定める行為規制の適用は受けません。もっとも、投信に係る契約の解約の場合には、例外的に、顧客がその解約の内容を理解できるように契約締結時交付書面の交付が必要とされている点には注意が必要です（同法37条の４第１項本文、金融商品取引業等に関する内閣府令98条１項１号）。

3　投信の買取り

投信の買取請求とは、投信の販売を行った販売会社に対して、投信の基準価額に基づいて買取りを請求する方法です。この場合、販売会社は、受益者と販売会社との間で締結する買取契約に基づいて、投信を買い取ります。その後、販売会社は投資信託委託会社に対して、解約実行の請求を行うことができます。

投信の買取りは、有価証券の売買という金融商品取引行為を行うことを内容とする金融商品取引契約に該当するため（金融商品取引法34条1項、2条8項1号参照）、金融商品取引法の定める行為規制が適用されることになる点が解約請求との大きな違いです。

JAにおいては投信の窓口販売において買取請求の受付を行っていませんが、買取請求の受付を行う際には行為規制が適用される点に注意が必要です。

4　投信の乗換え

現在保有している投信（ただし、MMF、中期国債ファンド、MRF、金融商品取引所に上場されているものなどは除かれています）の解約または売付けと他の投信の取得または買付けをセットで行う、いわゆる投信の乗換えに関しては、顧客にとっては販売手数料の負担が増加し、効率的な運用が行えず、運用成果の低下を招くなどの問題があることから、金融商品取引業者等は、投信の乗換えの勧誘にあたっては、金融商品取引法上、乗換えに関する重要な事項について説明に不足がないように業務を行うことが求められます（同法40条2号、金融商品取引業等に関する内閣府令123条1項9号）。金融商品取引業者等向けの総合的な監督指針Ⅷ－1、Ⅳ－3－1－2(5)は、上記の重要な事項の例として、①投資信託または投資法人（以下「投資信託等」といいます）の形態および状況（名称、性格等）、②解約する投資信託等の状況（概算損益等）、③乗換えに係る費用（解約手数料、販売手数料等）、④償還乗換優遇制度に関する事項、⑤その他投資信託等の性格、顧客のニーズ等を勘案し、顧客の投資判断に影響を及ぼすものを掲げていますので、乗換えの際にはこれらの事項を適切に説明する必要があります。

また、日本証券業協会および一般社団法人投資信託協会は、「受益証券等の乗換え勧誘時の説明義務に関するガイドライン」を定めており、その説明の内容、説明義務の履行に係る社内管理体制の構築等について定めています。これらのガイドラインは、金融商品取引業者等に対して、説明義務の履行を確保するため、各社の実情に応じた社内管理体制を構築することを求めており、具体例として、①乗換えに係る社内記録の作成・保存を行い、モニタリングを行うこと、あるいは②顧客から顧客の意思を確認するための書面（確認書）を受け入れ、モニタリングを行うことなどを求めています。

JAも、投信の乗換えを勧誘する場合、これらの事項について顧客に説明しなければなりませんので、そのための準備を行っておくとともに、ガイドラインを参考に、社内記録の作成・保存を行い、顧客の意思を確認する確認書を受け入れてモニタリングを行う体制を構築することが望ましいと思われます。

5　国債の買取り

JAは、自らが販売した国債については、その満期償還前に顧客からの申出に応じて買い取ることが認められています（このような満期償還前の買取りを「はね返り玉の買取り」ということがあります）。

このような国債の買取りも、金融商品取引契約に該当し、金融商品取引法上の行為規制が適用されますが、自ら販売した国債の買取りに関しては、契約締結前交付書面の交付が不要とされています（同法37条の３第１項但書、金融商品取引業等に関する内閣府令80条１項５号イ）。

第　6　章

その他の業務

第1節　貸　金　庫

Q105　貸金庫の法的性格

貸金庫とはどのような取引ですか。どのような点に注意すべきですか。

A　貸金庫取引とは、金庫の賃貸借契約です。一見客との取引は原則として行いません。借主には貸金庫規定の内容を十分に説明しましょう。格納品について差押えがあった場合でも、執行官への開庫はしません。

解　説

1　貸金庫契約

貸金庫契約は、借主に貸金庫を使用させることを約束し、借主がその使用料を支払うことを約束することによって成立する、金庫の賃貸借契約です。

貸金庫規定１条には、格納品の範囲として、公社債券・株券その他の有価証券、預貯金通帳・証書、契約証書、権利書その他の重要書類、貴金属、宝石そのほかの貴重品などが規定されています。

2　一見客よりの申込み

貸金庫規定には格納品の範囲が規定されているものの、金融機関は貸金庫施設を所有しているのみで、格納品は借主の管理下にあり、格納品については関知しえない立場にあります。そこで、身元の不確実な者と貸金庫契約をすると、金庫内に不適格品（たとえば爆発のおそれのあるような危険物、小型武器、違法薬物等）を格納されて事件に巻き込まれ、金融機関が不測の損害を被り信用を失う事態にもなりかねません。

また、貸金庫契約は長期にわたるケースが多く、この間に発生が予想される種々の事件（鍵の紛失、使用手数料の未払い、差押え、借主の死亡による相続等）の処理の際も、申込人の身元がはっきりしていることが重要です。

そこで、一見客については、取引を断るのが本筋ですが、役席者の判断で例外的に取引を始めることもあります。断る場合は、相手の感情を害さないように丁重に対応しましょう。

3　貸金庫契約締結時の留意点

一見客に限らず新規客と貸金庫取引を始めるときは、貸金庫カードを発行し、貸金庫規定を交付します。また、貸金庫の正鍵を借主へ貸与し、副鍵は副鍵袋に入れて届出印で封印のうえ受理します。封印ずみの副鍵は金融機関が厳重に保管します（貸金庫規定４条）。

契約時には、借主に交付する「貸金庫規定」の内容を十分に説明することが必要です。貸金庫を利用するうえで借主本人が知らないために引き起こす事故は、絶対に防ぐようにすべきです。

本人の住所、氏名の確認を厳格に行うのは当然のことですが、もし貸金庫の開扉について代理人を置く場合は、代理人届と印鑑届を確実に徴求しましょう。

4　開庫手続と免責規定

貸金庫を開庫する場合は、借主本人または代理人が、貸金庫カードを操作機に挿入して届出の暗証番号を入力し、正鍵を使用して開庫操作を行います。停電、故障等によりカードによる貸金庫開閉ができないときは、所定の「貸金庫開庫依頼書」に届出の印章により、記名押捺して提出することが規定されています（貸金庫規定５条１項・５項等）。

貸金庫規定では、操作機によってカードを確認し、操作の際使用された暗証番号と届出の暗証番号の一致を確認して開庫した場合には、カードまたは暗証番号について偽造・変造その他の事故があっても、そのために生じた損害について責任を負わない旨の免責規定が置かれています。また、貸金庫開庫依頼書によって開庫がなされた場合についても、相当の注意をもって印鑑照合を行った場合の免責規定が置かれています（同規定9条）。

カードや印鑑を持参しない開庫については、後日、格納品の有無について借主からのクレームがついたとき、金融機関は不測の損害を受けるおそれがあるため、このような便宜扱いは避けるべきです。重要取引先であっても丁重に断るべきでしょう。

5　格納品への差押え

貸金庫内の格納品は借主の管理下にあり、金融機関は関知しえない立場にあるため、格納品が差し押さえられても、金融機関はその差押えに応じて差押債権者にその格納品を引き渡すことはできないとされています。

したがって、執行官が来店して、貸金庫内の格納品を差し押さえるため開庫するよう命令した場合も、開庫せず、ただちに借主に連絡して来店を求め、執行官立会いのもと、借主自らの意思により正鍵により開庫してもらうことになります。借主への連絡がとれない場合または借主が来店不能の場合は借主宛てに差押えがあった旨通知します。後日執行官が来店する予定のある場合は執行官の来店日時を付記し、指定時刻に来店を依頼します。

他方、差押債権者が、借主が金融機関に対して有している格納品引渡請求権を差し押さえた場合、債務者（借主）に差押命令が送達された日から1週間を経過すると、金融機関（第三債務者）に対して直接格納品を引き渡すべきことを請求することができるため（民事執行法163条1項）、金融機関は差押債権者（執行官）に格納品を引き渡さなければなりません。

6　貸金庫契約の解約

(1)　解約事由

貸金庫契約は、借主の申出によっていつでも解約することができます。他方、金融機関からの強制解約もあります。金融機関の都合による解約（強制解約）事由としては、次の７つのケースがあります。

① 借主が使用料を支払わないとき

② 借主が行方不明のとき

③ 借主について相続の開始があったとき（Q106参照）

④ 借主もしくは代理人の責めに帰すべき事由または格納品の変質等により、金融機関もしくは第三者に損害を与え、またはそのおそれがあると認められる相当の事由が生じたとき

⑤ 店舗の改築・閉鎖、その他相当の事由があるとき

⑥ カードの改ざん、不正使用その他相当の事由があるとき

⑦ 借主または代理人が貸金庫規定に違反したとき

⑵ 強制開庫

金融機関は、借主に解約通知を行ったうえ、借主に正鍵を持参して来店してもらい、所定の手続をとって金融機関に貸金庫を明け渡してもらうことになります。

もし明渡しが３カ月以上遅延した場合、貸金庫規定では、金融機関が副鍵を使用して貸金庫の強制開庫に踏み切る旨規定しています。そして、格納品を別途管理もしくは一般に適当と認められる方法、時期、価格等により処分し、また処分が困難な場合には破棄することができるものとしています（貸金庫規定12条５項）。

具体的には、後日の安全を期すため公証人の立会いを求めて開庫したうえ、当該貸金庫の目録を作成して、立会人全員が署名捺印します。格納品を出庫し、金融機関が別途保管します（規定上処分や破棄も行うことができますが、通常はあまり行いません）。

Q106 貸金庫の借主の死亡と相続の手続

貸金庫の借主が死亡した場合、どのような点に注意して手続をすればよいですか。

貸金庫の借主が死亡した場合は、当該貸金庫の開庫を中止し、貸金庫契約を解約して、相続人に対し格納品を引き渡します。

解説

1 開庫の中止

貸金庫の借主が死亡した場合は、届出代理人の代理権は消滅します（民法111条1項1号）。したがって、借主死亡後は、届出代理人に対しても開庫してはいけません。

2 貸金庫契約の解約

貸金庫の賃借権は、相続の対象となり、借主が死亡すれば賃借人としての地位は相続人に承継されます。しかし、相続人が複数の場合以後の開閉手続が複雑になり、また、相続人が必ずしも信用に足る人物とは限らないという支障が生ずることがあります。

そのため、貸金庫規定では、貸金庫契約の解約事由の1つに「借主について相続の開始があったとき」という事由を設け（貸金庫規定12条2項3号）、借主が死亡した場合、金融機関は貸金庫契約を解約できることとしています。

3 貸金庫の解約手続

貸金庫内の格納品の帰属は、遺言があればこれによって決まるため、まず遺言の有無を調査しましょう。また、相続人がだれかを確認できる資料（戸籍謄本、除籍謄本等）の提出を受けて、相続人を調査しましょう。

貸金庫の解約手続としてはまず、相続人全員から貸金庫開閉票および「契約者死亡による権利義務承継届」を徴求します。これは格納品の引取りと貸金庫契約の解約を兼ねています。相続人全員の立会いのもと、貸金庫を開扉して格納品を引き取ってもらいましょう。立会いのできない相続人からは委任状の提出を受けるようにしましょう。

なお、相続人が引き続き貸金庫の使用を希望する場合には、別途、その相続人とあらためて貸金庫契約を締結しましょう。

第2節　公的年金

Q107　公的年金制度の概要

日本の公的年金制度はどのようになっていますか。

A　国民年金と厚生年金保険の2階建ての構造になっています。

1階部分は20歳以上の国民すべてが加入する国民年金で、職種等により第1号～第3号被保険者のいずれかに分類されます。2階部分は厚生年金保険で、会社員・公務員等が加入します。老齢・障害・死亡を支給事由とする給付があり、国民年金からは基礎年金、厚生年金保険からは報酬比例の厚生年金が支給されます。

解　説

1　公的年金の仕組み

公的年金は、国民の権利である「生存権」（日本国憲法25条）を具体的に保障するために、国が実施する社会保障制度の1つです。国民年金と厚生年金保険の2階建ての構造になっていて、老齢・障害・死亡といった生活困窮の要因となる事由に対する給付が行われます。特に、老齢年金は、長生きした場合でも、その時々の経済状況や生活水準に応じた年金が亡くなるまで支給される（終身年金）ため、老後の生活資金として重要な役割を担っています。

2　加入対象者

国民年金、厚生年金保険それぞれの加入対象者は以下のとおりです。

⑴ 国民年金

20歳以上60歳未満の全国民が加入します。加入者は職種等により、次の3つに区分されます（国民年金法7条）。

① 第1号被保険者……自営業者、学生、無職の者など（②③に該当しない者）

② 第2号被保険者……会社員・公務員等

③ 第3号被保険者……第2号被保険者に扶養される配偶者（専業主婦など）

なお、第2号被保険者は、厚生年金保険の被保険者（⑵参照）のうち、老齢基礎年金の受給権者（原則として65歳以上）でない者が該当します。したがって、20歳未満もしくは60歳以上でも国民年金の被保険者となります（図表107－1参照）。

また、厚生年金保険の被保険者でなくても、国民年金保険料の未納期間がある場合は、60歳以降に任意加入被保険者として国民年金の被保険者になることができます。任意加入できるのは原則として最長65歳に達するまでですが、65歳になっても老齢基礎年金の受給資格が得られない場合は、生年月日が昭和40年4月1日以前であれば、受給資格を得るまでの間、最長で70歳に達するまで、特例で任意加入被保険者になることができます。

このように、全国民を広く国民年金の対象とすることで、日本では、すべての国民が公的年金を受け取ることができる「国民皆年金」が実現していま

図表107－1　公的年金の仕組み

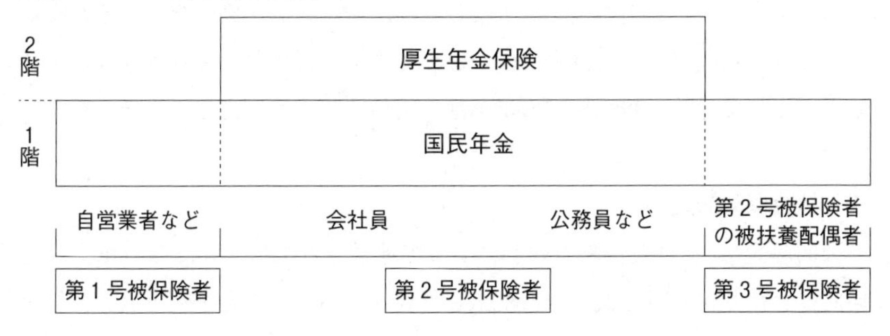

す。

⑵　厚生年金保険

70歳未満の会社員、公務員等が加入します。従来は職域ごとに制度が異なり、公務員等は共済組合に加入していましたが、「被用者年金一元化」により、平成27年10月１日より、公務員等も厚生年金保険に加入することになりました。ただし、制度を実施するのは、会社員の場合は日本年金機構（厚生労働大臣）、公務員等の場合は各共済組合となるため、実施機関ごとに、加入者は次の４つに区分されます（厚生年金保険法２条の５）。

①　第１号厚生年金被保険者……会社員（②～④以外の厚生年金被保険者）

②　第２号厚生年金被保険者……国家公務員

③　第３号厚生年金被保険者……地方公務員

④　第４号厚生年金被保険者……私立学校の教職員

なお、パートタイマーやアルバイトも要件を満たせば厚生年金の被保険者になります。被保険者になるための要件は、原則として週の所定労働時間が30時間以上あることですが、平成28年10月１日より、「厚生年金保険の適用拡大」が実施され、従業員数501人以上の会社では、週の所定労働時間が20時間以上・月額賃金が８万8,000円以上などの要件を満たせば、被保険者となりました。

3　給付の仕組み

⑴　基礎年金と報酬比例の年金

国民年金からは基礎年金、厚生年金保険からは報酬比例の厚生年金が支給されます。基礎年金は所得水準にかかわらず全国民が共通で受け取れる年金です。これに対し、報酬比例の年金は、給与等の水準に応じて金額が異なります。

⑵　社会保険方式

公的年金は、「社会保険方式」によって運営されています。これは、一定期間にわたり保険料を拠出し、拠出した程度に応じて年金を受け取る仕組みのことです。したがって、原則として保険料を納付しないと年金を受け取ることはできません。

(3) 賦課方式

前述のように、保険料を納付しないと年金を受け取ることはできませんが、公的年金では、自分が納めた保険料が将来受け取る年金の原資になるわけではありません。「賦課方式」という世代間扶養の仕組みが取り入れられ、自分が納めた保険料はそのときの年金受給者の給付に充てられます。世代間扶養とは、現役世代の保険料負担で高齢者世代を支えるという社会的扶養の考え方です。これによって私的に扶養することの不安定な要素や、気兼ね、トラブルを未然に避けることができます。

また、公的年金では、物価の変動に応じて年金額の実質的な価値を維持する物価スライドが導入されています。こうした年金額改定の仕組みは、賦課方式を取り入れることで可能となるものです。

4 離転職時の手続

(1) 種別変更の手続

国民年金は職種等によって被保険者が3つに区分されているため、離転職時には以下の手続が必要です。

a 第1号被保険者になったとき

会社員が退職後に自営業者になったとき、配偶者の退職によって第3号被保険者に該当しなくなった場合などが該当します。この場合は、本人が市区町村役場で国民年金の加入の手続をします。

b 第2号被保険者になったとき

会社員が転職したとき、学生や求職中の者が就職した場合などが該当します。この場合は、勤務先の事業主経由で厚生年金保険の被保険者取得の手続をします。

c 第3号被保険者になったとき

被扶養配偶者（専業主婦など）になったときが該当します。この場合は、配偶者の勤務先を経由して、種別変更の手続をします。また、種別変更の届書と一体になっている、健康保険の被扶養者（異動）届も同時に提出します。

d　その他

その他、退職や結婚に際し、氏名、住所が変わった場合は、氏名・住所の変更手続も必要です。

⑵　第３号被保険者の手続における留意点

第３号被保険者の手続には以下の留意点があります。

１つは、第３号被保険者になったときの手続です。この場合、手続は第２号被保険者である配偶者の勤務先を経由して行うため、配偶者が勤務先に申し出るのを忘れないようにすることが重要です。届出が２年以上遅れると、年金額が少なくなったり、受けられなくなったりすることがあります。かつては、第３号被保険者本人が市区町村役場で手続をすることになっていたため、届出のもれや遅れがあった期間を第３号被保険者期間とみなす措置がとられたこともありますが、平成17年４月以降の期間については、こうした特例は、「やむを得ない事由があると認められるとき」に限られるので、注意が必要です（国民年金法附則７条の３）。

もう１つは、第３号被保険者から第１号被保険者になったときの手続です。たとえば、配偶者が会社を退職して自営業を始めた場合などが該当します。この場合、第１号被保険者への種別変更手続が２年以上遅れると、保険料を納付できなくなるため、年金が受けられなくなったり年金額が減ったりすることがあります。

なお、このように実態は第１号被保険者であったにもかかわらず、記録上第３号被保険者のままになっている期間のことを「不整合期間」といいます。不整合期間がある場合は、「特定期間化」の手続をすることで、不整合期間を年金の受給資格期間に参入することができます。また、平成30年３月31日までは、「特例追納」の手続をすることで、最大10年分の保険料を納付することができます。この場合は、受給資格期間に参入するだけでなく、年金額を増やすことができます。

必要な手続を怠ると、受け取れる年金額が少なくなったり、受給資格が得られなくなったり、あるいは送付物が届かなくなることがあるので、離転職時には十分な注意が求められます。

Q108 公的年金の給付の種類

公的年金の給付にはどのようなものがありますか。

A 国民年金、厚生年金保険それぞれに老齢・障害・死亡を支給事由とする年金があります。受給要件を満たすと、国民年金からは基礎年金、厚生年金保険からは報酬比例の厚生年金が支給されます。年金額は物価や給与水準の変動に応じて毎年４月に見直されますが、平成27年度の改定より「マクロ経済スライド」が適用されることになったため、当面の間、物価等の上昇ほどには年金額は引き上げられません。

解　説

1　給付の種類

公的年金の給付は、支給事由によって老齢年金、障害年金、遺族年金の３つに分けられ、さらに支給事由ごとに国民年金からの給付と厚生年金保険からの給付があります。具体的には、国民年金からは、老齢基礎年金、障害基礎年金、遺族基礎年金が支給され、厚生年金保険からは、原則として基礎年金に上乗せされるかたちで、老齢厚生年金、障害厚生年金、遺族厚生年金が支給されます。このほか、国民年金の第１号被保険者独自の給付として、付加年金、寡婦年金、死亡一時金があります。

2　老齢年金

老齢を支給事由とする年金です。①支給開始年齢に達していること、②受給資格期間を満たしていることの要件を満たしたときに支給されます。

(1)　支給開始年齢

老齢基礎年金、老齢厚生年金ともに原則として支給開始年齢は原則として

65歳です（国民年金法26条、厚生年金保険法42条）。ただし、生年月日が昭和36年４月１日以前（第１号厚生年金被保険者である女性会社員は５年遅れ）の場合

図表108－１　公的年金の支給開始年齢

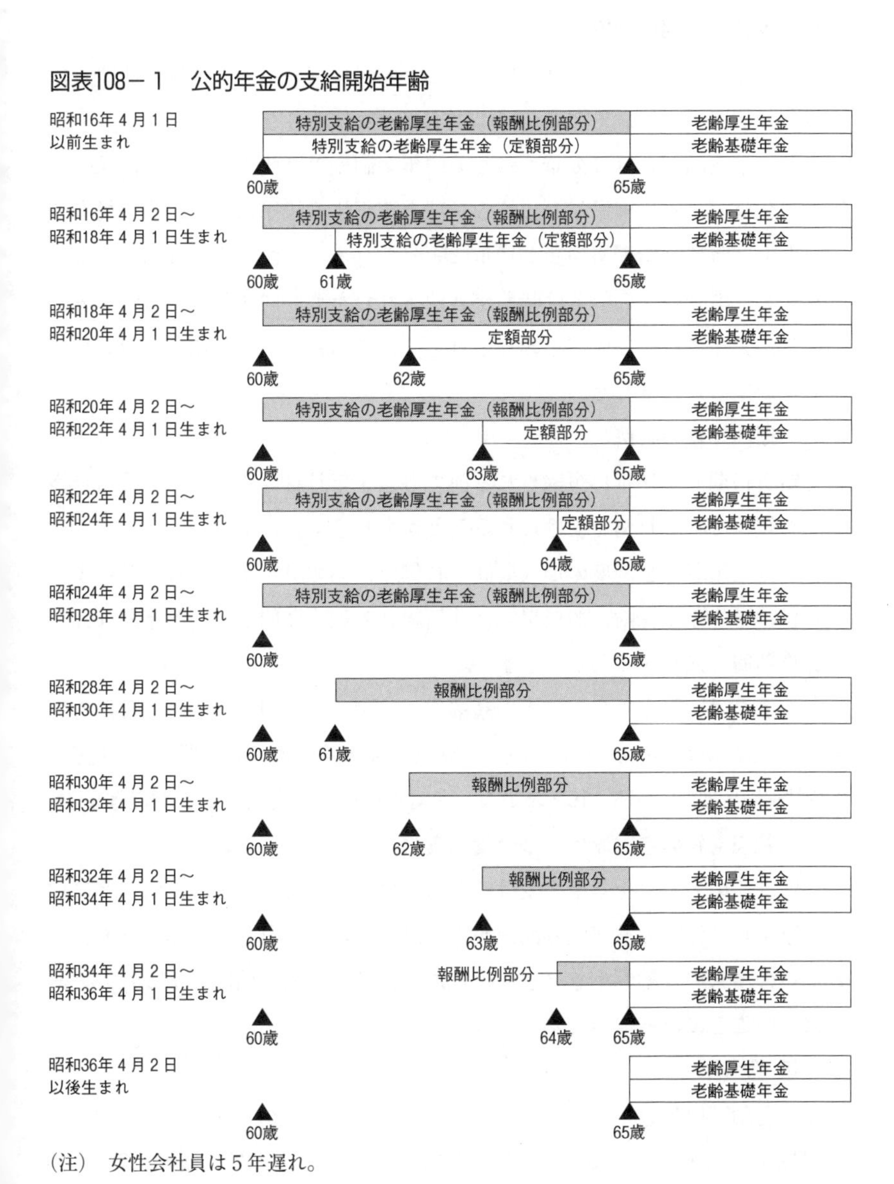

（注）　女性会社員は５年遅れ。

は、60～64歳から特別支給の老齢厚生年金が支給されます（図表108－１参照）。

⑵　受給資格期間

a　受給資格期間の原則

老齢年金を受けるためには、原則として国民年金の保険料納付済期間＋保険料免除期間＋合算対象期間が25年以上なければなりません。

なお、平成24年８月に公布された公的年金制度の財政基盤及び最低保障機能の強化等のための国民年金法等の一部を改正する法律により、消費税率の10％引上げ時に受給資格期間が10年に短縮されることが定められました。

しかし、消費税率の引上げ時期が延期されたため、同法の改正法が平成28年11月に公布され、平成29年８月１日より、受給資格期間が10年に短縮されることが定められました。

b　期間短縮の特例

受給資格期間が10年に短縮される前でも、生年月日等によって、受給資格期間を短縮できる特例を受けられることがあります。

１つは被用者年金制度の加入期間の特例で、昭和31年４月１日以前生まれの者は、厚生年金保険、船員保険、共済組合の加入期間が20～24年あれば受給資格期間を満たすことができます。

もう１つは、厚生年金保険の中高齢者の特例で、昭和26年４月１日以前生まれの者は40歳（女性は35歳）からの厚生年金保険の加入者期間（第１号厚生年金被保険者期間）が15～19年あれば、受給資格期間を満たすことができます。

c　特別支給の老齢厚生年金の受給資格

特別支給の老齢厚生年金を受けるためには、ａまたはｂを満たすことに加え、厚生年金保険の被保険者期間が１年以上なければなりません。一方、65歳からの本来の老齢厚生年金を受けるためには被保険者期間は１カ月以上あればよいことになっています。

⑶　年 金 額

a　老齢基礎年金

20歳から60歳になるまで保険料を納めた場合の年金額は、満額の78万100

円（平成28年度価額）です。保険料の未納期間や免除期間等がある場合は、その期間に応じて年金額が少なくなります。

b　老齢厚生年金

厚生年金保険の加入期間がある場合は、老齢基礎年金の上乗せとして老齢厚生年金が支給されます。年金額（報酬比例部分）は、厚生年金保険の被保険者期間とその間の給与（賞与）の水準によって計算されます。したがって、被保険者期間が長く、給与（賞与）水準が高いほど、年金額が多くなります。

c　付加年金

国民年金の第１号被保険者独自の給付として、老齢基礎年金に上乗せされる年金です。通常の国民年金保険料とは別に、任意で月額400円の付加保険料を納付すると、200円×付加保険料納付済期間の月数の付加年金が支給されます。

なお、これらの老齢年金は終身で支給されます。

d　加 算 額

厚生年金保険の加入期間が20年以上ある人に、一定要件を満たす65歳未満の配偶者または原則18歳到達年度末までの子がいる場合は、老齢厚生年金に加給年金額が加算されます。一方、配偶者の加給年金額の対象となっていた人（昭和41年４月１日以前生まれの人に限る）が自らの老齢基礎年金を受けられるようになったときには、老齢基礎年金に振替加算が加算されます。

3　障害年金

被保険者期間中の病気やけがによって、障害状態になったときに支給される年金です。給付を受けるためには①保険料納付要件、②障害の等級が一定以上であることの要件を満たす必要があります。

(1)　保険料納付要件

障害の原因となった病気やけがの初診日の前日において、初診日のある月の前々月までの保険料納付済期間と保険料免除期間を合算した期間が被保険者期間の３分の２以上である必要があります（国民年金法30条、厚生年金法47条）。ただし、初診日が平成38年４月１日前で、かつ65歳未満の場合は、初診日の前日において初診日のある月の前々月までの１年間に保険料未納期間がなければ、保険料納付要件を満たしたことになります。

⑵　障害等級

障害基礎年金は、障害等級が１、２級の場合に支給されます。障害厚生年金は、障害等級１、２級に加え、３級の場合にも支給されます。また、障害等級３級よりもやや程度の軽い障害の程度の場合には、一時金として障害手当金が支給されます。

⑶　年 金 額

障害基礎年金は、障害等級２級の額が老齢基礎年金の満額（78万100円。平成28年度価額）と同額で、障害等級１級の額は２級の1.25倍になります（国民年金法33条）。障害厚生年金は、老齢厚生年金と同様の方法で計算された額が障害等級２級の額で、障害等級１級は２級の1.25倍です。ただし、被保険者期間が25年未満の場合は、25年で計算します。（厚生年金法50条）。

4　遺族年金

被保険者や年金受給者が死亡した場合に支給される年金です。給付を受けるためには①保険料納付要件、②一定の遺族であることの要件を満たす必要があります。

⑴　保険料納付要件

保険料納付要件は、障害年金の保険料納付要件の「初診日」を「死亡日」に置き換えて、同様に判断します。

⑵　遺族の範囲

遺族基礎年金を受けられる遺族は、死亡した人に生計を維持されていた子のある配偶者または子です。子とは、死亡当時18歳到達年度の末日までの間にある子、または障害等級が１、２級の状態にある20歳未満の子のことをいい、婚姻している場合は該当しません（国民年金法37条の２）。

遺族厚生年金を受けられる遺族は、死亡した人に生計を維持されていた配偶者、子、父母、孫、祖父母です。なお、妻以外には年齢要件があります。子、孫の要件は前述の遺族基礎年金の子の要件と同じです。夫、父母、祖父母は死亡当時55歳以上である必要があり、原則として60歳から支給されます。また、子のない30歳未満の妻は5年の有期年金となります（厚生年金法59条、63条）。

(3) 年 金 額

遺族基礎年金の額は、老齢基礎年金の満額（78万100円。平成28年度価額）と同額で、これに子の加算がつきます（国民年金法38条、39条）。遺族厚生年金の額は、老齢厚生年金と同様の方法で計算された額の4分の3で、被保険者期間中に死亡した場合で被保険者期間が25年未満のときは25年で計算します（厚生年金法60条）。

このほか、国民年金の第1号被保険者独自の給付として寡婦年金、死亡一時金があります。寡婦年金、死亡一時金は国民年金から何の年金も受けずに死亡した場合に一定の要件を満たした遺族に支給される給付です。

5　年金額の改定

公的年金には、毎年4月に物価水準や賃金水準の変動に応じて年金額が改定される物価スライドが取り入れられています。これは、年金の実質的な価値を維持するための仕組みで、私的年金にはない公的年金の大きな特徴です。

ただし、少子高齢化が進む現代社会では、年金財政の均衡を保つためには、物価等の変動だけでなく、公的年金の被保険者数の減少や平均寿命の延びを考慮して年金額を改定する必要があります。そのため、平成27年度の年金額の改定より、マクロ経済スライドの仕組みにより、物価等の上昇率から被保険者数の減少や平均寿命の延びを考慮して定められた調整率を控除した改定率に基づいて年金額が改定されることになりました。したがって、当面の間、物価等の上昇ほどには年金額は引き上げられないこととなります。

Q109 年金記録の確認

年金記録はどのような方法で確認することができますか。

A 毎年1回送付される「ねんきん定期便」や年金事務所で確認できるほか、「ねんきんネット」に登録すれば、パソコンやスマートフォンで24時間確認することができます。年金記録に「もれ」や「誤り」があることが判明した場合は、年金記録を訂正する必要があります。また、保険料免除期間や保険料未納期間がある場合は、追納・後納制度により保険料を納付できることがあります。

解　説

1　年金記録とは

年金記録とは、公的年金制度の加入期間や保険料納付状況などに関する記録のことです。今日では、年金事務所に行って確認する従来の方法だけでなく、「ねんきん定期便」や「ねんきんネット」により、だれもが比較的容易に年金記録を確認できる体制が整っています。年金記録は、受給資格有無の判断や年金額の計算に欠かせないものであり、被保険者一人ひとりが、定期的に注意深く確認することが重要です。

2　確認方法

(1)　年金事務所で確認する

年金事務所に出向いて年金記録を確認します。この場合、年金手帳など基礎年金番号がわかるものと、運転免許証や健康保険証など本人確認ができるものが必要です。代理人が窓口に赴く場合は、委任状と代理人の本人確認ができるものも必要です。過去の不確かな年金記録を職員と相対で確認することができます。あいまいな記憶や疑問のある記録があるときは、その場で説明を受けながら確認することができるので確実な方法です。

⑵ 「ねんきん定期便」で確認する

「ねんきん定期便」とは、毎年1回、誕生月に公的年金の被保険者に日本年金機構から送付される、年金記録に関する書類です。節目年齢の35歳、45歳、59歳は「封書」、節目年齢以外は「ハガキ」のねんきん定期便が送付されます。記載事項は、年金加入期間、年金見込額、保険料納付額などで、年齢により異なります（図表109－1参照）。

なお、平成27年12月以降に送付されるねんきん定期便には、各共済組合からの情報に基づいて、各共済組合等の記録も記載されることになりました。

ねんきん定期便が送付されたら、確認し、記載内容にもれや誤りがある場合は、年金記録訂正のために、必要事項を年金加入記録回答票に記入し、日本年金機構に返送する必要があります。

図表109－1 「ねんきん定期便」の記載事項

記載事項	節目年齢		節目年齢以外	
	35歳・45歳	59歳	50歳未満	50歳以上
これまでの年金加入期間	●	●	●	●
これまでの加入実績に応じた年金額	●		●	
老齢年金の年金見込額		●		●
(参考) これまでの保険料納付額	●	●	●	●
これまでの年金加入履歴	●	●		
これまでの厚生年金保険における標準報酬月額などの月別状況	●	●		
これまでの国民年金保険料の納付状況	●	●		
最近の月別状況			●	●

⑶ 「ねんきんネット」で確認する

「ねんきんネット」とは、日本年金機構が実施する、パソコンやスマートフォンで年金記録を確認できるサービスのことです。利用登録をすると、24時間いつでも最新の年金記録を確認することができます。

ねんきんネットには、ねんきん定期便にはない「持ち主不明記録検索」の機能があり、氏名や生年月日を入力すると、持ち主不明の年金記録のなかに自分の年金記録があるかどうかを調べることができます。検索条件に合致した年金記録がある場合は、年金事務所で本人の年金記録であることが確認されれば、年金記録に追加されます。また、「追納・後納等可能月数と金額の確認」により、保険料未納期間や保険料免除期間のうち、今後保険料を納められる期間とその金額を調べることもできます。

3　保険料の後納・追納等

年金記録の確認により、保険料免除期間や保険料未納期間が見つかったときは、一定の要件のもとに保険料を納めることができます。

保険料の免除を受けた期間は、過去10年間さかのぼって保険料を追納することができます。免除の手続をせずに保険料を未納にした場合は、原則として２年で時効にかかり納付できなくなりますが、平成27年10月から平成30年９月までは、過去５年分の保険料を納めることができる「後納制度」が実施されています。また、不整合期間（実態は第１号被保険者であったにもかかわらず、記録上第３号被保険者のままになっている期間）については、平成27年４月から平成30年３月までの期間限定で、過去10年分の保険料を納めることができる「特例追納」という措置が設けられています（Q107参照）。ただし、追納や後納をするときは、当時の保険料額に一定の額を加算して納める必要があります。

保険料は法定の納付期限（翌月末日）までに納付するのが原則であり、追納や後納をする場合でも、加算額が多くならないように、なるべく早めに納付するようにすることが重要です。

Q110 在職老齢年金

年金を受け取っている人が働くと年金はどうなるのですか。

A 厚生年金保険の被保険者となる働き方をすると年金の一部または全額が支給停止されることがあります。支給停止の仕組みは、60歳台前半と60歳台後半で異なりますが、どちらも、年金額と給与水準に基づいて支給停止の有無や額が判断されます。70歳以上は、厚生年金の被保険者にはなりませんが、60歳台後半の支給停止の仕組みが適用されます。

解　説

1 「在職老齢年金」制度の概要

在職老齢年金とは60歳以降に働きながら受ける老齢厚生年金のことです。年金受給者が厚生年金保険の被保険者となる働き方をすると、在職老齢年金制度が適用されます（厚生年金保険の加入要件はQ107参照）。

ただし、年金を受けている者が厚生年金保険の被保険者になったからといって、直ちに老齢厚生年金の一部、または全部が支給停止になるわけではありません。支給停止が行われるのは、年金と給与等をあわせた収入の水準が一定額を超えたときです。

2 支給停止の仕組み

(1) 基本月額・総報酬月額相当額

支給停止が行われるかどうかの判断や支給停止額の計算には、基本月額と総報酬月額相当額を用います。それぞれの算出方法は以下のとおりです。

a　基本月額

加給年金額を除いた老齢厚生年金の月額です。特別支給の老齢厚生年金の場合は定額部分も含まれます。

b　総報酬月額相当額

在職老齢年金が適用される月（以下「その月」といいます）の給与と過去1年間の賞与の1カ月当りの額を合計した額です。具体的には、（その月の標準報酬月額）＋（その月以前1年間の標準賞与額の合計）÷12で計算されます。

⑵　支給停止の有無

支給停止の有無は、基本月額と総報酬月額相当額の合計額によって判断されます。60歳～64歳の場合は、基本月額と総報酬月額相当額の合計額が28万円以下の場合、支給停止は行われず、28万円を超えると支給停止が行われます。

65歳以上の場合は、基本月額と総報酬月額相当額の合計額が47万円以下の場合、支給停止は行われず、47万円を超えると支給停止が行われます。

⑶　支給停止額

支給停止が行われる場合の年金支給月額は図表110－1のとおりです。

60歳～64歳の場合は、基本月額と総報酬月額相当額に応じて4通りに分けられます。たとえば、総報酬月額相当額が47万円以下で基本月額が28万円以下の場合は、総報酬月額相当額と基本月額の合計額が28万円を超える部分の2分の1が支給停止され、基本月額から支給停止額を差し引いた額が支給されます（厚生年金法附則11条）。

65歳以上の場合は、総報酬月額相当額と基本月額の合計額が47万円を超える部分の2分の1が支給停止され、基本月額から支給停止額を差し引いた額が支給されます（厚生年金法46条）。

なお、28万円、47万円は、毎年度4月に見直しが行われます。

3　支給停止の対象・加給年金額の取扱い

支給停止の対象となるのは、特別支給の老齢厚生年金と65歳以降に受け取る老齢厚生年金で、老齢基礎年金、経過的寡婦加算は対象となりません。

図表110－1　在職老齢年金の計算方法

【60歳～64歳】

・基本月額……加給年金額を除いた特別支給の老齢厚生年金の月額

・総報酬月額相当額……（その月の標準報酬月額）＋（その月以前1年間の標準賞与額の合計）÷12

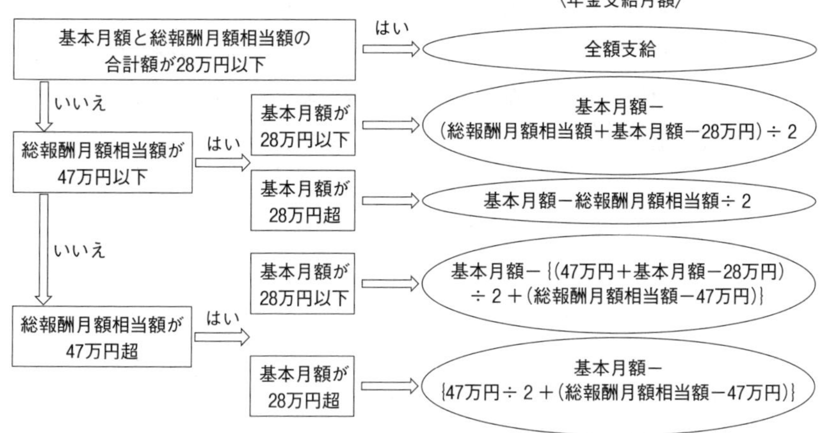

【65歳以上】

・基本月額……加給年金額を除いた老齢厚生年金（報酬比例部分）の月額

・総報酬月額相当額……（その月の標準報酬月額（注））＋（その月以前1年間の標準賞与額（注）の合計）÷12

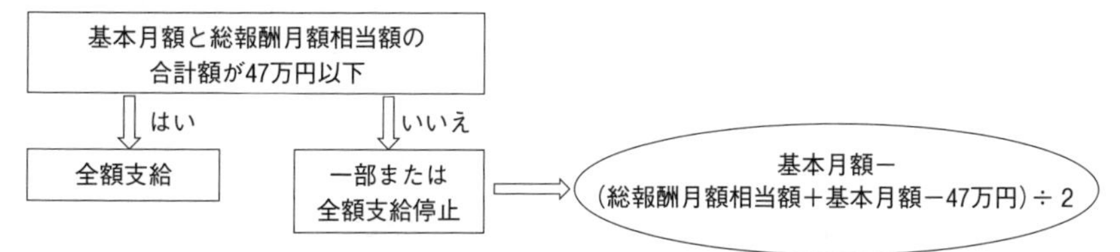

（注）　70歳以上の場合は標準報酬月額に相当する額、標準賞与額に相当する額

また、加給年金額は、年金が一部でも支給されれば全額支給されますが、年金が全額支給停止になると、加給年金額も支給停止になります。

4　雇用保険の雇用継続給付による支給停止

年金を受けながら働くと、前述の在職老齢年金の仕組みによる支給停止に加え、雇用保険の高年齢雇用継続給付の受給による支給停止が行われることがあります。

高年齢雇用継続給付とは、60歳以降に給与が低下した場合に受けられる給付で、受給要件は以下のとおりです。

① 60歳以上65歳未満の雇用保険の被保険者であること
② 雇用保険の被保険者として雇用された期間が５年以上あること
③ 60歳以降の給与が、60歳時点の75％未満に低下していること

高年齢雇用継続給付を受けると、最大で、標準報酬月額の６％が支給停止されます。

Q111 老齢年金の繰上げ・繰下げ

公的年金の繰上げ・繰下げとはどのようなものですか。繰上げ・繰下げをすると年金額はどのようになるのですか。

A 繰上げは本来の支給開始年齢より早く受け取り始めることをいい、繰下げは遅く受け取り始めることをいいます。繰上げをすると、繰上げ1カ月につき年金額が0.5%減額され、繰下げをすると繰下げ1カ月につき年金額が0.7%増額されます。ただし、いったん繰上げ・繰下げをすると取り消すことはできないので、留意点を十分に理解したうえで決める必要があります。

解　説

1 「繰上げ」「繰下げ」とは

公的年金の支給開始年齢は原則として65歳ですが、65歳より早くから受け取り始める「繰上げ」や、66歳以降に受取開始を遅らせる「繰下げ」という制度があります。繰上げをすると、早くから受け取り始める分年金額が減り、繰下げをすると、遅くから受け取り始める分、年金額が増えます。

老齢基礎年金、老齢厚生年金それぞれに繰上げ、繰下げ制度があり、その概要は以下のとおりです。

2 繰上制度

(1) 老齢基礎年金の繰上げ

老齢年金の受給資格期間（Q108参照）を満たしていれば、60歳以上65歳未満の希望する時から、老齢基礎年金を受け取ることができます（国民年金法附則9条の2）。

図表111－1　繰下げ・繰下げの支給率

	月／年齢	昭和16年4月2日以後生まれ					
		0カ月	1カ月	2カ月	3カ月	4カ月	5カ月
繰上げ	60歳	70	70.5	71	71.5	72	72.5
	61歳	76	76.5	77	77.5	78	78.5
	62歳	82	82.5	83	83.5	84	84.5
	63歳	88	88.5	89	89.5	90	90.5
	64歳	94	94.5	95	95.5	96	96.5
	65歳	100	100	100	100	100	100
繰下げ	66歳	108.4	109.1	109.8	110.5	111.2	111.9
	67歳	116.8	117.5	118.2	118.9	119.6	120.3
	68歳	125.2	125.9	126.6	127.3	128	128.7
	69歳	133.6	134.3	135	135.7	136.4	137.1
	70歳	142（以後同じ）					

a　減 額 率

減額率は生年月日が昭和16年4月2日以後か昭和16年4月1日以前かで異なります。

生年月日が昭和16年4月2日以後の場合は月単位の減額率で、1カ月につき0.5％です。したがって、受け取る年金額＝繰上げ前の老齢基礎年金×（1－0.005×繰上請求月から65歳に達する月の前月までの月数）となります（図表111－1参照）。

生年月日が昭和16年4月1日以前の場合は11～42％で年単位の減額率となり、支給率は図表111－1のとおりです。

なお、付加年金を受けられる場合は、付加年金も同じ減額率で減額されます。

また、繰上げによる年金の受給権が発生するのは請求書が受理された日

（単位：%）

6カ月	7カ月	8カ月	9カ月	10カ月	11カ月	昭和16年4月1日以前生まれ
73	73.5	74	74.5	75	75.5	58
79	79.5	80	80.5	81	81.5	65
85	85.5	86	86.5	87	87.5	72
91	91.5	92	92.5	93	93.5	80
97	97.5	98	98.5	99	99.5	89
100	100	100	100	100	100	100
112.6	113.3	114	114.7	115.4	116.1	112
121	121.7	122.4	123.1	123.8	124.5	126
129.4	130.1	130.8	131.5	132.2	132.9	143
137.8	138.5	139.2	139.9	140.6	141.3	164
						188

で、受給権発生の翌月分から支給されます。

b　留 意 点

繰上げをするときは、以下の点に留意する必要があります。

① 一生減額された年金を受けることになります。

② 国民年金の任意加入被保険者にはなれません。

③ 事後重症などによる障害基礎年金を請求できなくなります。

④ 寡婦年金を受けることはできません。

⑤ 65歳まで遺族厚生年金と繰上請求した老齢基礎年金を併給することはできません。

⑥ 振替加算は減額されずに65歳から加算されます。

また、老齢厚生年金の繰上げ（(2)参照）ができる場合は、老齢基礎年金と老齢厚生年金の繰上げを同時に行わなければなりません。

⑵ 老齢厚生年金の繰上げ

老齢厚生年金にも繰上げの制度があります。制度の大まかな仕組みは老齢基礎年金の繰上げと同じですが、以下のように、対象者などが老齢基礎年金の繰上げとは異なります。

a 対象者

老齢厚生年金の繰上げができるのは、特別支給の老齢厚生年金の報酬比例部分の支給開始年齢が61歳以降に引き上げられる者と、特別支給の老齢厚生年金が支給されず65歳から老齢厚生年金が支給される者です。生年月日でいうと昭和28年4月2日以後生まれ（女性会社員は5年遅れ）の者となります（Q108参照。厚生年金法附則7条の3、13条の4）。

なお、前述のように、老齢厚生年金の繰上げをするときは、老齢基礎年金も同時に繰り上げなければなりません。

b 減額率

1カ月当りの減額率は0.5％で老齢基礎年金の繰上げと同じです。

ただし、特別支給の老齢厚生年金の報酬比例部分の支給開始年齢が61歳以降に引き上げられる者（昭和28年4月2日～昭和36年4月1日生まれ、女性会社員は5年遅れ）は、支給開始年齢までの月数が老齢基礎年金と異なるため、支給率は図表111－1の支給率とは異なります。

たとえば、昭和33年4月2日生まれの男性が60歳で繰上げをすると、老齢基礎年金は0.5％×(65歳－60歳)×12カ月＝30％の減額率ですが、老齢厚生年金の減額率は、特別支給の老齢厚生年金の支給開始年齢が63歳なので、0.5％×(63歳－60歳)×12カ月＝18％となります。

なお、加給年金額は、繰上げをしても65歳から減額されずに加算されます。

3 繰下制度

⑴ 老齢基礎年金の繰下げ

老齢年金の受給資格期間を満たしていれば、老齢基礎年金の受取開始を遅らせることができます（国民年金法28条)。ただし、繰下げができるのは66歳以降であり、66歳になるまでに遺族年金など他の年金（老齢厚生年金を除く）を受ける権利を得た場合には、繰下げをすることはできなせん。

a 増額率

繰上げの減額率と同様に、増額率は、生年月日が昭和16年4月2日以後と昭和16年4月1日以前で異なります。

生年月日が昭和16年4月2日以後の場合は、月単位の増額率で1カ月につき0.7％です。したがって、受け取る年金額＝繰下げ前の老齢基礎年金×（1＋0.007×65歳に達した月から繰下申出月の前月までの月数）となります。ただし、支給率の上限は142％で、70歳に達した後で繰下げをしても、それ以上に増えることはありません（図表111－1参照）。

生年月日が昭和16年4月1日以前の場合は、12〜88％の年単位の増額率で支給率は図表111－1のとおりです。

なお、付加年金を受けられる場合は付加年金も同じ増額率で総額されます。

また、繰下げによる年金は、請求書が受理された日の属する月の翌月分から支給されます。ただし、70歳に達した後で請求した場合は70歳に達した時点で請求したものとして支給されます。

b 留意点

繰下げをするときは、以下の点に留意する必要があります。

① 振替加算は増額の対象とならず、また繰下待機期間中に振替加算だけ受け取ることはできません。

② 66歳到達後は、繰下請求をするのか、65歳からの年金をさかのぼって請求するのかを選択できるので、どちらにするのか明確にして請求する必要があります。

(2) 老齢厚生年金の繰下げ

老齢厚生年金にも繰下げの制度があり、66歳以降の希望する時から受け取ることができます（厚生年金保険法44条の3）。対象となるのは65歳以降に受け取る老齢厚生年金で、60歳台前半に受け取る特別支給の老齢厚生年金を繰り下げることはできません。

また、繰上げと異なり、繰下げは、老齢基礎年金と同時に請求する必要はありません。どちらか一方だけ繰下げしたり、別々の時期に繰り下げたりすることができます。

制度の大まかな仕組みは老齢基礎年金の繰下げと同じで、繰下げ１カ月当りの増額率は0.7％です。増額の対象となるのは、原則として65歳時点の老齢厚生年金の額ですが、繰下待機期間中に在職している場合は、在職老齢年金制度（Q110参照）が適用されたと仮定した場合に受けられる老齢厚生年金額となり、支給停止される部分は増額の対象となりません。

なお、繰下請求ができるのは、原則として昭和17年４月２日以後生まれの者です。

4　ま と め

繰上げには早く年金を受け取れるメリット、繰下げには増額された年金を受け取れるメリットがありますが、一般に自分が何歳まで生きられるかはわからないものであり、生涯の年金の受取総額という観点で、繰上げ、繰下げを決定するのはむずかしい問題といえます。本来は、損得で考えるべきではありませんが、留意点を十分に理解したうえで、年金受給者自身が決定することが重要です。

Q112 年金の税制

公的年金の税制はどのようになっているのですか。扶養親族等申告書はなぜ提出するのですか。

A 障害年金、遺族年金は非課税ですが、老齢年金は雑所得として所得税および復興特別所得税（以下「所得税等」といいます）の対象となります。ただし、公的年金等控除を受けることができるため、年金収入のすべてが課税対象となるわけではありません。また、所得税等は年金が支給される際に源泉徴収されますが、扶養親族等申告書を提出すれば、源泉徴収額の計算をする際に各種控除を受けることができます。

解　説

1　公的年金の税制

(1)　公的年金の税制の概要

公的年金のうち、障害年金、遺族年金は非課税ですが、老齢年金は雑所得として所得税等が課税されます。ただし、雑所得を計算する際には、公的年金等控除を受けることができます。

公的年金等控除とは、年金受給者が受けられる控除で、会社員が受けられる給与所得控除に相当するものです。したがって、公的年金等に係る雑所得の収入金額＝公的年金等の収入金額－公的年金等控除額となります（所得税法35条）。

(2)　公的年金等控除額の対象となる収入

公的年金等控除額の対象となる収入には、公的年金の老齢年金や企業年金から支給される年金などがあります。主な公的年金等の収入には次のものがあります。

図表112－1　公的年金等控除額の計算方法

	公的年金等の収入金額(A)	公的年金等控除額
65歳未満	130万円未満	70万円
	130万円以上410万円未満	(A)×25％＋37.5万円
	410万円以上770万円未満	(A)×15％＋78.5万円
	770万円以上	(A)×５％＋155.5万円
65歳以上	330万円未満	120万円
	330万円以上410万円未満	(A)×25％＋37.5万円
	410万円以上770万円未満	(A)×15％＋78.5万円
	770万円以上	(A)×５％＋155.5万円

①　公的年金……国民年金、厚生年金保険から支給される老齢年金

②　企業年金等……確定給付企業年金、確定拠出年金、厚生年金基金、国民年金基金、農業者年金基金から支給される老齢年金。中小企業退職金共済、小規模企業共済の退職金等を分割払いで受ける場合の給付

(3)　公的年金等控除額の計算方法

公的年金等控除額の計算方法は、図表112－1のように年齢区分や公的年金等の収入金額によって異なります。65歳未満の場合は、公的年金等の収入金額が130万円未満であれば70万円、65歳以上の場合は、公的年金等の収入金額が330万円未満であれば120万円の控除を受けることができます。

2　扶養親族等申告書

(1)　扶養親族等申告書の概要

老齢年金の額が一定以上（65歳未満は108万円以上、65歳以上は158万円以上）の場合、毎年10月頃になると、年金受給者のもとにハガキサイズの「扶養親族等申告書」が送付されます。これは、年金から所得税等が源泉徴収される際に各種控除を受けるためのものです。

扶養親族等申告書が送付されたら、氏名や生年月日などを記入し、所定の

期日までに年金支払者（日本年金機構等）に返送する必要があります。

⑵　源泉徴収額の計算方法

扶養親族等申告書を提出すると、源泉徴収額の計算に際し、公的年金等控除、基礎控除、配偶者控除などの各種控除を受けることができます。そのため、源泉徴収額＝（年金支給額－社会保険料－各種控除額）×5.105％となります。

一方、扶養親族等申告書を提出しない場合の源泉徴収額＝｛年金支給額－社会保険料－(年金支給額－社会保険料)×25％｝×10.21％となり、各種控除が受けられないため、提出した場合に比べ多くの所得税等が源泉徴収されます。

申告内容が変わっていないからといって提出を怠ると、年金の受取額が減るので注意が必要です。

⑶　確定申告の要否

公的年金等の収入金額が400万円以下で、かつ公的年金等に係る雑所得以外の所得金額が20万円以下の場合は、扶養親族等申告書を提出すれば、確定申告は不要です。ただし、生命保険料控除や医療費控除などを受ける場合は確定申告をする必要があります。

また、扶養親族等申告書を提出しなかった場合でも、確定申告をすれば多く徴収された分の還付を受けることができます。

Q113　年金の受取口座の指定

受取口座の指定を得るための推進方法としてどのようなものが考えられますか。

A　日本の公的年金制度は、20歳以上60歳未満のすべての方が加入する国民年金（基礎年金）と会社員・公務員の方が加入する厚生年金の2階建ての構造になっています。また会社員・公務員の方は２つの年金制度に加入することになります。

公的年金は本人からの請求がない限り支給されません。したがって、本人が年金受給のための請求を行い、年金受給権が発生していることの確認（裁定）を受ける必要があります。

年金受給口座指定を受けるためには、年金請求書の提出がスタートで、これに係る一連の事柄を理解し「受取口座指定」の推進をしなくてはなりません。なお、年金請求書には、推進情報が多く含まれています。

想定される推進事項としては、次のとおりです。

①　年金推進アプローチリストの活用による全戸訪問による予約推進

②　訪問の形跡を残す

③　DM（ダイレクトメール）活用とTELフォロー

④　相談会活用

⑤　予約獲得

⑥　予約獲得後のフォロー推進

⑦　請求直前の対応と対策

解　説

1　年金受給手続の流れ

年金受給に関する一連の手続を知ることは受取口座の指定・受取口座の指定替えの推進で大切なことです。手続は、次のとおりです。

① 「老齢年金のお知らせ」や「年金請求書」等が、日本年金機構または共済組合等からご自宅に届きます。

② 「年金請求書」を、年金事務所や市（区）役所または市町村役場に提出します。年金受給口座の指定は、年金請求書の項目2に記入欄が設けられています。

③ 「年金証書」「年金決定通知書」「年金を受給される皆様へ（パンフレット）」が、日本年金機構からご自宅に届きます。

④ 年金証書が届いてから約1～2カ月後に、年金の受取りが始まります。

上記①～④に際して、図表113－1「年金受給手続の流れ」、年金請求書は図表113－2「年金請求書（抜粋）サンプル」を参照してください。

2　年金推進方法

年金推進を時系列分類すると3つになります。第一は55歳ぐらいからの「予約推進」、第二は「年金請求書」の届く誕生日前月の「直前推進」、第三は他の金融機関ですでに年金受給している者に対する「指定替え推進」です。ここでは、予約推進・直前推進を対象者ごとに分けてご説明します。第三の「指定替え推進」は、Q114を参照してください。

(1)　対象者リストを活用した全戸訪問による「予約獲得推進」

いつも定期積金の集金や定期貯金を作成していただける顧客、また窓口来店者だけでは対象は限られてしまいます。だからといってまったく取引関係のない顧客に推進しても効果はありません。そこで活用したいのが「年金推進アプローチリスト」です。

図表113－１　年金受給手続の流れ

手続スタート

「老齢年金のお知らせ」「年金請求書」等が
日本年金機構または共済組合等から自宅に送付

○基礎年金番号をお持ちの方には、60歳または65歳の誕生月の約３カ月前に、「老齢年金のお知らせ」「年金に関するお知らせ」が届きます。

○老齢年金の受給権が発生する年の誕生月の３カ月前に「年金請求書」が届きます。

↓

「年金請求書」を年金事務所や区（市）役所
または市町村役場に提出

○必要事項を記入し、受給開始前の誕生日の前日以降に提出します。
○提出先は、以下のとおりです。
・年金加入期間が国民年金（第１号被保険者）のみの方 ⟶ お住まいの役所または役場
・それ以外の方 ⟶ お近くの年金事務所

○年金請求書には、戸籍抄本や住民票等の添付書類が必要です。
年金請求書に添付されているパンフレットやねんきんダイヤル等でご確認ください。
○厚生年金に加入している人は請求書に、JAの証明印（口座確認印）を受けたうえ、年金手帳（または被保険者証）を添付して、原則、最終勤務地を管轄する年金事務所に提出します。

↓

「年金証書」「年金決定通知書」「年金を受給される皆様へ（パンフレット）」が、
日本年金機構からご自宅に届きます。

○ご自宅に届くのは、年金請求書の提出から約１カ月後（加入記録の整備等が必要な場合は約２カ月後）です。
○共済組合等の期間に係る年金請求書等については、各共済組合等から送付されます。

○パンフレットには、年金を受け取っている間に必要な届出などを記載しています。
年金証書と一緒に大切に保管し、必要なとき読み返してお役立てください。

↓

手続完了

年金証書が届いてから約１～２カ月後に、
年金の受取りが始まります。

○年金請求時に指定された口座に振り込まれます。
○その後、偶数月に２カ月分が振り込まれます。

○共済組合等の期間に係る年金については、各共済組合等から振り込まれます。

↓

受給開始

（出典）　日本年金機構（一部補正）

図表113－2　年金請求書（抜粋）サンプル

年金請求書の提出先について　20頁

様式第101号

年金請求書（国民年金・厚生年金保険老齢給付）

1頁

●年金を受ける方が記入する箇所は　　　（網掛け）の部分です。
●代理人の方が提出する場合は、年金を受ける方が11頁にある委任状をご記入ください。

❽ 市区町村受付　実施機関等受付

1．ご本人（年金を受ける方）について、太枠内をご記入ください。

㉓ 郵便番号	
㉔ フリガナ 住所	
㉑ フリガナ 氏名	（氏）（名）㊞　性別 1．男　2．女

※ご本人が自ら署名する場合は、押印は不要です。
代理人がご本人の氏名を記入した場合は、押印が必要です。

社会保険労務士の提出代行者印 ㊞

❶基礎年金番号		❷生年月日	大正　昭和　年　月　日
電話番号1		電話番号2	

2．年金の受取口座をご記入ください。

㉕受取機関
1．金融機関（ゆうちょ銀行を除く）
2．ゆうちょ銀行（郵便局）

フリガナ
口座名義人氏名　（氏）（名）

年金送金先		㉖	㉘		㉙	㉚
	金融機関	金融機関コード	支店コード	フリガナ 銀行 農協 信金 本店 支店 本所	預金種別 1．普通→ 2．当座→	口座番号
	ゆうちょ銀行	㉚貯金通帳の口座番号 記号 →	番号 ←			

㉗支払局コード

金融機関またはゆうちょ銀行の証明※
1ページの氏名フリガナと、口座名義人の氏名フリガナが同じであることを確認してください。　印

（出典）日本年金機構（一部補正）

年金推進というと、「年金請求書」の届く前月（年金受給開始年齢の誕生月の4カ月前）ぐらいから訪問していることも多いのではないでしょうか。この理由には「年金請求書」をもらっていなければ意味もなく、早めの訪問は無駄・二度手間と考える向きがあります。図表113－1「年金受給手続の流れ」にあるとおり、手続スタートから手続完了まではわずかな期間しかありません。その意味でも事前予約獲得の推進が必要です。

予約推進については、退職金の貯金取込みを考えると55歳になる前からの訪問が理想ですが、こと年金推進となると「早すぎる」「5年一昔のことで忘れた」と断られ、再度訪問しにくくなります。そこでその年度に57歳となっている方をすべてリストアップします。

(2) 訪問した形跡を残す

訪問すれば必ず対象者に会えるとは限りません。会えればいいのですが会えない場合に大事なのが「不在者票」を置いてくることです。訪問した形跡を残し、再度の訪問等を行いやすくするためです。この場合には不在者票と粗品とセットして置いてくることで、その後の電話でのアプローチもしやすくなります。

(3) DM（ダイレクトメール）活用とTELフォロー

どうしても平日に会えない顧客について、DM・電話セットでアプローチをかけます。DMは送付するだけでなく、その後の電話によるアプローチを行うことが肝要です。先にDMで年金のご案内をしておき、DMが届いたのを見計らって電話でアプローチ（郵送日から5日後程度）をします。

DM作成で心がけていただきたいことがあります。DM余白欄に一言直筆メッセージを添えてください。「目を通してもらう」ということです。

DMは発送先をあらかじめ絞り込み、後日訪問や電話でフォローできる数だけ発送します。そしてDMが届いた頃に、必ず電話でアプローチします。

たとえば、DMの発送が木・金曜日だと、土曜日に顧客のご自宅に到着するため目を通してくれる可能性は高くなります。図表113－3「DM作成からフォローまでの流れ図」を掲載していますのでご参照ください。

図表113－3　DM作成からフォローまでの流れ図

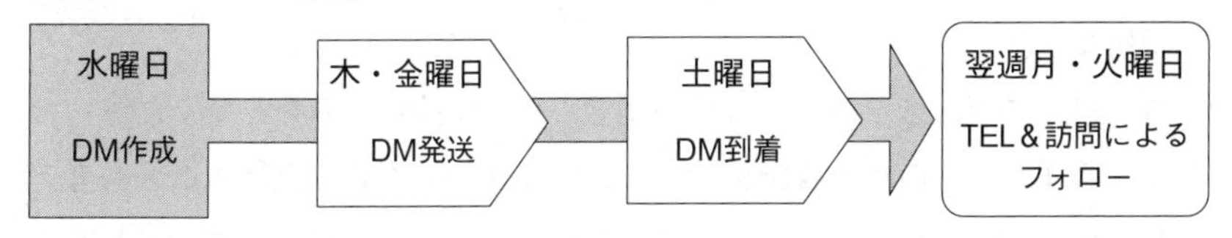

(4) 年金相談会の活用

某県下JAでの年金相談会では、同相談会にお越しいただいた方の年金口座獲得割合は95％ということです。「ねんきん定期便」が送付されるようになったことで、集客がたしかにむずかしくなっていますが、年金相談会への集客と年金獲得は相応した関係になっており、年金獲得の重要な活動です。

すべての方々の質問に担当者がすべて答えられる場合等、無理に相談会を開催して誘客する必要もありませんが、なかにはJA職員に職歴・年金保険料納付状況を知られることを嫌がっている方もいらっしゃるでしょう。しかし専門家（社会保険労務士）の話だと安心できる方もいます。

新聞の折込チラシや店周へのポスティングによって年金相談会をご案内することで、JAと未取引の方に来店してもらえる場合もありますので、上手に活用しましょう。

年金相談会の開催日時としては、休日開催しているJAが多いと思います。また、平日の帰り際をねらった夜間相談会等もあり、開催方法につきいろいろ試行しています。どの日・どの時間が効果的かはそれぞれの地域により異なるでしょう。

社会保険労務士を招くことなどは経費がかかることではありますが、どのような開催方法が自JAのそれぞれの店舗で最も誘客が可能か、試みてください。

(5) 予約獲得

JAとすでに取引がある先であると「年金はJAで受け取る」ことを口約束しそれで「獲得何件」としてしまう場合があると思います。しかし、確実にJAで年金を受け取ることを認識していただくためには、「予約申込書」を活用することをお勧めします。また、氏名の横に押印してもらうことにより効果が出ます。

さらに、まだあまり活用されていませんが、予約申込みをしてくださった方に、A４サイズの年金書類保管用ビニールケースを差し上げることも考えられます。そのビニールケースには、名刺ホルダーもついており、もしも他の金融機関からのアプローチがあっても、JA担当者の名刺が目に入ったら、他の金融機関のアプローチに対しても有効かもしれません。お金のかかることなので、いまだ活用は少ないのが残念ですが、いったん年金手続がスタートしたなら図表113－１「年金受給手続の流れ」のとおり機械的に事務が進捗してしまい、年金獲得は非常にむずかしいものとなります。

なお、予約獲得は目標を設定した方が効果的です。予約獲得したならば、新たな予約獲得しようといった見込みを立てることで、目標達成・目標オーバーとなります。

⑹　予約獲得後のフォロー推進

予約はあくまでも予約であって、予約獲得できたからもう安心というわけにはいきません。他の金融機関から予約の指定替えをされてしまう可能性もあります。

55歳で予約の申込みをいただいた方は、実際に手続するまでの間に、他の金融機関のアプローチで、最終的に年金振込先を替えられてしまう可能性が十分にあります。この対策としては、57歳くらいまでは半年から１年に１回、年金請求書（図表113－２「年金請求書（国民年金・厚生年金保険老齢給付)」）を受け取るまでは、３カ月に１回、そして毎月訪問と、徐々に訪問サイクルを短縮していく推進スタンスで訪問することです。

指定替え推進の難儀さを考えれば、予約獲得後のフォローほど大切なものはありません。早期に生活資金のメイン化を進め、他の金融機関に指定替えされないような活動が肝要です。この継続推進の活動は、⑺に直結します。

⑺　請求直前の対応と対策

予約獲得していても、年金請求書が顧客の手元に届いた時、タイミングよく他の金融機関の職員が訪問してしまうと、そのまま契約をもっていかれるリスクが非常に高くなります。

そこで、「年金請求書発送スケジュール表」を作成し、それに基づいて、年金請求書が届く日にピンポイントで顧客宅を訪問し、年金請求書に必要事項を記入していただき、そのままお預り（当然に預り証を交付）することも考えられます。

さらに、手続できる１カ月前に顧客に用意していただく書類一覧表をお渡しし、お誕生日が過ぎてから書類をそろえていただけるように伝えます。JAによっては、関連必要書類をJAがそろえるところもあります。

Q114 年金の受取口座の変更の手続

厚生年金、国民年金の受取口座を自JAに変更してもらうための手続とはどのようなものでしょうか。また指定替えの推進方法はどのようなものでしょうか。

A 年金推進には、第一は55歳ぐらいからの「予約推進」、第二は「年金請求書」の届く誕生日前月の「直前推進」、第三は他の金融機関ですでに年金受給している者に対する「指定替え推進」がありますが、年金口座の変更つまり第三の「指定替え推進」は、非常に難儀な活動です。

指定替え対象の先様は、すでに他金融機関にしていることから単なるお願いといったことだけでは、指定替えを獲得するのは至難の業です。つまり指定替え獲得ができるか否かは、顧客のJAに対する信頼の表れであることから、この信頼関係の構築が大事です。特に、窓口担当者・年金専門担当者による顧客との対応能力が試されます。対応に関して考査しておくべき事柄を次に掲示します。

・指定替え推進のタイミング……ベストタイミングはいつかの検討
・つど声掛けは大事だがそれだけでいいか
・指定替えは一度で強引なアタックでいいか

やはり、「あっさりとそしてしつこく」のセールスが肝要です。アプローチ方法としては、訪問・来店のつどの声掛けは必須ですが、それにあわせて下記①～⑤が最大のポイントになります。

① 日本年金機構からの年金振込通知書の活用
② 顧客の誕生月の声掛け
③ 受取金融機関担当者の人事異動
④ 優位な点を前面に出した強いアピール
⑤ メッセージ登録の活用

解　説

1　日本年金機構からの年金振込通知書の活用

日本年金機構から送付されてくる通知書等は、文字が小さく用語もむずかしい点がありますから、内容説明やその対応につきアドバイスをすると大変喜ばれます。

なかでも、「年金振込通知書」（図表114－１）には、指定替えハガキ（支払金融機関変更届）の記入に必要な基礎年金番号や、顧客がどの金融機関で年金を受け取っているかが記載されています。このため、この通知書が送付されてくる６月は指定替え推進を強化する最大のチャンスです。

せっかく顧客が指定替えをしてくれることになっても、押入れの奥に大事に保管している年金証書を出すのがめんどうになり、結局手続に至らず指定替えをやめにしてしまうことがあります。しかし、「年金通知書」が送付されてくる前に、「届いたら私に連絡してください！」と声を掛けておくと、この通知書を押入れの奥にしまいこむことなく、また捨てることなく訪問を待っていただけるので、効果的です。

Q113の予約獲得推進にもあるとおり、差し上げたＡ４サイズの年金書類保管用ビニールケースには、こうした年金関係書類・諸通知書等をいただいたつど入れておくようアドバイスすることも効果的です。このビニールケース（「年金は農協へ！」と印刷ずみ）に入れてある入金通知が、他の金融機関のものでは大変さみしいことです。

2　声掛けの重要性

年金受給者の年齢層は、他の年齢層と比較して資産は多いことから、物をもらうことよりも、何気ない声掛け・話の相手になってくれることが喜ばれます。普段の訪問にプラスお誕生日のお祝いの言葉を述べながら「元気に長生きが最大の資産運用ですね」などと語り、指定替えもお勧めするようにし

図表114－1　年金振込通知書（抜粋）サンプル

年金振込通知書

以下の金額を、ご指定の預貯金口座に振り込みます。
振込みは、平成28年6月から平成29年4月までの各偶数月です。
※「振込予定日」は、裏面をご覧ください。

年金制度・種類　　国民年金・厚生年金　老齢基礎厚生　　年金

基礎年金番号		年金コード	

受給権者氏名

振込先　　農協・銀行・金庫・信組
支店

各支払期の振込額、および年金から控除される額

	平成28年6月から平成29年4月までの各支払月の支払額（2月支払期を除く）	平成29年2月の支払額
年金支払額	円	円
介護保険料額	円	円
	円	円
所得税額および復興特別所得税額	円	円
個人住民税額	円	円
控除後振込額	円	円

※「年金から特別徴収する保険料」については、裏面をご覧ください。

平成28年6月1日

厚生労働省
官署支出官　厚生労働省年金局事業企画課長　　印

（出典）厚生労働省

ます。

3　受取金融機関担当者の人事異動

「最初の手続をすることが、最大の指定替え防止！」といわれています。

初めにめんどうな年金手続をしてもらった恩義を感じていることから、指定替えをすることはなかなかありません。しかし、顧客が恩義を感じているのは、あくまでも他の金融機関の担当行員・職員です。その担当行員・職員が異動で担当替えとなれば、その時こそが最大のチャンスです。これも常時声掛けしていないとわからない「指定替え依頼」の最大のタイミングです。

4　優位な点を前面に出した強いアピール

JAの年金受給者向けの金利を上乗せした定期貯金や、年金友の会のイベントなどの特典をまとめたチラシをＤＭ送付したうえで訪問して、顧客の興味がある特典を中心に、JAで年金受給することのメリットを強く訴えることです。

また、年金世代にとって店舗が近いということは最大のメリットであり、店周に居住している顧客に対しては「店が近い」という優位な点を強くアピールします。

5　メッセージ登録の活用

勘定系端末に、60歳以上であり、かつJAで年金を受け取っていない方を対象に、「指定替え対象者」のメッセージ登録をしておきます。

セールス力に自信のない窓口担当者の方でも、端末で処理すれば必ずメッセージが出てくるので、声掛けしやすくなります。

6　アプローチリストの活用の仕方

(1)　消込式リストではなく情報蓄積

早い段階つまり55歳から、通常の場合でも57歳からアプローチを開始することも検討に値します。その際はまずJAで取引のある方をリストアップし、リストに基づいてアプローチしていくことをメイン活動としています。これはどこのJAでも採用していることでしょうが、注意しておきたいのは、年金リストは「消込」ではなく、57歳に出力したアプローチリストは、結果記入のうえ、①アプローチした顧客が70歳くらいになるまで保管しておくこと、さらに、②新たに57歳になる方のアプローチリストを付け足していくことです。こうしたアプローチリストの保存・管理をすることは、年金獲得は１日にしてならず、情報蓄積が勝負を決定づけるということです。57歳の時点では獲得ができず、また年金受給開始年齢になった時点で国民年金だけの顧客は、手続ができないので、その記録を残しておくためです。

さらに、厚生年金受給者であるにもかかわらず、年金受給開始年齢時点での獲得ができなかった場合には、そのリストを「指定替え対策リスト」として利用することができるからです。

こうしたアプローチリストの活用の仕方は、一連の経過記入により、担当者が人事異動等でかわったとしても、引継資料として活用が可能です。アプローチリストは担当者ごとに作成するのではなく、１支店で１つとし、アプローチ経過・結果を遺漏なく記入し、積極的に働きかける先のデータとして店舗共通資料とすることが肝要です。

⑵　アプローチリストの使い方

図表114－２「アプローチリスト使用例」の各項目①～⑦を参照してください。

図表114－２　アプローチリスト使用例

〈年金アプローチリスト（昭和27年４月２日～昭和28年４月１日生）〉

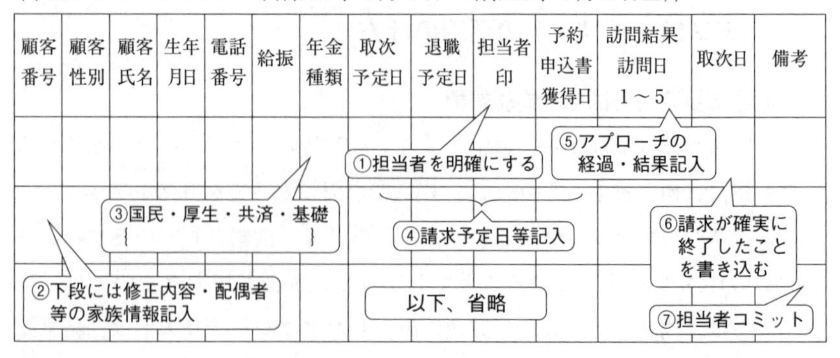

顧客番号	顧客性別	顧客氏名	生年月日	電話番号	給振	年金種類	取次予定日	退職予定日	担当者印	予約申込書獲得日	訪問結果 訪問日 1～5	取次日	備考

7　年金受給へのフォロー
（指定口座の変更をされないためのフォロー）

(1)　事後管理としてのフォロー

年金は、受取口座として指定していただいた後、JAとの長いお付合いをしていただくことになります。年金口座を獲得するまでの間は熱心に足を運んでいても成約後は音沙汰なし、ということでは、顧客とのお付合いが希薄になり、他の金融機関へ指定替えの絶好の好機を与えることになります。

そうならないためには、お客さまに対して事後管理としてのフォローを重要視する必要があり、継続して訪問し親密なお付合いにより、より太いパイプを維持していくことが肝要です。獲得後のフォロー強化としての取組みは次の(2)(3)のとおりです。

(2)　年金振込異動明細表の活用

「年金振込異動明細表」（図表114－３参照）を活用します。

「新規」のお客さまには、すぐにお礼伺いすることが必須です。その際は、支店長・役席者も担当者と同行すると、指定替え防止にもつながります。

「振込中断」となった場合は、早期に原因を把握し、その理由の確認が肝要です。理由は、単に死亡か指定替えかの確認だけでなく、なぜ指定替えを

図表114－３　年金振込異動明細表

年金振込異動明細表（中断分）
平成○年４月１日～平成○年４月15日　作成基準日：平成○年４月15日

顧客番号 口座番号	年金種類コード 年金種類	顧客名 住所	生年 月日	年齢	電話番号 最終取引年月日	担当 ㊞	中断理由	呼込結果
						㊞	死亡のため	×
						㊞	信金へ 指定替え	５／８ ハガキ提出
以下、省略								

されたのか、理由の追及と確認が必要です。なぜなら、その理由が職員の対応等JAサイドにあった場合は、年金にとどまることなくその他取引もすべて他金融機関に移されてしまうリスクがあるからです。

「年金振込異動明細表」の活用は、前掲した諸事に早期対応するためのものであり、年金新規振込者と振込中断者を毎月2日・17日、電子帳表で該当者を出力し、早急に対応することが肝要です。

(3) 年金振込異動明細表（中断）の活用と留意点

年金振込異動明細表（中断）を活用する際の留意点は以下の①～⑤のとおりです。

① だれが担当者かを明確にするため同欄に担当者印……4月は指定替えのピークで、この時期は人事異動による担当者替えの時期と重なります。担当者の知識レベルアップと店舗内の連携強化が必須です。

② 振込中断事由（死亡か指定替えか）……訪問・電話での中断事由の確認をする。音沙汰なしにしては絶対にいけません。

③ 死亡の場合は、遺族年金の手続が完了か未済かの確認……遺族年金手続を確認し、未済であればそのお手伝いをする。

④ 指定替えの場合は、その理由……指定替え理由を聞取りする。再度のJA指定が可能かどうか、呼戻しのアプローチをかける。

⑤ 呼戻しアプローチ結果……この結果を記載しておくことは、年金振込口座指定また、指定替え防止の重要な検討資料になるためドキュメントとしての有用資料となります。

8 年金受取口座指定の今後の課題

(1) 取引先減少への対策

年金受給開始年齢の引上げと新規受給者の減少が予想されることから各金融機関との争奪戦となり、年金専任担当者の推進先減少への対応は、指定替えと予約推進が中心となります。そこではマネーアドバイザー（MA）との訪問先バッティングを生起してしまいます。取引先減少への対策は、新規開拓を強くやらなければ、年金専任担当者の人員見直しの必要性が想定されます。

⑵ 専任担当者の知識レベル維持と連携強化

年金専任担当者の制度導入は、年金関係法令が難解でかつ、事務の煩雑さがあり、窓口担当者が本来業務と兼務すると、活動自体の質の低下を招くおそれに対する対処でした。

今後は、担当者制度そのものは存置するものの、担当者任せといったセクショナリズムではなく、貯金推進と同様に年金関係業務についても、連携し対処することが喫緊の課題となります。これは顧客との信頼関係を構築し維持していくためにどうしても必要なことです。

第　7　章

手形・小切手

Q115 手形・小切手とは

約束手形、為替手形、小切手の仕組みについて説明してください。

約束手形は支払の用具、為替手形は送金または取立の用具、小切手は確実で簡易・迅速な支払の用具です。

解　説

1　約束手形、為替手形、小切手とは

約束手形は、「約束手形要件」、すなわち「約束手形」「受取人」「金額」「支払約束文句」「振出日」「振出地住所」「振出人」「支払期日」「支払地」「支払場所」が記載されている証券です。

為替手形は、「為替手形要件」、すなわち「為替手形」「支払人（引受人名）」「金額」「支払委託文句」「振出日」「振出地住所」「振出人」「支払期日」「支払地」「支払場所」が記載され、かつ、「引受け」欄がある証券です。

小切手は、「小切手要件」、すなわち「小切手」「支払地」「支払人」「金額」「支払委託文句」「振出日」「振出地」「振出人」が記載されている証券です。

約束手形および為替手形は「裏書」による譲渡が予定されています。

為替手形および小切手は、支払人が振出人から支払を委託されています。

2　その仕組み（機能）

約束手形の受取人その他正当な所持人は、満期（支払期日）に一定の金額（手形金額）を振出人から支払を受け、為替手形の受取人その他正当な所持人は、満期（支払期日）に一定の金額（手形金額）を支払人（引受人）から支払を受け、小切手の受取人その他正当な所持人は、満期に一定の金額（小切

手金額）を支払人から支払を受けます。

約束手形は、支払（決済）のために振り出され、その受取人または裏書譲渡を受けた所持人は、満期に自分の取引金融機関を通じて手形交換所に呈示し、手形金額を回収することになります。

為替手形は、主として送金また取立のために振り出され、受取人または裏書譲渡を受けた所持人は、約束手形と同様にして、手形金額を受け取ります。

小切手は、確実で、簡易・迅速な支払の用具とするため、支払人を銀行等に限り、常に一覧払いとされ、呈示期間は振出日付後10日間とされています。

Q116 手形の受入れ

約束手形や為替手形はどんな場合に受け入れるのでしょうか。貯金入金または代金取立で受け入れるときの確認事項を教えてください。

他店券を受け入れた場合は不渡がないことを確認した後、支払資金とします。当店券を受け入れた場合は残高があることを確認した後、支払資金とします。

解　説

1　手形の受入れによる貯金入金

取引先の依頼により、手形を受け入れて、代り金を当該取引先の貯金口座に入金することがあります。まず、依頼人の本人確認と手形要件の具備、裏書の連続を確認します。白地部分は依頼人に補充を求めます。

2　他店券と当店券

手形の支払場所（約束手形）または支払人（為替手形）が、手形を受け入れた店舗（自店）ではなく、他店（同じ金融機関の他の店舗または別の金融機関の店舗）である場合、その手形を「他店券」といいます。支払場所または支払人が自店となっている手形を「当店券」といいます。

3　他店券による受入れ

支払場所または支払人が同一手形交換所にある場合は、当該手形を手形交換に持ち出すか、為替の「代金取立」により手形金額を取り立てることになります。

手形交換所から手形を持ち帰った金融機関（手形の場合）または委託金融

機関から手形を送付された受託金融機関（代金取立の場合）において、手形が支払うべきものでないと判断したときは、「不渡返還時限」までに不渡返還するか（手形の場合）、「不渡」の為替通知を行います。

不渡返還時限までに不渡返還がなかったこと、あるいは不渡通知がなかったことを確認した後、貯金口座に入金した代り金を支払資金とすることができます。

4　当店券による受入れ

できるだけ早く振出人または支払人名義の貯金口座の残高確認等を行い、手形が支払うべきものでないと確認したとき以外は、「その日のうちに」支払資金としなければなりません。

Q117 小切手の受入れ

小切手はどんな場合に受け入れるのでしょうか。貯金入金または代金取立で受け入れるときの確認事項を教えてください。

A 手形の場合と同様、不渡がないことを確認して支払に応じます。また、線引小切手を持参した依頼人に対しては、裏印があれば即時に支払に応じますが、裏印がない場合は、依頼人が取引先であることを確認してから支払に応じます。

解　説

1　小切手の受入れによる貯金入金

取引先の依頼により、小切手を受け入れて、代り金を依頼人の貯金口座に入金することがあります。まず、小切手要件を確認します。不渡がないことを確認した後、支払資金とすることは手形の場合と同様です。

2　線引小切手の受入れ

小切手の表面に２本の平行線が引かれ、線内に「銀行」と記載があるか、何も記載がないものを「一般線引小切手」、線内に特定の金融機関の名称の記載があるものを「特定線引小切手」といいます。

金融機関は自己の取引先または他の金融機関からのみ線引小切手を受け入れることができます。小切手の所持人が直接来店してきた場合は、取引先であることを確認した後、依頼に応じます。「一見（いちげん）の客」の依頼に応じることはできません。

3　裏印がある場合

小切手法37条４項は、一般線引小切手を特定線引小切手にすることを認めていますが、特定線引小切手を一般線引小切手にすることは認めていません。また同条５項は、仮に線引きそのものを抹消したり、特定の金融機関の名称を抹消したりしても、抹消はなかったものとしています。

他方、当座勘定規定18条１項は「線引小切手が呈示された場合、その裏面に届出印の押捺（または届出の署名）があるときは、その持参人に支払うことができるものとします」と定めています。これは、届出印の押捺や署名（これを「裏印」といいます）があるときは、当該小切手を線引小切手として扱わず、依頼人が取引先であるかどうかにかかわらず、即時に代り金を支払うことにしているものです。

Q118 手形交換制度と不渡・銀行取引停止処分

手形交換制度の概要を教えてください。不渡と銀行取引停止処分制度の概要を教えてください。

A 手形交換制度は、複数の金融機関が、「手形交換所」において、互いに「呈示」し、「呈示」された手形・小切手を交換し、支払うべき手形金額・小切手金額の差額を一括して決済する制度です。呈示された手形や小切手の金額を引き落とすだけの残高が預貯金口座にない場合を「不渡」といいます。6カ月以内に2回不渡を出すと銀行取引停止処分を受けることがあります。

解　説

1　手形交換制度

金融機関には、企業などの顧客から毎日大量の手形・小切手が持ち込まれてきます。各金融機関がこれらの手形・小切手を「呈示」のため「手形交換所」に持ち寄り、互いの金融機関が支払うべき手形・小切手を相互に交換し、互いに受け取るべき額と支払うべき額の差額を日本銀行または手形交換所の幹事銀行で決済する制度が「手形交換制度」です。

各金融機関は、「呈示」されて持ち帰った手形・小切手について、振出人または引受人の預貯金口座から手形金額または小切手金額を引き落とす処理をします。これによって、手形債務者（振出人または引受人）や小切手債務者（振出人）の債務が履行（決済）されたことになります。

2　不　渡

手形債務者や小切手債務者の預貯金口座に手形金額の全額、小切手金額の全額を引き落とすだけの残高がない場合、引落し処理ができません。通常はこのような事態を「不渡」といいます。ただ、不渡には次の３種類があります（Q69参照）。

① ０号不渡……形式不備・呈示期間経過後・期日未到来など振出人または引受人の信用に関係のないもの。

② １号不渡……取引なし・支払資金不足など振出人または引受人の信用に関係するもの。これが通常の「不渡」です。

③ ２号不渡……契約不履行・偽造・詐取・盗難・紛失などの事由によるもの。

3 銀行取引停止処分

６カ月以内に２回「１号不渡」を出すと、「銀行取引停止処分」を受け、以後、金融機関と当座貯金取引、貸出取引を２年間できなくなります。

Q119 自己宛小切手（預金小切手）

自己宛小切手（預金小切手）の機能や発行を求められたときの手順の注意点を説明してください。また、貯金等に受け入れるときの注意点を説明してください。

A 自己宛小切手は、金融機関が自らを支払人として振り出す小切手です。このため、支払委託の取消ということがなく、紛失・盗難などの場合にリスクが生ずることをよく説明することが必要です。

解　説

1　自己宛小切手（預金小切手）

自己宛小切手とは、金融機関が自らを支払人として振り出す小切手で、預金小切手（預手（よて））あるいは保証小切手ともいいます。同一の金融機関の名称が振出人欄と支払人欄に記載されています。自己宛小切手は金融機関が振出人兼支払人ですから、それ自体、取引上は金銭と同じ扱いを受けます。

2　自己宛小切手の作成を依頼された場合の注意点

自己宛小切手は、依頼があれば、決済代金（小切手金額）と自己宛小切手発行手数料を受け取り、小切手要件を記載して、発行します。

受取人を「持参人」にするか「特定の人」にするか、また、線引きで発行するかどうかは、依頼人の指定によります。

紛失・盗難などの事故届を出されても、自己宛小切手の場合には支払委託の取消とはならず、金融機関としては、小切手の正当な権利者（呈示期間内に悪意・重過失なく小切手を取得した者（善意取得者といいます）または善意取得者からの譲受人）には支払に応じなければならない場合があることを十分に説明する必要があります。

3　自己宛小切手を受け入れて貯金口座に入金することがある

自己宛小切手の所持人が小切手を呈示して所持人名義の貯金口座への入金を申し入れてきた場合、小切手要件を確認し、かつ、事故届の提出がないことを確認した後、これに応ずることになります。

事故届が提出されていた場合は、発行依頼人に連絡し、協議しなければならない場合もあります。ただし、前記のとおり支払呈示者が正当な権利者である場合には支払に応じなければなりません。

第 8 章

為替業務

第1節 為替業務の概要

Q120 為替業務の役割

為替業務の機能と社会での役割、金融機関以外が行う決済業務とは何ですか。

為替業務は、隔地者間の資金移動を行う業務であり、社会のインフラを支える重要な役割を担っています。

為替業務は、JAバンクを含む預貯金取扱金融機関および資金移動業者のみ取り扱うことができます。

一方、決済業務は、一般に債権債務関係を解消することをいいます。

金融機関以外でも、決済業務を扱うことができ、クレジットカード会社、プリペイドカード・電子マネー発行会社、収納代行会社や決済代行会社などが決済業務を取り扱っています。

最近では、金融機関以外の事業者がITを活用して積極的に為替業務や決済業務を営んでおり、イノベーションの促進が図られています。

解　　説

1　為替業務とは

(1)　為替取引の定義

組合員の貯金または定期積金の受入れの事業を行うJAは、組合員のために為替取引を行うことができます（農業協同組合法10条6項2号)。

為替取引について法律上定義されたものはありません。しかし、同じく為替取引を行うことができるとされている銀行法に関して、判例（最高裁判所平成13年３月12日決定・最高裁判所刑事判例集55巻２号97頁）では、銀行法２条２項２号にいう「「為替取引を行うこと」とは、顧客から、隔地者間で直接現金を輸送せずに資金を移動する仕組みを利用して資金を移動することを内容とする依頼を受けて、これを引き受けること、又はこれを引き受けて遂行することをいう」と判示されています。

この為替取引には、手形・小切手を利用した送金、電信を利用した送金、振込送金、手形を利用した取立などさまざまな種類があり、為替取引とは、これらのすべての種類を包摂する概念です。

⑵　順為替と逆為替

預貯金取扱金融機関が行う為替取引は、機能面に着目して、送金、振込、代金取立に区分されます。送金と振込は、金融機関を経由して、債務者から債権者に資金を送付し、債権・債務を決済する方法です。資金は、債務者、金融機関、債権者の順に流れることから、順為替といわれます。

これに対し、代金取立は、債権者が手形などの証券類を金融機関を通じて債務者に対して取り立てるものです。代金取立においては、資金は、送金、振込とは逆の方向に向かい、債権者、金融機関、債務者の順に流れることから、逆為替といわれます。

送金は、金融機関を介して行う資金の送付ですが、預貯金口座を介しない取引です。送金には、普通送金、電信送金、国庫送金があり、普通送金は、送金小切手が利用されるものであり、電信送金は電信が利用されるものです。

振込は、受取人の預貯金口座に一定金額を入金することを内容とする取引であり、普通振込と電信振込がありますが、普通振込は為替通知に文書が利用されるものであり、電信振込は電信が利用されるものです。

⑶　内国為替と外国為替

為替業務は、内国為替と外国為替に類別されます。金銭の貸借の決済ないし資金の移動を必要とする地域が、いずれも同一国内にある場合を内国為替といい、複数国にまたがる場合を外国為替といいます。

⑷ 資金移動業

資金移動業とは、資金決済に関する法律に基づき、預貯金取扱金融機関以外の資金移動業者が営む為替取引をいいます。預貯金取扱金融機関が行う為替取引には、取扱金額に制限はありませんが、資金移動業者が資金移動業として営むことができる為替取引は、「少額の取引」に限られており、現在のところ、100万円以下の為替取引のみ取り扱うことができるとされています。

⑸ 為替業務の機能

上記のとおり、為替取引は、法律でこれを取り扱うことが認められた預貯金取扱金融機関および資金移動業者しか扱うことができません。これは、顧客が為替取引を依頼するときには、信用リスク（資金仲介者が支払能力を原因として債務を履行できなくなるリスク）、オペレーショナルリスク（支払能力はあっても事務処理ミスなどによって履行できなくなるリスク、多数の者の資金がコミングルするリスク）などのリスクがあり、これらのリスクのもとで資金仲介者に経済的信用を与えた顧客を保護する必要性が高いこと、隔地者間の資金授受の媒介という為替取引の機能は、経済上重要であり、金融の円滑を図る必要があることなどがその理由です。

為替業務は、社会のインフラを担う重要な業務であるといえます。

2 決済業務とは

⑴ 決済業務

決済とは、一般に債権債務関係を解消することをいいます。

通常、商品の売買、サービスの提供などの取引が行われた場合に、商品・サービスの提供者が商品・サービスを提供する義務を負い、商品の購入者・サービスを受けるものが対価を支払う義務を負い、それぞれの債務について決済が行われることとなります。

為替業務は、原因関係を問わず、隔地者間の資金移動を担いますので、預貯金取扱金融機関が取り扱う為替取引、すなわち送金や振込、代金取立の方法により、その利用者間で決済を行うことが可能です。

一方で、決済業務は、預貯金取扱金融機関以外の事業者もこれを取り扱うことが可能とされています。以下、代表的な決済業務について紹介します。

⑵ クレジットカード

クレジットカードは最も一般的に利用される決済手段です。利用者は、これを提示すれば、商品やサービスの提供を受けることができ、後日当該利用代金を立て替えたクレジットカード会社から請求を受けて支払うことになります。

クレジットカード会社は、割賦販売法に基づく包括信用購入あっせん業者として登録を行っています。アクワイアラ（加盟店契約会社）や決済代行会社は、加盟店との間で加盟店契約を締結し、クレジットカードを受け入れて商品やサービスを提供した加盟店に対してクレジットカード会社から受領した利用代金の支払を行います。

⑶ プリペイドカード・電子マネー

プリペイドカードや前払型の電子マネーは、あらかじめ利用者が事業者に対して対価を支払うのと引き換えに発行される決済手段です。利用者はこれを提示すれば、あらかじめ前払いした金額を上限に、商品やサービスの提供を受けることができます。

プリペイドカード・電子マネーは、原則として、資金決済に関する法律に基づく前払式支払手段として規制の対象となります。その利用範囲等によって、プリペイドカード・電子マネー発行会社には、自家型発行者としての届出か、第三者型発行者としての登録が必要となります。ただし、有効期限が6カ月未満のものは適用除外です。

⑷ 収納代行

収納代行サービスとは、商品やサービスの利用料金の支払において、商品やサービスの提供者の依頼を受けた事業者が、利用者から利用料金を受け取り、商品・サービスの提供者に引き渡すサービスをいいます。たとえば、コンビニエンスストアが電気やガス等の利用代金を電気会社やガス会社にかわって利用者から収納するサービスがこれに該当します。

この収納代行サービスが為替取引にあたり規制対象となるかについては、かねてより議論されてきましたが、現在のところ、①商取引が存在し、商品・サービスの提供者と利用者との間で債権債務関係が生じていること、②あらかじめ商品やサービスの提供者から代行者に対して、代理受領権が与えられていること、③利用者が事業者に利用代金などの支払を行った時点で利用者のサービス提供者に対する債務が消滅することといった要件を満たすものは、運用上、規制の対象外とされています。

⑸ 決済代行・回収代行

決済代行サービスとは、ある事業者が提供した商品・サービスの利用料金の回収を、他の事業者が代行するサービスをいいます。また、回収代行サービスとは、たとえば、携帯電話会社などが、携帯電話で利用できるコンテンツの提供者から依頼を受けて立替払いを行い、利用者から電話料金等の支払を受ける際にあわせて代金を徴収するサービスがこれに当たります。

これらも、収納代行会社と同様に、現在のところ規制の対象外とされています。

⑹ ITの活用とイノベーション

決済サービスは、上記のとおり多様なかたちで提供されているところ、IT技術の進展によりイノベーションが進行し、担い手も多様化しています。近年では、FinTech（フィンテック）として注目される、IT技術の革新と連動した決済サービスも現れ、金融機関以外の事業者がITを活用して積極的に決済業務を営んでいます。また、資金決済に関する法律のもとで金融機関以外の事業者（資金移動業者）がITを活用した新たな為替取引（アカウント型送金やカード型送金など）を営むようになりました。これらに呼応して、金融機関が営む為替業務についても、ITイノベーションを取り込もうとする動きが出始めています。

Q121 為替取引の種類

農協が取り扱う為替取引の種類にはどのようなものがありますか。

全国銀行内国為替制度で定める内国為替取引には、為替取引として振込、送金、代金取立および資金決済取引として雑為替があります。

なお、送金のうち国庫送金については、系統金融機関では取り扱うことができません。

① 振込……振込と国庫金振込があります。

② 送金……普通送金と国庫送金があります。

③ 代金取立……代金取立があります。

④ 雑為替……付替と請求があります。

解　説

1 振　込

振込は、振込依頼人が仕向金融機関・店舗を通じて、振込通知または振込票により被仕向金融機関・店舗にある受取人の貯金口座に資金を振り込む送金方法です。

国が民間の債権者に対して振り込むものを国庫金振込といいます。

振込は、テレ為替、MTデータ伝送（全国銀行内国為替制度の新ファイル転送を含みます。以下同じです）、文書為替で取り扱うことができ、最も多く利用されている為替取引です。

2 送　金

普通送金は、送金小切手を用いて送金する方法で、送金依頼人（地方公共団体に限ります）は、送金資金と引き換えに仕向金融機関・店舗から送金小切手の交付を受け、受取人に送付します。受取人はその送金小切手を被仕向金融機関・店舗（送金小切手の支払人）に呈示して送金額の支払を受ける方法です。

国庫送金は、国が民間の債権者に対して国庫金を支払う場合に、諸官庁の支出官等が国庫金送金通知書を受取人宛てに送付し、受取人はその国庫金送金通知書を支払場所である被仕向金融機関・店舗に呈示して、送金額の支払を受ける方法です。

3　代金取立

代金取立は、支払場所が隔地または期日が未到来であるため、直ちに貯金口座に入金することができない証券類を所持人にかわって金融機関・店舗が保管し、適時にこの証券類を支払人に呈示しその取立金を取得し、取立依頼人への引渡しは、取立依頼人の貯金口座へ取立代り金を入金する方式で行うものです。

4　雑 為 替

雑為替は、為替取引に伴い金融機関相互間に生ずる資金貸借の確認と為替貸借の決済額を確定するため、為替制度上設けられた為替種類であり、一般顧客との直接的な取引関係はありません。

付替は仕向金融機関が被仕向金融機関に対し支払債務の内容とともに為替決済上の支払額を通知するものであり、請求は請求債権の内容とともに為替貸借上の請求額を通知するものです。

Q 122 全国銀行内国為替制度

全国銀行内国為替制度はどのような仕組みになっていますか。

A 全国銀行内国為替制度は他行間の内国為替取引を一定の手続に基づき円滑に処理することを目的とした制度で、全銀ネットが定める定款および業務方法書、内国為替取扱規則、全銀システム利用規則等の定めるところにより運営、実施されています。

解　説

1　制度の運営

全国銀行内国為替制度の運営は、資金決済に関する法律に基づく資金清算機関である「一般社団法人全国銀行資金決済ネットワーク（全銀ネット）」が行っていますが、その運営の基本的事項は全銀ネットの定款および業務方法書で定められています。同業務方法書では2章で、加盟銀行の種類（①清算参加者、②代行決済委託金融機関）ならびに加盟銀行としての資格の得喪に関する事項を定めており、そして、同定款では全銀ネットの組織として、社員をもって構成する社員総会、理事によって構成する理事会、および委員会等の決議機関を定めています。

2　加盟銀行

加盟銀行のうち、清算参加者とは日本銀行の当座勘定により全銀ネットとの間で為替決済を行う金融機関であり、代行決済委託金融機関とは清算参加者に代行決済を委託する金融機関（具体的には信用金庫、信用組合、労働金庫、信連、信漁連、農協等）となります。

なお、加盟銀行になるためには、理事会の承認が必要ですが、清算参加者として加盟しようとする場合には、日本銀行の当座勘定取引の承認も条件となっています。

3　内国為替取引の取扱い

全国銀行内国為替制度における加盟銀行間の内国為替取引は、全銀システムを利用する方式（テレ為替とMTデータ伝送・新ファイル転送）および郵便または手形交換所の文書交換制度を利用する文書為替方式によって処理されています。

このうち、全銀システムを利用する為替取引は、すべての為替取引を対象とし、その手続は「内国為替取扱規則」および「全銀システム利用規則」の定めるところにより行うことになっており、加盟銀行はこれらの規則を遵守することになっています。

なお、文書為替のうち交換振込はこの取扱規則および各地の手形交換所等の定めるところにより行われています。

4　為替取引契約

他行間の内国為替取引では、あらかじめ両行間で為替取引に関する事務処理方法について契約を締結する必要があります。この契約は為替取引契約と呼ばれ、かつては個別銀行間で締結する等の形態がとられていました。しかし、全国銀行内国為替制度の発足により、同制度に多くの金融機関が加盟した結果、為替取引契約の締結方法も合理化されました。現行の全国銀行内国為替制度では全銀ネットが制定した「内国為替取扱規則」等の諸規則および同法人の決定事項を加盟銀行が承認することにより、すべての加盟銀行間で為替取引契約が締結されたこととする集団的な契約方式がとられています。

なお、この契約の法的性質は従来の契約と同様、委任契約を中心として事務管理、消費寄託等の契約が含まれたものと解されています。

5　為替の貸借決済

他行間の為替取引が行われると銀行間で資金決済を行う必要が生じます。これが為替貸借の決済といわれるもので、全国銀行内国為替制度では加盟銀行間の為替貸借のうち、全銀システムを利用した内国為替取引（金額１億円以上のテレ為替による取引（大口内為取引）を除く）に伴う貸借については、全銀ネットの業務方法書に基づき決済が行われています。なお、文書為替のうち、交換振込については手形交換により決済されます。

また、大口内為取引については、取引１件ごとに、日本銀行のRTGS（Real-Time Gross Settlement：即時グロス決済）によって決済されます。

Q123 系統為替の内容

系統為替と全国銀行内国為替制度における内国為替との違いにはどのようなものがありますか。

A 本支店為替（自行為替）以外は、本来は他行為替ですが、系統金融機関では農協（信連の権利・義務を承継した農協を除きます。本問において同じです）、信連（信連の権利・義務を承継した農協を含みます。本問において同じです）、漁協（信漁連の権利・義務を承継した漁協を除きます。本問において同じです）、信漁連（信漁連の権利・義務を承継した漁協を含みます。本問において同じです）および農林中金間の為替を特に系統為替と呼び、それ以外の金融機関との為替を他行為替と呼んでいます。

全国銀行内国為替制度の取扱いは内国為替取扱規則等に定められており、系統金融機関における他行為替および系統為替の取扱いは系統内国為替取扱規則等に定められています。

解　説

系統為替と全国銀行内国為替制度における内国為替との違いは次のとおりです。なお、本設問において解説される金融機関接続形態については図表123－1を参照してください。

1　他店券の取扱い

内国為替取扱規則では、他店券受入表示の禁止として「為替通知には、他店券受入れの旨の表示を一切記入してはならない」と定め、他行為替において為替資金として受け入れることができるものは、現金またはこれと同一視できるものに限定しています。

系統為替においては、テレ為替の当日扱いの振込（通信種目「振込（当

図表123－1　金融機関接続形態概念図

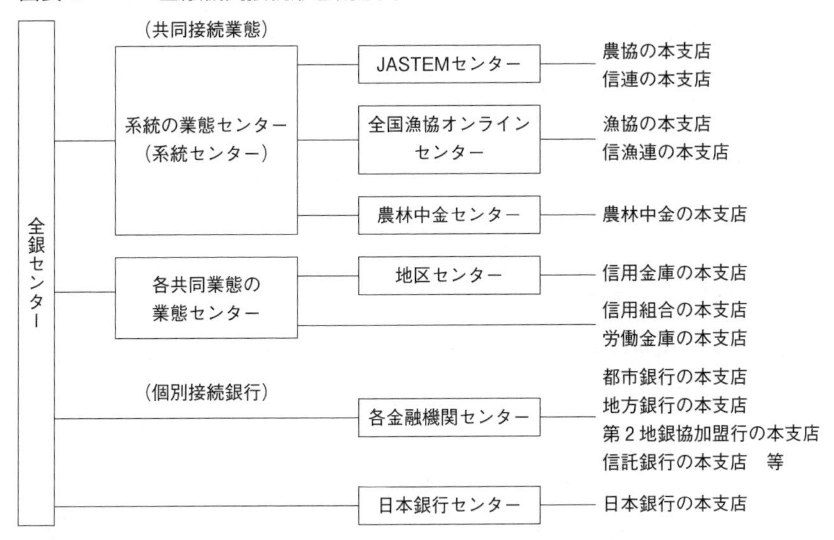

〈為替電文の流れ〉

<table>
<tr><th colspan="3">区　分</th><th>取引形態</th></tr>
<tr><td colspan="3">本支店為替（自行為替）</td><td>農協の店舗⇔JASTEMセンター⇔自農協の本支店</td></tr>
<tr><td rowspan="3">他行為替（広義）</td><td rowspan="2">系統為替</td><td>県内為替</td><td>農協の店舗⇔JASTEMセンター⇔県内の他農協、信連の本支店</td></tr>
<tr><td>県外為替</td><td>農協の店舗⇔JASTEMセンター⇔系統センター
⇔JASTEMセンター⇔他県の農協、信連の本支店
または⇔全国漁協オンラインセンター⇔漁協、信漁連の本支店
または⇔農林中金センター⇔農林中金の本支店</td></tr>
<tr><td colspan="2">他行為替（狭義）</td><td>農協の店舗⇔JASTEMセンター⇔系統センター⇔全銀センター
⇔各共同業態の業態センター⇔信用金庫、信用組合、労働金庫の本支店
または⇔各金融機関センター⇔銀行等の本支店</td></tr>
</table>

日)」）に限り、振込資金として他店小切手の受け入れを認めており、受け入れることができる他店小切手を日銀小切手、その他日銀小切手、自己宛小切手、その他他店小切手としています。これら他店小切手のうち日銀小切手以外の小切手を受け入れたときは、振込通知に「起算日」（資金化日）を記載

し、「その他他店小切手」の場合には、さらに「タテン」の表示を付して発信します。被仕向店では、この表示のある振込については資金の払戻しを留保し、他店小切手の決済を確認後、支払資金とすることにしています。

なお、農協における他店券によるテレ為替の当日扱いの振込は、信連が認めた場合に取扱いができます。また、本支店為替においては役席者が認めた場合に取扱いができます。

2　種目「デンソウ」の取扱い

内国為替取扱規則では、公金・国庫金の振込ではない「一般の振込」で、かつ付帯物件のない「通常の振込」の文書為替は、MTデータ伝送によることとされています。

系統内では、テレ為替電文と同形式による種目「デンソウ」(系統為替オンラインシステム利用規則に規定しています。なお、内国為替事務手続(統一版)においては種目「文書為替」と記述しています)という特別な電文によることが認められています。

系統金融機関から種目「デンソウ」が系統金融機関宛てに発信された場合はそのまま受信金融機関に送信しますが、他行宛てに発信された場合は、系統の業態センターである系統センターにおいて新ファイル転送の「文書為替」に変換し全銀センターへ送信します。また、全銀センターから新ファイル転送により「文書為替」を受信した場合は、種目「デンソウ」に変換し系統金融機関に送信します。

3　為替貸借の決済の取扱い

全国銀行内国為替制度においては、加盟金融機関間の為替貸借(大口内為取引を除きます)について、全銀ネット(Q122参照)が集中決済の当事者の役割を果たします。各加盟金融機関の受取額と支払額との差額を為替決済額として、清算参加者(銀行等および農林中金をいいます。農協、信連、信漁連は農林中金に決済を委託しています)および全銀ネットが日本銀行に開設している双方の当座勘定間の振替入出金によって決済します。

なお、1件当り1億円以上のテレ為替(「大口内為取引」といい、給与・賞与振込を除きます)による取引の貸借は、仕向金融機関が発信した為替通知について全銀システムを経由して、1件ごとに、日本銀行における仕向・被仕向の双方の清算参加者の当座勘定(同時決済口)口座間で為替通知の金額の振替を日本銀行で処理した後に全銀センターから被仕向金融機関へ送信します。

系統金融機関相互間の内国為替(系統為替)のうち県外為替の貸借および他業態の銀行等との為替貸借は、農林中金が決済機関となり、信連、信漁連が農林中金に設けた為替決済預け金口座で、自己の為替貸借のなかに代行決済の委託を受けた農協、漁協・水加協の貸借を含めて一定の時刻(現在は午後5時)に決済します。

なお、農協の県内為替、県外為替および他行為替の為替貸借の決済は、信連が決済機関となり、農協が信連に設けた為替決済預け金口座で決済しています。

第2節　振　　込

Q124　振込受付時の注意事項

振込依頼があった場合の注意点は何ですか。

A　振込の法律上の性質は委任契約であるため、具体的な委任内容が振込依頼書に記載されているか十分チェックし、委任事項を確定させなければなりません。

また、犯罪による収益の移転防止に関する法律上の取引時確認義務の遵守、振り込め詐欺の防止といった観点にも留意が必要です。

解　　説

1　委任事項の確認

振込とは、依頼人が金融機関に、他の金融機関にある受取人の預貯金口座に入金すべき旨の為替通知を発信することを委託し、これを受けて仕向金融機関が被仕向金融機関に為替通知を発信し、被仕向金融機関がこれを受けて受取人の預貯金口座に入金を行う、一連の取引をいいます。

振込の法律上の性質は委任契約であり、この具体的な委任内容は振込依頼書への記入によって示されます。振込の依頼を受けた金融機関（仕向金融機関）は、依頼書の記載内容に基づき、依頼事項を正しく被仕向金融機関に為替通知として発信することを要し、また被仕向金融機関は仕向金融機関からの為替通知に基づき、指定された受取人名義の預貯金口座に振込金額を入金することを要します。

このように振込依頼書の受付は、一連の振込事務処理工程の入口に当たるもので、依頼そのものが要件を欠いたり、不正確・不明確であったりする場合は、事務処理に多大の支障をきたすばかりでなく、場合によっては「入金の遅延」や「誤った口座への入金」など振込依頼人の意に反した結果を引き起こしかねません。

したがって、振込依頼の受付にあたっては、振込依頼人に対して、振込依頼書に記入相違があると「入金の不能・遅延」「誤った口座への入金」「別途、変更・組戻手数料や再振込手数料が必要になる場合がある」などを説明したうえで、振込依頼書の記載内容を十分チェックし、委任事項を確定させなければなりません。

2　振込依頼書のチェック等

(1)　振込の種類

電信扱い（テレ扱い）か文書扱いかを確認します。

(2)　被仕向金融機関・店名、受取人名、受取人の預金口座の預金種目・口座番号

これらが正確に記入されていることを確認します。

これらは記入ミスの多い項目であり、振込不能や口座相違入金が発生しやすいので、次の諸点に留意して取り扱います。

① 被仕向金融機関・店名については、受付のつど全国金融機関店舗一覧等により実在を確認するとともに、類似店名や近接店舗に注意します。依頼人においてはっきりしない場合は、依頼人から受取人に確認してもらい、あわせて受取人の正しい預金種目・口座番号も聴取してもらいます。

② 受取人名については、商取引名と預金口座名とが異なる場合があるので、受取人欄には受取人名、フリガナ、預金種目・口座番号を正確に記入してもらいます。

③ 金額欄には振込金額をはっきりと、読み違いのないような数字で記入を受けるとともに、振込金額の訂正のあるものは受け付けず、書き直してもらいます。

④　依頼人欄には、依頼人名のほか依頼人の住所、日中連絡がとれる電話番号を必ず正確に記入してもらいます。この記入がないと、後日に連絡の必要が生じた場合に非常に困ることになり、振込不能などにより振込金を被仕向店から返却された場合に、振込金が宙に浮いてしまうことになりかねません。

⑤　振込依頼書への記入は振込依頼人の自筆で記入してもらい、安易な代筆は避けなければなりません。

(3)　為替通知発信日の確認

各金融機関所定の締切時間以降に電信振込を受け付けた場合は、為替通知の発信が翌営業日となることについて振込依頼人に説明し、了解を得ます。

3　現金振込における取引時確認

現金による10万円を超える振込を受け付ける場合には、犯罪による収益の移転防止に関する法律にのっとった取引時確認を行う必要があります（概要は以下のとおり。なお、確認方法等の詳細はQ24、Q25参照）。

①　振込依頼人の本人確認書類をご提示いただきます（来店者が振込依頼人と異なる場合は、来店者と振込依頼人、両方の本人確認書類をご提示いただく必要があります）。

②　入学金・授業料の振込に親などの保護者が来店した場合には、来店者である保護者の本人確認のみ行うほか、至急扱いの場合の特例扱いがあるので留意が必要です。

4　振り込め詐欺の防止

(1)　振り込め詐欺とは

近時、面識のない高齢者等に対し、電話等の通信手段を用いて被害者を騙し、被害者に現金を振り込ませる詐欺が横行しています（「振り込め詐欺」のほかに「オレオレ詐欺」「母さん助けて詐欺」等と呼ばれていますが、ここでは「振り込め詐欺」といいます）。

振り込め詐欺の典型的な手口は、「子や孫を装って高齢者に電話をかけ、なんらかの困窮した状況を訴え、金が必要として現金を振り込ませて騙し取る」というものです。

(2) 振り込め詐欺の未然防止における金融機関の役割

振り込め詐欺被害の未然防止については、被害者が振込を行おうとする際に、振込を受け付ける金融機関において水際で防ぐことが社会的に望まれており、そのためにはロビー・窓口・ATMコーナーにおける振込依頼人に対する積極的な声掛け（注意喚起）が有効です。

(3) 具体的な方法

a 声を掛ける対象者

「振込依頼人の挙動」「取引の内容」の2点に着目して判断するとよいでしょう。

「振込依頼人の挙動」については、たとえば以下の点などがポイントとなりえます。

・慌てていたり、そわそわと落ち着きのない態度をしたりしている。
・携帯電話を使用しながら、振込用紙や払戻請求書を記入したり、ATMを操作したりしている。
・閉店間際に来店し、ひどく慌てていたり、「15時までに振込が必要」「至急手続してほしい」等の申出があったりする。
・メモをみて人目を気にしながらATMを操作している。
・長時間ATMを操作している（操作に困っている）等ようすがおかしい。

「取引の内容」については、たとえば以下の点などがポイントとなりえます。

・（特に高齢者の方の）通常の取引と比べ多額の振込、短期間に複数回の多額の振込である。
・振込受取人の記載がカタカナ・ひらがな、または住所・電話番号の記載がない。

・子・孫からの振込依頼であるにもかかわらず、振込受取人が振込依頼人の姓と異なる。
・振込受取人が遠方の金融機関かつ個人口座である（個人から他の都道府県の個人への振込）。
・同じ金額の振込を何度も行っている。

b　声掛けの要領

振り込め詐欺の被害者は騙されている（本当の子・孫からの電話だと信じ込んでいる）からこそ金融機関へ来ています。したがって、「振り込め詐欺ではないですか」と声を掛けられても「自分は違う」と思い込み、耳を傾けていただけないケースが大半です。

よって、警察からの要請もあって振込の理由をおうかがいしていることを説明し、対応に理解を求めます。

円滑な声掛けのポイントは以下のとおりです。

・「急なお話で大変ですね」等お客さまの説明を肯定的におうかがいし、否定をしない。
・丁寧にゆっくり話す。
・「ご協力ありがとうございます」とお礼を述べてから詐欺手口等の説明をする。
・「詐欺ではない」と否定する場合には「（本日の取引について）ご家族はご存知ですか」などと別の質問により確認する。

c　説得と警察への通報

声掛けに対する反応から、振り込め詐欺被害に遭っている可能性が高いと考える場合には、絶対に振り込んだり、引き出したりさせないよう説得します。

説得に応じていただけない場合等、必要がある場合には、すぐに警察へ通報しましょう。

Q125 誤った振込通知を発信してしまった場合の対応

誤った振込通知を発信してしまった場合はどう対応したらよいのですか。

仕向金融機関は、誤った振込通知を発信してしまった場合は、誤った内容に応じて、被仕向金融機関に取消または訂正により依頼します。

取消の原因である誤りを発見した場合には、取消手続は、その取扱方式を問わず、すべてテレ為替を利用して行うことになっています。また、取消および訂正に関する電文は、すみやかに発信しなければなりません。

電文の取消は仕向金融機関の錯誤により原電文の全内容を取り消す場合に行うものであり、訂正は為替通知の内容の一部を修正する場合に行うものです。

解　説

1　電文の取消・訂正の取扱範囲

仕向金融機関は、次の場合に電文の取消および訂正を行うことができます。

⑴　取　消

①　重複発信

②　受信金融機関名・店名相違

③　通信種目コード相違

④　金額相違

⑤　取扱日相違

・翌営業日以降発信すべきものを、誤って当日に発信したことによる取扱

日相違

・「振込（先日付）」の振込指定日相違（MTデータ伝送の「先日付振込」を含みます）

・「付替（先日付）」「請求（先日付）」の取組日相違

・MTデータ伝送の「文書為替」（種目「デンソウ」を含みます）の取組日相違

・起算日相違……ただし、系統金融機関宛て取消依頼するものに限ります。

・為替代り金として受け入れた他店小切手の不渡……ただし、系統金融機関宛て取消依頼するものに限ります。

⑵ 訂　正

上記⑴以外の場合は、訂正の取扱いにより行います。

2 取消・訂正の取扱い

仕向金融機関の取消依頼電文の発信は、「振込（当日）」に係る原電文の発信日の翌営業日までに行います。また、「振込（先日付）」は振込指定日の翌営業日までに行います。

なお、仕向金融機関は、上記の発信時限までに取消依頼電文の発信ができなかった場合は、被仕向金融機関に対し電話等により事前に連絡し、協力依頼のうえ、取消依頼電文を発信します。

訂正の場合は、必要が生じた時点で訂正依頼電文を発信します。

Q126 訂正依頼を受け取ったときの対応

仕向金融機関から振込の訂正依頼を受け取った場合はどう対応したらよいのですか。

A 振込の訂正依頼は、仕向金融機関の錯誤による場合（取消に該当するものを除きます）および振込依頼人からの依頼による場合（組戻に該当するものを除きます）がありますが、どちらも一般通信電文により受信し、対応方法は同じです。

なお、受信電文に回答を必要とする旨の文言があるときは、一般通信により訂正承諾の旨を回答します。

解　説

1　訂正依頼電文を受信した場合

訂正依頼電文を受信した場合は、原取引の振込電文について為替受信票または受信電文照会取引により内容を確認します。

原取引の内容が確認できた場合は、受信電文により訂正処理を行います。

原取引の内容が確認できない場合は、仕向店に一般通信［照会］により確認します。

2　受信電文に回答を必要とする旨の文言がある場合

受信電文に回答を必要とする旨の文言がある場合は、一般通信［回答］により仕向店に訂正承諾の旨を回答します。

Q127 取消依頼を受け取ったときの対応

仕向金融機関から振込の取消依頼を受け取った場合はどう対応したらよいのですか。

取消依頼電文を受信した被仕向金融機関は、振込金を自店所定の組戻の取扱いに準じて振込金の入金記帳を取り消します。

なお、各金融機関は、取消について普通貯金規定3(2)および当座貯金規定3(2)において、「振込通知の発信金融機関から重複発信等の誤発信による取消通知があった場合には、振込金の入金記帳を取消します」と規定しており、受取人の了解を得ることなく取り消すことができないことになっています。

解　説

1　「振込（当日)」に係る取消依頼電文を受信した場合

「振込（当日)」に係る取消依頼電文を受信した場合は、取消分の資金の返送は、取消依頼電文を受信した日の翌営業日までに行います。ただし、取消依頼電文を受信した時点において支払可能残高（当座貸越を含みます）が取り消すべき金額に満たないときは、残高不足により資金の返送ができない旨を回答し、その後仕向金融機関から取消に関する協力依頼があった場合には、極力これに応じます。

2　「振込（先日付)」に係る取消依頼電文を受信した場合

「振込（先日付)」に係る取消依頼電文を受信した場合は、振込指定日に応じて次により対応します。

振込指定日の前営業日までに取消依頼電文を受信した場合は、取消分の資金の返送は、振込指定日に行います。なお、資金の返送は、振込指定日前に「付替［その他の資金付替（先日付)］」により行うこともできます。この場合、当該「付替［その他の資金付替え（先日付)］」電文の起算日・指定日欄には、振込指定日を記入します。

振込指定日以降に取消依頼電文を受信した場合は、前記１に準じて取り扱い、取消分の資金の返送は、取消依頼電文を受信した日の翌営業日までに行います。

Q128 組戻依頼を受け取ったときの対応

振込の組戻依頼を受けた場合はどうすればよいですか。

A 振込依頼人から組戻依頼を受けたときに、①まだ被仕向金融機関宛振込通知を発信していない場合、②すでに被仕向金融機関宛振込通知を発信したが被仕向金融機関において受取人の貯金口座への入金処理がなされていない場合は、組戻依頼に応じることができます。

被仕向金融機関において受取人の貯金口座へ入金処理後の場合は、受取人が組戻を承諾した場合は組戻に応じることができますが、承諾しない場合は応じることができません。

解　説

1　振込の組戻とは

振込の組戻とは、振込依頼人の申出に基づき、振込を取り下げることをいいます。

振込は振込依頼人の指定する被仕向金融機関における受取人名義の貯金口座に振込金の入金処理を委託する委任契約ですが、組戻はこの委任契約の解除の申込みに当たります。

取扱金融機関として組戻を受諾できるかどうかは、当該振込事務の処理がどのような段階にあるかにより対応が異なります。

2　仕向金融機関の取扱い

(1)　振込通知が未発信の段階

仕向金融機関から被仕向金融機関宛ての振込通知が未発信の段階であれば、振込依頼の撤回が可能であり、組戻に応じる（振込通知の発信をしない）

ことができます。

これは、その振込についての当事者の法的関係が振込依頼人と仕向金融機関との間で発生しているのみであり、まだ、被仕向金融機関との関係は発生していないからです。

⑵　振込通知が発信ずみの段階

仕向金融機関から被仕向金融機関宛ての振込通知が発信ずみの場合は、被仕向金融機関に振込通知が届いてしまっていますから、仕向金融機関の一存では対応できず、被仕向金融機関に対し一般通信で組戻依頼電文を発信します。ただし、当該組戻依頼電文に被仕向金融機関が応じるかどうかは、被仕向金融機関における事務処理の進行度合いによります（後記3参照）。

これは、法律的には、振込依頼人の依頼に基づく委任事務の処理が仕向金融機関と被仕向金融機関との間でも進行しており、さらには被仕向金融機関と受取人との間にまで進行しているかもしれないため、その進行状況に応じて関係当事者の承諾が必要となってくるからです。

3　仕向金融機関の取扱い（先日付振込の場合）

先日付振込によって振込通知を発信している振込について組戻依頼を受けた場合、組戻依頼を受けた時点で被仕向金融機関に対し組戻依頼電文を発信します。

4　被仕向金融機関の取扱い（当日扱い振込の場合）

⑴　受取人口座へ未入金の場合

仕向金融機関から組戻依頼電文を受信した場合は、直ちに当該振込の有無および事務処理の進行状況を確認します。受取人口座へ未入金の場合は入金手続を中止し、仕向金融機関に対して直ちに振込資金を返戻します。この場合の電文の記入項目については、内国為替取扱規制に詳細な定めがあるのでそれに従います。

これは、委任事務の処理が被仕向金融機関の段階まで進行しているが、受取人との関係にまでは至っていないので、被仕向金融機関の判断で組戻の承諾ができるからです。

⑵ 受取人口座へ入金ずみの場合

受取人口座へ入金ずみの場合は、その振込に関する委任事務は終了しており、振り込まれた金員はすでに受取人の貯金となってしまっているので、受取人の承認がなければ応じることはできません。

この場合は、すぐ受取人に連絡をとり、承諾を得た場合は受取人口座から当該振込金額を払い出し、仕向金融機関宛てに仕向店へ資金を返送します。この場合の電文の記入項目については、内国為替取扱規制に詳細な定めがあるのでそれに従います。

なお、受取人から承諾が得られた場合、その証拠として、当座貯金の場合は小切手を、普通貯金の場合は普通貯金払戻請求書の提出を受けます。

受取人が承諾しない場合や、すでに払い出されて貯金残高がない場合は、組戻に応じられない旨を通信電文によりすみやかに回答します。

5 被仕向金融機関の取扱い（先日付振込の場合）

仕向金融機関から先日付振込の組戻依頼を受けた被仕向金融機関の取扱いは、組戻依頼を受けた時点により次のとおりとなります。

⑴ 振込指定日の前営業日までに組戻依頼を受けた場合

振込指定日前なので受取人の承諾を得る必要はなく、振込指定日に仕向店に資金を返送します。

⑵ 振込指定日以後に組戻の依頼を受けた場合

当該振込金は振込指定日には受取人の貯金口座に入金ずみとなっており、受取人の貯金になっているので、組戻をするために受取人の承諾が必要になります。

そこで、受取人に連絡をとり、その承諾を得て組戻に応ずることになりますが、この場合の組戻手続および受取人の承諾を得られない場合の取扱いは前記４⑵に準ずることになります。

6　振込規定による定め

各農協が定めた振込規定では、依頼内容の変更については、その7条1項で「振込契約の成立後にその依頼内容を変更する場合には、取扱店の窓口において次の訂正の手続により取扱う」旨を定めるとともに、振込先の金融機関・店舗名および振込金額を変更する場合には、8条1項の組戻の手続によるとしています。

そして、組戻の手続について定める8条では、1項では「振込契約の成立後にその依頼を取りやめる場合には、取扱店の窓口において次の組戻の手続により取扱う」旨を規定し、訂正と組戻の相違を明らかにしています。

また、3項では、「振込先の金融機関がすでに振込通知を受信しているときは、組戻しができないことがあります。この場合には、受取人との間で協議してください」として、振込の金員がすでに受取人の貯金口座に入金されている場合で、組戻に関する受取人の承諾が得られなかったときのための規定を置いています。

第3節　代金取立

Q129　代金取立とは

代金取立とはどういうものですか。また、取立可能な証券類にはどのようなものがありますか。

A　代金取立とは、金融機関が取引先からの依頼を受けて手形、小切手、その他証券類による金銭債権の支払を支払人に請求し、その代り金を取り立てることをいいます。

また、代金取立の対象となる証券類は、貯金口座へ直ちに受け入れできないものです。直ちに受入れできるものは、代金取立として取り扱わず、普通貯金や当座勘定へ他店券として直接受け入れ、手形交換などを通じて取り立てる、いわゆる店頭入金扱いとなります。

解　説

1　代金取立の概要

代金取立とは、金融機関が取引先からの依頼を受けて手形、小切手、その他証券類による金銭債権の支払を支払人に請求し、その代り金を取り立てることをいいます。

代金取立では、手形、小切手、その他証券類の取立を依頼する者は、取引先に限らず、金融機関が割り引いた商業手形や荷付為替手形の取立など自金融機関自店舗や他店舗あるいは他の金融機関の場合もあります。依頼人が取引先の場合には、取り立てた代金は取引先の貯金口座に入金し、他の本支店などの場合には取立代金をその本支店に付け替えます。これらの仕組みを総称して代金取立といいます。

なお、取引先が手形、小切手、その他証券類を持参したときに、直ちに貯金口座に入金（店頭入金）し、自店が所属する手形交換所で代金を取り立てる場合は、代金取立とはいいません。

2　代金取立の対象となる証券類

代金取立の対象となる証券類は、貯金口座へ直ちに受け入れできないものです。

手形等の有価証券に限らず、貯金証書等の金銭債権を表す次の証券類は代金取立の対象となります。

約束手形、為替手形、小切手、譲渡性貯金証書、公社債、利札、配当金領収証、その他の証券類（公社債元金領収書、公社債利金領収書、貯金証書、貯金通帳等）、もしくは金融機関が取引先のために割引を行った商業手形や、貨物引換証などの添付された荷付為替手形など。

貯金口座へ直ちに受け入れできないものとは、次のいずれかに該当する証券類です。

① 証券類の支払場所が遠隔地にあって、自店参加の手形交換所の手形交換や自店内振替により取立ができないもの

② 証券類の支払期日まで相当の期間があるために、金融機関に期日までの保管、期日管理を委託するもの

③ 受付時に金額が確定していないもの（たとえば旅館券）、または金銭債権の取立に条件がついていたり、特別の手続を要したりするもの（たとえば荷付為替手形）で、手形交換による呈示ができないもの

Q130　代金取立の仕組み

代金取立はどういう仕組みで行われているのですか。

全国銀行内国為替制度における代金取立の取立方式は、集中取立、期近手形集中取立および個別取立の3方式があります。

依頼人が至急扱いの取立依頼をした際に個別取立を利用するほかは、依頼人の選択するものではなく、委託金融機関で決めるものです。

また、内国為替取扱規則では、「代金取立は、集中取立によることを原則とし、期近ものなど集中取立扱いができないものは期近手形集中取立または個別取立による」と集中取立優先利用原則を定めています。

解　説

1　為替取引上の代金取立

為替取引上の代金取立とは、金融機関が取引先または他の金融機関等から取立委託の依頼を受け、証券類による金銭債権の代金を取り立てることをいいます。

取引先からの委託や自金融機関の他の本支店からの依頼を受けた場合は、委託金融機関として他の金融機関（受託金融機関）へ証券類による金銭債権の代金の取立を依頼します。受託金融機関から入金報告を受けたときは取引先等の貯金口座に入金し、不渡通知を受けたときは依頼人へ不渡であった旨連絡するとともに、証券類の返却を受けたときは依頼人へ返却します。

2　全国銀行内国為替制度における代金取立

全国銀行内国為替制度における代金取立の取立方式には次の3方式があります。

⑴　集中取立

集中取立は、約束手形および為替手形の取立事務を集手センター（農協は集手センターを設置していないため信連手形センター（最終統合県においては農林中金手形センターをいいます。ここでは「信連手形センター」といいます）に集中して一括処理する取立方式です。

具体的には、各取扱店が取立手形を自金融機関の集手センターに送付し、集手センターはこれを期日別、相手金融機関別に分類集計のうえ、期日の7営業日前までに受託金融機関集手センターに到着するように送付します。農協が委託する手形の場合は、標準的な例では手形期日の15営業日前までに信連手形センターに発送します。

受託金融機関集手センターは期日に受託手形の合計金額で委託金融機関集手センター宛てに資金付替を行い、不渡分については期日の翌営業日までに、受託店または受託金融機関集手センターから委託店宛てに不渡手形1件ごとに資金を請求します。

集中取立は、不渡発生率の僅少な点に着目して考えられた取立方式で、金融機関における代金取立事務の合理化が図られるほか、依頼人にとっても期日入金扱いをすることにより、入金口座が普通貯金の場合には、期日から付利され、また資金の使用可能日がわかるなどの利点を有し、代金取立の主流をなす取立方式です。

また、集中取立は、大量処理によるため、取立にあたって特別の手続等を要する、①引受けのない為替手形、②一覧払いの手形、③付帯物件付きの手形、④減額取立依頼のあった手形等は対象外になっています。

⑵　期近手形集中取立

期近手形集中取立は、集中取立の仕組みを小切手および期日余裕のない手形の取立に利用するもので、基本的には集中取立と同一方式です。ただし、期近手形集中取立は、あらかじめ協定を締結した加盟金融機関間でのみ取り扱うことができることになっている点が集中取立と異なっています。

(3) 個別取立

個別取立は、依頼人から取立依頼を受けた証券類を、1件ごとに委託店から直接受託店宛てに送付し、受託店は証券類1件ごとに入金報告または不渡通知を委託店宛てに通知する取立方式です。この個別取立は代金取立の原型ともいうべき取立方式で、その対象は集中取立の対象とならないすべての証券類です。

全国銀行内国為替制度における個別取立は、為替通知を1電文に1件記入する取立方式で、各取立方式のなかで最も早く取立事務が行われるため、依頼人から至急扱いの取立依頼を受けた際に利用されます。また、1電文1件の為替通知となっているため、為替通知になんらかの説明を要するたとえば、①利息のつく証券類、②事前に延期取立依頼のあった手形、③期日前入金となった手形、④減額取立となる証券類などの取立にも利用されます。

Q131 受付時の注意事項

証券類を受け付けるときの注意事項にはどういうものがありますか。

受付にあたっては、代金取立の取立金は依頼人の貯金口座に入金するため依頼人が貯金取引先であることを確認し、取立対象証券類と代金取立依頼書を受け付けます。

なお、依頼人が貯金取引先でない場合は、役職者に報告しその指示に従って処理します。

解　説

1　形式等の点検

取立証券類の形式等を点検します。

① 手形・小切手の要件に欠けるところはないか。

② 手形の裏書は連続しているか。

③ 手形および記名式（または指図式）小切手の場合は、依頼人（記名人）の取立委任裏書があるか。

④ 特定線引小切手の場合は、自農協に特定されているか。

⑤ 手形（一覧払いを除きます）、小切手については、支払呈示期間（手形の場合は支払をなすべき日およびこれに次ぐ2取引日、小切手の場合は振出日を含めて11日間）内に取立が可能であるか。送付所要日数からみて無理と予想される場合は、不渡返却もありうるので、あらかじめ依頼人の了解を得たうえで受け付けます。

⑥ 配当金領収証、貯金証書の場合は所定の受領欄に、貯金通帳の場合は預入先金融機関所定の貯金払戻請求書に、取立依頼人の記名と届出印の押印があるか。貯金証書・通帳の場合は、委任状もあわせて提出があるか。な

ければ提出してもらいます。

⑦　拒絶証書作成の依頼があった場合は、依頼事項をその手形の余白部および依頼書の備考欄にゴム印等で表示し、裏面の拒絶証書不要文言を抹消します。

2　代金取立依頼書の点検

代金取立依頼書を点検します。

取立依頼人から代金取立手形とともに提出される取立依頼書セット（代金取立依頼書、取立手形明細書、取立手形依頼人別明細票、代金取立手形預り証の４枚セット）に記載されている事項（手形金額、支払期日等）と証券類を１件ごとに照合します。

Q132 組戻と依頼返却

代金取立における組戻と依頼返却とは何ですか。

A 取立手形の組戻とは、委託店が取立の依頼を受けた証券類を取立完了前に取立依頼人の申出によって、返却することをいいます。組戻は、委任契約の解除を意味するものであり、法律的には民法651条に基づいています。

依頼返却とは、受託店が支払場所でない場合で、すでに受託店が参加している手形交換所を通じて支払金融機関に渡っているとき、受託店から支払金融機関・店舗に組戻を依頼することをいいます。

解　説

1　店舗からの代金取立の依頼

農協の店舗（委託店）が取立依頼人から代金取立の依頼を受けた証券類については、取立依頼のため、集中取立の場合は、農協の集中店、委託信連手形センター、受託金融機関集手センターを通じて受託店に送付します。また、個別取立の場合は、委託店から直接受託店に送付します。

さらに、受託店が支払場所（支払金融機関・店舗）でない場合は、受託店（手形交換所規則では「持出金融機関」といいます）が参加している手形交換所を通じて支払金融機関（同規則では「持帰金融機関」といいます）に渡ります。

2　取立依頼人からの組戻の申出

取立依頼人から、組戻の申出があったときは、取立手形組戻依頼書と代金取立手形預り証の提出を求めます。組戻依頼は取立依頼人以外から受け付けることはできませんので、組戻依頼書に押捺された印影を貯金取引用の届出印鑑と照合し、組戻依頼人が取立依頼人本人であることを確認します。

3　組戻依頼電文の発信

委託店は、組戻依頼書に基づいて、代金取立手形組戻依頼発信票を作成し、組戻依頼電文を「一般通信［依頼］」により、集中取立の場合は農協の集中店宛て、個別取立の場合は受託店宛てに発信します。また、集中取立の場合は、証券類の到着、発送状況に応じて、農協の集中店から委託信連手形センターへ、委託信連手形センターから受託金融機関集手センターへ組戻依頼電文を発信します。

4　組戻が承諾されたときの対応

組戻が承諾された場合は、集中取立のときは自農協の集中店から組戻承諾の旨の一般通信を受信します。また、個別取立のときは、受託店から「個別取立［不渡通知（組戻）］」を受信しますので組戻依頼人へその旨連絡します。

また、組戻に応じられない場合には、「一般通信［回答］」によって組戻不承諾の回答を受信しますので依頼人へその旨を連絡します。また、該当する帳票へは組戻不承諾の旨記入しておきます。

5　証券類の取扱い

東京手形交換所規則施行細則においては、受託店が組戻依頼を受けた証券類を、すでに手形交換所に持出ずみの場合は、手形交換所所定の方法により、役席者から支払金融機関の役席者に対して依頼返却の手続を行い、その可否を確認した後、回答されることとされています。

なお、手形交換所から持ち帰った証券類の依頼返却を受け、この証券類を返還するときは、当該証券類の返還に先立ち、持帰店から持出店に連絡し、申出の事実を確認します。また、依頼返却証券類の返還方法は、不渡手形の規定に準じ、付箋には支払金融機関の押切印を押捺するほか、持出店との連絡にあたった役席者名を記載（または認印を押捺）するとともに、持出店の連絡者名を付記することになっています。

Q133 組戻依頼を受け取ったときの対応

組戻依頼の一般通信を受信した場合はどう対応したらよいのですか。

組戻依頼の一般通信を受信した場合は、当該証券類の有無を確認します。

自店にある場合は組戻に応じるか否か回答しますが、すでに手形交換所に持ち出している場合は持帰店に依頼返却によってその可否を確認します。

解　説

1　組戻依頼の一般通信を受信した場合

組戻依頼の一般通信を受信した場合は、当該証券類の有無を確認します。

組戻を承諾する場合は、該当する集手明細票または個別取立手形送達状（入金票）に組戻の旨表示します。

なお、組戻依頼を受けた証券類を、すでに手形交換所に持出ずみの場合は、手形交換所所定の方法により、役席者から支払金融機関の役席者に対して「依頼返却」の手続を行い、その可否を確認します。

また、証券類が到着していない場合は、自農協の集中店または委託店へ照会する必要があります。

2　組戻依頼が集中取立の場合

組戻依頼が集中取立の場合は、応諾するときも、不承諾のときも回答は「一般通信［回答］」によって発信します。

個別取立の場合は、組戻不承諾のときは「一般通信［回答］」によって発信しますが、組戻に応じるときは、「個別取立［不渡通知（組戻）］」（不渡理由コード「８」）により発信します。

集中取立については、手形期日にいったん集手送達状の金額で決済を行いますので、組戻分については、期日またはその翌営業日に組戻手形１件ごとに不渡・資金請求発信票を作成して、委託店へ「請求［集手・期近の不渡通知］」（不渡理由コード「８」）により資金を請求します。

Q134 不渡の場合の処理（支払金融機関・受託店）

受託した証券類が不渡となった場合はどう対応したらよいのですか。

受託した証券類が不渡となった場合は、①不渡手形の確認、②不渡通知の発信、③不渡手形の返却の3つの事務があります。

解　説

1　不渡宣言

証券類が不渡となった場合は、不渡宣言がされますのでそれを確認します。

自店払いの証券類は自店の貯金係において不渡宣言の付箋を貼付（小切手の場合は小切手面に不渡宣言の記載）しますので、その不渡宣言を確認します。

また、交換持出しの証券類については、支払金融機関が不渡宣言の付箋を貼付（小切手の場合は小切手面に宣言の記載）しますので、内容を点検し、交換印を取り消します。

拒絶証書の作成を依頼されている場合は、執行官または公証人に作成を依頼します。拒絶証書の作成は、支払をなすべき日またはこれに次ぐ2取引日以内となっており、作成に要した費用は委託金融機関に請求します。

不渡手形の記載されている集手明細票または個別取立手形送達状（入金票）の該当欄に不渡の旨の表示を行います。

2　不渡通知の発信

不渡証券類と集手明細票または個別取立手形送達状（入金票）により発信票を作成のうえ、不渡通知を発信します。

集中取立の場合は、不渡・資金請求発信票を作成し、自県信連手形センター（集中店経由としている県もあります）宛てに不渡通知「請求［集手・期近の不渡通知］」を発信します。この通知には取立番号、金額、不渡理由コードを記入します。信連手形センターは、この通知に基づいて、委託店宛てに不渡通知を発信します。

また、個別取立の場合は、不渡通知発信票を作成し、委託金融機関・店舗宛てに発信します。通信種目「個別取立［不渡通知］」によって通知します。

3　不渡手形の取扱い

不渡手形は、直ちに返却手形送達状を添付して、集中取立の場合は自県信連手形センター（集中店経由としている県もあります）を経由して委託店へ返却します。個別取立の場合は直接委託店へ返却します。郵送による場合は、書留または簡易書留郵便を利用します。

Q135 不渡の場合の処理（委託店）

不渡通知を受信した場合や不渡手形が返却されてきた場合はどう対応するのですか。

A 不渡通知を受信した場合は、依頼人へ不渡となった旨連絡します。

なお、集中取立で委託した手形が不渡となった場合は、期日入金していますので、入金の取消を行います。

不渡手形が返却されてきた場合は、集中取立手形明細票または個別取立手形送達状（控）と照合し、受取書の受領印を貯金取引用の届出印と照合し、依頼人本人であることを確認したうえ、取立委任裏書（またはスタンプ）を抹消して、不渡手形を返却します。

解　説

1　集中取立で委託した手形が不渡となった場合

集中取立で委託した手形が不渡となった場合は、期日の翌営業日までに、受託店または受託金融機関集手センターから通信種目「請求［集手・期近の不渡通知］」によって不渡手形１件ごとに不渡通知がきます。委託店が不渡通知を受信したときは、集中取立手形明細票で取立番号、金額を照合し、明細票に不渡の表示を行った後、貯金係へ明細票を回付して、入金の取消と依頼人への不渡連絡を依頼します。

個別取立の場合は、通信種目「個別取立［不渡通知］」により不渡通知がきます。この不渡通知を受信したときは、個別取立手形送達状（控）で取立番号、種目を照合し、送達状（控）に不渡の表示を行った後、依頼人へ不渡となった旨を連絡します。

2　返却手形送達状とともに不渡手形が返却されてきた場合

返却手形送達状とともに不渡手形が返却されてきた場合は、集中取立手形明細票または個別取立手形送達状（控）と照合します。

依頼人から返却手形受取書と不渡手数料を受け取り、受取書の受領印を貯金取引用の届出印と照合し、依頼人本人であることを確認したうえ、取立委任裏書（またはスタンプ）を抹消して、不渡手形を返却します。

なお、当地取立手形が不渡となったときは、依頼人宛てに電話等により不渡の連絡をし、不渡となった証券類を依頼人の貯金取引用の届出印を押捺した受取書と引き換えに返却します。不渡となった証券類が手形交換決済の証券類で、依頼人の貯金口座へ入金記帳ずみの場合には、入金記帳の日にさかのぼって入金の取消を行います。

第 9 章

融資業務

第1節　融資業務と利用者保護

Q136　融資取引における利用者の意思確認の方法

融資取引時の借入者、保証人等の意思確認はどのように行えばよいですか。

A　意思確認の手続は、①契約締結は必ず面前自署で行う、②印鑑証明書、運転免許証（写し）等本人と確認できる資料を徴求する、③意思確認時の状況を記録に残す、となります。

解　説

1　意思確認の重要性

(1)　意思確認の重要性

意思確認は融資実行後、取引先が返済不能になったときに重要な意味をもちます。返済不能となった場合、取引先本人に返済を求めることはもちろん、保証人へも返済を求め、また担保提供者に対して抵当権の実行を主張しその手続を行います。意思確認が不十分であれば、それらの手続を拒否されても対抗できません。

また確実な意思確認は、当事者になりすまし融資を引き出す不正な融資等の防止にもなります。また親子、夫婦、会社の経理財務担当者等、借入者本人と意思疎通がとれていると思いがちな関係性には特に注意が必要です。

以下は、意思確認が不十分で起こるトラブルケースを、借入者本人、保証人、担保提供者に分けて例示します。

⑵ 本人確認

・子が親名義や、夫が妻名義で融資を受けるとき、借入者本人になりすました他人とともに手続を行い、借入者本人がそれを承知していなかった。

・会社の経理部長が融資取引を行ったが、代表者がそれを承知していなかった。

・借入者本人の委任状をもつ代理人が融資取引を行ったが、本人の意思に反したものであり、形式と実情が違っていた。

⑶ 保 証 人

・保証人の意思確認はとれていると主張し、保証人の実印・印鑑証明書持参のうえ、署名捺印を借入者本人が代筆していた。

・借入者本人が記入ずみの保証約定書、保証人の印鑑証明書を持参し、融資を実行したが、後日保証人に保証意思を示した覚えがないといわれた。

・借入者本人から聞いた電話番号に架電し保証意思を確認したが、実は別人であった。

⑷ 担保提供者

・担保提供者が融資内容を知らされていなかった。

・法人が担保提供する場合、取締役会の承認が必要であるところ、その議事録が不正に作成されたものであった。

2 代理行為

⑴ 代理人との手続

融資取引において、借入者、保証人、担保提供者それぞれ本人の意思確認をとることが重要ですが、実務上それぞれの代理人と手続をすることが少なくありません。代理行為について整理し、実務上必要な事項を理解することが大切です。

⑵ 法定代理人

a 未成年者との取引

親権者、または後見人との取引となり、それぞれの意思確認が必要となります。なお、マイカーローンは、親権者の保証付きで本人との取引となります。

b　被後見人との取引

極力取引は避けます。やむをえない場合は、家庭裁判所で選出された成年後見人を代理人としての取引となり、意思確認が必要です。

⑶　任意代理人

借入者本人よりの委任状をもとに取引を行うケースで、上記の親子・夫婦等親族の代理人の場合は、本人の承諾なしで代理人になりすますことが考えられます。借入者本人（委任者）との関係や委任する理由を必ず借入者本人に確認する必要があります。

⑷　表見代理人

表見代理制度とは、代理権がないにもかかわらず相手方が本人との関係性から正当な代理人と信じて取引をした場合、その代理行為を有効とし、取引の相手方を守る制度です。融資取引の例としては上記の法人融資取引における経理・財務部長との契約行為が想像されます。

しかし相手方が金融機関の場合は有効とされる場合は限られ（以下、a・bの場合）、借入者本人の（上記法人の例では、法人の代表者）の意思確認が必要になります。

a　表見代表取締役（代理権を有する）

法人登記されている代表取締役以外の取締役においても「副社長」「専務」「常務」の社内上の呼称がついている場合は、代理権を有するとされます。意思確認は代理人に行います。

b　表見支配人（代理権を有する）

①営業所、支店として登記されている、②登記はないものの「支店長」等の名称がついている場合は、代理権を有するとされます。意思確認は代理人に行います。

c　表見代理人（代理権を有しない）

上記の本人との関係性から代理権を有すると誤認識されるケースです。代理権はありませんので、本人の意思確認が必要です。

⑸　無権代理人

代理権をもたない者が取引をするケースですので、取引自体は無効となります。ただし、本人が代理権を追認（取引後に代理権を認める）すれば、取引は有効となります。融資取引については、絶対に避けなければなりません。借入者本人の意思確認は当然必要になります。

3　意思確認方法

借入者本人、保証人、担保提供者との意思確認方法と確認資料は以下のとおりです。

⑴　意思確認

すべての取引において面前自署、実印押印で行います。法人の場合は自署のかわりに記名（ゴム印の使用）も認められます。

⑵　確認資料

a　本　　人

・印鑑証明書（発行日より３カ月以内）
・運転免許証等顔のわかる身分証明書

b　法定代理人

・親権者、後見人の印鑑証明書（発行日より３カ月以内）
・法定代理人の同意書（面前自署、実印押印）
・運転免許証等顔のわかる身分証明書

c　任意代理人

・委任状（面前自署、法人の場合は記名、実印押印）
・履歴事項全部証明書（法人の場合）
・委任者の印鑑証明書（発行日より３カ月以内）
・代理人の印鑑証明書（発行日より３カ月以内）
・代理人の運転免許証等顔のわかる身分証明書

d　表見代理人

・履歴事項全部証明書（法人の場合）
・代表者本人との面談（法人の場合）
・代理人届（面前自署、法人の場合は記名、実印押印）
・委任状（面前自署、法人の場合は記名、実印押印）
・委任者印鑑証明書（発行日より3カ月以内）
・代理人の運転免許証等顔のわかる身分証明書

e　その他

・取締役会議事録（保証人、担保提供者が法人の場合）

(3)　記　　録

上記すべてにおいて記録を残しておく（図表136－1参照）。

図表136－1　意思確認記録簿

債務者名	株式会社○○○○				
融資金額	10,000,000円				
金　利	2.00%				
実行日	平成△年□月○日				
期　間	60カ月				
確認内容	手形貸付	証書貸付	当座貸越	保証	担保提供
		○			
確認日時	平成□年○月△日				
確認場所	株式会社○○○○　2階事務所				
確認日天候	晴れ				
先方面談者	○○社長、△△経理部長				
確認者	農協一郎				
先方発言内容	運転資金に使用。業績好調で増収増益を見込んでいる				

Q 137 融資取引における利用者への説明

融資取引にあたり、当事者である借入者、保証人、担保提供者にはどのような内容をどのように説明すればよいでしょうか。

金融機関は融資先に対して契約の内容を説明する義務があります。その説明は融資先の知識・経験値にあったものでなくてはならず、借入者、保証人、担保提供者が十分理解したうえでの融資実行でなければなりません。

融資実行後のクレーム防止や返済不能となった場合の債権保全のためにも重要な事項です。

解　説

1　借入者への説明

(1)　融資申込受付時

a　審査ポイント

融資申込みに対して審査のポイント、たとえば売上げやキャッシュフローで返済可能なのか等のポイントとなる事項を説明します。

b　審査期間

審査に必要な期間をあらかじめ伝え、また途中経過を知らせてその進捗具合を説明しておきます。稟議・決済が下りるまでは「融資は確実」と誤認識させるような内容を伝えてはいけません。

(2)　融資申込謝絶時

稟議の結果、謝絶となった場合はその理由を説明します。

⑶　融資契約・実行時

a　融資条件

金額、期間、返済方法、金利、利息の徴収方法、資金使途、保証、担保、手数料について説明します。金額や金利等、申込み時と条件が違っている場合はその内容と経緯についても説明が必要です。

b　借入者理解の確認

融資契約は説明の理解を十分に確認したうえで、借入者本人の面前自署押印で行います。説明の内容と理解を確認した「確認書」を徴求することも大切です。

金融機関と借入者本人双方が融資契約内容を確認した証しとして、契約書の写しを交付します。借入者がいつでも融資内容の確認ができるようにするものです。

⑷　融資実行後

a　金融機関が取引条件の見直しをする場合

借入者の業況の変化や市場金利の変化等により融資条件を見直す場合は、①その要因と、②変更後の条件を説明する必要があります。要因については債務者区分の変更等の借入者に原因のある事項と、市場金利の変化による適用金利の変化等の外部要因に分けて説明をします。

b　借入者が取引条件変更の申込みをしてきた場合

借入者から返済金額の見直し等融資条件変更の申込みがあった場合は、その理由を正確に理解し稟議にかかる期間を説明のうえ、資金繰りに問題ないかを確認します。

2　保証人への説明

融資に関する保証は連帯保証ですので、借入者本人と同様の返済責務があることを最悪のケースを想定して説明する必要があります。

⑴　融資条件の説明

融資契約時は、借入者本人と同様、①融資条件説明と、②理解の確認を行います。

⑵ 保証債務履行の説明

a 最悪のケースを想定した説明

連帯保証の意味を理解させる必要があります。借入者本人が返済不能になった場合即座に返済を求められ、場合によっては借入者本人よりも先に財産の差押えもありうることを説明します。

b 求 償 権

借入者本人にかわって融資金の返済をした場合、相当額を借入者本人に請求する求償権があることを説明します。

3 担保提供者への説明

保証人同様最悪のケースを想定した説明が必要です。担保の提供とともに保証契約をあわせて結んでおくことが望ましいです。担保提供者を物上保証人と呼びます。融資金返済不能となった場合、物上保証人かつ連帯保証人として融資金の返済を請求できますので、より確実な債権保全となります。

4 注 意 点

借入者本人、保証人、担保提供者の知識・経験にあわせて説明することが重要です。利用者が理解できない一方的な説明は農業協同組合法で禁止されています。しかしながら、利用者の知識・経験レベルを測ることはむずかしいものです。そのために、①できる限り金融専門用語を使わず、わかりやすく丁寧に説明する、②できる限り口頭での説明を避け、文書をもって説明する、③利用者の理解を確認する「確認書」を徴求する、④契約は必ずそれぞれ本人の面前自署で行うことが必要です。

Q138 融資取引における禁止行為

融資取引における農業協同組合法上の禁止事項について教えてください。

A 農業協同組合法（以下「農協法」といいます）、農業協同組合及び農業協同組合連合会の信用事業に関する命令（以下「信用事業命令」といいます）では、①虚偽のことを伝える行為、②断定的判断の提供、または確実であると誤認させることを伝える行為、③融資先の知識・経験等をふまえずに重要な事項を告げない、または誤解させることを告げる行為、④優越的地位の濫用が禁止されています。

解　説

1　虚偽のことを伝える行為の禁止（農協法11条の４第１号）

貸し手が不都合な事項について嘘の内容を伝えることが該当します。

たとえば、融資金額が申込金額に至っていないにもかかわらず、満額融資できる旨の回答をしたり、融資手数料が必要にもかかわらず、不要と答えたりすることが該当します。

また融資担当者の力量不足で間違ったことを伝えることも該当します。知識・経験不足により融資商品の金利の変動ルールや手数料に関する内容を間違って説明することも該当します。

このようなことのないように担当者の力量向上を図るとともに、手続上ダブルチェックを行います。

2　不確実な事項について断定的な判断を提供し、または確実であると誤認させるおそれのあることを告げる行為の禁止（農協法11条の4第2号）

金利動向の見通しについて「金利は必ず上がります、下がります」といって融資条件を確定させる行為が該当します。金利動向等の不確定な事項は、融資先が判断するのに必要な材料を提供し、最終判断は融資先自身に任せることが大切です。

3　その営む業務の内容および方法に応じ、利用者の知識、経験、財産の状況および取引を行う目的をふまえた重要な事項について告げず、または誤解させるおそれのあることを告げる行為の禁止（信用事業命令10条の3第1号）

金融機関は融資取引に精通している半面、借り手は金融機関の説明を正確に理解できていないことが考えられます。これを融資取引における情報の非対称性といいます。融資先の理解力や経験値をふまえた説明をしなければなりません。

しかし、融資先の理解力や経験値を測るのは非常にむずかしいものです。そのため、①できるだけ金融用語を使わずわかりやすい言葉を使い、②口頭ではなく書面を用いて説明することが重要です。

4　組合としての取引上の優越的地位の濫用を不当に利用して、取引の条件または実施について不利益を与える行為の禁止（信用事業命令10条の3第3号）

「貸してやる」という意識のもとに、融資の条件として融資先に必要のない他の取引や、貸し手が指定する業者との取引を指定する行為を「優越的地位の濫用」といいます。たとえば、融資条件として元本保証のない金融商品の購入を押し付けたり、貸し手が指定する必要のないコンサルタントと契約を結ばせたりして、結果的に融資先に損害を与える行為が該当します。

私的独占の禁止及び公正取引の確保に関する法律（いわゆる「独占禁止法」）では「不利益を与える」か否かを問わず、優越的地位の濫用を禁止しています（同法2条9項5号）。

Q139 貸出金利等についての法律上の制限

貸出金利の上限に関する法律にはどのようなものがありますか。

貸出金利には、①利息制限法、②出資の受入れ、預り金及び金利等の取締りに関する法律（以下「出資法」といいます）、③貸金業法で定められた上限があります。

解　説

1　利息に関する法律

(1)　利息制限法

融資金額に対する利息の上限を定めた法律です。上限を超えるとその超過分は無効とされます。借り手を守る法律といえます。

(2)　出 資 法

定められた上限金利を超えて融資を行うと、業務停止等の行政処分や罰金等の刑事罰が与えられます。

(3)　貸金業法

貸金業者に対する法律で、上記の利息制限のほか顧客１人に対する融資金額総額の規制や、貸金業務取扱主任者（国家資格）を営業所に置く等が定められています。

2　貸出金利に関する制限

貸出金利に関する制限は図表139－１にまとめましたので、そちらもあわせて参照してください。

(1)　利息制限法

次の利率を超えた場合、その超過分は無効とされます。

図表139－１　利息制限に関するイメージ図

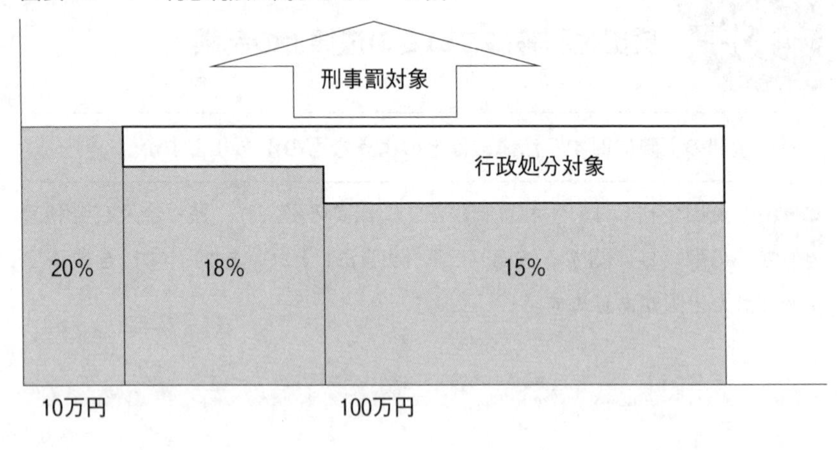

・融資額10万円未満は……年20％

・融資額10万円以上100万円未満……年18％

・融資額100万円以上……年15％

⑵　出 資 法

a　行政処分対象

・融資額10万円未満は……年20％

・融資額10万円以上100万円未満……年18％

・融資額100万円以上……年15％

b　刑事罰対象

金額にかかわらず年20％を超えると、５年以下の懲役または1,000万円以下の罰金となります。

⑶　貸金業法

利息制限法に準じます。

3　みなし利息

⑴　意　　味

金銭の貸し手が借り手から利息以外に受け取る、手数料や保証料等を「利息とみなす」というものです。利息に上限が定められているにもかかわらず貸し手が借り手から多額の手数料等をとれば、その負担は利息の上限を超えたものになりかねません。そういった事態を防ぐ意味をもちます。

⑵　みなし利息に含まれないもの

・融資契約時の公租公課（印紙代等）

・債務弁済時の強制執行費用、競売費用、公的機関に支払う費用

・融資に関係するATM手数料、ローンカード再発行手数料

第2節 融資業務の基本

Q140 員外貸出

JAは組合員以外の者（以下「員外」または「員外者」といいます）に貸出することができますか。また、員外者へ貸出ができる場合でも、貸出先が貸出実行後にJAの管轄地区外に転居した場合、貸出金は無効となりますか。

貸出の相手方が農業協同組合法（以下「農協法」といいます）と定款（根本規則）に定める範囲内の員外者であれば、JAは貸出することができます。

しかし、農協法や定款に定めのない員外者に対して貸出した場合は、一般に無効と解されています。また、その場合は、貸出金を保全するための担保・保証も無効と解されています。

そして、貸出先が貸出後に定款で定める貸出できない員外者となった場合、貸出金は当然に無効ということにはなりませんが、貸出できない員外者への貸出金となっていることから、JAはできるだけ早期回収に努める必要があります。なお、貸出金は無効となっていませんので、担保・保証も無効とはなりません。

解　説

1　JAの貸出先

JAは組合員のために事業を行い、その事業によって組合員に最大の奉仕をすることが目的とされていることから（農協法7条1項）、原則として組合員しかJAを利用できず、組合員（正・准を問わない）に対する貸出しかできないことになります。

そして、民法34条には「法人は、法令の規定に従い、定款その他の基本約款で定められた目的の範囲内において、権利を有し、義務を負う」と定められております。

そのため、JAは農協法および定款で記載された範囲内の事業、相手先に対してしか貸出できないことになります。

2　員外貸出とは

⑴　員外貸出の意義

JAは組合員のために設立されていることから、貸出先も組合員に限定するのが本来ですが、JAはその地域における主要な金融経済機関として地域住民および経済活動にかかわっており、員外者にもJA事業の利用を認めることにより、JAの経済的・社会的機能を地域全般に及ぼし、かつ、組合の経営の安定化の面から、員外者にも事業の利用を認める必要があります。

⑵　農協法上の規定

そのため、農協法においては、JAの本来の目的および組合員の利用に支障がない範囲内で、員外者にもJAを利用することができる旨規定されています（農協法10条17項）。

⑶　定款における規定

JAが員外者に対し、JAの利用を認めるか否かはJAの自由でありますが、員外利用を認めるには定款に員外利用の定めを置く必要があり、模範定款例には員外利用を認める旨規定されています。

模範定款例では、員外者の利用は信用事業規程に定めるものとし（模範定款例９条但書）、信用事業規程例では員外者に対して融資できる内容は、以下のとおりとなっています。

①　地公体または地公体が主な構成員・出資者・基本財産の過半を拠出

している非営利法人

② 農村地域における産業基盤または生活環境の整備に必要な資金

③ 金融機関

④ 員外者に対するその者の貯金・定期積金を担保とする貸付

⑤ JAの地区内に住所または事務所を有する員外者で次に掲げる者

(a) 組合または組合員が主な出資者となっている農畜産物の生産・加工・販売を主な業務とする法人

(b) 農業者（個人・法人）

(c) 組合の地区内の農業の発展に寄与すると認められる事業を行う小規模の事業者（個人・法人）

(d) 組合員と生計を一にする小規模の事業者である配偶者その他の親族（個人）

(e) 組合員もしくはこれと生計を一にする配偶者その他の親族が主な出資者となっている小規模の事業者（法人）

(f) 営利を目的としない法人

⑥ 組合の地区内に住所または勤務地を有する組合員以外の個人に対する理事会で定める限度額の範囲内における小口資金

⑦ 組合員になることが確実な組合員以外の個人に対するこの組合の地区内に住所を定めるための住宅・宅地の取得資金

⑧ 農協合併助成法6条1項に規定する推進法人

(4) 例外の規定

さらに、員外利用ができる場合、JAが員外者全体に対して融資ができる総額は、原則として組合員の利用分量の4分の1までとされていますが、種々の例外が設けられています。

3　員外貸付の無効と担保・保証

⑴　員外貸付の判断について

法人が定款に定められた範囲外の事業を行うときは、その行為は原則として無効と解されますので、JAが定款に員外貸付を行う規定のない相手先（員外者）に貸付を行った場合、JAのその員外者に対する貸付は定款違反の員外貸付となり無効となります。

しかし、定款に記載されていることしか行えないと厳格に解釈すると、法人の事業運営に支障が出てきます。そのため、営利を目的とする法人については、その目的に役立つのであれば、なるべく広い範囲で権利能力を認めているのが現状ですが、JAのような非営利法人については営利法人ほど広く解釈されていません。

裁判においての考え方は、具体的な員外貸付の行為が定款に定められた目的の範囲内の貸付であるか否かで判断されています（最高裁判所昭和33年9月18日判決・最高裁判所民事判例集12巻13号2027頁、最高裁判所昭和41年4月26日判決・最高裁判所民事判例集20巻4号849頁）。

⑵　不当利得返還請求権の発生

貸付金が定款に記載のない員外貸付で無効となった場合、JAは相手方との間で貸付契約が成立していないことから貸付金の返還を請求できなくなり、相手方は貸付契約に基づかない金銭を受領していることになります。

相手先は貸付契約の無効により法律上の原因がないのに金銭を受領したことになり、JAは貸付金を返還請求ができないことから損害が発生するため、JAは相手方に対して不当利得返還請求権をもつことになります（民法703条）。

⑶　担保・保証の有効性について

そして、貸付金の無効に伴い不当利得返還請求権が生じた場合、貸付金についての担保や保証が不当利得返還請求権の担保や保証に変わるかについては、変わるという判例もありますが、担保や保証には貸付に対する付従性があることから、貸付が無効になれば担保や保証も無効となるため（前掲最高裁判所昭和41年判決)、変わらないという考え方が一般的です。

4　貸付実行後の地区外転居と貸付金の有効性

貸付実行後に地区外転居により員外者となった場合、貸付金が貸付できない員外者への貸付となり、貸付金が無効になるかが問題となります。

定款で貸付できない員外者であるか否かの判断は貸付実行時点で行うものであり、貸付時点では貸付できる相手方で問題のない貸付であったところ、その後、貸付先が地区外転居により組合員資格を喪失することになった場合、貸付金は員外者への貸付金となりますが、そのことにより貸付金自体が無効になるものではなく、担保・保証も当然有効と解されます。

しかし、実際に員外者への貸付金となっていることから、早期に回収を図るべきものではありますが、員外者となったことのみをもって期限の利益を喪失させ、無理に回収を図る必要はないと考えられます。

なお、同じ協同組合組織である信用金庫の金融庁検査では、信用金庫法施行令8条1項以外の員外貸出について、次のように取り扱われています(検査における取扱いを紹介するものとして、森井英雄編著『四訂　信用金庫法の相談事例』73頁があります)。

① 償還について積極的な努力をしていると認められるものについては、法令違反としないが、その後の整理を引き続き促進させるため、不備事項として取り上げることとする。

② 償還について積極的な努力が認められず、貸出がいたずらに放置されているものについては、法令違反とはしないが、貸出態度の問題として取り上げ、同時に不備事項として指摘する。

③ 前記①および②の場合においても、貸増しまたは更改を行っているものについては、法令違反として指摘する。

Q 141 JAでの融資取引の種類とその取引内容

JAとの間で、どのような融資取引を行うことができますか。また、その取引の内容はどのようなものですか。

JAが行うことのできる事業は、農業協同組合法（以下「農協法」といいます）により限定されており、さらにJAが実際に行う事業について定款に記載する必要があります。

JAが行う融資取引としては、①証書貸付、②手形貸付、③当座貸越、④手形割引および⑤債務保証があります。

解　説

1　証書貸付

(1)　証書貸付とは

証書貸付とは、JAが貸付先（借入者）から、金銭消費貸借契約証書（一般に略して「借用証書」といいます）を差し入れてもらう方法により行う貸付をいいます。

借用証書には、借入金額、借入金の使途、利率、元金の弁済方法、利息の支払方法、元利金の支払場所、損害金などの貸付条件が記載され、借入者が証書面に記載された貸付条件に同意のうえ署名・捺印して借り入れるかたちをとります。

(2)　法律的な性質と留意点

貸付契約は、法律上、金銭消費貸借契約とされており、借入者が貸主から金銭を受け取り、後で同額を返還することを約することにより成立します（民法587条）。そのため、証書貸付の場合、証書面で合意しても、JAが借入者に対して貸付金を交付しなければ、金銭消費貸借契約が成立しないことになります。

なお、貸付金の交付は現実に金銭を引き渡さなくても、これと同一の経済上の利益あるいは価値を得られればよいため、通常は借入者の貯金口座に入金します。

⑶ 証書貸付の主な特長

a 中長期の貸付

元金や利息の分割弁済の約定を証書上に明記できるため、設備資金や長期運転資金等の1年を超える中長期貸付に利用されます。

b 分割弁済

貸付期間が中長期にわたる関係上、元金は分割弁済、利息も期日ごとの定期払いが一般的です。

⑷ 借用証書の種類

借用証書の種類としては、以下の私署証書と公正証書があります。

a 私署証書

借入者と貸主であるJAとの私人間で作成する証書をいい、通常は私署証書で作成します。

b 公正証書

法務局所属の特別国家公務員である公証人が、公証人法および同法施行規則に基づき作成する証書をいいます。

公正証書には、強い証拠力と執行力があり、「債務者および保証人は、債務不履行の時は直ちに強制執行を受けても異議がない」旨の強制執行認諾文言が記載されることにより、直ちに債務者および保証人の一般財産に対して強制執行することができることになります。

2 手形貸付

⑴ 手形貸付とは

手形貸付とは、金銭消費貸借契約証書のかわりに、貸付先から金融機関を受取人とする約束手形を差し入れてもらう方法により行う貸付をいいます。

この場合の手形は、手形本来の機能のほかに、証書貸付の場合の証書と同じ貸付債権の証拠書類としての役割も果たします。確定日払いの約束手形であるため、手形要件を記載する必要があるほか、分割払いの約定や利息の約定を記載することができません。

そのため、手形貸付は、主として返済期間が1年以内の短期の運転資金や生活資金の貸付に利用されています。

金融機関に差入れする手形の内容は以下のとおりです。

① 振出日……貸付実行日

② 手形金額欄……貸付金額

③ 支払期日欄……貸付金の返済期日

④ 受取人欄……債権者であるJA名（通常は事前に印刷されている）

⑤ 振出人欄……借入者の住所および署名、捺印

⑥ 支払地……JAの本店または支店の住所地（最小行政区画まで）

⑦ 支払場所……JAの本店または支店の表示

※手形面保証の場合は保証人の住所、氏名、捺印。

⑵ 手形貸付の法律的性質

手形貸付では、JAは金銭消費貸借に基づく貸付債権と手形債権の2種類の債権をもつことになり、そのどちらを行使してもよいとされていますが(農協取引約定書2条)、これは二重に請求できるということではなく、2つの債権は同じ目的のために存在しています。一方が弁済により消滅すれば、他方も同時に消滅し、貸付債権が弁済されたときは、JAは手形を債務者に返却する義務を負います。

⑶ 手形貸付の利点

・手続が簡単

・印紙税の負担が安い。

・利息の前取りができる。

・手形の書替え時に貸付先の状況をチェックできる。

・民法上の消費貸借債権と手形債権（手形訴訟により簡易迅速に債務名義の取

得が可能）を取得できる。

⑷ 利息の徴収と資金交付

手形貸付の利息は、貸付実行日（約束手形の振出日）から返済期日（支払期日）までの日数（両端入れ）で計算し、原則として前取りで徴収します。

利息は、貸付先に交付すべき貸付金から天引徴収し、差額を貸付先の貯金口座に入金する方法が一般的でありますが、貸付金の全額を貸付先の貯金口座に振替入金し、利息は別途、貯金口座から引落し徴収する方法もあります。利息を貯金口座から引き落とす場合は、払戻請求書や小切手の提出を受けずに引き落とせるよう、あらかじめ自動引落依頼書の差入れを受けておくようにします。

⑸ 手形の書替え

a 手形書替えとは

貸付手形の支払期日が到来した場合、その期日を振出日とする新手形の差入れを受け、手形貸付金の期限延長を行うことをいいます。

次のような場合に手形書替えが行われます。

・経常運転資金などの資金を貸し付けるにあたって、貸付期間を６カ月や１年に決めておき、手形期間が60日から90日のものを差し入れさせ、期日到来ごとに手形書替えが行われます。

・手形期日に返済してもらう予定であったものが、その後、約束どおり返済できなくなった場合のように、期日を延長するときに手形の書替えが行われます。

b 手形書替えの法律的性質

⒜ 従来の考え方

手形書替えの法律的性質については、①期限延期説、②更改説、③代物弁済説の考え方がありますが、最高裁判所昭和29年11月18日判決（最高裁判所民事判例集８巻11号2052頁）において、「書替手形の特質は、旧手形を現実に回収して発行する等特別の事情のない限り、単に旧手形債務の支払いを延長する点にあるものと解する」との見解（期限延期説）が示されました。

要は、手形書替えは現在の手形債務を延長するために新しい手形を差入れするもので、旧手形を返却すれば旧手形の債務は消滅し、新手形債務のみが残るというものであります。

なお、本判決の事案は手形貸付金についてのものではなく、手形債権についてのものであり、手形貸付金の場合について判断したものではありません。

更改とは、新債務を成立させ旧債務を消滅させる契約であり、新旧債務の同一性が失われる結果、旧債務のための担保や保証も消滅します。

代物弁済とは、本来の債務のかわりに別のものを給付することで債務が消滅することをいい（民法482条）、新手形差入れにより旧手形に伴う債務が消滅することをいいます。

(b) 現在の考え方

最高裁の判断は示されていませんが、以下の下級審裁判例とも、手形貸付金の手形書替えは期限の延期に当たると判断しています。

○東京地方裁判所平成８年９月24日判決（金融法務事情1474号37頁）

銀行が行う手形貸付とは、貸付の一種で借用証書にかえ借主が貸主に対して手形を振り出すものであり、銀行と顧客との間で消費貸借が成立している。

手形書替えが行われたのは、旧債務についての弁済期を単に延期する手段としてであって、原告、被告ともに旧債務を消滅させるという意思はなかったと認めるのが相当である。

○東京地方裁判所平成10年２月17日判決（金融・商事判例1056号29頁）

貸付金の弁済期変更に際し手形が書き替えられ、旧手形が返還されたとしても、それは旧手形上の債務が代物弁済によって消滅したことを示唆するだけで、手形上の債務とは別個の原因関係上の貸付債務まで消滅させるものではなく、原因関係上の貸付債務については弁済期変更がなされたものと解するのが相当である。

c　手形書替えの手続

手形の書替えを行った場合に、金融機関では旧手形を返却する扱いと、返却せず貸付金の全額回収が終わるまで保管しておく扱いに分かれていますが、手形を返却するほうが多いようです。

これは、金融機関の手形貸付では、手形債権と貸付債権をあわせ取得し、根保証、根担保を徴求しているのが一般的であり、旧手形を返却し、旧手形債務が消滅しても、貸付債権が残っている以上、債権保全上あまり問題を生じないためであると説明されています。

しかし、旧手形面に保証人がついている場合は、手形書替えにあたり旧手形を返却しませんが、旧手形の保証人が新手形にも署名、捺印したときは返却します。

また、貸付金が延滞となり、破産等の法的整理となった場合、手形書替申込書を省略して当初の手形を返却していたときは、手形は借用証書のかわりをすることから、所持している手形が当初の手形貸付金の延期のため差し入れたということを容易に認めてもらえず、単に手形債権としか扱ってもらえない場合があり、当初（その後の書替え後のものを含む）の手形を返却する場合は手形書替申込書の差入れを受けるか、返却する手形をコピーしておくほうがよいでしょう。

3　当座貸越

(1)　当座貸越とは

当座貸越とは、当座勘定取引に付随する取引のため当座勘定取引先との間で当座貸越契約を結び、取引先が振り出す手形や小切手を当座勘定残高がない場合、一定限度まで立替えに応じるかたちで行う融資方法をいいます。

当座貸越取引では、取引先が振り出した手形や小切手を支払うことにより貸越残高が増えることが貸出実行に相当し、逆に取引先が当座貯金口座に入金することにより貸越残高が減少すれば、それが貸出金の回収に相当することになります。

貸越契約に定められた支払の限度額を当座貸越極度といいます。

なお、手形や小切手の支払に応じる従来型のものだけでなく、当座取引と貸越契約を組み合わせた総合口座取引やカードローン取引など、当座勘定取引を結ぶことなく普通貯金と直接資金をやりとりする当座貸越取引も普及しています。

当座勘定取引に付随する従来型の当座貸越では、当座勘定貸越約定書を当座勘定規定とは別に差入れを受けるかたちをとりますが、総合口座取引やカードローン取引の場合は、それぞれの取引規定のなかに当座貸越に関する約定が含まれています。

⑵　当座貸越の法律的性質

手形貸付と証書貸付は、法律的には金銭の消費貸借（民法587条以下参照）ですが、当座貸越は、当座貯金の残高を超えて振り出された手形・小切手を金融機関が支払をするというもので、当座取引に付随して生じる貸付であるという点と、当座貸越契約締結だけでは現実に貸付がなされていないという点で、法律的性質については定説がなく、以下のとおり見解が分かれています。

a　消費貸借予約説

当座貸越契約を、一定の極度額までの消費貸借を予約する契約としてとらえ、実際に当座貸越契約に基づき金融機関が取引先の振り出した手形や小切手の支払をしたときは、そのつどその金額について消費貸借が成立するというものです。手形貸付や証書貸付の法律的性格と結果的には同じになり、金融機関の実務にいちばん適合した代表的な見解といえます。

b　委任契約説

当座貸越によって生じた金融機関の債権は消費貸借契約上の債権ではなく、当座勘定取引先に対し一定の極度額まで、自己の振り出した手形や小切手の支払を委任し、金融機関がこれを承諾することによって金融機関が支払ったことから生ずる委任事務処理費用の償還請求権（民法650条参照）と考えるものです。

しかし、金融機関が取引先に対して有する債権は、消費貸借によるものではなく、手形・小切手の支払という委任契約の委任事務処理費用の償還請求権となると、当座貸越を取引先に対する金銭の貸付であると考える金融機関の考え方にあわないといわれています。

c　準消費貸借説

当座貸越契約は、手形・小切手の支払に関する委任契約と、当座勘定の超過金額の支払を停止条件として一定限度の超過支払に対する取引先への求償権を消費貸借の目的とする準消費貸借（民法588条）とを含む契約であるとする説であり、貸越債権は消費貸借上の債権となります。

d　諾成的消費貸借説

当座貸越契約は、あらかじめ取引先との間で当座勘定の超過金額の支払を停止条件とする消費貸借契約が締結され、一定限度まで反復継続して貸付を行うとする説で、貸越債権は消費貸借上の債権となります。

e　無名契約

当座貸越契約は消費貸借とか委任とかいった民法上の典型的な契約に属さない一種の無名契約であるとする説で、貸越債権は当座貸越契約上の債権となります。

以上のほか、委任と停止条件付準消費貸借が複合した契約とする説、交互計算（商法529条以下）とする説などがありますが、いずれの説をとっても実務上は問題ありません。

なぜなら貸越債権については、当座勘定貸越約定書により当座貸越の実行方法、貸越金や利息の支払方法などが約定されており、権利行使において差異はないと考えられるからです。

(3)　当座貸越の利息

当座貸越の利息は、当座勘定貸越約定書で約定された時期に、所定の利率・方法で計算された利息を後取りで徴収します。当座貸越は残高が日々変動しますので、利息計算は普通貯金と同じように計算期間中の残高積数を求め、これに所定の利率を乗じて算出します。毎日の残高のとり方にはさまざまな考え方がありますが、その日の最終の貸越残高をとる最終貸越残高法が一般的なようです。

4　手形割引

⑴　手形割引とは

手形割引とは、商取引などに基づいて受け取った手形を、手形期日までの金利相当額を差し引いて金融機関が買い取る取引をいいます。そして、この金利相当分を割引料といっています。

手形割引は、模範定款例、信用事業規程例に規定され、JAにおいても認められていますが、通常の貸付取引に比べ、法律的・実務的知識に加えて、手形振出人の信用調査等を行い、優良手形を選定するための審査能力が特に必要とされています。

⑵　手形割引の法律的性質

手形割引の法律的性質については、従来、手形の売買であるとする説と消費貸借であるという説に分かれていましたが、現在では手形の売買であると解され、各銀行の銀行取引約定書や農協取引約定書なども、手形の売買であるという考え方に基づいて約定されています。

⑶　買戻請求権

手形割引は手形の売買でありますが、買い取ってしまえばそれで終わりというものではなく、手形が不渡となった場合、あるいは割引依頼人も含めて手形の信用が悪化したときは、いつでも割引依頼人に買い戻してもらう権利を留保しています。この買戻しを求める権利を買戻請求権といいます。

この、買戻請求権という言葉には、買戻しを請求する権利と、その結果発生する代金支払請求権の両方の意味が含まれます。「手形を返すので手形の額面相当額を支払え」という請求権としての買戻請求権と、そういう請求権を発生させるための権利としての買戻請求権があります。

買戻しには、主債務者の信用悪化によって当然に買戻債務が発生する場合（当然発生）と、金融機関が買戻しを請求した場合に買戻債務が発生する場合（請求発生）があります。このことは、割引依頼人の貯金と相殺する場合に関係していて、当然発生の場合には、直ちに相殺できますが、請求発生の場合には、買戻しの請求をしたうえでなければ相殺できないことになります。

⑷　手形買戻しの法律的性質

手形買戻しの法律的性質については諸説がありますが、手形割引を手形の売買として農協取引約定書６条では一定の事由が発生したときには、取引先である割引依頼人は買戻債務を負担するものとしています。

買戻しの場合、割引依頼人は、買戻日から手形期日までの金利相当額を差し引いた金額を支払い、手形を引き取ることになります。

5　債務保証（支払承諾）

⑴　債務保証とは

債務保証とは、JAが組合員等からの依頼に基づき、その依頼者が第三者に対して負担する債務を保証することをいいます。このことは、あたかもJAが農業信用基金協会と同じような立場になるということで、JAがその保証依頼者の債務を保証することにより、その保証依頼者に第三者から資金が融通されることになります。

JAが債務保証を行うと、保証契約をした第三者に対して、JAが保証人として債務を負担することになり、保証を依頼した組合員等が債務を履行しない場合は、JAが債権者である第三者に対して保証債務を履行することになります。

JAは、保証依頼者にかわり債務を弁済することにより、その保証依頼者に対して弁済した金額を支払えと請求する権利を有し、この権利を求償権といいます。

なお、実際にJAが求償権を行使する場合、保証依頼者が弁済できない状態になっていることから回収に苦労することが多く、債務保証の審査においても通常の融資と同様に審査する必要があります。

(2) 債務保証の対象先

JAの債務保証の対象先は、従来は国、地方公共団体および金融機関（農林中央金庫、信用農業協同組合連合会）に限定されていましたが、平成4年の農業協同組合法一部改正によりこの制限が撤廃され、JAは組合員等のさまざまな債務保証ニーズに応えることができるようになりました。

(3) 債務保証の実行

JAは組合員等から債務保証の依頼を受けた場合、審査を行い、債務保証承諾の決裁を得た後、依頼人から債務保証依頼書および債務保証委託約定書の差入れを受けるとともに、保証料の支払も受けます。

これに対してJAは、保証依頼人の債権者宛てに保証書の交付を行うことにより、債務保証契約が成立します。

Q142 農協取引約定書

農協取引約定書は、なぜ必要なのですか。また、農協取引約定書には、主に何が記載されていますか。

A 農協取引約定書は、JAと取引先との融資等の与信取引に共通する重要な事項を定めた約定書です。そのため、JAでは取引先との間で各種の融資取引を開始するに際し、農協取引約定書を締結します。

農協取引約定書には、①適用範囲、利息・損害金などの総則的な条項、②期限の利益喪失や相殺などの債権の保全・回収に関する事項、および③割引手形の買戻しなど手形取引に関する事項が記載されています。

なお、住宅ローンのような消費者ローンを融資する場合、今後、反復継続的に取引が予定されていないときは農協取引約定書を締結せずに、農協取引約定書と同様な事項が記載されている金銭消費貸借契約証書を使用します。

解　説

1　農協取引約定書の制定改廃の経緯

昭和37年8月に全国銀行協会連合会が貸出取引の基本約定書として「銀行取引約定書ひな型」を制定し、銀行だけでなく、信用金庫、信用組合等においても貸出取引の基本約定書として採用されました。

JAにおいても「銀行取引約定書ひな型」に倣って「銀行」の用語を「農協」に改めるなど若干の修正を加え、JAと取引先との貸出などのJAの与信取引に共通する重要な契約事項を定めた約定書として「農協取引約定書ひな型」を制定し、全国の各JAで使用してきました。

その後、昭和52年4月の「銀行取引約定書ひな型」の改正にあわせ、「農協取引約定書ひな型」も同様に改正されましたが、平成13年4月に「銀行取引約定書ひな型」が廃止され、各銀行で自主的に「銀行取引約定書」を作成することとなりました。

JAバンクにおいても、同様に「農協取引約定書ひな型」を廃止し、参考例として「農協取引約定書例」が示されました。その後、JAバンクの一体的運営という方針のもとで、利用者の利便性向上、JAの事務の堅確性および効率性の向上を図るため平成24年度末までに事務の統一化が行われ、統一事務手続・様式のなかに「農協取引約定書」が盛り込まれ、全国の全JAで同一内容の「農協取引約定書」が使用されています。

2　農協取引約定書の適用範囲と必要性

⑴　JAの与信取引全般に適用

農協取引約定書には、取引先に対する与信取引についての総則的な規定、取引から生じた債権の保全・回収のための規定、および手形取引に関する規定が盛り込まれていますが、これらの規定はJAと取引先との間に発生するいっさいの与信取引に共通に適用されます。

そのため、農協取引約定書を締結しただけで具体的な取引が発生するものではなく、個々の契約により具体的な取引が行われたときに、共通する事項を契約しなくても、すべてこの約定書の各条項が個々の与信取引に適用されます。

農協取引約定書は銀行取引約定書をもとに制定されていますが、銀行取引約定書と農協取引約定書との決定的な違いは、農協取引約定書の適用範囲に「購買未収」や「販売仮渡」が入っていることです。

JAは銀行と違い信用事業以外に経済事業も取り扱っているため、JAの取引先に対する農業資材、農薬等の農業関連や生活用品等の購買代金、および取引先がJAを通して農産物を販売するに際し、販売時に清算するため集荷時に受け取る販売仮渡金についても農協取引約定書が適用されるようになっています。

なお、農協取引約定書は購買取引先との間においても適用されますが、特に大口購買取引先との間においては、農協取引約定書の債権の保全・回収のための規定を包含した内容の「売買基本契約書」を締結します。

(2) 農協取引約定書の必要性

農協取引約定書には取引先との間で与信取引に必要な約定が盛り込まれていますが、そのなかでも特に重要な約定は５条の期限の利益喪失条項です。

取引先が返済不能の状態に陥った場合、JAとすれば貸出金の回収にいち早く着手しなければなりません。貸出金と貯金を相殺、担保権を実行するには、貸出金の期限の利益を喪失させる必要があり、民法には期限の利益喪失事由として「取引先の破産手続開始決定」「取引先による担保物件の価値減少行為」「担保提供義務違反」しか規定されていなく（民法137条）、貸出先が貸出金を一部延滞したり、貯金が差押えを受けたりした場合でも貸出金について期限の利益を喪失しません。

そのため、民法の規定だけでは債権回収に不十分なため、農協取引約定書に期限の利益喪失条項を設け、一定の事由が生じた場合、当然に期限の利益を喪失します。また、債権保全上必要と認められる事由が生じた場合に、JAからの請求により期限の利益を喪失できることになっています。

農協取引約定書を締結していなく、個別の約定書にも期限の利益喪失にかかる条項が約定されていない場合は、法律の規定によることになり、貸出先が返済不能の状態となってもすぐに貸出金と貯金とを相殺できず、また担保権の実行もできないため、回収の着手に後れをとり、回収面で多大な影響が出る可能性が高くなります。

3　農協取引約定書の内容

農協取引約定書の各条項はすべて与信取引に関するもので、①総則的条項、②債権の保全・回収に関する条項、③手形取引に関する条項に大別されます。

⑴ 総則的条項

① 1条（適用範囲）

② 3条（利息・損害金等）

③ 12条（免責負担・免責条項等）

④ 13条（届出事項の変更）

⑤ 14条（報告・調査）

⑥ 15条（適用店舗）

⑦ 16条（準拠法・合意管轄）

⑧ 17条（約定の解約）

⑨ 18条（反社会的勢力の排除）

⑵ 債権の保全・回収に関する条項

① 4条（担保）

② 5条（期限の利益の喪失）

③ 7条（相殺・払戻充当）

④ 8条（取引先による相殺）

⑤ 10条（JAによる充当指定）

⑥ 11条（取引先による充当指定）

⑶ 手形取引に関する条項

① 2条（手形と借入債務）

② 6条（割引手形の買戻し）

③ 9条（手形の呈示、交付）

⑷ 農協取引約定書における特に重要な条項

a 1条（適用範囲）

手形貸付、手形割引、証書貸付、当座貸越、購買未収、販売仮渡、保証委託などいっさいの与信取引に適用されます。

また、取引先が第三者のJAとの取引により負担する債務について保証した場合、取引先が振出し、引受け、参加引受けまたは保証した手形についても適用されます。

さらに、取引先との間で農協取引約定書と異なる合意をした場合は、その合意が優先します。

b　5条（期限の利益の喪失）

1項は取引先について返済に重大な懸念が生じる一定の事態が生じた場合は、当然に期限の利益を喪失し、2項は返済に懸念が生じる一定の事態（債権保全を必要とする相当な事由）が生じた場合は、JAからの請求により期限の利益を喪失し、3項は期限の利益喪失通知が延着または不送達の場合でも期限の利益を喪失します。

c　7条（相殺・払戻充当）

貸出金等について期限の利益喪失等により取引先が債務を履行しなければならない場合には、貯金等について期限のいかんにかかわらずJAは相殺ができ、相殺ができる場合はJAが貯金者のかわりに貯金等の払戻しを受け債務に充当（以下「払戻充当」といいます）することもできます。

また、相殺または払戻充当する場合は、債権債務の利息・割引料・損害金等の計算については相殺実行日までとし、貯金規定等に別途定めがあるときにはその定めによります。

4　農協取引約定書締結の基準

証書貸付で、農協取引約定書の債権保全・回収条項が盛り込まれている借用証書を差し入れる場合は不要ですが、盛り込まれていない借用証書を使用する場合は農協取引約定書が必要となります。

また、手形貸付、当座貸越、手形割引、債務保証、購買取引等を行う場合は、農協取引約定書を締結する必要があります。

農協取引約定書は、一度提出を受ければそれ以後の与信取引に際し再度の提出は不要であり、貸出先とのすべての貸出や購買取引等の与信取引が終了するまで保管します。

従前は、借用証書と同じように農協取引約定書を取引先からJAへ差入れする「差入方式」によっていましたが、現在は「相互調和方式」により、取引先およびJAの双方が署名・捺印し、原則として2通作成のうえ各々1通所有しますが、取引先が農協取引約定書を1通作成することに合意した場合は、農協取引約定書の原本はJAが保管、写しを取引先に交付します。

Q 143 個別約定書

JAが融資取引に使用する個別約定書には、どのようなものがありますか。また、その個別約定書には、主に何が記載されていますか。

A JAと取引先との間において、基本約定書として農協取引約定書を締結している場合でも、農協取引約定書を締結しているだけでは個別具体的な権利義務は発生しませんので、個別具体的な取引を行うときにはその個別の取引に必要な約定書を締結します。

そのため、融資取引をする場合、証書貸付を行うときは金銭消費貸借契約証書、当座貸越を行うときは当座勘定貸越約定書、債務保証のときは債務保証委託約定書を締結します。

なお、手形貸付および手形割引を行うときは、農協取引約定書に両取引に必要な事項が記載されており、個別約定書を締結しないのが一般的です。

解　説

1　証書貸付

(1)　証書貸付とは

証書貸付とは、融資先から貸付金額・返済方法・返済期限・貸付利率などの貸付条件を明示した金銭消費貸借契約証書（一般に「借用証書」といいます）の提出を受けて行う貸付をいいます。

(2)　証書貸付の特長

証書貸付が利用されるのは、以下の理由からです。

a　中長期の貸付

元金や利息の分割弁済の約定を証書上に明記できるため、設備資金や長期運転資金等の中長期の貸付の場合に利用されます。

b　分割弁済

貸付が長期にわたる関係上、元金は分割弁済、利息も期日ごとの定期払いが通例です。

c　その他貸付条件が定型的でない場合

元金不均等償還、利息が変動する場合に利用されます。

(3)　借用証書の内容

借用証書には以下の内容が記載されており、借入者は内容を理解確認のうえ署名・捺印します。

①　契約日

②　金銭消費貸借の意思表示および借入金の授受のあった旨の表示

③　借入金額

④　借入金の使途

⑤　借入金利率

⑥　最終弁済期限

⑦　元利金の返済方法

⑧　返済用貯金口座

⑨　損害金

⑩　農協取引約定書を適用する場合はその各条項に従う旨の特約

(4)　印　　紙

借用証書は、印紙税法の課税物件表に定められている1号の3「消費貸借に関する契約証書」に該当する課税文書となるため、契約（貸付）金額に応じた印紙税を納付しなければなりません。納付方法は、課税文書の作成者（借主）が課税文書に印紙を貼る方法で行い、課税文書と印紙の彩紋にかけ、判明に作成者またはその代理人（法人の代表者を含む）、使用人その他の従業員の印章または署名で印紙を消さなければならないと定められています（印紙税法8条、同法施行令5条）。

(5)　借用証書の種類

借用証書の種類としては、以下の私署証書と公正証書があります。

a　私署証書

借入者と貸主であるJAとの私人間で作成する証書をいい、通常は私署証書で作成します。

b　公正証書

法務局所属の特別国家公務員である公証人が、公証人法および同法施行規則に基づき作成する証書をいいます。

【公正証書のメリット】

○強い証拠力……実印、印鑑証明書付きで公証人の面前で作成されるため、訴訟になった場合には強い証拠力を有する。

○執行力……金銭の一定額の支払を目的とする請求についての公正証書で、条項中に「債務者および保証人は、債務不履行のときは直ちに強制執行を受けても異議がない」旨の強制執行認諾文言が記載されていれば、執行文の付与を受け、直ちに債務者および保証人の一般財産に対して強制執行することができる。

なお、貸付当初から公正証書とすることは少なく、特に無担保で返済能力に懸念がある場合等に利用されます。

c　公正証書作成手続と必要書類

債権者、債務者、保証人等契約当事者が公証人役場へ出向き、契約条項などを伝え（一般には契約文案を示す場合が多い）、公証人に証書を作成してもらいます。また、印鑑証明書（作成後３カ月以内のもの）を持参し、本人であることを証明します。

また、代理人によって作成する場合は、委任者から契約内容を記載した委任状、印鑑証明書、代理人の印鑑証明書、実印を持参しなければならず、当事者が法人であるときは代表者の資格証明書（登記事項証明書）も必要となります。

2　手形貸付

(1) 手形貸付とは

手形貸付とは、金銭消費貸借契約証書のかわりに、貸付先から金融機関を受取人とする約束手形を差し入れてもらう方法により行う貸付をいいます。

(2) 約束手形用紙に記載する内容

金銭消費貸借契約証書のかわりをする金融機関借入用の約束手形には、以下の内容が記載されています。

【約束手形用紙に記載する内容】

① 振出日……貸付実行日
② 手形金額欄……貸付金額
③ 支払期日欄……貸付金の返済期日
④ 受取人欄……債権者であるJA名（通常は事前に印刷されている）
⑤ 振出人欄……借入者の住所および署名、捺印
⑥ 支払地……JAの本店または支店の住所地（最小行政区画まで）
⑦ 支払場所……JAの本店または支店の表示
※手形面保証の場合は保証人の住所、氏名、捺印

(3) 農協取引約定書の適用

金融機関は貸付先から金銭消費貸借契約証書のかわりに金融機関を受取人とする手形の差入れを受けますので、金融機関としては、①金銭消費貸借契約（民法587条）上の債権と、②手形上の債権の両方の債権をもつもので、農協取引約定書ではそのどちらを行使してもよい旨規定しています（農協取引約定書2条）。

貸付先から差し入れてもらう手形には、上記(2)で記載の手形要件しか記載できず、まったく貸付金の債権保全回収に関する約定は記載されていなく、手形貸付を行うには手形取引に関する約定が記載されている農協取引約定書

の締結が前提となり、初取引の場合は農協取引約定書を差し入れてもらう必要があります。

農協取引約定書の総則的規定以外で直接該当する条項は前記2条と9条（手形の呈示、交付）で、手形貸付や手形割引を行った場合、JAが農協取引約定書7条の相殺・払戻充当をするときは手形の呈示や交付が免除される、あるいは取引先が8条による相殺をした場合の相殺ずみの手形の取扱いと、JAが手形債権により相殺・払戻充当をするときの手形の取扱いに関する約定です。

なお、貯金担保貸付・共済担保貸付で、担保差入証に農協取引約定書に準じた条項が記載されている様式を使用する場合は、農協取引約定書の締結を省略できます。

⑷　手形取引約定書（農協取引約定補完）

手形貸付の融資枠を設定のうえ手形貸付を行う場合、農協取引約定書と一緒に貸付先から差入れを受けます。

手形取引約定書には、以下の内容等が約定されています。

①　手形借入れの貸付極度額

②　取引期限

③　利息

④　極度額減額・取引期限短縮・取引中止・解約の定め

3　当座貸越

⑴　当座貸越とは

当座貸越とは、当座勘定取引先が振り出した約束手形・小切手等が、当座貯金の残高を超えて支払呈示された場合において、その取引先とあらかじめ約定した一定の極度額まで支払に応じることによる融資方法をいいます。

⑵　当座勘定貸越約定書

当座貸越取引を行うには当座勘定貸越約定書を差し入れてもらいますが、当座勘定貸越約定書には、以下の内容等が約定されています。

a　貸越極度額

JAが負担する支払義務の限度額が定められており、JAは当座貯金の残高がなくても、この限度額の合計額の支払義務を負います。

b　貸越期限

貸越取引の期限については、定めがあるものと、定めがないものとがあり、その旨の記載があります。

c　利息・損害金

利息・損害金の割合や支払方法について、利息・損害金は貯金に残高があれば貯金から引き落とし、残高が不足すれば貸越元本に組み入れることになっています。

d　即時支払

債務者について一定の事由が生じたときには、債務者は貸越元利金を弁済期が到来するものとして、貸越元利金を直ちに弁済します。農協取引約定書5条（期限の利益喪失）と同じ内容になっています。

e　中止・減額・解約の定め

債務者について一定の事由が生じたときには、JAは貸越を中止、極度額を減額または貸越取引を解約できるものとし、債務者は直ちに貸越元利金を弁済または減額に伴う極度額を超える貸越金を弁済します。

4　手形割引

(1)　手形割引とは

手形割引とは、商取引などに基づいて受け取った手形を、手形期日までの金利相当額を差し引いて金融機関が買い取る取引をいいます。そして、この金利相当分を割引料といいます。

(2)　農協取引約定書の適用

金融機関は取引先から手形を買い取ることにより取引先に資金を融通しますので、金融機関としては、①手形上の債権だけではなく、②手形が不渡になったときの買戻請求権の両方の債権をもつ必要があります。

そのため、農協取引約定書６条で割引手形の買戻しの条項が約定されており、取引先から買い取る手形には上記２(2)で記載の手形要件および裏書人についての記載しかなく、債権保全回収に関する約定はなんら記載されていなく、手形割引を行うには手形取引に関する約定が記載されている農協取引約定書の締結が前提となり、初取引の場合は農協取引約定書を差し入れてもらう必要があります。

農協取引約定書の総則的規定以外で直接該当する条項は前記６条と９条（手形の呈示、交付）で、手形貸付や手形割引を行った場合、JAが農協取引約定書７条の相殺・払戻充当をするときは手形の呈示や交付が免除される、あるいは取引先が８条による相殺をした場合の相殺ずみの手形の取扱いと、JAが手形債権により相殺・払戻充当をするときの手形の取扱いに関する約定です。

5　債務保証（支払承諾）

(1)　債務保証とは

債務保証とは、JAが組合員等からの依頼に基づき、その依頼者が第三者に対して負担する債務を保証することをいいます。このことは、あたかもJAが農業信用基金協会と同じような立場になるということで、JAがその保証依頼者の債務を保証することにより、その保証依頼者に資金が融通されることになります。

JAが債務保証を行い、保証を依頼した組合員等が債務を履行しない場合は、JAが債権者である第三者に対して保証債務を履行することになり、JAは保証依頼者にかわり債務を弁済することにより、その保証依頼者に対して弁済した金額を支払うよう請求する権利である求償権を取得します。

(2)　債務保証委託約定書と保証書

JAの債務保証依頼者から債務保証依頼書の提出を受け、債務保証依頼者との間で債務保証委託約定書を締結し、保証依頼人の債権者に対し保証書を交付します。

債務保証委託約定書には、主に求償権の保全を目的とした内容が約定されています。相殺による求償権の回収・確保のため、事前求償権発生の要件の緩和や民法461条の抗弁権の放棄がなされています。

また、保証書にはJAが保証する内容が約定されています。

Q144　担保契約書

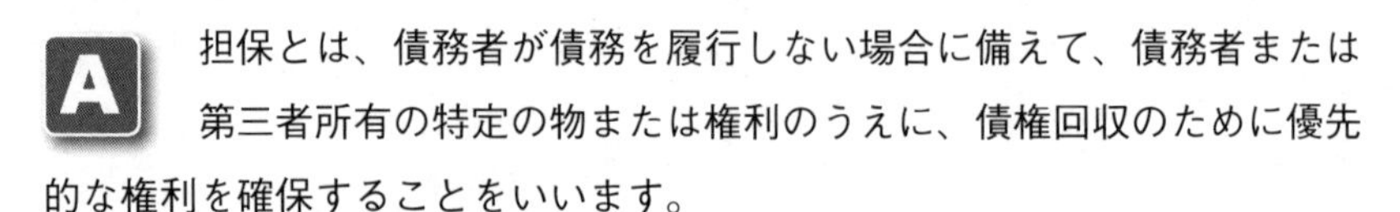
JAが貸出金の担保設定で用いる主な担保権設定契約書には、どのようなものがありますか。また、その担保権設定契約書には、主に何が記載されていますか。

A　担保とは、債務者が債務を履行しない場合に備えて、債務者または第三者所有の特定の物または権利のうえに、債権回収のために優先的な権利を確保することをいいます。

JAが主に担保にとるものとしては、債務者または第三者がJAに対する貯金および土地や建物の不動産があります。

貯金に対しては反復継続する不特定の債権または特定の債権を担保するため質権の設定をする文言が記載された担保差入証、不動産に対しても特定の債権を担保するために抵当権設定契約証書、反復継続する不特定の債権については根抵当権の設定をする文言が記載された根抵当権設定契約証書の差入れを受けます。

解　　説

1　担保とは

担保とは、広義では債務者が債務を履行しない場合、債務の弁済を確保する手段をいいます。

この担保には、保証人から回収を図る人的担保、担保対象の不動産や債権等から回収を図る狭義の担保としての物的担保があります。

貸出金の担保としては図表144－1のとおりとなります。

図表144－1　担保の分類

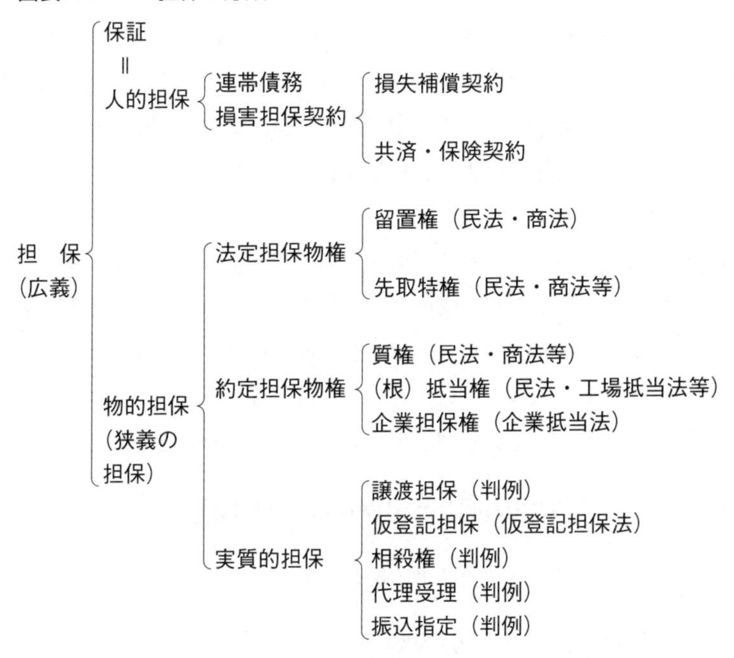

2　担保物権の種類と担保契約

(1)　質　　権

質権とは、債権者が自己の債権の担保として、債務者または第三者から受け取った物を質権者（債権者）が占有し、債務の弁済を受けるまで留置して債務の弁済を間接的に強制するとともに、債務者が弁済しないときはその物を換価し、換価代金から他の債権者に優先して自己の債権に充てることのできる権利をいいます。当事者の契約により発生するところの約定担保物権で、民法で規定されている担保物権（民法342条）をいいます。なお、根質権も質権の一種であります。

(2)　抵 当 権

抵当権とは、債務の担保として提供を受けた不動産を債権者に引き渡さずに抵当権設定者（債務者または第三者）のもとに残しておきながら、債務が弁済されない場合に、抵当権者（債権者）が担保不動産の換価代金から他の債権者に優先して弁済を受けることができる権利をいいます。当事者の契約により発生する約定担保物権で、民法で規定されている担保物権（民法369条）をいいます。なお、根抵当権も抵当権の一種であります。

⑶　譲渡担保

譲渡担保とは、債権者が債権担保の目的で所有権をはじめとする財産権を債務者または第三者から譲り受けたかたちをとり、債務の弁済がなされた場合にその権利を返還し、債務の弁済がなされないときは確定的に権利が移転することにより債務の弁済を促すもので、抵当権・質権とは異なり、民法が定める担保物権ではなく、判例法上認められている担保をいいます。

3　主な担保対象の種類と担保権設定契約証書

担保対象と担保権設定契約証書の関係は図表144－2のとおりです。

4　貯金の担保差入証の内容

貯金の担保差入証に約定されている主な文言は以下のとおりです。①質権設定、②被担保債権、③担保貯金の明細、④貯金証書の差入れ、⑤貯金の書替継続の場合、⑥農協取引約定書を適用（農協取引約定書を未締結の場合は裏面の農協取引約定書と同様な約定に従う）等の条項が記載されています。

⑴　質権の設定および被担保債権

担保提供者はJAとの間で、債務者がJAとの取引によって現在および将来負担するいっさいの債務のために、貯金を根担保にとります。

根担保とは、JAとの取引によって債務者が「現在および将来負担するいっさいの債務」について、貯金に担保権を設定することをいいます。また、根担保に対して特定債権を担保する場合は、「平成○年○月○日付け金銭消費貸借契約証書に基づき負担する債務」を担保するために質権を設定します、というような文言になります。

図表144－2　担保対象と担保権設定契約証書の関係

担保対象	担保権設定契約証書	担保権
自農協定期貯金	・担保差入証（自組合貯金用）（農協取引約定書締結者用） ・担保差入証（自組合貯金用）（農協取引約定書未締結者用） ・貯金担保差入証（特定担保用）	根質権 根質権 質権
共済契約上の請求権	・共済担保差入証（農協取引約定書締結者用） ・共済担保差入証（農協取引約定書未締結者用） ・共済担保差入証（特定担保用）	根質権 根質権 質権
不動産	・抵当権設定契約証書 ・根抵当権設定契約証書（単独担保） ・根抵当権設定契約証書（共同担保）	抵当権 根抵当権 根抵当権
動　産	・抵当権設定契約証書（農業動産用） ・譲渡担保設定契約証書（有体動産担保用） ・譲渡担保設定契約証書（集合物担保用）	抵当権 譲渡担保 譲渡担保
指名債権	・担保差入証（指名債権担保用・質権） ・債権譲渡担保契約書（指名債権担保用・非洗替方式） ・債権譲渡担保契約書（指名債権担保用・洗替方式）	根質権 譲渡担保 譲渡担保

担保提供者とは、担保権を設定する者をいい、貯金の場合は貯金者、不動産の場合は所有者をいいます。

担保権設定契約証書には、担保権設定者という表現ではなく、具体的に設定する担保権を示す意味で、質権設定者や抵当権設定者と表現する場合もあります。

なお、質権や抵当権等で担保される債権のことを被担保債権といい、根担保の場合は現在および将来反復継続的に将来発生する不特定の債権、特定債権担保の場合は住宅ローンのように特定された債権を担保します。

(2)　貯金が書替継続された場合

担保である貯金が満期到来により書き替えられた場合、書き替えられた貯金に従前の担保権が及ぶかについては、新旧貯金について同一性があるか否かにより、従前の担保権の効力が及ぶか否かに分かれます。

そのため、担保差入証には「担保貯金の書換継続にあたって貯金が併合、分割、減額または利息元加されても、また、期間・利率が変更されても書き替えられた貯金の効力は引き続き質権の効力がおよびます」と約定しているもので、書替継続後の新貯金に質権の効力が及ぶことになり、新たに担保差入れが不要となります。

5 （根）抵当権設定契約証書

(1) 抵当権設定契約証書

抵当権設定契約証書に約定されている主な文言は、①抵当権設定、②被担保債権、③抵当物件、④登記義務、⑤抵当物件の現状変更等におけるJAの事前承諾等となります。

(2) 根抵当権設定契約証書

根抵当権設定契約証書に約定されている文言は、根抵当権設定文言以外は上記①～⑤の抵当権設定契約証書と同様となります。

根抵当権設定文言としては、①極度額、②被担保債権の範囲、③債務者および④確定期日があります。

(3) 根抵当権設定契約証書における共同担保の定めの有無

数個の不動産のうえに根抵当権を設定する場合、各々の不動産について極度額に至るまで優先権を行うことができる（一般に「累積式根抵当権」という）とされています（民法398条の16、18）。

また、数個の不動産全体で極度額まで担保することもできる（一般に「共同根抵当権」という）とされています（同法398条の16）。

根抵当権を設定する場合、累積式根抵当権とするときは根抵当権設定契約証書に「共同担保としないで」と記載されているものを使用しますが、共同根抵当権とするときは「共同担保として」と記載されているものを使用します。

Q 145 保証約定書

JAが保証をとる場合、どのような保証契約書を使用しますか。また、その保証契約書には主に何が約定されていますか。

保証される債務が住宅ローンのような特定の債務か、それとも反復継続的に発生する不特定の債務か、保証対象の債務により保証契約書を使い分けます。

特定の債務を保証する場合は、特定債務について保証する旨の文言が記載されている保証書や金銭消費貸借契約証書を使用します。

また、反復継続的に発生する債務を保証する場合は、債務者、被保証債権、保証極度額、保証期間が記載された根保証用の保証書（根保証用）を使用します。

なお、手形貸付金による手形上の債権を保証する場合は、手形面に保証人から署名・捺印を受けます。

解　説

1　保証債務

(1)　保証債務の定義

保証債務とは、債務者（主たる債務者）がその債務を履行しないときに、債務者以外の者（保証人）が、債務者にかわってその債務を履行する責任を負うことをいいます（民法446条）。

(2)　普通保証と連帯保証

a　普通保証

保証債務は主たる債務が履行されない場合の二次的債務であり、債権者が主たる債務者に履行の請求をせずに保証人に請求してきたときは、まず主債務者に催告せよと請求できる「催告の抗弁権」(民法452条)、主たる債務者に弁済の資力があり、かつ財産に対する執行が容易であることを証明すれば、まず主債務者に対して強制執行せよと請求できる「検索の抗弁権」(同法453条)を有しています。

また、数人で保証している場合、各保証人は債権者に対し平等の割合(頭割り)で保証債務を負担します(以下「分別の利益」といいます。同法456条、427条)。

b　連帯保証

普通保証の「催告の抗弁権」「検索の抗弁権」および「分別の利益」は、債権回収上支障となるため放棄させる必要があり、両抗弁権と分別の利益を有しないで債務者と連帯して責任を負う保証のことを連帯保証といいます。

2　保証の種類

(1)　特定保証

特定保証とは、借用証書や手形面に保証するように特定している債務の保証をいいます。

(2)　根 保 証

根保証とは、一定の継続的取引から生ずる現在および将来の不特定の債務を保証することをいいます。平成17年4月1日に民法が改正され、貸金を含む債務について個人が根保証契約を締結する場合、「貸金等根保証契約」として定義され、元本・利息・損害金等を含む金額を保証極度額とし、極度額を決めない場合は無効となり、さらに被保証債権の元本確定期日および元本確定事由が設けられました。

(3)　手形保証と手形外保証

手形保証とは、手形本体または補箋に署名・捺印した場合の保証をいい、保証人は手形法上の保証責任を負います。

また、手形外保証とは、金銭消費貸借契約証書や保証書等に署名・捺印による手形外の保証をいい、民事法上の保証責任を負います。

3　「経営者保証に関するガイドライン」に基づく対応

事業資金および賃貸住宅資金に係る個人保証契約（保証人が経営者個人以外の場合を含む）を締結する場合、「経営者保証に関するガイドライン」に基づく対応が求められます。

主たる債務者や保証人に対して「「経営者保証に関するガイドライン」についての説明」などを交付のうえ説明を行い、経営者保証に関するガイドラインに基づく対応についての規定を盛り込んだ保証書、金銭消費貸借契約証書を締結し、前記規定が盛り込まれていない契約書を締結する場合は、「覚書（個人保証用）」も締結します。

また、「「経営者保証に関するガイドライン」に基づく対応の実施記録」も作成します。

4　保証契約書

保証の形式に応じて締結する保証契約書は図表145－１のとおりとなります。

なお、当座貸越および手形取引約定書の極度額は元本についてのもので、利息・損害金等を含む金額ではないことから保証極度額と個人保証に使用できないので、保証人が必要な場合は「保証書（根保証用）」を使用します。

また、手形面保証を受ける場合は、別札保証として「保証書（手形取引根保証用）」または「保証書（根保証用）」の提出を受け、手形債権だけでなく、貸付金債権についても保証を受けるものとします。

5　保証契約書の内容

保証契約書に約定されている主な文言は以下のとおりです。

①　保証人が取引先の債務について保証

②　連帯保証であること

③　被保証債務の内容

図表145－１　保証の形式と保証契約書

<table>
<tr><th colspan="2">保証形式</th><th>保証契約書</th><th>被保証債権の範囲</th></tr>
<tr><td colspan="2">手形面保証</td><td>・約束手形</td><td>手形債権</td></tr>
<tr><td colspan="2">証書面保証</td><td>・金銭消費貸借契約証書</td><td>証書貸付金</td></tr>
<tr><td rowspan="4">別札保証</td><td rowspan="2">特定保証</td><td>・保証書（手形取引特定保証用）</td><td>特定の手形貸付金</td></tr>
<tr><td>・保証書（証書貸付確定限度保証用）</td><td>証書貸付金</td></tr>
<tr><td rowspan="2">根保証</td><td>・保証書（手形取引根保証用）</td><td>手形貸付金
手形買戻請求権</td></tr>
<tr><td>・保証書（根保証用）</td><td>与信取引全般の債権</td></tr>
</table>

特定債務内容または根保証の内容、根保証の場合は極度額の明示は必須となります。

④　保証人の相殺権（民法457条２項）の放棄

保証人は主債務者の有する反対債権と相殺できるので、JAの債権回収上支障が生じるため相殺権を放棄してもらいます。

⑤　JAの担保保存義務（同法504条）の免除

「組合が相当と認めるときは、他の担保もしくは保証を変更・解除しても免責を主張しません」の特約は有効ですが（判例）、この特約の効力は無制限に認められるものではなく、かつ、JAに故意・過失がある場合は特約が働かないので注意が必要です。

⑥　保証人の代位権行使（同法501条）の制限

保証人は保証債務を履行すると、JAに代位して担保権を行使できるので、JAの債権回収上支障が生じるため制限しています。

⑦　ほかに保証している場合の保証責任額

⑧　暴力団排除条項

Q 146　約定書締結時の注意事項

貸出関係の約定書を締結する際、どのような点に注意する必要がありますか。

貸出関係の約定書を締結する場合、まず、契約の相手方本人であるか、契約を理解する能力を有しているかを確認します。

貸出形式に必要な契約書、農協取引約定書が必要な場合は農協取引約定書について内容を説明し、理解しているかを確認のうえ契約書に署名・捺印を受けます。

また、保証人や担保権設定者についても同様な対応を行い、担保権設定契約書や保証契約書に署名・捺印を受けます。

解　　説

1　契約相手方の確認

(1)　本人確認

契約は当事者が合意して成立しますが、相手方が契約当事者でなければ契約の効果が相手方に及ばないことがあり、JAでは相手方が契約当事者本人であるかどうかを確認します。

確認の方法としては、原則としてJA職員複数が面前で顔写真付きの免許証などの公的証明書で行います。

(2)　権利能力、行為能力および意思能力の確認

次に、契約の相手方が権利能力、行為能力および意思能力を有するかを確認します。特に個人との契約については、行為能力または代理権があることを確認する必要があります。

なお、貸出取引においては、契約の相手方が判断能力を有するものの手が

不自由なため自署できない場合であっても、JA職員は代筆をせず、返済義務を承継する可能性のある推定相続人または保証人予定者のうち、本人と同行した者に代筆を依頼します。

2　契約の意思確認

契約の意思確認は、契約の相手方の知識、経験および財産の状況をふまえて、農協取引約定書、担保・保証等の契約書の内容、貸出条件等について相手の理解を得られるように十分な説明を行います（別にJAで定める「与信取引に関する利用者への説明態勢にかかる規定」を参照してください）。

契約の意思確認は、契約締結のつど行います（契約更新を含みます）。

契約意思確認書の受領は以下のとおりに行います。

① 契約の意思確認をしたうえで、「与信取引に関する契約意思確認書（兼受取書）（新規契約）」の提出を受けます。やむをえず提出を受けられない場合は、「面談記録（兼意思確認記録）」を作成します。

② 「与信取引に関する契約意思確認書（兼受取書）（新規契約）」または「面談記録（兼意思確認記録）」は契約書に添付します。

③ 差入方式の契約書は、契約者が契約内容をいつでも確認できるよう契約書の写しを交付します。

④ 法人の契約意思確認に際しては、契約の相手に契約締結の権限があることを確認し、法人とその役員の利益相反行為であるときは、所定の手続が行われていることを議事録等の提出を受け確認します。

3　契約内容の確認

契約の相手方に契約書を記入してもらう場合、特に以下の点に注意する必要があります。

・契約書に記入の住所、氏名（名称、代表者）、印影は、印鑑証明書と同じか。

・印鑑証明書は３カ月以内に発行されたものか。

・今後JAとの間で反復継続的に与信取引を行うかを確認、行う場合は農協取引約定書を締結する。
・記入内容が貸出稟議決裁条件と一致しているか。
・訂正箇所に訂正印が押され、正しい方法で訂正されているか。
・借入金額が訂正されていないか、訂正されている場合は書き直してもらう。
・印紙が過不足なく貼付されているか。

4　担保権を設定する場合

担保提供者にも上記１～３が該当しますが、特に以下の内容に注意する必要があります。
・担保権設定契約証書の内容が貸出稟議決裁内容と一致しているかを確認します。
・不動産担保の場合は貸付実行時までに現地確認を行います。形状が違っていないか、他の権利が付着していないか、貸出稟議決裁内容と同じか、なるべく写真を撮っておくようにします。

5　保証人がいる場合

保証人についても上記１～３が該当しますが、特に以下の内容に注意する必要があります。
・根保証契約の場合、他の案件で保証を受けている保証人については、根保証契約を締結するときに、保証する金額が全部でいくらになるかを確認してもらい、「与信取引に関する契約意思確認書（兼受取書契約）（新規契約）」にかえて「根保証契約意思確認書（兼保証極度額確認書）」の提出を受けます。
・金融庁の「中小・地域金融機関向けの総合的な監督指針」においても保証にかかる説明義務が記載されており、遵守する必要があります。

6　第三者対抗要件の具備

⑴　不動産を担保にとる場合

貸出稟議決裁条件どおりに（根）抵当権が登記されているのを確認のうえ資金を交付するのが原則ですが、（根）抵当権の設定契約と同時に資金を交付する場合は、登記申請に必要な書類もそろっているかを司法書士に確認してもらいます。

⑵　火災共済（保険）金請求権等に質権設定する場合

質権設定承諾請求書、担保差入証等に第三債務者（保険会社等）の承諾後、確定日付を付す必要があり、第三債務者の承諾が受けられるように書類が整備されているかを確認します。

第3節　融資の実行

Q147　借入申込受付時の注意事項

借入申込みを受けたとき確認すること、また融資を謝絶する場合の注意点を教えてください。

A　何のために（＝資金使途）、いくら（＝金額）必要かを聴取します。

借入申込みの妥当性を検討し、適切な返済期間、返済方法、金利、保証、担保等の融資条件についてJAの融資方針を決めていきます。

①　運転資金……仕入資金等、支払が先行する事業資金

②　設備資金……機械設備等、事業を行ううえで必要な設備を購入する資金

③　赤字補てん資金……計画した売上げや利益を計上できなかったとき、資金繰りをつなぐ資金

融資を謝絶する場合は、その理由を具体的に説明します。謝絶の回答・説明は、そのタイミングが遅いと取引先の資金繰りに影響を与えかねません。JA内部で融資方針をできるだけ早く出し、取引先への回答を迅速に行う必要があります。

解　説

1　聴取する事項

(1)　確認事項

まず、何のために必要な資金か（＝資金使途）を確認します。

たとえば、機械等を購入する設備資金は見積書等で確認します。運転資金は仕入れや経費の支払資金でほぼ毎月発生しますので、明確に確認できない

場合が多くあります。また、赤字補てん資金も含まれる場合もありますので注意が必要です。

「なんとなく支払資金が足りない」という取引先経営者の発言には要注意です。その経営者には事業に必要なお金の管理ができていない、つまり計数管理能力の低い経営者といわざるをえません。

⑵　運転資金

a　資金使途

売上げの回収に先行して支払う資金で、原価に相当する材料等の仕入資金、経費の支払資金が該当します。

①原価項目には、材料仕入れ、加工賃、②経費項目には人件費、広告宣伝費、等があります。

b　貸出金額

上記でヒアリングした支払項目の総額はいくらか、そのうちいくら貸出金が必要か、また恒常的に支払うのか、突発的に支払う性質のものかを聴取します。

原価・経費の支払総額が毎年大きく変わらず、恒常的に支払う場合、その必要資金を「経常運転資金」と呼びます。経常運転資金は事業を継続するうえで常に必要な資金ですので、毎年借入れ、返済を繰り返すことが予想されます。

一方、突発的に支払が発生・増加した場合、その支払資金で得た売上高も増加するはずです。増加する売上高金額についても聴取します。

あわせて、支払と売上代金回収の取引条件を聴取します。

①　支払条件……締日・支払日、支払方法は現金か手形か、手形の期日

②　回収条件……締日・支払日、回収方法は現金か手形か、手形の期日

上記、取引条件で支払が先行する金額とその期間、聴取内容で借入申込金額の妥当性を判断することができます。

c　返済方法・返済金額

運転資金は、売上げを計上するために先行して支払った事業資金ですか

図表147－1　運転資金融資の借入れ・返済のイメージ

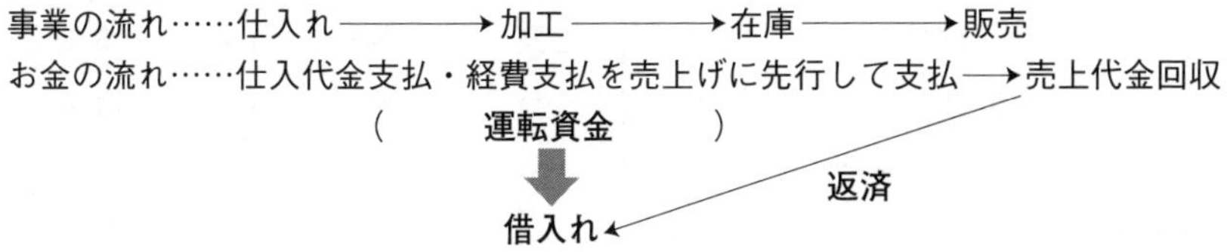

事業の流れ……仕入れ ──→ 加工 ──→ 在庫 ──→ 販売
お金の流れ……仕入代金支払・経費支払を売上げに先行して支払 ──→ 売上代金回収
（運転資金）
↓
借入れ ← 返済

ら、その返済は売上代金で期限一括返済することとなります（図表147－1参照）。

⑶　設備資金

a　資金使途と設備投資効果

事業を行ううえで、機械等の設備を購入する資金です。設備導入の目的は、利益増加（＝増益）を目的とされていなければなりません。つまり、設備投資の結果、①売上増加（＝増収）、②原価低減、③経費削減がきちんと計画されているかどうかを聴取します。

老朽化による機械の入替えも、修繕費が増加し利益を減少させることを防ぐための設備投資ですから、経費の削減、つまり増益を目的としたものとなります。

b　貸出金額

見積書、請求書記載金額で設備投資金額総額を確認し、そのうち自己資金投入金額と借入金額を聴取します。また、過大投資とならないように、設備投資金額が取引先のキャッシュフローで返済が可能な範囲内かを確認します。

簡易な計算方法は以下のとおりです。

返済金額＝（設備投資金額÷耐用年数）≦設備投資後の当期利益＋減価償却費

c　返済方法・返済金額

上記のとおり、返済方法はキャッシュフローによる均等返済で、その金額は、対象年数とキャッシュフローによって決まります（図表147－2参照）。

図表147－２　設備資金の借入れと返済のイメージ

	決算期	１期	２期	３期	４期	５期
返済原資	当期利益①	100	100	100	100	100
	減価償却費②	20	20	20	20	20
本件返済額　③＝①＋②		70	70	70	70	70
差引金額		50	50	50	50	50

（差引金額）＝（返済原資）－（本件返済額）がプラスでなければ過大投資、または、返済金額、返済期間が投資効果に見合っていないことになります。

⑷　赤字補てん資金

a　資金使途

売上高の減少、原価・経費の増加から計画した利益を計上できなかったときのその不足資金（＝赤字）を埋める（＝補てんする）資金です。赤字の要因が一時的なのか、その原因を聴取することが重要です。一時的な場合は赤字補てん金で対応しますが、赤字が続くおそれがある場合は抜本的な対策を打つ必要があります。

b　貸出金額

具体的には①先行する原価・経費を支払っても計画どおりの売上げを計上できなかった場合の売上減少額、②先行する原価・経費が計画以上に必要になったが売上げが伸びなかった場合の経費増加額です。

c　返済方法・返済金額

設備資金と同じ、キャッシュフローで返済をします。一時的な赤字でその後利益計上が見込まれる場合は、キャッシュフロー内で返済可能金額から返済額を算出します（図表147－２参照）。

2　提出を求める資料

主に、本人確認資料、業績（年収）確認資料、資金使途資料といった３種類の書類が必要です。

⑴　事業性資金（個人事業主）

○本人確認資料……住民票、印鑑証明書

○業績確認資料……確定申告書（写し）３年分、直近の納税証明書

○資金使途資料

・設備資金の場合……購入予定物件の見積書、請求書、領収書、事業計画書

・運転資金の場合……生産費項目の見積書、請求書、領収書

⑵　事業性資金（法人）

○本人確認資料……全部事項証明書、印鑑証明書、定款（写し）

○業績確認資料……確定申告書（写し）３年分、直近の納税証明書

○資金使途資料

・設備資金の場合……購入予定物件の見積書、請求書、領収書、事業計画書

・運転資金の場合……生産費項目の見積書、請求書、領収書

⑶　消費性資金

○本人確認資料……運転免許証（写し）、住民票、印鑑証明書

○業績確認資料……課税証明書、源泉徴収票、確定申告書（写し）３年分、直近の納税証明書

○資金使途資料……売買契約書、建築工事請負契約書

3　申込み後の手続

取引先が借入申込みをした後、どのような手続を経ていくのか説明する必要があります。取引先は貸出金で支払の予定がありますから、支払期日と金額が申込みどおりでないと、設備投資ができない、または資金繰りがつかず倒産する可能性もあります。手続の概要とそれにかかるおおよその期間を伝えます。

⑴　手　　続

「申込み→詳細聴取→審査・稟議→条件提示→契約書締結→融資実行→モ

ニタリング」という流れになります。

⑵ 注意事項

a　書類の徴求

遠慮して言い出せず時間が経つことを避けます。ほしい資料は早急に伝えます。また、「あれください、これもください」とならないように、１回で完結するよう心がけます。

b　進捗を伝える

審査・稟議に時間がかかっている場合、最低１週間に一度は取引先と連絡をとり、進捗状況を伝えることが大切です。取引先はJAから連絡がないと、うまく進んでいるものと解釈しがちです。

4　借入申込みを謝絶する場合の注意点

⑴ 十分な審査

a　キャッシュフローの見通し

取引先の返済能力は、その事業が生み出すキャッシュフローで判断します。担保や保証は万が一返済できなくなったときの手段であり、その余力が審査の主眼になってはいけません。

b　実情にあった貸出条件

貸出金額、返済期間、金利は、資金使途に沿ったものでなければなりません。また、担保・保証も過度に保全を意識して過剰となってはいけません。取引先の業績やJA内での格付にあわせる必要があります。

c　過去の貸出条件変更

過去に貸出条件変更があった事実のみをもって謝絶の理由にしてはいけません。

d　記　　録

審査と取引先との条件交渉の経緯は、必ず記録に残しておきます。後々いったいわないとならないようにするためです。

⑵ 具体的な説明

a　JAの説明責任

十分な審査の結果、借入申込みを謝絶する場合はその理由を具体的に説明する必要があります。

謝絶理由の例としては、①運転資金融資を実行しても計画どおりの売上げを計上できると判断できず、返済が困難である、②設備投資は過大であり、返済に十分なキャッシュフローを生み出す計画となっていない、③業績赤字が続いており、その解消にメドが立たない限り追加融資しても返済のメドが立たない、等である。

b　顧客の納得

JAの説明責任は、取引先の納得を得てはじめて果たしたことになります。そのためには、一方的な通告とならないように金融用語を使わず、わかりやすく丁寧に、取引先の理解力と経験値にあわせた説明が必要です。

また、謝絶の理由説明には必ず複数名で対応します。取引先が納得しているか否かを複数名で確認し、認識のズレを防ぎます。

c　記　　録

借入申込みから審査、謝絶の経緯は必ず記録に残します。担当の変更等でJAの方針が変わるのを防いだり、後々取引先から融資の謝絶により損害を被ったといわれないように備えたりするためです。

Q148 融資実行準備を進める際の注意点

融資申込みに関するヒアリングを行った後、その内容の確認や稟議に必要な書類、現場視察等、審査に必要な事項を教えてください。

A 審査にはローンのように要綱に基づき項目をチェックしていく「要綱審査」と、個別内容を吟味し相対的判断をする「個別審査」があります。ここでは個別審査について述べていきます。審査項目には、①資格審査、②信用調査、③申込内容の妥当性検討、④融資条件の決定の4項目があります。

各項目について、現場実査と書類による分析を行います。

解　説

1　現場実査

取引先事業の強み・弱みはどこにあるのか、それがどのようなかたちで業績に表れているのかを理解します。事業の実態を目で確かめることは、資料を分析することと同じくらい重要なことです。

実査は、経営資源である「ヒト」「モノ」「カネ」「情報・ノウハウ」の視点で行います。

(1)　ヒトの実査

・実権者、キーマンはだれか。

・キーマンの経歴、強み（営業畑、技術畑、管理畑等）

・従業員のスキル（営業力、技術開発力等）

・リーダーシップはだれがとっているか。

・後継者の育成はされているか。

・経営者の保有資産と負債の状況

⑵ モノの実査

・どんなものをつくり、販売しているか（取扱商品、生産品目）。

・取扱商品、生産品目の特徴、他社に比べた優位性、将来性

・何をどこから、どのような条件で仕入れているか。

・何をどこへ、どのような条件で販売しているか。

・事務所、現場の活気はどうか。

・保有資産の時価

・負債の状況

・保有設備の稼働状況と設備の優位性（独自の工場設備で生産性が高いか等）

⑶ カネの実査

・経営者に計数管理能力（使ってよいカネの区別、業績管理）があるか。

・資金繰り表は作成されているか。

・事業計画は作成されているか。

・金融機関の支援体制は盤石か。

⑷ 情報・ノウハウの実査

・製造方法、仕入ルート、販売ルート等同業他社に比べて優れ、独自のノウハウをもっているか。

2 分 析

⑴ 規定・要綱に沿った対象者か

農業協同組合法のもと制定された定款・規定に融資対象者の要件が記載されています。組合員または、組合員で構成された法人が対象になります。また制度融資には、その制度を利用できる対象者の範囲が記載されています。

⑵ 定量要因分析

確実に返済される返済能力をもっているか、決算報告書を分析して取引先の財務状況と、事業を継続していく資金のやりくりを把握します。

a 財務分析

決算書は最低３期分を比較分析します。①安全性、②収益性、③成長性、

図表148－1　主な分析指標

安全性分析	計算式
流動比率	流動資産÷流動負債
固定比率	固定資産÷純資産の部
固定長期適合率	固定資産÷(長期負債＋純資産の部)
自己資本比率	純資産の部÷総資産
収益性分析	計算式
売上高総利益率	売上総利益÷売上高
売上高営業利益率	営業利益÷売上高
売上高経常利益率	経常利益÷売上高
売上高当期利益率	当期利益÷売上高
成長性分析	計算式
売上高伸び率	(今期売上高－前期売上高)÷今期売上高
経常利益伸び率	(今期経常利益－前期経常利益)÷今期経常利益
自己資本伸び率	(今期純資産－前期純資産)÷今期純資産の部
効率性分析	計算式
総資産回転率	売上高÷総資産
ROE	当期利益÷純資産の部
その他	計算式
債務償還年数	有利子負債合計÷(当期利益＋減価償却費)

④効率性について分析をします。代表的な分析指標は図表148－１のとおりです。

b　資金繰り分析

決算書の分析は、いわば過去の分析です。貸出金が返済されるかは将来の業績によりなされるもので、資金繰り表でそれを確認します。資金繰り表のサンプルは図表148－２のとおりです。

図表148－2　資金繰り表サンプル

（単位：万円）

	計算式	1月	2月	3月	4月	5月
前月繰越し	①（前月⑧）	100	170	210		
売掛金入金		200	150	180		
その他入金		10	10	20		
収入合計	②	210	160	200		
買掛金支払		120	80	100		
経費支払		30	30	30		
支出合計	③	150	110	130		
経常収支	④＝②－③	60	50	70		
借入れ	⑤	20	0	0		
返　済	⑥	10	10	10		
財務収支	⑦＝⑤－⑥	10	△10	△10		
翌月へ繰越し	⑧＝①＋④＋⑦	170	210	270		

3　申込内容の妥当性検討

(1)　運転資金と設備資金の確認

融資申込みについては「○○資金としていくら借入れしたい」と内容が明確になっていなければなりません。審査・稟議においても「なんとなく資金が足りないから融資する」では、話になりません。

資金使途で代表的なものは、①運転資金と、②設備資金です。設備資金は機械の購入等固定資産の購入資金ですので、見積書や請求書で明確に確認できます。一方、運転資金は継続する事業活動に必要な仕入資金・経費が対象となりますが、明確な書類で確認できるものではありません。以下の指標とともに、前記の資金繰り表でその金額を確認します。

(2) 資金使途と金額の確認方法

a　運転資金

運転資金は下記の算出方法で把握します。

・毎月売上げを計上する業種

　運転資金＝売掛債権＋棚卸資産－買掛債務

・売上げに季節性のある業種（例：田・畑等の耕種農業等）

　運転資金＝売上高見込み×生産費比率（1年間に必要な仕入代金＋経費）

b　設備資金

見積書、請求書で金額を確認します。設備投資の目的は、「増益（＝利益が向上する）」です。設備投資の結果、①増収（売上げが向上）、②経費の削減が目的とされているかを確認します。

4　融資条件の決定

上記1～3をふまえ、取引先の信用力、申込内容との整合性、またJAとしてのリスクとリターンを反映して検討します。

(1) 金　　額

必要資金に対して自己資金と貸出金額の調整をとり、金額を決めます。

(2) 期間と返済方法

a　運転資金

売上計上するために必要な資金ですので、売上計上までの期間とし、返済は売上金の回収で一括返済します。

b　設備資金

融資期間は購入する設備の耐用年数を基準とします。その期間内にキャッシュフロー（＝当期利益＋減価償却費）で分割返済します。

(3) 金　　利

JA内で決められた基準金利をベースに取引先の信用力と融資期間を加味して適用金利を決めます。信用力が低く、融資期間が長くなれば、JAとしてのリスクは増えますので適用金利は高くなります。

⑷ 保　　全

貸出金の返済は、売上げ、キャッシュフローによりなされるものですが、その確実性に不安がある場合は、取引先経営者の連帯保証や担保設定によりその信用力不足を補います。いずれも返済されなかったときの万が一の手段ですので、業績による返済を第一に考えます。決して担保主義による融資となってはいけません。

a　保　　証

個人保証を要求する場合、事前に個人の資産・負債の状況を把握します。融資保証能力がないにもかかわらず、多額な貸出金額の保証を要求することは形式的なものであり、あまり意味をなしません。

b　担　　保

貯金、有価証券、不動産等の換金性の高い資産に担保を設定します。

不動産担保についてはその物件を時価評価し、担保の先順位を引いた金額が担保余力となります（担保余力＝不動産時価－先順位担保設定金額）。

5　稟議前の取引先への説明

⑴ 融資方針

a　安易な融資の約束の禁止

融資契約は諾成契約です。融資の申込みに対して、融資すると応えることで契約書を交わさなくても融資を行わなければなりません。

稟議前の状態（＝無稟議融資）で「融資します」と取引際に伝えることは、コンプライアンス違反となります。また、融資を受けられると期待を抱かせることも融資の約束となります。

b　進捗説明

融資方針は審査してみないとわからないものです。一方、取引先の資金繰り上、融資の可否が大きく影響することも考えられます。取引先の支払期日間近になって融資できないとわかった場合、資金ショートを起こしかねない事態も想定されます。

そこで融資の申込み自体がまったく土台にも乗らない内容なのか、取上方針として審査しているがその進捗はどの段階にあるのか等を、随時取引先とコミュニケーションをとることが重要です。

取引先は、JAが融資できない場合を想定して、他の金融機関に融資の申込みをできる時間的余裕をもつことができます。

⑵ 書類の交付

融資手形や金銭消費貸借契約書を取引先に手交するのは、審査が終わり、融資方針が決定した後とします。前記のように、融資の約束となることを防ぐためです。

Q149 融資証明書

融資証明書発行の意義と発行時の注意事項を教えてください。

融資証明書は、取引先が第三者に対して銀行が融資を行うという事実をもとに支払能力があることを証明するものです。

融資証明書を発行していても、取引先の業績悪化等が原因で融資を実行できなくなる場合があります。取引先の支払先（以下「第三者」といいます）からの損害賠償請求が予想され、発行には注意が必要です。

解　　説

1　融資証明書発行の意義

(1)　目　　的

a　取引先にとっての融資証明書

取引先が大きな投資を行う場合、自己資金とともに金融機関からの融資でまかなうことがあります。金融機関は取引先からの申込みに対して融資審査を行い、融資に応じるか否かを判断し、取引先に伝えます。取引先はその結果をふまえて第三者に支払可能であることを伝えます。

この際、第三者は口頭で支払可能を告げられても、その確実性を確認することができません。そのような場合、取引先は融資を受ける予定の金融機関に融資証明書の発行を依頼し、それを第三者に提示することによってその支払に問題がないことを伝えます。

b　第三者にとっての融資証明書

第三者にとっても支払の確実性を確認することは非常に重要です。たとえば工事を請けた場合、資材の発注や人件費、その他経費の支払は大抵、工事代金の受取りに先行して支払います。工事が進み代金を受け取る段階で、工事の発注者が金融機関からの融資を受けられず、第三者に支払ができないとなれば大きな損害となるからです。

⑵ 例

a 取引先が事業者の場合

工場建設、機械購入の際に建設会社、納入業者に融資証明書の提示を求められます。多額の仕入れの際に、納入業者に融資証明書の提示を求められます。

b 個 人

住宅建築の際に建築会社に住宅ローン融資証明書の提示を求められます。

2 融資証明書発行時の注意点

⑴ 発行のタイミング

第三者は取引先の支払能力を確認した後、契約、資材等の発注に移ります。融資証明書は、しっかり審査した後で、信用のある状態でなければなりません。そのためには日頃から取引先の実態をつかんでいることが重要で、かつ融資証明書の対象となる貸出金額についてもその妥当性を審査する必要があります。

⑵ 融資義務

a 融資義務の有無

融資証明書発行のみでは融資する義務を負いません。融資証明書発行後、①取引先の業績が急激に悪化する、②第三者との取引の実態が融資証明書作成時と融資実行時と大きく相違している、等の理由により、想定していた以上の融資リスクが発生すると予想される場合は、融資実行を見合わせることとなります。

その際、取引先から損害賠償請求をされても応じる必要はありません。

b 法的根拠

融資証明書はいわゆる「報告証書」です。これは融資を行う事実の証明を目的としたもので、融資を約束する「処分証書」ではありません。処分証書とは、手形や契約書等、諾成的消費契約にかかわるものです。つまり、借入手形や金銭消費貸借契約証書への署名・捺印でなければ融資する約束となりません。

c　農協取引約定書との関係

また、農協取引約定書には「期限の利益喪失事項」があり、上記のような業績の悪化を理由に融資の実行を拒むことができます。

(3) 第三者の損害

融資が実行されず第三者が損害を被った場合は、損害賠償請求に応じる必要があります。融資義務の有無は金融機関と取引先間の問題であり、第三者には無関係の問題です。融資証明書をもとに契約に至った第三者には非がありません。法律上の「善意の第三者」であり損害賠償請求をすることは可能です。

(4) 免責条項

金融機関の損害を回避するために、以下の条項を融資証明書に記載しておく必要があります。

「次の場合、当組合は取引先○○に対し、融資実行を拒絶することができる

① 取引先の信用状況に著しい悪化がみられたとき

② 当初提示した融資条件と実情がそぐわないと当組合が判断したとき」

また、融資証明書の有効期限を記載しておくことも有効です。

(5) 説　明

融資証明書の発行が即、金融機関の融資義務とはならないことを、取引先の経験値、理解力を勘案して説明する必要があります。説明には複数名で対応し、それを記録しておくことも忘れてはいけません。

(6) 融資しなかった場合

融資証明書を早期に回収する必要があります。融資証明書を発行したにもかかわらず融資を実行しなかったことが、取引先の信用不安につながる等、想定外の悪影響を及ぼすことが考えられるからです。

Q 150 融資実行の準備

融資決定後、実行までに行う取引先への通知、書類の徴求等準備事項について教えてください。

A 融資条件の通知、印紙税等の費用を書面にて取引先に説明します。

融資条件を1項目ずつ丁寧に説明し、特に借入申込当初の条件と違う事項はその理由もあわせて説明します。また、保証、担保については取引先のみならず、保証人、担保提供者に対しても、万が一返済が滞った場合に負う返済義務、最悪のケースを説明します。契約締結は面前自署を徹底し、契約書類を2通作成して、JA、取引先双方で保管します。取引先が融資条件をいつでも確認できるようにします。

解　説

1　融資条件の通知

(1)　取引先への通知

取引先への通知は必ず、経営者と実権者に通知します。取引先とJAでは金融業務における知識・経験の差、いわゆる「情報の格差」があります。JAの担当者には、通知する相手方の知識・経験に応じた丁寧な説明が義務として求められます。

融資条件と説明のポイントは以下のとおりです。

・貸出金額……申込み時と違いはないか。違う場合、理由の説明
・期間……返済に無理のない期間をとっているか
・金利……基準金利と上乗せ金利の理由。基準金利が変更になったとき、適用金利も変更されること
・返済方法……資金使途と業績に即した返済方法となっているか

・保証……保証を必要とする理由。最悪の場合、返済義務を負うこと
・担保……担保を必要とする理由。最悪の場合、当該資産を売却して返済義務を負うこと

借入申込み時やその後の交渉のなかで、条件に関する認識のズレが生じていないかを確認します。

(2) 保証人・担保提供者への通知

取引先への通知と同様の内容を説明します。特に返済が滞った場合、最悪のケースを想定して説明します。

a 融資条件と説明のポイント

取引先への通知と同様に行います。

b 保証意思の確認

融資条件とともに、最悪のケースを説明したうえで、保証意思の確認をします。

c 保証債務履行の請求手順

JAと取引先と協議段階では、「取引先の返済が滞る→返済遅延の原因分析→条件変更の検討→条件変更後も返済延滞」といった流れになります。

また、JAが取引先の返済能力不足と判断（期限の利益喪失の通知）した段階では、「保証人へ保証債務履行請求→保証人が保証債務履行（保証人が取引先にかわって返済）→保証人は取引先に対し訴求権を保有（保証人は取引先へ肩代わった貸出金の返済を要求する権利）」といった流れになります。

d 担保権実行手続

上記の取引先、保証人との交渉で解決しない、または担保物件売却により貸出金を回収したほうが、より多く回収できる（＝経済合理性が高い）と判断した場合、担保物件を任意売却（JAが独自に購入先を探す）や競売手続（売却を裁判所に委ね、購入先を公募する）によって担保物件を売却します。

融資回収金＜担保物件売却代金の場合は、その残額を引き続いて取引先、保証人へ返済履行を請求します。

2　用紙の交付

融資条件の説明時に、取引先、保証人、担保提供者に用意してもらう公的書類を説明しておきます。公的書類取得には時間を要するものがあり注意が必要です。

① 公的書類がそろう

② 公的書類の徴求と契約書の締結

③ 担保設定登記手続と貸付実行　という流れがスムーズです。

⑴ 取引先・保証人・担保提供者に用意してもらう書類

必要に応じて書類、契約書に必要な収入印紙を用意してもらいます（図表150－1参照）。

⑵ JA所定の書類

資金使途、融資条件によってJA所定の書類を提示し、必ず面前自署によって作成します。作成は２部または、１部作成しその写しを取引先に交付します。

図表150－２は所定の書類と自署捺印の必要な対象者の一覧例です。

図表150－１　必要な公的書類等

書類名	法　人	代表者	保証人	担保提供者
印鑑証明書	○	○	○	○
履歴事項全部証明書	○			○（法人の場合）
登記事項証明書 （不動産権利書）				○
代表者資格証明書	○			
本人を確認できる資料 （運転免許証の写し等）		○	○	
収入印紙 （税額表で確認）	○			

図表150－2　JA所定の書類と自署捺印を求める対象者

書類名	法　人	代表者	保証人	担保提供者	JA
借入申込書	○				
農協取引約定書	○				
金銭消費貸借約定書	○	○	○		
約束手形	○	○	○		
当座貸越約定書	○	○	○		
保証約定書 （限定）（限定根保証） （根保証）		○	○		
抵当権設定契約書 （普通）（根）	○			○	
抵当権設定の委任状	○			○	○ 印鑑証明書も必要
個人情報の収集・保有・利用・提供に関する同意書		○	○		

（注１）　書類名下部の（　　）は書類の種類。
（注２）　対象者……代表者・保証人は必要に応じて自署捺印。

3　禁止事項

融資実務にはコンプライアンス違反となる禁止されている事項があります。JA（貸してやる）、取引先（貸してもらう）という意識をもってはいけません。また、金融業務の知識・経験が生む情報の格差を利用してJAが優位に立ってはいけません。

JAと取引先はあくまでも対等の関係です。以下の禁止事項を行わないように気をつけます。禁止事項を行った場合、各種法令に反することとなります。取引先への損害賠償のほか、業務停止処分等の行政処分を受けることとなります。

⑴　説明義務違反

取引先とは金融業務における知識・経験の差（＝情報の格差）があります。取引先、保証人、担保提供者の知識・経験、理解力にあわせた説明が必要です。

・虚偽の説明……説明内容が間違っていないか。

・説明不足……説明不足がないか。

説明には書面を用いて、正確な説明をしなければなりません。

⑵　断定的判断の禁止

「金利は必ず上がるので固定金利を利用したほうが得です」等と経済情勢や金融情勢等不確定で予想のつかない事項について、自分の判断で言い切ってしまってはいけません。

⑶　優越的地位の濫用

・JAほかの取引強要……「抱き合わせ販売」となります。

・融資条件引上げの強要……「貸してやるかわりに金利は高くもらう」というのは、融資判断とは違う次元での発言です。

・JAの指定する業者利用を強要……たとえば「貸してやるかわりに、施工業者は○○を使え」というものです。

Q 151 貸出金の交付

貸出金の交付について、書面のチェック、未整備事項がある場合の注意事項を教えてください。

A 貸出条件について、審査の結果と交付する用紙の内容に相違がないように注意します。また担保設定登記等、融資実行時点未整備事項がある場合は内容を記録に残し進捗を管理します。

解　説

1　受入書類のチェックポイント

(1)　手形貸付

a　金　　額

貸出金額の元本金額と同額であることの確認が必要です。漢数字表記、アラビア数字表記はどちらでもよく、両方が表記されている場合は漢数字が手形金額と認識されます。しかし複数表記は避けます。通常はJAであらかじめ印字しておきます。

b　支払期日

融資期日を記入します。通常は「平成　年　月　日」と印字されているので和暦で記入します。期日が休日の場合も有効ではありますが、前営業日か翌営業日をあらかじめ決めて記入します。

c　支払を受ける者

「○○農協組合殿」という表記になります。貸出金の出し手であるJAの本店が記載されています。支店名は入れません。

d　支払地・支払場所

JAの本店住所、名前が印字されています。

e　振 出 日

融資実行日を記入します。「平成　年　月　日」と印字されているので和暦で記入します。もし融資実行日が遅れた場合は、満期日＝返済期日が変更なければ訂正する必要はありません。しかし実務上は訂正し、融資実行日を明確にしておいたほうがよいでしょう。

f　振出地・振出人の署名

取引先の住所、法人名、代表者名が入ります。JAに届け出ている印鑑を押印します。保証人の記入は「保証人」の記載をして、住所、氏名を記入します。実印を押印します。

⑵　証書貸付

a　金　　額

融資元本金額を記入します。通常はJAで印字しておきますが、取引先が記入する場合は、金額の頭部に「金」や「¥」を記入して偽造を防ぎます。

b　資金使途

「運転資金」「○○購入資金」等具体的に記入します。

c　利率・遅延損害金の割合

たとえば「年2.00%」等と表示します。遅延損害金は、通常「14.5%」と表示します。

d　返済方法

返済日、返済金額が特定できるように記入します。また、分割返済の場合、たとえば「平成○○年○月○日を第１回として、毎月25日（休日の場合は翌営業日）に○○○○円宛、○○回、最終返済期限に○○○○円を返済する」とします。

e　利払方法

利息の計算方法は、通常融資実行日と返済日の両方を算入する「両端入れ」とします。また、利息の徴収期間に対して前取りする方法と、後取りする方法があります。それらを明確に記載しておく必要があります。記載例（利息前取りの場合）として、下記のようなかたちとなります。

「借入日を第1回利払いとして、毎月25日（休日の場合は翌営業日）に利払日の翌日（第1回の場合は借入日）から次回利払日までの借入残高に対する利息を支払う」

2　交付の方法

貸出金は、取引先の普通貯金口座に入金します。金銭の交付によって融資契約が成立します（要物契約）。融資契約関係書類を徴求する際に、預金通帳、支払伝票、支払先への振込伝票を同時に預かり、融資実行手続に続き支払事務を行います。取引先が支払先へ現金で支払う場合も、いったん貯金口座に貸出金を入金した後に現金引出しを行います。

3　未整備事項の管理

融資実行時に完了していない事項を未整備事項といいます。

⑴　担保設定登記

融資実行時に（根）抵当権設定登記申請をしたものが、登記を完了したことを確認します。不動産登記簿謄本を取得し登記の完了を確認します。

⑵　融資条件の補完

条件付きで融資実行を行うケースがあります。たとえば、融資の保全上の観点から取引先の販売先から入る回収金入金口座をJAに指定するといったもの等があります（融資実行時の優越的地位の濫用には該当しないケース）。このような条件が履行されているか定期的にモニタリングする必要があります。

⑶　未整備事項の記録

未整備事項は記録簿に記載し、その履行にもれがないかをチェックします。記録簿は支店で1冊に統一したものを用いて一元管理します。

第4節　融資の管理

Q152　貸出先の状況把握の重要性

貸出先について、最近、所有する土地を売却したという情報が入ってきました。JAは、そのような貸出先の状況の変化について、どのように対処すべきでしょうか。

A　貸出先について、貸出後の経済状況や生活状況の変化については、そのような状況が将来の延滞発生につながりかねないことを把握し、貸出先とよく協議をすることが必要です。

本問の場合、貸出先が所有土地を売却するということは、なんらかの必要性があってのことでありますので、その必要性等を貸出先から話を聞き、貸金管理をしていくべきです。

解　説

1　貸出先を管理する必要性

JAが貸出先に貸付した金員は、貸出先から約束どおり利息とともに返済していただくことにより、JAの信用事業は成り立っていきます。

JAが貸出先に融資を実行する際、無効、取消事由のある消費貸借契約を締結しますと、融資した金員がJAに返済されず、信用事業の遂行に大きな影響が出ます。しかしながら、適正な契約をすれば契約後の貸出先の状況は考慮しなくともよいというわけにはいきません。

いくら瑕疵のない適正な貸付を実行しても、その後の貸出先の状況の変化にまったく無関心であれば、貸出先の延滞発生から支払不能というJAにとって大きな痛手になる危険があるからです。

2　債権管理による早期対応の必要性

JAが貸出先に融資を実行する際、JAは貸出先との間で資金使途、貸出金額、返済財源、返済条件、利息損害金等をよく話し合い、将来的に約束どおり弁済をしていただくことが最も重要です。

いくら保証人に資力のある人になってもらっていても、また担保がしっかりしていても、将来的に弁済が不可能になるおそれがある状況で融資を実行してはいけませんので、上記のことをよく話し合うことが必要です。

しかしながら、融資実行の際、上記の資金使途、返済財源等をよく話し合って、そのときは将来的に弁済によって回収がなされる状況にあっても、貸出先は借入れ後の経済的、社会的、個人的事情によって、返済したくとも返済できなくなる可能性を常にもっています。

貸出担当者としては、貸出先の貸出後の状況や、また、状況の変化を把握しておくことは重要なことです。

もしそのような貸出先の状況の把握を怠ったり、また、貸出先の状況の変化の把握を怠ったりしますと、それが貸出金の延滞の原因になりかねませんので、早期の対策を検討する必要があります。まだ貸出先の経済状況の悪化が小さいうちは貸出先と協議をして貸付条件の変更等の処理も可能ですが、その悪化の程度が大きくなると貸付条件変更等の処理が困難になってきます。

3　本問の場合

本問では、JAとしては貸出先がその所有土地を売却したという情報を入手した場合、その土地売却の必要性は何かを貸出先から聞き出して、その売却が将来的に貸出金の回収に影響が出るおそれがないか等を、貸出先とよく話し合うことが必要です。

4　貸出後の状況変化への対応

貸出先の貸出後の状況変化については、本問の資産売却のほかにも事業内容の変化や家族構成の変化、また、貸出先個人の健康面での変化などが考えられます。そのような変化は、JAの貸出金回収に大きな障害となることも考えられます。このように貸出先の状況変化が将来の貸出金回収に影響を及ぼすと判断した場合には、JAとしては貸出先と支払条件の変更等、協議をすることが必要です。

Q 153 貸出金の期日管理と延滞時の初動対応

貸出先から、月々の支払について貸付実行後初めての延滞が発生しました。どのような対処をしたらよいでしょうか。

① 貸出先に延滞が発生した場合、早急に、貸出先に延滞が発生した旨報告し、延滞の理由を聞き出し、延滞が一時的なものか否か検討していく。

② 延滞が一時的なものであるならば、貸出先と延滞分の支払の確認をとり、また、延滞が長期化しそうな場合、将来の貸出金の回収方策を検討する。

解　説

1　延滞への対応

貸出先の延滞発生は、JAの貸出金が不良債権になりかねない1つの大きな原因です。したがって、延滞が発生した場合、「初めての延滞だから」との理由で放置してはいけません。直ちに貸出先に連絡し、延滞金の支払を督促するとともに、延滞になった理由を貸出先から聴取しなければなりません。

聴取の結果、延滞が一時的なもの（たとえば、忘れていた、支払時にたまたま支払金がなかった等）である場合は、支払時期の確認をして延滞を早期に解消させることが必要です。

これに対して、延滞が一時的なものではなく、継続的になるおそれがあると判断した場合、その後の適切な対応が必要となります。

2　延滞が長期化しそうな場合の対応

⑴　早期検討の必要性

延滞が長期化しそうな場合は、JAが貸し出した金員が回収できなくなるおそれが出てきます。したがって、将来的にJAが貸し出した金員につき全額回収できるか否かの見込みを早急に検討する必要があります。

⑵　回収可能性の検討

JAが貸し出した金員が将来的に全額回収できるか否かについては、以下の諸点を検討することが必要となります。

a　貸出先の今後の弁済能力

延滞が発生し、それが長期化しそうな状況であるときは、弁済条件の変更等をして、将来的にJAが全額回収できるか否かを、まず検討すべきでしょう。条件変更等をしても、将来的に弁済がむずかしいようであれば、強制的回収（担保権の行使、相殺権の行使）等を検討していかなければなりません。

b　貸付債権および保全内容の見直し

次に、貸付債権の見直し、保全内容の見直しが必要です。

⒜　貸付債権の見直しについて

貸付にあたって、貸出先と締結する消費貸借契約自体に不備がないか、また、連帯保証契約自体に不備がないか、抵当権設定契約等の担保権設定契約に不備がないかを点検することが必要となります。もし、これらの契約書に不備がある場合、JAの「債権」が有効に成立しないこともありうるからです。

⒝　保全内容の見直しについて

弁済によって回収できない貸出金は、JAからの強制的回収方法によって回収していかなければなりません。そこにおいて、回収に大きな力をもつ方法は、担保権の行使と相殺権の行使です。

いずれも他の債権者に優先する効力をもつ回収方法ですので、たとえば貸出先について、破産手続や民事再生手続が開始してもJAは、他の破産債権者や再生債権者に担保権の行使や相殺権の行使をもって対抗することができるからです。

したがって、JAの貸出先に対し有する債権額と担保権の行使、相殺権の行使によって回収できる見込額とを比べて、後者のほうが多ければ保全内容は良好と考えてもよいことになります。これに対して、後者のほうが少なければ保全内容は不良となります。保全内容が不良ですと、将来JAが担保権の行使と相殺権の行使をしても債権が残ってしまうことになります。

債権が残ると、その分は債務者の財産を探して、それに対して強制執行を行わなければなりません。しかしながら、強制執行による回収は、担保権の行使による回収や相殺権の行使による回収と異なり、他の債権者に対して優先する効力がありませんので、たとえば貸出先が破産した場合には強制執行はできなくなり、また、すでになされた強制執行手続等は失効することになります（破産法42条）。

このように他の債権者に優先する効力が強制執行にはありませんので、もし保全内容が不良ですと、将来貸出金全額の回収が不可能になる危険が大きく、なんらかの対処を考えていかなければなりません。

c　保全不足の場合の対処

保全不足になった場合には、貸出先との話合いでその不足を補足するための追加担保の提供を求めるべきです。この追加担保を求める時期は、貸出先の経済状況が悪くなればなるほど、貸出先は担保に出す物や権利が存在しなくなるのが一般的ですから、できるだけ早い時期にそれを求めるべきです。追加担保が得られれば保全不足が解消され、将来の全額回収が期待できる状況になります。

(3)　延滞長期化を避ける必要性

以上から、貸出先に延滞が発生し、その延滞が長期化しそうな場合には、できるだけ早い時期に貸出先の債権の見直しと、債権の保全内容を見直しすることが必要であり、その処理が遅くなればなるほど、貸出金が不良債権になる確率が高くなるといってもよいと思われます。

3　延滞が発生した場合と期限の利益の喪失

(1)　農協取引約定書における規定

農協取引約定書は、5条2項で「履行の延滞」を期限の利益の請求喪失事由の1つに掲げております。したがって、本問のように1回でも弁済の延滞が発生した場合、JAは貸出先に対し、期限の利益を喪失させることも可能であります。

(2)　実務上の対応

しかしながら、期限の利益の喪失は、JAにとっては強制的な回収（担保権の行使、相殺権の行使）の前段階的な手段であり、貸出先にとって大きな不利益を伴うものであります。

したがって、JAが貸出先に期限の利益の喪失をする場合は、慎重に行わなければならず、本問のように1回延滞が発生した場合は、期限の利益の喪失をすることは一般的には不当と考えられます。

(3)　期限の利益を喪失させる場合

期限の利益の喪失は、延滞が長期化し、JAの貸出先との関係において、弁済によっては回収が不可能とJAが判断した場合に行うべきものであるといえるでしょう。

Q 154　延滞状態が継続する場合の対応

貸出先の延滞が継続しています。どのような対処が必要となりますか。

貸出先の経済状況を調査し、将来的に貸出先に対し、支払条件の変更等により、弁済によって回収ができるか否かを検討することがまず必要でしょう。

次に、将来的に弁済によって回収ができない可能性が高いと判断した場合には、担保権の行使と相殺権の行使で、全額回収可能か否かを検討すべきです。

解　説

1　貸出先からの弁済の意義

JAが貸出先に貸し付けた金員は、貸出先からの「弁済」によって回収することがいちばん好ましいことであります。JAは貸し付けた金員について、利息をつけて支払を受けることによって信用事業が成り立っていくわけでありますし、また、貸出先も借りた金員を資金使途に従って使用することによって事業を継続し、利益をあげていくことができるからであります。

しかしながら、貸出先が支払をしたくても「弁済」できない状況になってしまっては、JAとしては弁済によって回収することは不可能になります。

この場合には、JAとしては「貸出先からの弁済」以外の方法によって回収をしなければなりません。

2　貸出先からの弁済以外の回収方法

JAが貸し付けた金員について「貸出先からの弁済」以外の方法によって回収する場合は、以下の4つの方法が考えられます。

① 担保権の行使
② 相殺権の行使
③ 強制執行
④ 連帯保証人からの回収

3 担保権の行使による回収

担保権の行使による回収につきまして、重要なことは、担保権の行使による回収は、他の債権者に優先して回収がなされるという点です。

たとえば、貸出先がJAに対して有する貯金を担保に提供している場合には、その担保権に対抗要件（確定日付ある通知または承諾）を具備していれば、その貸出先が破産した場合にも、また、その担保にとった財産に対して、他の債権者が差押えをしてきた場合にも、JAは担保権を行使して、他の債権者に優先して回収ができます。その意味で、「担保権の行使」は、債権回収のための１つの大きな武器といってもよいでしょう。

4 相殺権の行使による回収

相殺権の行使による回収につきまして、重要なことは、相殺権の行使による回収は、他の債権者に優先して回収が図れるという点です。この点は、前述した、担保権の行使による回収と同様、債権回収の大きな武器といってもよいでしょう。

5 強制執行による回収

強制執行による回収は、担保権の行使と相殺権の行使によって回収できない債権が残る場合、債権者は債務者の一般財産から回収を考えなければなりませんが、その場合の回収方法であります。

すでに、経済的に困窮している債務者が、担保に提供した物や債権以外の資産を有していることは多くないと思いますが、もし、資産があった場合、その資産からの回収を図る手段が強制執行による回収であります。

具体的には、債務者の債権に対して行う、債権差押命令の申立て、また債務者の不動産に対して行う強制競売の申立て、債務者の動産に対して行う動産差押命令の申立てがありますが、いずれも一定の手続として裁判所に申立てをしなければなりません。

しかしながら、この強制執行による回収は、担保権の行使や相殺権の行使と異なり、他の債権者に優先する効力がありませんので、貸出先が破産や民事再生手続を選択すると回収が不可能になる可能性が大きいこととなります。

6　連帯保証人からの回収

JAは、貸出先が借入金について弁済しない場合、連帯保証人に対し、その債務を履行することを請求できます（民法446条1項）。

したがって、JAとしては、貸出先から回収できない場合は、連帯保証人に支払を請求して、回収を図ることになります。しかしながら、連帯保証人に資力がなければ、連帯保証人からの回収は不可能となります。

7　貸出先について延滞が継続している場合

貸出先について延滞が継続している場合は、貸出先からの「弁済」によっての回収は、困難となるおそれが大きいため、JAとしては、担保権の行使と相殺権の行使でいくら回収できるかを早期に検討すべきです。

その検討の際に、「保金リスト」を作成しておくことがよいと考えられます（図表154－1参照）。その保金リストで差引過不足が出ている場合は、将来的に回収不能な債権になる危険が大きいわけですから、追加担保の提供や資力がある連帯保証人の追加を検討していく必要があります。

また、貸出先が提供すべき担保が存在しない場合には、連帯保証人が有する物や債権を追加担保に提供するよう求めることも検討すべきでしょう。

図表154－1　保金リスト

保金リスト			
JAの債権（貸付）		JAの債務と保金	
貸付債権の現在の残額	金　　　円	(JAの債務) 普通貯金 その他の貯金 (保金) 不動産担保 債権担保 その他の担保	 金　　　円 金　　　円 金　　　円 金　　　円 金　　　円 (回収見込額)
合計	金　　　円	合計	金　　　円
		差引過不足	金　　　円

Q155 延滞している貸出金の時効管理

JAは、貸出先Ｘに対し、金3,000万円の融資を実行しました。本件貸付については、Ｙが連帯保証人となっています。担保として、ＸはJAに対し所有土地に抵当権の設定をしていますが、現在の担保評価は1,500万円くらいです。
JAの残債権が金2,500万円になってから、Ｘは延滞を繰り返し、JAは、これ以上弁済による回収は不可能と判断し、Ｘに対し期限の利益喪失の通知を出したところ、Ｘは行方不明になりました。
仕方なく、JAは連帯保証人Ｙに対し、Ｘが見つかるまで月々５万円の返済をしてもらうことになりました。しかし、長年待ってもＸの所在は判明しません。JAとして、このままＹから５万円の支払を継続してもらうことでよいのでしょうか。

JAのＸに対する貸付債権の時効に注意することが必要です。

解　説

1　債権の消滅時効とは

時効とは、一定の事実状態が継続した場合に、その状態が真実の権利関係に合致するか否かを問わずに、その事実状態を尊重し、これをもって権利関係と認める制度であります。

債権の消滅時効とは、一定の期間、債権の不行使状態が継続すると、債権が消滅するという制度です（民法166条～174条）。

2　JAの貸付債権の消滅時効期間

貸出金元金の消滅時効期間は、その債権が民事債権であれば「権利を行使することができる時から10年」（民法167条１項）、商事債権であれば５年間権利行使をしないと（商法522条）時効によって消滅するとされています。

JAが個人としての組合員に貸付をする場合は10年間、また、株式会社等の商人に貸付する場合は５年間が消滅時効期間となります。

3　時効の進行時と時効の中断

⑴　時効の進行

時効の進行は「権利を行使することができる時から」始まりますので、弁済期が到来していない債権は、弁済期まで進行は開始しません。また、分割弁済の期限の利益のある債権は、期限の利益の喪失によってはじめて全額の弁済請求が可能となりますので、その時から時効は進行することになります。

⑵　時効の中断

債権の消滅時効は、一定の期間継続して権利を行使しない状況が要件となりますので、逆に時効期間が進行していくなかで、一定の権利行使と認められる事実があった場合、または、債務者が債務負担を承認するなどの事由があって、権利行使をしない状態を債務者自身が認める場合には、消滅時効は中断されることとなります。

民法が定める時効中断事由には、次の３つの場合があります。

①　請求

②　差押え、仮差押え、仮処分

③　承認

①の「請求」のなかには、裁判上の請求（訴えの提起）、支払督促の申立て、裁判所に対する和解・調停の申立て、破産手続等参加（破産債権届出等）、催告等の種類があります。

4　本問の解説

本問におけるケースの関係については図表155－1にまとめましたので解説とあわせて参照してください。

(1)　時効の進行

本問の場合、JAは貸出金について期限の利益の喪失の通知をXに対して出しておりますので、その時から貸出金残金2,500万円について時効は進行することになります。

しかしながら、Xは行方不明になっているため、JAとしてはXに対し、時効中断のための請求等をすることは困難と考え（訴え提起は行方不明の人を相手にできますが、支払督促の申立ては行方不明の人を相手にはできません）、仕方なく連帯保証人から毎月5万円ずつの支払を受けてもらっています。

ところが、連帯保証人Yが、XのJAに対する残債権2,500万円を認めて毎月5万円ずつ支払っているわけですから、Yとの関係では、Yが5万円支払うごとに時効は「承認」として中断されることになります。

しかしながら、Xに対する関係では、JAはなんら中断の手続はとっておりませんので、時効は中断せず、進行している状態となります。

図表155－1　本問におけるケースの関係図

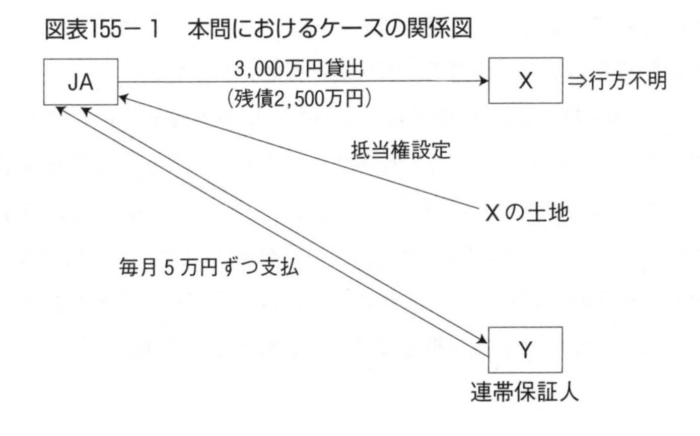

⑵　残債権の消滅

JAの連帯保証人Ｙとの間の「承認」による時効中断の効果がＸにも及べばよいのですが、「時効の中断は、その中断の事由が生じた当事者及びその承継人の間においてのみその効力を有する」（民法148条）とされておりますので、ＹがJAに対し債務を「承認」してもそれによる時効中断の効力はＸには及びません。

したがって、本問の場合、JAがＹから毎月５万円ずつ支払を受けているので、Ｘとの関係でも時効中断の事由は発生していると考えることはできません。

そして、もし期限の利益の喪失をした後、Ｙから毎月５万円ずつ支払を受けるのみで10年間経過してしまうと、JAの残債権は時効によって消滅してしまいます。もしJAのＸによる残債権が消滅時効の完成で消滅してしまうと、保証債務の付従性の原則によって、その効果（消滅の効果）が連帯保証人にも及んできますので、JAはＹに対しても請求できなくなってしまいますので、注意が必要です。

⑶　訴えの提起による時効の中断

本問の場合、時効期間が経過する前に、行方不明であるＸを相手に貸金請求の訴えを提起するか、Ｙに対して連帯保証債務履行の訴えを提起（この場合は、連帯保証人に対してした訴え提起の効果が債務者にも及びます）して、時効の中断をしておくことが必要となります。

⑷　時効が成立した後、行方不明者の居所がわかった場合

もしJAが10年間の消滅時効期間、時効の中断の手段をとらず時効にかけてしまった後、Ｘの居所が判明した場合、JAとしてはＸから「債務承認書」を徴求しておけば、Ｘは時効を主張しえなくなります（最高裁判所昭和41年４月20日判決・最高裁判所民事判例集20巻４号702頁）。したがって、JAがうっかり貸付債権を時効にかけてしまった場合には、債務者から上記書類を徴求することによって時効主張を封じることが必要となります。

⑸　相続が発生した場合

もし本問の場合、Ｘが時効期間の10年を経過する前に死亡し、ＹがＸの長男で、Ｘ死亡後相続によってＸのJAに対する債務を相続した後にＹが相続債務の一部としての弁済をした場合には、JAのＸに対する債務承認を包含するものとして、時効中断の効力をもつとするのが最高裁判所の考えです（最高裁判所平成25年９月13日判決・最高裁判所民事判例集67巻６号1356頁）。

Q 156　延滞している貸出金の貯金からの回収

JAの貸出先に対する貸付債権について延滞が発生しています。今後も延滞が継続しそうな状況なので、JAとしては、貸出先がJAに対して有している貯金から回収したいと考えていますが、どのような方法があるのでしょうか。
また、JAの貸出先に対する貸付債権の回収について、連帯保証人がJAに対して有する貯金から回収する方法はあるのでしょうか。
そして、JAの貸出について、貸出先以外の者が物的担保を提供している場合、その担保提供者がJAに対して有している貯金から回収する方法はあるのでしょうか。

A　貸出先に対するJAの貸付債権について、延滞が継続し、将来的に債務者からの弁済によっては回収できない場合、貸出先がJAに有する貯金から回収するためには、「相殺」という方法があります。

相殺によって回収をするためには、相殺の要件と相殺の行使方法を正確に理解することが必要です。

解　説

1　相殺とは何か

民法は、相殺を5節「債権の消滅」の2款として位置づけています。505条には「2人が互いに同種の目的を有する債務を負担する場合において、双方の債務が弁済期にあるときは、各債務者は、その対当額について相殺によってその債務を免れることができる」と規定しています。

つまり、JAが貸出先に対し相殺を行えば、JAの債務（貯金払戻債務）は履行しなくともよいことになり、貸出先のJAに対する貯金払戻しの債権は「消滅する」という効果が発生します。

JAからみれば、相殺を行使すると貸出先に対し貯金を払い戻す債務がなくなりますから、その貯金をJAが払い戻し、払い戻した金員を貸出金の返済に充てることができるという結果となります。したがって、民法上相殺は債権の消滅、債務の消滅として規定されておりますが、実際には、相殺は債権回収のための1つの大きな力を発揮する方法ということができます。

2 相殺の要件について

JAが貸付債権を貯金との相殺によって回収するためには、次に述べる4つの要件が必要です。

(1) 債権者、債務者間に債権債務の対立があること

まずJAと貸出先との間に互いに債権債務の対立が存在することが必要です。

本問の場合、JAは貸出先に貸付債権を有しており、他方、貸出先はJAに貯金債権を有していますので、お互いに債権債務の対立があり、本要件を満たすことになります。

しかしながら、もし本問の場合、貸出先がJAでなく他の金融機関に預金を有しているような場合、JAの貸出先に対する貸付債権を回収するにあたり、貸出先が他金融機関に有している預金とは相殺できません。この場合には本問の場合と異なり、貸出先の預金債権はJAでなく他の金融機関に対し有する権利であるため、債権者、債務者間の債権債務の対立がないからです。

(2) 債権者、債務者の双方の債務が「同種の目的を有する債務」であること

JAの貸出先に対する債権（貸出先については借入債務）は、貸出先に対し一定の金銭の支払を請求する債権ですので、相手方たる貸出先がJAに対し有する債権も、JAに対し金銭の支払を請求する債権でなければなりません。本問の場合は、貸出先のJAに対する債権はJAに一定の金銭の支払（払戻し）を請求する権利ですから、本要件を満たしていることになります。

しかしながら、貸出先のJAに対する債権が、もし、JAに絵を描くのが上手な人がいるため、「絵を描いてもらう」債権である場合、「お金を請求する」債権と「絵を描くことを請求する」債権とは同種の債権（同種の債務）とはいえませんので、相殺はできないことになります。

⑶　双方の債務が弁済期にあること

相殺を行うには、双方の債務が「弁済期」になければなりません。

つまり、本問の場合、JAの貸出先に対する貸出金について延滞が発生しておりますが、その延滞が一括弁済の約定期日が到来して、その支払が延滞しているのか、または、一括弁済の約定はなく分割弁済の約定があり、その分割弁済において月々の支払分が延滞しているのかによって、対処は異なってきます。

a　一括弁済の約定期日が到来している場合

この場合には、JAの貸出先に対して有する貸付債権は弁済期にあることになり、JAの債権の「弁済期」という要件は満たされます。

b　分割弁済の約定がある場合

この場合には、JAの貸出先に対して有する貸付債権について、債務の延滞している部分については弁済期にありますが、残金全額については弁済期にありません。残金全額について支払を請求するためには、JAは貸出先に対し「期限の利益喪失」の通知をしなければならないことになります。

したがって、本問の場合、貸出先の貯金から相殺によって貸出金の回収をするには一括弁済の約定があり、期日が到来しているか、または、分割弁済の場合があり、期限の利益喪失の通知を出していることが必要となります。

また、他方で逆に貸出先のJAに対する貯金払戻債権についても、弁済期が到来していなければ相殺はできません。本問の場合、貸出先がJAに対して有している貯金が普通貯金であれば、貸出先はJAに対しいつでも貯金の払戻請求ができますので、「弁済期」がきていると考えられます。しかしながら、貸出先がJAに対して有している貯金が定期貯金であり、まだ満期が到来していないときは、貸出先のJAに対する債権は「弁済期」にないこととなり、相殺の要件が具備されず、したがって相殺はできないこととなります（ただし、JAが満期までの期限の利益を放棄して、つまり満期までの利息を付加するかたちでの相殺は可能です）。

もっとも、貸出先とJAとの間で農協取引約定書7条1項のような民法上の相殺の要件を緩和する約定を交わしている場合には、貸出先の貯金が定期貯金であり、かつ満期前の貯金であっても、JAの貸付債権さえ弁済期にあれば、相殺できることになります。

(4) JAから相手方に対し相殺の意思表示をすること

民法506条は、「相殺は当事者の一方から相手方に対する意思表示によってする」と規定しています。

本問の場合、すでに述べた相殺の要件が具備されていても、JAから貸出先に対する意思表示をしなければ、その効果は発生しません。

この場合のJAの相手方たる貸出先に対してする「意思表示」は、内容証明郵便によって行うことが必要です。JAにとって重要な通知（期限の利益の喪失通知、相殺通知など）は後でその通知があったのか否か、争いにならないようにするため、必ず内容証明郵便という方法によって行うことが必要です。

3　JAの貸出金と貸出先、連帯保証人、担保提供者それぞれがJAに対して有する貯金との相殺の可否

本問の場合、JAは貸出先についての貸付債権が弁済期に到来しているか、または期限の利益の喪失をした後は、貸出先のJAに対する普通貯金と対当額について相殺をすることができます。その場合、JAは貸出先に対して貸出金と貯金とを相殺する旨の通知を内容証明郵便で行うことによって相殺の効果が生じます。

相殺の通知を貸出先に出した後、JAは自ら貸出先の貯金を払い戻し、その払い戻した金員を貸出金の返済に充てることになります。

次に、JAは、貸出先に対する貸付債権が弁済期にきているか、または期

限の利益の喪失をしている場合には、連帯保証人がJAに対し有している普通貯金とも対当額において相殺できます。

これらに対しJAは、債務者でも連帯保証人でもない担保提供者が、JAに対して有している普通貯金とJAの貸出先に対して有する貸付債権とは相殺できません。

単なる担保提供者はJAに対し、債務者や連帯保証人のような「債務」を負担していないため、双方の債務の対立という要件が具備されないからです。

Q157 出資者の権利と相殺

JAは、貸出先に対して有している貸付債権を回収する手段として、貸出先がJAに対して有している出資持分権と相殺することはできるでしょうか。

A JAの貸出先に対して有している貸付債権について、貸出先がJAに対して有している出資持分権と相殺できるかについては、相殺の要件を具備しているか否かが問題となります（Q156参照）。

解　説

1　出資持分権の性質

農業協同組合法13条１項は、「組合は、定款の定めるところにより、組合員又は会員に出資をさせることができる」と規定しています。組合員がJAに出資をした場合、出資持分権というJAに対する権利を取得します。

出資持分権という権利の性質は、組合員権という抽象的な権利（たとえば、これを有することにより、組合の施設を利用できる等の権利が包含されています）と、将来的な金銭請求権という２つの性質を併せ持っています。

出資持分権が金銭債権に変わるのは以下の場合です。

⑴　法定脱退の場合（農業協同組合法21条）

組合員たる資格の喪失、死亡または解散、除名が法定脱退事由とされています（破産は、法定脱退事由に入っておりません。農業協同組合法21条１項）。

法定脱退事由が発生した場合、出資持分権利者はJAに対し、出資持分払戻請求権という権利を取得することとなります（同法22条）。

⑵　自由脱退の場合（農業協同組合法20条）

出資持分権者は「いつでもその持分の全部の譲渡によつて脱退することが

できる」とされております（農業協同組合法20条１項）。

出資持分権利者が持分を譲渡するには、JAの承認が必要となります（同法14条１項）が、その譲渡を受ける者がないときは、JAに対し持分譲渡を請求することができます（同法20条１項）。

この持分譲渡請求があると、JAは出資持分の譲渡人に対して出資持分譲渡代金を支払わなければならず、したがって、出資持分権利者はJAに譲渡代金請求権という権利を取得することになります。

⑶　出資口数の減少請求の場合（農業協同組合法26条）

出資持分権利者は、「事業を休止したとき、事業の一部を廃止したとき、その他特にやむを得ない事由があると認められるときは、定款の定めるところにより、その出資口数を減少することができる」とされております（農業協同組合法26条１項）。

出資持分権利者がJAに対し、この出資口数の減少請求をした場合には、出資持分権利者はJAに対し、出資持分払戻請求権という権利を取得することになります（同法26条２項、22条）。

以上のように、出資持分権は、単純な金銭債権ではなく、一定の要件が具備された場合に金銭債権に変わる停止条件付債権であることがその特徴であります。

2　出資持分権と貸付債権との相殺の可否について

このように、出資持分権の性質は、単純な金銭債権ではなく将来金銭債権になりうる抽象的な権利でありますので、相殺の要件である「債権者債務者間の同種の債務」が存在すること、という相殺の要件の１つが具備されず、相殺はできないこととなります。

しかしながら、出資持分権が出資持分払戻請求権（法定脱退事由があるときや出資口数の減少請求がされたとき）や、出資持分譲渡代金請求権（自由脱退の場合）のような金銭的請求権に変わった場合には、同種の債務の存在という相殺の要件が具備され、相殺ができることになります。

3　貸出先が自由脱退・出資口数の減少請求のいずれの権利の行使をもしない場合

貸付債権が延滞している状況で、JAは期限の利益の喪失をして貸出先がJAに対して有している出資持分権から相殺によって回収したい場合、出資持分権利者が自由脱退も出資口数の減少請求もしない場合、JAとしてどう対処すべきでしょうか。

すでに述べたように、出資持分譲渡請求も、出資口数の減少請求も、貸出先がJAに対して行使をしなければ出資持分権から金銭債権に変わりません。

それでは、出資持分権利者が、そのような権利行使をしない限り、JAは出資持分権から相殺によって貸出金を回収することはできないのでしょうか。

このような場合、民法は、債権者に対し、債務者の行使しうる権利を、債権者がかわって行使をすることができる「債権者代位権」という権利を与えています（同法423条）。

債権者がこの権利を、債務者を代位して行使することにより、出資持分権を金銭債権に変えることができ、相殺の要件を具備させることができます。

しかし、債権者がこの債権者代位権を行使する場合、農業協同組合法が破産を法定脱退事由としていないことの関連上、債権者代位権行使によって組合員資格を奪ってしまうのは妥当でなく、JAは出資口数１口だけ残し、債権者代位権を行使することが必要であります。

さらに、債権者代位権の行使をするには、「債務者の無資力」が要件となりますので、貸出先に資産がほとんどなく、相殺によって貸付金を回収できなければ、回収が困難となるような状況でないと、この権利は、行使はできません。

JAは出資持分権利者が、出資口数の減少請求や譲渡請求をJAにしない場合、そのような債権者代位権を行使して、出資口数を１口だけ残し、出資持分払戻請求権という金銭債権に変えてから相殺をすることが可能となります。

4　出資持分権に差押えがあった場合

出資持分権利者がJAに対して有している出資持分権に第三者が差押えをした場合、JAは差押債権者に対し、貸出金との相殺を主張して対抗できるでしょうか。

第三者が、出資持分権を差し押さえるということは、出資持分を有する貸出先がJAに対して有する出資持分権を差押債権者が金銭債権化し、その金銭の支払を受けることを目的としております。したがって、差押債権者が差押えに係る出資持分権を金銭債権に変えて、自身に支払えと請求したときに、JAは相殺をもって対抗することができることになります。

差押債権者が出資持分権を差し押さえた後、金銭債権化させないで放置した場合、JAが貸付先に自由脱退を促して、金銭債権化させることができるか否か、問題はありますが、差押えによって、出資持分権利者が、「脱退」するという自由は奪われることはないと考え、そのような処理は可能と考えられます。

5　出資持分権利者が破産し、破産管財人から出資持分払戻請求があった場合、JAは、貸出金との相殺を主張して対抗できるか

相殺は、担保権の行使とともに、債権回収の大きな武器となる、いわば「担保的機能」を有しております（Q156参照）。したがって、破産管財人からの支払の請求に対しては、JAは相殺をもって対抗できることになります。

6　貸出金と出資持分権との相殺の時期

以上のとおり、出資持分権という権利は、単純な金銭債権ではなく抽象的な権利ですので、その抽象的な権利が金銭債権に変わらなければ貸出金との相殺はできません。

ただ、出資持分権が金銭債権に変われば、直ちに貸付債権との相殺が可能となるわけではありません。

法定脱退の場合は、出資持分払戻請求権の具体的金額は、「脱退した事業年度末における当該出資組合の財産によってこれを定める」とされています（農業協同組合法22条２項）。また、出資口数減少請求があった場合も同様とされております（同法26条２項）。

したがって、JAが貸出金の回収として、貸出先の出資持分権との相殺によってそれを行おうとする場合、出資持分権が金銭債権に変わるという条件と、事業年度末を待つという２つの条件をクリアしなければならず、相殺権の行使という意思表示は、当該事業年度の年度末を待って行うことになります。

Q 158 第三者からの弁済を受ける場合の注意点

個人の貸出先に延滞が発生し、JAは期限の利益を喪失させ貸出先に支払を請求したところ、その貸出先が行方不明になりました。その後JAに貸出先の友人という人が来て、貸出先の債務全額の支払の申込みがありました。JAとして、受けてもよいのでしょうか。

A 第三者弁済について、民法は「利害関係を有しない第三者は、債務者の意思に反して弁済をすることができない」と規定しています（同法474条2項）。

本問の場合、JAが第三者の申入れによって、弁済を受けてしまいますと、後から弁済の無効を主張され、返還の請求を受けることになりかねませんので、注意が必要です。

解　説

1　第三者弁済とは

他人の債務を弁済することを第三者弁済といいます。

第三者弁済は、債務の性質がこれを許さないとき、または、当事者が反対の意思を表示したとき以外は、行うことができます（民法474条1項）。

たとえば、「絵を描く債務」のように、ほかの人が履行しても目的を達成できない債務もありますが、「金銭の支払をする」という債務は、だれが履行しても目的を達成することができますので、第三者弁済が許されることになります。

2　金銭債務の履行で、第三者弁済が許されない場合

債務の内容が金銭の支払を目的とするものであっても、利害関係を有しな

い第三者の弁済は、債務者の意思に反してはすることができません。

ここでいう利害関係とは、「法律上の利害関係」であり、単に親子、兄弟姉妹のような事実上の利害関係では足りないとされております。したがって、第三者がたとえば、連帯保証人や担保提供者であれば、債務者の債務を弁済する法律上の利害関係があると考えられますが、友人とか親族とかの関係があるだけでは、「利害関係」があるとはいえません。

3　貸出先の友人からの弁済

本問のように、貸出先の友人というだけでは、利害関係を有する者に該当しませんので、もしJAがこれを受けてしまいますと、後からその弁済が貸出先の意思に反することを主張され、無効となってしまうおそれがあります。もし、弁済が無効となりますと、JAがすでに第三者から受け取った金員は、不当利得として弁済者たる第三者に返還しなければならないことになります。

したがって、本問の場合、貸出先の友人の弁済の申入れに対し、その弁済が貸出先の意思に反していなければ無効となりませんが、貸出先は行方不明となっているため、その同意をとることも不可能です。

本問のような場合には、無条件に弁済を受け入れることは避けるべきですが、弁済の申入れをした貸出先の友人とJAとの間で、JAが貸出先に対して有する貸出金を被保証債務として連帯保証契約を締結し、その後に、連帯保証人としての弁済を受ければ、連帯保証人は法律上の利害関係を有する者であるため、第三者弁済が無効となることはありません。連帯保証契約は貸出先たる債務者の意思に反しても有効に行うことができますので、JAとしては、その友人との間で、連帯保証契約を締結したうえで、貸出金の弁済を受けることが必要であります。

4　担保提供者からの弁済

JAの貸出先に対する貸付について、貸出先以外の者が、抵当権設定や質権設定等の担保設定をしている場合、JAがそれらの担保提供者から第三者弁済を受けることは、問題はありません。それらの者は、弁済について法律上の利害関係を有しているからです。したがって、本問のように貸出先たる債務者が行方不明の場合、貸出先から弁済を受けることは事実上不可能ですから、連帯保証人や担保提供者から弁済を受けることによって、貸出金を回収することは有効な回収方法といってよいことになります。

5　個人の貸出先が死亡した後、相続人の1人からの全額弁済

個人の貸出先が死亡しますと、JAの貸出金は相続人に法定相続分の割合で分割して承継されることになります（最高裁判所昭和34年6月19日判決・最高裁判所民事判例集13巻6号757頁）。たとえば、JAに1,200万円の残債務のあるXが死亡しますと、Xに妻と子ども3人（A、B、C）がいるとき、妻が600万円、子どものA、B、Cはそれぞれ200万円ずつの債務をJAに負担することになります。

そのような状況で、債務引受契約をしないで、子どもの1人であるAが1,200万円全額の弁済をしますと、その弁済は200万円部分については自己の債務の弁済ですが、残り1,000万円部分の弁済は、母や、B、Cの債務の弁済であることになります。母親とか兄弟姉妹であっても法律上の利害関係はありませんので、Aが全額弁済することは他人の債務の弁済であり、債務者である母や、B、Cの意思に反しているときは、無効となります。したがって、相続人の1人から他の相続人の債務の弁済を受ける関係になりますから、そのような場合は、他の相続人である母や、B、Cに対して、Aから弁済を受けることの同意を得ておく必要があります。

Q 159　担保からの回収を行う場合の注意点

貸出先に対しての貸付債権について、JAが貸出先所有の土地建物に抵当権や根抵当権の設定を受けている場合、貸出先がJAに対して有する貯金に質権設定を受けている場合、そして、貸出先が所有する動産に譲渡担保権の設定を受けている場合、それらの担保から回収を行う場合の注意点は何でしょうか。

担保からJAの貸出金の回収を行う場合、どのような回収方法があるか検討し、どの回収方法をとることが効率的で、また、相手方にも負担をかけないか等を検討することが必要です。

解　説

1　抵当権（根抵当権）の行使による回収方法

不動産に抵当権（根抵当権）の設定を受けている場合、それらの権利の実行方法として、①担保不動産競売の方法と、②担保不動産収益執行の方法があり、債権者としていずれかの方法を選択できるとされています（民事執行法180条）。

後者の担保不動産収益執行の方法は、平成15年の担保・執行法改正（平成16年4月施行）によって新しく設けられた制度です。

また、この2つの回収方法のほかに、抵当権（根抵当権）の物上代位の方法による賃料差押えという回収方法もあります。

(1)　担保不動産競売

抵当権（根抵当権）に基づく担保不動産競売の申立ては、抵当権（根抵当権）者が、目的不動産の所在地を管轄する地方裁判所に、競売申立書、抵当権（根抵当権）設定の登記事項証明書その他の必要書類を提出して、申立てを行うことによって始まります（民事執行法44条、188条、181条、民事執行規則170条１項）。

担保不動産競売の手続について特徴的なのは、回収までに時間と費用がかかるという点です。

担保不動産競売の申立ては、申立書貼付の印紙費用、予納金、登録免許税等の費用が必要となりますし、また、申立てから債権者が配当を受けるまで、約１年前後かかりますので、一般的には、担保不動産競売の申立てよりも、いわゆる任意売却の方法によるほうが、費用と時間がかからずに回収できる点で債権者にとって有利な方法ということができます。

また、担保提供者にとっても、自身の不動産について競売によって強制的に退去させられるよりも、任意売却で退去したほうが穏便であることから、任意売却によって解決するほうが利益といってよいと考えられます。

⑵　担保不動産収益執行

抵当権（根抵当権）に基づく、担保不動産収益執行の申立ては、抵当権者（根抵当権者）が、目的不動産の所在地を管轄する地方裁判所に、担保不動産収益執行の申立書、抵当権（根抵当権）設定の登記事項証明書その他の必要書類を提出して、申立てを行うことによって始まります（民事執行法44条、188条、181条、民事執行規則170条３項）。

申立てがあり、裁判所が担保不動産収益執行開始決定を出す際、管理人が選任され（民事執行法188条、94条１項）、その選任された管理人が目的不動産について、管理ならびに収益の収取および換価をすることになります（同法188条、95条１項）。

そして、管理人が収益換価した金員について、一定の要件のもと、配当というかたちで分配され（同法188条、107条）、それによって債権者は回収を図ることになります。

しかし、この担保不動産収益執行という回収方法は、費用が多くかかり（予納金が多額）、また、回収まで時間がかかるというのが特徴であります。したがって、たとえば、JAが賃貸建物を担保に貸付を実行している場合、その賃貸建物が大きなビルで多数のテナントが入っているような場合であれば別ですが、一般に2階や3階のマンション等を担保にとっている場合、この方法による回収は選択しないほうがよいと考えられます。

担保不動産収益執行が法制化され、施行された平成16年4月1日以降、日本全国の申立状況については件数が少ないのが特徴的です。

(3) 物上代位の方法による賃料差押え

JAが貸出先に対し貸付を実行するにあたり、たとえば、担保として2階建てのマンションに抵当権（根抵当権）の設定を受けている場合、そのマンション所有者が、個々の部屋の借主に対して有する賃料債権から回収をする方法があります。

JAは担保としての建物について、抵当権（根抵当権）に基づいて所有者が受けるべき賃料を差し押さえることによって、債権回収をすることができます（民法372条、304条）。

この方法は、担保不動産収益執行と異なり、費用と時間をかけずに回収できるという特徴があり、有効な回収方法といっていいと考えられます。

2 質権の行使による回収方法

(1) 貯金債権に質権の設定を受けている場合

JAが貸出先に対して有する貸付債権を回収するにあたり、貸出先がJAに対して有する貯金債権に質権の設定を受けている場合には、JAは「直接取立権」という債権質権に認められている簡易な方法で回収ができることになります（民法366条1項）。

JAは、この直接取立権の行使によって、貸出先がJAに対して有している貯金の払戻しを行い、払い戻した金員を貸付金の返還に充当するということができることになります。

ただし、JAが質権設定を受けた貸出金の貯金に、貸出先の債権者が差押えをしてきた場合、または、貸出先が破産した場合には、JAの有する質権に対抗要件（確定日付ある通知）を具備していなければ対抗できず、質権の行使によっては回収ができません。この場合には、相殺権の行使によっては対抗しうることになります。

⑵　質権の目的となる貸出先の債権が、JAとの共済契約上の権利である場合

質権の目的が貯金債権ではなく、共済契約上の権利である場合には、JAは質権の行使として、共済契約を解約して解約返戻金を貸付債権に充てることが可能となります。しかし、共済契約上の権利を失うことは、契約者にとっても不利益が大きいことから、質権実行には慎重でなければなりません。

平成15年12月に、全国農業協同組合中央会、農林中央金庫、全国共済農業協同組合連合会の三者から、JA宛てに出された「共済担保貸付取扱いにあたっての今後の留意事項」のなかで、JAが債権回収のため、むやみに共済契約を解除することがないようにすることが示され、共済契約を解除する場合には、共済契約に基づく請求権に、①仮差押え・差押えの命令通知がされたとき、または②破産・民事再生手続等、共済契約者について法的倒産手続開始の申立てがあったときに限る旨が示されています。

3　譲渡担保権の行使による回収方法

譲渡担保とは、債権を担保するために、目的物の所有者が有する目的物の所有権や、債権自体を債権者に移転しておくかたちの担保です。

したがってJAが、たとえばにわとり小屋のにわとり全部について、譲渡担保権の設定を受けている場合には、その実行方法としては、JAが有する所有権に基づいて（担保設定者の同意を得ずに）にわとりを売却し、その売却代金から回収が可能となります。

動産質権や抵当権の実行と異なるのは、JAが目的物の所有者として売却できるということが特徴的です。ただし、売却代金が貸付債権を超える場合には、その差額は担保提供者に精算して返還することを要します。

4　JAの回収方法の選択について

⑴　抵当権・根抵当権による回収

すでに述べましたように、売買代金からの回収としては、担保不動産競売による方法がありますが、時間と費用がかかることから、任意売却の方法によって回収する方法をとることがよいと考えられます。

また、賃料等、目的不動産からの収益から回収する方法として、担保不動産収益執行と物上代位による賃料差押えの方法の２つがありますが、費用と回収までの時間を考えますと、賃料差押えの方法によって、回収することがよいと考えられます。

⑵　質権による回収

金融機関が動産や不動産に質権の設定を受けるケースはありませんので、質権による回収は、債権を担保にとった場合の回収ということになります。

この回収の方法として、直接取立権の行使が債権者に認められていますが、JAとしては、担保権の行使を実行する時期に注意すべきでしょう。

⑶　譲渡担保権による回収

JAが所有権者として、目的物や債権を売却することによって行う方法ですので、その行使時期と精算義務があることに注意する必要があると考えられます。

Q160 保証人から回収を行う場合の注意点

貸出先からの回収が困難となり、JAは保証人からの回収を検討していますが、どのような点に注意して回収をしていけばよいでしょうか。保証人が個人である場合と、法人である場合とで異なるでしょうか。また、貸出先が中小企業でその経営者が保証している場合の注意点は何でしょうか。

A 保証人は、主たる債務者が債務の履行をしないときに、主たる債務者にかわって債務を履行する義務を負っておりますので、JAとしては、主たる債務者から回収が困難な場合は、保証人に履行を請求して回収を図ることができます。

しかし、現在においては、個人の保証人を保護しようという実際上の要請があり、JAとしても慎重な対応が必要となります。

解　説

1　貸出先が個人であり、保証人が個人である場合

JAが貸出先から債務の履行を受けられない場合、保証人に対し、履行を請求することができます（民法446条1項）。

しかし、JAは、貸し付けた金員は主たる債務者から回収することが好ましいことから、簡単に回収困難と判断して、保証人に対し履行請求することは不当です。JAとしては、貸出先の経済状況等を正確に検討したうえで、貸出先からの回収が困難であると判断したときは、保証人に履行請求をすることになります。

貸出先が、破産手続開始の申立てや民事再生手続開始の申立てを行った場合には、貸出先からの回収は困難となりますので、JAとしては保証人へ請

求し、貸出債権を回収することになります。

2　保証人が法人である場合

保証人が農業信用基金協会など法人の場合、JAが貸出先から回収を得られない場合、保証人たる法人に保証履行を請求することになります。JAと法人との間の保証契約の取決めで、保証履行の要件として、主債務者の一定期間の延滞のほか、保証履行を請求できる期間も決められているのが一般的であると考えられますので、その要件に従って、履行請求をすることが必要となります。

3　貸出先が法人であり、保証人が個人である場合

(1)　貸出先が、中小企業（法人）であり、保証人が主たる債務者である中小企業の経営者である場合

平成25年8月、行政当局の関与のもと、日本商工会議所と全国銀行協会が共同で、「経営者保証に関するガイドライン研究会」を設置し、平成25年12月、同研究会から、「経営者保証に関するガイドライン」が公表されました。このガイドラインは、自主的自律的な準則として公表されたものであり、法的拘束力はないものの、金融機関としてはこれに従うべきものと考えられています。

ガイドラインによりますと、「経営者保証に依存しない融資」のいっそうの促進が図られることが期待され、経営者保証を締結する際には、主たる債務者、保証人、対象債権者は、このガイドラインに基づく保証契約の締結、保証債務の整理等における対応について、誠実に協力する旨規定されております。

この趣旨に従って、JAが中小企業に融資するにあたり、やむをえずその経営者との間で保証契約を締結する際は、①主たる債務者や保証人に対する保証契約の必要性等に関する丁寧かつ具体的な説明と、②適切な保証金額の設定が必要です。

したがって、もし、貸出先が中小企業（法人）であり、経営者がその保証人である場合には、JAは、上記の保証契約の条項に従った履行請求をしなければなりません。また、もし保証契約でそのような条項を定めていなかった場合にも、上記ガイドラインに従った処理をしていく必要があることになります。

⑵ 貸出先が法人で、保証人が経営者または経営者に準じる以外の者である場合

貸出先が法人であっても、保証人が経営者または経営者に準じる以外の者である場合には、ガイドラインの適用対象となる保証契約にはなりませんから、JAが保証人から回収するにあたっては、主たる債務者からの回収をまず一義的に検討し、債務者からの回収が不可能なときに、保証人の履行請求をすることになります。

Q161 任意整理や法的倒産手続からの回収

貸出先の延滞が継続し、貸出先が破産手続開始の申立てや、民事再生手続開始の申立てを裁判所にした場合、また、いわゆる「個人債務者の私的整理に関するガイドライン」に基づく債務整理の申出があった場合、その他の任意整理をした場合など、JAはどのように対処し、回収していけばよいでしょうか。

A 貸出先の経済状況の悪化について、初期の延滞という軽い状況から、破産手続開始申立て等、最も重い状況まで、いろいろなケースがありますが、経済状況の悪化が最も重くなった場合には、貸出先が選択するそれぞれの任意整理の手続に対して、JAとしてどのように対処していくかを考えていく必要があります。

解　説

1　任意整理手続と法的倒産手続

支払不能に陥った貸出先が選択する手続として、法的倒産手続とそれ以外の任意整理手続とがあります。

(1)　法的倒産手続

法的倒産手続としては、いわゆる清算型としての①破産と②特別清算があり、また、再建型として①民事再生と②会社更生の各手続があります。

破産と民事再生の手続は、個人でも法人でもとることができますが、特別清算と会社更生は、株式会社のみ適用がある倒産手続です。

a　破産手続

破産手続は、債務者に支払不能等の破産原因がある場合、債務者または債権者から裁判所に対して、破産手続開始の申立てによってなされる手続です。

この申立てがなされ、裁判所が破産原因があると認めた場合は、裁判所は破産手続開始決定を行います（破産法30条）。

破産手続開始決定をするにあたり、裁判所が破産管財人を選任する事件（破産管財事件）と認める場合には、破産手続開始決定と同時に、①破産管財人、②債権届出期間、③財産状況報告集会の期日、④債権調査の期間または期日を同時に定めることとされております（同法31条）。

破産手続開始決定がなされ、破産管財人が選任されますと、自由財産（破産管財人が換価しなくともよい財産）以外の財産についての管理処分権は、破産管財人が専属的にもつことになります（同法78条）。

他方、破産手続開始決定があっても、破産管財人が選任されず、破産手続が破産手続開始決定と同時に終結してしまう破産事件もあります。

これを同時廃止事件といいますが、この場合には、裁判所は破産手続開始の決定と同時に、破産手続廃止の決定をしなければならないとされております（同法216条）。

破産手続開始の申立てを貸出先がする目的は、「免責」を得て、経済的な再生を図ることにあります。免責の許可が裁判所によって出され、それが確定しますと、債務者は破産債権について責任を免れ（同法253条）、破産債権者は破産者に貸金債権履行請求ができなくなります（債務者が免責を受けても、保証人や担保設定者の責任は影響を受けません）。

b　民事再生手続

破産手続が、債務者が破産債権者に対して負担する債務のすべてを免れる「免責」という効果を目的に債務者が裁判所へ申立てする手続であるのに対し、民事再生手続は、債務者に①破産原因たる事実の生じるおそれがあるとき、または②事業の継続に著しい支障をきたすことなく弁済期にある債務を弁済することができない場合、裁判所に申立てをすることによって開始される手続です（民事再生法21条）。

民事再生手続は、破産手続と異なり、債務者の債務を全額免責するというものではなく、再生債務者が作成する再生計画案に法定多数の債権者が同意し、その計画案に従って弁済していくなかで債務者の再生を図っていく手続であります。

民事再生の手続には、①通常再生手続、②小規模個人再生手続、③給与所得者等再生手続の3つの種類があります。

農家の個人が貸出先の場合、②の小規模個人再生手続を選択するケースが多いと思われますが、その手続を選択した場合管財人は選任されませんので、再生債務者自身が自己の財産の管理処分権を有することになります。

(2) 任意整理手続

貸出先が法的倒産手続を選択しないで負担する債務を整理する場合、一般的に「任意整理」という言葉で表されております。

任意整理には、①債務者から債務整理の委任を受けた弁護士等が個々の債権者と交渉して和解というかたちで処理する方法と、②それ以外の方法に大きく分けることができます。

a 個々の債権者との和解で処理する場合

債務者の代理人としての弁護士等が、個々の債権者と弁済条件の変更や一部免除等の交渉をして、債権者との間で「和解」というかたちで処理することがあります。この方法は債権者と債務者との和解ですから、債務者と債権者たるJAとの合意がないと成立しないことになります。

b それ以外の任意整理

①「個人債務者の私的整理に関するガイドライン」に従った私的整理、②事業再生ADRによる私的整理、③特定調停申立てによる手段等があります。

「個人債務者の私的整理に関するガイドライン」は、平成23年7月「個人債務者の私的整理に関するガイドライン研究会」が策定公表したものです。

このガイドラインの目的は、「東日本大震災の影響によって、住宅ローンや事業性ローン等の既往債務を弁済できなくなった個人の債務者であって、破産手続等の法的倒産手続の要件に該当することになった債務者について、このような法的倒産手続によらずに、債権者（主として金融債務に係る債権者）と債務者の合意に基づき、債務の全部または一部を減免すること等を内容とする債務整理を公正かつ迅速に行うための準則を定めることにより、債務者の債務整理を円滑に進め、もって、債務者の自助努力による生活や事業の再建を支援し、ひいては被災地の復興・再活性化に資すること」です。

このガイドラインは、対象となる債務者（住居、勤務先等の生活基盤や事業所、事業設備、取引先等の事業基盤が東日本大震災の影響を受けたことによって、住宅ローン、事業性ローンその他の既往債務を弁済をすることができないことまたは近い将来において既往債務を弁済することができないことが確実と見込まれる等。ガイドライン３項）がすべての債権者に対し、このガイドラインによる債務整理を書面により同日に申し出ることによって開始されます（５項⑴）。

債務者は、その申出から３カ月以内に、弁済計画案を作成し、すべての債権者に提出し（７項⑴）、対象債権者のすべてが弁済計画案に同意し、その旨を書面により確認した時点で弁済計画案は成立します（９項⑶）。

2　貸出先が法的倒産手続や任意整理手続を選択した場合のJAの対処

⑴　破産の場合

破産という言葉は俗語で用いられることが多くありますが、破産は法律用語であり、破産手続開始決定が裁判所によってなされてはじめて「破産者」となります。

したがって、JAとしては裁判所からの通知により破産手続開始決定がなされたことを確認したうえで、だれが破産管財人になったのか確認し、破産管財人を相手として回収に着手していかなければなりません。破産者本人は、破産管財人が選任されますと、破産財団に属する財産の管理処分権を失いますから、たとえば相殺の意思表示等は破産管財人に対して行われなければ効力は生じません。

債務者が破産手続開始決定によって破産者になりますと、「弁済」によって回収することは不可能となりますので、JAとしてはなるべく早く、相殺権や担保権の行使に着手することが必要となります。相殺権や担保権の行使は、他の債権者に優先する効力があり、したがって、破産管財人から貯金の払戻し、出資持分権の払戻し、共済契約上の権利の行使などがJAになされた場合、JAは相殺権・担保権の行使をもって対抗していくことができます。

また、同時廃止の場合は、破産管財人は選任されませんので、JAとしましては破産者本人を相手に相殺権の行使や、担保権の行使をしていくことになります。

破産者の免責許可がなされ免責が確定した後、JAは貸付金を回収するために、破産者がJAに対して有する債務と相殺することはできるか問題になりますが、相殺できると考えられます。

⑵　民事再生の場合

JAとしましては、貸出先について民事再生手続開始決定がなされたか否かを裁判所からの通知で確認したうえ、再生債務者を相手として、相殺権の行使や担保権の行使をして回収に着手しなければなりません。

民事再生の場合は、破産と異なり相殺権に時間的制限がつけられており、再生手続開始決定当時、再生債権者が再生債務者に債務を負担している場合、債権債務が債権届出期間終了までに相殺ができる状況にあったときは、その期間内に限って相殺できるとされております（民事再生法92条）。

したがって、相殺が遅れて債権届出期間を徒過してしまうと、その後は相殺ができなくなりますので、注意が必要です。

相殺権の行使や担保権の行使は、民事再生手続によらずに行使できますので、JAとしては、この２つの権利行使によって回収を図ることになります。

⑶　任意整理手続の場合

JAは債務者との合意によって定められた内容に従って回収をしていくことになります。

Q162 融資先が反社会的勢力であることが判明した場合の対応

融資先が反社会的勢力であることが判明した場合、いかなる対応が必要でしょうか。

融資先が反社会的勢力であることが判明した場合には、すみやかに支店に周知し、新たな取引を行わないようにする必要があります。

そして、取引関係の解消に向けて、弁護士と協議して対応方針を策定し、暴排条項に基づく期限の利益喪失等を検討する必要があります。

解　説

1　融資先が反社会的勢力であることが判明した場合の初動対応

取引開始時には反社会的勢力であることが判明しなかったが、取引開始後に、報道、捜査機関の照会あるいは更新されたデータベースとの照合等により、融資先が反社会的勢力であることが判明した場合、JAの反社会的勢力担当部門は、判明した時点以降に、当該反社会的勢力との間で、新たな取引を行わず、かつ、回収を検討するよう、当該反社会的勢力に融資を実施した支店その他の関係部署にすみやかに連絡し、注意喚起する必要があります。

過去の検査指摘事例で、反社会的勢力対応部門であるコンプライアンス統括部門は、反社会的勢力のおそれがある取引先を関係機関に照会した結果、複数の取引先が反社会的勢力に該当することが判明したにもかかわらず、早急な対応は必要ないとの誤った判断を行い、当該取引先について関係部署に連絡しなかったなどとして、指摘に至った事例がありますので、留意が必要です（「農協検査（3者要請検査）結果事例集（平成25年2月27年3月分）」4頁、Q94参照）。

2　取引解消方法の検討

(1)　暴力団排除条項とその適用

反社会的勢力との融資契約を解消する方法としては、融資契約書に導入されている暴力団排除条項（以下「暴排条項」といいます。Q94参照）に基づき、期限の利益を喪失させ、融資の残額を回収することが考えられます。JAは、相手方が「反社会的勢力」であることを確実に認定するために、警察に対して相手方が反社会的勢力であるか否かについて照会をかけるほか、取引面談記録、新聞・雑誌記事、インターネット上の情報等を収集することが必要となります。

暴排条項を適用して期限の利益を喪失させる際には、法的判断が必要となりますので、反社会的勢力対応に精通している弁護士に相談のうえ、対応することが望ましいと考えます。

(2)　暴排条項導入前に融資取引を実施した場合

JAの融資契約書のひな型に暴排条項を導入する前に、融資取引を実施した反社会的勢力については、暴排条項を適用できませんので、それ以外の方法による回収をすみやかに検討する必要があります。

具体的には、①融資契約における期限の利益喪失条項におけるバスケット条項（たとえば、「前各号のほか債務保全を必要とする相当の事由が生じたとき」などの包括的な条項を指します）を活用して、期限の利益を喪失させる、②モニタリングを強化し、バスケット条項以外の期限の利益喪失事由に該当した場合には即時に期限の利益を喪失する（たとえば、履行遅滞や信用に関する虚偽の報告等を行っていた場合等）、③弁済期が間近に迫っている場合には、弁済期までモニタリングを強化し、弁済期到来後には契約の更新や条件変更等を行わず、一括返済を求めるなどの方法が考えられます。

①については、本条項を適用した解除が裁判上認められるか否かについて、最終的には法的判断が必要となりますので、反社会的勢力対応に精通している弁護士に相談のうえ、具体的に検討し、対応することが望ましいと考

えます。

また、②については、たとえば、弁済期まで期間がある場合や、バスケット条項には該当するものの、より確実に期限の利益を喪失したい場合には効果的であると考えます。JAとしては、当該事由に該当した場合には即時に期限の利益を喪失できるように、態勢を整備しておく必要があります。そして、同条項を適用する際には、反社会的勢力対応に精通している弁護士に相談のうえ、具体的に検討し、対応することが望ましいと考えます。

さらに、③については、弁済期が間近に迫っている場合には効果的であると考えます。

JAは、個別具体的な事情をふまえて、反社会的勢力との関係解消に向けた最適な方法を選択し、慎重に対応する必要があると考えます。

第5節　貸出先の変動

Q163　貸出先が個人経営から法人経営となった場合の対応

取引先が法人成りした場合の注意点を教えてください。

A　個人経営から法人経営になることを「法人成り」といいます。法人成りすると個人の事業を法人が引き継ぎます。新会社は個人から販売先や仕入先を引き継ぐ運営の引継ぎとともに、事業用資産・負債を引き継ぐこととなります。これを「引受け」といいます。取引先が法人成りした場合、JAの預金、借入れ、保証、担保の取引が新会社にどのように引き受けられるのか、正確に把握し実務を行う必要があります。

具体的には、①借入金を特定、②新会社代表取締役の保証、③担保の引継ぎ、を確実に行います。法人成りのプロセスのなかで、JAのリスクが増えないように進めることが重要です。

解　説

1　法人成り

(1)　事業譲渡の方法

個人事業主が発起人となり新会社を設立します。設立の方法は、①事業に関係のない個人預金で出資して設立、②事業用の資産（預金や不動産等）を現物出資して設立といったケースが考えられます。新会社の株主には個人事業主が入ります。

また、個人事業主は新会社の代表取締役に就任します。

(2) 事業用資産の区別

a 現 預 金

事業用と家計用の通帳が同一の場合は、事業に必要な残高を把握し、家計分と通帳を分けます。

b 売 掛 金

すべて事業用資産ですので、新会社がそのまま引き受けます。

c 不 動 産

事業用の事務所、工場、農舎・畜舎等は事業用資産となります。自宅は家計用資産です。自宅兼事務所・工場の場合は物件評価総額のうち、事業用に使っている面積按分でその資産金額を確定します。

d その他資産

事業用の資産のみ引き継ぎます。

(3) 事業用負債の区別

事業用借入金（運転資金、設備資金借入れ、営農貸越等）と、消費性借入金（住宅ローン、マイカーローン等）を区分けします。法人成り以降は、①事業用借入金は事業で得た売上げや利益で返済、②消費性借入金は新会社からの給料で返済していきます。

(4) 新会社の資産、負債、純資産

事業用資産、事業用負債を区別して新会社が引き受けます。また、引き受ける事業資産相当額を純資産額とします。

2 借入金に関する実務

(1) 借入金の引受け（債務引受）

債務の引受けには「免責的債務引受」と「重畳的債務引受」があります。

a 免責的債務引受

個人経営時代の借入金と新会社で引き受けた借入金については、個人に借入金返済の責任はなくなります。

b　重畳的債務引受

個人経営時代の借入金と新会社で引き受けた借入金について、個人は借入金の責任を新会社とともに負います。連帯債務の関係となります。

c　実　　務

取引先が法人成りしたときの借入金の扱いは、免責的債務引受とします。重畳的債務引受の場合、個人事業主と新会社が当該借入金に対して、連帯債務（＝共同で債務を負う）となります。JAとすれば、一見リスクがなくより安全な引受けとなりますが、個人事業主も新会社の代表取締役も同一人物ですから意味をなしません。よって法人成りの場合は、免責的債務引受でもリスクを負うことはありません。

⑵　保証と担保

a　保　　証

免責的債務引受の場合、保証人の利益保護の観点から、保証人の同意がない限り、従来の借入金の保証は引き継がれません。担保については、個人経営時代に設定した担保は法人経営に移行しても消滅しないとされます。

b　実　　務

新会社の代表取締役（＝元個人事業主）から免責的債務引受の同意書を徴求します。あわせて、担保物件の所有者からも同じく同意書を徴求します。担保設定については、債務者変更の登記手続をとります。

⑶　担保が根抵当権の場合

担保が普通抵当権の場合、借入金（＝被担保債権）は特定されており、個人経営から法人経営に引受けされる借入金は明確ですが（図表163－1参照）、根抵当権の場合の借入金は「不特定の債権」とされており、引受けされる借入金は特定されていません（図表163－2参照）。

図表163－2の根抵当権設定登記事例のとおり、法人が引き受ける借入金の範囲が特定されていません。根抵当権の債務者と被担保債権の範囲（＝引受けする借入金）の変更契約書を交わし変更登記します。

図表163－1　普通抵当権の表示の例（債権が特定されている場合）

順位番号	登記の目的	受付年月日・受付番号	権利者その他の事項
1	普通抵当権設定	平成○年△月□日 第12345号	原因　平成○年△月□日 金銭消費貸借同日設定 債権額　金1,000万円 利息　年2.0％（年365日 日割計算） 損害金　年14.5％（年365日 日割計算） 債務者　東京都中央区…… JA太郎 抵当権者　東京都千代田区 ……南北銀行（取扱店 中央支店） 共同担保　目録（い）　789 号

図表163－2　根抵当権の表示の例（債権が特定されていない場合）

順位番号	登記の目的	受付年月日・受付番号	権利者その他の事項
1	根抵当権設定	平成○年△月□日 第12345号	極度額　2,000万円 債権の範囲　銀行取引　手 形債権　小切手債権 債務者　東京都中央区…… JA太郎 債権者　東京都千代田区 ……南北銀行（取扱店 中央支店）

Q164 貸出先が地区外に移転した場合と員外貸付

JAの組合員が地区外に転居して組合員の資格を失ってしまいました。この場合、この組合員に対する貸付はその時点から員外貸付として扱う必要がありますか。

A JAの組合員の資格については定款に細かい規定がありますが、原則地区内に住所や営農の拠点、勤務地など有することが求められています。組合員が転居して勤務地等も地区外に移ると、組合員の資格を失い組合から脱退することになります。そこで、長期資金などを借り入れていた組合員が組合員資格を失い組合から脱退し組合員でなくなった場合、その貸付金はその時点から員外貸付として扱う必要があるのか、というのが本問です。

この点は、貸付取引の契約時点で組合員への貸付としての要件を満たしていてもその後に借入者が組合から脱退し組合員でなくなった場合には、組合員以外に対する貸付取引になるとされています。したがって、員外取引の分量制限の計算では「組合員以外に対する貸出」として計算することになります。

解　説

1　組合員の資格と貸出取引

JAの組合員になるには組合員の資格を満たしている必要があります（農業協同組合法（以下「農協法」といいます）12条）。組合員となっている者もこの資格を欠くと組合を脱退することになります（同法21条1項1号）。つまり、組合員の資格を喪失すると組合員でなくなることになります。この組合員の資格喪失の事情の1つが地区外への転居です。特に長期貸付の取引を行っている組合員が他の地区に転居して組合員の資格を失った場合、その長期貸付取引は員外取引に変わるのかが問題となります。

2　員外取引規制と事後的な組合員資格の喪失

長期貸付等の取引を行っている組合員が組合員資格を失って組合員ではなくなった場合に、取引していた長期貸付をどのように扱うかという点については、信用金庫や信用組合など他の協同組織金融機関でも同じ問題としてあります。しかし、その対応については明確な基準等がなく、事後的に会員資格を失った取引先に対する貸出については員外貸付となることを前提に、ただ会員資格喪失だけを理由に違法状態と認識するのではなく、すみやかに解消する努力を怠る等の事象をもって違法状態として扱うという実務がなされているようです。

信用事業を行っているJAでは貸出については一定の分量の範囲で員外貸出を行うことができるという分量規制を行っています。そのため、組合員資格を失って組合員でなくなった者に対する長期貸付は、組合員資格を失った時点から分量規制の計算では員外貸出として計算しなければならないのかが問題となります。

この点について明確な指針は見当たりませんが、法文や定款等の記述内容をみる限り員外貸付として扱わなくてよいとする理由は見当たらず、員外貸付として計算せざるをえないだろうと思います。

もっとも、Ｑ５でも書きましたが、仮に員外利用の分量制限の範囲を超えたとしても個々の貸付契約の効力に影響しません。組合員である貸出先が組合員資格を失った結果、員外利用の分量制限を大きく超えてしまい分量制限の範囲内に収めるためにやむをえない場合などを除き、その組合員に対する貸付について繰上償還を依頼する等の対応は不要だろうと思います。もちろん、当該種類の貸付取引全体について員外利用の分量規制の範囲内に収まるように貸付全体について対策を講じることは当然必要です。

3　地区外に転居した貸出先の管理

JAから資金を借り入れている組合員が地区外に転居した場合の問題として、上述した員外利用の問題のほかに地区外に転居した貸出先の管理をどのように行うかという遠隔地取引の問題もあります。転居先が近隣地区である場合には大きな問題とならないと思いますが、県外等の遠隔地となると日常の状況把握はもちろん訪問もむずかしいだろうと思います。電話等でこまめに連絡をとる、元利金の入金状況や貯金口座の動きなどを見守るなどの対応が必要でしょう。そのようななかで少しでも変わったようすがみられた場合には遠隔地でも訪問する必要があるだろうと思います。また、その利用者については員外になったこともありますし、遠隔地で日常の取引がむずかしいということもあるので、徐々に取引を縮小していくことが必要だと思います。

Q165 貸出先の死亡

個人の貸出先が死亡しました。どのような対応が必要となりますか。

A 個人の貸出先が死亡した場合は、死亡した貸出先とJAとの貸出取引すべてについて、次の各点をどのように取り扱うかについての方針を検討し、相続人等と協議して対応を決めていくことになります。

① 貸出金の主債務……死亡した主債務者にかわってだれを主債務者とするか。

② 担保……主債務の承継方法と担保の種類に応じた措置を行う。

③ 保証……主債務の承継方法と保証の種類に応じた措置を行う。

なお、死亡した主債務者に団体信用生命共済が付されている場合には、共済金からの回収を優先させます。

解　説

1 個人の貸出先が死亡した場合の法律関係

個人の貸出先が死亡した場合の法律関係は次のとおりとなり、何の対応もしなければ下記の法律関係が継続することになります。

(1) 貸出金の主債務

貸出金の主債務は、貸出先の主債務者の死亡時（相続開始時）に法定相続分の割合で分割されて各相続人が相続します（最高裁判所昭和29年4月8日判決・最高裁判所民事判例集8巻4号819頁、最高裁判所昭和34年6月19日判決・最高裁判所民事判例集13巻6号757頁）。

(2) 担保および保証

貸出金の主債務者が死亡した場合にその主債務を保全していた担保・保証は、上記により各相続人が分割して相続した債務を保全する担保・保証として存続します（ただし、担保設定契約や保証契約に主債務者死亡時の担保や保証の効力に関して特約がある場合にはそれに従うことになります）。

2　主債務者として承継する相続人の確定

各相続人を主債務者として個別に管理することが大きな負担とならない場合（たとえば、相続人が１人あるいは少人数で管理の負担が大きくない場合や最終返済期日までの期間がそれほど長くない場合など）には、特に手続をしないという方針でもよいと思います。しかし、長期資金で最終期限まで長期を要する場合や相続人が多数である場合には、死亡した主債務者のかわりに主債務者となる者を定めて、その者を主債務者として貸出金の管理をしていくようにすべきでしょう。

その手法には次の方法が一般的です。

⑴　「免責的債務引受」による方法

相続人の１人が、他の相続人が相続により分割して承継した相続債務を「免責的に債務引受」する方法です。これにより、債務引受した相続人だけが主債務者となり他の相続人は免責されることになります。したがって、JAは債務引受した相続人だけを貸出先として管理すればよいことになります。

なお、この場合に他の相続人をそのまま免責させてしまうのかあらためて保証契約を締結して連帯保証人とするのかは、個別案件の事情等によって検討することになります。

⑵　「重畳的債務引受」による方法

相続人の１人が、他の相続人が相続により分割して承継した相続債務を「重畳的に債務引受」する方法です。これにより、債務引受した相続人は相続債務全額について債務を負担することになります。また、他の相続人はそれぞれが分割して相続した範囲で債務引受した相続人と連帯して債務を負担することになります。

なお、相続人全員が相互に重畳的債務引受を行い、相続人全員が相続債務全額について連帯債務者として責任を負うようにする方法をあげる解説もありますが、相続人全員を連帯債務者として管理していくことが必要となり以後の管理が大変煩雑となるため、実務的にはよい方法とはいえません。

3　担保権・保証契約の取扱い

特定の相続人が、債務引受により相続債務全額について責任を負うようにした場合や担保・保証が根抵当権や根保証である場合などには、手続が必要となる場合があります。

それぞれの場合について、代表的な担保権である抵当権および根抵当権と保証とに分けて解説します。

4　抵当権・根抵当権に係る手続

(1)　抵当権の取扱い

a　免責的債務引受を行った場合

免責的債務引受によって主債務を引き受けた相続人以外の相続人は免責されてしまうので、相続債務を保全していた抵当権も免責された範囲で失効します。そこで、抵当権設定者（抵当物件の現時点の所有者）とJAで変更契約を結び免責的債務引受後の債務を保全する抵当権として存続する旨を特約し、債務引受による債務者の変更の抵当権変更登記を行います。なお、変更契約は免責的債務引受契約書に「抵当権が債務引受後の債務を保全する抵当権として存続する」旨の特約文言を加え、免責的債務引受契約書に相続人とともに抵当権設定者（抵当物件の現時点の所有者）からも署名・押印を受ける方法が一般的です。

b　重畳的債務引受を行った場合

重畳的債務引受の場合は、相続人の相続債務は免責されずにそのまま存続しますから、相続債務を保全していた抵当権もそのまま存続することになりますが、抵当権を管理するため相続人全員を債務者として管理していく必要が生じます。貸出金全額を引き受けた相続人だけを債務者として管理する方針の場合には、免責的債務引受の場合と同様に、抵当権設定者（抵当物件の現時点の所有者）とJAで変更契約を結び重畳的債務引受後の債務を保全する抵当権として存続する旨を特約し、債務引受による債務者の変更の抵当権変更登記を行います。なお、変更契約は重畳的債務引受契約書に「抵当権が債務引受後の債務を保全する抵当権として存続する」旨の特約文言を加え、重畳的債務引受契約書に相続人とともに抵当権設定者（抵当物件の現時点の所有者）からも署名・押印を受ける方法が一般的です。

(2) 根抵当権の取扱い

相続債務（被相続人が負担する債務）を保全するために設定された根抵当権は、相続開始時点に存在する債務（相続債務）を保全するほか、根抵当権者と根抵当権設定者の合意により定めた相続人が根抵当権者に対し相続開始後に負担する債務を担保します。もし、6カ月以内に上述の合意についての登記がなされないときは、その根抵当権は相続の開始時点で確定します（民法398条の8第2項・4項）。したがって、債務引受によって特定の相続人が負担することとなった貸出金債務全額を保全するようにするには、その相続人を根抵当権債務者とする合意を行い合意の登記をすることが必要となります。さらに、債務引受は根抵当権債権者と債務者の取引によって生じた債務ではないので、通常の根抵当権の被担保債権の範囲に含まれません。そこで、債務引受によって負担した債務について特定債務として根抵当権の被担保債務に加える手続（変更契約と登記）が必要になります。

5　保証人に係る手続

(1) 相続債務を特定債務として保証する保証（特定保証）の取扱い

特定保証の取扱いは抵当権と同じです。すなわち、相続債務を保全するために設定された保証契約は、相続債務が相続により各相続人に承継されても各相続人が分割して承継した債務を保全する保証契約としてそのまま存続します。しかし、債務引受を行った場合にはそれに対応する手続が必要になります。

a　免責的債務引受を行った場合

免責的債務引受によって特定の相続人以外の相続人は免責されてしまうので、相続債務を保全していた保証債務も免責されてしまいます。そこで、保証人とJAで変更契約を結び、免責的債務引受後の債務を保全する保証として存続する旨を特約します。なお、変更契約は免責的債務引受契約書に「保証人は債務引受後の債務も引き続き保証する」旨の特約文言を加え、免責的債務引受契約書に相続人とともに保証人の署名・押印を受ける方法が一般的です。

b　重畳的債務引受を行った場合

重畳的債務引受によって特定の相続人が貸出の主債務全額の責任を負うようにした場合は、他の相続人の相続債務は免責されずにそのまま存続しますから、相続債務を保全していた保証もそのまま存続することになりますが、保証を管理するために相続人全員を債務者として管理していく必要があります。貸出金全額を引き受けた相続人だけを債務者として管理する方針の場合には、免責的債務引受の場合と同様に、保証人とJAで変更契約を結び、重畳的債務引受後の債務を保全する保証として存続する旨を特約します。なお、変更契約は重畳的債務引受契約書に「保証が債務引受後の債務を保全する保証として存続する」旨の特約文言を加え、保証人からも署名・押印を受ける方法が一般的です。

⑵　根保証の取扱い

根保証契約の主債務者に相続が開始された場合、個人が根保証人となる場合で被保証債務に貸金債権等を含む場合には、貸金等根保証契約として民法465条の４第３号により主債務者死亡により元本が確定することになります。根保証人が法人の場合にはこの規定は適用にはなりませんが、主債務者の個性を重んじる契約である根保証契約の性質を考えれば特約のない限り特定すると考えるべきでしょう。したがって、根保証契約の主債務者に相続が開始された場合には、相続債務を保全する根保証は相続開始時点に存在する債務を保証すると考えるべきでしょう。

図表165－1　貸出先が死亡した場合の対応

1　貸出の主債務の取扱い

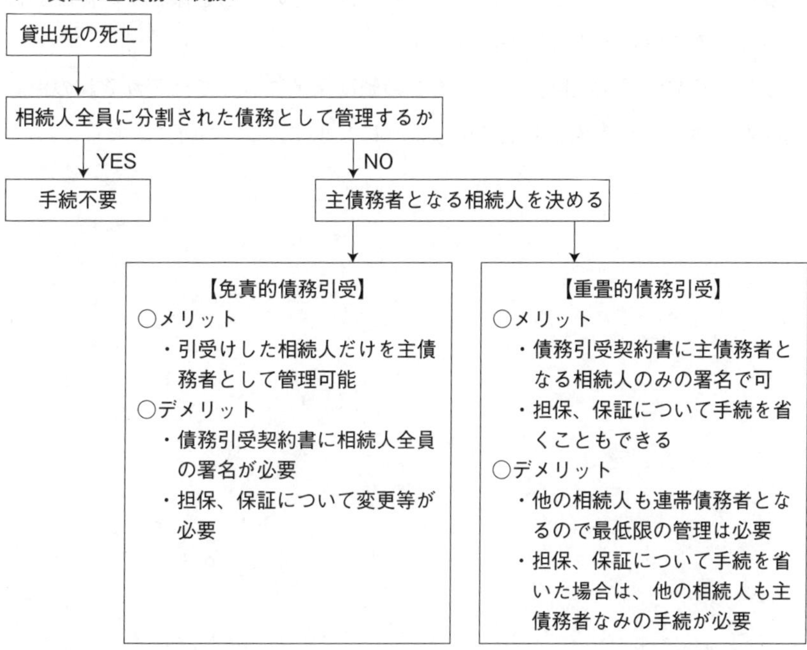

2　担保、保証の取扱い

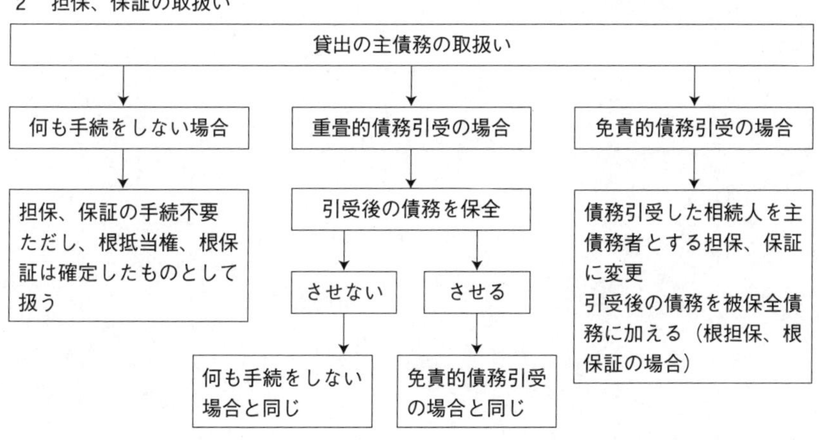

したがって、債務引受によって特定の相続人が負担することとなった貸出金債務全額を保全させるようにするためには、その債務を保証する保証契約をあらためて締結する必要があります。

なお、農業信用保証協会の保証などの制度保証についてはそれぞれの保証機関の要綱などを確認して取り扱うようにします。

Q 166 貸出先の解散

会社等の法人が解散を計画しているとの説明を受けました。それらの法人に資金を貸付しているJAはどのように対応すればよいですか。

A 貸出先の法人から解散するという説明を受けることがあります。このような場合、貸出先が破綻したと即断してはなりません。資産負債を整理して平穏に会社を解散させる、いわゆる「会社をたたむ」ということを計画している場合も多いからです。その申出を受けた場合には、法人にこれからの進め方や債務の弁済の仕方などの説明を求め、法人の資産負債の状況を確認して、法人等が債務超過で破綻してしまうのか、計画に従って資産を処分し負債を全額返済することができるのか、を見極めます。平穏に資産負債の整理ができると判断された場合には法人等の計画に協力しつつ貸付金の早期回収を図っていきます。

なお、資産処分と債務の弁済期限との前後関係や債権者同士の平等を図るため、場合によっては遅延損害金の一部の免除を求められることがあります。免除の範囲が約定利息と同じ水準までの免除の場合は免除に応じるのが一般的です。

解　説

1　法人等の解散

法人は、その目的を達成したり団体の運営の継続がむずかしいと判断したりした場合に解散することがあります。

法人の解散の場合、総会等で解散の決議を行い解散することを決めると清算人が就任し清算業務に入ることになります。清算業務は、事業を終了させ資産を処分する一方で債権者に債権の届出を求め、法人が負担する債務を確定させます。これによって法人の資産から債務をすべて弁済した後に残余財産を所定の方法で分配等して、法人を解散します。この間、一時期弁済が期日どおりにできない場合もありますが、法律上はその場合も遅延損害金を含めて全額弁済する建前となっています。このように、法人の解散は破綻処理と異なり、債務免除や利息等の減免は求められないのが原則です。このような解散の手続の流れは、一般社団法人や一般財団法人、株式会社などのどの法人もおおむね同じです。

解散の場合、債権の全額弁済が原則ですから、解散時の法人等の資産負債の状況を確認して資産が十分にあるということであれば、慌てて破綻処理の対応をするようなことのないように注意します。資産により負債全額を弁済することが可能だと判断された場合は、債権者に対する公告に従い債権の申出を行って処理の状況を注意深く見守る対応とすることが重要です。そのよ

図表166－1　会社法が定める会社解散の手続

①　会社解散（471条）……会社解散の株主総会の決議等による
↓
②　清算の開始（475条）
↓
③　清算人の就任（478条）……取締役が就任する（株主総会で選任することもできる）
↓
④　財産目録の作成（492条）……債務超過の場合は、破産手続開始の申立てをしなければならない（484条）
↓〈随時、財産処分を行う〉
⑤　債権者に対する公告（499条）……債権者は申出期間内に債権の申出をしないと清算から除斥される（503条）
↓
⑥　債務の弁済（500条～502条）……債権の申出期間内は原則弁済禁止（500条）
↓〈債権の申出期間経過後、随時弁済する〉
⑦　残余財産の分配（504条）……株主に対し残余財産を分配する
↓
⑧　清算事務の終了（507条）……決算報告の作成、承認、清算結了の登記

うな場合に他の金融機関に先駆けてJAが強引に早期回収を求める行為は、清算事務を混乱させその法人はもちろん他の金融機関にも悪影響を与えかねないので十分注意します。なお、法律上の建前は遅延損害金を含めてすべて弁済することになっていますが、場合によっては約定利息の水準までの軽減を求められる場合があるでしょう。約定利率の水準までの遅延損害金の軽減であれば応じるのが一般的でしょう。

2　会社等を清算するときの実務

上記1で解説したのが会社等を清算する場合の法令に定めた取扱いです。しかし、実際には周囲の混乱を避けるため解散の方針は法人のなかでも限られた者にしか伝えず隠密裏に、事業の縮小、資産の処分と債務の返済（繰上弁済）を進めていき、従業員に対して事業の廃止と解雇を通告する時点で初めて廃業することを公にするという段取りを目指すことが多いようです。

この場合、JAは担保に取得している資産の処分や債務の弁済の申出を受ける時点で会社の動きを知ることになると思います。そのような話があった場合には、会社に事情をよく確認してJAの貸出金が確実に返済されるかを見極めることが重要です。多くの場合、会社は清算して廃業するとはっきりとは話をせず、JAからの借入金を全額返済することのみを説明することが多いと思います。その場合は、事情をよく確認してJAの貸付金の回収を円滑に進められるように方針を考えます。

こういう話があったときに最もよくないのが、会社の清算を会社の倒産と混同し性急な回収を強行することです。その結果、会社の清算の手順を狂わせかえって会社の財務内容を悪化させるなどして回収を困難にしかねません。会社の状況や事情、JAの貸付金の保全の状況などを慎重に検討し、会社の方針に従うことで少なくとも元金回収が確実と判断される場合には、余計な混乱を招かないように状況を注視しながら会社からの弁済を待つくらいの姿勢が必要だと思います。

第6節 貸出条件の変更

Q167 貸出金利の変更

住宅ローンや事業性融資の金利変更のルールを教えてください。

A 市場金利が変動すると基準金利が変更されます。住宅ローン、事業性融資それぞれに基準とする金利、変更ルールがあります。JAにはこの変更ルール、変更後の金利、変更後の返済額を取引先に説明する責任があります。

解説

1 住宅ローンの金利変更

(1) 適用金利

「適用金利＝店頭金利－引下げ幅」となります。店頭金利は市場金利に基づいた基準金利で決められます。市場金利が変動すると店頭金利が変更され、結果適用金利が変更されます。

(2) 固定金利

融資期間における金利変更はありません。したがって返済金額も変更がありません。

(3) 変動金利

a 金利見直しのタイミングと適用時期

毎年4月1日と10月1日の年2回見直します。4月1日に見直された金利は6月の返済日の翌日から、10月1日に見直された金利は12月の返済日の翌日から適用されます。

たとえば、毎月返済日が27日の場合は、4月1日に見直された金利は、6月28日から適用されます。

b　元利均等返済の場合の返済額の変更

返済方法が元利均等返済の場合、適用金利が変更になっても毎月返済額は5年間変わらず、元本部分と利息部分の割合が変わります。5年目以降毎月返済額は変わりますが、金利が大幅に上昇した場合、その返済額は従前の返済額の125%を超えません（125%ルール）。

たとえば、毎月返済額100,000円で再計算すると130,000円となるところであっても、125,000円に変更されます。

c　最終返済日における未払利息と元金返済のしわ寄せ

上記のように未払いとなる元本部分の毎月の返済額と利息金額は、最終返済日にしわ寄せされます。実務上は、住宅ローンの期間が長い場合、金利は上昇だけでなく下降する場合もあります。金利が下降すれば、その元本部分と利息の未払いは解消されていくことになります。

(4)　固定変動選択型金利

借入当初の固定期間は金利、返済額は変わりません。その固定期間、金利は自動継続せず、特約期間終了に伴い再度、固定期間または変動金利への切替えを選択します。

金利の再選択時の金利は、借入当初の金利とは違い、その時点の金利になります。それに伴い毎月返済額は変わります。この場合、125%ルールは適用されません。固定期間再選択の手続を行わない場合は、自動的に変動金利に変わります。

2　事業性融資の金利変更

(1)　金利の変更ルール

a　基準金利

JA独自で決めた、①短期プライムレート、②長期プライムレート、③市場連動型金利（TIBOR等）があります。これらの金利は市場金利と連動して変更されます。

b　適用金利

金銭消費貸借契約書、金利に関する約定書には、取引先への適用金利は、①どの基準金利を使用し、②「基準金利＋○○.○%」という内容が記載されています。したがって、基準金利が上がれば適用金利がおのずと上がることとなります。

⑵　信用格付による変更

金利の変更は、取引先の信用格付が下がることでも上がることになります。金利はJAとってのリスクに対するリターンですから、取引先の業績悪化によって返済リスクが高まれば、金利を上げる必要があります。

⑶　通　　知

適用金利の変更は、貸出実行時に締結する農協取引約定書、金銭消費貸借契約書、金利の変更契約書に記載されており、その変更について合意を必要としません。しかし、金利が上がることによる返済額の変更は取引先の資金繰りに影響を与えるものです。実務では、金利変更の背景と変更後の金利、返済額を説明することが重要となります。

Q 168 返済条件の変更および繰上返済

繰上償還や返済条件の緩和等、返済条件変更の申込みがあったときの注意点を教えてください。

A 繰上償還の申込みを受けた場合、すみやかに手続を行わなければなりません。受理遅滞の責任を負うことになります。返済条件変更の申込みには真摯に対応し、その記録を残していくことが大切です。

取引撤退方針の取引先であれば、JAのリスクは軽減され、よい効果を得られます。しかし、取引深耕方針の取引先からの申込みであれば、営業推進上の管理不足といわざるをえません。

解　説

1　繰上返済

(1)　法的根拠

取引先が繰上返済することは期限の利益の放棄であり、法的になんら問題はありません。JAが申込みを受けたにもかかわらず、営業推進上マイナス効果となることからそれを拒絶すれば、受理遅滞の責任を負うこととなります。迅速に手続を進める義務があります。

取引先が倒産や破産等、法的に「支払不能状態」であるにもかかわらず繰上返済を受けた場合、その後の破産手続等の倒産手続のなかで、その繰上返済行為が詐害行為（＝他の債権者を欺いた）や、否認（繰上返済は認められない）といった事態になることもあります。

市場連動性融資のように、繰上返済により取引先に違約金支払が発生する場合があります。融資実行時に説明をしていることを確認し、繰上返済により発生する違約金の金額を提示して丁寧に説明します。もとから違約金が発生しない融資の繰上返済に、さも発生するかのような説明をして繰上返済を避けることは、コンプライアンス違反です。

(2) 営業推進の観点

繰上返済の申込みが、取引撤退方針の取引先からであれば問題ありませんが、取引深耕方針の取引先からであれば、JAの大きな損失であり、その主な原因はJAの取引先の管理不足によるものです。そのようになった経緯の分析と取引先が借入金残高維持の方針に転換してくれないか対処しなければなりません。

繰上返済の返済原資は、①取引先の業績向上や資産売却等から得た資金、②他金融機関からの借入金です。

①の場合、業績が順調ですので、より長く取引ができるように努めるべき取引先です。現預金は万が一必要なときまで保有してもらい、借入残高を維持してもらうよう、要請します。

一方、②の場合、その動機つまりJAの取引対応に不手際がないかについてヒアリングします。JA担当者の怠慢や力量不足によるのか。または取引深耕に努力していても、なんらかの認識の違いがあったのか。取引再開の糸口や今後の営業推進上にも重要なアクションです。

2 返済条件の変更

(1) 対　応

a 真摯な対応

取引先の申込みに対して真摯な対応をとり、記録をとりながら申込みに至った経緯をヒアリングします。①試算表、②受注状況、③資金繰り表、④借入残高推移表の提出を受け、財務状況を把握します。

今後の返済能力を把握するために、経営改善計画書を作成します。原則、取引先が作成するものですが、依頼があればJAと取引先と共同で作成します。

b　申込内容の記録

上記のやりとりを記録に残します。担当者が真摯に対応していることをJA内で共有し、取引先との認識の違いを防止するためです。

c　返済条件の変更に条件をつける場合

返済条件の変更に条件をつける場合は、その理由を丁寧に説明します。

たとえば、返済条件の変更にあたり、売掛金回収口座をJAに指定します。その理由は、経営改善計画上、計画どおりの売上高を維持しているかの確認が必要な場合、売掛金の回収状況で把握が合理的であることがあげられます。

(2)　他金融機関との連携

取引先に他の金融機関との融資取引がある場合、返済条件の変更について連携をとる必要があります。信用保証協会や中小企業再生の認定機関も含みます。JAの方針が他の金融機関と大きく違い、取引先、JAに損害を与えないようにするためです。

a　取引先の同意

JAは他の金融機関と連携をとり、できるだけ取引先の意向に沿うよう努力しなければなりません。そのためには取引の内容、返済条件の変更の申込みがあった事実とその経緯を開示しなければなりません。JAは取引先に対して守秘義務を負っていますので、取引先にこの開示について同意を得ることが必要になります。

返済条件の変更申込みに対する対応はJA独自で判断します。他の金融機関と連携をとっても、その方針をあわせる必要はありません。

b　独占禁止法

このような連携を金融機関同士が包括的に連携することは、私的独占の禁止及び公正取引の確保に関する法律（いわゆる「独占禁止法」）違反となります。申込案件を個別ごとに連携をとります。

⑶　謝絶する場合の注意点

a　謝絶に至った経緯の説明と記録

上記のように、真摯に対応し検討しても経営計画が立たず、返済条件の変更の申込みを謝絶せざるをえない場合は、その理由を丁寧に説明しなければなりません。その説明と取引先の反応等は記録に残しておきます。

b　苦情相談を受けた場合

上記説明を行うなかで、取引先が納得せず苦情になることがあります。また、さらなる相談を受けることもあります。その内容は必ず記録に残し、謝絶後も必要なフォローを心がけます。

Q169 一部繰上返済と返済条件の変更

一部繰上返済の種類と取引先から申込みがあった場合の注意点を教えてください。

A 一部繰上返済によって最終期限が前倒しになる場合や、毎月返済額が軽減される場合等、返済方法によってその取扱いが違います。また一部繰上返済によってJA、取引先に損害が発生する場合があります。

解　説

1　法的根拠

(1)　一部繰上返済の種類

a　期間短縮型

手形貸付の期限一括返済の場合は最終期日が前倒しに、元金均等返済や元利均等返済の場合は毎月返済金額を変えずに最終期日を前倒しにします（図表169－1参照）。

図表169－1　期間短縮型一部繰上返済

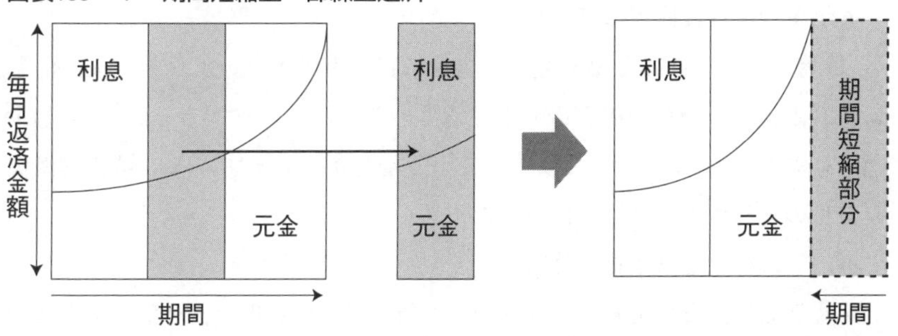

図表169－2　返済額軽減型一部繰上返済

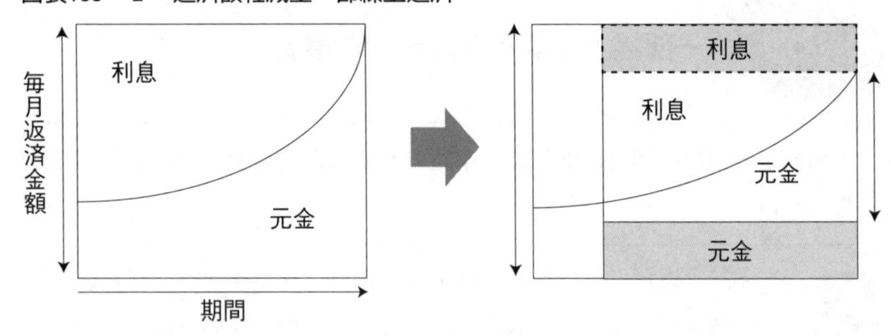

b　返済額軽減型

手形貸付の期限一括返済の場合はありません。元金均等返済や元利均等返済の場合は、最終期日はそのままとし、毎月返済金額を軽減します（図表169－２参照)。

(2)　一部繰上返済を拒否できるか

JAは融資の返済期日まで「期限の利益」を保有しています。期日まで融資残高があれば、それに相当する利息収入が得られます。この利益は契約による正当なもので、一部繰上返済はこの期限の利益を害する行為と解釈できます。JAは一部繰上返済を拒否することができ、手続を行わずに罰せられる不法行為いわゆる受理の遅滞には該当しません。

しかし実務上は取引先との良好な関係維持の観点から、申出を受け一部繰上返済に応じます。ただし、融資契約によっては下記のような制約を受けることがあります。

a　金銭消費貸借契約書の文言

「債務者は、一部繰上返済を行う場合に特に申出がない限りその後も前条により返済し、最終期限を繰り上げるものとする」(この場合、前条に返済金額が記載されています）と記載されている場合があります。この場合返済額軽減型の一部繰上返済は取扱いできません。

b　一部繰上返済禁止の特約

市場連動型融資や金利スワップ契約と紐づいている場合、一部繰上返済や全額繰上返済によって損害金が発生する場合があります。原則一部繰上返済はできませんが、あらかじめ損害金を取引先が負担する特約書を交わしておけば可能となります。

⑶ 保　　証

事業性資金の場合、返済期日が前倒しになることは取引先の資金繰りにも影響を及ぼします。したがって、一部繰上返済を行う場合は保証人の承諾を得る必要があります。

一方住宅ローンの場合、一部繰上返済条項が記載されていますので保証人の承諾は必要ありません。

2　期限一括返済

最終返済期日から繰上返済元金を入れて期間を短縮します。したがって利息を全期間前取りしていた場合の戻し利息の計算は、一部繰上返済の翌日から最終返済期日までとします。

戻し利息の計算は、下記のとおりです。

図表169－3　一部繰上返済の効果（元利均等返済の場合）

〈元金残高30,000,000円　金利1.00％　残存期間20年　一部繰上返済金額200万円〉

①　期間短縮型

	毎月返済額	総利息支払額	期　間
従前の返済	137,968円	3,112,390円	20年
一部繰上返済後	137,968円	2,686,627円	18.5年

効果……期間短縮1.5年　利息総支払額425,763円の削減

②　返済額軽減型

	毎月返済額	総利息支払額	期　間
従前の返済	137,968円	3,112,390円	20年
一部繰上返済後	128,770円	2,904,897円	20年

効果……毎月返済額9,198円軽減　利息総支払額　207,493円削減

戻し利息＝(一部繰上返済金額×日数×約定金利)÷365

3　元金均等返済・元利均等返済

期間短縮型、返済額軽減型ともに次回約定返済日から繰上返済元金を入れます。期間短縮と利息総支払額の軽減効果、毎月返済金額軽減と利息総支払額の軽減効果は、①従前の返済方法と、②一部繰上返済後の元金による再計算との差で認識されます（図表169－3参照）。

第7節　貸出金の回収

Q170　貸出金完済時に返還・発行する書類

貸出金が完済されたときに返還する書類、返還先、その際の奥書の要否と注意点を教えてください。

貸出金が完済された場合、取引先より徴求した契約書類を送り状を添えて変換します。返還時に印紙は必要ありません。

解　説

1　法的根拠

融資契約は要物契約ですので、貸出金が完済すれば契約は終了します。したがって、取引先より徴求した書類は何の効力もなくなります。JAに契約書類の返還義務はありませんが、長く取引をいただいたことに感謝を述べて、書類を返却します。

2　実　　務

(1)　手形貸付

裏書欄に「領収済み」や「済」を押印し、手形に効力がないことを示します。

(2)　証書貸付・保証関係書類・担保関係書類

契約証書に「済」の押印、JA内で使用した検印の欄にある担当者印を消します。

第10章

担　保

第1節 担保の基本

Q171 担保の概説

貸出取引における物的担保の機能と物的担保から優先回収を図るために必要な対抗要件を教えてください。また、担保物の処分代金等から円滑に回収を図るにはどの物的担保を選択すべきか、そのポイントを教えてください。

A 貸出取引における物的担保の機能とは、貸出債権に認められる一般的効力のみでは債権者が満足しない場合に、その債権の実現をより確実にするため、物や権利などの特定の財産から、他の債権者に優先して弁済を受けられる点にあります。

当事者の合意によって設定される物的担保（約定の物的担保）から優先回収を図るために必要な対抗要件は、当該物的担保の種類によって異なり、その概要は以下のとおりです。

① 抵当権および不動産質権……各担保権の設定登記
② 不動産譲渡担保……所有権移転登記
③ 権利質……債権の種類により異なる
④ 債権の譲渡担保……債権の種類により異なる
⑤ 動産質……質物の継続保有
⑥ 動産譲渡担保……引渡し

物的担保には上記のとおりさまざまなものがありますが、担保物の処分代金から貸出債権を円滑に回収するには、担保物の処分（換価）が容易であるか、担保物の評価が容易であるか、価格変動が大きくないものであるか、毀損や変動等のおそれがなく、保管に便利であるかなどを考慮のうえ、担保物および担保の種類を決定することになります。

解　説

1　貸出取引における物的担保の機能

債権とは、債務者に対して一定の給付をなすべきことを請求する権利であるため、債務者が任意に給付（債務の履行）をしない場合には、債権者は、その債権の効力として、債務者の一般財産に対して執行を行い、これをもって債権の弁済に充てることができます。このように、すべての債権は原則として債務者の一般財産によって担保されることになりますが、かかる債権の効力は原則として平等であり（債権者平等の原則）、また、債権成立の前後や債権の種類を問わないのが原則となります。

したがって、債務者の一般財産による担保といっても、これだけでは債権の実現を十分に図ることができないおそれがあります。

そこで、債務者の一般財産だけでなく、債務者等の特定の財産から優先して債権の回収を図るため、物的担保が設定されます。つまり、物的担保を設定することで、債権者は、担保目的物の処分代金等からの優先回収という方法により債権回収の確実性を高めることができるのです。

なお、一定の範囲に属する不特定の債権を担保する「根」担保という概念がありますが、民法上規定のある根抵当のほか、根質や根譲渡担保なども一般にその有効性が認められており、実務上多く利用されています。

2　物的担保から優先回収を図るために必要な対抗要件

(1)　抵当権および不動産質権

不動産に関する物権の得喪および変更は、その登記をしなければ第三者に対抗できません（民法177条）。したがって、不動産に関する担保物権である抵当権（根抵当権を含みます）および不動産質権については、その設定登記を行うことにより第三者への対抗要件が具備されることになります。

⑵ 不動産譲渡担保

譲渡担保とは、担保の目的をもって目的物の所有権をあらかじめ債権者に移転しておく担保方法であるため、不動産の所有権移転登記が対抗要件になります。登記原因は、実務上「売買」とすることが多いですが、「譲渡担保」を原因とすることも登記実務上認められています。

⑶ 権 利 質

a 指名債権

JAに対する貯金債権や共済契約に基づく請求権、損害保険金請求権や売掛金債権などの指名債権に対する質権設定については、指名債権譲渡の場合と同様、第三債務者への通知または第三債務者の承諾が第三債務者その他の第三者に対する対抗要件になります（民法364条1項）。なお、第三者に対する対抗要件については、当該通知または承諾が確定日付ある証書によってなされる必要があります。また、質権設定者が法人の場合には、動産及び債権の譲渡の対抗要件に関する民法の特例等に関する法律（以下「動産・債権譲渡特例法」といいます）に基づく質権設定登記をする方法によっても対抗要件を具備することができます（動産・債権譲渡特例法4条、14条1項）。

b 指図債権

手形や公社債等の指図債権（証券上に記載される特定の者またはその指図する者に弁済しなければならない証券的債権）は、証書の交付および質権設定の裏書が対抗要件となります（民法365条）。なお、指図債権については、証書の交付（同法363条）のみでなく、証券に質入裏書をして交付することにより質権設定の効力が生ずるものと解されています。

c 電子記録債権

電子記録債権については、質権設定記録（電子記録債権法36条）を行うことにより質権を設定することが可能です。なお、質権設定記録は、当該質権設定の単なる対抗要件として位置づけられるのではなく、効力要件（同条1項）になっています。

⑷　債権の譲渡担保

a　指名債権

担保のために目的物の所有権をあらかじめ債権者に移転しておくという譲渡担保の性質上、指名債権譲渡と同様の方法により対抗要件が具備されます。すなわち、第三債務者への通知または第三債務者の承諾（民法467条）と動産・債権譲渡特例法に基づく債権譲渡登記（動産・債権譲渡特例法４条）が第三債務者その他の第三者に対する対抗要件となります。

b　指図債権

譲渡担保の性質上、指図債権譲渡の場合と同様であり、その証書に譲渡の裏書をして債権者に交付することにより譲渡担保権を設定することができます（民法469条）。民法の規定上は、譲渡の裏書および債権者への交付は対抗要件にすぎないようにも思われますが、証券上に記載される特定の者等に弁済すべきという指図債権の性質に照らし、かかる裏書交付は効力要件と解されています（指図債権である手形につき、手形法14条１項）。

c　電子記録債権

譲渡担保の性質上、電子記録債権の譲渡の場合と同様であり、譲渡記録（電子記録債権法17条）を行うことにより、譲渡担保権を設定することができます。なお、譲渡記録は、電子記録債権の譲渡の効力要件（同条）となるため、譲渡担保権の設定についても譲渡記録がその効力要件となります。

⑸　動 産 質

動産質は、質権の目的物を質権者に引き渡すことにより成立し（民法344条）、質権者が当該目的物を継続して占有することが対抗要件となります（同法352条）。動産質がいったん成立した後に質権者が目的物の占有を失ったとしても、対抗要件が失われるだけであって質権自体は消滅しません。

なお、動産質については、動産・債権譲渡特例法に基づき対抗要件を具備することはできません。

⑹　動産譲渡担保

目的物の所有権をあらかじめ債権者に移転しておくという譲渡担保の性質

上、動産譲渡と同様、目的物の引渡しが対抗要件になります（民法178条）。かかる引渡しには占有改定（同法183条）も含まれると解されています。

3　処分代金等から円滑に回収を図るための物的担保選択のポイント

⑴　総　論

担保物の処分代金等から貸出債権を円滑に回収するには、担保物の処分（換価）が容易であるか、担保物の評価が容易であるか、価格変動が大きくないものであるか、毀損や変動等のおそれがなく、保管に便利であるかなどを考慮のうえ、担保物および担保の種類を決定することになります。

⑵　不動産担保の特殊性

土地や建物等の不動産は、流動性も高く、一般的には動産や債権に比較しその管理も容易と考えられ、また、不動産鑑定士等の専門家によって客観的な評価を取得することが可能であるため、評価額の範囲では処分代金から確実に回収を図ることができるといえます。

ただし、競売手続および任意売却いずれの方法によったとしても、換価までに相応の時間を要することに留意が必要です。また、物件を取り巻く環境や経済情勢等の変化によって価格が変動することがあるので、担保取得後も当該変化に応じた適正な評価が重要となります。

⑶　債権担保の特殊性

一般に１件当りの価格が低い債権は、不動産に比較し換価性が高いとも考えられます。特に、上場している株式や公社債等の担保については、市場での売却が可能であり、換価性は高いといえます。また、自農協の貯金担保については、担保取得後の管理および換価が容易であることから、担保としての適格性が高いといえます。

さらに、債権質および債権の譲渡担保については、担保権者が担保物である債権を直接取り立てることが認められています（質権につき、民法366条）。

したがって、債権担保は、担保物を換価する手間を要することなく、直接取立てという簡易な方法によって、担保物から円滑に回収を図ることができる担保方法といえます。

⑷　動産担保の特殊性

動産といってもその種類はさまざまですが、農畜産物や加工食品など、その時々の相場によって価格が大きく変動し、また、時間の経過に伴い変質し減価してしまう性質の動産の場合には、換価がむずかしいといえます。

また、動産担保のうち、債権者が目的物を占有する動産質の場合は、散逸や他の債権者からの差押え等の危険は少ない反面、債権者が自ら担保動産を管理しなくてはならず、その負担も考慮する必要があります。

他方で、目的物を債務者に代理占有させる動産譲渡担保の場合は、目的物が債権者の管理下にないことから、第三者による善意取得や留置権者の権利発生等によって自らの権利が害される可能性があるため、債務者による管理状況等を常に把握しておくことが重要となります。

このように、動産担保については、担保取得後の管理および換価に関し考慮すべき問題が多いため、一般的には、不動産や債権を担保にとる場合に比べ、担保物からの回収がむずかしい担保方法といえます。

⑸　流質契約が禁止される場合

商行為によって生じた債権を被担保債権とする質権（商事質権）の場合（商法515条）を除き、民事執行法の競売等によらずに質権者が任意の方法によって質物を売却する旨の約定（流質契約）は禁止されています（民法349条）。したがって、原則として貸出行為に商法が適用されないJAの貸出実務においては、質権実行の方法として任意売却を約定することができないのが通常です。貯金債権担保のように、貸出債権との相殺または自JA宛ての貯金を払い出して貸出債権に充当する方法による回収を念頭に置いている場合は質権の方法で問題ありませんが、貯金債権以外の債権について任意売却を念頭に担保取得する場合には、譲渡担保を選択する必要があります。なお、JAの貸出実務上は動産質を選択しないことになっているため、動産担保についてはこの点を考慮する必要はありません。

Q 172　担保の目的物と担保契約の種類

物的担保の目的物に応じた担保権の種類とその概要を教えてください。

物的担保の目的物は、大きく分けて、不動産、債権および動産の3種類となります。

当事者の合意によってこれらの目的物に設定できる担保権（約定担保権）は、以下のとおりです。

① 不動産……抵当権、質権、譲渡担保、仮登記担保

不動産については、実務上、抵当権が利用されることがほとんどです。

② 債権……質権、譲渡担保

預貯金債権などの指名債権については質権と譲渡担保権の設定が可能です。手形や公社債等の指図債権についても質権および譲渡担保の設定が可能ですが、手形については、通常譲渡担保の方式により商業手形担保貸付が利用されます。株式や公社債等の指図債権および電子記録債権については、質権および譲渡担保権の設定が可能です。

③ 動産……抵当権（登記・登録が可能な動産等、特別法で認められているものに限られます）、質権、譲渡担保

抵当権を利用できる動産は限られているため、それ以外の動産については質権または譲渡担保が選択されます。質権は、債権者が目的物の占有を取得する担保であるため、営業用動産や商品のように債務者の手元にとどめておく必要のある動産については利用されず、譲渡担保が選択されることになります。

解　説

1　不動産に設定される担保権の種類と概要

⑴　不動産担保の種類

不動産担保のうち、民法に定めのある担保（典型担保）としては、質権と抵当権があり、民法に定めのない担保（非典型担保）としては、譲渡担保と仮登記担保があります。

⑵　不動産担保の概要

a　抵 当 権

債務者または第三者の所有物をその占有を設定者のもとにとどめたまま目的物の価値を把握し、債務が弁済されないときはその目的物から優先弁済を受けることができる権利です（民法369条）。質権と異なり、目的物の占有を設定者のもとにとどめたまま担保権設定がなされる点（非占有担保）に特色があります。

b　質権（不動産質）

債権の担保として債務者または第三者から受け取った物を債務の弁済を受けるまで債権者が占有し（占有担保）、弁済がなされない場合には他の債権者に優先してその物から弁済を受けることができる権利です（民法342条）。つまり、質権には、債権者が目的物を占有し、留置して弁済を促す効力（留置的効力）と担保目的物を換価して、そこから優先的に弁済を受ける効力（優先弁済的効力）が認められます。目的物の引渡しが質権設定の効力要件となります（同法344条）。なお、質権者は、質権設定者の承諾がなければ目的物を使用収益できないのが原則となります（同法350条、298条２項）が、不動産質の場合は、目的物を使用収益することができます（同法356条）。

c　譲渡担保

債権担保の目的をもって、目的物の所有権をあらかじめ債権者に移転しておく担保方法です。抵当権と同様、非占有担保であるため、実務上、設定者が使用継続を要するものであって、抵当権を設定できない動産類に多く利用されます。他方、あらかじめ目的物の所有権を債権者に移転することから、担保権設定者は余剰価値を利用できなくなるというデメリットが大きく、不動産担保として利用されることはあまりありません。

d　仮登記担保

仮登記担保は、仮登記の効力を債権担保に利用することによって生み出された非典型担保であり、かつては広く利用されていましたが、仮登記担保契約に関する法律の制定によりメリットがなくなったため、現在はあまり利用されていません。

⑶　実務上利用される不動産担保

不動産担保には上記⑵の各担保権が存在しますが、実務上は抵当権が選択されることがほとんどです。というのも、目的物の使用収益ができる不動産質は、不動産の使用収益について、その能力や関心を有していない担保権者にとっては、管理コストがかかることからかえって煩雑であり、他方で、目的物の占有を設定者のもとにとどめ、抵当権者は目的物の価値のみを把握する点で、抵当権が担保目的に沿った最も合理的な担保であるためです。なお、不特定の債権を担保する根抵当権は、継続的取引に適しているため、実務上よく利用されています（根抵当権についての詳細は、Q173およびQ188を参照してください）。

2　債権に設定される担保権の種類と概要

⑴　債権担保の種類

債権担保には、典型担保である質権と非典型担保である譲渡担保があります。また、担保目的物である債権の種類によっても分類でき、貯金債権や共済契約に基づく請求権などの指名債権を担保とする場合、手形や公社債等の指図債権を担保とする場合、さらに電子記録債権を担保とする場合があります。指名債権、指図債権および電子記録債権のいずれについても、質権および譲渡担保権の設定が可能です。

⑵ 債権担保の概要

a 質権（債権質）

その内容は、基本的に上記１⑵ｂのとおりですが、目的物が権利であるという性質上、質権者による目的物の占有は観念できないため、不動産質や動産質と異なり、効力要件としての目的物の引渡しは不要です。したがって、留置的効力はありません。ただし、譲渡にあたり証書の交付を要する債権については、証書の交付が質権設定の効力要件となります（民法363条）。なお、債権質は、質権者自ら質権の目的である債権の取立を行うことができます（同法367条）。

b 譲渡担保

その内容は、上記１⑵ｃのとおりです。簡易な私的実行の方法（任意売却等）をとりうるという特色から、債権担保の方法としても多く利用されています。

⑶ 実務上利用される債権担保

a 預貯金債権

指名債権のうち預貯金債権を担保にとることは、金融実務上最も多く行われる方法の１つとなります。預貯金担保には、自行貯金担保（自JAの貯金担保）と他行預貯金担保があります。自行貯金担保（自JAの貯金担保）の法的性質は債権質（根質）であり、その回収方法としては、質権の実行のほか、相殺および払戻充当の方法があります。債務者に死亡や信用不安等の事実がなく、差押え等の貯金の払戻しを禁止される事情がない場合には、債務者への通知が不要な払戻充当により回収されますが、通常は、差押債権者にも対抗できるよう、相殺により回収されます（差押え前に自働債権を取得していれば、弁済期の前後を問わず差押え後においても当該自働債権による相殺をもって差押債権者に対し対抗できるためです）。相殺権の行使が困難な場合（貯金者が行方不明の場合など）には、質権者に認められる直接取立権を行使し、自JA宛貯金を払い出して貸出債権に充当する方法により回収されます。他行預貯金担保については、他行が担保差入れの承諾をしないことが多いので、実務上利用されることはあまりありません。

b　共済契約に基づく請求権

JAの貸出実務上、自JAで取り扱う生命共済などの共済契約に基づく請求権（中途解約返戻金等の請求権）を担保の目的とすることがあります。共済契約に基づく請求権も指名債権の一種であり、JAの貸出実務上は根質の方法により担保権が設定されることとなります。

c　aおよびb以外の指名債権

上記aおよびb以外の指名債権については、質権および譲渡担保の双方が利用されます。いずれも債権者による直接取立と優先弁済が認められる点は共通しますが、租税債権との優劣においては、質権よりも譲渡担保権のほうが若干有利な取扱いを受けます（国税徴収法24条1項・6項、15条1項の比較）。なお、譲渡担保は簡易な私的実行（担保物の任意処分等）の方法をとりうるのに対し、Q171で述べたとおり、質権は、商事質権を除いて流質契約が禁止されています。したがって、原則として貸出行為に商法が適用されないJAの貸出実務においては、質権実行の方法として任意売却を約定することはできず、かかる方法を念頭に置いた場合には、譲渡担保を選択することになります。

d　指図債権

手形担保にはさまざまな形態がありますが、通常は商業手形担保貸付が利用されることが多く、実務上譲渡担保方式が利用されています。株式や公社債等の有価証券の担保については質権および譲渡担保の方法がありますが、実務上は質権または譲渡担保のいずれかを明示せず、担保差入証とともに担保品を差し入れる方法によることがほとんどです。

e　電子記録債権

電子記録債権については、質権設定記録によって質権設定（電子記録債権法36条）が可能であり、また、譲渡記録（同法17条）によって譲渡担保権の設定が可能です。

3　動産に設定される担保権の種類と概要

⑴　動産担保の種類

動産担保には、典型担保である質権および抵当権と、非典型担保である譲渡担保があります。動産質は占有担保であるのに対し、抵当権および譲渡担保は非占有担保となります。

⑵　動産担保の概要

a　抵 当 権

抵当権は、担保目的物の占有を移転しない担保権であり、質権のように占有により担保権を公示することができません。そのため、それ以外の方法で担保権を公示できるよう、民法上は、その対象が登記制度のある不動産、地上権および永小作権に限定されています。ただし、不動産以外であっても登記・登録制度の存在する財団（工場財団等）、立木、動産類（自動車、航空機、建設機械等）などについては、特別法により抵当権の設定が認められています。

b　質権（動産質）

その内容は、上記1⑵bのとおりです。なお、質権設定の効力要件である「引渡し」には、占有改定（民法183条）は含まれません。

c　譲渡担保

その内容は、上記1⑵cのとおりです。動産の譲渡担保については、動産の引渡し（民法178条など）および動産譲渡登記が対抗要件となりますが、前者については占有改定（同法183条）でも足りると解されているため、実際に目的物を債権者に引き渡す必要がないことは他の譲渡担保の場合と同様です。

⑶　通常利用される動産担保

抵当権が利用できる動産類は限定されていることから、動産類のうち多くは譲渡担保が設定されることになります。占有を設定者のもとにとどめておく必要のある営業用動産や商品などには質権を選択できない一方、上述のとおり、譲渡担保の対抗要件としての引渡しには占有改定も含まれ、実際に目的物を債権者に引き渡すことを要しないためです。

第 2 節　抵当権・根抵当権

Q 173　抵当権・根抵当権はどういう担保権か

抵当権、根抵当権、共同抵当、共同根抵当とは、どのような担保ですか。

① 抵当権とは、担保目的物の占有移転を伴わない非占有担保であり、目的物の交換価値のみを把握する点に特徴があります。

② 根抵当権とは、一定の範囲の不特定の債権につき、極度額の限度において担保する抵当権の一種です。

③ 共同抵当とは、同一の債権の担保として、複数の不動産に抵当権を設定する場合の抵当権をいいます。

④ 共同根抵当とは、同一の債権の担保として、複数の不動産上に設定された根抵当権のうち、設定と同時に共同担保の登記をした根抵当権のことをいいます。

解　説

1　抵当権とは

⑴　約定典型担保・非占有担保

抵当権は、約定担保物権であり、民法においてその内容が定められている典型担保権ですが、目的物の占有移転を伴わず（民法369条）、この点において占有移転を前提とする質権（同法344条）と異なります。

そのため、抵当権設定者は、抵当権設定後も目的物を使用収益することが可能となります。

抵当権は、主に競売代金の配当から回収することとなるため、抵当権者は、当該不動産の交換価値のみを把握して担保にとることとなります。

⑵ 被担保債権の特定

抵当権の設定に際しては、被担保債権を特定することが必要です。

もっとも、将来発生する債権についても、特定されていれば被担保債権とすることができます。

将来債権を被担保債権とする例としては、保証人が保証債務を履行したときに主債務者に対して取得する求償権を被担保債権とする抵当権などがあります。

⑶ 対抗要件

抵当権は、占有以外の方法による公示の必要があるため、目的物としては、登記・登録制度がある物や権利のみとされています。その典型例は、不動産です。地上権および永小作権も抵当権の目的とすることができますが、あまり実例はありません。また、各種の特別法によって、立木、自動車、航空機、農業用動産、建設機械、工場等についての抵当権も認められています。抵当権を設定した場合は、各種登記・登録制度に従って対抗要件を備える必要があります。不動産の場合には、登記を具備しなければ、抵当権の設定を第三者に対抗できません（民法177条）。同一の不動産について数個の抵当権が設定されたときは、その抵当権の順位は、登記の前後によって定められます（同法373条）。

⑷ 特　　徴

抵当権は、物的担保として、下記の特徴を有します。

a　優先弁済的効力

抵当権は、担保権として、被担保債権につき優先弁済を受けることができます。なお、優先弁済権の範囲として、元本債権は全額担保されるものの、利息その他の定期金は、満期の到来した最後の2年分、損害金は最後の2年分であり、各々を通算して2年分についてのみ、優先権が認められています（民法375条）。

b　不可分性

抵当権は、被担保債権全額の弁済を受けるまで、対象不動産の全部に抵当権を行使することができます。これにより、被担保債権の一部弁済があっても、抵当権設定者は、抵当権の抹消や変更の請求をすることができません。

c　物上代位性

抵当権は、目的不動産の売却や、賃貸、滅失等によって債務者が売買代金や賃料、保険金等の請求権を取得する場合、その払渡しまたは引渡しの前に差押えをすれば、当該請求権に対しても行使できます。

d　付 従 性

抵当権は、債権担保のために存在するものであるため、被担保債権が存在しない場合は、抵当権は成立しません。

したがって、抵当権の被担保債権が当初から無効または遡求的に消滅したときは、抵当権も当初から成立しないことになります。

もっとも、将来の特定の債権のために抵当権を設定することも可能とされているため、この限度で成立における付従性は緩和されています。

e　随 伴 性

抵当権は、その被担保債権が債権の同一性を保ったまま移転した場合には、抵当権もこれに随伴して移転します。抵当権の随伴性からすると、抵当権は被担保債権から独立して処分しえないということになりますが、転抵当などの抵当権の処分が例外的に認められています（民法376条）。

2　根抵当権とは

(1)　被担保債権

a　被担保債権の不特定性

根抵当権とは、抵当権のうち、一定の範囲に属する不特定の債権を極度額の限度において担保することを目的として設定する抵当権をいいます（民法398条の２第１項）。

取引が１回限りのものであれば、特定の債権を担保する普通抵当の設定をすれば足りますが、継続的に取引が行われ、債権債務が増減する当事者の間では、そのつど抵当権を設定し、抹消することは不便であり、また、後順位抵当権者がある場合は、既存の抵当権を抹消すると後順位抵当権者の順位が繰り上がるため、新しく抵当権を設定してもそれより後順位となってしまいます。このような不都合を解消するため、根抵当権は、不特定・多数の債権を一定限度まで一括して担保する方法として広く活用されています。

b　被担保債権の範囲

上記のとおり、根抵当権は、不特定多数の債権を被担保債権とするものですが、債務者に対するいっさいの債権といった包括根抵当権は認められておらず、以下のとおり、被担保債権を一定の範囲内に限定することが必要になります（民法398条の2第2項・3項）。

① 債務者との継続的取引契約によって生じる債権
② 債務者との一定の種類の取引によって生ずる債権
③ 特定の原因に基づき、債務者との間に継続して生ずる債権
④ 手形上または小切手上の請求権

上記②に関し、JA実務においては、「一定の種類の取引」の具体的な名称を記載し、明確に定める必要があります。

すなわち、銀行については、「一定の種類の取引」に該当するものとして「銀行取引」との用語を用いて被担保債権の範囲を規定し、登記を行う実務が定着していますが、一般にJAとその取引先との取引を指す「農協取引」については、その範囲が広範すぎ、それ以外の取引と明確に区別できないため、「一定の種類の取引」とは認められません。

そのため、JAの根抵当権設定契約書および根抵当権設定登記では、被担保債権の範囲として「農協取引」ではなく、「消費貸借取引、売買取引、手形割引取引、当座貸越取引、保証委託および保証取引によるいっさいの債権」と各種取引を種類別に網羅し、列挙することが必要になります。

(2) 極度額の定め

根抵当権においては、優先弁済を受ける限度の額として、極度額を定める

必要があります。この点、根抵当権の場合は、普通抵当権と異なり、確定した元本債権に加えて利息および損害金の全部について、極度額を限度として担保します（民法398条の3第1項）。なお、極度額については、民法上、変更（同法398条の5）と減額請求について定めがあります（同法398条の21）。

(3) 元本の確定

根抵当権は不特定の債権を担保するものですが、この状態が永久に続くのではなく、どこかのタイミングで被担保債権が特定されることになります。このように、被担保債権が流動性を失い、元本が特定することを「元本の確定」といいます。

元本の確定する時期は、あらかじめこれを定めておくこともできますが（民法398条の6）、その定めがないときには、設定者または根抵当権者の請求（同法398条の19）や確定事由（同法398条の20）により確定することがあります。なお、元本の確定についての詳細は、Q188において解説します。

(4) 付従性・随伴性の否定

根抵当権は、元本確定前においては、被担保債権の成立の有無を問わず、設定可能となります。また、元本確定前においては、個々の被担保債権が移転しても、当該根抵当権の被担保債権から離脱することを意味し、根抵当権そのものは移転しません（民法398条の7）。

3　共同抵当とは

(1) 数個の不動産に対する抵当権

共同抵当権とは、同一の債権を担保として、数個の不動産に抵当権を設定する場合をいいます（民法392条1項）。同時に目的物とする必要はなく、追加的に設定することも可能です。

複数不動産を担保にすることにより、担保価値を高め、滅失等によるリスクを分散することができます。なお、わが国においては、土地と建物が別個の不動産とされているため（同法86条1項）、建物と敷地を共同抵当とすることが多く行われています。

⑵ 登記の必要性

共同抵当の目的物たる各不動産についても、通常の抵当権と同様に、対抗要件としての登記が要求されます（民法177条）。

また、それが共同抵当である旨の登記記録と共同担保目録の添付も要求されますが（不動産登記法83条1項4号、2項）、これらは、共同抵当の事実を示すものにすぎず、対抗要件ではないと解されています。

⑶ 同時配当と異時配当

共同抵当権者は、全部の不動産について抵当権を実行（同時配当）しても、目的不動産の一部についてだけ実行（異時配当）してもよく、いずれの場合もその配当金のなかから債権額全額について優先弁済を受けられます。

この点、同時配当の場合は、各不動産が負担する共同抵当権者の債権額は、各不動産の競売代価に応じて割り付けられます（民法392条1項）。

他方、異時配当の場合は、先順位抵当権者は、ある不動産について、自己の全債権について優先弁済を受けられます（同条2項）。

4　共同根抵当権とは

共同根抵当とは、同一の債権の担保として、数個の不動産上に設定された根抵当権のうち、設定と同時に共同担保の登記をした根抵当権のことをいいます（民法398条の16）。「同一の債権」とは、被担保債権の範囲、債務者、極度額がすべて同一であることを意味します。

仮に、共同担保の登記がなされない場合には、共同根抵当ではなく、累積式根抵当として扱われます（この場合、登録免許税が大きく異なりますので、注意が必要です）。

累積式根抵当とは、各不動産に設定された根抵当権の極度額が累積し、極度額の合計額まで優先弁済を受けられる効力を有する根抵当権です。

共同根抵当として設定された場合は、共同抵当に関する民法392条および393条が適用されます。

Q174 対象不動産の調査（物件の評価）

不動産の評価方法としては、どのような方法がありますか。また、担保評価を行う際の注意点は何ですか。

A 不動産の評価方法は、①取引事例比較法、②原価法および③収益還元法の3方式に大別されます。このうち、土地の評価には、近隣の取引事例に着目する取引事例比較法が主に用いられ、建物の評価には、再調達価格に着目する再調達原価法または不動産から生じる収益に着目する収益還元法が主に用いられます。

いずれの鑑定においても、3方式の着目要素である価格の三面性（市場性、費用性、収益性）を十分考慮したうえ、不動産の種類や特色にあわせて鑑定評価の方式を活用すべきといえます。

また、担保評価の際には、担保実行による売却の容易性を考慮し、担保評価を保守的に行う等により、適正かつ迅速な担保評価を行うことに留意すべきといえます。

解　説

1　担保評価の方法

(1)　概　要

不動産の評価を行う際には、価格の三面性（市場性、費用性、収益性）を考慮する必要があります。

不動産の評価方法としては、上記三面性のいずれの要素を考慮するかの違いから、①市場性（市場での価値）に着目する取引事例比較法、②費用性（対象不動産にいくらの費用が投じられ、再調達するにはいくらかかるか）に着目する原価法、および③収益性（対象不動産の収益）に着目する収益還元法の3

図表174－1　不動産評価方法の比較

	取引事例比較法	原価法	収益還元法	
			直接法	DCF法
利用場面	土地	建物	土地・建物	土地・建物（不動産証券化案件等）
着目点	市場性（市場での価値）	費用性（建物の再調達に係る費用）	収益性（不動産の生み出す収益の程度）	
評価方法	類似性が高い不動産取引事例を集め、取引事例と対象不動産との比較に基づく価格補正により、評価額を求める。	対象建物の再調達価格（対象建物をいま新築する場合の建築費）から減価修正を施して評価額を求める。	不動産の将来の純収益を現在価値に引き直した額の総和を評価額とする。	
			年間の純収益を、還元利回りで割り戻して収益価格を求める。	投資家が一定期間不動産を保有後第三者に売却するシナリオに基づき収益価格を算定する。

方式に大別されます。なお、収益還元法は、算定方法の違いからさらに直接法（単年度還元法）およびDCF（Discount Cash-Flow）法に分けられます（図表174－1参照）。以下に、各評価方法について述べます。

(2)　取引事例比較法

a　取引事例の収集

取引事例比較法においては、まず、対象不動産と類似性が高い取引事例を収集します。

取引事例は、以下の①～③の順に該当する地域内で探します。

①　近隣地域

②　同一需給圏（対象不動産の含まれる地域内の不動産との間に相互に代替性・競争関係が成り立つ不動産の存する圏域のことをいいます）内の類似地域

③　（必要やむをえない場合に）近隣地域の周辺地域

図表174－2　価格補正の内容

<table>
<tr><td>事情補正</td><td colspan="2">その取引事例の成立について特別の事情があって割安・割高となっていたものを正常な価格に引き直すこと</td></tr>
<tr><td>時点補正</td><td colspan="2">その取引事例の取引成立時から価格時点までの地価の変動の補正</td></tr>
<tr><td rowspan="2">地域要因の比較</td><td colspan="2">事例の地域と対象不動産の存在する地域との地価水準の格差に照らした補正</td></tr>
<tr><td>具体例</td><td>・住宅地……気象状態、公共施設・商業施設の配置の状態、災害発生の危険性、都心との距離・交通施設の状態等
・商業地……商業施設の種類、規模、集積度、商業背後地、顧客の交通手段、繁華性、商品の搬入・搬出の利便性、公法上の規制の有無等</td></tr>
<tr><td>個別的要因の比較</td><td colspan="2">同一地域内であっても、事例不動産と対象不動産との個別的要因に格差がある場合における補正</td></tr>
<tr><td></td><td>具体例</td><td>・住宅地……地盤・地積等、日照、道路や隣接地との高低・位置、接道状況等、交通施設との距離等
・商業地……間口、接面状況、地盤・地積等、客足の利便性等</td></tr>
</table>

もっとも、対象不動産の最有効使用が、当該地域における標準的使用と異なる場合（たとえば、近隣は住宅地域だが、幹線道路沿いで広域からの集客が見込まれる郊外型大規模小売店舗の用地として使用することが最も有効な使用方法である場合）においては、必ずしも地域概念にとらわれずに、②の類似地域における取引事例を選択することになります。

b　価格補正

上記ａにおいて収集された取引事例価格に対し、事情補正、時点補正、地域要因の比較、個別的要因の比較等により価格補正がなされます。

それぞれの内容は、図表174－２のとおりです。

⑶　原 価 法

a　再調達価格の求め方

原価法では、まず、対象建物の再調達価格（対象建物をいま新築する場合の建築費）を求めます。

図表174－3　減価項目の内容

物理的減価	建物の老朽化、摩耗等
機能的減価	建物の陳腐化、設計の不良、旧式化等
経済的減価	付近環境との不適合、類似建物の需給悪化等

対象建物の請負契約書により建築費が判明していれば、これに建築費指数（建築費の変動を表す指数で、ある時点を基準として、該当年の建築費をパーセントで表します）を用いて、価格時点での建築費を求めることができます。

また、請負契約がなくても、建築士の積算により正確な建築費を求めることは可能です。もっとも、担保実務上の迅速性の観点からは、そこまで厳密でなくとも、対象建物と規模、構造、資材、設備等が類似した建物との比較によって、おおよその再調達価格を求めることができます。

b　減価修正

上記aで求めた再調達価格から、対象建物の建築当時から現在までの耐用年数経過等による減価を行います。

具体的には、図表174－3にあるような点を減価項目として考慮します。

(4)　収益還元法

a　純収益の求め方

直接法およびDCF法のいずれであっても、まずは不動産の純収益を求めます。

賃貸用不動産の場合、まず、100％稼働を前提とした賃料、共益費、水道光熱費、駐車場使用料、その他の収入を合計した潜在収益から、空室発生による空室損失相当額と賃料不払いによる貸倒損失相当額を控除して、運営収益を求めます。

運営収益＝潜在収益（賃料＋共益費＋駐車場使用料＋その他収益）－（空室損失相当額＋貸倒損失相当額）

次に、賃貸不動産の運営費用（維持管理費、水道光熱費、修繕費、公租公課、損害保険料、その他の費用の合計額）を、運営収益から控除します。

これが、賃貸純収益（NOI）と呼ばれるものです。

賃貸純収益（NOI）＝運営収益－運営費用（維持管理費、公租公課等）

さらに、賃貸純収益に、敷金・保証金といった一時金の運用益を加え、最後に長期修繕計画を前提とした資本的支出を控除したものが、純収益（NCF）となります。

純収益（NCF）＝賃貸純収益＋敷金等の運用益－資本的支出

b　直接法（単年度還元法）

直接法とは、上記aで算定した純収益を、還元利回りで割り戻して収益価格を求める方法で、単年度還元法ともいいます。

純収益÷還元利回り＝収益価格

還元利回りとは、対象不動産の将来の収益に影響を与える地域的要因、個別的要因の変動予測等を加味して市場が予想する、不動産の収益力を示す指数です。安全性が低くリスクプレミアムが高い不動産ほど還元利回りは高くなり、安全確実性の高い、特性に優れた不動産ほど低くなります。

c　DCF法

DCF（Discount Cash-Flow）法とは、投資家の投資パターンをもとに、投資家が一定期間不動産を保有後第三者に売却するシナリオに基づき収益価格を算定する方法をいいます。

具体的には、毎期の純収益を現在価値に割り戻した額の合計額に、最終期に第三者に転売する価格を現在価値に割り戻した額を加算して、収益価格を求める方法です。

金利や売却時の価格も考慮に入れる点で直接法よりも予測の精度が高まりますが、その分求め方も複雑となります。不動産証券化など、不動産の短期保有を前提に、売却までの収益戦略をあらかじめ詳細に立てる場合の鑑定においては、DCF法を用いることが一般的です。

2　担保評価を行う際の注意点

担保評価の注意点としては、担保実行の場面を意識し、迅速、確実かつ容易に担保物件が売却できるよう、以下のような視点に注意しつつ、適正な評価を行うこと、迅速な処理を行うべきことがあげられます。

⑴　売却の容易性

まず、担保評価においては、担保実行時による確実かつ迅速な回収を確保するべく、市場における売却の容易性を考慮する必要があります。

具体的には、過疎地や人口減少地域、公害の多い地域等では、一般的に担保処分に時間がかかるといえます。また、周囲に嫌悪施設のある建物、見栄えや利便性の悪い建物、設計上の特殊性から用途が限られる建物等も、買い手がつきにくく、売却に時間がかかる可能性が高いといえます。

⑵　担保評価を保守的に行う

担保評価においては、担保適格性や今後評価を減じうる要因を見極め、安定的かつ保守的な水準で価格を定めることが必要です。

具体的には、農地や山林や、違反建築物などは、売却が困難であり担保適格性に乏しいと判断すべき場合があります。

また、貸出期間が長い債権の担保にとる場合には、売却時期が相当先になることも想定する必要があり、たとえば貸出期間中に、周辺に嫌悪施設が建築される予定があれば、その点を考慮して担保評価を抑えるべきことになります。

Q175 担保対象不動産の調査（権利関係）

不動産を担保にとる場合、対象不動産の権利関係の調査はどのように行えばいいですか。

権利関係の調査は、設定者が所有者であることや、不動産に付着する他の権利の有無、抵当権を阻害する権利の有無等の確認のために重要です。

まず、第一に登記記録を確認する必要がありますが、登記には公信力がなく、登記記録の調査には限界があることから、補充的に現地調査等を行うことも重要です。

解　説

1　調査の必要性と方法

担保の設定行為は、処分行為であるため、不動産の所有権を有する者から設定を受ける必要があります。

そのため、設定者が不動産の所有権者であるかどうかを調査しなければなりません。また、抵当権を阻害する他の権利が付着していないか等についても、十分に調査する必要があります。

権利関係の調査の方法としては、第一に登記記録を確認する必要があります。また、現地調査などについても、必要に応じて行うことが重要です。

2　登記記録について

(1)　登記記録とは

登記記録とは、1筆の土地または1個の建物ごとに作成される電磁的記録をいい（不動産登記法2条5号）、不動産に関する表示または権利に関する情報が記録されています。

登記記録においては、所有権、抵当権、質権、賃借権、地上権、地役権、先取特権等に係る記録がありますので、所有権者のほか、不動産に付着する他の権利の存在等を知ることができます。

このように、登記記録によって権利関係の調査を行うことが可能ですが、わが国の法制下では、登記には公信力がないことに注意する必要があります。

公信力とは、権利の存在を推測させるような外形（登記等）が存在するにもかかわらず真実の権利が存しない場合にも、この外形を信頼して取引した者に対し、真実の権利が存在するのと同様の法的効果を生じさせる効力をいいますが、不動産の登記にはこれが認められていないため、登記記録の所有者の記録を信用して抵当権の設定を受けても、設定者が真実の権利者でない場合には、担保は有効に成立しないこととなります。

そのため、権利関係の調査としては、後述するとおり、登記記録の確認のみではなく、具体的状況に応じて補充的な調査をすることが必要になります。

⑵ 登記記録の確認方法

登記記録の確認方法としては、全部事項証明書等の登記事項証明書の発行を受けることにより確認することになります。

権利関係は、日々変化する可能性があるため、最新のものの発行を受けることが重要です。

なお、紙の登記簿から現在の電磁的記録による登記簿に登記内容が移記されるに際し、その時点で効力のない登記は移記されていないため、登記事項証明書に記録のない事項を確認するためには、閉鎖登記簿の閲覧登記簿謄本を申請する必要があります。

登記記録の交付申請にあたっては、法務局に備え付けてある申請書に必要事項を記入し、所定の手数料額分の収入印紙を貼付して申請をします。窓口に直接申請する方法のほか、郵送やオンラインでの交付申請も可能です。

⑶ 確認の留意点

登記記録は、表示に関する登記の「表題部」と権利に関する登記の「権利部」に区別して記録され（不動産登記法12条）、「権利部」は、さらに所有権に関する事項が記録される「甲区」と所有権以外の権利に関する事項が記録される「乙区」に区分して記録されています。

a　同一性確認（表題部）

不動産の登記記録の確認にあたっては、まず、当該登記記録が調査対象の不動産と合致しているかにつき、十分に確認する必要があります。

具体的には、表題部において、土地の地番、地目および地積等の記録、建物の家屋番号、種類、構造、面積および建築年月日等の記録を確認して行うことになります。

b　所有権の確認（甲区）

所有権者の確認については、権利部の甲区を確認することとなります。

権利部においては、甲区、乙区ともに、①登記の目的（所有権の移転など）、②登記申請の受付年月日と受付番号、③登記原因（売買など）とその日付、④権利者その他の事項（氏名・名称、住所、持分など）が記録されています。

したがって、現時点の所有者の記録が設定者の氏名や住所と合致するか、いかなる原因で取得したかについて確認することになります。

また、甲区には、仮登記や権利の処分を制限する登記がなされることがあるため、これらの登記が存在しないかについても確認する必要があります。具体的には、代物弁済予約等による所有権移転の仮登記、差押え、仮差押え、仮処分等の登記があります。

c　そのほかの権利（乙区）

乙区には、所有権以外の地上権、賃借権、地役権、抵当権などが記録されますが、これらによって所有権や抵当権の行使が妨げられることがあります。

特に、先順位の抵当権の有無に注意する必要があります。また、仮登記が付されている場合もありますが、仮登記には順位を保全する効力があるため、これが本登記になった場合には、仮登記を行った抵当権者に劣後することになるため、注意が必要です。

また、共同担保になっている場合もあるため、この場合は、共担目録を取得し、どの不動産の共同担保になっているか確認する必要があります。

さらに、地上権、地役権、賃借権の登記が付着している場合は、その条件、期間、範囲をよく確認しておく必要があります。競売時に権利を害するようであれば、売却価格に影響を及ぼす可能性があるためです。

3　現地調査等について

⑴　登記記録の補充調査

前述のとおり、登記記録の記録事項について、補充的な調査を行う必要があります。

ただし、確実な方法はなく、登記記録、公図、登記識別情報等を取得することに加え、設定者から取得原因等を詳細に聴取することや、設定者の立会いのもと現地調査を行うこと、必要に応じて前所有者に権利移転の事実を確認することや、物件の周囲の人に確認することなどによって調査し、権利関係に疑わしい点があればさらに原因を調査するという方法に尽きると考えられます。

もっとも、慎重すぎると実務上の支障をきたしたり、取引先との信頼関係が損なわれたりすることにもなりかねないため、具体的事案に応じた適切な調査を実施することが大切です。

⑵　その他の権利の確認

また、登記記録ではその存在を確認できない権利として、占有権や留置権、一般の先取特権および入会権等の物権、賃借権などがありますので、これらについても注意する必要があります。

a　占有権の確認

占有権は、占有という事実とその継続により認められる権利のため（民法180条）、現地調査により、所有者以外の第三者による占有が認められた場合には、その原因について、確認が必要になります。

b　留置権等の他の物権の確認

留置権は、物の占有を要件とし、債権の弁済を受けるまでその物を留置できる権利であり（民法295条)、登記により公示される物権ではありません。たとえば、工事途中の建築物がある場合には、工事業者は、当該敷地に留置権を有することが認められます。したがって、そのような場合には、工事が完成し、建物が所有者に引き渡されたことを確認する必要があります。

一般先取特権とは、債務者の総財産に対する権利であり（同法306条)、これに関するものとしては、特に、国税、地方税等が重要です。これらの税の法定納期限前に設定登記を行った抵当権であれば、抵当権が優先しますが、このような点も含めて、設定者から納税証明書等の提出を受けて納税状況を確認しておく必要があります。

入会権とは、一定の地域（村落）の住民が一定の山林原野を共同利用する慣習により認められる物権であり、登記がなくとも第三者に対抗できます。したがって、山林等を担保取得する場合には、あらかじめ確認しておく必要があります。

c　賃借権の確認

不動産賃借権については、その登記をすることでその後その不動産について物権を取得した者に対しても自己の賃借権を対抗できるため（民法605条)、まずは担保不動産について賃借権の登記がないかを確認することになりますが、賃借権の登記がない場合であっても、抵当権者に対抗できる賃借権が存在する場合があります。

すなわち、土地の賃借権については、その登記がなくとも、賃借人がその土地上に所有する建物につき保存登記を備えることで対抗要件となるため（借地借家法10条)、現地調査により建物の有無を確認し、建物が存在する場合には、建物登記の有無を確認する必要があります。また、建物の賃借権については、その登記がなくとも、賃借人への建物の引渡しが対抗要件となるため（同法31条)、設定者への聴取や現地調査によりその存在の有無を確認しておく必要があります。

Q176 対象不動産の調査（物件自体の調査）

抵当権および根抵当権の設定対象である不動産について、どのような調査を行う必要がありますか。

A 法務局などで入手する書類による調査を行ったうえで、現地調査を行い、書類の記載が正しいかどうかの検証と、書類上に表れない不動産の現況を調査する必要があります。

解　　説

1　書類調査と現地調査

不動産の調査を行うにあたっては、まず、現地調査に先立ち、入手可能な書類を収集し、それらの書類に記載されている不動産の情報を入手することになります。

たとえば、法務局には不動産登記簿をはじめとする不動産登記に関する資料があり、登記事項証明書の発行を受けるなどの方法でその内容を確認することができます。また、不動産の所有者から固定資産課税証明書、建築図面、宅地建物取引業者作成の重要事項説明書（宅地建物取引業法35条）などの提供を受けることにより、法務局が有する情報を補完することができますし、不動産の周辺環境や法的規制については、住宅地図や市区町村の役所が保管している都市計画図などの地図によって知ることもできます。

さらに、不動産の現状が各種書類上の記載どおりとは限りませんので、書類の調査に加えて、現地調査を行うことが望まれます。具体的には、事前に収集した情報に誤りがないか、また登記簿等からはわからないが担保価値を損なうような情報がないかといった観点から、現地を訪問し、現地でしか確認できない情報を収集することになります。

以下では、土地、建物の順に、主要な調査項目を紹介します。

なお、不動産の権利関係についてはQ175、不動産に対する公法上の規制についてはQ177で詳細に説明しますので、本問ではそれら以外の調査項目を取り上げます。

2　土地の調査項目

⑴　境　　界

まず、土地の境界が確定しているかを調査する必要があります。

境界が確定しないと土地の面積を確定させることができませんし、担保実行の際にも減価要因として評価されることになるからです。

土地の境界についての調査の第１段階は、隣地所有者と境界の確認を行ったかどうか、確認を行ったとすればその確認結果をどのようなかたちで記録したかを土地の所有者から聞き取ることです。

境界の確認を行っているということであれば、隣地所有者の確認印のある書類の提出を受け、その内容から境界を確認することになります。確認した境界をもとに不動産の売買や登記手続を行った場合は、土地家屋調査士等に依頼して境界確認測量図（確定測量図）を作成することが多いので、同図の提出により正確な境界を把握することができます。

また、現地調査の際は、土地に境界標が設けられているかどうかを確認することになります。境界標の多くはコンクリート製で、現地に埋設されています。隣地所有者と境界の確認を行っている場合も、境界標の所在が確認内容と一致しているかという観点から、境界標の所在を確認することが望ましいと考えられます。

⑵　土地の面積

次に、土地の面積を確認します。

不動産登記には不動産登記を編製した際に行われた測量結果をもとに地積が記載されていますが、地租軽減のために実際の面積より少ない面積で登記される例が多く、また測量技術も未熟で正確な面積が測量できなかったという事情もあり、正確な土地の面積を表しているとは限りません。登記上の地積が実際の面積より小さいことは、当時の測量手法にちなんで「縄延び」と呼ばれます。逆に、登記上の地積が実際の面積より大きい場合は「縄縮み」と呼ばれます。

そこで、まずは不動産登記が正確な地積を記載したものであるかどうかを確認することが調査の第1段階になります。

たとえば、平成17年3月の新不動産登記法施行後に分筆した土地の地積は、分筆登記の際に提出された地積測量図に基づいた記載となっており、正確な面積を表示しているといえます。

また、土地区画整理事業、国土調査、法務局による地図作成作業などの公的手続の完了後にその成果として記載された地積についても、正確な面積を表示しているといえます。これらによる地積の登記がなされたことは、土地の表題部の「原因およびその日付」における記載から知ることができます。

以上に述べたような手続を経ておらず、登記上の地積が不正確なままとなっている場合は、土地の実測をもとに面積を把握するほかありません。具体的には、公図（地図に準ずる書面）や住宅地図をもとに間口と奥行を測り、現地調査の際にこれらの図面で測った結果と大きな相違がないことを確認することになります。

(3) 土地の利用状況

土地の利用状況を確認することも重要です。

登記上は更地であるが実際には土地上に未登記建物が存在する場合は、当該建物の権利関係を調査する必要があります。

また、資材などの動産が土地上に置いてある場合は、占有権原の有無を確認する必要があります。第三者による不法占有だということであれば、所有者に撤去させるか、抵当権の実行時に発生が予想される撤去費用を担保価値の評価にあたり考慮すべきということになります。不法投棄物が存在する場合は、撤去費用を要することを見込んでおくほか、不法投棄物に由来する土壌汚染が発生する可能性も織り込んでおく必要があるでしょう。

⑷　個別要因

以上に述べたもの以外にも、土地に関する事情で土地の価値に影響を与える要因（個別要因）を調査する必要があります。

個別要因としては、地勢（傾き）、形状（間口、奥行き）、接する道路の状況（建築可能な道路の条件を満たしているか、出入りに不便がないかなど）、電気・水道・下水・ガスの整備状況、地盤（盛土、切土の有無など）、越境物または地下埋設物の有無などがあげられます。

⑸　地域要因

また、不動産が所在する土地の地域の環境（地域要因）が不動産の価値に影響を与えることがありますので、この観点からも調査が必要になります。

地域要因としては、街路（宅地であれば交通量の大小、商業地であれば人通りの多寡）、交通条件（最寄り駅やバス停までの距離、中心部への出やすさなど）、環境条件（騒音や悪臭の原因となる施設の有無、スーパーマーケット・学校・病院などへの距離など）などがあげられます。

3　建物の調査項目

⑴　建物の基本情報

調査対象が建物である場合は、種類、構造、床面積など、建物の状況を示す基本情報を把握する必要があります。これらは不動産登記の表題部に記載されますし、間取りなどは登記の付属書類である建物図面および各階平面図によっても確認することができますので、登記情報を調査したうえで、現地調査により登記の記載と実際に存在する建物との間に相違がないかどうかを調査することになります。

登記されていない増改築や附属建物が存在したとしても、増改築部分は既存建物の一部ですし、附属建物についても付加一体物として抵当権の効力が及ぶとされています（民法370条本文）。もっとも、増改築部分や附属建物にある程度の独立性があり、法務局の判断次第では別の建物として登記される懸念があるような場合は、未登記の増改築部分や附属建物についても登記を行うよう所有者に求めたほうがよいでしょう。

なお、抵当権の対象建物と対象外の建物とが工事により一体となり１個の建物となった後に対象建物を独立の建物として設定した抵当権は、建物の一部に対する抵当権の設定であり無効とした裁判例（神戸地方裁判所豊岡支部平成26年８月７日決定・金融法務事情2010号106頁）がありますので、そのような工事が行われていないかを確認をする必要があります。

⑵　築年数の重要性

建物は、経年劣化が生じるため、築年数が資産価値を決する重要な要素となります。

特に、昭和56年に導入された新耐震基準下で建築された建物かどうかで耐震性が大きく異なると認識されており、新耐震基準が適用される建物かどうかで建物の価値が大きく変わる傾向にあるといわれています。

⑶　違法建築物と既存不適格の区別

既存の建物が建築基準法などの法令に違反している場合、建築確認を受けずに建築、増改築が行われたことなどを原因とする違法建築物なのか、それとも建物完成時の法令との関係では適法であったがその後の法令改正により違法状態となった既存不適格建築物なのかの区別が重要です。

違法建築物は、建物の取壊し（除却）や使用制限などを命じる是正措置命令（建築基準法９条１項）の対象となりうるため、担保としての適格を欠くことが一般的です。

他方、既存不適格建築物は、建替え時に同種の建物を建築できなかったり、増改築時に制約を受けたりするという点では減価要因を含みますが、担保としての適格を欠くとまではいえません。

Q177 対象不動産の調査（土地の用途規制についての調査）

抵当権および根抵当権の設定対象である土地の用途規制としては、どのようなものがありますか。

A 市街化区域においては、12種類の用途地域が指定されており、用途地域ごとに建築可能な建物や建ぺい率、容積率等が異なっていますので、建物が用途地域の規制を満たすかどうかを調査する必要があります。

また、市街化調整区域においては、開発行為を行うことが原則として許されておらず、担保としての適格を欠く場合が多くなります。

解　説

1　用途規制の調査の必要性

土地については、Q176で説明した土地そのものについての調査のほか、土地の用途に関する法律上の制限を調査する必要があります。土地の価値は、土地を最も合理的に利用するとした場合（最有効利用）の用途、とりわけどのような建物を建築できるかが大きな要因となって決まるものであり、その用途に関する制限の内容が担保価値に及ぼす影響が大きいからです。

具体的な規制の内容について、以下に紹介します。

2　市街化区域および市街化調整区域の区分（線引）

各都道府県は、一体の都市として総合的な整備を行うべき区域を都市計画区域として指定し（都市計画法５条）、都市計画を定めたうえで、市街化区域と市街化調整区域の２種類による区域区分（同法７条１項）を行います。両者の区分は、一般に「線引」と呼ばれています。なお、都市計画区域内には、「線引」の対象とされない「非線引区域」もあります（図表177－１参照）。

図表177－1　市街化区域および市街化調整区域の合計面積

都市計画区域（10,188,428ヘクタール）		
市街化区域（1,448,003ヘクタール）	市街化調整区域（3,803,314ヘクタール）	線引対象外の区域（4,937,111ヘクタール）

（出典）　国土交通省「平成26年都市計画現況調査」をもとに作成

市街化区域とは、すでに市街地を形成している区域およびおおむね10年以内に優先的かつ計画的に市街化を図るべき区域のことで（同条２項）、市街化調整区域とは、市街化を抑制すべき区域のことです（同条３項）。線引を行う趣旨は、市街化区域を限定することによって、無秩序な市街地の拡散を防ぐ点にあります。

都市計画区域は、国土面積約37,796,200ヘクタールの約27％に当たる約10,188,428ヘクタールに設定されていますが、都市計画区域内の人口は120,149,800人で、日本の総人口128,438,000人の約93.5％に及びます（国土交通省「平成26年都市計画現況調査」）。人が多く住み経済活動が活発な地域のほとんどが都市計画区域に指定されているといってよいでしょう。抵当権の設定対象となる土地も、必然的に都市計画区域に含まれることが多くなりますので、土地の調査を行う際は、都市計画区域に含まれるか、含まれるとすれば線引の対象か否かに注意を払う必要があります。

たとえば、市街化調整区域では、市街化を抑制するために原則として開発許可が行われません（都市計画法34条柱書）ので、市街化調整区域内の土地は、開発許可を伴う建物の新築が実現できる可能性が低く、担保価値を低く評価すべきということになります。

3　用途地域の種類

また、都市計画区域（特に市街化区域）においては、無秩序に異なる種類の建物が建築されると街並みが害されることから、同じ用途の建物を同じ場所に集めることを意図した用途地域の指定が行われます。

用途地域には、以下の12種類があり、それぞれ異なる用途による街づくりを想定したうえで、建築可能な建物について制約を設けています（建築基準法48条。図表177－２参照）。

そこで、土地について担保設定をしようとする場合は、現状の土地の用途や、最有効利用を想定した場合の用途が用途地域の規制に合致しているかどうかを調査する必要があります。

また、容積率（建築物の延べ面積の敷地面積に対する割合。建築基準法52条）、建ぺい率（建築面積の敷地面積に対する割合。同法53条）などの建築規制の内容も用途地域ごとに異なっていますので、土地上の建物が建築規制に適合しているかどうかを確認する前提としても、用途地域を正確に把握しておかなければなりません。

4　その他の用途規制

以上に述べたもの以外にも都市計画法その他の法令でさまざまな用途規制が定められています。

たとえば、用途地域のなかで特に制限を強化または緩和したい地区について、市町村によって特別用途地区としての指定がなされ、規制の上乗せまたは緩和がなされることがあります（都市計画法８条３項１号、９条13項参照）。

具体的には、学校のある地区を文教地区に指定し、地区内に文化教育施設を集積することや、観光地近辺を観光地区に指定し、地区内での宿泊施設の建築、増改築を容易にするといったことが想定されています。

適用される用途規制の見落しにより担保価値を過大に評価することのないように、市区町村への照会を行うなどして、適用される用途規制を正確に把握することが求められます。

図表177－2　用途地域の種類

用途地域の名称	概要、主な用途
第一種低層住居専用地域	・低層住宅のための地域 ・小規模店舗、事務所を兼ねた住宅、小中学校などが建築可能
第二種低層住居専用地域	・主に低層住宅のための地域 ・小中学校などのほか、150㎡までの一定の店舗などが建築可能
第一種中高層住居専用地域	・主に中高層住宅のための地域 ・病院、大学、500㎡までの一定の店舗などが建築可能
第二種中高層住居専用地域	・主に中高層住宅のための地域 ・1,500㎡までの一定の店舗、事務所などが建築可能
第一種住居地域	・住居の環境を守るための地域 ・3,000㎡までの店舗、事務所、ホテルなどが建築可能
第二種住居地域	・主に住居の環境を守るための地域 ・店舗、事務所、ホテル、カラオケボックスなどが建築可能
準住居地域	・道路の沿道において、自動車関連施設などの立地と、これと調和した住居の環境を保護するための地域
近隣商業地域	・近隣住民が日用品の買物などをするための地域 ・住宅、店舗のほか、小規模工場が建築可能
商業地域	・銀行、映画館、飲食店、百貨店などが集まる地域 ・住宅や小規模の工場も建築可能
準工業地域	・主に軽工業の工場やサービス施設等が立地する地域 ・危険性、環境悪化が大きい工場を除き、ほとんどの施設を建築可能
工業地域	・工場は種類を問わず建築可能 ・学校、病院、ホテルなどは建築不可
工業専用地域	・工場は種類を問わず建築可能 ・住宅、店舗、学校、病院、ホテルなどは建築不可

（出典）　国土交通省都市局都市計画課ウェブサイト「みんなで進めるまちづくりの話」④をもとに作成

Q 178 農地を担保とする場合の注意点

農地を担保とする場合の注意点は何でしょうか。

農地について抵当権の設定を受ける場合には、農地法３条の許可は不要であるため、特別の手続は不要です。

他方、抵当権の目的物である農地の任意売却の場面においては、農地法３条の許可が必要になります。また、競売手続にあたっては、農地の所有権の移転という効果が生じるため、買受希望者は、執行裁判所に対し、入札にあたって農業委員会から買受適格証明書を取得してこれを提出したうえで、売却許可決定期日までに、同条の許可書または許可申請書届出の受理通知書を提出することが必要になります。さらに、農地を宅地として利用する場合には、転用に関する規制がかかってきます。

そのため、このように農地に抵当権の設定を受ける際には、抵当権の実行や転用の場面において農地法の規制に伴う手間が生じる結果、処分価格が低額になる可能性があることを念頭に置きつつ、慎重に検討をする必要があります。

解　説

1　農地とは

農地とは、耕作の目的に供される土地をいいます（農地法２条１項）。農地への該当性は、土地の事実状態に基づいて客観的に判断されるものであり、土地の所有者の主観的な使用目的や登記上その土地の地目が田または畑となっているかどうかは関係がありません。現に耕作されている土地のほか、耕作されていないものの、休耕地のようにいつでも耕作に供しうる状態になっている土地であれば農地として扱われます。

2　抵当権の設定について農地法による規制は及ばない

農地の取引等については、農地法の適用を受けます。農地法は、自作農の保護および促進等を目的としていることから、農地の所有権の移転に関しては、農業委員会の許可を要することとされています（同法３条１項）。

他方、農地法上、農地について抵当権の設定を受ける場合については、特段の規制がなく、所有権の移転の場合のような農業委員会の許可は不要とされています。農地について抵当権の設定を受けることについて特段の規制がないことの理由は、抵当権は債権者の占有を伴わない担保として位置づけられており、抵当権設定者による農地の使用および収益に関する権限は制限されていないためです。この点、同じ担保権であっても、担保権者に農地の占有が移転する質権、担保権者に農地の所有権が移転する譲渡担保または仮登記担保については、農地法の規制が及ぶことになります（同法３条１項）。

3　任意売却と農地法の規制

抵当権の目的物である農地を任意売却する際には、農地の所有権の移転に関して農業委員会の許可を要することになります（農地法３条１項）。

そのため、抵当権の目的物である農地の任意売却は、自由に行うことができないことから、その処分価格が低くなる可能性があることに留意する必要があります。

4　抵当権の実行と農地法等による各種の規律

(1)　買受申出人の制限

農地の所有権は、競売手続により、抵当権設定者から買受人に移転するため、この競売手続においても、農地の所有権の移転に関して農業委員会の許可を要する旨の農地法の規制が及ぶことになります。

そのため、買受希望者は、執行裁判所に対し、農地の買受けの申出（民事執行法66条）をする際に、農業委員会から発行を受けた買受適格証明書を提出することを要します（民事執行規則33条）。

また、買受希望者は、執行裁判所から売却決定期日に売却許可決定を受けるためには、その期日までに農地法３条１項に基づく農業委員会の許可を証する書面、または届出の受領通知書を執行裁判所に提出することを要します（最高裁民事局長通知昭和55年９月25日）。買受希望者がこれらの書類の提出ができない場合には、農地を取得する資格を有していないとして売却不許可事由に該当することになります（民事執行法71条２号）。

⑵　小作権が設定されていた場合

抵当権の実行の対象となった農地に小作人がいる場合には、原則として、その小作人以外の者は農業委員会の許可を得ることができません（農地法３条２項１号）。そのため、当該小作人以外の者に対しては、上記の買受適格証明書が発行されないことが一般的です。そのため、農地の競落をする場合、もともと買受適格証明書を取得するという手間が生じるため競売手続がスムーズに進まない可能性があるところ、小作権が設定されている場合には、その買受適格証明書を取得する者が小作人に限定されることから、さらに競売手続をスムーズに進めることがむずかしくなります。

⑶　国への買受申出

農地法は、上記のとおり、競売における農地の買受人について制限をしているため、担保権実行に基づく入札または競売の期日に買受けの申出をする者がなかった場合には、競売申立人が国に対してその農地の買取りを請求することができます（同法22条）。

ただし、その買取価格は、政令で定める価格が買受可能価額よりも高くなる必要があるところ、時価よりも相当に安価で算出されることが通常であるため、現実にこの買取請求ができる場合はまれであると思います。

5　転用規制（農地法および農業振興地域の整備に関する法律）

農地よりも宅地のほうが利用価値は高く担保価値も高くなります。もっとも、農地の転用については、農地法上、原則として都道府県知事または指定市町村の長の許可が必要とされています（農地法４条、５条）。ただし、市街化区域内の農地の転用については、農業委員会への届出制となっています（同法４条１項７号、５条１項６号）。

農地法に加えて、農業振興地域の整備に関する法律においては、農用地区域内の農地においては、農用地利用計画において指定された用途に供する場合以外は転用が認められていません。

これらの転用の許可の方針は、農地の区分に応じて、図表178－１のとおりとなっています。

図表178－１　農地の転用を許可する方針

区　分	営農条件、市街地化の状況	許可の方針
農用地区域内農地	市町村が定める農業振興地域整備計画において農用地区域とされた区域内の農地	原則不許可（市町村が定める農用地利用計画において指定された用途（農業用施設）等のために転用する場合、例外許可）
甲種農地	市街化調整区域内の土地改良事業等の対象となった農地（８年以内）等、特に良好な営農条件を備えている農地	原則不許可（土地収用法の認定を受け、告示を行った事業等のために転用する場合、例外許可）
第１種農地	10ヘクタール以上の規模の一団の農地、土地改良事業等の対象となった農地等良好な営農条件を備えている農地	原則不許可（土地収用法対象事業等のために転用する場合、例外許可）
第２種農地	鉄道の駅が500m以内にある等、市街地化が見込まれる農地又は生産性の低い小集団の農地	農地以外の土地や第３種農地に立地困難な場合等に許可
第３種農地	鉄道の駅が300m以内にある等、市街地の区域又は市街地化の傾向が著しい区域にある農地	原則許可

（出典）　農林水産省ホームページ

Q179 更地を担保とする場合の注意点

更地を担保とする場合に注意すべき点は何ですか。

更地を担保とする場合には、まず当該更地の利用目的の確認が必要です。

そのうえで、抵当権設定契約上で、無断建築や底地の無断譲渡・権利設定を禁ずる旨規定しておき、さらに、当該土地上に建物を建てる場合には当該建物を追加担保に入れる旨のあらかじめの合意をしておくことが望ましいです。

とはいえ、上記の契約や合意には債権的効力しかないため、上記の契約や合意に反して建物の建築がなされ、かつ、建物の追加担保が取得できないような場合には、抵当権者としては、期限の利益を喪失させたうえで、土地の抵当権実行を行うなどの対応が必要となります。

解　説

1　更地の評価・借地権の評価

更地とは、建物等の定着物がなく、かつ、使用収益を制約する権利の付着していない宅地をいいます。更地は、市場性が高く、担保としての適格性に優れているといえます。

これに対し、更地である土地上に建物が建築され、当該土地上に建物所有者のための借地権が設定された場合、当該土地は、底地価格（更地価格から借地権価格を控除した価格）として評価され、評価額が激減することになります。

すなわち、借地権割合は、地域や用途によって異なりますが、都市部では、おおむね更地価格の６～９割程度とされており、その分、底地価格の評価額が下がることになります。

なお、国税庁が公表する路線価図に、各地点の借地権割合があわせて掲載されており、借地権価格の評価の際の目安となります。もっとも、路線価図の数値は、相続税および贈与税の算定の際に用いる数値であり、実際の取引においては、複数の要因により借地権価格が決定されるため、あくまでも参考値としての資料となります。

2　更地に抵当権を設定後、建物が建築された場合の土地の評価

土地の抵当権の設定登記前に、土地に借地権が設定され建物が建築された場合には、当該土地は底地としての評価を受けることになり、担保価格は激減することになります。

これに対し、建物建築前に更地に抵当権設定登記をした場合には、その後に建物が建築されたとしても、土地の抵当権が優先し、後述のとおり、土地の担保実行時には、建物も一括で競売にかけることができます。とはいえ、この場合でも、建物の存在によって、土地の評価が更地評価よりも低くなることが一般的です。

そこで、更地として評価していた土地上に建物が建築され、土地の担保評価が激減することのないよう、以下の点に注意が必要となります。

3　更地を担保にとる場合の注意点

⑴　抵当権設定契約上の手当

更地を担保にとる場合には、抵当権設定契約において、

①　抵当権者に無断で更地の上に建物を建てないこと

②　更地を無断で第三者に譲渡しもしくは権利を設定しないこと

を抵当権設定者の義務として規定しておくことが考えられます。

⑵　建物建築予定（または可能性）のある更地を担保にとる場合

更地への担保設定時において抵当権設定者が将来更地上に建物を建てることを予定している場合には、抵当権設定者から、将来当該土地に建物を建築

したときには、当該建物にも共同担保として抵当権を設定するといった旨の念書を差し入れてもらう等の方法により、担保予約合意をしておくことが考えられます。

担保にとった更地上に建物が建てられた場合には、当該建物についても追加で抵当権を設定すれば、土地建物を共同担保として把握することができ、担保価値を毀損せずにすむからです。この点の詳細については、Q180（建物をできあがり担保とする場合の注意点）も参照してください。

(3) 債務不履行時の対応

もっとも、上記(1)、(2)のような契約上の合意には、債権的効力しかありません。

すなわち、契約当事者間においては有効であるものの、契約に反して無断で建物が建築された場合でも、建物建築を中止させたり、建物を取り壊したりする効力まではなく、また、建物所有者が念書に反して建物に追加担保を設定しない場合には、抵当権設定の効力は発生せず、抵当権者が勝手に抵当権の設定登記をすることはできません。

そこで、抵当権者としては、そのような事態を防ぐべく、更地の状況について継続的に調査・把握しておくとともに、建物が建築されそうになった場合には直ちに期限の利益を喪失させ担保実行を行うことや、建物を追加担保に供しない場合には、期限の利益を喪失させ、土地と建物の一括競売を行うこと（詳細は、次の(4)で述べます）などの対応が必要となります。

(4) 土地と建物の一括競売

土地の抵当権者は、土地上に抵当権を設定した後に、建物が建築された場合には、当該建物に追加担保として抵当権を設定していなくても、土地とともに建物も一括して競売することができます（民法389条）。

なお、土地の抵当権者が一括競売により取得できるのは、土地建物の売却代金のうち、土地の代価についてのみであり、建物の売却代金は、建物所有者が取得することになります。

Q180 建物をできあがり担保とする場合の注意点

住宅ローンによって更地を購入のうえ、新たに建物を建築する場合等におけるローンの実行時期をふまえた担保取得の方法について教えてください。

① 更地の購入資金および建物の建築資金を貸し付ける場合

・更地の購入資金を資金使途とするローンを実行する段階では、更地に対する抵当権設定に加え、将来建物が現存するに至ったときに抵当権の設定契約を締結する旨の念書（更地念書）を債務者から差し入れてもらう等の方法により、債務者との間で建物に対する抵当権設定の予約合意（以下「設定予約合意」といいます）を行うのが望ましいです。

・上記の場合において、設定予約合意は、単なる債権的合意にすぎないことから、実体的に抵当権を取得するためには、建物が現存するに至った時点で、あらためて債務者との間で抵当権の設定契約を締結する必要があります。したがって、債務者が設定予約合意に反して建物に抵当権を設定しなかった場合には、建物を担保として取得することはできません。

・建物の建築資金を資金使途とするローンを実行する段階では、建物の表示登記および所有権保存登記がなされ、建物に対する抵当権設定登記が可能となるまではなるべく融資を控えるべきですが、かかる建物の登記具備前に融資を実行する場合には、設定予約合意に基づいてすみやかに建物に抵当権を設定できるようにしておくのが望ましいです。

② 建物のリフォーム資金を貸し付ける場合

新建物の表示登記および所有権保存登記がなされ、敷地および新建物双方に対する抵当権設定登記が可能となった段階でローンを実行するのが望ましいものの、新建物の登記具備前に融資を実行する場合には、設定予約合意に基づいてすみやかに新建物に抵当権を設定できるようにしておくのが望ましいです。

解　説

1　更地の購入資金および建物の建築資金を貸し付ける場合

(1)　更地の購入資金を資金使途とするローンを実行する場面

a　更地念書の取得

土地上に建物が建てられている場合には、両不動産を共同抵当として担保取得するのが望ましいですが（Q181参照）、更地を購入のうえ、当該更地上に建物を新築するための資金を貸し付けるような一般的な住宅ローンの融資の場面では、更地の購入資金を資金使途とする住宅ローンを実行する段階では建物が現存していないことが多いと思われます。

しかし、当該更地上に建物が建った後に建物に対して抵当権を設定しないとすれば、当該土地は建付地としての評価を受けることになり、担保価値が下落することになります。このような担保価値の下落のリスクを避けるためには、土地とあわせて、将来完成する建物を共同抵当のかたちで担保取得する必要があります。

そして、抵当権が成立するためには、その目的物である建物が特定、現存しなければなりませんので、建物が現存していない段階では、建物に対して抵当権を設定することはできません。

そこで、更地への抵当権設定に加え、将来建物が現存するに至ったときに抵当権の設定契約を締結する旨の念書（更地念書）を債務者から差し入れてもらう等の方法により、債務者との間で建物に対する抵当権設定の予約合意（設定予約合意）を行うのが望ましいと考えられます。

b　建物が現存するに至った場合の対応

登記実務上は、設定予約合意は単なる債権的合意にとどまり、実体的に抵当権を取得するためには、建物が現存するに至った時点で、あらためて債務者との間で抵当権設定契約を締結する必要があると解されています。

したがって、設定予約合意に反して債務者が建物に関して抵当権設定契約を締結しない場合には、設定予約合意の存在のみを理由に、抵当権者が単独で抵当権設定登記を行うことはできず、建物を担保として取得することはできません。

もっとも、更地念書の違反は、約定違反としてローンの期限の利益喪失事由に該当すると考えられますので、債務者が建物に関する抵当権設定契約を締結しない場合には、更地に付された抵当権を実行することによって、貸付債権の早期回収を図る等の方法が考えられます。

(2) 建物の建築資金を資金使途とするローンを実行する場面

前述のとおり、建物が現存していない段階では、建物に対して抵当権を設定することができませんので、建物が現存し、抵当権設定が可能となった段階で融資を実行するのが望ましいといえます。たとえば、債務者の資金繰りが悪化し、計画どおりに請負代金を建築業者に支払えなくなった結果、建物の表示登記および所有権保存登記がなされないような場合もあることから、建物の表示登記および所有権保存登記がなされ、建物に対する抵当権設定登記が現実に可能となるまでは、なるべく融資を控えるべきです。ただし、実務上は、建物の登記具備前に融資実行を求められるケースもあると思いますので、かかるケースにおいては、登記に必要な印鑑証明書、委任状等の証書を徴求することによって、更地念書に基づいてすみやかに建物に対して抵当権を設定できるようにしておくのが望ましいと考えられます。

2 建物のリフォーム資金を貸し付ける場合

建物の建替えが必要となるようなリフォームの資金を貸し付ける場合には、新建物の表示登記および所有権保存登記がなされ、敷地および新建物双方に対する抵当権設定登記が可能となった段階で、ローンを実行するのが望ましいといえます。

ただし、新建物の登記具備前の融資実行が避けられない場合には、上記1

⑵と同様、債務者から更地念書および登記に必要な印鑑証明書、委任状等の証書をあらかじめ差し入れてもらう等の方法により、すみやかに新建物に対して抵当権を設定できるようにしておくのが望ましいと考えられます。

Q181 土地上に建物が建っている場合の担保取得の方法

①土地上に建物が建っている場合の担保取得の方法を教えてください。また、②土地および建物を同一人が所有している場合と、③土地および建物を別人が所有している場合における担保取得の際の留意点を教えてください。

① 土地および建物双方を共同抵当として取得するのが望ましいです。

② 土地および建物を同一人が所有している場合の留意点は以下のとおりです。

・同一人の所有する土地または建物の双方または一方を担保として取得する場合には、当該土地上に法定地上権が成立する可能性があります。土地のみを担保にとる場合や、土地と建物を共同抵当として取得していたとしても別々に抵当権が実行された場合や別々に競落された場合には、法定地上権の成立によって土地の担保価値が下落することに注意を要します。他方、建物のみを担保にとる場合には、法定地上権の成立によって担保価値が増加します。

・ただし、同一人が所有する土地および建物を共同抵当として取得後、建物が再築された場合には、土地の所有者と再築建物の所有者が同一で、かつ、再築建物について、土地の抵当権と同順位の共同抵当権が設定された場合を除き、再築建物を基準とする法定地上権は成立しません。

・また、同一人が所有する土地および建物について、土地のみに先順位抵当権者による1番抵当権が設定されている場合において、当該1番抵当権の設定当時には土地と建物の所有者が別人であった場合には、その後、後順位抵当権者が、当該土地建物に対して、土地に2番抵当権、建物に1番抵当権とする共同抵当を取得したとしても、原則として法定地上権は成立しません。

・もっとも、土地に対する1番抵当権が消滅した後に2番抵当権が実行された場合には、例外的に、法定地上権が成立します。

③　土地および建物を別人が所有している場合における担保取得の際の留意点は以下のとおりです。

・土地のみを担保にとる場合には、借地権の負担がついたものとして土地を評価する必要があります。

・建物のみを担保にとる場合には、建物所有権と借地権を担保として取得可能ですが、借地権が賃借権の場合には、地主の承諾または承諾にかわる裁　判所の許可が必要となるほか、借地権が解除された場合に建物が収去されてしまうリスクが残ります。

解　説

1　共同抵当としての取得の要否

同一の債権の担保として数個の不動産上に抵当権を設定する場合を共同抵当といいます（民法392条）。共同抵当の場合には、全不動産が債権全額について負担を負っており、抵当権者は、いずれの不動産からでも、債権全額について優先弁済を受けることができます。したがって、1個の不動産ではその価額からみて十分な担保となりえない場合や、不動産ごとの正確な担保評価が困難である半面、個別の処分に適さず社会経済上一体とみられる場合には、共同抵当が利用されることになります。

土地の上に建物が建てられている場合、かかる土地および建物は、民法上はそれぞれ別個の独立した不動産ではあるものの（同法86条）、経済的には一体として価額評価が行われることになるほか、後述する法定地上権の成立を防ぐためにも、共同抵当として取得するのが望ましいといえます。

2　土地および建物を同一人が所有する場合の留意点

⑴　法定地上権の成立

土地および建物を同一人が所有する場合であって、その不動産の全部または一部に設定された抵当権が実行され、競売に付された結果、土地および建物が別人所有となった場合には、建物に地上権が設定されたものとみなされることになりますが（民法388条）、かかる（みなし）地上権を「法定地上権」といいます。土地および建物が同一人所有の場合には、建物に土地利用権が設定されない半面、土地・建物に設定された抵当権が実行され土地と建物の所有者が異なるに至った場合、建物の競落人は、土地利用権がないため、建物を収去しなければならない立場に追い込まれ、社会経済的にも不利益が生じます。そこで、建物所有者を保護し、社会経済上の不利益を回避するために認められたのが上記法定地上権の制度です。

⑵　法定地上権が成立する場面

法定地上権が成立するためには、以下の要件が必要とされております。

①　抵当権の設定当時、建物が存在したこと ②　抵当権の設定当時に、土地および建物が同一の所有者に属すること ③　土地または建物の双方または一方に抵当権が設定されていること ④　競売の結果、土地と建物が異なる所有者に帰属したこと

②の要件との関係では、建物が未登記であったり、土地建物の登記名義が前所有者のままであったりしてもよく（大審院昭和14年12月19日判決・大審院民事判例集18巻1583頁、最高裁判所昭和48年９月18日判決・最高裁判所民事判例集27巻８号1066頁、最高裁判所昭和53年９月29日判決・最高裁判所民事判例集32巻６号1210頁、最高裁判所平成11年４月23日判決・金融法務事情1555号53頁）、抵当権設定後に土地および建物の所有者が異なることになっても、法定地上権の成立は妨げられません（大審院民事連合部大正12年12月14日判決・大審院民

事判例集２巻676頁）。

また、上記①～④の法定地上権の要件に照らせば、(a)同一人が所有する敷地または建物のいずれか一方に抵当権が設定され、当該抵当権が実行された場合のほか、(b)同一人が所有する敷地および建物に共同抵当を設定したが、その一方の抵当権のみが実行された場合または(c)双方の抵当権が実行されたものの、別々に競落された場合にも、法定地上権が成立することになります。

法定地上権が成立してしまうと、土地は、法定地上権の負担を強いられることになりますので、土地のみを担保取得する場合には、担保価値が下落することになります。他方、建物のみを担保取得する場合には、法定地上権は、担保価値を増加させるものとして機能することになりますが、土地とあわせて担保取得したほうが総合的な担保価値は高くなります。

以上からすれば、土地、建物自体の正常価格を維持するためには、両者を共同抵当として、土地および建物を一括して競売する方法により、法定地上権の成立を排除することが肝要です。

なお、以下のケースでは、法定地上権が成立しない場合があるとされておりますので、留意が必要です。

(3)　抵当権設定後、建物が再築された場合

同一人が所有する土地および建物の双方を共同担保として取得した後、建物が再築された場合の法定地上権の成否につき、従来の判例においては、旧建物または再築建物を基準とする法定地上権の成立を肯定していました（大審院昭和10年８月10日判決・大審院民事判例集14巻1549頁、大審院昭和13年５月25日判決・大審院民事判例集17巻1100頁）。しかし、土地および建物を共同担保として取得した抵当権者としては、土地と建物を一体として担保把握していたにもかかわらず、建物が再築された後も法定地上権が成立するとなると、法定地上権によって制約された土地所有権のみを担保価値として把握せざるをえなくなり、抵当権者に不測の事態が生じます（道垣内弘人『担保物権法』214頁）。

そこで、現在の判例においては、土地の所有者と新築建物の所有者が同一で、かつ、新築建物について、土地の抵当権と同順位の共同抵当権が設定された場合を除き、原則として新築建物について法定地上権は成立しないとされています（最高裁判所平成９年２月14日判決・最高裁判所民事判例集51巻２号375頁）。

(4) 土地建物が別人所有の間に先順位の抵当権が設定されている場合

同一人が所有する土地および建物について、土地のみに先順位抵当権者による１番抵当権が設定されている場合において、当該１番抵当権の設定当時には土地と建物の所有者が別人であった場合には、その後、後順位抵当権者が、当該土地建物に対して、土地に２番抵当権、建物に１番抵当権とする共同抵当を取得したとしても、原則として法定地上権は成立しないとされています（最高裁判所平成２年１月22日判決・最高裁判所民事判例集44巻１号314頁）。土地の１番抵当権者としては、法定地上権の負担のないものとして土地の担保価値を把握していた以上、かかる１番抵当権者の期待を保護する必要があるのがその理由です。

もっとも、判例は、土地の１番抵当権が消滅した後に２番抵当権が実行された場合には、もはや１番抵当権者の期待を保護する必要はなく、他方、２番抵当権者は、法定地上権の負担を覚悟すべき立場にあるとの理由から、例外的に法定地上権が成立するとしています（最高裁判所平成19年７月６日判決・最高裁判所民事判例集61巻５号1940頁）。

3 土地および建物を別人が所有する場合の留意点

(1) 土地のみを担保にとる場合

土地および建物が別人所有の場合であっても、土地、建物双方を共同抵当として担保取得すべきであるのは、上記１で述べたとおりですが、土地と建物が別人所有の場合には、建物所有者のために、土地に対して借地権が設定されている場合が通常です。

仮に、借地権付きの土地のみを担保にとる場合には、借地権の負担がついたものとして土地を評価せざるをえません。借地権の負担がついた土地の評価についての詳細は、Q179を参照してください。

⑵　建物のみを担保にとる場合

借地上の建物のみを担保にとる場合には、抵当権の効力が借地権にも及ぶことから（民法370条）、建物所有権および借地権を担保として取得することができます。もっとも、借地権が賃借権の場合には、地主の承諾またはこれにかわる裁判所の許可が必要となるほか、借地権が解除された場合には、建物が収去されてしまうリスク等がありますので、留意が必要です。詳細はQ182を参照してください。

Q182 借地上の建物を担保とする場合の注意点

借地上の建物を担保とする場合の問題点（建物処分と借地権の随伴、土地賃貸借契約が終了した場合、評価）、および建物が滅失（または建物の建替え）した場合の権利関係について、教えてください。

A ① 借地上の建物に抵当権を設定した場合には、抵当権の効力は借地権にも及ぶため、建物の買受人は、建物の所有権とともに借地権も取得することになります。

② 債務不履行による解除などを原因として土地賃貸借契約が終了した場合、借地権が消滅し、抵当権の対象物件である建物が収去されてしまう可能性があるため、建物の抵当権者としては、借地権者の賃料の支払状況などについて十分に留意する必要があります。

③ 建物が滅失した場合には、抵当権は消滅するため、JAとしては、再築した建物について抵当権の設定を受けるために交渉をするべきことになります。当該交渉の前提として、借地権者が借地権の対抗力を維持するため、土地上の見やすい場所への借地借家法所定の掲示が行われているかどうかを確認する必要があります。

④ 建物の建替えにあたっては、抵当権の効力等について、既存建物と建替え後の建物の同一性の有無が問題となります。この点については、Q185を参照してください。

解　説

1 借地上の建物を担保とする場合の問題点

(1) 抵当権設定にあたっての確認事項

借地上の建物に抵当権を設定した場合、抵当権の効力が借地権にも及び、建物に抵当権の設定登記がされることにより、その対抗力は借地権にも及ぶと解されます。

借地権とは、建物の所有を目的とする地上権または土地権の賃借権をいいます（借地借家法2条1号）。借地権は賃借権であることがほとんどであり、かつ、賃貸人である地主は賃借権の登記を承諾しないのが通常であるため、借地上の建物を借地権者が自らの名義で登記することにより、借地権の対抗力を備えている例が大半であると思います（同法10条1項）。なお、本問においても、特に断りのない限り、賃借権を念頭に置いて説明を加えます。

そのため、借地上の建物を担保として取得する場合には、賃貸借契約書の調査やヒアリングを通じて土地賃貸借契約が有効であること確認しつつ、建物に借地権者名義の登記がなされているかどうかについても確認することが必要となります。

(2) 土地賃貸借契約が終了することへの対策（地主の承諾書および代払許可）

借地権者の賃料不払いなどの債務不履行によって、土地賃貸借契約が解除されてしまうことがあります。その結果、土地賃貸借契約の終了に伴い建物が収去されてしまい、借地上の建物の担保としての価値が無価値になるリスクがあります。

このようなリスクを軽減させるために、次項2において述べる地主の承諾書を取得することを検討することになります。

また、借地権者の賃料不払いに関しては、以下の方法により、借地権者にかわって地代を支払うことも考えられます。

① 敷地利用権について利害関係を有する第三者として弁済をする（民法474条2項）。

② 差押債権者の立場において、執行裁判所から代払いの許可を得たうえで、その賃料を借地権者にかわって弁済をする（民事執行法188条、56条1項）。

なお、抵当権の実行に伴う建物の差押えの効力が借地権にも及ぶことから、抵当権実行後は、差押えの処分制限効により、借地権者と賃貸人との間で賃貸借契約を合意解除しまたは賃借期間を短縮することは許されません。しかし、借地権者の意思の介在しない賃貸借期間の満了や借地権者の賃料不払い等の債務不履行による賃貸借契約の解除による土地賃貸借契約の終了の効果は妨げられず、この場合には、やはり上記リスクが顕在化することになります。

⑶　抵当権の実行に伴う借地権の随伴

a　借地権が賃借権の場合

借地権が賃借権（債権）である場合には、建物の競落人は、賃貸人の承諾（民法612条1項）または承諾にかわる裁判所の許可（借地借家法20条）を得ることにより、賃貸人に対して借地権の承継を主張することができることになります。

この地主の承諾または裁判所の許可を得るためには、建物競落人が借地権価格の10％程度の承諾料を支払うことが一般的です。承諾料に関して、建物競落人が承継することになる土地賃貸借契約などにおいて借地権価格の10％を超えるような特約がないかどうかについて注意をすることが必要となります。

なお、抵当権の目的物である建物の任意売却の場合においても、同様に、賃貸人の承諾（民法612条1項）または承諾にかわる裁判所の許可（借地借家法19条）を得る必要がありますが、その場合には、借地権者が承諾料を支払うのが一般的です。任意売却の場合においては、譲渡人において承諾にかわる裁判所の許可を得る必要がある点に注意が必要です。

b　借地権が地上権の場合

借地権が地上権（物権）である場合には、建物の競落人は、地主の承諾なくして借地権を取得することになります。

⑷　借地上の建物の担保に係る評価

借地権付建物の担保価値は、建物自体の価値のみならず、敷地利用権である借地権価格を合算したものとなります。借地権割合は、都市部においてはおおむね6～9割程度とされることが多いようです。

また、上記のとおり、賃貸人である地主に対して承諾料の支払を要するのが一般的であることから、借地権付建物の担保価値は、建物自体の価格に借地権の価格を加えたものから、地主の承諾料を引いたものになると考えられます。

2　地主の承諾書

借地上の建物について抵当権の設定を受ける場合、抵当権者が賃貸人である地主から、以下に掲げる事項を目的として、承諾書（「地主の承諾書」と呼ばれます）を取得しておくことが一般的だと思います。

① 借地権の存在を確認すること
② 借地権を担保として差し入れることを許容すること
③ 借地権者に賃料不払い等の債務不履行がある場合には、賃貸借契約の解除に先立って抵当権者に通知すること
④ 担保を実行する際には、賃借権の譲渡についてあらかじめ承諾をするなどの円満な解決に協力すること

抵当権の設定にあたって法律が要求する必須の要件ではないものの、抵当権の保全の観点から、極力取得することが望ましい書類となります。

地主の承諾書のうち、上記③の効果に関しては、地主が抵当権者に対して借地権者の債務不履行について通知をせずに土地賃貸借契約を解除した場合、当該解除は有効であると解されています。もっとも、地主の承諾書に基づく通知義務違反について、地主が抵当権者に対して損害賠償責任を負うとした判例があります（最高裁判所平成22年9月9日判決・金融法務事情1917号113頁）。そのため、地主が損害賠償責任を負う可能性があることにより、地主による抵当権者に対する通知が促されることになります。抵当権者は、当該通知を受けて、賃料の立替払い等により債務不履行を解消して借地権を保全するための手段を検討することになります。

3　建物が滅失（または建物の建替えを）した場合の権利関係

⑴　建物に対する抵当権の効力

建物が滅失した場合、抵当権の目的となった建物が消滅していることから、抵当権の効力も消滅することになります。

この点に関し、建物の建替えによっても建物について同一性が認められれば、既存建物についての抵当権の効力は、建替え後の建物に存続することになります。建替えによる抵当権の効力については、Q185を参照してください。

⑵　借地権の効力

a　建物が朽廃により滅失した場合（旧借地法）

建物が滅失した場合において、旧借地法の適用を受ける借地権で存続期間の定めがないときは、建物の朽廃により借地権も消滅します。

b　建物が滅失した場合（a 以外の場合）

他方、旧借地法が適用されても朽廃以外の原因による建物の滅失の場合および借地借家法が適用される建物の滅失の場合については、それ自体で借地権が消滅することはなく、借地権は存続します。

⑶　借地権の対抗力

a　借地権者による借地上の掲示がある場合

建物が滅失しても借地権が存続する場合には、借地上の建物の登記を備えることにより対抗力を備えていた借地権者は、以下の事項を土地上の見やすい場所に掲示することにより、当該借地権は、なお第三者に対抗することができます。

①　建物を特定するために必要な事項

②　建物の滅失があった日

③　建物を新たに築造する旨

ただし、建物の滅失があった日から２年を経過した後にあっては、その前に建物を再築し、かつ、再築建物につき登記をしなければ第三者に対抗できません（以上について、借地借家法10条２項、同法附則４条）。

b　借地権者による借地上の掲示がない場合

抵当権設定契約において、「抵当権の目的となった建物が滅失した場合には、借地借家法10条２項所定の掲示を行った上で、建物を再築し、新建物に抵当権の設定をする」という趣旨の規定を入れている場合には、抵当権者は、借地権者に対して、かかる規定を遵守して掲示をするように交渉をすることになります。また、借地権者が当該規定を遵守しない場合には、掲示を求める請求権を被保全債権として、掲示を求める仮処分（断行の仮処分）などにより掲示を求めることが考えられます。

⑷　担保取得した借地上の建物が滅失した場合のまとめ

上記⑴において述べたように、建物が滅失した場合には、原則として抵当権の効力が消滅していることを前提に検討をする必要があり、上記⑵および⑶において述べた整理に従って、借地権の効力および対抗力について保全を求めつつ、再築した建物について抵当権の設定を受けるように交渉を継続することが大切になります。

Q183 抵当権の効力が及ぶ範囲

土地または建物に設定された抵当権の効力は、どこまで及びますか。

A 土地に設定された抵当権の効力は、その土地上の建物には及びません。また、建物に設定された抵当権の効力は、その敷地である土地には及びません。

もっとも、抵当権の効力は、①土地または建物の本体のほか、②抵当目的物に「付加して一体となっている物」(付合物、従物および従たる権利)、③抵当権実行後に生じた「果実」、ならびに④抵当目的物にかわる「代償物」に及ぶとされています。

なお、抵当権設定契約で除外された物、他の債権者を詐害する付属物、ならびに他人が権原により付属させた物および従物には、抵当権の効力は及びません。

解　説

1　土地および建物

民法370条本文は、土地抵当の効力は、「抵当地の上に存する建物」には及ばないと規定しています。したがって、また同条の解釈として、建物抵当の効力は、その敷地である土地には及びません。

2　付加して一体となっている物

(1)　学　説

民法370条本文の「付加して一体となっている物」(付加一体物)の範囲については、抵当不動産(土地または建物)の「付合物」(民法242条)や「従物」(同法87条)との関係で、現在に至るまでさまざまな学説が展開されていますが、現在の通説的見解は「『付加一体物』は、『付合物』のみならず、『従物』も含むものである」とされているため、以下では、この見解を前提とします。

⑵ 付合物

a 意　義

「付合物」とは、ある物と結合して、その分離復旧が社会通念上不可能か、できるとしてもこれにより社会的経済的な不利益を生じる状態となった物のことをいいます。

b 土地の付合物

そして、抵当不動産が土地の場合には、その土地のみならず、植木や取外しの困難な庭石等についても、その土地の付合物（構成部分）として抵当権の効力が及びます。

また、付合物については、抵当不動産と結合した時期（抵当権設定の前後）を問わず抵当権の効力が及ぶことに異論はなく、たとえば、抵当不動産である農地を宅地化するために抵当権設定後に投入された盛土にもその効力が及ぶとされています（民法391条に関するものとして、最高裁判所昭和48年7月12日判決・最高裁判所民事判例集27巻7号763頁）。

c 建物の付合物

同様に、抵当不動産が建物の場合には、その建物のみならず、戸扉、雨戸、屋根板、床板、壁紙、空調設備および電気設備等についても、建物の付加物（構成部分）として抵当権の効力が及びます。

また、抵当不動産と結合した時期を問わないことについては、抵当不動産が土地の場合と同様です。

なお、抵当建物と密着して増改築された別の建物について、その具体的な構造および用法にかんがみて、抵当建物の付合物として抵当権の効力が及ぶとした裁判例もあります（仙台高等裁判所昭和52年4月21日判決・判例タイムズ357号264頁等）。

⑶ 従　　物

a 意　　義

これに対して、「従物」とは、その物単体としての独立性を失うことなく、ある物（主物）の経済的効用を果たすために、継続的に役立つよう付属させられた物をいいます。

b 土地の従物

抵当地の従物についての判例は多くないものの、たとえば、石灯籠や取外しのできる庭石は、宅地の従物として抵当権の効力が及ぶとされています（最高裁判所昭和44年３月28日判決・最高裁判所民事判例集23巻３号699頁）。

また、抵当権設定後に従物となった物についての判例の考え方は明確でないものの、学説では、付合物と同様に、抵当権設定後の従物についても抵当権の効力が及ぶと解すべきことに異論はありません。

c 建物の従物

抵当建物の従物としては、たとえば、畳や窓のサッシがあげられます。また、最高裁は、計量機や洗車機および地下にある石油タンクについても、抵当建物であるガソリンスタンドの店舗用建物（主物）の従物として、抵当権の効力が及ぶと判示しています（最高裁判所平成２年４月19日判決・金融法務事情1265号27頁）。

ただし、机や椅子、時計、パソコンおよび貴金属等は、たとえそれが建物内にあったとしても、抵当建物からは完全に独立しており、これに付属させられているとは評価できないため、従物には当たりません。

なお、エレベーター設備については、その種類、構造および備付けの態様にもよる（建物の付合物となる場合もある）ものの、少なくとも、建物の従物として、抵当権の効力が及ぶと考えられます（大阪地方裁判所昭和47年12月21日判決・金融法務事情678号24頁）。

⑷ 従たる権利

抵当建物が抵当権設定者以外の者の所有地に建っており、そこに敷地利用権（地上権、賃借権または使用借権）が存在している場合には、抵当権の効力は、「従たる権利」としての敷地利用権にも及ぶと解されています（最高裁判所昭和40年5月4日判決・最高裁判所民事判例集19巻4号811頁）。

これは、抵当建物と敷地利用権の経済的一体性から、法的な処分を共通にすべきであるという要請（民法87条2項）は、従たる権利の場合であっても、従物の場合と異ならないとされているためです。

なお、敷地利用権が賃借権の場合には、建物の競落人は賃借権を含めて取得することになりますが、この賃借権の移転についても、原則として、賃貸人の承諾が必要であり（民法612条1項）、これが得られない場合には、承諾にかわる裁判所の許可（借地借家法20条）を得る必要があります。詳細については、Q182を参照してください。

⑸ 民法370条ただし書

客観的または外形的に、抵当不動産の付合物または従物に当たる場合であっても、①抵当権設定契約の当事者が抵当権の効力の及ぶ範囲から特に除外した物、および②抵当目的物に付属させることが一般債権者に対する詐害行為となる物については、抵当権の効力は及びません（民法370条ただし書、424条参照）。

なお、②の「行為」は、民法424条の場合と異なり、法律行為のみならず、事実行為を含む概念です。

また、③他人がその権原により付属させた付合物および従物（たとえば、抵当建物の賃借人が自分で入れた畳）についても、その所有権および処分権が他人に属するために、抵当権の効力は及びません。

3 抵当権実行後に生じた果実

民法371条において、被担保債権に不履行が生じた場合には、抵当権の効力がその後に生じた「果実」（法定果実だけでなく天然果実を含む）に及ぶことが法文上明確になっているため、抵当不動産に係る賃料債権に対する物上代位が認められることに異論はありません。

4　抵当目的物にかわる代償物

⑴　代償物の範囲

抵当権は不動産の占有ではなく、交換価値を支配しているものと理解されているところ、「代償物」は、まさに、抵当権が支配している価値が実現したものであるため、抵当権の効力が当然に及ぶとされています。

たとえば、抵当不動産の売却代金、賃料および地代、滅失または毀損による損害賠償請求権および損害保険金請求権は、抵当不動産の代償物として、抵当権の効力が及ぶとされています。

なお、転貸料については、直接には抵当権の負担を受けない賃借人が転貸借契約によって取得するものであることから、賃借人を抵当不動産の所有者と同視することを相当とする場合を除き、物上代位権を行使することはできない（抵当権の効力は及ばない）とされています（最高裁判所平成12年4月14日決定・最高裁判所民事判例集54巻4号1552頁）。

⑵　払渡しまたは引渡し前の「差押え」

a　差押えをすべき者

抵当目的物にかわる代償物に対して権利行使をするための要件を規定した民法372条が準用する同法304条は、払渡しまたは引渡し前の「差押え」を要求しています。そして、その趣旨は、「差押命令の送達を受ける前には抵当権設定者に弁済すれば足り、（逆に、差押命令の送達を受けた後には、抵当権者に弁済しなければならないとして、基準を明確にすることにより）……二重弁済を強いられる危険から第三債務者を保護することにある」とされています（最高裁判所平成10年1月30日判決・最高裁判所民事判例集52巻1号1頁）。

この「支払先を明らかにする」という観点からすれば、差押えは（第三者によるものでは足りず）抵当権者自身がすべきものと解されます（大審院大正12年4月7日判決・大審院民事判例集2巻5号209頁）。

b　債権譲渡または転付命令がされた場合

上記判例は、支払先の明確化による第三債務者の保護という趣旨からすれば、債権が譲渡されて対抗要件（民法467条）が具備された後においても、その弁済前であれば、抵当権者はこれを差し押さえることによって、なおその債権に対して抵当権の効力を主張することができるとしています（前掲最高裁判所平成10年判決）。

しかしながら（債権譲渡と類似の性質を有する）転付命令の場合には、執行の手続的観点を重視し、転付命令が第三債務者に送達されるまでに抵当権者の差押えがなされないときは（弁済前に差押えがあった場合でも）、転付命令が優先され、これに遅れる抵当権者はその債権に対して抵当権の効力を主張することができないとしている点に注意が必要です（最高裁判所平成14年3月12日判決・最高裁判所民事判例集56巻3号555頁）。

c　一般債権者の差押えとの競合

一般債権者の差押えと抵当権者の差押えが競合した場合には、前者の債務者への送達の時と後者の抵当権設定登記の時の先後により優劣が決まるものとされています（最高裁判所平成10年3月26日判決・最高裁判所民事判例集52巻2号483頁）。

Q184 貸出先以外の者を抵当権設定者とする場合の注意点

貸出先以外の者を抵当権設定者とする場合には、どのような点に注意すべきですか。

A 貸出先以外の者を抵当権設定者とする場合には、より慎重に、権限確認および意思確認を行うことが必要であり、特に、債務者を設定者の代理人として抵当権設定契約を締結するときには、設定者本人と面談するべきとされています。

解　説

1　担保権設定契約の際に行う調査

(1)　概　　要

抵当権設定契約等の際に行う調査事項を大まかに分類すると、物件自体の調査と、その設定者に関する調査に分けられます。そして、前者には、物件の現況調査と権利関係の調査の２つがあり、後者には、①権原確認、②権限確認および③意思確認の３つがあります。

(2)　権原の意味

なお、「権原」とは、「ある行為をすることを可能にする法律上の根拠」という意味であり、通常の抵当権設定契約においては、所有者であれば、目的物件に抵当権を設定する権原があるといえます（地上権や地役権に抵当権を設定する場合であれば、地上権者や地役権者にその権原があります）。

(3)　本人提供抵当権と第三者提供抵当権の違い

上記のうち、物件自体の調査、および設定者に関する調査のうちの①権原確認については、設定者と債務者が同一（本人提供抵当権）の場合と設定者と債務者が別（第三者提供抵当権）の場合とで大きな違いはありません。

2　②権限確認および③意思確認の必要性

債務者を設定者の代理人または使者として抵当権設定契約を締結する場合などを想定すると、仮に①権原確認を適切に行ったうえで抵当権設定契約を締結した場合にも、万一、債務者が無権限者であったようなとき（②権限確認の不備）や、設定者本人の意思に基づかないで結ばれたようなとき（③意思確認の不備）には、いかに形式的に関係書類が整っているときであっても、原則として、抵当権設定契約は有効には成立しなかったことになってしまいます。

また、第三者提供抵当権の設定者は、担保提供者としての負担は負っているものの、自ら融資を受ける利益を有するわけでないため（負担を負うに値する利益を得ていないため）、本人提供抵当権の場合と比して、抵当権の実行が顕在化してきた段階になって抵当権の設定否認を主張してくる割合が高いとされています。

そこで、このような抵当権の設定否認等の不測の事態の発生を未然に防止するために、第三者提供抵当権の場合には、以下で説明する②権限確認および③意思確認を、より慎重に行うことが必要になります。

3　権限確認

(1)　権限確認の対象

「権限」とは、設定行為者その者が抵当権設定契約を締結することのできる権利のことであり、抵当権設定契約が、利益相反行為、代理行為、制限行為能力者の行為による場合、または代表権の制限等が介在する場合に問題となります。

たとえば、代表取締役の貸金債務を被担保債務として会社所有の不動産に抵当権を設定する場合（利益相反行為（会社法356条1項3号））や、抵当権設定手続を代理人を介して行う場合、定款に一定額以上の取引について取締役会の承認を要する旨が定められている場合（代表権の制限（同法349条5項））

がその例です。

(2) 権限確認の方法

a 権限確認に用いる資料

権限確認に用いる資料としては、設定者が個人であるか法人であるかに応じて、図表184－1にあげたものがあります。

b 注意点

第三者提供抵当権のなかでも、特に、債務者を設定者の代理人として抵当権設定契約を締結した事案は、無権限者による抵当権の設定であったとして紛争が発生しやすい類型であるとされています（債務者が抵当権設定契約書等の書類の受渡しを行うための窓口（使者）として介在する場合にも、同様のリスクがあります)。

そのため、このような事案においては、権限が上記のような客観的な資料により確認できた場合であっても（後述4(1)の提供意思の確認と同様に）必

図表184－1　権限確認に用いる資料の一覧

設定者	資　料	用　途
個人	①　戸籍謄（抄）本	個人の氏名、本籍などの基礎情報を確認する。
	②　家庭裁判所の証明書（成年後見開始審判書など）	個人の行為能力を確認する。 法定代理人等の氏名を確認する。
法人	③　商業登記簿、法人登記簿	法人の法人格、名称、所在地、事業目的、代表者等の確認を行う。
	④　定款、寄付行為	法人の事業目的、代表者に関する定め、設定行為に関する制限等を確認する。
	⑤　取締役会等の機関決定に関する議事録	設定行為が内部的に必要な手続を経たことを確認する。
共通	⑥　印鑑証明書	代表者・代理人の実印を確認する。
	⑦　委任状、代理人届	任意代理人等の氏名および代理権の範囲を確認する。

ず、設定者本人と面談するなどしてその確認を行うべきとされています。

4　意思確認

(1)　提供意思の確認

意思確認の中心は、提供意思、すなわち、設定者が所有物件を担保として提供し、抵当権を設定すること自体の意思の確認にあります。

なお、本人提供抵当権の場合には、事実上、借入意思の確認と提供意思の確認が重複するものの、この場合であっても、金銭消費貸借契約と抵当権設定契約が別個の契約であることからすれば、「金銭を借りる意思はあったが、不動産を担保として提供する意思はなかった」という事態がありえます。

当然、第三者提供抵当権の場合には、債務者の借入意思の確認をもって、設定者の提供意思が行われたとすることはできません。

(2)　契約内容の理解の確認

提供意思はある場合であっても、どのような契約に係る債権を被担保債権として抵当権を設定するかについて設定者の理解が十分でないときには、これを原因として紛争が生じてしまうことがあります。

また、設定者の法的知識が乏しいときには、抵当権を設定することで法的にはどのような場合にどのような義務を負うかということすら正確に認識しないまま、抵当権設定契約書に署名してしまうこともありえます。

そのため、意思確認の内容としては、上記の提供意思の確認のほか、契約内容の理解の確認が必要とされています。

(3)　意思確認の方法

a　意思確認の方法

意思確認の方法としては、図表184－2にあげたような複数が考えられ、設定者と対面し、かつ、面前で自署をしていただくという直接的な確認方法が望ましいことはいうまでもありませんが、そのほかにも、次善の確認方法として、非対面の確認方法も考えられるところです。また、これらの組合せにより意思確認をすることも考えられます。

図表184－2　意思確認の方法の一覧表

分　類	方　法	留意事項
対面かつ直接的	①　本人面前自署	事情に応じて、設定者の本人確認と契約内容の説明を行う。
非対面かつ直接的	②　事前または事後の本人面談	あいさつ程度では足りず、設定契約書（写し）の交付や、確認文書面への署名等の配慮が必要である。
	③　照会状の発送と確認文書の受領	本人の意思に基づかずに確認文書が作成されてしまう可能性もある。
	④　電話確認	口頭による伝達のあいまいさと証拠が残らないところが難点である。
非対面＋間接的な確認	⑤　関係者への確認	従業員や家族等に問い合わせ、間違いがないことを確認する。
	⑥　照会状の発送のみ	一方通行の照会状のみで意思確認ありとするのは困難である。
	⑦　既存取引の署名と設定契約書の署名との照合	

b　注 意 点

意思確認を行った後に作成する意思確認記録書には、できるだけ具体的に、確認の方法（面前自署、面談、確認文書の受領）、確認者、確認の状況（日時、場所、同席者、天候等）、を記載することが望ましいとされています。

また、第三者提供抵当権の場合には、提供意思の存在を補強する事情として、提供者と債務者の関係はもちろん、設定者が担保を提供する理由やそこに至った経緯等についても、確認を行うことが有効と考えられます。

特に、債務者を設定者の代理人として抵当権設定契約を締結する場合には、その外形から債務者と設定者の利益が相反することが明らかであることや、これまでの裁判例においても夫婦の一方が無断で他方の財産に担保を設定して借入れをした事案等が多くあったことにかんがみて、必ず、設定者本人と面談するなどして意思確認を行うべきとされています。

Q 185 抵当建物の増改築・取壊し

抵当権を設定していた建物が増改築されました。増改築された建物にも抵当権は及びますか。また、取り壊された場合はどうなりますか。

A ① 増改築部分が抵当建物の付合物または従物と認められる場合には、抵当建物に係る抵当権の効力が及びますが、増改築部分が独立性を有し、別個の建物として登記された場合や区分所有権として登記された場合には、抵当建物に係る抵当権の効力は増改築部分に及びません。

② 建物の取壊しの場合、抵当権は当然に消滅します。改築の場合も、取壊しを伴う場合は抵当権が消滅します。

③ 建物の取壊しを伴わず、抵当建物との同一性を損なわない改築の場合は、改築後の建物にも抵当権の効力が及びます。

④ 抵当建物が他の建物と合体した場合は、合体前の抵当建物に係る抵当権の効力は、合体前の各建物の価格の割合に応じて、合体後の建物にも及びます。

解　説

1 増　築

⑴ 増築部分が抵当建物に付合する場合

a 付加一体物（付合）

抵当権の効力は、抵当不動産に「付加して一体となっている物」（付加一体物）に及び（民法370条）、その意義は、付合（同法242条本文）と同義と解されています。すなわち、新築部分の構造、利用方法を考慮し、その部分が従前の建物に接して築造され、構造上建物としての独立性を欠き、従前の建物と一体となって利用され取引されるべき状態にあるときは、その部分は、従前の建物に付合したものとして抵当権の効力が及びます（最高裁判所昭和43年6月13日判決・最高裁判所民事判例集22巻6号1183頁）。

たとえば、抵当建物に接して増設されたバルコニーや子ども部屋は、上記の付加一体物として、抵当権の効力が及ぶと考えられます。

b　権原のある者が付合させた場合

付合部分が抵当建物の一部と認められて独立の存在を失う場合（床の張替えや建増しなど）は、付合させた者は、その所有権を留保することはできません。そのため、当該部分を含めて抵当権の効力が及びます（ただし、付合させた者は、付合によって生じた価格の増加の賠償を請求することは可能です）。

これに対し、付合部分が抵当建物とは別個の存在を有するような場合には（建物の賃借人が設置した組み込み型のエアコンなど）は、権原を有する者に所有権が留保され、抵当権の効力が及びません。

⑵　附属建物が建築された場合

a　建物抵当権の効力が及ぶ「従物」であること

主たる不動産である抵当建物に従属してその経済的効用を助ける附属建物が建築された場合、当該附属建物は、抵当建物の「従物」（民法87条）に該当します。たとえば、母屋に対する別棟の物置、作業部屋などが附属建物に該当するものと考えられます。

従物は、その設置が抵当権設定の前であるか後であるかを問わず、民法370条の「付加して一体となっている物」に含まれるものと解されるため、抵当建物に係る抵当権の効力は、従物たる附属建物にも及びます。

b　増築建物が独立性を有する場合

増築建物が、主たる建物との主従関係がなく、それ自体独立して取引の対象となりうるものであって、主たる建物と別の建物として登記されたものである場合には、抵当建物の抵当権の効力は及びません。この場合、JAとしては、増築部分について追加で抵当権の設定を受けることを求めるべきことになります。

⑶　増築部分に区分所有権が認められる場合

1棟の建物に、構造上区分された数個の部分で、独立して住居、店舗、事務所または倉庫その他建物としての用途に供することができるものがあるときは、その各部分は、それぞれ所有権の目的とすることができます（建物の区分所有等に関する法律1条）。当該部分を主たる建物とは独立した別の建物とするか、附属建物として1個の建物として取り扱うかは、所有者の意思に任されています。

そのため、増築部分につき、区分所有の登記が行われず、建物表題部の変更登記により附属建物として取り扱い、抵当建物とあわせて1個の所有権の目的とされた場合は、抵当建物に対する抵当権の効力は、当該増築部分にも及ぶことになります。他方、増築部分について、区分所有権として表題登記および保存登記が行われた場合は、当該建物は、抵当建物とは別の新しい建物となるため、抵当建物に設定した抵当権の効力は及びません。

したがって、JAとしては、増築部分に区分所有権が認められるような事案においては、できる限り附属建物として取り扱うように働きかけるべきですし、仮に区分所有権の登記がなされてしまった場合には、増築部分について追加で抵当権の設定を受けることを求めるべきことになります。

2　改　　築

⑴　取壊しを伴う改築

抵当権は、設定した抵当建物に係る物権ですので、当該抵当建物が滅失すれば、抵当権は当然に消滅します。この点、滅失とは、建物が物理的に壊滅して社会通念上建物としての存在を失うことをいいます。

そのため、抵当建物を取り壊し、同じ場所に新たに建築した場合（建替え）は、当該取壊しにより抵当建物が物理的に壊滅して社会通念上建物としての存在を失い、抵当建物と改築建物との間の物理的な同一性は認められません。そのため、抵当建物に係る抵当権は当然に消滅し、当該新築建物に抵当権の効力は及びません。

また、取り壊した建物の材料を使ってほとんど同じ規模・構造のものを跡地に建てた場合（再築）または他の場所に建てた場合（移築）であったとしても、抵当建物は滅失していることに変わりはなく、また、抵当建物と再築または移築建物の物理的同一性は認められませんので、再築または移築建物に抵当権の効力は及びません（最高裁判所昭和62年７月９日判決・最高裁判所民事判例集41巻５号1145頁）。

したがって、これらの場合、JAとしては、建て替えられた建物について追加で抵当権の設定を受けることを求めるべきことになります。

⑵　取壊しを伴わない修繕

抵当建物の取壊しを伴わない大規模修繕の場合のように、抵当建物と改築建物との間の物理的同一性が認められる場合は、改築建物にも抵当権の効力が及びます。

⑶　分　　棟

１棟の建物として登記された建物に物理的変更を加えて数個の建物とすることを分棟といいます。この場合、分棟後の一方を主たる建物とし、残りをその附属建物とする建物の表題部の変更の登記が行われます。

主たる建物に属する附属建物部分は、主たる建物の「従物」に該当するため、上記１⑵ａのとおり、主たる建物たる抵当建物に設定されている抵当権の効力は、改築後の附属建物を含めた全体に及びます。

⑷　合　　体

建物の合体とは、主従の関係にない２個以上の戸建て建物の間に増築工事を施して接着させたことにより、または互いに接続する２個以上の区分建物の間の隔壁を除去したことにより、構造上これらを合体して１個の建物とすることをいいます。

たとえば隣接する２つの建物に渡り廊下等を設置して一続きの１個の建物とする場合や、区分所有建物の隔壁を除去して１つの区分所有建物にする場合が考えられます。

この場合、互いに主従関係のない合体前の各建物の価値は、付合によって合体後の建物の価値の一部として存続し、合体前の各建物を目的とする抵当権等の権利は、合体前の各建物の価格の割合に応じた持分を目的とするものとして、合体後の建物に存続するものと解されます（最高裁判所平成６年１月25日判決・最高裁判所民事判例集48巻１号18頁）。

よって、抵当建物が他の建物と合体した場合、抵当建物に係る抵当権は、抵当建物の価格の割合に応じた持分を目的とするものとして、合体後の建物に及びます。

3　取壊し

⑴　抵当権の効力

上記２⑴のとおり、建物が物理的に壊滅して社会通念上建物としての存在を失った場合は、建物が滅失したものとして、抵当権は消滅します。

⑵　抵当建物の取壊しに対してとりうる対応

a　妨害排除請求権

抵当権の目的物が違法に毀滅等されるおそれがあるときは、抵当権者は、抵当権に基づく物権的請求権として、侵害者に対し、その侵害の排除を請求することが可能です。また、すでに取壊工事に着工している場合など、早急に工事を取りやめさせる必要がある場合には、取壊工事の禁止の仮処分を申し立てることも考えられます。

b　損害賠償請求権

抵当権侵害について、不法行為が成立しますので、抵当権者は、侵害者に対し、民法709条に基づく損害賠償請求権を行使することが可能です。

c　期限の利益の喪失

債務者が抵当建物を滅失させ、損傷させまたは減少させたときは、被担保債権について期限の利益を喪失させることができます（民法137条）。

d　その他契約に基づく責任追及

債務者または物上保証人との間の契約において、担保物権を毀損した場合には、抵当権者が増担保を請求できる旨の特約を締結している場合には、これに基づき、増担保請求権を行使することが考えられます。そのほか、損害賠償の定めに基づく請求など、契約に基づく責任追及を行うことが考えられます。

Q 186　担保物件の定期的な調査の重要性

担保物件は状況や時間の経過に伴って担保価値が変動することがあります。そのため、担保権者であるJAとしては、現状の担保価値を確認することを目的として定期的な調査を実施することが不可欠です。そこで、JAとして、どのような点に着目して、定期的な調査を実施すべきかについて教えてください。

A　担保価値の変動原因に応じて確認すべき項目や担保権者に与える影響の程度等が異なりますので、JAとしては、図表186－1にあるような点に着目して定期的な調査を実施することが重要です。

また、それぞれの調査を実施するに際しては、以下で詳細を述べる調査の視点を理解し、調査の目的を正確に把握したうえで計画的な調査プランを検討することが有益です。

解　　説

1　担保物件の定期的な調査の重要性

担保権の設定手続が適切に行われた後においても、状況の変化や時間の経過等によって担保物件の価値が変動することがあります。そのため、担保権者であるJAとしては、自らが有する担保権を保全するために、担保物件の価値の変動を把握することが求められます。

具体的には、まず、現況の変更等の担保物件の物理的な変動があった場合、担保権の効力や担保物件の価値に大きな影響が生じる可能性がありますので、これらの事実関係を把握することが重要です。また、物理的な変動以外にも、担保物件に関する法的な権利関係の変動によって、担保権の効力や担保物件の価値に大きな影響が生じることがありますので、この点について

図表186－1　担保価値の変動原因の種類ごとの着眼点

担保価値の変動原因の種類	調査の着眼点
物理的な変動	・現況の調査
権利関係の変動	・公的な書類の調査 ・債務者からの情報の聴取や近隣住民からの情報聴取
利用規制等の変動	・重要な制度変更を把握するための体制整備 ・債務者からの情報の聴取

の配慮も必要です。そして、関係当事者がなんらの行為を行っていない場合であっても、関連する公法上の担保物件の利用ルールが変更される等の公的な利用規制等の変動の影響を受けることもあります（図表186－1参照）。

以上のとおり、担保権者であるJAによる担保物件の管理においては、担保物件の現況の調査、法的な権利関係の確認、公的な利用規制等の変更の確認といったまったく異なる角度からの検討が求められます。また、これらの変更に関しては、変化が目にみて把握できるもの、登記事項証明書等の書類によって把握できるもの、公開情報で把握できるもの、そもそも債権者側で把握することができないものといったケースごとのさまざまな特殊性がありますので、このような調査方法の違いも理解したうえで実務対応を検討することも重要です。

2　物理的な変動に関する調査

(1)　想定されるケースと調査方法

物理的な変動については、たとえば、担保物件の増改築、移築、火災や取壊し、担保物件の新築や再築等といった事情によるものが想定されます。

これらの変動については、担保物件の現状の変更が発生することから、基本的には、現場を定期的に目視すること（現況調査）で事実関係を把握することが可能と思われます。なお、実務的には、不注意による見落し等が発生するおそれもあることから、定期的な現況調査に関するマニュアルやチェックリストの作成等を行うことが望ましいでしょう。

(2) 実務上の留意点

現況調査においては、担保物権が増改築されるような典型的な事案のほかにも、さまざまなケースが発生することが想定されます。たとえば、建物が著しく老朽化してしまうケース、土地の現況が著しく変化するケース（河川の氾濫、海岸地の地盤沈下等）、建物が合体または分棟するケース等が想定されます。このうち、建物の合体のケースにおいては、従来の建物が滅失として取り扱われるため留意が必要です。もっとも、この滅失の登記を実施するためには、担保権者の承諾に関する情報等を提供することが登記手続として必要となりますので、登記手続上は、担保権者の利益が配慮されることとなります。

次に、建物が取り壊されるケースにおいては、担保価値が完全に損なわれるような事態も想定されます。そのため、新たな担保の徴求、妨害排除請求、仮処分や損害賠償請求といった直接的かつ非常的な手段をとる必要が生じることもありますので、現況調査における重要な確認項目となります。さらに、単純な取壊し以外にも、区画整理等の目的で建物を移転するような場合において、建物を解体して移転することもあります。この場合、建物が解体される以上、従前の建物は滅失することになりますので（材料が同一であっても、新たな建物は同一の不動産とはなりません）、担保権者であるJAとしては、移転後の建物について新たな担保権の設定登記を行う対応をとる必要があります。なお、建物の増改築や取壊しのケースにおける担保権の効力については、Q185もあわせて参照してください。

3 権利関係の変動に関する調査

(1) 想定されるケースと調査方法

権利関係の変動としては、たとえば、先順位担保権の変更、対象不動産に対する仮差押えおよび仮処分、対象不動産の賃貸借関係の整理等といった要因による変動が想定されます。

これらの変動に関しては、現況の変更の場合と異なり、登記事項証明書等の書類で権利関係の情報を確認することが必要となります。また、登記事項証明書等に記載されない権利関係の変更（賃料の未払い等）に関しても、担保価値に重大な影響を与える事態（たとえば借地契約の解除等）が発生していることがありますので、債務者からの情報聴取や近隣住民からの情報聴取等、書類記載の情報に安易に頼らない事実関係の把握も重要です。

⑵ 実務上の留意点

権利関係の変動の代表的な例の１つとしては、先順位担保権の変更（順位の変更や処分等）があります（なお、もう１つの代表的な例である担保権の対象不動産の譲渡については、次のQ187において説明します）。この点、JAが後順位担保権者である場合において、先順位担保権に関して順位の変更や処分等の事実が発生したとしても、法的には後順位担保権者であるJAに与える影響は限定的ですが、先順位担保権の処分内容や新たに登場する債権者の属性等によっては、債務者の信用状態に重大な変化があるケースも想定されますので、このような権利関係の変動を把握することは実務上重要になります。

また、担保物件に仮差押えや仮処分が行われることもあります。まず、このようなケースにおいても、担保権が登記ずみであれば、競売手続において仮差押えや仮処分に優先してその効力を主張することができますので、法的な観点からは担保価値が維持されていることになります。もっとも、担保物件の任意売却を検討する場合には、仮差押えや仮処分を実施した債権者の意向を無視して任意売却を行うことはむずかしくなることから、日常の調査においても、これらの事実関係の発生の有無について調査しておくことが有益でしょう。

4 利用規制等の変動に関する調査

⑴ 想定されるケースと調査方法

公的な利用規制等の変動としては、担保物件に関する公法上の制限の変更や土地収用等といった要因による変動が想定されます。

これらの事象については、法令の改正や行政処分等によって実施されることになりますので、関係当事者の行為の調査とは別の観点から、事態を把握するための調査体制をあらかじめ検討しておくことが重要です。実務的には、担当者によって大きな制度変更を把握するための体制を整備するとともに、債務者からの日常の情報聴取を通じて重要な制度変更を把握することも重要となるでしょう。

⑵ 実務上の留意点

公的な利用規制等の変動については、制度変更を把握するために、どのようなケースが想定されるのかをあらかじめ理解しておくことがポイントです。

代表的なものとしては、都市計画法、土地区画整理法、国土利用計画法、建築基準法、港湾法、河川法、森林法、砂防法、自然公園法、文化財保護法、道路法、高速自動車国道法、航空法等の各種開発法規や環境法規によって対象不動産の利用が制限されることがあります。このうち、前述のとおり、たとえば、担保物件が土地区画整理事業の対象となった場合において、建物が解体移転となるときには担保権の新たな設定が必要となるものと一般に解されていますので、留意すべきでしょう。また、利用規制等の変動の種類によっては、補償金が支払われることもありますので、補償金が支払われる場合には、この補償金に対する質権の設定や物上代位を検討することも選択肢となるでしょう。

Q 187　抵当権の対象となる不動産の所有者の変更

抵当権の対象となっている不動産（以下「抵当不動産」といいます）が第三者に譲渡された場合、抵当権の効力はどのような影響を受けますか。また、抵当権者であるJAとしては、抵当不動産の譲渡に関し、どのような対応をとる必要があるでしょうか。

A　抵当不動産が第三者に譲渡された場合であっても、抵当権設定登記が具備されている場合、抵当権設定者から抵当不動産の譲渡を受けた者（以下「第三取得者」といいます）に抵当権の効力を対抗することができます。

抵当権者であるJAとしては、ケースによっては、期限の利益喪失およびそれに伴う競売手続の必要性を検討することが重要です。また、競売手続にまで至らないケースにおいて、所定の事項が記載された確認書等を抵当権設定者と第三取得者から取得することもあります。

なお、抵当権設定登記が具備されていない場合には、第三取得者に抵当権の効力を対抗できないことから、そもそも抵当不動産の譲渡が行われないように債務者の動向を把握することが重要です。

解　　説

1　抵当不動産の譲渡と抵当権の効力

(1)　抵当権の効力を対抗するためには――抵当権設定登記

抵当権を抵当権設定者以外の第三者に対抗するためには、抵当権設定登記を具備しておく必要があります（民法177条）。そして、抵当不動産が譲渡される場合、第三者取得者は抵当権設定者以外の第三者となりますので、第三取得者に抵当権の効力を対抗できるかどうかは抵当権設定登記が具備されているかどうかによって異なってきます。

(2) 抵当権設定登記が具備されている場合における帰結

抵当権設定登記が具備されている場合、抵当権者であるJAとしては、第三取得者に対し、抵当権の効力を対抗（主張）することができます。具体的には、抵当不動産の譲渡自体は法的には有効となりますが、第三者に抵当権を対抗できる抵当権設定登記が具備されていることにより、第三取得者にも抵当権の効力を対抗できることになります。そのため、抵当権者であるJAとしては、後日の競売において、第三取得者に対抗できるかたちで手続を進行することが可能です。

他方、第三取得者に抵当権の効力を対抗できるとしても、抵当権設定契約に定められている各種の特約（抵当不動産の現状変更禁止特約や担保保存義務免除特約等）は第三取得者には当然には承継されないことになります。

なお、第三取得者は、抵当権消滅請求を行うことができます（民法379条）。この抵当権消滅請求が行われた場合、抵当権者であるJAとしては、抵当権消滅請求において提示された取得代価または評価額による抵当権の消滅に応じるか、2カ月以内の競売の申立てを実施するかのいずれかの対応をとることとなります。

(3) 抵当権設定登記が具備されていない場合の帰結

抵当権設定登記が具備されていない場合、抵当不動産が第三取得者に譲渡されたときには、抵当権者は、第三取得者に対し、抵当権の効力を対抗（主張）することができません。

2 抵当権がとるべき対応

(1) 抵当権設定登記が具備されている場合

抵当権設定登記が具備されている場合においては、前述のとおり、抵当権の効力を第三取得者に対抗することができますので、この点に関する特段の対応は不要です。

もっとも、抵当不動産の譲渡が抵当権者に無断で実行されるようなケース

図表187－1　「抵当不動産の譲渡に関する確認書」の書式例

抵当不動産の譲渡に関する確認書

平成○年○月○日

○○御中

抵当権設定者　○○
第三者取得者　○○

第三取得者は、抵当権設定者から末尾記載の担保物件（以下「本抵当不動産」という。）の譲渡を受けるに際し、以下の事項を確約します。

第1条（担保権の存続）
第三取得者は、○年○月○日付抵当権設定契約（以下「本設定契約」という。）に基づき本抵当不動産に設定されている抵当権の効力が存続することを確認し、引き続き責任を負います。

第2条（条項の効力の承継）
第三取得者は、抵当権設定者が貴組合に差し入れた約定書および本設定契約の各条項の内容を理解し、その内容に従います。

第3条
第三取得者は、貴組合が他の担保または保証の効力を失わせる行為をしたとしても、免責を主張しません。また、第三取得者が代位によって貴組合から取得した権利は、抵当権設定者と貴組合の取引継続中は、貴組合の同意がなければこれを行使しません。この点に関し、貴組合の請求があれば、その権利またはその順位を貴組合に無償で譲渡します。

末尾
担保物件の表示

においては、第三取得者が正常な取引当事者ではないことも想定されますので、事案によっては、競売手続の実行を検討することが必要となります。この場合、期限の利益を喪失させることになりますので、取引約定書等の契約内容を精査し、抵当不動産の無断譲渡等を理由として、被担保債権の期限の利益を喪失させたうえで抵当権を実行する対応を検討することになるでしょう。

また、競売手続に至らない事案においても、抵当権設定契約に定められている各種の特約が第三取得者には当然には承継されないことになりますので、この場合の対応として抵当不動産の譲渡に際して合意が必要な内容について抵当権設定者および第三取得者から確認書等を連名で取得する対応をとることが重要です。

具体的な書式としては、図表187－1のような確認書等を取得することが1つの選択肢となります。具体的な内容は、事案によっても異なりますので、図表187－1にある書式のような基本的な内容をベースとしつつ、個別事情に応じて内容を調整することも論点となります。

(2) 抵当権設定登記が具備されていない場合

抵当権設定登記が具備されていない場合には、前述のとおり、抵当権の効力を第三取得者に対抗することができませんので、抵当権設定登記が具備されていない状況における抵当不動産の譲渡をどのようにして防ぐかがポイントとなります。

具体的には、抵当権設定者が抵当不動産を無断で譲渡するような動きを察知した場合においては、事案によっては、抵当権者の有する設定登記手続請求権を保全するための処分禁止の仮処分（抵当権設定者が抵当不動産の譲渡を強行した場合であっても、当該譲渡にかかわらず抵当権を後日に実行するための保全処分）の手続をとることが重要です。

抵当権者であるJAとしては、上記の手続をとる必要性を判断するため、日常の業務において、抵当不動産の譲渡の動きを早めに察知する観点から、債務者の動向を観察しておくことも有益でしょう。

Q 188 根抵当権の確定

根抵当権の確定とはどういうことですか。確定後の根抵当権の性質（＝確定の効果）および主な確定事由について教えてください。

根抵当権は、一定の範囲に属する不特定の債権を極度額の限度で担保する抵当権ですが、確定事由が生ずると、被担保債権の元本が上記一定の範囲に属する債権のうち、確定時点で存在するものに特定されることになります。これを根抵当権の確定といいます。

根抵当権の確定により、根抵当権は特定の債権を担保する抵当権となり、被担保債権に対する付従性および随伴性を有することとなります。また、絶対効を有する譲渡ができなくなり、相対的な処分のみが可能となります。さらに、確定後には、根抵当権設定者等は極度額減額請求、根抵当権の消滅請求をできるようになります。

根抵当権の確定事由のうち主なもの（重要なもの）としては、①元本確定の合意、②元本の確定請求、③債務者死亡時の指定債務者の合意および登記の不実施、④根抵当物件に対する強制執行等があげられます。

解　説

1　根抵当権の確定とは

根抵当権は、抵当権のうち、一定の範囲に属する不特定の債権を極度額の限度において担保することを目的として設定されたものをいいます（詳細は、Q173参照）。

「不特定の債権を……担保する」ということの意味ですが、これはあくまでも根抵当権の設定時においては被担保債権が特定されておらず流動的であるということを意味しているにすぎません。根抵当権であっても、あるタイミングで当該根抵当権の被担保債権は、特定のものに固定されることになります。

このように、設定の当初は一定の範囲内で流動的であった被担保債権が特定のものに固定されることを根抵当権の確定といいます。いったん、根抵当権の確定が生ずると、たとえ上記の「一定の範囲に属する」債権であっても、確定後に新たに発生したものについては当該根抵当権の担保の対象にはなりません。

2　確定後の根抵当権の性質（確定の効果）

(1)　付従性・随伴性

確定前の根抵当権は、元本債権に対する付従性・随伴性を有しませんが、確定後は普通抵当権と同じように、被担保債権に対する付従性・随伴性を有することとなります。

随伴性を有することとなるという点は、特に重要です。すなわち、確定前の段階では被担保債権を譲渡しても根抵当権は随伴して移転しませんが、確定後は、被担保債権の譲渡に随伴して根抵当権も移転することとなります。

このことは、たとえば、主債務について連帯保証を行っている者がいる場合において、その連帯保証人が代位弁済を行うときに元本の確定の有無が影響するといったかたちで実務上影響が生じることになりますので、基本的な知識として押さえておくことが重要です。具体的には、連帯保証人が代位弁済をした結果、被担保債権を代位取得した場合であっても、それが根抵当権の確定前であれば、随伴性を有しない以上、当該連帯保証人は根抵当権を取得することができません。他方、これが根抵当権の確定後であれば、根抵当権が随伴性を有する結果、当該連帯保証人は被担保債権を代位取得するのと同時に根抵当権をも取得することが可能となるという違いが生ずることを押さえておくことが重要となります（民法398条の7第1項）。

したがって、根抵当権者たるJAが連帯保証人の便宜を図るためには、保証債務の弁済を受ける前に根抵当権を確定させて随伴性を生じさせておくことが必要となります。

⑵　被担保債権の範囲の変更、債務者の変更

根抵当権の確定後は、被担保債権の範囲や、債務者の変更をすることができなくなります（民法398条の４第１項）。被担保債権の範囲や債務者の変更は、いわば、根抵当権で担保される債権の「枠」の変更であるところ、根抵当権の確定によってその「枠」が確定した以降は、その変更ができなくなるということです。

⑶　根抵当権の譲渡性

根抵当権者は、根抵当権の確定前は根抵当権の全部譲渡、分割譲渡（民法398条の12）、および一部譲渡（同法398条の13）を行うことができますが、確定後はこれらを行うことができなくなります。

他方、根抵当権の確定後は、普通抵当権と同様に、譲渡、放棄、順位の譲渡、順位の放棄（同法376条）を行うことができるようになります（同法398条の11）。

⑷　極度額減額請求

根抵当権は、極度額の範囲内であれば、「何年分」という制限なしに、元本から生じた利息を担保します（民法398条の３第１項。なお、普通抵当権は、利息については満期になった最後の２年分しか担保できないとされています（同法375条１項））。

しかし、元本が確定した後は、根抵当権設定者は、極度額を現に存する債務の額と以後２年間に生ずべき利息等の額を加えた額にまで減額するよう請求することができるようになります（同法398条の21第１項）。

⑸　根抵当権の消滅請求

物上保証人たる根抵当権設定者は、元本確定後において被担保債権の額が極度額を超える場合には、極度額に相当する金額を支払うことで根抵当権の消滅請求をすることができるようになります（民法398条の22第１項）。

3　根抵当権の元本の確定事由

根抵当権の確定事由は、①元本確定の合意、②元本確定請求、③債務者（もしくは債権者）についての相続開始後の合意または登記の不実施、④根抵当物件に対する強制執行等、⑤合併時の確定請求、⑥分割時の確定請求、⑦破産、⑧確定期日の到来に大別することができます。ここでは特に重要なものとして以下の４点について解説します。

⑴　元本確定の合意

民法上の明文規定はありませんが、実務上は根抵当権者と根抵当権設定者の合意により元本の確定がなされており、登記実務上も有効な登記事由として認められています。

⑵　元本確定請求

当事者間で確定期日の定めをしなかったときは、根抵当権者は、いつでも根抵当権の確定請求をすることができ、当該請求がなされると即時に確定の効果が生じます（民法398条の19第２項）。

たとえば、上記２⑴で紹介したようなケースで、JAが連帯保証人の便宜を図るべく、根抵当権を確定させようとしているにもかかわらず、根抵当権設定者の協力が得られないときには、元本確定の合意にかわる手段として、根抵当権者たるJAとしては元本確定請求を行うことを検討することが選択肢となります。

⑶　債務者についての相続開始時の指定債務者の合意および登記の不実施

債務者についての主たる相続開始原因は、債務者の死亡です。根抵当権が確定する前に債務者が死亡した場合、根抵当権は、相続開始時に存する債務のほか、根抵当権者と根抵当権設定者との合意で定めた相続人（以下「指定相続人」といいます）が、相続の開始後に負担する債務を担保することになります（民法398条の８第２項）。

ただし、根抵当権者と根抵当権設定者との間で行った、指定相続人を定める合意を相続の開始後６カ月以内に登記しなかった場合には、当該根抵当権の被担保債権は、相続開始時に存した債権に確定したものとみなされます。その結果、相続開始後に生じた債務は、担保の対象とならないこととなります。

すなわち、債務者について相続が開始したことのみで、直ちに根抵当権が確定することにはなりませんが、相続開始後6カ月以内に上記の指定相続人を定める合意、およびその登記をしなかった場合には、根抵当権は確定することになります（詳細は、Q189参照）。

(4) 根抵当物件に対する強制執行等

根抵当権者であるJA自身が抵当不動産についての競売もしくは担保不動産収益執行または物上代位のための差押えの申立てを行った場合には根抵当権は確定します（民法398条の20第1項1号）。

また、根抵当権者であるJA以外の第三者が抵当不動産に対する競売手続を行ったことや、税債権者が抵当不動産に対し国税徴収法に基づく滞納処分による差押えを行ったことを根抵当権者であるJAが知った時から2週間が経過すると根抵当権は確定します（同項2号）。

さらに、債務者または根抵当権設定者について、破産手続が開始された場合も、根抵当権は確定します。しかし、これらの者について、民事再生手続や会社更生手続の開始決定がなされても、そのことのみを理由として根抵当権が確定することにはならない点には注意が必要です。

Q189 根抵当権債務者の死亡

根抵当権の確定前に債務者が死亡した場合、根抵当権は原則的にどのように取り扱われますか。また、相続開始時の合意の登記の意味およびその手続について教えてください。

A 債務者（本問では、債務者自身が根抵当権設定者である場合を前提とします）の死亡は、根抵当権の確定事由の１つですが、根抵当権者と根抵当権設定者（＝債務者の相続人）が相続人のなかから新債務者となるもの（以下「指定債務者」といいます）を指定し、その旨を登記した場合には確定しないこととなります。

根抵当権の確定前に、債務者が死亡した場合、①根抵当不動産の所有権の相続、②死亡前に債務者が負担していた一定の範囲に属する債務で死亡時に現存するものの相続、③根抵当取引の債務者たる地位の相続が問題となります。実務的にはこの３点を意識しながら対応を考えることが必要となります。

解　説

1　根抵当不動産の相続

債務者が根抵当権設定者でもある場合、債務者の死亡は、同時に根抵当権設定者の死亡でもあります。したがって、この場合、根抵当不動産についての相続が生じます。

そして、相続人が複数いる場合には、根抵当不動産は当該相続人らの共有となります（民法898条）。このように相続人が複数いるような場合、多くのケースでは、相続人らの協議によって遺産分割を行うこととなります。

根抵当権者としては、根抵当不動産が相続の結果として複数人の共有物となると、根抵当権設定者との合意を形成する場面等で対応上の不便を生ずるため、相続人らに働きかけて、特定の相続人（後の手続で指定債務者となることが想定される者）の単独所有となるように事実上の要請を行うこともあります。たとえば、死亡した債務者が事業を行っているようなケースにおいては、当該事業の後継者となる者を見極めたうえで、その者との関係で今後の進め方を検討することもあるでしょう。もっとも、根抵当権者は、遺産分割協議に対して法的な権利をもって干渉することはできません。

2　債務者死亡時に債務者（＝被相続人）が負担していた債務の相続

(1)　債務は相続人に分割承継される

債務者が死亡した場合、当該債務者が死亡時に負担していた債務は、根抵当権による担保の対象となります（民法398条の8第2項）。他方、債務者の死亡により、当該債務は相続人に相続されます（同法896条、899条）。そして、相続人が複数いる場合、金銭債務のような可分債務については、当然に法定相続分に応じて分割された割合で各相続人に承継されることとなります。

(2)　免責的債務引受

上記のように、債務者の相続人が複数いる場合、債務者が死亡したことによって根抵当権で保全される債務は、複数の相続人に分割されて承継されることになりますが、根抵当権者が債務者の死亡前と同様に1人の債務者を相手方として債権管理を行えるようにするためには、指定債務者に他の相続人に分割されて承継された債務を免責的に債務引受させることが必要となります。

もっとも、免責的債務引受を行った場合、引受けの対象となった債務は、根抵当権により保全されなくなるので（民法397条の7第2項）、この点には注意が必要です。

したがって、債権管理の便宜を図って、指定債務者に被担保債務を集約させた場合、指定債務者が他の相続人から免責的に引き受けた債務は、無担保の状態となります。これを根抵当権で保全される対象に含めるためには、根抵当権者は根抵当権設定者と当該引受債務を保全の対象に含める旨の合意（根抵当権の担保すべき債権の範囲の変更の合意）を行い、これを登記することが必要となります（同法398条の4第1項・3項）。

(3) 併存的債務引受

複数の相続人に分割されて承継された債務を1人の相続人に集約させる手段としては、上記の免責的債務引受のほかに、併存的債務引受という方法もあります。すなわち、指定債務者に、他の相続人が分割承継した債務を併存的債務引受させるという方法です。この場合、債務引受によっても根抵当権は消滅しない一方、他の相続人も依然として債務者となる点には留意が必要です。

また、指定債務者が引き受けた債務それ自体を根抵当権で保全するために、被担保債権の範囲の変更の合意と登記が必要となるのは、上記(2)と同様です。

3　債務者たる地位の相続

債務者の死亡は、根抵当権の確定事由の1つですが、根抵当権者と根抵当権設定者が合意により指定債務者を定め、相続の開始後6カ月以内にその旨を登記した場合には、当該根抵当権は確定することなく、以後、その指定債務者を新たな債務者として当該指定債務者が今後負担する債務が根抵当権により保全されることになります（民法398条の7第2項・4項）。

指定債務者の合意をしても、その旨の登記を行わなかった場合には、相続開始の時にさかのぼって根抵当権の元本が確定することとなるため、登記を行うことが必須であるという点には注意が必要です。

4　指定債務者の登記手続

根抵当権については、「債務者の氏名又は名称及び住所」が登記事項の1

つとしてあげられています（不動産登記法88条２項、83条１項２号）。この点、債務者が死亡して債務が相続人に相続されると「債務者の氏名又は名称及び住所」に変更が生じることになるため、根抵当権者は、登記権利者として（根抵当権設定者は、登記義務者として）この点についての変更登記を行うことが必要となります（これを「債務者の変更の登記」といいます）。

そして、不動産登記法92条は、債務者の変更の登記をした後でなければ、指定債務者を定める合意の登記をすることはできないと規定しているため、債務者の死亡時にはまず債務者の変更の登記を行ったうえで、相続開始から６カ月以内に指定債務者を定める合意の登記を行わなければならないこととなります。

その理由は、指定債務者を定める旨の合意は、債務者についての相続が開始したことを前提とするものであることから、指定債務者を定める旨の合意の登記をする前に、元の債務者について相続が開始した事実を登記簿上明らかにしておくことが適当であると考えられた結果、指定債務者を定める合意の登記を行う前に、まずは相続が開始したことを表す登記、すなわち債務者の変更の登記をするのが適当であると考えられたことによるものとされています。

Q 190 抵当権の目的不動産を任意処分させて売却代金から回収する場合の手順と注意点

抵当権の目的となっている不動産（以下「抵当不動産」といいます）について、任意売却を行って債権を回収する場合の手順と、その際に注意すべき点を教えてください。

A 任意売却においては、抵当不動産の売却価格が適切なものであること、売却代金の配分方法が各利害関係人の権利の強弱をふまえた合理的なものであること、そして売却価格と代金配分方法が利害関係人全員にとって納得できるものであることが必要です。任意売却においては、事案に応じた適切な過程を経てこれらを実現できるようにすることが重要なポイントです。

解　説

1　任意売却について

抵当不動産から被担保債権を回収する方法として、担保不動産競売や担保不動産収益執行という法的手段による方法のほかに、抵当不動産の所有者に抵当不動産を任意に売却処分させてその売却代金から債権を回収する方法があります。この方法を一般に「任意売却」といいます。

任意売却は、①担保不動産競売より高額での担保処分ができ（場合によっては時価での売却も可能です）、回収の極大化につながることや、②利害関係人との調整が必要であるものの、担保不動産競売に比して短期間での回収が可能となることという利点があります。このような利点があるため、抵当不動産からの債権回収を図る際には、担保不動産競売の申立て等の法的手段による前に、まずは任意売却の可否を検討することが一般的です。

2　任意売却の手順

任意売却は、法定の制度ではなく、決まった手順があるわけでもありません。抵当不動産所有者の承諾およびすべての利害関係人の同意があれば、任意売却を行うことが可能です。任意売却における一般的な手続はおおむね図表190－1のとおりです。任意売却においては一定の順序で手続が進むわけではなく、個別の事案に応じた適切かつきめ細やかな手順を踏む必要があります。

3　任意売却の際の注意点

(1)　現状についての調査

a　債務者および抵当不動産所有者の状況の把握

抵当不動産からの回収を検討するに際しては、債務者や、抵当不動産を所

図表190－1　任意売却を行うにあたっての一般的手続

①　債務者・所有者の実態調査（利害関係人・その債権額等調査）
②　抵当不動産の現況調査（占有者等の確認・不動産登記事項証明書徴求）
③　抵当不動産の再評価
④　回収見込額の検討
⑤　所有者の意向確認
⑥　利害関係人の意向確認（債権額確認）
⑦　[事前の合意]（売却までの期間・売却予定価格・売却代金の配分方法）
⑧　買受人探し
⑨　売却価格の見直し
⑩　売却代金の配分調整
⑪　[最終的合意]
⑫　取引日等打合せ
⑬　立退き（占有者がいる場合）
⑭　[売却・抵当権解除]
⑮　[売却代金の配分]
（注1）　⑭と⑮は同時に行われる。
（注2）　[　　]内が任意売却において経るべき基本的過程。

（出典）　上野隆司監修『任意売却の法律と実務［第3版］』28頁をもとに筆者作成

有している者についての実態調査が重要です。現地調査や事情聴取などにより、債務者や所有者の有する資産、負債等の状況を把握するとともに、他の取引金融機関や債権者等の動向を把握しておくことで、後に任意売却を進めるにあたっての交渉材料や判断材料を得ることができます。

b　抵当不動産の状況の把握

抵当不動産については、登記事項証明書を新たに取得して権利関係を確認することはもちろん、現状の把握をするために現地に赴いて現況を確認する必要があります。この際に、実際に抵当不動産を所有している者はだれか、占有者はいないかといった状況等も詳しく把握するよう努めなければなりません。

また、借地上の建物に抵当権が設定されている場合には、借地権の契約内容や借地権の実態、さらには抵当権の目的となっている建物の所有者が借地料を滞納していないかもあわせて把握しておく必要があります。なお、借地上の建物を担保にとる際の注意点についてはQ182を参照してください。

さらに、抵当不動産が第三者に譲渡されるおそれや賃借権が設定されるおそれが認められた場合には、これらを阻止するために抵当不動産の所有者を説得しなければ任意売却が進みません。説得がむずかしい場合には、直ちに競売を申し立てたうえで任意売却の交渉を行うほうがスムーズに進む場合もあります。

(2)　抵当不動産所有者および利害関係人の同意

a　抵当不動産所有者の同意

任意売却を進めるには抵当不動産の所有者の協力が不可欠です。任意売却を進めたいにもかかわらず所有者が難色を示す場合には、任意売却によることのメリットを説明のうえ、同意を得られるよう交渉することとなります。

抵当不動産所有者が債務者本人の場合は、担保不動産競売を行うよりも任意売却のほうが、債務者にとっての負担が軽いことが一般的であるため、任意売却に協力してもらえることが比較的多いといえます。

一方で、物上保証人や、抵当不動産の第三取得者については、抵当不動産の処分の帰趨への関心は低いため、特に被担保債権額が抵当不動産の額を上回るときなどには任意競売に難色を示されることがあります。この場合であっても、これらの者も一般に競売を回避したいという意識をもっていること、これらの者は法定代位権者として法律上の利害関係を有する立場にもあることなどから、任意売却によるメリットや、抵当不動産の所有者という立場がどのようなものであるかを説明して抵当不動産の処分方法について意識してもらうよう努め、任意売却についての同意を得るべく交渉を行う必要があります。

b　利害関係人の同意

任意売却にあたっては、抵当権者、賃借人、仮差押権者など、抵当不動産をめぐるすべての利害関係人の同意が必要となります。また、抵当不動産の占有者がいる場合には、占有者にも事情を説明のうえ、立退きを求めて交渉する必要もあります。

すべての利害関係人の同意が必要となるため、抵当権の順位や額からみて本来は配当が得られない抵当権者に対しても、解除料等の名目で、売却代金から一定の金額を支払うことを約束して任意売却についての同意を得ることになります（たとえば、通常、後順位抵当権者であっても、解除料を払わない限り抵当権の解除には応じてもらえません）。

なお、一部の利害関係人の同意が得られず、その主張が不当である場合についても、直ちに競売を申し立てたうえで任意売却の交渉を行うほうがスムーズに進む場合もあります。

⑶　売却価格の妥当性

早期処分を急ぐあまり安価での抵当不動産の処分を行うと、売却行為が詐害行為として取り消され、あるいは倒産手続において否認されることとなってしまいます。また、保証人や他の物上保証人が存在する場合には、処分価格が不当に廉価である場合にはこれらの者が担保保存義務（民法504条）違反による免責を主張するおそれがあります。

したがって、抵当不動産の売却価格は、事案に応じた適正な価格である必要があります。

(4) 売買に係る法規制について

任意売却においては、売買に際して、農地法や国土利用計画法による規制を受けますので、注意が必要です。農地の売却についてはQ178を参照してください。

また、抵当不動産所有者が破産手続中である場合には裁判所の許可が、民事再生手続中である場合には監督委員の同意が必要となる点にも注意しなければなりません。

(5) 代金決済時の留意点

任意売却においては、不動産の売却・抵当権解除および売買代金の配分に係る手続は非常に重要です。したがって、債権者としては、原則として、抵当不動産の売買契約締結および代金の授受の場に立ち会うことが望ましいでしょう。その場では、抵当不動産の所有者からの弁済金および売買契約書写しと引き換えに、弁済金の受取証書、抵当権設定契約書、登記申請用委任状等抵当権を解除するために必要な書類の一式を抵当不動産の所有者に交付します。この際、抵当不動産の所有者から、引き渡した書類の受領証を徴求しておく必要もあります。

4 担保不動産競売手続中の任意売却と競売申立ての取下げ

担保不動産競売手続の進行中であっても、競売申立てを取り下げて、任意売却を行うことができます。上記3(1)bや、3(2)bに記載した場合のように、担保不動産競売を申し立てたうえで任意売却を行うことで、早期に任意売却を完了することができる事案もあります。このような場合には、任意売却をするために競売申立てを取り下げることとなります。

いつまでに競売申立てを取り下げる必要があるかについてですが、買受けの申出があった後に競売申立てを取り下げるためには、最高価買受申出人または買受人および次順位申出買受人の同意を得る必要が生じます。そのため、競売申立ての取下げは、買受けの申出があるまで（期間入札の場合は、開札期日において最高価買受申出人が決定されるまで）に行うことが望ましいでしょう。なお、実務上は、遅くとも取下げを行う場合には開札期日の前日までに取下書を提出することがよいと考えられます。

Q191 抵当権に基づく不動産競売の手続

抵当権に基づく不動産競売（担保不動産競売）は、どのような手続となりますか。

① 担保不動産競売の申立ては、抵当不動産の所在地を管轄する地方裁判所に対して行います。

② 競売開始決定の後、抵当不動産の権利関係調査等を経て執行裁判所により売却基準価額が決定され、売却手続が行われます。売却手続は、期間入札により行われることが一般的です。

③ 売却代金は、執行裁判所によって、登記された債権者や配当要求を行った債権者等に配当されます。

解　　説

1　抵当権の実行方法

不動産の抵当権の実行方法には、担保不動産競売と担保不動産収益執行の2つの執行方法があります（民事執行法180条）。また、抵当権に基づく物上代位権の行使（民法372条、304条）として、抵当不動産の賃料債権等の差押えをすることもできます（民事執行法193条）。

抵当不動産が賃料の回収が見込まれる収益不動産である場合には、担保不動産収益執行や物上代位も検討すべきですが、ここでは、一般的な実行方法である担保不動産競売について、その手続の流れを説明します（概略については図表191－1を参照してください）。

図表191－１　担保不動産競売手続の流れ

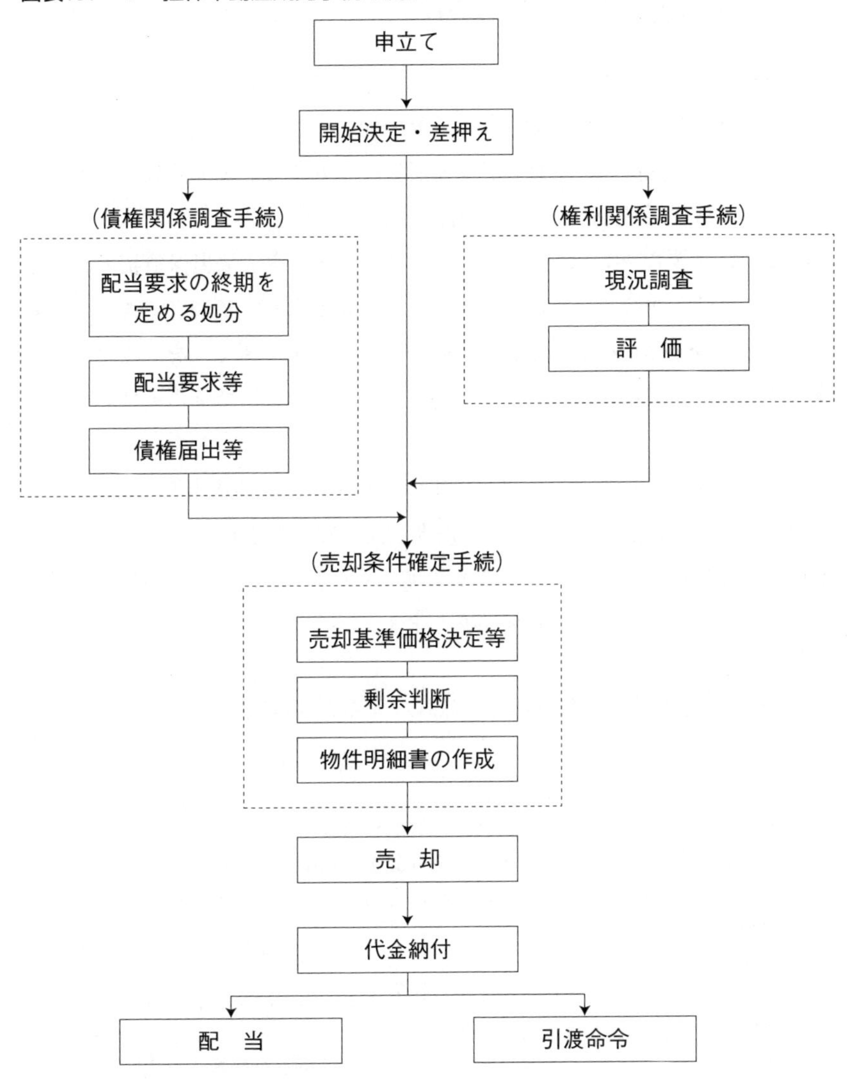

2　担保不動産競売手続の流れ

(1)　担保不動産競売の申立て

a　申立ておよび担保不動産競売開始決定

担保不動産競売の申立ては、抵当不動産の所在地を管轄する地方裁判所に対して行います（専属管轄。民事執行法188条、44条）。

申立てに必要な書類は、図表191－2のとおりです。被担保債権の存在を証する文書は、法令では提出を求められていませんが、債務者または所有者が被担保債権の存在を争って執行異議の申立て（同法182条）をしたときは、債権者が立証しなければならないため、実行準備の段階でそろえておくべきものとなります。

申立てが受理されると一両日中に担保不動産競売開始決定がなされ（同法188条、45条）、書記官により直ちに差押登記の嘱託がされます（同法48条）。申立ての際には、差押登記の登録免許税（被担保債権額の1000分の４）、予納金および郵便切手を納める必要があります。

図表191－2　担保不動産競売申立てに際して必要となる書類

①　担保不動産競売申立書（各目録（当事者目録、担保権・被担保債権・請求債権目録および物権目録）を含む）
②　担保権の存在を証する書面（通常は登記事項証明書）
③　目的不動産の登記事項証明書（②で登記事項証明書を提出していれば不要）
④　関連物件の登記事項証明書（たとえば抵当不動産が土地であって、その上に建物があるときの当該建物の登記）
⑤　目的不動産の公課証明書
⑥　資格証明書（申立人、債務者または所有者が法人である場合）
⑦　住民票（債務者または所有者が個人の場合）
⑧　代理人によって申立てを行う場合は委任状（代理人が弁護士、支配人等以外の者である場合には、代理人許可申立書、社員（行員）証明書および競売申立ての委任状）
⑨　現況調査等に必要な書類の主なもの（物件案内図、公図写し、法務局備付けの建物図面など）

なお、開始決定において、裁判所は、債権者のために不動産を差し押さえる旨を宣言しますが（同法45条1項)、その効力は、開始決定の正本が抵当不動産の所有者に送達されたときか差押えの登記がなされたときのいずれか早いときに生じます（同法46条1項)。

また、競売開始決定の正本は債務者にも送達され、それによって被担保債権についての消滅時効は中断されます（最高裁判所昭和50年11月21日判決・最高裁判所民事判例集29巻10号1537頁)。ただし、債務者への送達が付郵便送達によりされた場合には、発送のときに送達があったものとみなすとの規定（同法20条、民事訴訟法107条3項）にかかわらず、その到達によって初めて時効の中断の効力が生じます（最高裁判所平成7年9月5日判決・最高裁判所民事判例集49巻8号2784頁)。

b　開始決定後の手続

開始決定と差押えが行われた後には、①占有関係や評価額等の抵当不動産の権利関係調査と、②配当要求等の債権関係調査とが並行して行われ、抵当不動産の競売による売却と債権者への配当に向けた準備が進められます。

(2)　いわゆる「3点セット」の作成

抵当不動産の権利関係調査（上記(1)b①）として、現況調査報告書および評価書が作成されます。この2つと物件明細書とは総称して「3点セット」と呼ばれており、これらは売却期日の1週間前までに、一般の閲覧に供され、それによって買受希望者に対して情報提供が行われます（管轄の裁判所で閲覧できるほか、「BITシステム（不動産物件情報サイト)」においても閲覧可能です)。

a　現況調査書

競売開始決定後、執行官により、抵当不動産の現況調査が行われます（民事執行法188条、57条1項)。執行官は、現況調査報告書を作成し、執行裁判所に調査の結果を報告することになります。

現況調査報告書には、たとえば抵当不動産が土地である場合には、土地の形状や占有状況、土地上に建物があるときはその種類や所有者などが記載され、見取図や写真が添付されます（民事執行規則29条）。

b　評 価 書

執行裁判所に選任された評価人により、抵当不動産の調査および評価が行われます（民事執行法188条、58条１項）。評価人は、近傍同種の不動産の取引価格、不動産から生ずべき収益、不動産の原価その他の不動産の価格形成上の事情を適切に勘案して評価を行い（同法58条２項）、所定期日までに評価書を裁判所に提出します。

評価書には抵当不動産の評価額や評価額の算出過程などが記載され（民事執行規則30条）、執行裁判所が売却基準価額を決定する際の資料となります。

c　物件明細書

執行裁判所の書記官により、物件明細書が作成されます（民事執行法188条、62条）。この物件明細書により、抵当不動産に関する売却条件が示され、売却によっても効力を失わずに買受人の負担となる権利の存在や、法定地上権が発生する場合にはその概要等が記載されます（同法62条１項２号・３号）。

⑶　債権届出、配当要求

債権関係調査（上記⑴ｂ②）は、配当要求を募ることと、債権届出の催告を行うことによって行われます。

a　配当要求の終期の公告および配当要求債権者

執行裁判所の書記官は、物件明細書作成までの手続に要する期間を考慮して配当要求の終期を定め、競売手続開始決定がなされた旨および配当要求の終期を公告します（民事執行法188条、49条）。配当要求ができる債権者は、以下の債権者ですが（同法51条）、配当要求の終期までに配当要求をしない場合には、配当を受けることができません。

①　執行力ある債務名義を有する債権者 ②　開始決定による差押えの登記後に仮差押えの登記をした債権者 ③　一般の先取特権を有することを証明する債権者

もっとも、終期後の配当要求も裁判所によって却下されることはなく、後に配当要求の終期が変更されることによって、配当を受けることができるようになることがあります。配当要求の終期の変更は、配当要求の終期の後３カ月以内に売却許可決定がされないとき等に特段の手続なく行われ、配当要求の終期から３カ月を経過した日が新たな終期とみなされます（以降３カ月ごとにこれが繰り返されます。同法52条）。

b　債権届出義務

執行裁判所の書記官は、配当要求の終期の公告とともに、以下の債権者に対して、債権届出を行うよう催告を行います。

① 差押えの登記前に登記された仮差押えの債権者
② 差押えの登記前に登記（仮登記を含む）された先取特権、質権、抵当権で売却により消滅するものを有する債権者
③ 租税その他の公課を所管する官庁または公署

上記①および②の債権者は、配当要求をせずとも配当にあずかることはできますが（民事執行法188条、87条１項３号・４号）、債権額など催告を受けた事項について執行裁判所に届出をしなければなりません。

これらの債権者の有する債権額は、売却条件を決定するうえできわめて重要な要素であり、また、無剰余による競売手続取消しの判断の基礎にもなります。そこで、民事執行法は、これらの債権者に債権届出義務を課し、故意または過失によって届出を行わなかったり、不実の届出を行ったりした者には、それによって生じた損害の賠償責任を負担させています（同法50条）。

⑷　売却手続

執行裁判所は、現況調査報告書を確認のうえ、評価人の評価に基づいて不動産売却の基準となるべき価額を決定します（民事執行法188条、60条１項）。不動産競売における買受けの申出の額は、売却基準価額からその10分の２に相当する額を控除した価額（買受可能価額）以上でなければなりません。

売却の方法は、一般的には期間入札（裁判所が定めた一定の期間に買受希望者が入札する方法）の方法が採用され、売却不動産の表示、売却基準価額、売却の方法、日時、場所等を公告することになります（これらの情報は、「BITシステム（不動産物件情報サイト）」においても閲覧可能です）。

買受けの申出があった場合には、執行官は、最高価買受申出人を定め、執行裁判所は、競売開始決定からこれまでの手続が適正であったかどうかを職権で調査し、売却決定期日に売却の可否を決定します（同法69条）。

売却許可決定が確定すると、買受人は、裁判所書記官の定める期限までに代金を納付しなければなりません（なお、買受可能額の20％については、買受申込みを行う際に入札の保証金としてあらかじめ支払われるため、代金納付としては残額を支払うこととなります。同法78条）。

⑸ 配当および買受人保護の手続

a 配当手続

執行裁判所は、買受人が代金を納付すると直ちに、配当期日または弁済金交付期日を定めます（民事執行規則59条）。

配当手続は、配当表を作成のうえ、その配当表に基づいて配当を実施するものとなります（なお、債権者が１人であるか、または複数の債権者全員の全債権を満足させることができる場合には、配当手続は行われず、債権者に弁済金を交付し剰余金を所有者に交付するだけとなります）。

b 買受人保護の手続

買受人は、代金を納付した時に目的不動産の所有権を取得します（民事執行法188条、179条）。裁判所書記官は、所有権移転の登記を嘱託すると同時に、売却により消滅しまたは効力を失った抵当権、用益権等の登記または仮処分、差押えもしくは仮差押えの登記について、抹消の登記の嘱託をします（同法82条１項）。

また、執行裁判所は、代金納付日から６カ月以内に買受人の申立てがあった場合には、①代金納付前に目的不動産の所有者であった者または②それ以外の占有者（買受人に対抗することができる権原により占有していると認められる者を除きます）に対して、不動産引渡命令を発令します（同法83条）。買受人は、当該命令を債務名義として引渡しの強制執行を申し立てることができます。

Q 192 抵当権に基づき競売申立てを行う場合の注意点

抵当権に基づく競売申立ての注意点にはどのようなものがありますか。

① 無剰余となる可能性について調査すべきです。また、被担保債権の範囲、抵当不動産の所有・占有関係、および担保外の関連物権の有無等を確認することが重要となります。

② 他の債権者がすでに競売の申立てをしている場合には、二重競売の申立てを検討します。

③ 抵当不動産の不法占有など競売手続の妨害行為がなされる場合には、売却のための保全処分制度等の利用を検討することとなります。

解　　説

1　申立て前に確認すべき事項

(1)　無剰余となる可能性の調査

無剰余とは、競売申立てをした差押債権者が、目的不動産が買受可能価額で売却された場合に、配当を受けることができる見込みがないことをいいます。すなわち、手続費用および差押債権者より優先する債権等（優先債権。図表192－１参照）の合計額が買受可能価額を下回る見込みがないことを意味します。

執行裁判所が売却手続の段階（買受可能価額が決まった段階）で無剰余と判断した場合には、回避措置（図表192－１参照）をとらない限り競売手続が取り消されますので、担保不動産競売の申立てやその準備が徒労に終わってしまいます（民事執行法188条、63条）。そのため、担保不動産競売申立てを行うにあたっては、担保価値と他の債権者の存在を確認して、自身が配当を受けられるか否か、無剰余と判断される可能性がないかを調査することが重要

図表192－1　優先債権および無剰余回避措置

優先債権の種類	・登記された担保権 ・配当要求された一般先取特権 ・交付要求された公租公課等であって差押債権者の債権に優先するもの
無剰余回避措置の種類	・優先債権者等の債権額が裁判所の判断した額よりも少なく、剰余の見込みがあることを証明する。 ・優先債権者（買受可能価額で自己の優先債権の全部の弁済を受けることができる見込みのある者を除く）の同意を得たことを証明する。 ・共益費用と優先債権の見込額の合計額を超える額を定め、売却手続において、仮にその申出額に達する買受申出がないときには、自らが申出額で買い受ける旨を申し出て、かつ、その申出額に相当する保証を提供する。 ※いずれも差押債権者が通知を受けた日から１週間以内に行われる必要があります。

となります。

(2)　被担保債権の確認

不動産競売申立書には請求債権額を記載しますので、残元本、未払利息、遅延損害金等の額を確認する必要があります。申立て後には、請求債権の内容の変更・拡張は認められないため、請求債権の確定には十分注意しなければなりません（被担保債権の一部に制限して担保不動産競売申立てを行った後に、当初の見込みよりも高額での売却が見込まれる場合には、あらためて残りの債権を請求債権として担保不動産競売の申立てを行うこととなるとされています）。

また、担保権の実行には、被担保債権が履行遅滞にあることが必要ですので、期限の利益喪失（または弁済期が到来していること）の確認が必須となります。

(3)　不動産登記事項証明書の確認

抵当不動産について、登記事項証明書を取り寄せ、賃借権の（仮）登記等がないか、現在の所有者がだれか（Q187参照）、抵当権者がほかに存在するのか等について調査をします。

また、目的不動産の特定の責任は一般的に申立債権者が負うとされていますので、抵当権設定後の登記事項の表題部の変更がないかなど、不動産の特定に問題がないかをあらためて確認すべきといえます。

その他、先順位抵当権者がいる場合には無剰余とならないかの調査をすること（上記⑴参照）、および、先に他の抵当権者が競売手続を開始していないか（差押登記がなされていないか）を確認すること（後記3において記述します）が重要です。

⑷　抵当不動産の所有者の確認

a　住所等の確認

執行裁判所は、競売開始決定の後に抵当不動産の所有者に対して開始決定正本を送達します。送達場所の届出は申立債権者の義務とされているうえ、送達が奏功しない場合には手続の進行に時間を要することとなります。

そこで、申立ての準備において、①住民票（個人の場合）、商業登記事項証明書（法人の場合）を取り寄せ、②当該書類記載の住所等に赴いて、生活の実態があるかを調査し、③さらに就業場所を調査することが望ましいとされています。これらの調査によっても、行方が不明である場合には、競売申立てとあわせて公示送達の申立てを行うこととなります。

なお、実務上、所有者の現在の住所等が抵当不動産の登記事項証明書上および債務名義上の住所等と異なる場合には、当事者目録にはこれらを併記します。また、登記事項証明書上の住所等と現在の住所等とが異なるときは、住民票の除票や戸籍の附票を用いて移転の経緯を明らかにします。

b　抵当権設定者の死亡による所有権移転（相続）が未登記だった場合

抵当不動産について、抵当権設定者が死亡している場合であって、登記事項証明書上の所有名義が設定者（被相続人）のままになっているときには、申立債権者は、送達や差押登記などの手続進行のために、相続関係を裁判所に対し証明し、不動産登記事項証明書に実際の所有者を反映させる（相続登記を行う）必要があります。

図表192－2　代位による相続登記

執行裁判所	競売申立抵当権者	法務局
	競売申立て	
受理		②　①を代位原因証書として代位登記申請
①　競売申立受理証明書発行	相続登記申請	
		申請受理
③　代位登記を確認した後に開始決定	登記事項証明書取得・提出	
登記事項証明書受領・開始決定		

具体的には、申立債権者は、①相続関係を証明するための戸籍謄本等を添付して相続人を所有者とする競売申立てを行い、受理された旨の証明を申請し、執行裁判所の書記官から競売申立受理証明書の発行を受けた後、②同証明書を代位原因証書として法務局に相続登記の代位登記申請を行い、相続登記のされた登記事項証明書の交付を受けて、③執行裁判所に提出することとなります（図表192－2。昭和62年3月10日法務省民三第1024号民事局長回答）。

⑸　公図・図面等の確認および現地調査

a　公図・図面等の確認

抵当権者は、原則として、公図・住宅地図・建物図面等を用いて、道路部分や敷地の一部についての担保徴求や競売申立ての漏れはないか、担保外建物が存在していないかを確認します。

これらは、担保価値の評価にも影響するほか、競売申立てにおいては、担保外であっても（道路部分は別として）「土地についてはその土地に存する建物の、建物についてはその存する土地の登記事項証明書」の提出が必要となる（民事執行規則23条3号・4号。Q191図表191－2④）ことからも、重要となります。

b　現地調査

競売手続においては、執行官による現況調査、評価人による目的不動産評価の手続が行われますが、目的不動産の特定の責任は一般的に申立債権者が負うとされていますので、抵当不動産の特定の準備としてあらかじめ現地調査を行うことが望ましい場合があります（Q183、Q185もあわせて参照してください）。

また、差押え時の占有状況の把握のため、申立債権者が申立て前の占有状況を調査することが望ましいといえます。この際、執行妨害に該当するような占有者がいる場合には、売却のための保全処分（後記4）の利用を検討することとなります。

さらに、借地上の建物が抵当不動産である場合には、地代の支払状況についての調査が必要となります。この際の注意点についてはQ182を参照してください。

2　複数不動産を同一人に買い受けさせる競売手続（一括売却）

(1)　一括売却の要件

同一の執行裁判所で数個の不動産を差し押さえて売却する場合において、相互の利用上一括して同一人に買い受けさせることが執行裁判所の裁量により相当と認められるときには、複数の不動産を一括して売却することができます（民事執行法188条、61条）。たとえば、土地とその地上建物がこれに該当します。

また、1個の申立てにより競売の開始決定がされた数個の不動産のうち、その一部の買受可能価額で差押債権者、同順位債権者および先順位債権者の債権および執行費用のすべてを弁済できる見込みがある場合（超過）には、原則として、所有者の同意がなければ一括売却は許されません（民事執行法61条ただし書）。しかし、常に一体としてのみ取引されると認められる関係にある不動産や、きわめて牽連性が強く両者一体となって本体の効用が発揮される関係が認められる不動産、および民法389条に基づく一括競売については、超過であっても所有者の同意が不要であるとされています。

⑵　民法389条に基づく一括競売

民法389条による一括競売は、①抵当権設定当時、土地上に建物が存在せず、抵当権設定後に抵当地に建物が建築されたこと、②建物所有者が抵当地を占有するについて抵当権者に対抗できる権利を有さないことという要件が備わっているときに、土地抵当権者が、抵当地とその土地上に存在する建物とについて一括して競売を申し立てることを認めた制度です。

この一括競売の申立ては、土地の担保不動産競売申立てと同時に行うこと、および当該土地の期間入札の公告時までに追加で行うことができます。

3　他の債権者がすでに競売の申立てをしている場合

⑴　債権届出か二重競売の申立てか

担保不動産競売の申立てを検討したところ、すでに他の債権者が不動産競売または強制競売により差し押さえられており、競売手続が開始している場合があります。

この場合には、差押えの前に登記された抵当権者は、当該手続において配当を受ける資格を有し（民事執行法188条、87条1項4号）、また、競売手続が開始している当該不動産について担保競売申立てをすることも可能です（二重競売申立て。先行手続のみが進められ、先行手続の取下げまたは取消しが生じるまでは後行手続は凍結されます）。

そこで、抵当権者は、債権届出（同法50条）を行って配当を受けるか、自ら二重競売の申立てを行うかを検討することとなります。

⑵　二重競売申立てを行うべき場合

a　先行手続が無剰余取消となる可能性があるとき

対象不動産の担保価値と他の債権者の存在を確認した結果、すでに開始している手続の申立債権者が後順位の抵当権者または一般債権者であり、配当にあずかれない（無剰余である）可能性がある場合があります。この場合には、無剰余取消が見込まれますので、抵当権者は、取消の際に先行手続を引き継ぐことができるように、債権届出ではなく二重競売の申立てをすべきこととなります。

b　時効中断の必要があるとき

また、消滅時効の中断の措置をとる必要がある場合には、債権届出には、被担保債権の時効の中断の効力がありませんので（最高裁判所平成８年３月28日判決・最高裁判所民事判例集50巻４号1172頁）、先行手続の取下げまたは取消のおそれの有無にかかわらず、すみやかに担保不動産競売の申立てをすることとなります。

4　売却のための保全処分

抵当不動産の所有者または占有者が不動産を毀損したり、必要な管理保存を行わない場合は、売却価格が下落し、配当額が減少するおそれがあります。このような場合には、民事執行法上の保全処分を検討することとなります。

抵当権の被担保債権が履行遅滞に陥った後に、価格減少行為（抵当不動産の価格を減少させまたはそのおそれがある行為）がなされているときには（価格の減少またはそのおそれの程度が軽微であるときを除く）、担保不動産競売を申し立てた者は、執行裁判所に対し、①一定の行為（作為・不作為）の命令、②抵当不動産の執行官保管命令、または③占有移転禁止の保存処分を申し立てることができます（売却のための保全処分。民事執行法188条、55条）。

価格減少行為とは、具体的には、①抵当不動産である建物を損壊する行為、②抵当不動産である土地上に土砂を搬入する行為、③抵当不動産から公道に通じる通路に障害物を設置する行為、④執行妨害目的で形式的に賃貸借契約を設定し第三者に占有を移転する行為、および⑤抵当不動産である更地に建物を建築する行為などが当たるとされています。

また、売却のための保全処分の申立ては、競売申立て時（競売申立てと同時にすることも可能）から代金納付時までにおいて可能ですが、担保不動産競売を申し立てようとする者は、特に必要がある場合には、一定の要件のもと、担保不動産競売申立ての前に同様の保全処分を申し立てることができます（競売開始決定前の保全処分。同法187条）。

第3節 貯金担保

Q193 借入者が担保提供する自JAの貯金担保貸出

自己名義の自JA定期貯金を担保とする借入れの申出がありました。どのような手続が必要となりますか。

貯金担保差入証の差入れを受け、実務上、定期貯金証書（または通帳）の交付を受けます。確定日付の取得は省略でき、第三者の差押えに対しては、JAは貸付金と定期貯金とを相殺することができ、定期貯金より貸付金を回収することが可能です。

解　説

1　質権設定契約と定期貯金証書の交付

顧客から顧客名義の自JA定期貯金を担保とする借入れの申出があり、これに対応する場合は、その定期貯金に質権（債権質）設定契約をすることになります。

この場合の担保物は、顧客の自JAに対する貯金債権である定期貯金です。自JAは、貯金債権の関係では、債務者の立場にあります。一方、貯金に質権を設定する場合、顧客の自JAに対する債権である貯金債権について質権者の立場に立ちますので、自JAは貯金債権の債務者の立場とを兼ねています。

借入者からは、貯金担保差入証の差入れを受けることになります。この貯金担保差入証は質権設定契約証書の性格を有します。

ところで、実務では証書が必須ですが、法律的には、契約の成立および効力を発生するには、原則として証書は必要としません。質権設定契約も、契約の一種ですが、質権の目的物があるときは、その引渡しによって効力を生じることが原則です（民法344条）。しかし、貯金債権は、法律的には債権の種類としては「指名債権」（債権者と債務者の契約によりその当事者間で債権が発生するというくらいの意味です）といい、指名債権は手形のようにその譲渡について証書の交付は必要ではないので、質権設定をする場合に証書の交付は必要ありません（同法363条）。そこで、法律的には、定期貯金証書や通帳の交付は質権の効力発生要件ではありません。

しかし、実務においては、借入者から自JA定期貯金証書または通帳の交付を受け、JAにてその占有を継続することになっています。その理由は、定期貯金証書または通帳を質権設定者（借入者）の手元に残った状態のままにしておくことと、質権を二重に設定されるおそれがあり、このようなトラブルを防止し、質権を確実にしておく必要があるからです。

JAが借入者から自JA定期貯金証書または通帳の交付を受けた場合には、担保品預り証を借入者へ交付します。

なお、定期積金に質権を設定する場合には、定期積金が毎月集金する必要があり証書または通帳をJAにて預かることは困難であることから、差入れされた証書または通帳の契約内容表示面に日付とともに「担保差入済」との文言を表示し、借入者に返還することになります。

2　第三者対抗要件の具備

指名債権を質権の目的としたとき、法律的には、第三者対抗要件として、民法467条の規定（債権譲渡の規定）に従い、第三債務者へ質権の設定を通知するか、または第三債務者がこれを承諾しなければなりません（民法364条）。この通知または承諾は、確定日付のある証書によってなされなければなりません（同法467条２項）。ここでいう「第三債務者」とは、次のような状況でも意味をもちます。Ａは、その債務者であるＢに対するａ債権を担保するために、債務者Ｂのもつｂ債権を対象に、質権設定をしたり差押えをし

図表193－1　自JA貯金を質権の目的としたときの関係図

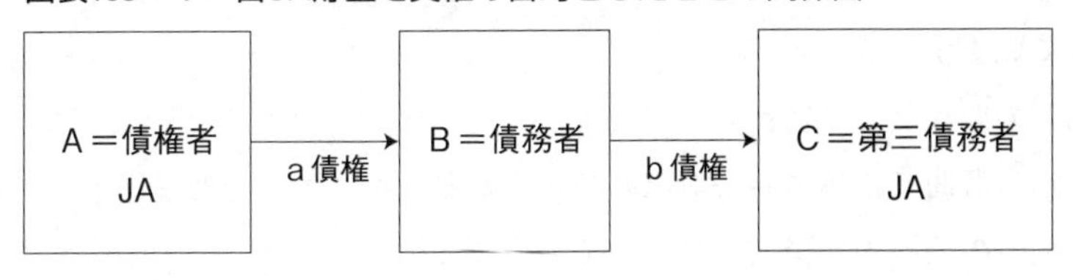

たりします。Aの立場からみて、Cは第三者的立場に立ちますので、「第三債務者」と呼ぶわけです。

図表193－1のBを顧客＝貯金者として、自JAを当てはめてみますと、b債権が貯金でありその債務者が自JAですから、自JAは第三債務者の立場に立ちます。一方、JAの貸付けの関係では、貯金者であるBに対する債権者の立場に立ちますので、JAはAの立場でJAの貸付債権（a）の担保物として、貯金債権（b）に質権を設定することになります。つまり、JAは、図表193－1のAとCの立場を兼ねているわけです。

このように、自JA定期貯金の場合には、質権の目的である定期貯金の第三債務者はすなわち質権者であるJAであることから、第三債務者に対する対抗要件たる通知や承諾は問題となりません。したがって、JAとしては第三債務者以外の第三者に対する対抗要件さえ備えておけばよいことになります。具体的には、質権設定契約の際に差し入れられた貯金担保差入証に確定日付をとっておけばよく、承諾書を作成して確定日付をとるまでの必要はありません。さらに、実務上、貯金担保差入証への確定日付も省略されます。

3　貸付金と自JA定期貯金との相殺

借入者の自己名義の自JA定期貯金を担保とする場合は、貸付金の点からみると、JAが債権者で、借入者が債務者という関係に立ち、定期貯金の点からみると、借入者が債権者で、JAが債務者という関係に立つことから、当事者は互いに債権者であると同時に債務者であります。したがって、JAは、借入者に対する貸付金債権と、借入者のJAに対する定期貯金債権とを相殺（民法505条）することができます。相殺との関係では次のような関係になっています。

相殺の要件としては、

① 当事者間で債権債務が対立していること

② 双方の債務の弁済期が到来していること

③ 貯金が差し押さえられた場合には、差押え前から自働債権が存在していたこと

が必要とされています（民法505条、511条）。

①については、相殺によって回収しようとする債権（図表193－2のβ債権）と、相殺により消滅する債務（図表193－2のα債権）とが、当事者間で存在していなければなりません。本件のように借入者と定期貯金の名義人が同一の場合にはこの要件を満たしますが、定期貯金の名義人が借入者と異なる場合にはこの要件を満たさないことに注意が必要です（Q194参照）。

②については、JAの貸付金には、借入者の定期貯金に差押えがあると期限の利益が当然に喪失される特約があり（農協取引約定書例5条1項）、差押えにより、貸付金の全額につき弁済期が到来します。他方、定期貯金は、期限未到来であっても、JAが期限の利益を放棄することにより（民法136条2項）、貯金全額につき弁済期を到来させることができます。したがって、双方の債権の弁済期が到来することになります。

③第三者から担保貯金に差押えを受けても、JAとしては、貸付債権が差押え後に取得されたものでない限り、相殺によって貯金より貸付金を回収することが可能となります（最高裁判所昭和45年6月24日判決・最高裁判所民事

図表193－2　自JA貯金を担保とした貸出における相殺

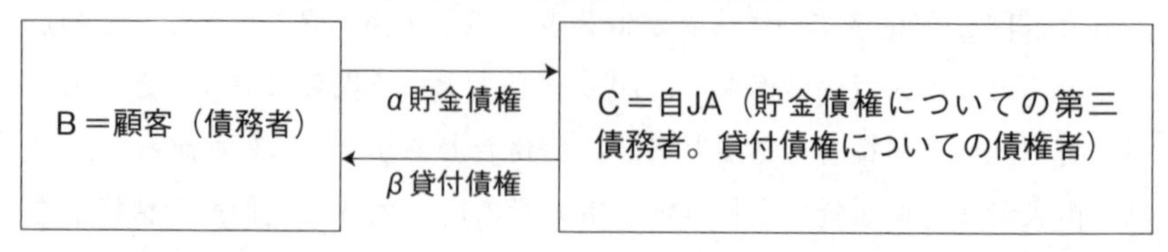

判例集24巻6号587頁)。そのため、相殺による回収が可能な場合には、貯金担保差入証に確定日付をとらなくても債権保全上支障がないことから、実務上は上記で述べた貯金担保差入証への確定日付を省略している場合が多いのです。

Q194 第三者が担保提供する自JAの貯金担保貸出

組合員Aの息子Bから、A名義の自JA定期貯金を担保として借入れの申出がありました。借入者名義の自JA定期貯金を担保とする場合と同様の手続で進めても問題ないでしょうか。

A 借入者名義の自JA定期貯金を担保とする場合と同様、質権（債権質）設定契約を行います。ただし、借入者名義の自JA定期貯金とは異なり、その質権を第三債務者以外の第三者に対抗するため、貯金担保差入証に確定日付を受けておくことが必要です。

担保提供者との質権設定契約にあたって、借入者との関係、担保を提供する理由、自発的な意思に基づくこと等を確認し、JAとして担保提供を受ける合理的な理由を判断し、担保提供者に対する説明および納得を得たうえで手続を進める必要があります。

解　説

1　質権設定契約と定期貯金証書の交付

本問のように借入者以外の第三者名義の自JA定期貯金を担保とする場合であっても、借入者名義の自JA定期預金の担保とする場合と同様の手続で、指名債権たる定期貯金に質権（債権質）設定契約をすることになります。すなわち、JAは、借入者と担保提供者の連名で、貯金担保差入証の差入れを受けるとともに、担保提供者から自JA定期貯金証書または通帳の交付を受け、JAにてその占有を継続します。また、JAが担保提供者から自JA定期貯金証書または通帳の交付を受けた場合には、担保品預り証を担保提供者へ交付します（Q193参照）。

なお、定期積金に質権を設定する場合には、定期積金が毎月集金する必要があり、証書または通帳をJAにて預かることは困難であることから、差入れされた証書または通帳の契約内容表示面に日付とともに「担保差入済」との文言を表示し、担保提供者へ返還することになります。

2　第三者対抗要件の具備

借入者以外の第三者名義の自JA定期貯金（指名債権）を質権の目的としたときは、第三者対抗要件を具備しなければなりません（民法364条）。しかし、自己名義の自JA定期貯金の場合と同様、借入者以外の第三者名義の自JA定期貯金に質権設定を受ける場合であっても、第三債務者と質権者は同じJAですから、第三債務者に対する対抗要件は問題となりません。したがって、JAとしては、第三債務者以外の第三者に対する対抗要件さえ備えておけばよいことになります。具体的には、質権設定契約の際に差し入れた貯金担保差入証に確定日付をとることになります。

3　貸付金と第三者名義の自JA定期貯金との相殺

借入者名義の自JA定期貯金があれば、JAはこれと貸付金とを相殺することができますが（Q193参照）、本問のようにA名義の自JA定期貯金に対し質権設定をしていたとしても、Bに対する貸付金とこれとを相殺することはできません。Aは、JAに対し債務を負担していないからです。

このように、債務者でない担保提供者は、物上保証人としての責任、つまり、借入者が債務を履行しない場合に、担保提供をした定期貯金に対し質権が実行されてしまう責任を負うにすぎません。

ただし、JAが担保提供者に対する債権を有していれば、この債権と担保提供者名義の自JA定期貯金債権とを相殺することが可能となります。そこで、実務では、第三者から担保提供を受けると同時に、貸付金について連帯保証をしてもらい、物上保証人に連帯保証人を兼ねてもらうことにより、保証債権と自JA定期貯金債権とを相殺することができるよう努めています。

このように、担保提供者に連帯保証人を兼ねてもらうことができれば、保証債権と自JA定期貯金債権とを相殺することにより、質権実行の方法によらずとも、貸付金の回収ができることから、上記2の第三者対抗要件として、貯金担保差入証に確定日付をとることを省略することができます。

4　貸金等根保証契約における確定期日の管理

貸金等根保証契約とは、一定の範囲に属する不特定の債務を主たる債務とする保証契約のうち、主たる債務の範囲に金銭の貸渡しまたは手形の割引を受けることによって負担する債務が含まれる契約を指します（民法465条の2）。ただし、保証人が法人であるものは除かれます（同条）。平成16年の民法改正で導入された規定で、これまで無制限であった根保証人の責任を制限するために設けられました。JAの貸付は当然これに該当します。

この貸金等根保証契約においては、主たる債務である一定の範囲に属する不特定の債務の範囲を特定する必要があり、債務の範囲を特定することを「元本確定」といいます。この元本確定は、保証人と債権者の合意（ただし、契約締結日から5年を超える期間を元本確定日とする合意は無効）や、合意がない場合であっても契約締結日から一定期間経過時に元本が確定するとされています（同法465条の3）。

したがって、上記3のように第三者対抗要件として貯金担保差入証に確定日付を省略できる場合であっても、JAの貸付が貸金等根保証契約に当たるときには、元本確定日の管理の観点から、契約締結日の管理のために、貯金担保差入証に確定日付をとることにより契約締結日を明らかにしておく必要があります。

5　第三者から担保提供・保証を受ける際の注意事項

本問のように借入者と担保提供者（保証人の場合も含みます。以下同じ）が異なる場合には、担保提供者に対し、JA職員自ら、直接面談して、担保提供者が、自発的に担保提供する意思を有していることを確認すべきです。これは、後に担保提供者が担保提供意思を否定することに備えてのJA側の防衛策といえますが、金融機関としてJAが求められるコンプライアンス上の要請でもあります（系統金融機関向けの総合的な監督指針Ⅱ－３－２－１－２⑵②・③）。具体的には、JAに対し、担保提供の申出があったとしても、無条件にこれを受け入れるのではなく、JAとして担保提供を受ける合理的な理由があるか判断しなければなりません。そのうえで、借入者と担保提供者との関係や、担保を提供する理由の確認をし、担保提供者に対し、将来どのような負担を負う可能性があるのかを十分に説明する必要があります。そして、担保提供者に契約内容について納得を得たうえで、最終的には、JA職員の面前で、担保提供者から自署・押印を受けることになります。

Q195 他金融機関の預金（貯金）を担保とすることの問題点

貸付金の担保として、JA以外の他金融機関の預金を担保とすることはできますか。

A 法律上は、他金融機関の預金を担保とすることは可能ですが、JAにおいては、他金融機関の預金を担保に取得することは原則として行わないことになっています。やむをえない事情により他金融機関の預金を担保とするときでも、自JA貯金を担保とする場合の注意に加えて、他金融機関の承諾や権利の真正性の確認など、慎重な取扱いが必要です。

解　説

1　他金融機関の預金を担保とする方法

JAが、他金融機関の預金を担保とすること（以下「他行預金担保」といいます）は、借入者名義の自JA貯金を担保する場合と同様、JAと借入者との間で債権質設定契約を行うことにより可能です（Q193参照）。この場合は、JAが質権者、借入者が質権設定者、他行が第三債務者となります。そうすると、自JA貯金に対して債権質設定契約を行う場合と異なり、次の手続が必要となってきます。

2　他行を第三債務者とすることへの注意（法律上の要請）

JAが、他行預金担保をした場合、第三者対抗要件を具備するために、質権者であるJAから、第三債務者である他行に対し、質権の設定を通知することになります（民法364条、467条）。しかし、金融機関における預貯金については、それぞれの規定（「JA定期貯金規定」など）に基づき、「譲渡禁止特約」がありますので、他行は、JAに対し、当該預金債権の質権設定は無効である旨を主張することができます（同法466条２項）。

また、JAから他行に対する質権設定の通知後であっても、他行が当該借入者に対し貸付金債権がある場合には、他行は、当該貸付金債権と、借入者の預金債権とを相殺することができます（同法468条２項）。

したがって、他行預金担保の場合は、JAとしては、他行に対する質権設定の通知のみならず、異議なき承諾を受ける必要があります（同条１項）。この異議なき承諾を受けることにより、他行は、譲渡禁止特約の主張や、相殺の主張をすることができなくなります。具体的な手続としては、他行に対し、借入者との連名で、質権設定承諾書を依頼し承諾を得られたら、すみやかに同承諾書を公証役場に持参して確定日付を取得し、対抗要件を具備することになります（同法467条２項）。

3　他行を第三債務者とすることへの注意（全銀協通達による要請）

上記２の異議なき承諾を受けることとは別の注意点として、バブル期に起きた銀行員の不祥事事件に関し、他行預金担保融資のあり方が問われたことを受けて、平成３年に全国銀行協会から「他行預金担保融資の厳格化」の通達が出されております。これによれば、他行預金を担保とする融資は真にやむをえない場合に限ることとし、やむをえない場合であっても、次のような事項に留意するなど慎重に取り扱うこととされています。

①　預金証書・通帳など担保権の目的物について、その発行銀行に対し、その真正性を確認すること

②　質権設定承諾に関し、承諾銀行に対し意思確認するとともに、質権設定承諾書など関係書類の真正性についても確認すること

③　貸出金の資金使途、当該債務者の借入状況、資力等を十分に勘案し、融資の妥当性を判断すること

④　担保の差替えにあたっては、差替え事由に留意するとともに、一時的にも無担保状況に陥らざるよう厳に留意すること

JAとしても、上記全銀協による通達もあり、原則として他行預金担保を行わないこととし、やむをえない事情により他行預金担保をする際には、上記注意事項の遵守に努めることにしています。

4　JAによる直接取立権の際の問題点

上記2の手続を経て、他行の定期預金に質権設定を行った場合、定期預金の満期日よりも前に質権が実行できるのかどうか、という問題があります。

他行預金を担保として取得したJAは、質権者として、質権の目的となっている権利について直接取り立てることができます（民法366条1項。直接取立権）。したがって、質権者たるJAは、自己の名において、第三債務者である他行に対し、質入債権の目的物たる他行預金債権を直接自己に支払う（引渡し）ことを請求することができ、その結果、被担保債権の弁済に充当することができます。

この点、質入債権が定期預金であり、質権実行の際に、当該定期預金の満期日が到来していない場合には、JAは他行に対して当該定期預金の中途解約を求めていくことが考えられます。しかしながら、質権設定など関係ない場面においては、定期預金の満期日前に顧客（預金者）から中途解約があれば、期限の利益を放棄してこれを認めるのが実務ですが、金融機関が中途解約に応ずる商慣習は認められず、民法662条を適用することもできず、中途解約に応ずる法的義務はないとされています（名古屋地方裁判所昭和55年3月31日判決・金融法務事情942号45頁等）。したがって、質入債権が定期預金であって満期日到来前の場合、JAとしては、質権に基づく直接取立権を行使するにあたり、他行に対し、中途解約を請求する法的な権利はないので、中途解約に応じてもらうように話合いを求めることになります。

第4節　その他の担保

Q196　債権担保

債権担保には、どのような種類がありますか。また、債権担保をとる方法と対抗要件の具備、実行方法について教えてください。

A　広義の債権の担保には、指名債権の担保のほか、手形等の指図債権の担保、株式等の有価証券の担保などがあります。JAの実務における典型例としては、貯金債権の担保や共済金の請求権の担保があげられます。

債権担保の方法には、質権を設定する方法と譲渡担保権を設定する方法があります。JAの実務において自JAの貯金債権や共済金の請求権を担保にとるときには、質権が選択されます。

当該担保の設定についての第三債務者に対する通知または第三債務者による承諾により第三債務者に対する対抗要件が具備され、また、当該通知または承諾に確定日付が付されることにより第三者対抗要件が具備されます。なお、動産・債権譲渡特例法が適用される債権を担保にとる場合には、同法に基づく登記を利用することも可能です。

JA自身を第三債務者とする担保の場合で相殺の要件を充足するときは、相殺による回収が最も簡便です。相殺による回収ができないときは、選択した担保権の種類に応じて担保を実行します。質権を設定した場合は、民事執行法に基づく手続を利用する方法のほか、質権者自ら第三債務者に対して直接取り立てる方法があります。

また、譲渡担保権を設定した場合は、債権を確定的に自己に帰属させ、あるいは処分してその代金を自己の債権の弁済に充当することにより実行する方法のほか、譲渡担保権者自ら第三債務者に対して直接取り立てる方法があります。

解　説

1　債権担保の目的とJAの実務

(1)　債権担保の目的

一般的に、「債権担保」という用語には、売掛債権等の指名債権（債権者が特定された債権）の担保（狭義の債権担保）のほか、手形や公社債等の指図債権の担保等が含まれます。

(2)　JAにおける債権担保の実務

JAの実務では幅広い種類の債権担保が取り扱われていますが、そのなかでも典型的な例としては、貯金債権、共済契約に基づく請求権の担保があげられます。

貯金債権の担保の特徴や留意点については、Q193、Q194、Q195を参照してください。

共済契約に基づく請求権を担保にとる場合の留意点としては、①共済契約では共済金等の支払請求権者が複数いる場合（たとえば、養老生命共済において、死亡共済金受取人、後遺障害共済金受取人、満期共済受取人などがそれぞれ異なる場合があります）には、その全員から担保提供を受ける必要があること、②共済契約は生活保障を目的としていることから、解約返戻金からの回収を行うことについては、全国農協中央会・農林中金・全国共済農協連連名文書「共済担保貸付取扱いにあたっての今後の留意事項」などの実務指針に沿って慎重に対応することなどがあげられます。

2　債権担保の方法

債権を担保にとる方法には、質権を設定する方法と譲渡担保権を設定する方法があります。それぞれの方法の概要については、Q172を参照してくだ

図表196－1　担保の目的に応じた債権担保の方法

担保の目的	担保の方法
自JA定期貯金債権	質権
自JA定期積金債権	質権
他行定期預金債権	質権
共済契約に基づく請求権	質権
上記以外の指名債権（売掛債権など）	質権または譲渡担保権
商業手形	譲渡担保権

さい。

この点に関して、JAにおいては、担保の目的に応じて、原則として図表196－1の方法を選択する実務になっています。

質権と譲渡担保権の法的性質および実行方法は類似しており、いずれの方法でも担保の目的を達成することは可能です。もっとも、担保権者と目的債権の債務者（第三債務者といいます）が同じである場合、譲渡担保権の設定により目的債権を担保権者に譲渡すると、当該債権の債権者と債務者が同一人に帰属し、民法上、消滅してしまうという問題があります（同法520条）。そこで、このような債権を担保にとる場合には、実務上、譲渡の形式をとる譲渡担保権ではなく、質権が選択されています。

JAの場合も、JA自身を第三債務者とする指名債権（自JAの定期貯金債権、自JAの定期積金債権、共済契約に基づく請求権）を担保にとる場合には、図表196－1のとおり、質権が選択されることになります。

3　債権担保の対抗要件具備

(1)　対抗要件の意義と具備方法

対抗要件とは、効力の生じた法律関係を主張するための要件をいいます。対抗要件には当該債権の債務者（第三債務者といいます）に対する対抗要件と、第三者に対する対抗要件とがあり、両者とも債権担保の実務において重要な意義を有するものですので、それぞれ、意義と具備方法を正確に理解しておく必要があります。

a　債務者対抗要件

担保権者と担保権設定者の二者間の契約があるだけでは、担保権者は、当該債権について担保権が設定されたことを第三債務者に対して主張することができません。別途、債務者対抗要件を具備する必要があります。

民法上の債務者対抗要件の具備方法は、質権を設定する場合も、譲渡担保権を設定する場合も、第三債務者に対する通知または第三債務者の承諾とされています（同法364条、467条1項）。

なお、担保権設定者が法人であり指名債権を担保にとる場合には動産及び債権の譲渡の対抗要件に関する民法の特例等に関する法律（以下「動産・債権譲渡特例法」といいます）に基づく登記を利用することもできます。当該登記を利用する場合は、質権設定登記または債権譲渡登記に係る登記事項証明書を第三債務者に交付して通知することにより、債務者対抗要件を具備することができます（同法4条2項、14条）。

b　第三者対抗要件

担保の目的となる債権についての法律関係を争う第三者（たとえば、当該債権を差し押さえた債権者や当該債権を二重に譲り受けた債権者が考えられます）が出現した場合には、その第三者との間における優先関係を定めるルールが必要とされます。このルールが第三者対抗要件の制度であり、当該第三者との間の優劣は、第三者対抗要件の先後により決せられます。

民法上の第三者対抗要件を具備する方法は、質権を設定する場合も、譲渡担保権を設定する場合も、確定日付のある証書により行う第三債務者に対する通知または第三債務者の承諾とされています（同法364条、467条2項）。具体的には、公証役場で確定日付を取得した通知書や承諾書を交付する方法や、当該通知や承諾を内容証明郵便で行う方法などがあります（同法施行法5条）。

なお、担保権設定者が法人であり指名債権を担保にとる場合には、動産・

債権譲渡特例法が適用されるため、同法に基づく登記により第三者対抗要件を具備することも可能です（同法4条1項、14条）。

⑵ 具体例

具体例として、共済契約に基づく請求権に質権を設定するため、JAが債務者から質権設定契約証書の差入れを受けるという事例の対抗要件について検討します。

この場合、JAは、担保権者と第三債務者の立場を兼ねるため、担保権者として質権設定契約の申込みを承諾すると同時に第三債務者として当該質権の設定について承諾を行うものと評価されます。したがって、JAが、証書の差入れを受け入れることで、当然に質権設定についての債務者対抗要件が具備されるものと考えられます。

一方、第三者対抗要件の具備は、質権設定契約証書の差入れを受けるだけでは足りません。第三者対抗要件を具備するためには確定日付が必要であり、実務上は、公証役場において、この質権設定契約証書に確定日付を付す手続が行われます。前述のとおり、質権設定契約証書には、第三債務者であるJAの承諾が含まれていると評価されるため、当該証書に確定日付を付すことによって、第三者対抗要件が具備されるものと考えられます。

4 債権担保の実行方法

⑴ 相　殺

JAの実務においては、自JA向け貯金債権の担保など、JA自身を第三債務者とする担保が多く用いられます。このような担保の場合、実行方法の選択肢として、自己の債権と担保債権とを対当額で消滅させる相殺があります（民法505条1項）。相殺は、確実に債権を回収することができ、かつ、意思表示のみで足りる簡便な回収方法のため、自JA向け債権の担保の場合には、まずは相殺の可否を検討すべきことになります。

一方、農作物の売買に係る第三者宛ての売掛債権を担保にとる場合などJA以外の第三者を第三債務者とする場合のほか、相殺の要件を満たさないときには、以下に説明する設定した担保権の種類に応じた実行方法を検討します。

⑵ 質権の実行方法

質権を設定している場合は、民事執行法に基づく実行手続（同法193条）を行うことができます。この方法による場合、執行裁判所が債権を差し押さえ、第三債務者への命令送達から１週間を経た後に、担保権者が当該債権を直接取り立てるか、弁済にかえて担保債権を自己に移転させる転付命令を取得することになります。

さらに、質権者は、上記の民事執行法に基づく手続によらずに、自ら第三債務者に対して債権の取立を行うことができます（民法366条１項）。この方法は、裁判所を介することなく簡易な実行方法ということができます。なお、質権者の債権の弁済期が質入債権の弁済期よりも遅く到来するときは、質権者は第三債務者に対して弁済期の供託を請求することができ、この場合、質権者はその供託金の上に質権を有することになります（同条３項）。

⑶ 譲渡担保権の実行方法

譲渡担保権を設定する場合は、担保債権を確定的に自己に帰属させる方法か（帰属清算といいます）、担保債権を処分してその代金を自己の債権の弁済に充当する方法（処分清算といいます）により担保を実行することが可能です。

さらに、法形式上は担保債権が担保権者に譲渡されているため、譲渡担保権者は、自ら第三債務者に対して債権の取立を行うことが可能です。実務上の要請から、譲渡担保権を設定した段階では債務者対抗要件が具備されていない場合もありますが、その場合には、実行の段階で譲渡通知を行うなどして、債務者対抗要件を具備したうえで取立を行うことになります。

Q 197　家畜その他動産を担保とする方法

債務者の保有する家畜を担保にとりたいのですが、どのような方法がありますか。また、対抗要件はどのように具備しますか。

A　動産譲渡担保の方法があり、個別の動産譲渡担保は、目的物の引渡しにより対抗要件が具備されます。なお、動産・債権譲渡特例法の適用がある場合には、動産譲渡登記により対抗要件を備えることも可能です。

解　　説

1　動産担保の方法

⑴　動産担保の方法の種類

自動車などの登記または登録制度がある動産については特別法により抵当権の設定が認められていますが、そのほかの動産を担保にとる方法としては、質権を設定する方法と譲渡担保権を設定する方法とがあります。

⑵　動産担保の方法の選択

質権の設定は、質権者が目的物を占有する必要があることから（民法345条)、債務者が占有を継続する必要のある動産を担保にとることにはなじまない方法とされています。

このことから、金融機関の実務においては、特別法が適用される動産については抵当権を利用し、特別法が適用されない動産については譲渡担保権を利用する対応が浸透しています。JAの実務においても同様です。

譲渡担保権によれば、担保権者から動産を借り受けることにより、担保権設定後も動産の占有を継続することが可能となります。また、民事上の質権のように流質契約が禁止される（同法349条）ことはなく、担保実行の場面において柔軟な私的実行の方法を選択することが可能となります。

(3) 個別の動産譲渡担保と集合物譲渡担保

なお、動産を担保にとる場合には、個別の動産を担保にとろうとする場合のほかに、倉庫にある在庫商品などのまとまった動産を一括して担保にとろうとする場合があります。

後者の要請がある場合、担保の対象に含まれる動産が日々流動する点に特色があり、その具体的な方法が問題となるのですが、判例（最高裁判所昭和62年11月10日判決・最高裁判所民事判例集41巻8号1559頁）の考え方によれば、動産の種類、所在場所、量的範囲を特定するなどの方法によって、全体を1個の集合物として扱い、当該集合物に対して譲渡担保権を設定することが可能とされています。

このような形態の譲渡担保を集合動産譲渡担保といい、Q198で、その詳細を説明します。

(4) 本問の検討

本問の場合、家畜の担保設定についての特別法は存在しないため、抵当権ではなく、動産譲渡担保を検討することになります。

この点、1頭ごとにIDが付されている肉牛であれば当該IDによって個別の動産を識別することが可能であり、個別の動産譲渡担保の方法を選択することが可能です。

一方、IDが付されておらず個別の識別が困難な家畜の場合や、特定の範囲で入替りが予定される家畜を一括して担保にとる場合には、集合動産譲渡担保の設定を検討することになります。

2 動産譲渡担保の対抗要件の具備

(1) 引 渡 し

民法上の動産譲渡担保権の対抗要件具備の方法は、動産の引渡しです（同法178条）。具体的には、以下の方法があります。

a　現実の引渡し（民法182条1項）

動産を現実に債権者に引き渡す方法です。

b　簡易の引渡し（民法182条2項）

動産をすでに債権者が占有しているときに、債権者との間で引渡しをする旨の合意を行う方法です。

c　指図による占有移転（民法184条）

動産を倉庫業者等の第三者が占有しているときに、当該第三者に対して、以後は債権者のために占有するように通知し、債権者がそれを承諾することによる方法です。

d　占有改定（民法183条）

債権者に対して、以後は債権者のために占有するとの意思を表示することによる方法です。

実務においては、基本的に、債務者がもともと占有している動産に担保を設定し、担保設定後も債務者による占有を認めることから、占有改定の方法が選択されることが多いといえます。

⑵　動産・債権譲渡特例法に基づく動産譲渡登記

占有改定による引渡しは、動産が他人に引き渡されたものかどうかが外形的にわかりにくく、譲渡担保権の設定を受けた後に、それを知らずに引渡しを受けて即時取得をした第三者に譲渡担保権を対抗できない可能性がある（民法192条参照）などの問題意識があります。かかる問題意識をふまえて、動産及び債権の譲渡の対抗要件に関する民法の特例等に関する法律（以下「動産・債権譲渡特例法」といいます）が適用される場合には、動産譲渡登記の利用を検討すべき場合もあります。すなわち、動産譲渡登記ファイルに譲渡の登記がされたときには、その動産について民法178条の引渡しがあったものとみなされるという利便性の高い制度であることから、動産譲渡登記の利用が検討されるべきことになります。

動産譲渡登記の概要と留意点などは以下のとおりです。

a　登記の主体

動産・債権譲渡特例法に基づく動産譲渡登記は、担保権設定者が法人の場合に利用可能です（同法4条1項）。

b　登記の客体

自動車や航空機など、特別法に基づく登記または登録制度が整備されている動産については、特別法が適用されるため、原則として動産譲渡登記を利用することはできません。ただし、未登録や登録抹消ずみの自動車等については、特別法の適用がなく、動産譲渡登記により対抗要件を具備することが可能です。

c　記載事項と特定方法

動産譲渡登記には、主として以下の事項が記録されます（動産・債権譲渡特例法7条2項、動産・債権譲渡登記規則16条1項）。

①　譲渡人の商号または名称および本店または主たる事務所
②　譲受人の氏名および住所
③　譲渡人または譲受人の本店または主たる事務所が外国にあるときは、日本における営業所または事務所
④　登記原因およびその日付
⑤　譲渡に係る動産を特定するために必要な事項
⑥　登記の存続期間
⑦　登記番号
⑧　登記の年月日、時刻
⑨　登記の目的

実務的には、特に⑤譲渡に係る動産を特定するために必要な事項がポイントとなります。動産の特定の方法には、「動産の特質」により特定する方法と「動産の所在」により特定する方法とがあります（動産・債権譲渡登記規則8条1項）。

「動産の特質」により特定する場合には、動産の種類、記号、番号その他の、他と識別するための必要な特質を記録します。動産の種類は、商品名や

製品名などではなく、本問では「牛」などと記載することになります。また、記号や番号は動産固有の情報として記録される必要がありますので、本問のケースでは牛の個体IDを記載することになります。なお、型番など、複数の動産に振られる番号は、ここにいう番号として適切ではないため、留意すべきです。

一方、「動産の所在」により特定する場合には、動産の種類と動産の保管場所の所在地を記録します。この方法によれば、個別の動産が流動することが可能ですので、上記1に述べた集合動産譲渡担保の場合は、この方法により担保の対象を特定することになります。

なお、「動産の特質」により特定する場合と「動産の所在」により特定する場合のいずれの場合も、「備考欄」の記載を組み合わせることによって、さらに詳細に特定することができます。たとえば、「動産の所在」により特定する場合に、特定の場所に所在する動産がすべて担保の対象となりますので、さらに「備考欄」に動産の内訳や保管場所の名称を記載するなどして実態に即した登記を行うことが求められます。

Q 198　集合動産譲渡担保

集合動産譲渡担保とはどのような担保ですか。集合動産譲渡担保を設定するにあたって、担保物の特定をはじめとする設定契約の内容はどのようにすればいいのでしょうか。また、対抗要件についてはどのように考えればいいのでしょうか。

A　構成部分の変動する集合動産についても、目的物の範囲が特定される場合には、1個の集合物として譲渡担保の目的とすることができます。このように変動する集合動産について譲渡担保の目的とすることを集合動産譲渡担保といいます。

集合動産譲渡担保を有効に設定するためには、その種類、所在場所および量的範囲を特定するなどの方法によって目的物の範囲が特定される必要があり、集合動産譲渡担保権は、当該特定された目的物について譲渡担保権の設定を受ける契約をもって成立します。

集合動産譲渡担保の対抗要件は、目的物の引渡しまたは動産譲渡登記です。

解　説

1　集合動産譲渡担保とは

(1)　流動性を有する動産に担保を設定する意味

JAが金銭を貸し出す際の担保の対象としては、不動産や動産をはじめとするあらゆる事業者の資産が考えられます。

この点、事業者の有する在庫商品のように、それを構成する個々の商品が日々流動的に入れ替わりながら事業者の経済活動が進行している場合に、そのような経済活動を維持しながら、それらの商品を担保とすることができれば、貸出を行うJAとしては、担保の対象となる資産の幅が広がるとともに、貸出をすることができる幅もさらに広がることになります。

⑵　流動性を有する動産に担保を設定する方法

上記のような流動性を有する動産に、一括して担保を設定する方法について、判例は、「構成部分の変動する集合動産についても、……目的物の範囲が特定される場合には、1個の集合物として譲渡担保の目的となりうる」（最高裁判所昭和54年2月15日判決・最高裁判所民事判例集33巻1号51頁）として、譲渡担保を設定することは可能である旨示しました。これが集合動産譲渡担保です。

⑶　集合動産譲渡担保の特徴

集合動産譲渡担保は、個別の動産に譲渡担保を設定する場合と異なり、「集合物」という単なる個別の動産の集合体とは別個の経済的価値を有し、取引上一体として取り扱われる物を客体として譲渡担保を設定する方法です（集合物論。最高裁判所昭和62年11月10日判決・最高裁判所民事判例集41巻8号1559頁）。

そのため、一般に、集合物の構成要素たる個別の動産については、通常の営業の範囲内で債務者によって処分することが可能であり、日々目的物の入替りがなされることが前提となっています。

2　集合動産譲渡担保の設定契約

⑴　目的物の特定

a　総　　論

上記1⑵に示した判例のとおり、集合動産を譲渡担保の目的とするためには、目的物の範囲が特定される必要があります。そして、この目的物の特定の方法として、判例は、「その種類、所在場所及び量的範囲を特定するなどの方法」を例としてあげています（前掲最高裁判所昭和54年判決、最高裁判所昭和62年判決）。

以下、この目的物の特定方法の例としてあげられた①種類、②所在場所、

③量的範囲について、具体的にはどのように特定する必要があるか、概説します。

b　種　　類

具体的な動産の品目を特定して指定する場合は特定として足りることはもちろんのこと、原材料、動産、在庫商品等の包括的指定であっても、それが後述の所在場所、量的範囲の指定によっては、目的物の特定として十分になる場合もあるものと考えられます。

もっとも、個々の物件が具体的に譲渡担保の目的物に該当するかの判断ができることは必要なため、「家財一切」等、個々の物件が具体的に目的物に該当するか否かの識別が困難な指定方法は特定性を欠くものと判断されると考えられます（最高裁判所昭和57年10月14日判決・金融法務事情1019号41頁）。

c　所在場所

一定の所在場所内の全部の商品を譲渡担保の目的物とする場合には、当該場所を地番または住居表示により特定すれば足りると考えられます。一定の所在場所の同種の商品の一部を譲渡担保に供する場合は、これを別置し、たとえば「中央通路の東側の商品」などと指定することが必要であると考えられます。

d　量的範囲

一定の所在場所の物全部が譲渡担保の目的物である場合には、それだけで量的範囲の特定としては十分であると考えられます。

一定の所在場所にある物の一部が譲渡担保に供される場合に、たとえば「倉庫内の鋼材３分の１」のような指定をした場合には、「３分の１」が具体的物件のどの部分か判然としないため、特定方法としては不十分です。

この場合は、標識を付す、別置する等したうえ、設定契約でその旨指定することが必要であると考えられます。

⑵　設定契約の内容

集合動産譲渡担保の設定契約においては、上記⑴ａの①から③の要素により、目的物の特定がなされるとともに、一般的には、以下の各内容の条項が置かれるのが通例です。

a　対抗要件の具備

集合動産譲渡担保は、個別の動産譲渡担保と同様に、判例と慣習法によって形成された物的担保制度であることから、対抗要件を備えなければその効力を第三者に対抗することはできません。

したがって、設定契約においては、対抗要件を具備する方法に関する定めが置かれるのが通例です。

集合動産譲渡担保の対抗要件については後記3で詳しく説明します。

b　目的物の変動

集合動産譲渡担保はすでに述べたとおり、目的物が入れ替わることが前提とされています。

このことから、譲渡担保権者が目的物についての担保価値を維持するために、動産が搬出された場合の補充義務を設定契約中に定めるのが通例です。

c　目的物の管理

設定契約中には、目的物の管理等に関する定めがなされるのが通例です。

集合動産譲渡担保を設定した場合の担保物の管理についてはQ199で詳しく解説します。

d　倒産条項

設定契約中には、債務者が期限の利益を喪失した場合に担保権を実行することができるとの規定を設けるのが通常です。

この期限の利益喪失事由の1つとして、「債務者につき破産・民事再生・会社更生・特別清算の申立てがあったとき」という倒産条項が定められることが通例です。

3　集合動産譲渡担保の対抗要件

(1)　構成部分の変動と対抗要件の効力

個別の動産に譲渡担保を設定する場合と異なり、集合動産に譲渡担保を設定する場合には、すでに述べたとおり、譲渡担保の構成要素たる個々の動産が入れ替わることが当然に予定されています。

このことから、譲渡担保設定後に集合動産に新たに動産が加わった場合に、当該動産に対して譲渡担保権の対抗要件具備の効力が及ぶかという問題が生じます。

この点、判例は、上述の集合物論に立つことを明らかにし、「対抗要件具備の効力は、その後構成部分が変動したとしても、集合物としての同一性が失われない限り、新たにその構成部分となった動産を包含する集合物について及ぶ」としました（前掲最高裁判所昭和62年判決）。

このことから、譲渡担保設定後に集合動産に新たに動産が加入した場合には、当該動産に対しても譲渡担保権の対抗要件具備の効力が及ぶこととなります。

具体的な対抗要件具備の方法については次のとおりです。

⑵　民法上の対抗要件具備の方法

民法上の集合動産譲渡担保の対抗要件具備の方法は、個別の動産の譲渡担保と同様、動産の引渡し（民法178条）です。

引渡しには①現実の引渡し（同法182条１項）、②簡易の引渡し（同条２項）、③指図による占有移転（同法184条）、④占有改定（同法183条）の４つがありますが、実務上は、④の占有改定すなわち相手方に対して、以後は相手方のために占有するとの意思を表示することによる方法が一般的です。

⑶　動産譲渡登記による対抗要件具備

上記の民法上の対抗要件具備の方法によるほか、動産及び債権の譲渡の対抗要件に関する民法の特例等に関する法律（以下「動産・債権譲渡特例法」という）により、法人が動産を譲渡した場合において、当該動産の譲渡につき動産譲渡登記ファイルに譲渡の登記がされたときは、当該動産について民法178条の引渡しがあったものとみなされるため（動産・債権譲渡特例法３条）、集合動産譲渡担保の場合についても、動産譲渡登記によって対抗要件を具備することが可能です。

動産譲渡登記による対抗要件具備の方法についての詳細は、Q197を参照してください。

⑷ 明認方法の実施

上記のとおり、集合動産譲渡担保の対抗要件具備の方法としては、民法上の引渡しによる方法と動産譲渡登記による方法があります。

もっとも、占有改定によって対抗要件を具備する場合には、債務者から譲渡担保権者に対する意思表示しか行われないため、譲渡担保の目的物である集合物が他人に引き渡されたものかどうかを外形的に判断するのが困難です。

また、動産譲渡登記によって対抗要件を具備した場合でも、具体的な目的動産が記録された登記事項証明書は限定された権利者しか取得することができないため、実質的な公示機能に乏しいといえます。

このため、第三者が、目的物を債務者の所有物と誤認して差し押さえたり、譲渡担保権の設定を要求したりするほか、債務者が目的物について通常の営業の範囲外の処分を行った場合に、当該目的物の所有権が第三者によって即時取得され、当該目的物に対する譲渡担保権が消滅するおそれもあります（民法192条参照）。

このようなことを事前に防止し、譲渡担保の目的物の保全を図るために、対抗要件の具備のほかに、目的物たる動産それ自体に債務者所有物であることを示すなどし、また、その保管場所に公示札（ネームプレート）を掲げるなどの明認方法を施して、それらが譲渡担保の目的物であることを示す対応が、実務上よく行われています。

Q199 動産担保の管理と担保からの回収方法

譲渡担保を設定した場合、取引中の管理の際に注意すべきこととしてどのようなことがあるでしょうか。譲渡担保の実行はどのように行うことになるのでしょうか。

A 譲渡担保を設定した場合の管理についての注意点は、担保目的物をだれが管理するかによって異なります。また、集合動産譲渡担保を設定する場合の管理については、目的物の入替りを前提とした管理をする必要があります。

譲渡担保の実行は、実行手続に民事執行法上の定めがないため、いわゆる私的実行の方法によることになります。集合動産譲渡担保権の実行にあたっては、集合物の構成要素が「固定化」している必要があるとされています。

解　説

1　JAにおける動産担保

JAにおいて動産担保を取得する場合の担保権は、譲渡担保権とするのが通常であることから、本問では、動産の譲渡担保の管理および実行について説明します。

2　譲渡担保の管理

(1)　担保権者自らが担保目的物を保管する場合

個別の動産に対して譲渡担保を設定する場合には、譲渡担保権者（以下「担保権者」といいます）自らが担保目的物の引渡しを受け、これを管理する場合があります。

この場合には、担保権者は善良なる管理者としての注意義務を負うことになります。

したがって、担保権者の不注意で担保物件が損傷した場合には、その損害は担保権者が負うことになります。

⑵ 倉庫業者等の第三者が担保目的物を保管する場合

倉庫業者等の第三者が保管中の債務者の物品については、指図による占有移転、すなわち、債務者が当該第三者に対して、以後は担保権者のために占有するように通知し、担保権者がそれを承諾する方法（民法184条）によって譲渡担保権（集合動産譲渡担保を含みます）を設定することが可能です。

この場合、担保目的物の保管については、担保権者と倉庫業者等の間で保管契約が締結され、この保管契約に基づいて、倉庫業者等が担保目的物の保管をすることになります。

もっとも、この場合でも、担保権者は、債務者に対して担保目的物の保管について善良なる管理者としての注意義務を負うのは、上記⑴と同様です。

そして、債務者に対する関係では、担保目的物を実際に保管する倉庫業者等は、担保権者を補助し、担保権者にかわって担保目的物を管理するという関係になることから、倉庫業者等の不注意により担保目的物である商品等が損傷した場合には、その損害は担保権者が負うことになるので注意が必要です。

⑶ 占有改定により譲渡担保を設定した場合

占有改定により譲渡担保を設定した場合には、担保目的物は引き続き債務者のもとで管理されることになります。

このことから、実務上は、図表199－1のような担保目的物の管理に関する定めを設定契約に盛り込むことが重要です。

⑷ 集合動産譲渡担保の場合の留意点

担保として、集合動産譲渡担保を設定する場合には、占有改定の方法により対抗要件を具備するのが一般的であることから、集合動産譲渡担保の管理については、上記⑶に記載した事項が重要です。

これに加え、Q198で説明したとおり、集合動産譲渡担保については、譲

図表199－1　担保目的物の管理に関する設定契約の条項

項　目	条項の内容
譲渡担保の目的物であることの公示	債務者に対し、目的物たる動産自体に債務者所有物であることを示すまたはその保管場所に公示札（ネームプレート）を掲げるなどの公示を義務づける。 ∵第三者からの権利主張および担保目的物の即時取得の防止のため
保管状況の報告	債務者に対し、担保目的物の損傷の有無等の保管状況についての定期的な報告を義務づける。 ∵担保目的物の価値の把握のため
立入調査	譲渡担保権者から債務者に対し、担保目的物の保管状況について立入調査を行える旨を定める。 ∵担保目的物の価値の把握のため
第三者からの権利行使についての通知	債務者に対し、担保目的物に第三者からの権利主張がなされた場合の譲渡担保権者に対する通知を義務づける。 ∵担保目的物に対する第三者からの権利主張を防止するため

渡担保の目的物が日々入れ替わることが前提とされています。

そのため、債務者には、担保目的物の保管状況を単に報告させるのみならず、目的物の入替りの状況を日々記帳させるなどしたうえで、定期的にその帳簿のコピー等の文書を提出させること等によって報告をさせることが重要です。

また、集合動産譲渡担保を設定した場合には、債務者は、担保目的物について、通常の営業の範囲内で処分することができるのが通常です。

この場合、通常の営業の範囲内であっても一度に大量の在庫商品が流出し、担保目的物の担保価値が大きく減少する事態が生じる可能性があります。

このような事態を避けるために、一定の数量を超える場合の処分につき、譲渡担保権者の同意を要するとする条項を設定契約に定めることも考えられます。

3　動産担保の実行

⑴　譲渡担保権の実行手続の概要

担保権が譲渡担保権の場合は、実行手続に民事執行法上の定めがないため、いわゆる「私的実行」の方法によることになります。具体的な手続の概要は以下のとおりです。

a　実行通知

譲渡担保権者は、譲渡担保権を実行するときは、債務者に対して、譲渡担保権を実行する旨の通知を行います。

通知の方式は、内容証明郵便による場合もあれば、口頭で行われることもあります。

b　担保目的物の引渡し

実行通知後、担保目的物を換価するため、債務者から任意の引渡しを受ける必要があります。

c　担保目的物の処分・換価

債務者から担保目的物について任意の引渡しを受けた後、これを自ら換価してその代金を被担保債権の弁済に充当するか、担保目的物を自らの物に確定的にすることによって、被担保債権の弁済に充当します。

d　清算金の支払

担保目的物の適正処分価格や、適正評価額が被担保債権額を上回る場合には、譲渡担保権者は、その差額を清算金として債務者に返還します。

⑵　債務者から任意の引渡しを受けられない場合

上記⑴の譲渡担保権の「私的実行」において、債務者から任意の引渡しが受けられない場合には、譲渡担保権者としては、①民事保全法に基づく保全処分、②引渡請求訴訟、③引渡請求訴訟の判決に基づく動産執行という手続を経て、担保目的物の引渡しを法的に実現する必要があります。

譲渡担保のうち、集合動産譲渡担保を設定した場合には、もともと通常の営業の範囲内での処分が許容されていることから、債務者あるいは第三者によって担保目的物が隠匿、処分されるおそれが高いといえます。

このことから、実務上、特に集合動産譲渡担保を設定した場合には、債務者が任意の引渡しに応じない場合には、すみやかに民事保全処分によって、担保目的物が散逸することを防止しながら上記の法的手続を進めることが重要です。

具体的には、①占有移転禁止の仮処分、②処分禁止仮処分のほか、③担保権者への引渡しを仮に認める引渡断行仮処分があります。いずれの仮処分を用いるかは保全の必要性との兼ね合いで判断することになります。特に③引渡断行仮処分は債務者の不利益が大きく、保全に必要な担保の額も高額となるため、目的物の残存価値が低く、直ちにその引渡しを得ないと被保全債権の行使の目的を達成できないなどの特別な事情がある場合に選択されます。

⑶　集合動産譲渡担保の実行の際の「固定化」

a　集合動産の流動性を停止する必要性

集合動産譲渡担保を設定した場合、通常、債務者は、担保目的物を構成する個々の動産については、通常の営業の範囲内で処分することができ、担保目的物は流動性を有するものといえます。

このように債務者によって処分が可能であり、流動性を有する担保目的物のままでは、その担保目的物について譲渡担保権の実行を行い、換価処分を行う対象とすることはできないため、譲渡担保権の実行にあたっては、債務者の処分権限が消滅し、担保目的物の流動性が停止している必要があります。

このように、債務者に認められている担保目的物を構成する個々の動産についての処分権限の消滅および流動性の停止概念として「固定化」があります。

一般的には、「固定化」が生じると、集合動産に対する譲渡担保権は、「固定化」時点において、集合動産を構成する個々の動産に対する複数の譲渡担保権に転化し、それまで債務者に認められていた集合動産の構成要素となっている個々の動産に対する処分権限はなくなると考えられています。

b　「固定化」の時期

一般的には、「固定化」は、譲渡担保権者が「私的実行」に着手する意思を明確にした場合に生じると考えられています。

また、設定契約において一定の事由が生じた場合に、当然にまたは請求により「固定化」が生じると定めることも可能であると考えられます。

第11章

保証

第1節　保証の基本

Q200　保証の機能と種類

保証契約の当事者はだれですか。
保証契約の種類によって違いますか。

保証契約の当事者は、債権者と保証人であり、主債務者は保証契約の当事者ではありません。

保証債務には、通常保証以外に連帯保証、商事保証、根保証といったさまざまな種類がありますが、契約の当事者については、保証契約の種類によって異なることはなく、あくまで保証契約の当事者は、債権者と保証人です。

解　　説

1　保証契約の当事者

保証契約は、債権者と保証人との間で締結されるものですので、主債務者は、保証契約の直接の当事者ではありません。

この点たしかに、たとえば貸金の場合は、債権者から金銭を借りているのは主債務者であり、保証人は、その主債務者が債権者から貸付を受けている金銭の返還債務について支払う債務を負う約束をするのですから、保証契約は、主債務があることが前提になっています。

また、保証契約は、保証人が主債務者から頼まれて締結されることが一般的であり、保証人と主債務者の間には、保証委託契約があるか、または、親族あるいは知人である等の人間関係があることがほとんどであるという実態があります。

そのため、主債務となる契約と保証契約は、強く関連するものではあります。

しかし、保証人は、あくまで主債務者とは別個に、債権者に対して支払債務を負います。そもそも保証契約は、債権者が、主債務者とは別個に支払債務を負う人を得ることによって、その人の資力をも弁済の財源にできることを意図していますので、保証人が主債務者とは別個に支払債務を負うことは、保証契約の意義ないし機能からの当然の帰結です。

また、保証契約の内容は、主債務を前提としてはいますが、債権者と保証人との間の保証契約で定まるものです。

このように保証契約は、債権者と保証人との間で、保証人が債権者に対し、主債務について、主債務者とは別個に、債権者に対して支払債務を負う旨を約する契約であり、主債務者を当事者とせず、債権者と保証人間のみを当事者とする契約です。

2　保証契約の種類

保証契約の種類としては、以下のようなものがあります。

(1)　単純保証と連帯保証

単純保証が、民法上は、保証契約の原則型です。単純保証の場合は、保証債務が、主債務を前提とする契約であり、主債務者が履行しないときに履行の債務を負うという主債務を補充する趣旨のものであることから、催告の抗弁権と検索の抗弁権があります。また、保証人が複数いる場合には、分別の利益があります。

a　催告の抗弁権

債権者が、保証人に債務の履行請求をした場合には、保証人は、まず主債務者に履行を催告すべきことを請求することができるというものです。ただし、主債務者が破産手続開始決定を受けた場合や行方不明の場合には、催告する意味がないので、この抗弁権は認められません。保証人から、催告の抗弁権の行使があったにもかかわらず債権者が遅滞なく催告をしなかったときは、その後主債務者の財産の減少によって債権者が全部の弁済を得られなかった場合には、債権者が直ちに催告していたら弁済を受けられた限度で保証人の債務は減縮されます。

b　検索の抗弁権

債権者が主債務者に催告した後であっても、保証人が、主債務者に弁済の資力があり、かつ執行が容易であることを証明した場合には、債権者はまず主債務者の財産に執行しなければならないというものです。この場合も、保証人から検索の抗弁権の行使があったにもかかわらず債権者が遅滞なく執行をしなかったために債権者が全部の弁済を得られなかった場合には、債権者が直ちに執行していたら弁済を受けられた限度で保証人の債務は減縮されます。

c　分別の利益

単純保証の場合で、保証人が複数いる場合は、各保証人は、債権者に対し、主債務の金額を保証人の頭数で分割した分だけ支払えばよいとされています。

連帯保証の場合は、これらの催告の抗弁権、検索の抗弁権、分別の利益が認められていません。これにより、連帯保証人は、債権者に対し、主債務者と同列の立場で支払債務を負うことになります。

⑵　商事保証

民法上では、単純保証が原則ですので、保証人が債権者との保証契約のなかで、主債務者に連帯して保証する旨の意思表示をしなければ連帯保証にはなりません。しかし、主債務が主債務者の商行為によって生じた場合、または、保証自体が商行為であるときは、それを商事保証といい、商事保証は当然に連帯保証となります。

⑶　根 保 証

根保証とは、主債務者と債権者との間の継続的取引から生じ、かつ将来発生し増減する不特定の債務を一括して保証するものです。

通常の保証は、特定債務の保証であり、保証契約時に保証の対象となる債務を特定する必要がありますが、根保証ではその必要がなく、１回の保証で、債権者と債務者の間に現存する債務ばかりでなく、将来発生する債務をも、そしてそれらが特定されていなくとも、全部まとめて保証の対象とすることができます。

なお、根保証であることと単純保証か連帯保証かということとは別次元の問題ですので、根保証であるから当然に連帯保証である等ということにはなりません。

この根保証のうち、貸金等債務の根保証について、個人が根保証人となる場合（貸金等根保証契約）には、特別な規制があります。

具体的には、まず、極度額を具体的な金額で定めなければなりません。つまり包括根保証は認められないということになります。そして、その極度額は、元本だけではなく、利息・遅延損害金・違約金・損害賠償金その他根保証人が根保証人として負う債務すべてを含んだものであり、根保証人が負う債務の限度額となります。なお、この極度額の定めは書面で行わなければなりません。

また、保証期間にも制限があり、主たる債務に元本確定日の定めがある場合、その元本確定日が、貸金等根保証契約締結の日から５年を経過する日よりも後の日に定められているときは、その元本確定日の定めは無効になります。そして、元本確定日の定めが無効の場合、あるいは、元本確定日の定めがない場合は、元本確定日は、その貸金等根保証契約締結の日から３年を経過する日となります。

3　保証の種類によって当事者が変わるか

このように、保証契約にはさまざまな種類がありますが、いずれも、債権者と保証人との間で契約が締結されていることに違いはありません。

商事保証を除いては、単純保証にするか連帯保証にするかということは債権者と保証人の間で取り決めていることです。また、商事保証についても、それが連帯保証となることは、商法で決められていることであり、主債務者が決められることではありません。
　以上から、保証契約の当事者は、債権者と保証人のみであり、このことは、保証の種類によって変わるものではありません。

Q 201 保証の保全としての効果と問題点

保証契約を締結する場合の債権者側の注意点を教えてください。

保証の保全としての効果は、保証人の資力に左右されます。したがって、保証人の資力の確認が重要です。

また、保証契約は、書面でしなければその効力を生じないものとされています（民法446条２項）ので、書面を作成することが最低限必要ですが、さらに、保証否認等後々トラブルとなることを防止するため、本人と面談して本人確認のうえで面前自署をしてもらう、あるいは実印で押印したうえで印鑑証明を添付してもらう等保証意思を確実に確認する方策をとることも重要です。

解　説

1　保証契約の保全効果

保証契約は、債権者が、主債務者とは別個に支払債務を負う人、すなわち保証人を得ることによって、その保証人の資力をも弁済の財源とし、事前に弁済の確実性を確保するという債権保全のために行うものです。

債権保全の方法としては、抵当権に代表される物的担保を得る方法があり、この場合は、被担保債権が支払われなかった場合に、その担保の目的物を売却し、その売却代金を被担保債権の弁済に充てることになります。したがって、保全としての効果があるかどうかは、その担保物に、被担保債権額に見合うだけの財産的価値があるかどうかで判断されることになります。

これに対して、保証契約の場合は、主債務者が弁済を行わない場合に、保証人に弁済を求め、保証人が弁済を行わなかった場合は、保証人の財産を差し押さえることで債権回収を行うことになります。したがって、保証契約の場合は、保証人の収入状況や財産状況等からして、主債務を弁済するに足りるだけの資力を有しているかによって、保全としての効果が判断されることになります。

2　保証人の資力の確認方法

⑴　保証人が個人の場合の確認方法

保証人の資力の確認方法として、保証人が個人の場合は、まず確認すべきは、収入の額と収入源です。

無職のため収入がないということでは、主債務者のかわりに弁済することはできませんし、差し押さえられる収入がないのでは、差押えもできません。収入があったとしても、それが生活保護や公的年金であれば、それらについては差押えが禁止されていますので、差押えはできません。なお、生活保護については、それを生活費以外に使用することはできませんので、任意の弁済も受けることはできません。

したがって、主債務の金額を弁済することができる程度の金額であってかつ差押えの可能な収入があることが保証人の条件として最低限必要なものであるといえますので、それを確認しなければなりません。

確認方法としては、源泉徴収票や確定申告書の控え、あるいは市区町村で発行される所得証明書（課税証明書）の提出を受けてその内容を確認します。

⑵　保証人が個人の場合の留意点

ただし、個人の収入に関しては、次のような問題があります。

会社を主債務者として貸付を行う場合、経営者個人を保証人にすることがあります（経営者保証の注意点について、Q203、Q208参照）。この点、保証人は、主債務者とは別個に資力があってこそ保全としての意味があるものです。ところが、経営者の場合は、その収入源は、経営している会社、すなわち主債務者のみであることが大半です。そうすると、主債務者である会社が、経営不振によって弁済ができなくなったときには、その会社を唯一の収入源としていた経営者は、収入を得られなくなって、保証債務の弁済もできなくなります。本来、保証は、主債務者が経営不振によって弁済できなくなったとき保証人から弁済を受けられることでその保全効果が発揮されるはずですが、主債務者を唯一の収入減としていた経営者が保証人となっている場合は、その効果はない結果となってしまいます。

また、そのような場面に限らず、個人を保証人とする場合は、保証契約の際には十分な収入があったとしても、その後病気や勤務先の倒産等によって収入が減ったりなくなったりするリスクがあります。

なお、そもそも経営者以外の個人の第三者を保証人とすることは、避けるべきことです。この点は、金融庁・農林水産省も系統金融機関を監督する際の指針として明確に打ち出していることですので、安易に経営者以外の個人の第三者を保証人とすることのないよう注意が必要です。

物的担保にできる物がない場合や、担保目的物の財産的価値が被担保債権額に足りない場合等個人保証が必要な場合はありますが、個人の場合には収入の変動リスクがあること、また個人の保証というものは経営者も含めてできるだけ避けるべきものであることを念頭に置いて保全対策として採用するかどうかを判断すべきでしょう。

なお、保証契約においては、保証人の収入以外の財産（不動産等）についても差押えの対象になります。ただし、保証契約後にその財産がほかに売却される等で名義が変わってしまうと、差押えできなくなってしまうリスクがありますので、保証人の収入以外の財産を確認し、もし物的担保として有用な財産がある場合は、別途担保契約を締結したほうが確実です。

⑶　保証人が法人の場合

個人ではなく、会社を保証人とする場合は、その会社の財務内容から、保証債務を履行する能力が十分にあるかどうかを確認することが必要でしょう。

3　保証契約の締結方法および保証意思の確認

⑴　保証契約の締結方法

平成16年の民法改正で、保証契約については、書面を作成しなければ効力を生じないこととなりました。したがって、保証契約締結の際には、契約書を作成することが必須です。

また、保証契約締結の際には、保証人の保証意思を慎重に確認しておくことが重要です。

保証契約が締結されるのは、保証人がいることが、主債務者が借入れできるための条件になっている場合がほとんどです。そのため、主債務者は、自らが借入れをするために、保証人を準備する必要がありますので、保証人になってもらうために依頼する相手に対して「弁済は自分が行うので、保証人には負担をかけない」と説明することが非常に多くのケースでみられます。また、保証人を準備するあてがない場合に、借入れを受けるために、保証契約書を偽造することもありうることです。

そのため、いざ主債務者が支払えなくなったために債権者が保証人に請求すると、保証内容について話が違うとして詐欺や錯誤の主張がされたり、「保証人にはなっていない」と主張されたりする等、さまざまなトラブルが生じることがあります。

これらのトラブルを防止するためには、保証契約を締結する際に、保証人となろうとする人の本人確認をするとともに、保証契約の内容を保証人本人が把握していることを確認し、保証人本人に実質的に保証意思があることの確認をとることが大切です。特に、保証意思の確認の際には、実際に保証債務を履行せざるをえなくなることは現実にありうること、その場合最悪どの程度の金銭負担が想定されるかということを具体的に説明し、保証人本人がそれらを十分に理解したうえでもなおかつ保証意思を有しているかということを確認することが重要です。なお、連帯保証契約の際には、補充性等がなく、主債務者と同列の立場で支払債務を負うことについて十分に理解を得ておく必要があります。

⑵　保証意思の確認方法

保証意思の確認の方法としては以下のことが考えられます。

a　本人との面談

保証人本人と面談して、本人確認を行い、保証契約の内容を説明のうえ、面前で署名押印をもらうことです。これが、いちばん確実な方法ですので、これを原則とすべきでしょう。

b　面談が困難な場合

面談が困難な場合は、電話で直接保証人に保証契約の内容を説明し、保証意思を確認したうえで、保証人に直接保証契約書を郵送してください。そして、保証人に保証契約書に実印で押印してもらうとともに、印鑑証明書と本人確認書類のコピーを添付して返送してもらうことが必要です。

面談をしない場合に、主債務者経由で保証契約書のやりとりをすると、主債務者が借入れを行いたいがために、印鑑の盗用や偽造を行うということもありうることです。したがって、必ず、電話で直接保証人と話す機会を設けたうえで、直接保証人に書面を郵送してください。

上記のとおり、個人保証はできるだけ避けるべきものですが、もし個人保証を利用する場合は、保証意思をよく確認することが後のトラブル防止のために非常に重要です。

Q 202 借入者の状況の保証人への報告

主債務者の弁済状況について、保証人に報告する必要はありますか。主債務者の弁済状況について報告していなかった場合、保証人への請求に支障が生じることはありますか。

特約がない限り、主債務者の弁済状況について、保証人に報告する義務まではありません。

ただし、主債務者が延滞した場合に、保証人に報告することなく長期間放置し、延滞金等で債務額が多額になってから保証人に請求した場合には、請求額が制限されたり、請求そのものが認められなかったりする場合もありうるので、注意が必要です。

なお、経営者以外の根保証人の場合には、根保証人の要請に応じて、定期的または必要に応じて随時、被保証債務の残高や返済状況について情報を提供する体制をとっておくことが望ましいと考えられます。

解　説

1　主債務者が順調に弁済を行っている場合

保証契約は、保証人が債権者に対し、主債務者が弁済を怠った場合に、主債務者にかわって弁済する旨を約する契約ですので、その契約によって当然に、主債務者の弁済状況について、債権者が保証人に報告すべき義務が生じるものではありません。

実際上、主債務者が順調に弁済を行っている間は、保証人の債務が顕在化することはありませんので、保証人にとって主債務者の弁済状況情報そのものは必要なものでもありません。

2　主債務者が弁済を怠った場合

しかし、主債務者が弁済を怠り、債権者が保証人に請求した場合はどうでしょうか。主債務者は、自分が借入れを行うために、頼み込んで保証人になってもらっているのですから、弁済がむずかしい状況になってもそれを保証人には伝えないことが通常です。そうすると、債権者からも情報がきていなければ、保証人は、ある日突然、債権者から保証債務の履行請求を受けることになります。その請求額も、主債務者がどの程度弁済したかや主債務者が延滞してからどれくらいの期間が経っているかによって異なりますから、保証人には突然提示される金額です。保証人が、保証契約締結の際、明確に保証意思を有して契約していたとしても、保証債務の履行請求がきた場合に備えて保証金額分を弁済資金として取り分けておくということは現実的ではありませんから、通常保証人は、突然なされた保証債務履行請求に対して、資金繰りを迫られることになります。

したがって、保証債務履行請求が突然なされた、ということだけでも、保証人にとっては負担の大きいことですので、突然請求した債権者に対する保証人からのクレームが生じることもあります。さらに、その請求が延滞が生じてから相当期間経過しており、延滞金等で債務額が高額になっているという事情があれば、なおさら、保証人からの反発は強いものとなります。

この点、借家契約の保証人のケースではありますが、最高裁は「賃借人が継続的に賃料の支払いを怠っているにもかかわらず、賃貸人が、保証人にその旨を連絡することもなく、いたずらに契約を更新しているなどの場合に、保証債務の履行を請求することが信義則に反するとして否定されることがあり得る」と判示しています（最高裁判所平成９年11月13日判決・金融法務事情1513号53頁）。この最高裁判決を受けて、その後各地の裁判所において、個々のケースに応じて、保証人が支払義務を負う金額を限定したり、貸主が保証人に請求したりすることそのものを認めない等の判断をしています。

これらの判例の趣旨からすると、貸金契約の場合であっても、主債務者が延滞しているにもかかわらず、長期間放置し、延滞金等で債務額が高額になった場合には、保証債務の金額が限定されたり、保証債務の請求そのものが認められなかったりするということがありうるものと考えられます。

以上から、保証債務履行請求の際のトラブルを防止するには、少なくとも主債務者が弁済猶予を願い出たり、一部でも怠ったりというような保証債務が顕在化する可能性がある事情が生じた場合には、債権者はすみやかに保証人に情報提供すべきでしょう。

なお、このような信用にかかわる情報を保証人に提供することによって主債務者との間でトラブルになることも考えられるため、主債務者との間の契約において、保証人への情報提供について承諾する旨の条項を入れておくとよいでしょう。

3　第三者との間で根保証契約を締結している場合

ただし、経営者以外の第三者との間で根保証契約を締結している場合は、別途の配慮が必要です。

根保証契約の場合は、保証の範囲が特定されておらず、保証人が負う保証債務の金額は変動します（Q200参照）。この点、経営者が会社の保証人になっている場合であれば、保証人自身が負う保証債務の金額を把握することは容易ですが、第三者の場合には、通常それを知ることはできません。根保証は、極度額の枠のなかでは、追加で融資を受けることもできるため、期間が経っていても被保証債務の残高が減っているとは限りませんし、いつ確定するかも第三者の根保証人の立場ではわからないこともあり（元本確定日が決められていても、元本確定日到来以外の理由で確定することがありえます）、非常に不安定な立場に置かれています。そのため、実際に保証債務の履行請求をした際には、トラブルが生じやすい実情があります。

そこで、根保証契約の場合には、契約締結当初から、根保証人の要請に応じて、定期的または必要に応じて随時、被保証債務の残高や返済状況について情報を提供できるような体制をとっておくことが重要であると考えられます。この点、保証人への情報提供の体制をとるべきことについては、金融庁・農林水産省の系統金融機関向け監督指針にも明記されています。

以上から、根保証人への情報提供について主債務者から承諾をとる方法や根保証人への情報提供の頻度や方法等について検討し、方針を定めておくことが望ましいものと考えられます。

第2節 個人保証

Q203 個人保証人を求める場合の注意点

融資にあたり個人保証人を求めることを検討していますが、注意すべき点があれば教えてください。

A 金融庁の監督指針では、中小企業等への融資に際し、経営者以外の第三者の個人保証人を求めないことを原則とする融資慣行の確立を求めています。

また、「経営者保証に関するガイドライン」（以下「経営者保証ガイドライン」といいます）では、経営者保証に依存しない融資のいっそうの促進を図るため、中小企業等への融資に際して経営者保証人を不要とする場合等の準則が定められており、金融庁の監督指針でも、経営者保証ガイドラインに沿った、経営者保証に依存しない融資の推進を求めています。

したがって、特に中小企業等への融資にあたり個人保証人を求めるかどうかは、融資先の状況等をふまえ慎重に検討すべきです。また、仮に個人保証人を求める場合には、その契約内容やリスク等について、丁寧かつ具体的に説明する必要があります。

なお、仮に個人保証人を求める場合において、締結する保証契約が貸金等根保証契約に該当する場合は、書面により極度額を定めなければならない等の要件がありますのでご注意ください。

解　説

1　経営者以外の第三者個人保証の原則禁止

経営者以外の第三者が保証人となる場合には、経営に責任のない個人保証人にその支払能力を超えた責任が発生し、ひいては生活基盤自体を失うことにもつながりかねない等の弊害が以前より指摘されていました。

そこで、金融庁の監督指針では「経営者以外の第三者の個人連帯保証を求めないことを原則とする融資慣行の確立等」という項目を設け、金融機関に対し、中小企業等への融資に際し、経営者以外の第三者の個人連帯保証を求めないことを原則とすることを要請しています。

なお、例外的に第三者保証を求めることが許容されうる場合としては、①実質的な経営権を有している者、営業許可名義人、経営者とともに事業に従事する当該経営者の配偶者が連帯保証人となる場合、②経営者の健康上の理由のため事業承継予定者が連帯保証人となる場合、③財務内容その他の経営の状況を総合的に判断して、通常考えられるリスク許容額を超える融資の依頼がある場合であって、当該事業の協力者や支援者からそのような融資に対して積極的に保証の申出があった場合、等が考えられます。

なお、金融庁の監督指針の上記要請は、主として中小企業向け融資を念頭に置いたものであり、住宅ローン融資等の個人向け融資については対象外となりますが、夫婦や同居親族等以外の個人連帯保証人を求めることについては、上記と同様の弊害が生じるおそれがあるので、やはり慎重に検討すべきでしょう。

2　経営者保証ガイドライン

(1)　経営者保証ガイドライン策定の経緯

従前の中小企業等に対する融資においては、経営者による個人保証がなされることが少なくありませんでした。このような経営者保証は、中小企業の経営への規律づけや信用補完として資金調達の円滑化に寄与する面がある一方、経営者による思い切った事業展開や創業を志す者の起業への取組み、早期の事業再生を阻害する要因となっている等の課題も指摘されていました。

このような課題をふまえ、合理的な経営者保証のあり方や、保証債務の整理を公正かつ迅速に行うための、金融機関や中小企業等の関係者の自主的・自律的ルールとして、平成25年12月に経営者保証ガイドラインが策定され、平成26年2月1日から適用が開始されています。

経営者保証ガイドラインでは、経営者保証に依存しない融資のいっそうの促進等を求めています。金融庁の監督指針でも、金融機関に対し、経営者保証ガイドラインの融資慣行としての浸透・定着を要請しており、JA等の融資にあたっても、経営者保証ガイドラインに即した対応が求められているといえます。

経営者保証ガイドラインの概要は以下のとおりですが、中小企業等に対する融資にあたっては、機械的に経営者を保証人とするのではなく、経営者保証ガイドラインの趣旨をふまえ、保証人の要否を含め慎重に検討すべきでしょう。

(2) 経営者保証に依存しない融資のいっそうの促進

経営者保証ガイドラインでは、金融機関に対し、融資先の中小企業等において法人個人の一体性の解消等が図られているような場合には、経営者保証を求めない可能性や、代替的な融資手法を活用する可能性を検討することを求めています。

具体的には、以下のような要件が将来にわたって充足すると見込まれるときは、融資先の経営状況、資金使途、回収可能性等を総合的に判断するなかで、経営者保証を求めない可能性や、経営者保証の機能を代替する融資手法（停止条件または解除条件付保証契約、ABL（流動資産担保融資）、金利の一定の上乗せ等）を活用する可能性について、融資先の意向もふまえたうえで検討することとされています（経営者保証ガイドライン4(2)）。

① 企業と経営者の資産・経理の明確な分離

② 法人と経営者の間の資金のやりとりが社会通念上適切な範囲を超えない。

③ 法人のみの資産・収益力で借入返済が可能と判断しうる。

④ 法人から適時適切に財務情報等が提供されている。

⑤ 経営者等から十分な物的担保の提供がある。

(3) 経営者保証の契約時の対応

a 説明義務

上記(2)の①～⑤で記載したような事情を検討しても経営者保証を求めることがやむをえないと判断される場合には、経営者保証契約の必要性や保証履行時の履行請求の範囲、保証契約の見直しの可能性等について、丁寧かつ具体的に説明することとされています（経営者保証ガイドライン5(1)）。

b 適切な保証金額の設定

保証金額に関しても、形式的に保証金額を融資額と同額とはせず、適切な保証金額を設定すること等が求められています（経営者保証ガイドライン5(2)）。たとえば、ほかに物的担保を徴求しているような場合では、融資額から物的担保にて確実に保全されうる額を除いた額を保証金額とすること等が考えられます。

(4) 既存の保証契約の適切な見直し

既存の経営者保証契約についても、主債務者および保証人から、保証契約の解除や変更等の申入れがあった場合は、保証契約の必要性や適切な保証金額等について真摯かつ柔軟に検討を行うとともに、その検討結果について主債務者および保証人に対して、丁寧かつ具体的に説明することとされています（経営者保証ガイドライン6(1)②）。

また、事業承継時においては、前経営者が負担する保証債務を後継者に当然に引き継がせるのではなく、必要な情報開示を得たうえで、上記(2)の①～⑤に記載したような視点に即して保証契約の必要性等についてあらためて検討するとともに、その結果、保証契約を締結する場合には適切な保証金額の設定に努めるとともに、保証契約の必要性等について、主債務者および後継者に対して丁寧かつ具体的に説明することとされています（経営者保証ガイドライン6⑵②）。

3　貸金等根保証契約に該当する場合の注意点

仮に個人保証人を求める場合で、これが貸金等根保証契約（一定の範囲に属する不特定の債務を主債務とする保証契約で、その債務の範囲に金銭の貸渡しまたは手形の割引を受けることによって負担する債務が含まれるもので、個人が保証人となるもの）に該当する場合には、書面で極度額の定めをしなければ無効となります。また、元本確定期日については5年以内にしなければならない等、一定の要件がありますので、契約にあたっては注意が必要です。

貸金等根保証契約についての詳細は、Q204を参照してください。

Q204 貸金等根保証契約

貸金等根保証契約とはどのような契約ですか。また、貸金等根保証契約を締結する場合の注意点について教えてください。

A 貸金等根保証契約とは、一定の範囲に属する不特定の債務を主たる債務とする保証契約であって、その債務の範囲に金銭の貸渡しまたは手形の割引を受けることによって負担する債務（貸金等債務）が含まれるもので、個人が保証人となるものをいいます。

貸金等根保証契約については、書面で極度額の定めをしなければ無効となります。また、元本確定期日については5年以内にしなければならない等、一定の要件がありますので、契約にあたっては十分に注意してください。

解　説

1　貸金等根保証契約の意義

貸金等根保証契約とは、一定の範囲に属する不特定の債務を主たる債務とする保証契約であって、その債務の範囲に金銭の貸渡しまたは手形の割引を受けることによって負担する債務（貸金等債務）が含まれるもので、個人が保証人となるものをいいます（民法465条の2第1項）。

したがって、特定の貸付金についての保証や、売掛金や賃料債権を主債務とする保証、法人が保証人になる場合などは、貸金等根保証契約には該当せず、以下に説明する規律は適用されません。

2　貸金等根保証契約の内容に関する規制

(1)　極度額の定め

貸金等根保証契約は、書面によって極度額を定めなければ無効となります

(民法465条の2第2項・3項)。

根保証契約では、保証人が負うべき責任の範囲が無制限になりかねないことから、保証人の責任の上限をあらかじめ画することにより、保証人の予測可能性を確保することとしたものです。

なお、極度額は、元本のみならず、利息、違約金、損害金その他主債務に従たるすべての債務が対象となります(同条1項)。元本のみを対象とする極度額を定めるいわゆる元本極度額方式は、ここでいう極度額の定めにはならず、根保証契約自体が無効となります。

(2) 元本確定期日

貸金等根保証契約では、主債務の元本確定期日は、契約締結日から5年以内でなければ無効となります(民法465条の3第1項)。

そして、元本確定期日の定めがない場合、あるいは5年を超過した定めをした結果その定めが無効となった場合は、契約締結日から3年を経過した日が元本確定期日となります(同条2項)。

元本確定期日を延長したい場合には、元本確定期日が到来する前に、保証人との合意により元本確定期日を変更する必要があります。元本確定期日の変更は、変更後の元本確定期日が、変更をした日から5年以内でなければ無効となります。ただし、元本確定期日の前2カ月以内に元本確定期日の変更をする場合は、変更後の元本確定期日が変更前の元本確定期日から5年以内の日を元本確定期日とすることができます(同条3項)。

以上の規定は、保証人が負う責任の範囲を、時間の経過という面から制限し、保証人の予測可能性を確保するために設けられています。

3 貸金等根保証契約の元本確定事由

貸金等根保証契約では、上記2(2)で説明した元本確定期日が到来した場合のほか、①債権者が、主債務者または保証人の財産について、金銭の支払を目的とする債権についての強制執行または担保権の実行を申し立てたとき(ただし、強制執行または担保権の実行の手続の開始があったときに限る)、②主債務者または保証人が破産手続開始決定を受けたとき、③主債務者または保証人が死亡したときには、主債務の元本が確定します（民法465条の４第３項）。

さらに、これらの事由が生じた場合以外にも、主債務者の資産状態が急激に悪化するなど、根保証契約締結時には予想できなかった著しい事情の変更が生じた場合には、保証人に特別の解約権が認められると解する見解が有力であり、この特別解約権が行使されれば、結果として元本は解約権を行使された日に確定することになります。

第3節　法人保証

Q205　法人から保証を受ける場合の注意点

融資にあたり法人保証人を求めることを検討していますが、注意すべき点があれば教えてください。

A　一般に、法人は個人よりも資産が潤沢であると考えがちですが、経営状況や資産状況によってはまったく保証としての意味をなさないこともありえます。保証契約締結に際しては、まず法人の経営状況や資産状況を確認・検討することが必要です。

法人の種類により目的の範囲の広狭はありますが、法人が保証契約を締結する場合には、その契約が当該法人の目的の範囲内のものである必要があります。また、保証契約の内容に応じて、取締役会決議や理事会決議等の法律上要求されている手続を履践しているかどうかを確認する必要があります。

解　説

1　法人の資力の確認

法人といっても、大企業から中小零細企業、そして会社以外の法人等、さまざまな規模の主体が含まれます。法人によっては、ほとんど資産をもたず、慢性的に赤字経営に陥っていることも珍しくありません。そのような法人を保証人とした場合には、いざ主債務者が支払不能に陥ってしまうと、法人保証人からも債権を回収できず、結局債権回収が不可能となってしまう可能性が高くなってしまいます。

法人を保証人とする場合にも、いざというときに保証債務を履行する経済力を有しているのかについて、その決算書類を確認するなどして、当該法人の経営状況や資産状況をしっかりと見極めることが必要です。

2　会社を保証人とする場合

(1)　目的による制限

民法34条は、「法人は、法令の規定に従い、定款その他の基本約款で定められた目的の範囲内において、権利を有し、義務を負う」と規定しており、これは法人の権利能力・行為能力の範囲を定めたものと解釈されています。

この点、会社のような営利法人の権利能力・行為能力については、「目的の範囲内の行為とは、定款に明示された目的自体に限局されるものではなく、その目的を遂行するうえに直接または間接に必要な行為であれば、すべてこれに包含される」「客観的、抽象的に観察して、会社の社会的役割を果たすためになされたものと認められるかぎりにおいては、会社の定款所定の目的の範囲内の行為であるとするに妨げない」とする判例があり（最高裁判所昭和45年６月24日判決・最高裁判所民事判例集24巻６号625頁）、その権利能力・行為能力の範囲はきわめて広いものと解されています。

ゆえに、通常の経済活動のなかで会社を保証人とする場合に、その目的の範囲を逸脱したために無効とされることはきわめてまれであるといえます。しかし、会社がその活動にいっさい関係ない者の債務を保証する場合等、保証の効力に疑問が生じるケースもないとはいえませんので、取締役会議事録等の資料により保証目的を確認するとともに、保証契約書にも融資目的等を明示し、後日紛争とならないような対策を講じておくことが望ましいでしょう。

(2)　取締役会等の承認が必要な場合

次の場合には、保証契約締結に際し、取締役会等の承認が必要となります。そのため、次のいずれかに該当する場合には、有効な取締役会等の決議がなされたことを確認するために、会社に対して取締役会等の議事録の提出を求めることが肝要です。

a　利益相反取引に該当する場合

株式会社が取締役の債務を保証する等、第三者との間で株式会社と当該取締役との利益が相反する取引をしようとするときは、取締役は、取締役会（取締役会非設置会社においては株主総会）において重要な事実を開示し、その承認を受けなければならないとされています（会社法356条1項3号、365条1項）。これは、取締役が会社の利益を犠牲にして自己の利益を図る危険性の大きい取引類型であることから、取締役が当該行為を行うこと、あるいは会社が取締役の利益を図る行為を行うことを規制するものです。

したがって、会社が取締役の債務を保証する場合や、他社の債務を保証するときにその他社の代表取締役が当該会社の代表取締役と同一人である場合等には、利益相反取引に該当するため、保証契約締結に際し、取締役会（株主総会）の承認が必要となります。この場合、具体的な対応としては、有効な取締役会（株主総会）決議がなされたことを確認するために、取締役会（株主総会）議事録を徴求することが望ましいといえます。この取締役会の承認決議においては、利益が相反する取締役は特別利害関係人に該当するため、定足数に含めることも議決に加わることもできません（同法369条1項・2項）ので、注意が必要です。

このような規定に反し、取締役会の承認を経ずに利益相反取引を行った場合には、その会社の行為は無効であるものの、第三者との関係では、会社は当該第三者が取締役会の承認がないことについて悪意であることを立証しなければ、無効をその第三者に主張できないとされています（最高裁判所昭和43年12月25日判決・最高裁判所民事判例集22巻13号3511頁）。

なお、合名会社、合同会社または合資会社を保証人とする場合にも、保証契約が利益相反取引に該当するときは、当該社員以外の社員の過半数の承認を受けなければなりません（同法595条1項2号）。

b　「多額の借財」に該当する場合

取締役会設置会社が「多額の借財」を行う場合には、取締役会の承認を受けなければならないこととされています（会社法362条4項2号）。これは、多額の借財をはじめとする同項に規定された業務がとりわけ重要であることにかんがみ、代表取締役等一部の取締役による独断専行で意思決定がなされることなく、取締役会全体で協議のうえ決定すべきことを要求したものです。そのような法律の趣旨にかんがみ、債務保証も、その金額によっては会社経営に多大な影響を及ぼしうるものである、「借財」に当たると考えられています。

一方、「多額」に該当するか否かについては、一律に画することはできませんが、当該借財の額、その会社の総資産および経常利益等に占める割合、当該借財の目的および会社における従来の取扱い等の事情を総合的に考慮して判断されるべきであるとされています（東京地方裁判所平成9年3月17日判決・金融法務事情1479号57頁、最高裁判所平成6年1月20日判決・最高裁判所民事判例集48巻1号1頁参照）。このように、当該保証契約が「多額の」借財に該当するか否かについて、事前に判断することは容易ではありません。契約の有効性を担保するためには、保証契約における種々の条件から「多額の」借財に当たることが疑われるときには取締役会決議を経ておくほうが確実です。

ただし、当該保証契約が「多額の借財」に当たるにもかかわらず取締役会の承認を受けずに保証契約を締結した場合であっても、その取引行為は内部的意思決定を欠くにとどまるから、原則として有効であって、ただ、相手方が取締役会決議を経ていないことを知りまたは知りうべかりしときに限って無効であるとされています（最高裁判所昭和40年9月22日判決・最高裁判所民事判例集19巻6号1656頁）。

なお、指名委員会等設置会社においては、取締役会決議により一定の業務執行の決定を執行役に委任することができ（同法416条4項）、委任を受けた業務については執行役が職務を遂行することとなっていますので（同法418条1項）、多額の借財をなす権限が執行役に委任されているのか否かを確認する必要があります。

3　一般社団法人・一般財団法人や公益法人を保証人とする場合

⑴　目的による制限

一般社団法人・一般財団法人や公益法人の場合にも、前述の会社の場合と同様に、民法34条により、その権利能力・行為能力の範囲は定款その他の基本約款で定められた「目的の範囲内」に限られます。しかし、特に非営利の法人については、その設立目的や財政的基礎の安定を図る必要から、会社とは異なって目的の範囲をより厳格に解する見解が有力です。

したがって、これらの法人を保証人とする場合には、当該法人の登記簿謄本や定款その他の基本約款を入手し、保証契約の締結が法人の目的の範囲内のものといえるか否かにつき慎重に検討する必要があります。目的の範囲を逸脱する疑いがある場合には、当該法人と保証契約を締結すること自体を検討し直すべきでしょう。

⑵　理事会等の承認が必要な場合

一般社団法人・一般財団法人や公益法人の場合にも、当該法人と理事との間の利益が相反する取引を行う場合には理事会（理事会非設置法人においては社員総会）の承認が必要です（一般社団法人及び一般財団法人に関する法律84条1項3号、92条1項、197条）。

また、保証契約の締結が「多額の借財」に該当する場合には、理事会の承認を受けなければなりません（同法律90条4項2号、197条）。

以上のいずれかに該当する可能性がある場合には、保証契約締結に際し、法人に対し理事会等の議事録の提出を求め、有効な決議がなされているか確認することが重要です。

第4節　制度保証

Q206　農業信用基金協会から保証を受ける場合の注意点

農業信用基金協会からの保証は、どのような場合に利用できるのですか。また、利用する場合にはどのような点に注意する必要がありますか。

A　農業信用基金協会は、農業経営の改善や農業の振興のため、JAや都道府県等の出資により設立された公的な保証機関で、JAの組合員等が農業経営の改善等のために融資を受ける際に利用できます。

しかし、債務保証契約書等に定められた手続を守っていないと、同協会から保証債務の履行を受けられなくなることがありますので、そのようなことにならないように定められた手続を守ることに注意する必要があります。

解　　説

1　農業信用基金協会とは

農業信用基金協会（以下「基金協会」といいます）は、農業信用保証保険法に基づき、農業経営の改善や農業の振興のため、JAや都道府県等の出資により設立された公的な保証機関で、都道府県ごとに設立されてその都道府県を区域として債務保証業務を行っています。

基金協会は、JAその他の融資を行う機関の農業者等に対する貸付についてその債務を保証することにより、農業者等がその経営を近代化するために必要な資金、その他農業者等が必要とする資金の融通を円滑にし、もって農業の生産性の向上を図り、農業経営の改善に資することを目的とする法人なのです。

2　どのような場合に利用できるのか

基金協会の保証は、JAの組合員が、農業近代化資金、農業改良資金、就農資金等の国や県等の制度資金を借り入れる場合や、JAの資金による営農や生活に必要な融資やローンを受ける場合に利用することができます。証書貸付だけでなく、極度を定めて引出自由のカードローンにも利用することができます。

JAとしては、基金協会の保証があれば、組合員が延滞しても基金協会から保証債務の履行を受けられるために安心ということになります。

3　基金協会の保証を利用する場合の注意点

基金協会の具体的な業務の運営方法は、各基金協会の「定款」「業務方法書」により定められ、実際の保証の内容・手続等は、JAとの間に締結されている「債務保証契約書」や「業務委託に関する契約書」によることになります。

定められた手続を守っていないと、債務保証契約書７条１項１号により、基金協会の保証債務の全部または一部が免責されて履行を受けられなくなることがあります。そこで、基金協会を利用する場合の手続を、債務保証契約書等を熟読する、研修に参加する等して理解・習得し、しっかりと守るように注意することが大切です。

4　基金協会の保証債務が免責される場合

基金協会の保証債務が免責される場合については、末尾記載の債務保証契約書７条に定められており、いずれかに該当すると免責となって保証債務の履行を受けられなくなります。

簡単に整理すると、⑴は業務方法書や債務保証契約書に違反したとき、⑵～⑷は債務者の行為能力や資格の調査不足で貸付が取消しや無効となったとき、⑸はJAの故意または重過失で貸付金が目的外に使用されたとき、⑹⑺

⑼は担保や書類に不備があったとき、⑻⑽はJAの故意または重過失で担保喪失や回収不能が生じたときです。

小口の生活資金については、基金協会が事前に審査するのではなくJAに審査が委託されて保証契約が行われていますが、そのような場合にその保証に必要な書類（勤務先の確認、所得確認、車検証等）の取得もれがあることが保証債務履行請求時に判明すると、保証債務の履行を受けられなくなるので注意しましょう。

また、⑹の保証条件の担保を徴しなかったときとしては、亡くなった人名義の不動産が相続登記手続が未了で担保に徴せない、土地上のすべての建物を担保とすべきところ未登記建物がもれていた等があるそうですので注意しましょう。

第7条 基金協会は、次の各号に該当するときは、JAに対し、保証債務の履行につき、その全部又は一部の責を免れるものとする。

⑴ JAが業務方法書又はこの契約の条項に違反したとき。

⑵ JAが未成年者、成年被後見人、被保佐人又は被補助人に対し貸付けを行い、その貸付けに係る契約が取り消されたとき。

⑶ JAが任意後見契約の委任者に対し貸付を行い、その貸付に係る契約が無効となったとき。

⑷ JAが、故意又は重大な過失により、被保証者たる資格のない者に対し貸付けを行ったとき。

⑸ JAが、故意又は重大な過失により、その貸付金が目的外に使用される貸付けを行ったとき。

⑹ JAが、基金協会と協議して付した保証条件である担保を徴しなかったとき。

⑺ JAが、借用証書、貸付（取引）約定書又は手形を徴せずして貸付けたため、貸付金の回収ができなかったとき。

⑻ JAが、故意又は重大な過失により、その徴した担保を喪失又は減

少したとき。

(9) JAが、基金協会に提出する書類に記載すべき事項を記載せず、又は不実を記載したとき。

(10) JAが、故意又は重大な過失により、被保証債権の全部又は一部の履行を受けることができなかったとき。

Q207 貸出実行後に貸出先が反社会的勢力であると判明した場合の基金協会の保証の効力

農業信用基金協会の保証を受けて貸出を実行した後に貸出先が反社会的勢力であると判明した場合、基金協会から保証債務の履行を受けることができますか。また、反社会的勢力とのいっさいの関係遮断のため、期限の利益を喪失させて一括返済を求めないといけないのでしょうか。

A 最近の最高裁判決からすれば、基金協会から保証契約が錯誤で無効であるとして保証債務の履行を受けられなくなることはないでしょう。しかし、JAが貸出先が反社会的勢力に該当するかどうかの調査を怠ったような場合は、保証債務の履行を拒まれることも起こりえますので調査を怠らないようにしましょう。

貸出先が反社会的勢力であることが判明した場合、常に期限の利益を喪失させて一括返済を求めなければならないわけではなく、彼らに不当な利益を与えないような債権回収の方策を基金協会と協議しながら検討・実行していくことが大切です。

解　説

1 貸出先が反社会的勢力であることが貸出実行後に判明した場合の問題

政府は、平成19年6月、企業において暴力団をはじめとする反社会的勢力とは取引を含めたいっさいの関係を遮断することを基本原則とする「企業が反社会的勢力による被害を防止するための指針」（以下「政府指針」といいます）を策定しました。その後、金融機関のみならず、不動産関係やさまざまな分野で反社会的勢力とは取引をしない、取引を解消するということが一般化してきています。

現在では、JAを含むほとんどの金融機関は、貸出前に貸出先が反社会的勢力に該当しないか調査し、該当することが判明すれば貸出を実行しません。しかし、貸出実行後に判明した場合、常に期限の利益を喪失させて一括返済を求めなければならないとすると、かえって債権回収が困難になるおそれもあり悩ましいところです。

また、基金協会も、貸出先が反社会的勢力に該当しないことを前提に保証していますので、実は反社会的勢力に該当していたとなった場合の保証契約の効力が問題になるのです。

2　保証契約は錯誤無効とはならないとした最高裁判決

基金協会は、貸出先が反社会的勢力である場合は保証契約を締結しません。そのことを知らずに同契約を締結したのですから、同契約は民法95条の法律行為の要素に錯誤があったときに該当して無効とならないかが問題となります。

保証契約のなかに貸出先が反社会的勢力に該当することが判明した場合の取扱いについての定めが置かれていればその定めに従うことになりますが、現在（平成28年11月時点）の基金協会の「債務保証契約書」等には定めが置かれていません。そのような場合に錯誤により無効とならないかについて信用保証協会の保証契約について争われた事件について、最高裁判所平成28年1月12日判決（最高裁判所民事判例集70巻1号1頁）は次のような理由で無効とはならないと判示しました。

そのため、貸出実行後に貸出先が反社会的勢力であることが判明した場合、基金協会から保証契約が錯誤で無効であるとして保証債務の履行を受けられなくなることはないでしょう。

しかし、現在では、金融機関は、貸出先が反社会的勢力に該当するか否かの調査義務を負っていると解されていますので、JAがその義務を怠ったような場合は、基金協会から保証契約に違反していると主張されて保証債務の履行を拒まれることも起こりえますので注意しましょう。

最高裁判所平成28年１月12日判決（最高裁判所民事判例集70巻１号１頁）では以下のように判示されています。

「信用保証協会において主債務者が反社会的勢力でないことを前提として保証契約を締結し、金融機関において融資を実行したが、その後、主債務者が反社会的勢力であることが判明した場合には、信用保証協会の意思表示に動機の錯誤があるということができる。意思表示における動機の錯誤が法律行為の要素に錯誤があるものとしてその無効を来すためには、その動機が相手方に表示されて法律行為の内容となり、もし錯誤がなかったならば表意者がその意思表示をしなかったであろうと認められる場合であることを要する。そして、動機は、たとえそれが表示されても、当事者の意思解釈上、それが法律行為の内容とされたものと認められない限り、表意者の意思表示に要素の錯誤はないと解するのが相当である。

本件についてこれをみると、前記事実関係によれば、上告人及び被上告人は、本件各保証契約の締結当時、本件指針等により、反社会的勢力との関係を遮断すべき社会的責任を負っており、本件各保証契約の締結前にAが反社会的勢力である暴力団員であることが判明していた場合には、これらが締結されることはなかったと考えられる。しかし、保証契約は、主債務者がその債務を履行しない場合に保証人が保証債務を履行することを内容とするものであり、主債務者が誰であるかは同契約の内容である保証債務の一要素となるものであるが、主債務者が反社会的勢力でないことはその主債務者に関する事情の１つであって、これが当然に同契約の内容となっているということはできない。そして、上告人は融資を、被上告人は信用保証を行うことをそれぞれ業とする法人であるから、主債務者が反社会的勢力であることが事後的に判明する場合が生じ得ることを想定でき、その場合に被上告人が保証債務を履行しないこととするのであれば、その旨をあらかじめ定めるなどの対応を採ることも可能であった。それにもかかわらず、本件基本契約及び本件各保証契約等にその場合の取扱いについての定めが置かれていないことからすると、主債務者が反社会的勢力でないということについては、この点に誤認があったことが事後的に判明した場合に本件各保証契約の効力を否定することまでを上告人及び被上告人の双方が前提としていたとはいえない。また、保証契約が締結され融資が実行された後に初めて主債務者が反社会的勢力であることが判明した場合には、既に上記主債務者が融資金を取得している以上、上記社会的責任の見地から、債権者と保証人において、できる限り上記融資金相当額の回収に努めて反社会的勢力との関係の解消を図るべきであるとはいえても、両者間の保証契約について、主債務者が反社会的勢力でないということがその契約の前提又は内容になっているとして当然にその効力が否定されるべきものともいえない。そうすると、Aが反社会的勢力でないことという被上告人の動機は、それが明示又は黙示に表示されていたとしても、当事者の意思解釈上、これが本件各保証契約の内容となっていたとは認められず、被上告人の本件各保証契約の意思表示に要素の錯誤はないというべきである」

3　貸出先が反社会的勢力であることが判明した場合の対応

貸出実行後に貸出先が反社会的勢力であることが判明した場合、反社会的勢力とのいっさいの関係遮断という政府指針の基本原則を強調すれば、期限の利益を喪失させて一括返済を求めるのが原則のようにも思えます。

しかし、物的担保が十分な場合を除けば、そのような対応を行った場合、貸出先が開き直って返済しなくなり、回収できる金額が減ってしまう、そうなるとかえって反社会的勢力に利益を与えてしまうことになる、債権回収担当者の安全等への懸念も生じかねないという問題があります。

そこで、貸出先が反社会的勢力だからといって、常に期限の利益を喪失させて一括返済を求めなければならないわけではなく、反社会的勢力との関係遮断を念頭に置きながら、彼らに不当な利益を与えないような債権回収の方策を基金協会と協議しながら検討・実行していくことが大切です。

第5節　保証人からの回収

Q208　個人保証人から回収する場合の注意点

個人の保証人に対して履行を請求するにあたっての注意点について教えてください。

A　経営者保証に関するガイドライン（以下「経営者保証ガイドライン」といいます）では、経営者保証人等の保証債務の整理に関する準則を定めています。

また、金融庁の監督指針では、経営者保証人はもとより、経営者以外の第三者の個人連帯保証についても経営者保証ガイドラインは適用されうる点に留意し、ガイドラインに基づく対応を行う態勢をとることを要請するとともに、経営者保証人以外の保証人についても、その履行能力に応じた合理的な負担方法とするなど、きめ細かな対応を行うことを要請しています。

以上をふまえ、個人保証人に対する履行請求にあたっては、機械的に全額を請求するのではなく、保証人の支払能力や状況等に応じたきめ細かな対応を行い、事案によっては経営者保証ガイドラインによる保証債務の整理を促す等の対応も検討すべきです。

なお、保証人がついている貸付金について回収不能を理由に無税消却を行うためには、保証人についても回収不能であることが必要となりますのでご留意ください。

解　説

1　経営者保証ガイドライン

⑴　経営者保証ガイドラインに基づく保証債務の整理

平成26年2月1日より適用が開始された経営者保証ガイドラインでは、経営者保証人等の保証債務の整理の準則を定めており、ガイドラインに基づく債務整理の申出を受けた対象債権者は、その対応について誠実に協力することとされています。

金融機関としても、経営者保証人の保証債務の履行について相談を受けたような場合には、必要に応じて、ガイドラインの活用を促す等の対応を行うことが期待されているといえます。

経営者保証ガイドラインに基づく保証債務の整理の概要は、以下のとおりです。

⑵　対象となる保証人

経営者保証ガイドラインに基づく保証債務の整理の主たる対象となるのは中小企業の経営者（およびこれに準ずる者）たる保証人ですが、経営者以外の第三者保証も対象となりうるものとされています。

その他の要件としては、主債務者および保証人が反社会的勢力でないこと、主債務者が法的債務整理手続（破産、民事再生、会社更生、特別清算）または準則型私的整理手続（中小企業再生支援協議会による再生支援スキーム、事業再生ADR、私的整理ガイドライン、特定調停等）の申立て等をしていること、等が定められています（詳細は経営者保証ガイドライン7⑴参照）。

⑶　保証債務の整理の手続

経営者保証ガイドラインに基づく保証債務の整理手続としては、①主債務と一体整理を図る方法（一体整理型）、②主債務とは別に保証債務のみを整理する方法（単独型）があります。これから主債務について私的整理手続を行うような場合は①を、主債務者が法的整理手続をとる場合や、すでに主債務者の整理手続が終了しているような場合には②をとることになると思われます。

①一体整理型の場合には、主債務者が準則型私的整理手続を利用し、当該私的整理手続のなかで、保証債務に関しては経営者保証ガイドラインにのっとった弁済計画を策定することになります。

②単独型の場合には、保証債務のみについて、適切な準則型私的整理手続（現状で利用できる手続としては、特定調停あるいは中小企業再生支援協議会が考えられます）を利用することが予定されています。

⑷　一時停止等の要請への対応

保証債務に関し、一時停止や返済猶予の要請がなされた場合、対象債権者は、誠実かつ柔軟に対応するよう努めることとされています。したがって、経営者保証ガイドラインに基づく一時停止等の要請を受けた場合には、以降は、債務整理手続終了に至るまで、請求行為や貸付残高を減少させる行為等は控える必要があります。

⑸　経営者の経営責任のあり方

主債務者が私的整理手続をとるに至った場合においても、一律かつ形式的に経営者の交代を求めないこととされています。

⑹　保証債務の履行基準（残存資産の範囲）

保証債務の履行にあたり保証人の手元に残すことのできる残存資産の範囲については、破産手続における自由財産（99万円以内の現金、差押禁止財産、その他破産手続において自由財産拡張が見込まれる財産）に加え、経営者保証人が早期の事業再生等への着手を決断したことにより、主債務者の事業再生の実効性が向上した等により債権者の回収見込額が増加したと評価しうる等、債権者にとっても経済合理性が認められる場合には、当該回収見込額の増加額を上限として、一定期間の生活費に相当する金額や華美でない自宅等（以下「インセンティブ資産」といいます）について保証人の残存資産に含めることを検討することとされています。このインセンティブ資産は、経営者に早期の事業再生や清算を決断することを促す等の趣旨で認められたもので、経営者保証ガイドラインによる債務整理の大きな特徴の１つです。

⑺　保証債務の弁済計画

保証債務の弁済計画に関しては、原則として、保証人の残存資産を除くすべての資産を処分・換価して得られた金銭をもって、担保権者等の優先債権者に対する優先弁済の後、債権額の割合に応じて按分弁済し、その余の債務の免除を受ける内容を記載することとされています。なお、資産の換価・処分にかえて、当該資産の公正価額相当額を弁済して、当該資産を手元に残すことも可能です。

⑻　保証債務の一部履行後に残存する保証債務の取扱い

保証人から資力に関する情報開示等がなされ、また、弁済計画に経済合理性が認められるような場合には、対象債権者は、保証人からの保証債務の一部履行後に残存する保証債務の免除要請について誠実に対応することとされています。

⑼　信用情報の取扱い

経営者保証ガイドラインによる債務整理を行った保証人について、対象債権者は、当該保証人が債務整理を行った事実その他の債務整理に関連する情報を、信用情報登録機関に報告、登録しないこととされています。

2　第三者保証人の履行時の対応

金融庁の監督指針では、第三者保証人に保証債務の履行を求める場合には、保証債務弁済の履行状況および保証債務を負うに至った経緯などその責任の度合いに留意し、保証人の履行能力に応じた合理的な負担方法とするなど、きめ細かな対応を行うことを要請しています。

また、経営者保証ガイドラインに定める保証債務整理のルールは、経営者保証の場合のみならず、第三者保証人の保証履行時にも適用されうるものとされています。したがって、必要に応じて、ガイドラインの活用を検討し、ガイドラインに基づく対応を行うことも検討すべきでしょう。

3　保証人がついている貸付金の無税償却

金融機関が、保証人がついている貸付金について、資産状況、支払能力等を勘案して回収不能を理由とした放棄額の損金算入（いわゆる無税償却）を行うためには（事実上の貸倒れ。法人税基本通達９－６－２）、保証人についても回収不能であることが必要です。

具体的にいかなる場合に「回収不能」といえるかは一概にはいえませんが、保証人が破産手続により免責決定を受けている場合のほか、破産手続開始決定を受けていて配当の見込みがない場合、強制執行の対象となる財産が発見しえず１年程度行方不明であるような場合、生活保護と同程度の収入しかないような場合でその資産からの回収も見込めない場合等については、回収不能と認められる可能性が高いものと考えられます。

Q209 法人保証人から回収する場合の注意点

法人の保証人に対して保証債務の履行を請求するにあたっての注意点について教えてください。

A まずは保証人の支払能力や支払意思の有無を確認しましょう。その状況に応じて、交渉、調停、訴訟や仮差押え等、適切な手続を選択することが重要です。どのような手続を選択するか、請求方法について迷う場合には、一度弁護士等の専門家に相談することをお勧めします。

なお、この考え方は、一般的には個人保証人に対して履行請求していく場合にも当てはまります。

解　説

1　法人保証人に支払能力および支払意思がある場合

主債務の履行になんらかの不安が生じた場合には、法人保証人に対しすみやかにその状況を連絡し、保証債務の履行を求めましょう。

このとき、当該法人保証人に支払能力および支払意思があるならば、必ずしも裁判手続等を利用する必要はなく、交渉によって保証債務の範囲やその支払時期についての合意を形成することが期待できます。裁判手続等を利用すると費用や時間の面での負担が不可避となりますので、交渉による解決は望ましいものといえます。

2　法人保証人に支払能力はあるものの支払意思がない場合

(1)　保証債務の履行を請求する手続

法人保証人に保証債務の履行を請求したにもかかわらず当該法人保証人がその履行を拒絶している場合には、調停の申立てや訴訟の提起等を検討すべきです。

特に、訴訟手続の継続中に法人の財産が散逸することが懸念される場合には、法人の財産（不動産や債権等）の仮差押えを行うことも有益です。ただし、財産の仮差押えを行うには相当の担保を提供することを要し、また本案訴訟で敗れた（一部敗訴も含む）場合には保証人に生じた損害を当該担保から回収され、担保を取り戻せないこともあるため、仮差押えを行うか否かについては慎重に検討する必要があります。

⑵　法人保証人が保証契約の有効性を争っている場合

法人保証人から、そもそも当該保証契約は法人の目的の範囲外のものである、または保証契約の締結に必要な取締役会等の承認を欠いているとして、保証契約の有効性を争われることが考えられます（Q205参照）。

しかし、法人の目的の範囲は比較的広く解される傾向にあります（特に営利法人の場合）ので、契約締結時に徴求した定款や法人登記簿、また作成した契約書等をもとに、当該保証契約が目的の範囲内のものであることを主張立証できないか、よく検討しましょう。

また、仮に当該保証契約について取締役会等の承認が必要な場合にその承認を欠いているとしても、当該保証契約が絶対的に無効になるわけではなく、取引の相手方たる債権者の主観によっては有効なものとなりうるとするのが判例の立場です。契約締結時に法人から徴求した資料等を吟味し、債権者側としては取締役会等の承認を欠いていることを知らなかったこと、また知りえなかったことを主張立証できないか、よく検討しましょう。

以上の検討をしたうえでもなお保証契約が無効であると評価されてしまう場合には、そのような契約を締結した取締役等に対して任務懈怠責任（会社法429条１項）あるいは不法行為責任（民法709条）を追及することや法人に対して使用者としての責任を追及する（同法715条１項）ことを検討してみましょう。

3　法人保証人に支払能力がない場合または支払能力が不明の場合

法人保証人に支払能力がない場合、履行請求をするコストをかけても回収可能性がきわめて低いのであれば、残念ながら法人保証人に対する請求を断念することも検討せざるをえません。この場合にも、取締役等の経営者個人の経営責任（会社法429条１項、同条２項１号ロ等）や不法行為責任（民法709条）を追及できないかについては、一考の余地があります。

また、法人保証人の支払能力が不明な場合についても、やはり最終的にめぼしい資産を発見できずに回収不能となる可能性があるため、保証債務の履行請求をなすべきか否かについては、請求金額と請求に係るコストとを比較しつつ慎重に検討しなければなりません。ただし、保証人に対する勝訴判決等の債務名義を取得すると、保証人の預貯金等一定の資産について、弁護士会照会の手続を利用して調査することができる場合があります（金融機関によっては照会に応じてもらえないこともあります）。回収不能のリスクを覚悟のうえで請求手続を行うか否か、十分な検討が必要です。

Q210 農業信用基金協会から保証債務の履行を受けるときの注意点

貸出先からの返済に延滞が生じ出したため、農業信用基金協会から保証債務の履行を受けようと思っていますが、どのような点に注意する必要がありますか。

A 基金協会への請求は、延滞が生じて3カ月を経過してからできることとなりますが、それまでは保証を受けていないJAの他の債権と同じように債権回収の努力を行うことが大切です。JAの重大な不注意で担保喪失、債権回収不能等が生じると保証債務の履行を受けられなくなるので注意しましょう。

また、JAから基金協会への代位弁済請求は、弁済期到来から1年を経過するとできなくなりますので、その期限を徒過することがないようにしてください。

解　説

1　定められた手続を守ること

基金協会の保証がある場合は、貸出先からの返済に延滞が生じても、基金協会から保証債務の履行を受けられるために安心ということになります。しかし、Q206で述べたように、定められた手続を守っていないと基金協会の保証債務の全部または一部が免責されて履行を受けられなくなることがあるので、そのようなことにならないように注意が必要です。

2　JAとして債権回収に努力すること

債務保証契約書9条に「JAは、常に基金協会の保証に係る貸付債権の保全に注意を行い、債権の履行を困難とする事情を予見し又は知ったときは、遅滞なく、その旨を基金協会に対し通知し、かつ、適当と思われる措置を講ずるものとする」とありますので、延滞が生じるおそれが予想されるようになったら遅滞なく基金協会に通知し、債権回収のために適当と思われる措置を講じなければなりません。

実際に延滞が生じたら、債務保証契約書6条に、

> 1項　被保証者が基金協会の保証に係る債務の弁済期限到来の日又は期限の利益を失った日においてなおその債務の全部又は一部の履行をしない場合には、JAは、基金協会が保証していない債権の取立てと同じ方法をもって債権の取立てをするものとする。
> 2項　被保証者が基金協会の保証に係る債務の弁済期限到来の日又は期限の利益を喪失した日から3月を経過してなおその債務の全部又は一部の履行をしない場合には、基金協会はJAに対してJAの請求により保証債務の履行をするものとする。

と定められているため、JAは、すぐに基金協会に保証債務の履行を請求できるのではなく、2項のとおり3カ月を経過しても履行がないときに請求できることになります。この3カ月間は、1項に定められているように、JAは、基金協会が保証していない債権の取立てと同じ方法をもって債権の取立てをし、債権回収に努力する必要があります。

JAの債権回収が不適切だったような場合、債務保証契約書7条の「(8)JAが、故意又は重大な過失により、その徴した担保を喪失又は減少したとき」「(10)JAが、故意又は重大な過失により、被保証債権の全部又は一部の履行を受けることができなかったとき」に該当すれば、同条により基金協会から保証債務の履行を受けられなくなります。また、(8)(10)に該当しなくとも同条「(1)JAが業務方法書又はこの契約の条項に違反したとき」に該当すれば、基金協会から保証債務の履行を受けられなくなるおそれがありますので注意を要します。

3　弁済期到来から1年以内に基金協会に請求すること

債務保証契約書6条3項には、「前項の請求（基金協会への保証債務履行の請求）は、JAが代位弁済請求書を提出してこれを行うものとし、債務の弁済期限到来の日又は被保証者が期限の利益を失った日から1年を経過した日以後においてはこれを行うことができないものとする」と定められており、この期限を過ぎてしまうと基金協会への請求ができなくなってしまいますので、期限を過ぎないように注意してください。

カードローンについては、更新の際の審査が基金協会からJAに委託されて契約更新されていますが、後でJAが基金協会に代位弁済請求した際にその更新が不適当だったとされると、更新前の期間満了日から1年が代位弁済請求の期限となってしまいますので注意を要します。すなわち、更新の際に所定の項目（営農ローンだと離農、転居等がないこと、前年度の農産物販売代金が貸越極度額を下回っていないこと等）の点検を行わず更新中止が適当であったことを見逃しますと、更新が認められずに後での基金協会への請求が期限を過ぎていてできないということになりかねませんので注意してください。

JAバンク法務対策200講

平成29年3月30日　第1刷発行

監修者　桜　井　達　也
編　者　一般社団法人 金融財政事情研究会
発行者　小　田　　　徹
印刷所　奥村印刷株式会社

〒160-8520　東京都新宿区南元町19
発　行　所　一般社団法人 金融財政事情研究会
　編 集 部　TEL 03(3355)2251　FAX 03(3357)7416
販　　　売　株式会社 き ん ざ い
　販売受付　TEL 03(3358)2891　FAX 03(3358)0037
　URL http://www.kinzai.jp/

ISBN978-4-322-13045-4